"十三五"国家重点出版物出版规划项目

博弈论

Game Theory

朱·弗登博格(Drew Fudenberg)
让·梯若尔(Jean Tirole) 著
姚洋 校
黄涛 郭凯 龚鹏 王一鸣 王勇 钟鸿钧 译

中国人民大学出版社
·北京·

致　谢

因为这是一本教科书，在书的开头向我们的老师表达我们的谢意是再合适不过的了。埃里克·马斯金（Eric Maskin）在他的多次讲授中将现代博弈论文献介绍给我们；那个时候，博弈论文献还不是经济学课程中一个完整的领域。从那时起，我们非常幸运地能和埃里克在几个项目中合作并继续从他的洞见中获益匪浅。

戴维·克雷普斯（David Kreps）和威尔逊（Wilson）在我们学术生涯的早期给予了我们很多建议和鼓励。尽管在正式的意义上他们并不算是我们的导师，但他们教给了我们很多关于如何使用和解释博弈论模型的知识。朱·弗登博格（Drew Fudenberg）还在他和克雷普斯正在进行的合作中继续向克雷普斯学习。

朱·弗登博格还要感谢与 David Levine 和 Eddie Dekel-Tabak 多年有益的交流。让·梯若尔要对 Roger Guesnerie 和 Jean-Jacques Laffont 的很多洞见表示感谢。

很多人对本书的早期书稿提出过建议。Ken Binmore，Larry Blume 以及 Bernard Caillaud 对全部手稿提出了详细的意见。另外还有几位对具体的章节提出了详细的意见：Larry Ausubel 和 Ray Deneckere（第 10 章），Eddie Dekel-Tabak（第 1 章和第 14 章），Eric van Damme（第 1 章和第 11 章），Dov Samet（第 14 章），Lars Stole（第 7 章和第 11 章），以及 Jorgen Weibull（第 1 章和第 3 章）。

我们同时也要感谢 In-Koo Cho，Peter Cramton，Mathias Dewatripont，Robert Gibbons，Peter Hammer，Chris Harris 和 Larry Samuelson 提出了有益评论。

我们还要感谢 Lindsey Klecan，Fred Kofman 和 Jim Ratliff 出色的

助研工作。他们仔细通读了全部手稿，指出了我们的错误，提出了可供选择的方法来介绍我们的内容并纠正了打字错误。有他们几人为本书工作让我们深感幸运。我们还感谢我们在伯克利和 MIT 的学生，他们的提问让我们知道了如何介绍这些材料。

好几位打字员在本书几易其稿的过程中为我们辛勤工作。这里特别要感谢 Emily Gallagher，她以很高的热情承担了最多的工作，她成功地辨认出我们潦草的书写、不一致的符号，并重新为各章节编号。Joel Gwynn 绘制了插图。Terry Vaughn 在 MIT 出版社出版本书的过程中保管了书稿。

我们对国家科学基金会和 Guggenheim 基金会慷慨的研究资助表示我们的谢意。让·梯若尔同时还得到了哈佛 Taussig 访问教授项目的支持。

最后，感谢我们的妻子对我们的容忍与支持。

引　言

我们首先从一个参与人的观点来描述一个博弈论的情形。考虑一个馅饼生产者的决策问题——我们称这个生产者为馅饼王——他必须为今天的一炉馅饼在高价和低价之间作出一个选择。在作出选择的过程中，馅饼王必须考虑其他馅饼以及馅饼的替代品可能是什么价格。馅饼王可以仅仅根据对其对手价格的一些给定的外生信念来最大化他的定价策略，不过看上去更令人满意的做法是根据对这个产业的一些知识来对这些价格作出预测。特别地，馅饼王知道其他厂商是在它们自己对于市场环境预测的基础上选择它们的价格，而这中间包含有馅饼王的价格。对馅饼王而言，利用博弈论方法这一知识就是建立起一个每个竞争者行为的模型，并（可能）找到可以构成这个模型的一个"均衡"的行为。

现在抛开什么是均衡以及馅饼王是否应该相信市场的结果会是一个均衡这些问题，剩余的问题是馅饼王应该使用哪种模型？最简单的一种情况是馅饼王和所有他的竞争对手都只存在一天，所有厂商都知道对于馅饼的需求（和更一般的对于甜点的需求），每个厂商都知道其他厂商的生产技术，如同在安托万·奥古斯丁·古诺（Antoine Augustin Cournot）和约瑟夫·伯特兰（Joseph Bertrand）的著名模型中那样。这种情况可以通过策略式博弈的工具和纳什均衡来研究，这些我们将在第1篇中详细介绍。

如果这个产业将会持续很长时间，那么除了今天的净利润，馅饼王还将会考虑一些其他的目标。比如，今天的低价可能会吸引消费者从对手的品牌上转过来从而增加馅饼王未来的市场份额，或者生产一大炉馅饼可以帮助员工积累经验从而降低以后的成本。不过，竞争对手未来的价格可能会受到今天馅饼王定价的影响：一个特别的担心是低价可能会引发价格战。第 3 章阐述了扩展式模型用以解决这类动态问题并介绍了其解的思想——子博弈完美性。第 2 篇的其他各章较为详细地讨论了各种类型的动态博弈。

如果馅饼王对成本函数或者其竞争对手的长期目标感到不确定，就会有另一件复杂的事情出现。Cupcake 公司是否刚刚生产了一大炉馅饼？Sweetstuff 是否比关心当前的利润更关心未来的市场份额？而这些厂商对馅饼王究竟真正了解多少？第 3 篇说明了如何在静态的前提下分析这类不完全信息的情况。

接下来，如果这个产业将持续好几期，馅饼王应该能从 Cupcake 公司和 Sweetstuff 公司现在的定价行为中获知其私人信息并利用这些信息来改进它在未来的策略。预期到这一点，Cupcake 公司和 Sweetstuff 公司可能就不愿意使它们的价格暴露出信息从而增强了馅饼王的竞争地位。第 4 篇将分析扩展到动态问题和不完全信息都很重要的博弈。

我们通过垄断定价的故事展开这个引言是因为我们认为很多读者可能对此比较熟悉。但博弈论有着更为广阔的应用。不合作博弈理论研究了在每个代理人的选择取决于他对其对手选择的预测时代理人的行为。尽管通常使用“博弈”是指一些室内游戏比如象棋和扑克牌，在我们所关心的那一类博弈中馅饼王的例子却更为典型，在这个例子中，参与人的目标相对于只是击败对手更复杂：厂商们在争夺市场份额上是相互竞争的，但在定高价上却拥有共同利益。“不合作”的意思是参与人的选择只基于所观察到的个人利益，这与合作博弈的理论不同，合作博弈建立了一些公理，部分原因就是为了能够体现出公平的思想。“不合作”并不意味着参与人不能融洽相处或者他们总是拒绝合作。如同我们在第 5 章和第 9 章中所解释的那样，不合作的参与人仅仅受个人利益的驱使也能在一些情形下表现出“合作”的行为。

尽管博弈论已经被应用到了很多领域，本书将主要集中在那些对研究经济问题最有用的博弈理论。（我们还包括了在政治科学上的一些应用。）博弈论的观点在参与人数较少的时候更有用，因为那时参与人更有可能关心其对手。例如，在市场中厂商数目很少时，每个厂商的产量很可能会对市场价格产生很大的影响，因而，认为每个厂商将市场价格视为给定就不合理了。

在经济学文献中对博弈论最早的研究是古诺（Cournot，1838），伯特兰（Bertrand，1883）和埃奇沃斯（Edgeworth，1925）关于垄断定价和生产的论文，但这些都被视为特例而没有改变经济学家思考大多数问题的方法。约翰·冯·诺伊曼（John von Neumann）和奥斯卡·摩根斯坦（Oskar Morgenstern）在他们 1944 年著名的《博弈论和经济行为》（*Theory of Games and Economic Behavior*）一书中引进了通用博弈理论的思想，书中提出大部分经济问题都应该被当作是博弈进行分析。他们介绍了博弈的扩展式和标准式（或策略式）的表示法，定义了最小最大解，并证明了这个解在所有双人零和博弈中存在。（在一个零和博弈中，两个参与人的利益是完全相对的，完全没有任何共同利益。）

纳什（Nash，1950）提出了后来被称为“纳什均衡”的概念，将这一概念作为把博弈论的分析扩展到非零和博弈的一种方法，纳什均衡要求每个参与人的策略是针对他所预言的对手策略的支付最大化反应，并且进一步认为每个参与人的预言都是正确的。这是古诺和伯特兰所研究的特定模型均衡的一个自然推广，并且它是大多数经济分析的起点。第 1 章介绍了纳什均衡及其性质。第 2 章定义了纳什均衡的一个扩展称为“相关均衡”，并提出：仅由参与人理性和参与人的支付是“共同知识”的假设可以得到什么预言？这就引出了重复剔除严格优势和可理性化的概念。

在古诺和伯特兰的模型中，参与人的策略仅仅是他们对于产量或价格的选择。约翰·冯·诺伊曼和摩根斯坦的洞见之一就是博弈的策略也可以是一个更为复杂的相机行动计划，例如，“如果你今天降价我明天也降价。”第 3 章说明了如何模型化参与人使用这种相机计划的博弈。

泽尔滕（Selten，1965）和海萨尼（Harsanyi，1967—1968）引入了近年来被广为使用的概念。泽尔滕证明了在参与人选择相机计划的博弈中不是所有的纳什均衡都是同样合理的，原因是其中的一些均衡取决于参与人进行“空洞威胁”的能力，也就是说，相机计划被执行起来事实上并不是最优的。（假设，例如馅饼王使用相机计划——“如果你今天不让我拥有 3/4 的市场，我就在今后 10 年中免费供应馅饼”。）泽尔滕引入了“子博弈完美性”的概念来排除这种依赖于此类威胁的均衡。第 3 章定义和讨论了这个概念以及相关的可置信承诺的问题。第 4 章和第 5 章分析了几类动态博弈的子博弈完美均衡。第 4 章围绕着三个例子展开：重复囚徒困境，鲁宾斯坦恩-斯塔尔（Rubinstein-Ståhl）轮流出价谈判模型和时间选择模型（包括消耗战和先发制人博弈）以及它们在产业组织理论中的应用。第 5 章介绍了对待重复博弈的系统方法，由行为可以完全观察的情况（如在囚徒困境中）开始到参与人的行为不能被完全观察的博弈。

海萨尼提出了一种使用标准博弈论技术来模型化不完全信息情形的方法，在标准的技术中假设所有参与人都知道他人的收益函数，而在不完全信息下参与人对其他人的收益是不确定的。他的贝叶斯纳什均衡是很多博弈论分析的基础。我们在第 6 章中介绍海萨尼的思想，在第 7 章中我们将这些思想应用于“机制设计”问题。这些应用包括非线性价格歧视、最优拍卖、公共产品偏好的显示以及在信息不完全时谈判的无效率性。

当博弈同时是信息不完全和动态的时，贝叶斯纳什均衡的概念就显得太弱了，因为像纳什均衡在完全信息动态博弈中一样，它允许空洞的威胁存在。第 8 章介绍了将子博弈完美性的想法扩展到不完全信息博弈的求解思想。这些求解思想按照限制性从小到大排序依次是完美贝叶斯均衡、克雷普斯和威尔逊（Kreps and Wilson，1982）的序贯均衡以及泽尔滕（Selten，1975）的颤抖手完美均衡。我们通过在掠夺博弈和劳动力市场信号传递博弈中的一些应用来说明这些思想。

第 9 章使用这些概念研究了“声誉效应”的思想，这个思想是指参与人有可能建立并维持用特定方式博弈的“声誉”。第 10 章讨论了一些论文，这些论文将买卖双方的讨价还价模型化为不完全信息的动态博弈；讨价还价是动态的，因为它可能包括一系列出价和还价；信息是不完全的，因为没有参与人知道协议对于对手的价值。

最后四章介绍的内容主要是针对高年级学生。第 11 章讨论了一些限制性更强的对均衡的精炼，这些精炼试图抓住“前向归纳”的思想，包括“策略的稳定性”、“直观标准”和“神性”。我们将这些概念应用于第 8 章的信号传递博弈模型，并讨论了结论对于各种变化的敏感性，这些变化可以是那些被看做是“小”的变化，也可以不是。第 12 章介绍了三个与策略式有关的高级题目：一般性的性质，策略连续统的存在性和超模。第 13 章使用“马尔可夫完美均衡”的概念分析了完全信息的动态博弈，马尔可夫完美均衡比子博弈完美性更严格，它要求参与人当前的行动不取决于参与人过去行为中对当前和将来支付没有直接影响的方面。应用包括策略遗产博弈和资源开采博弈。第 14 章对“共同知识”和“近似共同知识”给出了正式的定义并讨论了博弈的均衡如何随着共同知识的结构而发生变化。

如何使用本书

尽管本书对于那些已经对博弈论有所了解，希望学习更多的博弈论知识而不用上一门正式课程的研究者有用，或是作为一本参考书和部分文献的导读，但它的基本任务还是作为一本博弈论课程的教材。我们集中介绍概念和一般性结论，更多地使用“简化的例子”而不是具体的应用，而那些被我们选择使用的应用则是用来显示理论的力量的；我们没有对任何具体领域内的应用给出全面的叙述。绝大多数应用来自于经济学文献，我们希望我们的读者将来能够成为经济学家。不过，我们也包括进了一些来自政治科学的例子，因此本书也可能对政治科学家有用。

这本书适用于那些初次学习博弈论的人和高年级学生。阅读本书不需要有任何预备性的博弈论知识，纳什均衡、子博弈完美性和不完全信息等关键概念是逐步展开的。大多数章节的内容是按照由易到难的顺序编排的，从而使章与章之间的跳跃变得简单。除了那些被标为“技术性”的章节，数学的水平控制在克雷普斯（Kreps，1990）和范里安（Varian，1984）的水平，并且在阅读其他章节的时候不需要这些技术性内容。

对高年级本科生和一年级研究生开设的第一门课可以使用几乎全部的核心章节（第 1、3、6 章和第 8 章），略去那些技术性小节并加入一些从其他章节选入的应用。

本书在教学上的一个创新是，在第 3 章中我们在没有介绍一般的扩展式博弈的情况下引入了可观察行为多阶段博弈的子博弈完美性。我们这样做是因为我们觉得扩展式比起适合于一年级课程的内容包含了更多的概念和基本问题（例如，混合策略和行为策略），而一年级课程更多的时间应该花在应用上。类似地，第一门课程应该只包含第 8 章的完美贝叶斯均衡，而将序贯均衡和颤抖手完美性留到第二门课程。

本书中等水平的读者是那些对纳什均衡、子博弈完美均衡和不完全信息有所了解，希望系统学习这些思想及其含义的一二年级研究生。对这些学生开设一门一学期的课程可以使用全部的第 1、3、6 章和第 8 章以及从其他章节选出的一些内容。（3.2 节和 3.3 节是关于多阶段博弈中的完美性的，可以作为背景资料而不在课堂上讲授。）作为对一学期课程量的一个指南，这里的课程包括了全部第 4 章、无名氏定理和第 5 章的重新谈判、第 9 章中有关声誉效应的一些内容、第 10 章的讨价还价、第 11 章中对均衡精炼的一些问题。可以选择的是，将对重复博弈的讨论缩短以节省出时间讨论马尔可夫均衡（第 13 章）。还可以加入一点第 14 章中“共同知识”的内容。是否包含第 7 章中关于机制设计的内容可能取决于学生是否有机会修其他课程，如果有一门专门关于合同和机制的课程，那么第 7 章可以整个跳过。（事实上，这可能是其他课程的一个有用部分。）如果学生没有机会接触到最优机制，那么就值得学完对风险中性购买者最优拍卖的有关结论和关于不完全信息谈判中不一致的必要性的结论。

有一些内容是自然的最适合三年级学生的高级专题课程，这不仅是因为它们的难度，也是因为它们更多的是专门的兴趣所在。这里我们包括第 12 章（介绍了在数学上更难的有关策略式博弈的结果）、第 5 章中重复博弈模型的许多变形、第 13 章中支付相关状态的确认、第 11 章中对精炼的讨论以及第 14 章中关于共同知识的讨论。当然，每个导师都有他或她自己对于不同专题相对重要性的看法；我们已经设法给选择什么样的专题留下了很大的灵活性。

我们使用了下列符号表明不同的章节所适用的读者：

†高年级本科生和一年级研究生；

††一年级和二年级研究生；

†††高级学生和研究人员。

（在一些情况下，某些小节比它所在的那节标有更多的剑号。）内容的难度与适用的读者紧密相关，不过并不是所有“高级”的专题都很难。某些小节被标为“技术性”，表明相对于书中的其他部分这里使用了更强大的数学工具。

参考文献

Bertrand, J. 1883. Théorie mathématique de la richesse sociale. *Journal des Savants* 499 - 508.

Cournot, A. 1838. *Recherches sur les Principes Mathematiques de la Theorie des Richesses*. English edition (ed. N. Bacon): *Researches into the Mathematical Principles of the Theory of Wealth* (Macmillan, 1897).

Edgeworth, F. 1897. La Teoria pura del monopolio. *Giornale degli Economisti* 13 - 31.

Harsanyi, J. 1967-68. Games with incomplete information played by Bayesian players. *Management Science* 14: 159 - 182, 320 - 334, 486 - 502.

Kreps, D. 1990. *A Course in Microeconomic Theory*. Princeton University Press.

Kreps, D., and R. Wilson. 1982. Sequential equilibrium. *Econometrica* 50: 863-894.

Nash, J. 1950. Equilibrium points in N-person games. *Proceedings of the National Academy of Sciences* 36: 48-49.

Selten, R. 1965. Spieltheoretische Behandlung eines Oligopolmodells mit Nachfrageträgheit. *Zeitschrift für die gesamte Staatswissenschaft* 12: 301-324.

Selten, R. 1975. Re-examination of the perfectness concept for equilibrium points in extensive games. *International Journal of Game Theory* 4: 25-55.

Varian, H. 1984. *Microeconomic Analysis*, second edition. Norton.

von Neumann, J., and O. Morgenstern. 1944. *Theory of Games and Economic Behavior*. Princeton University Press.

目　　录

第1篇　完全信息的静态博弈

第2篇　完全信息的动态博弈

第 3 篇　不完全信息的静态博弈

第 1 篇

完全信息的静态博弈

第1章　策略式博弈和纳什均衡

作为开始，我们不规范地介绍一个简单的博弈。卢梭在他的《论人类不平等的起源和基础》(*Discourse on the Origin and Basis of Equality among Men*) 中说到：

> 如果一群猎人出发去猎一头鹿，他们完全意识到，为了成功，他们必须要忠实地坚守自己的岗位；然而如果一只野兔从其中一人的眼前跑过，他会毫不迟疑地追逐它，一旦他获得了自己的猎物，他就不太关心他的同伴是否错失了他们的目标。①

为了使这种形势转化为一个博弈，我们需要补充一些细节。假设仅有两个猎人，他们必须同时决定是猎鹿还是野兔。如果两个人均决定猎鹿，那么他们会获得一头鹿，并在他们之间平分。如果两个人均猎野兔，那么他们每个人可以获得一只野兔。如果一个猎兔而另一个猎鹿，则前者获得一只野兔，后者一无所获。对每个猎人来说，半头鹿比一只兔要好。

这是一个简单的博弈例子。这些猎人是参与人，每个参与人在两种策略中选择——猎鹿或者猎兔。他们选择作为收益的猎物。例如，如果一头鹿价值4单位“效用”，而一只兔价值1单位，则当两个参与人均猎鹿时，每个人的收益为2单位效用。猎兔的参与人收益为1，一个人独自猎鹿的参与人收益为0。

对于卢梭博弈的结果人们会作出什么样的预测呢？合作——两个人都猎鹿——是一个均衡，或者更精确地说，是一个“纳什均衡”，其中没有一个参与人有单方面改变策略的动机。因此，猎鹿看来是博弈的一种可能结果。不过，卢梭［此后 Waltz (1959)］同时警告我们说，合

① 引自 Ordeshook (1986)。

作绝不是一种预设结论。如果每个参与人相信另一个人会猎兔，那么对他来说自己猎兔就更合算。因此，非合作结果——两个人均猎兔——也是一个纳什均衡，在没有关于博弈背景和猎人预期的更多信息时，很难知道预期何种结果会发生。

本章将给出“博弈”和“纳什均衡”以及其他概念的精确定义，并考察它们的特性。有两种近似等价的描述博弈的方法：策略（或者说标准）式和扩展式。[①] 1.1 节建立策略式和优势策略的思路。1.2 节定义了纳什均衡解的概念，它是博弈论绝大多数应用的出发点。1.3 节提供了对纳什均衡何时存在这一问题的初步考察；这也是本章中用到高深数学的地方。

初看起来，策略式只能建模描述参与人同时行动且仅行动一次的那些博弈，然而这并不真实。第 3 章讨论博弈的扩展式描述，它描述参与人决策的时间。而后我们将显示策略式如何用于分析扩展式博弈。

1.1 策略式博弈和重复严格优势的介绍[†]

1.1.1 策略式博弈

策略式（或标准式）博弈由三种元素组成：参与人集合 $i\in\mathscr{I}$，我们设为有限集合 $\{1, 2, \cdots, I\}$，对每个参与人 i 有纯策略空间 S_i，以及收益函数 u_i，这一函数对每种策略组合 $s=(s_1, \cdots, s_I)$ 给出参与人 i 的冯·诺伊曼-摩根斯坦（von Neumann-Morgenstern）效用 $u_i(s)$。我们常常将除了某个给定参与人之外的所有其他参与人称为“参与人 i 的对手”，标记他们为“$-i$”。为了避免误解，我们要强调一下，这一术语并不意味着其他参与人在试图“击败”参与人，而应该是每个参与人的目标是最大化他自己的收益函数，这可能会涉及“帮助”或“损害”其他参与人。对经济学家而言，关于策略最让人熟悉的解释可能是价格或产量水平的选择，这分别对应于伯特兰和古诺竞争。对于政治学家，策略可以是投票或竞选主张的选择。

双人零和博弈是使得对所有 s 有 $\sum_{i=1}^{2} u_i(s)=0$ 的博弈。（这类博弈

---

① “标准式”曾经是标准术语，然而许多博弈理论研究者现在更倾向于使用“策略式”，原因是这一表述将参与人的策略当作模型的首要因素。

的关键特征是，效用的总和为常数；将常数设为 0 是一种标准化。）在一个双人零和博弈中，任何一个参与人的收益都是另一个参与人的损失。这是参与人实际上是纯粹的通常意义上的“对手”的极端情况。尽管这种博弈可适用于规整的分析，并在博弈论中得到了广泛研究，然而社会科学中绝大多数让人感兴趣的博弈是非零和的。

将参与人的策略想象为对应于计算机键盘上的几种“按键”是有帮助的，可以设想，参与人处于不同的房间，要求在没有彼此联络的情况下选择一个按键。通常我们还假设，所有参与人知道策略式的结构，知道他们的对手知道这一结构，知道他们的对手了解他们所知道的，如此直至无穷。也就是说，博弈的结构是共同知识，这一概念会在第 14 章中更为规范地加以考察。本章不那么规范地使用共同知识这一概念，以便激发出纳什均衡解和重复严格优势的概念。如将要看到的，关于收益的共同知识本身实际上对于纳什均衡的验证来说既非必要条件，也非充分条件。特别地，对于某些验证来说，参与人只要知道他们自己的收益就可以了。

我们将注意力集中在有限博弈上，也就是，$S=x_iS_i$ 有限的博弈，除非另作说明，否则下文中总是假设有限性。有限双人博弈的策略式通常展现为矩阵，如图 1—1 所示。在这个矩阵中，参与人 1 和 2 每个人均有三种纯策略：分别是 U，M，D（上、中和下）与 L，M，R（左、中和右）。每个表格中的第一项是相应的策略组合下参与人 1 的收益；第二项是参与人 2 的收益。

	L	M	R
U	4，3	5，1	6，2
M	2，1	8，4	3，6
D	3，0	9，6	2，8

图 1—1

混合策略 σ_i 是纯策略上的一种概率分布。（我们将混合策略的由来推迟到本章的后面部分加以解释。）每个参与人的随机化及其对手的随机化是统计独立的，混合策略组合的收益是相应纯策略收益的期望值。（我们假设纯策略空间有限的原因之一就是为了避免测度论方面的复杂问题。）我们将参与人 i 混合策略的空间记为 $\sum_i$，其中 $\sigma_i(s_i)$ 是 σ_i 赋予 s_i 的概率。混合策略组合的空间记为 $\sum=x_i\sum_i$，它的元素是σ。混合策略 σ_i 的支撑集是σ_i 赋予了正概率的纯策略的集合。组合 σ 下参与

人 i 的收益是

$$\sum_{s\in S}\left(\prod_{j=1}^{I}\sigma_j(s_j)\right)u_i(s)$$

其中，规范而言 $u_i(\sigma)$ 这种记法在概念上不是很合适。注意，一种混合策略下参与人的收益是参与人 i 的混合概率 σ_i 的线性函数，这一点有很多重要的应用。还要注意到参与人的收益是策略组合的多项式函数，因此是连续的。最后要注意，混合策略集合包含纯策略，原因是其中也包含退化的概率分布。（当我们希望在考察中排除纯策略时，我们会讨论非退化的混合策略。）

例如，在图 1—1 中，参与人 1 的混合策略是一个向量（σ_1(U)，σ_1(M)，σ_1(D)），使得 σ_1(U)，σ_1(M) 和 σ_1(D) 非负，而且 $\sigma_1(\mathrm{U})+\sigma_1(\mathrm{M})+\sigma_1(\mathrm{D})=1$。组合 $\sigma_1=\left(\frac{1}{3},\frac{1}{3},\frac{1}{3}\right)$和 $\sigma_2=\left(0,\frac{1}{2},\frac{1}{2}\right)$下的收益为

$$\begin{aligned}u_1(\sigma_1,\sigma_2)&=\frac{1}{3}\left(0\times4+\frac{1}{2}\times5+\frac{1}{2}\times6\right)\\&\quad+\frac{1}{3}\left(0\times2+\frac{1}{2}\times8+\frac{1}{2}\times3\right)\\&\quad+\frac{1}{3}\left(0\times3+\frac{1}{2}\times9+\frac{1}{2}\times2\right)=\frac{11}{2}\end{aligned}$$

类似地，$u_2(\sigma_1,\sigma_2)=\frac{27}{6}$。

1.1.2 劣势策略

关于图 1—1 中描述的博弈将会如何进行是否有明确的预言呢？注意，无论参与人 1 如何行动，R 向参与人 2 提供的收益总是严格比 M 所提供的要高。用规范的术语说，策略 M 是严格劣的。因此，“理性”的参与人 2 不应采用 M。进一步，如果参与人 1 知道参与人 2 不会采用 M 的话，那么对他来说 U 是比 M 或 D 更好的选择。最后，如果参与人 2 知道参与人 1 了解参与人 2 不会采用 M，那么参与人 2 就会知道参与人 1 将采用 U，这样参与人 2 应采用 L。

以上所述的剔除过程被称为重复优势，或者更精确地，重复严格优势。[①] 在 2.1 节中我们会给出重复严格优势的规范定义，以及对经济例

① 重复剔除弱劣势策略参见 Luce and Raiffa（1957），Fahrquarson（1969）和 Moulin（1979）。

子的应用。这里，读者可能会担心重复严格优势后剩下的策略集合取决于策略被剔除的次序，但事实并不是这样。(关键在于，如果面对某种集合 D 中的所有对手策略时，策略 s_i 严格劣于策略 s_i'，那么面对 D 的任何子集中的所有对手策略，策略 s_i 严格劣于策略 s_i'。)

下一步，考察图 1—2 中展现的博弈。这里参与人 1 的策略 M 不劣于 U，原因是，如果参与人 2 采用 R，那么 M 比 U 要强；M 不劣于 D，原因是，如果参与人 2 采用 L，那么 M 比 D 要强。不过，如果参与人 1 以概率 1/2 采用 U，以概率 1/2 采用 D，那么无论参与人 2 如何行动，参与人 1 均可保证有 1/2 的期望收益，这超过了采用 M 所得到的收益 0。因此，一种纯策略可能严格劣于一个混合策略，即便它不劣于任何纯策略。

	L	R
U	2，0	−1，0
M	0，0	0，0
D	−1，0	2，0

图 1—2

我们将频繁地希望讨论在保持参与人对手的策略不变时单个参与人 i 策略的改变，为此，我们令

$$s_{-i} \in S_{-i}$$

表示除了 i 之外所有参与人的策略选择，并用

$$(s_i', s_{-i})$$

表示组合

$$(s_1, \cdots, s_{i-1}, s_i', s_{i+1}, \cdots, s_I)$$

类似地，对于混合策略我们令

$$(\sigma_i', \sigma_{-i}) = (\sigma_1, \cdots, \sigma_{i-1}, \sigma_i', \sigma_{i+1}, \cdots, \sigma_I)$$

定义 1.1　如果存在 $\sigma_i' \in \sum_i$ 使得

$$u_i(\sigma_i', s_{-i}) > u_i(s_i, s_{-i}), \qquad s_{-i} \in S_{-i} \tag{1.1}$$

则纯策略 s_i 对于参与人 i 来说是严格劣势的；如果存在 σ_i' 使得 (1.1) 中的不等式以弱不等式形式成立，而且至少对一个 s_{-i} 不等式严格成立，

则策略 s_i 是弱劣势的。

注意，对于给定的 s_i，当且仅当它对于对手的所有混合策略 σ_{-i} 也满足不等式（1.1）时，策略 σ_i' 对于对手的所有纯策略 s_{-i} 满足不等式（1.1）。原因是，对手采用混合策略时参与人 i 的收益是他在对手采用纯策略时参与人 i 收益的凸组合。

到现在为止，我们已经考察了劣势的纯策略。很容易看到，对劣势纯策略赋予正概率的混合策略是劣势的。不过，即便它仅对非劣势的纯策略赋予正概率，一个混合策略也有可能是严格劣势的。图 1—3 提供了一种例子，无论参与人 2 如何行动，以概率 1/2 采用 U 并以概率 1/2 采用 M 的期望收益为－1/2，这会严格劣于 D，尽管 U 和 M 均不是劣势策略。

	L	R
U	1，3	−2，0
M	−2，0	1，3
D	0，1	0，1

图 1—3

如果一个博弈可以通过重复严格优势求解，也就是说，每个参与人仅留下了单个策略，如图 1—1 中一样，那么获得的唯一策略组合就是预言博弈如何进行的一种明显候选。尽管这一候选常常是一种良好的预测，但并不一定就是这样，特别是在收益可取得极端值的情况下。当我们的学生被问到他们会如何进行图 1—4 中的博弈时，大约半数会选择 D，即便重复优势导致（U，L）是唯一解。关键在于，尽管在参与人 2 肯定不会使用劣势策略 R 时，U 比 D 好，但如果存在 1%的机会参与人 2 会采用 R，那么 D 就比 U 要好。（同样的经验主义显示我们的学生事实上总是采用 L。）如果（U，R）的损失不那么极端，例如只为－1，则结果是几乎所有的参与人 1 会选择 U，这时对 R 的担心就不那么强了。这个例子说明收益和策略空间是共同知识这一假设（在本试验中就是如此）的作用，以及“理性”（在不采用严格劣势策略的意义上）是共同知识这一假设的作用（在本试验中明显不是如此）。关键在于，某些博弈的分析，例如图 1—4 中所表现的，对参与人彼此作出的行为假设的不确定性非常敏感。这种“稳健性”检验——检验理论的预测如何随着模型的微小变化而变化——的思路将会在第 3、8 和 11 章中再次得到利用。

这里我们就可以说明博弈分析和单个参与人的决策分析之间的一种主要差异：在决策中，有单个决策者，他的唯一不确定性是“自然”的可能行动，而假设该决策者对于自然行动的概率具有确定的外生信念。在博弈中，存在多个决策者，参与人对他们对手的行动的预期不是外生的。这就导致一旦我们考虑到博弈中的一种变化会改变所有参与人的行动这一情况，来自决策论的许多人们所熟悉的比较静态的结论就不能扩展到博弈中去了。

	L	R
U	8，10	−100，9
D	7，6	6，5

图 1—4

例如考察图 1—5 中表现的博弈。这里参与人 1 的优势策略是 U，重复严格优势预言解是（U，L）。如果参与人 1 改变博弈，在 U 出现时减少参与人 1 的收益 2 个单位，也就是形成图 1—6 中显示的博弈，那是否会对参与人 1 有利呢？决策论认为，这种变化不会对参与人 1 有利，事实上如果我们将参与人 2 的行动固定在 L 上，那么这种变化不会对参与人 1 有利。因此，如果这种变化发生时参与人 2 不知道，则参与人 1 不会从这种收益减少中获利。然而，如果参与人 1 可以安排这种收益缩减发生，而且在参与人 2 选择其行动之前使参与人 2 意识到这一点，参与人 1 实际上会从中获利，原因是参与人 2 会意识到 D 是参与人 1 的更好选择，因此参与人 2 会采用 R，使参与人 1 获得收益 3 而不是 1。

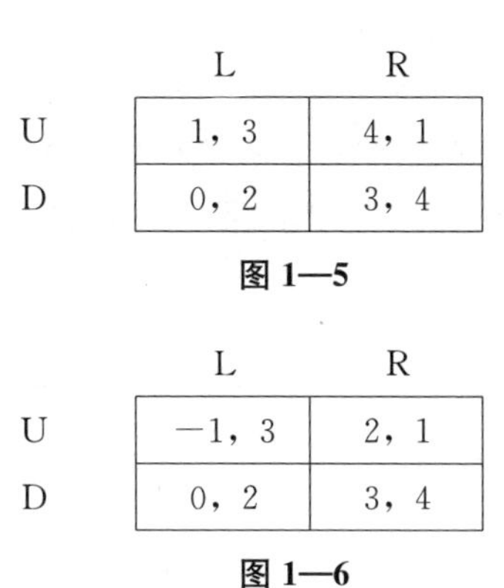

	L	R
U	1，3	4，1
D	0，2	3，4

图 1—5

	L	R
U	−1，3	2，1
D	0，2	3，4

图 1—6

如我们将要看到的，类似的观察结果也出现在如减少参与人的选择集合或者降低他的信息质量之类变化的时候：这样的变化不会在确定的决策问题中对参与人有利，但在博弈中可能会产生对手行动上对自己有利的效果。在使用重复优势和研究博弈均衡时这一点同样成立。

1.1.3 剔除劣势策略的应用

在这一节中我们展示两种传统博弈，其中单轮剔除劣势策略将每个参与人的策略集合削减到单个纯策略。第一个例子使用了剔除严格劣策略，第二个例子使用了剔除弱劣势策略。

例 1.1　囚徒困境

在著名的"囚徒困境"博弈中，一轮剔除严格劣势策略就提供了唯一答案，这一博弈展现在图 1—7 中。博弈背后的故事是，两个人因为一桩罪行而被捕。警方缺少充分的证据来对两个嫌疑犯定罪，因此需要他们彼此提供证词。警方让两个嫌疑犯处于不同房间以防止他们串供。警方告诉每个嫌疑犯，如果他证明另一个嫌疑犯有罪（不与另一方合作），在另一方没有提供他有罪的证词时他会获得释放，并得到作证的奖励。如果两个嫌疑犯都不提供证词，则由于证据不足，两个人都将释放，也不会得到奖励。如果一个人作证，则另一方会被判入狱；如果两个人均作证，那么他们都会入狱，但同时也会得到作证的奖励。在这个博弈中，两个参与人同时在两个行动中选择。如果两个参与人采用合作(C，表示不作证)，他们每人得到 1。如果他们均表现为不合作（D，表示背叛)，他们得到 0。如果一方合作另一方不合作，则后者获得奖励(得到 2) 而前者受罚（得到－1)。尽管合作会为每个参与人提供收益 1，但自利行为导致收益为 0 的无效率结果。(对于认为这一结论不合理的读者来说，我们的反应是，他们的直觉可能涉及的是不同的博弈——其中可能参与人在背叛时"有罪恶感"，或者他们害怕背叛会带来未来的不利后果。如果这里的博弈重复进行，其他结果可以成为均衡；这将在第 4、5 章和第 9 章中加以讨论。)

	C	D
C	1，1	−1，2
D	2，−1	0，0

图 1—7

囚徒困境的许多版本出现在社会科学领域。一个例子是团队中的道德风险行为。假设存在两个工人，$i=1, 2$，每个人可以"工作"($s_i=1$) 或

"偷懒"（$s_i=0$）。团队的总产出是 4（s_1+s_2），并在两个工人中平均分配。每个工人在工作时承担私人成本 3，在偷懒时私人成本为 0。用 C 表示"工作"，D 表示"偷懒"，那么这种团队中的道德风险行为的收益矩阵就是图 1—7，而"工作"对每个参与人来说都是一个严格劣势策略。

例 1.2　二级价格拍卖

一个卖主有一个不可分单位的标的要出售。有 I 个潜在的买主或者说投标者，他们对标的的估价是 $0\leqslant v_1\leqslant\cdots\leqslant v_I$，而且这些估价是共同知识。投标者同时选择投标 $s_i\in(0,+\infty)$，最高的投标者赢得标的，并支付第二高的投标金额［也就是说，如果他赢得投标（$s_i>\max_{j\neq i}s_j$），投标者 i 会获得效用 $u_i=v_i-\max_{j\neq i}s_j$］，而其他投标者没有支出（因此效用为 0）。如果多个投标者投出最高价格，则商品在他们之间随机分配。（决定分配的确切概率并不重要，原因是赢家和输家具有同样的剩余，也就是 0。）

对于每个参与人来说，以他的估价进行投标的策略（$s_i=v_i$）弱优于所有其他策略。令 $r_i\equiv\max_{j\neq i}s_j$。首先设 $s_i>v_i$，如果 $r_i\geqslant s_i$，则投标者 i 获得效用 0，而这一效用可以通过以 v_i 投标来获得。如果 $r_i\leqslant v_i$，投标者 i 获得效用v_i-r_i，这再一次是他通过以 v_i 投标获得的效用。如果 $v_i<r_i<s_i$，则投标者 i 具有效用 $v_i-r_i<0$；如果他投标 v_i，则他的效用会是 0。对于 $s_i<v_i$ 有类似的推理：当 $r_i\leqslant s_i$ 或 $r_i\geqslant v_i$ 时，在投标者以 v_i 而不是 s_i 投标时效用不会改变。不过，如果 $s_i<r_i<v_i$，投标者会由于出价过低而损失了正效用。

因此，可以合理地预言，在二级价格拍卖中，投标者会以他们的估价进行投标。因此，投标者 I 会赢得标的，并得到效用 v_I-v_{I-1}。还要注意，由于以估价出价是一种优势策略，所以投标者是否具有关于彼此估价的信息并不重要。因此，如果投标者知道他们自己的估价但不知道其他投标者的估价（参见第 6 章），每个投标者以估价出价仍然是一种优势策略。

1.2　纳什均衡†

不幸的是，人们感兴趣的许多博弈（即便不是绝大多数）不能通过重复严格优势来进行求解。与之相反，纳什均衡解的概念具有在广泛类型的博弈中均存在的优点。

1.2.1 纳什均衡的定义

纳什均衡是一种策略组合，使得每个参与人的策略是对其他参与人策略的最优反应。

定义 1.2 混合策略组合 σ^* 是一种纳什均衡，如果对于所有参与人 i 有

$$u_i(\sigma_i^*, \sigma_{-i}^*) \geqslant u_i(s_i, \sigma_{-i}^*), \qquad s_i \in S_i \tag{1.2}$$

纯策略纳什均衡是满足同样条件的纯策略组合。由于期望效用是“概率的线性函数”，所以如果一个参与人在纳什均衡中使用了非退化的混合策略（赋予多于一个纯策略以正概率），则他对于赋予正概率的所有纯策略会是无差异的。[这种线性也就是为什么在（1.2）式中检查是否没有参与人具有有利可图的纯策略偏离就足够了的原因。]

如果一种纳什均衡中每个参与人具有对对手策略的唯一最优反应，那么这种纳什均衡被称为是严格的（Harsanyi，1973b）。也就是说，当且仅当它是一种纳什均衡时 s^* 是一种严格均衡，而且对于所有 i 和所有 $s_i \neq s_i^*$ 有

$$u_i(s_i^*, s_{-i}^*) > u_i(s_i, s_{-i}^*)$$

根据定义，严格均衡必然是纯策略均衡。当收益函数受到轻微扰动时，由于严格不等式仍然得到满足，所以严格均衡也得到满足。①②

和参与人对于均衡策略与非均衡反应无差异的均衡相比，严格均衡可能看上去更引人注目，在前一种均衡中我们可能会疑惑为何参与人选择遵从均衡。同时，严格均衡对于博弈性质的多种小变动是稳健的，这将在第 11 章和第 14 章讨论。不过，严格均衡不一定存在，如同例 1.6

---

① 海萨尼（Harsanyi）称之为“强”均衡；我们使用术语“严格”来避免与奥曼（Aumann）在 1959 年的“强均衡”定义发生混淆——参见第 23 页注释①。

② 一个均衡被称为是拟严格的，条件是在均衡中对对手策略的每个纯策略最优反应均属于均衡策略的支撑集：如果 $\{\sigma_i^*\}_{i\in\varphi}$是一个纳什均衡，而且对于所有 i 和 s_i，有：

$$u_i(s_i, \sigma_{-i}^*) = u_i(\sigma_i^*, \sigma_{-i}^*) \Rightarrow \sigma_i^*(s_i) > 0$$

则 $\{\sigma_i^*\}_{i\in\varphi}$是一个拟严格均衡。

硬币配对中的均衡是拟严格的，但有些博弈具有并非拟严格的均衡。图 1—18b 中 $\lambda=0$ 时博弈有两个纳什均衡，（U，L）和（D，R）。均衡（U，L）是严格的，但均衡（D，R）甚至不是拟严格的。海萨尼（Harsanyi，1973b）指出，对于“几乎所有博弈”，所有的均衡均是拟严格的（也就是说，拥有非拟严格均衡的所有博弈的集合是策略型收益向量的欧式空间中测度为 0 的闭集）。

中的“硬币配对”博弈所显示的：该博弈唯一的均衡是（非退化的）混合策略均衡，而（非退化）混合策略不可能是严格的。[1] [即便纯策略均衡也不一定是严格的；一个例子是图1—18中 $\lambda=0$ 时的组合(D，R)。]

为了对纳什均衡的思想脉络有清晰的了解，要注意它蕴涵在了以往历史上最早加以研究的两个博弈中，也就是垄断竞争的古诺（Cournot，1838）模型和伯特兰（Bertrand，1883）模型。在古诺模型中，企业同时选择它们将生产的产量，而后它们以市场出清价格销售。（这一模型并没有确定价格是如何决定的，但将其思考为由一个瓦尔拉斯投标人进行选择以使总产出和总需求相等是有帮助的。）在伯特兰模型中，企业同时选择价格，而后在价格已知的情况下必须生产出足够的产量来满足需求。在这两个模型中，均衡由所有企业选择对它们对手预期行动的最优反应这一条件来决定。一般惯例是分别称这两个模型的均衡为“古诺均衡”和“伯特兰均衡”，但更有益的是将它们视为两个不同博弈的纳什均衡。我们将在以后介绍“斯塔克伯格均衡”和“开环均衡”，它们最好也被视为是不同博弈的均衡的缩略称呼。

纳什均衡是关于博弈将会如何进行的“一致”预测，意思是，如果所有参与人预测特定纳什均衡会出现，那么没有参与人有动力采用与均衡不同的行动。因此纳什均衡（也只有纳什均衡）具有这一性质，参与人能预测到它，预测到他们的对手也会预测到它，如此继续。与之相反，任何固定的非纳什组合如果出现就意味着至少有一个参与人“犯了错”，或者是在对对手行动的预测方面犯了错，或者是（给定那种预测）在最优化自己的收益时犯了错。

我们并不是坚持说这种错误永远不会发生。事实上，在一些特定局势中很有可能会发生错误，然而对其进行预测要求博弈理论研究者对于博弈的结果知道得比参与者知道得更多。这也就是博弈论的绝大多数经济应用将注意力集中在纳什均衡上的原因。

纳什均衡通过了一致预测检验并不意味着它们是好的预测，在一些局势中如果认为可以获得精确预测则显得过于轻率，对此我们想提请注意一个事实，博弈的最可能结果实际上取决于比策略式所提供的更多的信息。例如，可能希望知道参与人对于此类博弈具有多少经

[1] 注意，混合策略均衡中参与人必然会从他赋予正概率的每种纯策略中得到同样的期望收益。

验，他们是否来自同一种文化从而分享关于博弈将会如何进行的特定期望，等等。

当剔除一轮严格劣势策略导致唯一策略组合 $s^*=(s_1^*, \cdots, s_I^*)$ 时，这一策略组合必然是一个纳什均衡（实际上是唯一的纳什均衡）。这是因为任何策略 $s_i \neq s_i^*$ 必然劣于 s_i^*。特别地，

$$u_i(s_i, s_{-i}^*) < u_i(s_i^*, s_{-i}^*)$$

因此，s^* 是一种纯策略纳什均衡（事实上是一种严格均衡）。特别地，不合作是例 1.1 的囚徒困境中唯一的纳什均衡。[①]

我们在 2.1 节中指出，同样的性质对于重复优势成立。也就是说，如果单个策略组合在重复剔除严格劣势策略后遗留下来，那么它是博弈的唯一纳什均衡。

反之，任何纳什均衡策略组合必须仅仅在没有严格劣势策略上（或者，更一般地，在重复剔除严格劣势策略后遗留下来的策略上）赋予权重，原因是参与人总是可以通过将劣势策略替代为优于它的策略而增加自身的收益。不过，纳什均衡可以对弱劣势策略赋予正概率。

1.2.2 纯策略均衡的例子

例 1.3　古诺垄断竞争模型

这里请读者回忆生产同质产品的古诺垄断竞争模型。策略是产量。企业 1 和企业 2 同时从可行集 $Q_i=[0, \infty)$ 中选择它们各自的产出水平 q_i。它们在市场出清价格 $p(q)$ 下出售它们的产出，其中 $q=q_1+q_2$。企业 i 的生产成本为 $c_i(q_i)$，而企业 i 的总利润为

$$u_i(q_1, q_2) = q_i p(q) - c_i(q_i)$$

可行集 Q_i 和收益函数 u_i 确定了博弈的策略形式。"古诺反应函数" $r_1: Q_2 \to Q_1$ 和 $r_2: Q_1 \to Q_2$ 确定了对于每个企业来说对手每种固定产出水平下的最优产量。如果 u_i 是可微和严格凸的，而且满足合适的边界条件[②]，我们可以

① 同样的推理显示，如果在进行了一轮弱劣势策略的剔除后剩下唯一策略组合，那么这一策略组合是纳什均衡。因此，在二级价格拍卖（例 1.2）中以估价投标是一个纳什均衡。

② "合适的边界条件"指每个企业的最优反应在可行集 Q_i 内部的充分条件。例如，如果所有正产量是可行的（$Q_i=[0, +\infty)$），对于所有 q 有 $p(q)-c_2'(0)>0$ [这一般意味着 $c_2'(0)=0$] 就足以使 $r_2(q_1)$ 对所有 q_1 是严格正的，而 $\lim_{q\to\infty} p(q)+p'(q)q-c_2'(q)<0$ 足以使 $r_2(q_1)$ 对所有 q_1 是有限的。

用一阶条件来求解这些反应函数。例如，$r_2(\cdot)$ 满足

$$p(q_1 + r_2(q_1)) + p'(q_1 + r_2(q_1))r_2(q_1) - c_2'(r_2(q_1)) = 0 \quad (1.3)$$

两个反应函数 r_1 和 r_2 的交点（如果存在的话）是古诺博弈的纳什均衡：在给定对手产量水平的情况下，没有一个企业能通过改变产量而获益。

作为实例，对于线性需求 $[p(q) = \max(0, 1-q)]$ 和对称线性成本 $[c_i(q_i) = cq_i$，其中 $0 \leqslant c \leqslant 1]$，企业 2 由（1.3）式给出的反应函数为（在相关区域上）

$$r_2(q_1) = \frac{1 - q_1 - c}{2}$$

根据对称性，企业 1 的反应函数为

$$r_1(q_2) = \frac{1 - q_2 - c}{2}$$

纳什均衡满足 $q_2^* = r_2(q_1^*)$ 和 $q_1^* = r_1(q_2^*)$ 或 $q_1^* = q_2^* = \frac{1-c}{3}$。

例 1.4　霍特林价格竞争模型

考察霍特林（Hotelling，1929）关于线上空间差异的模型。一个长度为 1 的线性城市位于横坐标线上，消费者在这一区间上以密度 1 均匀分布。有两个商场（企业）位于城市的两端，它们销售同样的商品。企业 1 在 $x=0$ 处，企业 2 在 $x=1$ 处。每个商场的单位成本是 c。消费者承担每单位距离的交通成本为 t，他们具有单位需求，当且仅当两个商场的最小总价格（价格加上交通成本）不超过一定数目 $\bar{s}$ 时，他们购买一个单位产品。如果价格“不是太高”，对企业 1 的需求等于发现从企业 1 购买更为便宜的消费者的数量。令 p_i 为企业 i 的价格，对企业 1 的需求由下式给出：

$$D_1(p_1, p_2) = x$$

其中

$$p_1 + tx = p_2 + t(1-x)$$

或者

$$D_1(p_1, p_2) = \frac{p_2 - p_1 + t}{2t}$$

以及

$$D_2(p_1, p_2) = 1 - D_1(p_1, p_2)$$

设价格同时选择，纳什均衡是一种组合（p_1^*，p_2^*），使得对于每个参与人 i，

$$p_i^* \in \arg\max_{p_i}\{(p_i - c)D_i(p_i, p_{-i}^*)\}$$

例如，企业 2 的反应曲线 $r_2(p_1)$（在相关区域中）由下式给出：

$$D_2(p_1, r_2(p_1)) + [r_2(p_1) - c]\frac{\partial D_2}{\partial p_2}(p_1, r_2(p_1)) = 0$$

在我们的例子中，纳什均衡由 $p_1^* = p_2^* = c + t$ 给出（而且只要 $c + \frac{3t}{2} \leqslant \bar{s}$，以上分析就有效）。

例 1.5　多数投票

有三个参与人 1，2 和 3，以及三种选项 A，B 和 C。参与人同时选择一种选项投票：不允许弃权。因此，策略空间是 $S_i = \{A, B, C\}$。获得最大票数的选项赢得投票；如果没有选项能获得多数，则选项 A 被选中。收益函数是：

$$u_1(A) = u_2(B) = u_3(C) = 2$$
$$u_1(B) = u_2(C) = u_3(A) = 1$$
$$u_1(C) = u_2(A) = u_3(B) = 0$$

这一博弈具有三个纯策略均衡结果：A，B 和 C。存在更多均衡：如果参与人 1 和 3 投票选择结果 A，则参与人 2 的投票不会改变结果，而参与人 3 对自己如何投票无差异，因此，组合（A，A，A）和（A，B，A）均是纳什均衡，结果为 A。[组合（A，A，B）不是纳什均衡，原因是如果参与人 3 投票 B，则参与人 2 也会偏好于投票 B。]

1.2.3　纯策略均衡不存在

并非所有的博弈均有纯策略纳什均衡，以下就是这样的两个博弈例子，其中唯一的纳什均衡是（非退化的）混合策略均衡。

例 1.6　硬币配对

纯策略纳什均衡不存在的一个简单实例是“硬币配对”（见图 1—8）。参与人 1 和 2 同时选择出示正面（H）或者背面（T）。如果出示相同，则

参与人 1 获得一个单位效用，而参与人 2 损失一个单位效用。如果出示不同，则参与人 2 赢得效用，而参与人 1 损失效用。如果预测的结果是出示会相同，则参与人 2 会有偏离的动机，同时参与人 1 会倾向于偏离出示不同的任何预测。唯一的“稳定”局势是每个参与人在他的两种纯策略上随机化，对每种纯策略赋予相同的概率。为了看到这一点，注意如果参与人 2 在 H 和 T 上进行$\frac{1}{2}-\frac{1}{2}$的随机化，则参与人 1 的收益在采用 H 时为 $1/2\times 1+1/2\times(-1)=0$，采用 T 时为 $1/2\times(-1)+1/2\times 1=0$。在这种情况下，参与人 1 对他的可能选择完全无差异，从而愿意自己进行随机化。

	H	T
H	1，−1	−1，1
T	−1，1	1，−1

图 1—8

这就产生了一个问题，当参与人知道混合策略的支撑集中的任何纯策略均会提供同样好的结果时，为何他要费心采用一种混合策略。在硬币配对中，如果参与人 1 知道参与人 2 会以同等概率在 H 和 T 之间随机化，那么参与人 1 从所有可能选择中得到的期望价值均为 0。他一直采用 H 会得到同样的结果，但如果这一点被参与人 2 预料到，那么均衡就会瓦解。1.2.5 小节表述了对混合策略的一种辩护意见，即混合策略表示使用不同纯策略的大量参与人。不过，如果我们坚持只有一个“参与人 1”，那么这种解释就不适用。海萨尼（Harsanyi，1973a）提出了另一种辩护，认为“混合”可以解释为参与人收益上微小的不可观测变动的结果。这样，在我们的例子中，有时参与人 1 可能更偏好于在 T 上配对而不是在 H 上配对，有时又相反。因此，对于其收益的每种取值，参与人 1 会采用一种纯策略。这种混合策略均衡的“纯化”将在第 6 章中加以讨论。

例 1.7　监察博弈

“硬币配对”博弈的一种流行变种是“监察博弈”，它可以应用于武器控制、犯罪预防和工人激励。这一博弈的简单版本展现在图 1—9 中。一个代理人（参与人 1）为一个委托人（参与人 2）工作。代理人可以偷懒（S）或工作（W）。工作会使代理人花费成本 g，为委托人产生价值为 v 的产出。委托人或者监察（I）或者不监察（NI）。监察要花费委托人成本 h，但可以提供参与人 1 是否偷懒的证据。委托人向代理人支付工资 w，除非他有证据证明代理人在偷懒。（委托人不允许根据观测产出水平来条件化工资。）

如果代理人被抓住在偷懒，则他得到 0（由于有限责任）。两个参与人同时选择他们的策略（特别地，委托人在决定是否监察时不知道代理人是否会选择偷懒）。为了限制要考察的情形数量，假设 $g>h>0$。为了使分析更有趣，我们还假设 $w>g$（否则工作对于代理人来说会是一个弱或严格劣势策略）。

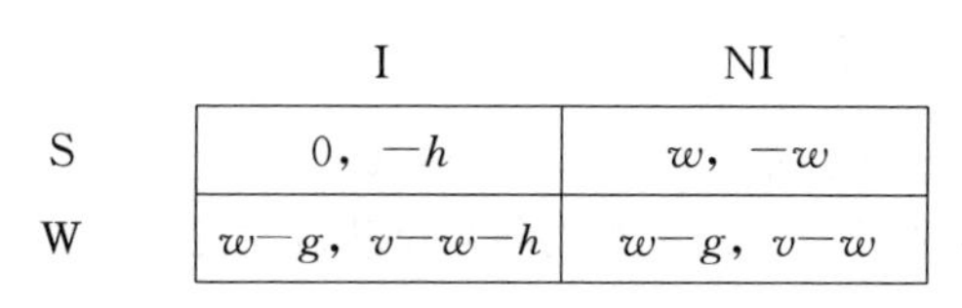

	I	NI
S	$0,\ -h$	$w,\ -w$
W	$w-g,\ v-w-h$	$w-g,\ v-w$

图 1—9

在监察博弈中没有纯策略纳什均衡：如果委托人不监察，代理人严格偏好于偷懒，因此 $w>h$ 时委托人最好监察。另一方面，如果委托人在均衡中以概率 1 监察，则代理人偏好于工作（由于 $w>g$），这意味着委托人不监察更好。因此，委托人在均衡中必须采用一种混合策略。类似地，代理人也必须随机化。令 x 和 y 分别表示代理人偷懒和委托人监察的概率。为了使代理人在偷懒和工作之间无差异，必须有从偷懒中获得的收益（g）等于收入的期望损失（yw）。为了使委托人对监察和不监察无差异，监察成本（h）必须等于期望工资节省（xw）。因此，$y=g/w$ 和 $x=h/w$ [x 和 y 均属于 (0，1)]。①

1.2.4　多重纳什均衡、聚点和帕累托最优

许多博弈具有多个纳什均衡。出现这种情况时，假设纳什均衡被采用有赖于存在某种机制或过程导致所有参与人均预期到同样的均衡。

多重均衡的一个著名博弈例子是“性别战”，如图 1—10a 所示。

---

① 基于这一结论，可以计算最优合同，也就是最大化委托人期望收益的 w，期望收益为

$$v(1-x)-w(1-xy)-hy=v(1-h/w)-w$$

因此最优工资是 $w=\sqrt{hv}$（假设 $\sqrt{hv}>g$）。注意委托人如果“承诺”维持特定的监察水平就会得到更好的结果。为了看到这一点，考察另一种不同的博弈，其中委托人首先行动，选择一种监察概率 y，代理人在观察到后选择是否偷懒。对于给定的 w（$>g$），委托人可以选择 $y=g/w+\varepsilon$，其中 ε 是一个任意小的正数。之后代理人会以概率 1 工作，而委托人具有（近似）收益：

$$v-w-hg/w>v(1-h/w)-w$$

从技术上讲，承诺行动消除了约束 $xw\geqslant h$（也就是说后验地值得监察）。（关键之处是委托人承诺以概率 y 进行监察。如果确定是否监察的“掷硬币”不是公开的，则委托人由于知道代理人会工作，所以具有后验激励不进行监察。）这一推理在第 3 章中会更加熟悉。参见第 5 章和第 10 章关于重复博弈如何能使得一次博弈时不可信的承诺可信的讨论。

“性别战”背后的故事是，两个参与人希望共同参与一种活动，但在去看足球比赛还是芭蕾上意见不一。每个参与人如果去看他或她希望的项目则得到效用2，如果去看另一方希望的项目则得到效用1，如果两人不能达成一致从而留在家里或单独从事一项活动就得到效用0。图1—10b表现了一个紧密相关的博弈，名为“斗鸡”或“鹰鸽”博弈。（第4章讨论了一种相关的动态博弈，也称为“斗鸡”博弈。）故事的一种版本是，两个参与人相遇在一座独木桥上，每个人要选择是通过还是让对方先过。如果两个人都选择T（表示“强硬”），则他们在桥中间发生冲突，每个人得到效用－1；如果两个人均选择W（表示“示弱”），则他们等待而得到效用0；如果一个参与人选择T而另一个选择W，那么强硬的参与人首先通过，得到2，示弱的参与人得到效用1。在过桥故事中，“鸡”是“胆小鬼”的俚语。（进化生物学家称这一博弈为“鹰鸽博弈”，原因是他们将策略T解释为“鹰派”，而将策略W解释为“鸽派”。）

	B	F
F	0，0	2，1
B	1，2	0，0

a

	T	W
T	－1，－1	2，1
W	1，2	0，0

b

图1—10

尽管图1—10a和图1—10b描述的是不同类型的局势，但两个博弈是非常相似的。每个博弈均有三种均衡：两个是纯策略均衡，分别具有收益（2，1）和（1，2），还有一个是混合均衡。在性别之争中，混合策略是参与人1以概率2/3采用F（而以概率1/3采用B），参与人2以概率2/3采用B（而以概率1/3采用F）。为了获得这些概率，我们求解参与人在两种策略之间无差异的条件。这样，如果x和y分别表示参与人1采用F和参与人2采用B的概率，则参与人1在F和B之间无差异等价于

$$0\cdot y+2\cdot(1-y)=1\cdot y+0\cdot(1-y)$$

或者

$$y=\frac{2}{3}$$

类似地，为了使参与人 2 在 B 和 F 之间无差异，必须有

$$0\cdot x+2\cdot(1-x)=1\cdot x+0\cdot(1-x)$$

或者

$$x=\frac{2}{3}$$

在图 1—10b 的斗鸡博弈中，混合策略均衡是参与人 1 和参与人 2 均以概率 1/2 采用强硬策略。

如果两个参与人以往没有进行过性别之争博弈，很难了解正确的预测应该是什么，原因是没有明显的方式使参与人来协调他们的预期。在这种情况下我们如果看到结果（B，F）并不会吃惊。[如果（B，F）最后是“正确”的预测，也就是它几乎每次都发生，我们仍然会感到吃惊。] 不过，谢林（Schelling，1960）关于“聚点”的理论认为，在一些“现实生活”局势中参与人可能能够使用策略式省略掉的信息来在特定均衡上协同。例如，策略的名称可能具有某种共同理解的“凝聚”力量。例如，假设两个参与人被要求指定一个确切时间，如果选择吻合就有奖励。这里“中午 12 点”是聚点而“下午 1 点 43 分”就不是。博弈论略去这些考虑的一个原因是多种策略的“聚点性”取决于参与人的文化和以往经验。因此，在汽车交通流向中，在“左”和“右”之间选择时聚点可能随着不同的国家而不同。

多重均衡的另一个例子是我们本章开头说的猎鹿博弈，其中每个参与人要选择是自己猎兔还是参加一个团体来猎鹿。现在假设有 I 个参与人，无论其他参与人的行动如何，选择猎兔则提供收益 1，选择猎鹿则在所有参与人猎鹿时提供收益 2，否则收益为 0。这一博弈有两个纯策略均衡：“所有人猎鹿”和“所有人猎兔”。不过，仍然不清楚应预测存在何种均衡。只有两个参与人时，只要单个对手以不小于 1/2 的概率猎鹿，则猎鹿更好，而给定“均猎鹿”是有效的，会判断对手很可能猎鹿。然而，在有 9 个参与人时，只有在至少有 1/2 的概率所有 8 个对手采用猎鹿策略时，猎鹿才是最优的；如果每个对手以独立于其他人的概率 p 猎鹿，那么这要求 $p^8\geqslant 1/2$，或者说约有 $p\gtrsim 0.93$。按海萨尼和泽

尔滕的术语来说，"所有人猎兔"风险优于"所有人猎鹿"。[1]［关于规范定义参见 Harsanyi and Selten (1988)。在对称 2×2 博弈中——也就是每个参与人具有两种策略的对称双人博弈——如果两个参与人在他们的预测是对手以 $\frac{1}{2}-\frac{1}{2}$ 的概率随机化时，均严格偏好于同样的行动，则两个参与人均采用该行动的策略组合是风险优势均衡。］

尽管风险优势因此说明帕累托优势均衡并不一定总是被采用，有时有观点认为，如果参与人在博弈之前能够彼此交流，则他们实际上会协同实现帕累托优势均衡（如果存在的话）。这一论点的直觉是，尽管参与人不能承诺自己会采用他们声称要采用的行动，但预先交流使参与人彼此保证了采用帕累托优势均衡策略的低风险。尽管预先交流可能事实上使得帕累托优势均衡更有可能在猎鹿博弈中出现，但仍不清楚它是否在一般情况下有这样的功能。

考察图 1—11 中所示的博弈（来自 Harsanyi and Selten，1988）。这一博弈有两个纯策略均衡［(U，L) 具有收益 (9，9)，(D，R) 具有收益 (7，7)］以及一个收益甚至更低的混合均衡。均衡 (U，L) 相对于其他均衡具有帕累托优势，它是否是关于博弈如何进行的最合理预测呢？

	L	R
U	9，9	0，8
D	8，0	7，7

图 1—11

首先假设参与人在博弈前不进行交流。那么在 (U，L) 的帕累托有

[1] 在经济学文献中曾讨论过非常类似的博弈，其中被称为"协作失灵"。例如，戴蒙德 (Diamond，1982) 考察了一个博弈，其中两个参与人必须决策是否生产一个单位的某种产品，这种产品他们自己不能消费，只能寄希望于和另一个参与人生产的产品交易。消费导致 2 个单位的效用，生产成本为 1 个单位。只有在两个参与人均生产的情况下交易才会发生。不生产导致效用为 0；在对手生产时生产导致效用为 1，否则为 −1。这一博弈正好是两个参与人情形的"猎鹿博弈"。在更多参与人时两个博弈会有所不同，原因是生产的收益可能不等于 2，而是：

$$2\times（对手中进行生产的数目）/（对手总数）-1$$

假设一个交易者随机和另一个交易者配对，后者可能生产也可能不进行生产。关于采用新技术时网络外部性的文献（例如 Farrell and Saloner，1985）是经济学中协作问题的更近期研究。例如，如果所有参与人均采用新技术，则所有人均获益；但如果少于半数的参与人进行转换，则每个人维持旧技术就更好。

效性可能倾向于使它成为一个聚点的同时，对于参与人 1 来说，采用 D 安全得多，原因是它保证 7 的收益，无论参与人 2 如何行动，参与人 1 如果判断 R 的概率大于 1/8 的话那么他应该采用 D［这样（D，R）具有风险优势］。更进一步，参与人 1 知道参与人 2 如果相信 D 的概率大于 1/8 则会采用 R。在这种情况下我们不能肯定会出现何种预测结果。

如果我们假设参与人在他们博弈前能够会面和交流，则（U，L）是否更有说服力呢？奥曼（Aumann，1990）认为，答案是不。假设参与人会面并彼此保证自己会采用（U，L）。参与人 1 是否应相信参与人 2 的表面保证呢？如奥曼所观察的，无论参与人 2 自己如何行动，如果参与人 1 采用 U 则参与人 2 就会获益；因此，无论参与人 2 计划如何行动，他都应告诉参与人 1 自己意欲采用 L。这样，就不清楚参与人是否应期望他们的保证会得到相信，这意味着（D，R）可能仍然是最终结果。因此，即便有预先交流，（U，L）也并不会是必然结果，尽管它比不交流时更有可能会出现。

帕累托优势均衡思路中的另一个难题在于多于两个参与人的博弈中产生的自然预测。考察图 1—12 中展现的博弈（来自 Bernheim，Peleg and Whinston，1987），其中参与人 1 在行中选择，参与人 2 在列中选择，而参与人 3 在矩阵中选择。［海萨尼和泽尔滕（Harsanyi and Selten，1988）提供了一个紧密相关的例子，其中参与人 3 在参与人 1 和参与人 2 之前行动。］这一博弈有两个纯策略纳什均衡，（U，L，A）和（D，R，B），以及一个混合策略均衡。伯恩翰姆、佩莱格和温斯顿（Bernheim，Peleg and Whinston）不考虑混合策略，所以我们暂时将注意力集中在纯策略上。均衡（U，L，A）相对于均衡（D，R，B）具有帕累托优势。（U，L，A）是否是明显的聚点呢？想象这是预期的解，将参与人 3 的选择保持不变，这就导致参与人 1 和参与人 2 之间的一种双人博弈。在这一双人博弈中，（D，R）是帕累托优势均衡！因此，如果参与人 1 和参与人 2 预期参与人 3 会采用 A，而且他们可以在矩阵 A 中的帕累托偏好均衡上协同他们的行动，则他们应该这样做，从而颠覆“好的”均衡（U，L，A）。

A

	L	R
U	0，0，10	−5，−5，0
D	−5，−5，0	1，1，−5

B

	L	R
U	−2，−2，0	−5，−5，0
D	−5，−5，0	−1，−1，5

图 1—12

作为对这一例子的反应，伯恩翰姆、佩莱格和温斯顿提出抗联盟均衡的思路，作为帕累托优势均衡的协作思路向具有多于两个参与人的博弈进行扩展的一种方法。[①]

这里对我们关于多重均衡的论述加以总结：尽管某些博弈具有为自然预测的聚点，但博弈论缺少有说服力的一般性论述说明某种纳什结果将会出现。[②] 不过均衡分析证明对经济学家是有用的，故而我们在本书中将注意力集中在均衡上。[第 2 章讨论伯恩翰姆和皮尔斯（Pearce）的“可理性化”概念，它考察不必采用均衡概念就可以进行的预测。如我们将要看到的，可理性化和重复严格优势紧密相连。]

1.2.5　作为学习和进化结果的纳什均衡

到目前为止，我们提出优势、重复优势和纳什均衡等解的概念的方法是假设参与人通过内省和演绎作出关于他们对手行动的预测，其中使用到他们关于对手收益的知识、对手是理性的这一知识、每个参与人知道其他人知道这些事，以及“共同知识”所蕴涵的无限回归等所有此类知识。

解释参与人如何预测其对手行为的另一种内省方法是，假设参与人从他们对以往“类似博弈”进行的观察而外推，这些博弈或者是和他们当前的对手进行的，或者是和“类似”[③] 的对手进行的。在本节末，我们将讨论内省和外推在对参与人关于彼此所具有信息的假设性质上有何不同。

使用学习类型的调整过程来解释均衡的思路可回溯到古诺，他提出

---

① 抗联盟均衡的定义随着联盟规模上的递归而展开。首先要求没有单参与人联盟可以偏离，也就是说，给定策略是一种纳什均衡。而后要求没有双参与人联盟可以偏离，一旦这样的偏离“发生”，则偏离的参与人中的任何一个（但其他参与人不）能够再次偏离。也就是说，双参与人偏离必然是由保持其他人策略不变产生的双人博弈中的纳什均衡。通过这样的方法可以递进到所有参与人的联盟。显然，（U，L，A）不是抗联盟均衡；简单的检查显示（D，R，B）是抗联盟均衡。

抗联盟均衡是奥曼（Aumann，1959）的“强均衡”的一种弱化，强均衡要求没有参与人子集能够在其他参与人行动给定情况下联合偏离从而提高其所有成员的收益。由于这一要求适用于所有参与人的全联盟，所以强均衡必须是帕累托有效的，在这一点上和抗联盟均衡不同。在图 1—12 中不存在强均衡。

② 奥曼（Aumann，1987）认为“海萨尼学说”（根据这一学说，所有参与人的信念必须和来自共同先验的贝叶斯更新相一致）意味着贝叶斯理性的参与人必然会预测一种“相关均衡”（2.2 节中定义的纳什均衡扩展概念）。

③ 当然内省和外推之间的区别不是绝对的。可以假设内省会导致外推很可能有效的思想，或者反之，以往经验显示内省很可能得到正确的预测。

了一种过程，这种过程可能引导参与人采用古诺-纳什均衡结果。在古诺调整过程中，参与人反复设定他们的产量，每个参与人所选择的产量是对其对手在前一阶段选择产量的最优反应。因此，如果参与人 1 首先在阶段 0 中行动，并选择 q_1^0，则参与人 2 在阶段 1 的产量是 $q_2^1=r_2(q_1^0)$，其中 r_2 是例 1.3 中定义的古诺反应函数。继续迭代这一过程，

$$q_1^2=r_1(q_2^1)=r_1(r_2(q_1^0))$$

这一过程可能终结在一种稳定状态上，其中产量水平是常数，不过事情也并不一定如此。如果这一过程收敛于（q_1^*，q_2^*），则 $q_2^*=r_2(q_1^*)$ 和 $q_1^*=r_1(q_2^*)$，从而稳定状态是一种纳什均衡。

如果这一过程使得足够接近于特定稳定状态的所有初始数量均收敛到那种状态，那么我们说这一稳定状态是渐近稳定的。作为渐近稳定均衡的一个例子，考察古诺博弈，其中，$p(q)=1-q$，$c_i(q_i)=0$，可行集是 $Q_i=[0,1]$。这一博弈的反应曲线是 $r_i(q_j)=(1-q_j)/2$，而唯一的纳什均衡是反应曲线的交点，也就是点 A=(1/3，1/3)。图 1—13 表现了初始条件 $q_1^0=1/6$ 下的古诺调整过程或反复试验过程。这一过程从每个开始点均收敛到纳什均衡；也就是说，纳什均衡是全局稳定的。

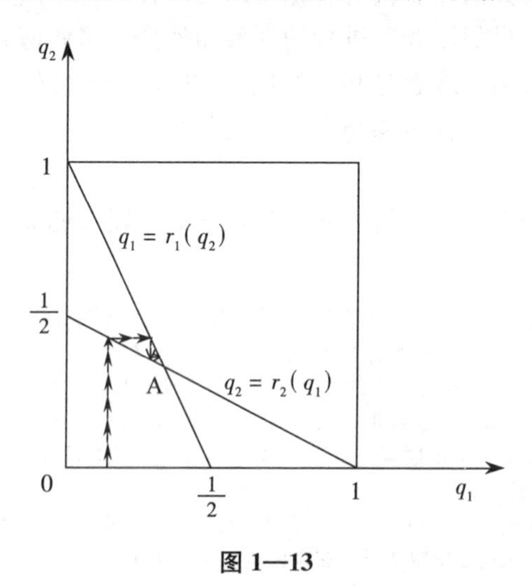

图 1—13

现在假设成本和需求函数导致了如图 1—14 中的反应曲线（我们将从特定成本和需求函数导出这种反应函数的工作留给读者）。图 1—14 中的反应函数有三个交点——B，C 和 D，均是纳什均衡。不过现在中间的纳什均衡 C 不是稳定的，原因是调整过程除非正好从 C 出发，否

则会收敛到 B 或 D。

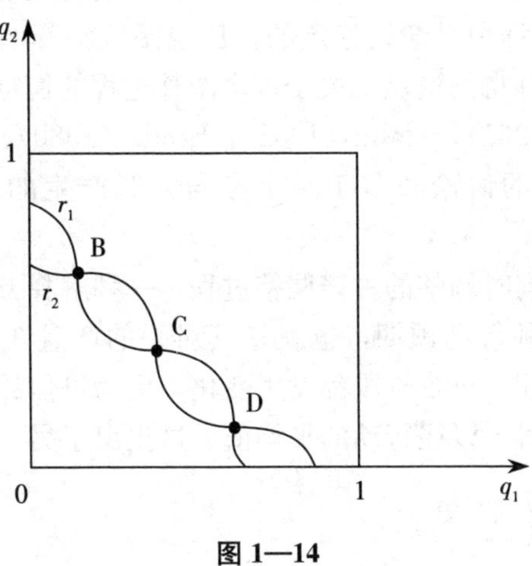

图 1—14

比较图 1—13 和图 1—14 可以看出，渐近稳定性问题和反应函数的相对斜率有关，而事情也确实如此。如果收益函数是二次连续可微的，企业 i 的反应函数的斜率为：

$$\frac{\mathrm{d}r_i}{\mathrm{d}q_j}=-\frac{\dfrac{\partial^2 u_i}{\partial q_i \partial q_j}}{\dfrac{\partial^2 u_i}{\partial q_i^2}}$$

而均衡为渐近稳定的充分条件是：

$$\left|\frac{\mathrm{d}r_1}{\mathrm{d}q_2}\right|\left|\frac{\mathrm{d}r_2}{\mathrm{d}q_1}\right|<1$$

或者

$$\frac{\partial^2 u_1}{\partial q_1 \partial q_2}\frac{\partial^2 u_2}{\partial q_1 \partial q_2}<\frac{\partial^2 u_1}{\partial q_1^2}\frac{\partial^2 u_2}{\partial q_2^2}$$

在纳什均衡的开放邻域内。

技术性说明　企业同时行动而不是分别作出反应时的渐近稳定性条件和以上所述相同。为了看到这一点，假设两个参与人在每个阶段通过选择对他们对手前一阶段产量的最优反应而同时调整子集的产量。将此视为一种动态过程：

$$q^t=(q_1^t,q_2^t)=(r_1(q_2^{t-1}),r_2(q_1^{t-1}))\equiv f(q^{t-1})$$

由动态系统的研究（Hirsch and Smale，1974)，我们知道，对于 f 的固

定点 q^* 而言，如果 $\partial f(q^*)$ 的所有特征值具有绝对值小于 1 的实部，那么 q^* 在这一过程中是渐近稳定的。反应函数斜率的条件正好足以导致这一特征值条件得到满足。关于古诺调整过程的稳定性的经典参考文献包括 Fisher（1961），Hahn（1962），Seade（1980）和 Dixit（1986）；关于更近期工作的讨论和多于两个参与人时产生的复杂性，可参见 Moulin（1986）。

对于分别或同时调整的古诺调整过程，一种解释方法是，在每个阶段参与人作出一种行动预期，也就是其对手的产量在未来会和现在一样。由于产量实际上每个阶段都发生变化，更为可信的应是参与人将他们的预测基于其对手以往行动的平均值，这提出了另一种动态过程：

$$q_i^t = r_i\left(\sum_{\tau=0}^{t-1} \frac{q_j^\tau}{t}\right)$$

这种选择具有额外的价值，就是在更广泛的假设下收敛，这使它作为计算均衡的工具更为有用。[①]

不过，即便在参与人对他们对手行动的以往均值作出反应的时候，调整过程也不一定会收敛，特别是在我们离开具有单维策略空间和凸收益的博弈的时候。在这一领域第一个循环例子来自沙普利（Shapley, 1964），他考察的是图 1—15 中所示的博弈。

	L	M	R
U	0，0	4，5	5，4
M	5，4	0，0	4，5
D	4，5	5，4	0，0

图 1—15

首先假设在每个阶段，每个参与人选择对其对手前一阶段行动的最优反应。如果博弈开始于点（M，L），它会进而表现出循环（M，L），（M，R），（U，R），（U，M），（D，M），（D，L），（M，L）。如果让参与人轮流对另一个参与人的前一阶段行动作出反应，则同样有博弈从一点转换到下一阶段的另一点。如果参与人对他们对手的平均行动作出反应，那么博弈循环缓慢地增长（实际上是几何增长）但并不收敛：一旦（M，L）被采用，则（M，R）在后两个阶段中出现，之后参与人 1

① 关于古诺垄断竞争者对均值反应下的收敛性的详细研究，参见 Thorlund-Petersen（1990）。

转换到 U；（U，R）在后四个阶段中出现，之后参与人 2 转换到 M；在 8 个阶段的（U，M）之后，参与人 1 转换到 D；等等。

因此，即便假设行为服从调整过程也不意味着博弈必然会收敛到纳什均衡。而调整过程作为对参与人行为的描述并没有压倒性的说服力。我们到目前为止所讨论的所有过程存在的一个问题是，参与人忽略了他们的当前行动影响下一个阶段对手的行动方式。也就是说，调整过程本身可能不是“重复博弈”的均衡，在重复博弈中参与人知道他们要反复面对对方的选择。[①] 如果同样的两个参与人反复面对对方的选择，那么他们终究会认识到他们选择的动态效果这一点看来是很自然的。（注意，这一效果在参与人对以往平均作出反应时更小。）

对纳什均衡的一种相关辩护意见假设，存在大批参与人，他们彼此随机配对而后被要求进行一种特定博弈。参与人不允许交流，甚至不允许知道其对手是谁。在每一轮，每个参与人选择一种策略，观察他的对手选择的策略，并得到相应的收益。如果存在大量参与人，则现在配对的参与人不太可能再次碰面，那么参与人没有理由担心他们的当前选择会影响他们未来对手的博弈行动。因此，在每个阶段，参与人应倾向于采用最大化该阶段期望收益的策略。（我们说“倾向于采用”以允许参与人可能会偶尔“试验”其他选择的可能性。）

下一步是确定参与人如何根据他们的经验来调整关于对手行动的预期。许多不同的约定方式均是可能的，而且对于古诺过程，调整过程不一定会收敛到稳定分布。不过，如果参与人在每一轮末观察到对手的策略，而参与人最终会得到大量观察，则一种自然的约定是每个参与人关于其对手行动的预期收敛于相对于他以往所观察到行动的样本平均的概率分布。在这种情况下，如果系统收敛于一种稳定状态，则该稳定状态必然是纳什均衡。[②]

备注　参与人在每一轮末观察到彼此策略的假设在类似古诺竞争的博弈中有意义，其中策略是根据行动的非条件选择。在我们第 3 章中引入的一般扩展式博弈中，策略是应变计划，行动的观测结果并不一定反映出参与人在没有发生的特别局势中将会采取的行动（Fudenberg and Kreps，1988）。

---

① 如果企业具有完全的预见性，则它们选择自己的产量时要考虑这对其对手未来反应的影响。古诺反复试验过程可以被视为是企业具有折现因子为 0 的完全预见性模型特例。

② 关于纳什均衡作为学习的结果的解释，近期论文包括 Gul（1989），Milgrom and Roberts（1989），以及 Nyarko（1989）。

大量参与人的思路也可以用来提供混合策略和混合策略均衡的另一种解释。作为假设单个参与人在多种策略中随机化的替代，混合策略可以视为描述了一种形势，其中不同比例的参与人采用不同的纯策略。混合策略的纳什均衡再次要求得到正概率的所有纯策略具有同等好的反应，原因是如果一个纯策略比另一个要好，那么我们可以预期越来越多的参与人会认识到这一点，从而将他们的行动转到具有更高收益的策略。

向纳什均衡调整的大群模型还有另一种应用：它可以用来讨论通过进化而不是学习的群体比例调整。在理论生物学中，梅纳德·史密斯和普赖斯（Maynard Smith and Price，1973）首先提出了一种思路，认为在动物的基因编码过程中采取不同纯策略，而策略更为成功的基因具有更高的繁殖适应性。因此，对于当前对手行动分布而言，收益相对高的策略的群体比例会趋于以更快的速度增长，而任何具有稳定性的稳定状态必然是纳什均衡。（非纳什均衡组合可能是不具稳定性的稳定状态，而并非所有纳什均衡是局部稳定的。）有趣的是，存在大量文献将博弈论应用到动物行为问题以及雄性与雌性后代相对频率的确定方面。[Maynard Smith（1982）是相关方面的经典文献。]

最近，一些经济学家和政治学家认为，进化可以视为学习的比拟，而演化稳定性应在经济学中得到更为广泛的应用。这一领域的研究工作包括阿克塞尔罗德（Axelrod，1984）的研究，研究我们在第4章讨论的重复囚徒困境博弈中的演化稳定性，以及萨格登（Sugden，1986）的研究，讨论演化稳定性如何能用来考察何种均衡更有可能成为谢林意义上的聚点的研究。

作为本节的结尾，我们比较纳什均衡和重复严格优势的演绎以及外推解释的信息假设。迭代剔除严格劣势策略的演绎验证要求参与人是理性的，知道所有参与人的收益函数，了解对手知道，如此继续迭代直到过程终止所需要的步数。与之相反，如果参与人反复轮换行动，则即便参与人不知道对手的收益，他们也最终会知道对手不会采用特定策略，学习系统的动态会复制迭代剔除过程。而对于纳什均衡的外推验证，仅需要参与人知道他们自己的收益，博弈最终会收敛到稳定状态，而且如果博弈收敛则所有参与人最终了解到他们对手的稳定状态策略。参与人不需要具有关于收益函数或者他们对手信息的任何信息。

当然，信息要求的减少是通过学习约定的附加假设才有可能的：参与人必须有足够的经验来了解对手是如何行动的，博弈过程必须收敛到稳定状态。更进一步，我们必须假设或者有大量参与人随机配对，或者即便是同一些参与人彼此反复博弈，他们也忽略他们今天的行动同他们对手明天的行动之间的任何动态联系。

1.3　纳什均衡的存在性和性质（技术性）††

我们现在处理纳什均衡存在性问题。尽管本节中一些材料是技术性的，而对于希望阅读规范博弈论文献的读者来说它是相当重要的。不过，对于那些缺少时间和对技术细节兴趣不大的读者来说，初步阅读即可以跳过。

1.3.1　混合策略均衡的存在性

定理 1.1（Nash，1950b）　每个有限策略式博弈均具有混合策略均衡。

备注　注意纯策略均衡是退化混合策略均衡，这一定理没有断言非退化混合策略均衡的存在性。

证明　由于这是博弈论中的存在性证明原型，所以我们将细致地加以讨论。证明的思路是将角谷（Kakutani）不动点定理应用到参与人的“反应映射”。参与人 i 的反应映射 r_i 将每一个策略组合 σ 映射为其对手采用 σ_{-i} 时最大化其收益的混合策略的集合。（尽管 r_i 仅取决于 σ_{-i} 而非 σ_i，但我们将其写为所有参与人策略的函数，原因是此后我们要寻找策略组合空间 $\sum$ 上的不动点。）这是我们以上定义的古诺反应函数的自然推广。定义映射 r: $\sum \rightrightarrows \sum$ 为 r_i 的笛卡儿积。r 的不动点为满足 $\sigma \in r(\sigma)$ 的 σ，这样，对于每一个参与人有 $\sigma_i \in r_i(\sigma)$。从而，r 的不动点就是纳什均衡。

根据角谷不动点定理，以下是 r: $\sum \rightrightarrows \sum$ 具有不动点的充分条件：

（1）为（有限维）欧氏空间的非空、紧[①]的凸[②]子集；

① 对于欧式空间的子集 X，如果 X 中的任何序列具有一个子序列收敛于 X 中的极限点，那么它就是紧集。对更为一般的拓扑空间，紧集的定义使用了“覆盖”的概念，也就是其包括了集合 X 的一系列开集合，如果 X 的任何覆盖具有有限子覆盖，则 X 为紧集。

② 线性向量空间中的集合 X 是凸的是指，对于属于 X 的任意 x 和 x' 以及任意 $\lambda \in [0, 1]$，$\lambda x+(1-\lambda)x'$ 属于 X。

(2) 对任意 σ，$r(\sigma)$ 非空；

(3) 对任意 σ，$r(\sigma)$ 为凸的；

(4) $r(\cdot)$ 具有闭图：如果对 $\hat{\sigma}^n\in r(\sigma^n)$ 有 $(\sigma^n,\hat{\sigma}^n)\to(\sigma,\hat{\sigma})$，则 $\hat{\sigma}\in r(\sigma)$。(这一性质常常也被称为上半连续性。[1])

让我们验证这些条件得到满足。

条件 (1) 很容易得到满足——每一个 $\sum_i$ 均是一个 $(\# S_i-1)$ 维单纯形。每个参与人的收益函数是线性的，因此对他自己的混合策略是连续的，而由于连续函数在紧集上达到最大值，所以条件 (2) 得到满足。如果 $r(\sigma)$ 不是凸的，则存在 $\sigma'\in r(\sigma)$，$\sigma''\in r(\sigma)$ 和 $\lambda\in(0,1)$ 使得 $\lambda\sigma'+(1-\lambda)\sigma''\notin r(\sigma)$。然而对于每个参与人 i 有：

$$u_i(\lambda\sigma_i'+(1-\lambda)\sigma_i'',\sigma_{-i})=\lambda u_i(\sigma_i',\sigma_{-i})+(1-\lambda)u_i(\sigma_i'',\sigma_{-i})$$

因此如果 σ_i' 和 σ_i'' 是对 σ_{-i} 的最优反应，那么它们的加权平均也是如此，从而验证了条件 (3)。

最后，假设条件 (4) 被违反，那么存在序列 $(\sigma^n,\hat{\sigma}^n)\to(\sigma,\hat{\sigma})$，$\hat{\sigma}^n\in r(\sigma^n)$，但是 $\hat{\sigma}\notin r(\sigma)$。则对某些参与人 i 有 $\hat{\sigma}_i\notin r_i(\sigma)$，从而存在 $\varepsilon>0$ 与 σ_i' 使得 $u_i(\sigma_i',\sigma_{-i})>u_i(\hat{\sigma}_i,\sigma_{-i})+3\varepsilon$。由于 u_i 连续及 $(\sigma^n,\hat{\sigma}^n)\to(\sigma,\hat{\sigma})$，所以当 n 足够大时有：

$$u_i(\sigma_i',\sigma_{-i}^n)>u_i(\sigma_i',\sigma_{-i})-\varepsilon>u_i(\hat{\sigma}_i,\sigma_{-i})+2\varepsilon>u_i(\hat{\sigma}^n,\sigma_{-i}^n)+\varepsilon$$

因此，作为对 σ_{-i}^n 的反应，σ_i' 严格优于 $\hat{\sigma}_i^n$，这与假设的 $\hat{\sigma}_i^n\in r_i(\sigma^n)$ 相矛盾。条件 (4) 得到证明。 ■

一旦存在性建立起来，很自然地就可以考察均衡集的特征。理想地会希望存在唯一解，但这只有在非常强的条件下才成立。当多重均衡存在时，如果存在合理预测的话，必须查看哪一个是合理的预测。但需要考察这个纳什集。一个均衡的合理性可能取决于是否存在参与竞争的其他均衡。不幸的是，在让人感兴趣的许多博弈中，均衡集很难加以刻画。

---

① 映射 $f: X\rightrightarrows Y$ 的图是使 $y\in f(x)$ 的 (x, y) 集合。上半连续性要求，对于任意 x_0 和包含 $f(x_0)$ 的任意开集合 V，存在 x_0 的邻域 U：如果 $x\in U$，则有 $f(x)\subseteq V$。一般而言，这和闭图的概念不同，但如果 f 的定义域是紧的，而且 $f(x)$ 对每个 x 是闭的——这一条件在应用不动点定理时一般得到满足——则两者吻合。参见 Green and Heller (1981)。

1.3.2　具有闭图的纳什均衡映射

我们现在分析，当收益函数随着某些参数连续变化时，纳什均衡集如何变化。相应结论中蕴涵的直觉可以从单个决策者情形中体会出来（参见图 1—16）。假设决策者在采用 L 时得到收益 $1+\lambda$，采用 R 时得到收益 $1-\lambda$。令 x 为决策者采用 L 的概率，考察 $[-1, 1]$ 中每种 λ 的最优 x。这定义了单人博弈的纳什均衡映射。特别地，对于 $\lambda=0$，任何 $x\in[0, 1]$ 均是最优的。图 1—17 展现了纳什映射的图形（图中的粗线），表明了它的主要性质。首先，这一映射具有闭图（是上半连续的）。对于属于映射图且收敛于某个 (λ, x) 的任意序列 (λ^n, x^n)，极限 (λ, x) 属于映射图。[1] 其次，映射可能不是"下半连续的"，也就是说，可能存在属于映射图的某个 (λ, x)，以及一个序列 $\lambda^n\to\lambda$，使得不存在 x^n，使得 (λ^n, x^n) 属于映射图而且 $x^n\to x$。这里选取 $\lambda=0$ 和 $x\in(0, 1)$。这两个性质可一般化到多人博弈。[2]

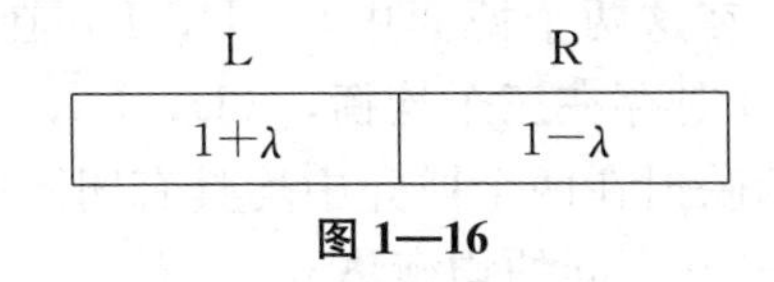

L	R
$1+\lambda$	$1-\lambda$

图 1—16

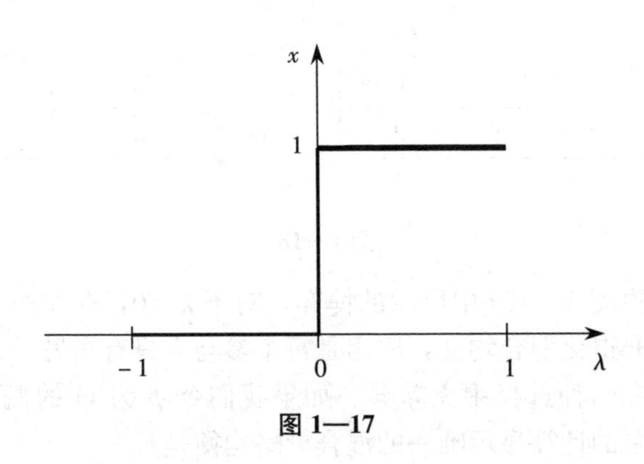

图 1—17

1.3.1 小节中存在性证明的一个关键步骤是验证收益连续时反应映射有闭图。同样的推理适用于纳什均衡集：考察一族策略式博弈，它们具

---

① 这一结论是"最大值定理"（Berge，1963）的一部分。

② 如果对于任意使 $y\in f(x)$ 的 $(x, y)\in X\times Y$ 以及使 $x^n\to x$ 的任意序列 $x^n\in X$ 存在映射 f：$X\rightrightarrows Y$ 是下半连续的，那么，Y 中的序列 y^n 会使 $y^n\to y$ 且对于每个 x^n 有 $y^n\in f(x^n)$。

有同样的有限策略空间 S 和收益 $u_i(s, \lambda)$，后者是 λ 的连续函数。令 $G(\lambda)$ 为与 λ 相关的博弈，并令 $E(\cdot)$ 为与 λ 相关的纳什映射，该纳什映射中的每个 λ 都满足 $G(\lambda)$ 的（混合策略）纳什均衡集。如果 λ 的可能值集合 Λ 是紧集，那么纳什映射有闭图，而且特别地，$E(\lambda)$ 对每个 λ 是闭的。证明与存在性证明中条件（4）的验证一样。考察两个序列 $\lambda^n \to \lambda$ 和 $\sigma^n \to \sigma$ 使得 $\sigma^n \in r(\sigma^n)$ 且 $\sigma \notin r(\sigma)$。也就是说，σ^n 是 $G(\lambda^n)$ 的纳什均衡，但 σ 不是 $G(\lambda)$ 的纳什均衡。因此存在参与人 i 和 $\hat{\sigma}_i$，面对 σ_{-i} 时 $\hat{\sigma}_i$ 严格比 σ_i 更好。由于收益对 λ 是连续的，对于接近 λ 的任意 λ^n 以及接近 σ_{-i} 的任意 σ_{-i}^n，$\hat{\sigma}_i$ 作为对 σ_{-i}^n 的反应比 σ_i^n 严格更好——矛盾。

重要的是要注意到这并不意味着映射 $E(\cdot)$ 是连续的。不严格地讲，闭图（加上紧集）意味着均衡集在走向极限时不能缩小。如果 σ^n 是 $G(\lambda^n)$ 的纳什均衡以及 $\lambda^n \to \lambda$，则 σ^n 有一个极限点 $\sigma \in E(\lambda)$。不过，$E(\lambda)$ 可以包含不是“邻近”博弈的均衡极限的其他均衡。因此，$E(\cdot)$ 不是下半连续的，也因此不是连续的。我们用图 1—18 的两个博弈来说明这一点。在这两个博弈中，（U，L）在 $\lambda<0$ 时是唯一的纳什均衡，而在 $\lambda>0$ 时存在三个均衡，（U，L），（D，R）和一个混合策略均衡。在均衡映射在两个博弈中均具有闭图的同时，这两个博弈在点 $\lambda=0$ 处有着非常不同的均衡集。

	L	R
U	1，1	0，0
D	0，0	λ，2

a

	L	R
U	1，1	0，0
D	0，0	λ，λ

b

图 1—18

首先考察图 1—18a 中所示的博弈，对于 $\lambda>0$，存在两个纯策略均衡和唯一的非退化混合均衡，原因是每个参与人只有在另一个参与人随机化时才能在两种选择中无差异。如果我们令 p 为 U 的概率，q 为 L 的概率，简单的计算显示唯一的混合策略均衡是

$$(p,q)=\left(\frac{2}{3},\frac{\lambda}{1+\lambda}\right)$$

如闭图所要求的，组合 $(p, q)=(1, 1)$，$(0, 0)$ 和 $(2/3, 0)$ 在 $\lambda=0$ 处均是纳什均衡。$\lambda=0$ 时还存在其他均衡不是 $\lambda^n \to 0$ 时均衡的极限，即对于任意 $p \in [0, 2/3]$ 为 $(p, 0)$。当 $\lambda=0$ 时，即便参与人 2 以概率 1 采用 R，参与人 1 也愿意随机化，而且只要 U 的概率不太大，参与人 2 仍

然愿意采用 R。这否定了纳什映射的下半连续性。

在图 1—18b 的博弈中，$\lambda>0$ 的均衡是（1，1），（0，0）以及 $\left(\frac{\lambda}{1+\lambda}, \frac{\lambda}{1+\lambda}\right)$，而当 $\lambda=0$ 时只有两个均衡：（1，1）和（0，0）。[为了看到这一点，注意如果 p 大于 0，则参与人 2 还设定 $q=1$，这样 p 必须等于 1，因此（1，1）是 $q>0$ 的唯一均衡。]

初看起来均衡数目的降低好像违反了闭图性质，但事情并非如此：对于 λ 为正但数量小的情况，混合策略均衡 $\left(\frac{\lambda}{1+\lambda}, \frac{\lambda}{1+\lambda}\right)$ 非常接近纯策略均衡（0，0）。图 1—19 和图 1—20 展现了这两个博弈的均衡映射。更精确地，对于每个 λ，我们展现了 p 的集合使得（p，q）对于某种 q 是 $N(\lambda)$ 的均衡；这让我们能提供一个二维图像。

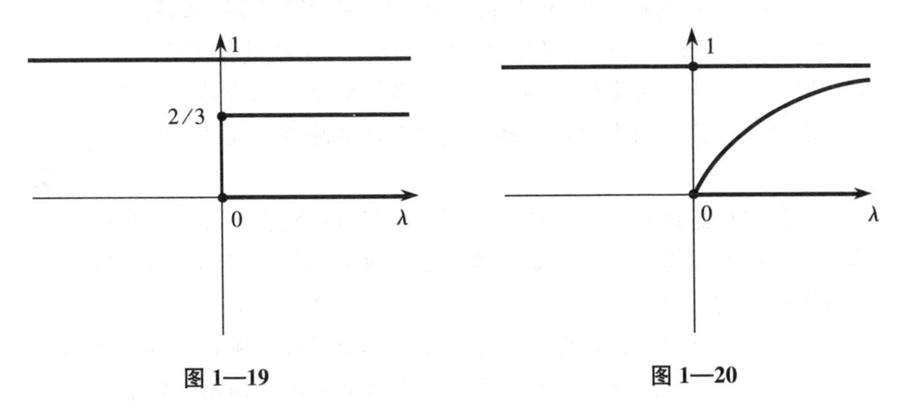

图 1—19　　　　图 1—20

对图像的观察反映出这两个博弈中每一个均在除了 $\lambda=0$ 之外的其他地方具有奇数个纳什均衡。第 12 章解释了这一观察在一般情况下是正确的：如果策略空间固定，则对于"几乎所有"收益函数存在奇数个纳什均衡。

最后，注意在图 1—18a 和图 1—18b 中，尽管（D，R）在 $\lambda<0$ 时不是纳什均衡，而是一种"ε 纳什均衡"，它在拉德纳（Radner，1980）意义上是一种"均衡"，如果 $\varepsilon \geqslant |\lambda|$：每个参与人发生偏离得到的最大收益小于 ε。更一般地，给定博弈的均衡会是"邻近"博弈的均衡：这是由弗登博格和莱维（Fudenberg and Levine，1983，1986）建立和考察的一种论点，它的结论在第 4 章中加以讨论。

1.3.3　具有连续收益的无限博弈的纳什均衡的存在性

经济学家常常使用具有无限多行动的博弈模型（如同例 1.3 的古诺

博弈和例 1.4 的霍特林博弈)。一些人可能认为，价格或数量“实际上”是无限可分的，而另一些人可能认为，“现实”是离散的，连续只是一种数学抽象，但事实上对连续行动进行考察常常比大量有限网格更为容易。更进一步，达斯古普塔和马斯金（Dasgupta and Maskin，1986）认为，当连续博弈不存在均衡时，映射于精细离散网格的均衡（其存在性在 1.3.1 小节中得到证明）会对有限网格确切地如何选取非常敏感：如果博弈的有限网格版本存在均衡对网格选择相当不敏感，则可以选择越来越精细的网格序列“收敛于”连续统，而离散行动空间均衡的收敛序列的极限会是适当连续性假设下的连续均衡。（换言之，如果连续博弈有均衡，则可以挑选博弈的离散网格版本不随着网格而波动。）

定理 1.2（Debreu，1952；Glicksberg，1952；Fan，1952） 考察策略式博弈，其策略空间 S_i 是欧式空间的非空紧凸集。如果收益函数 U_i 对 s 是连续的，对 s_i 是拟凹的，那么存在纯策略纳什均衡。①

证明 证明非常类似于纳什定理：我们验证连续收益意味着非空闭图反应映射，而参与人自身行动上的拟凹性意味着反应映射是凸值的。

■

注意纳什定理是这个定理的特例。有限行动集合上混合策略的集合是一个单纯形，即为欧式空间的紧凸集；对参与人自身的混合策略，收益是多项式的，因此是拟凹的。

如果收益函数不是连续的，反应映射不再具有闭图和（或）不再是非空的。后一个问题之所以可能产生是因为非连续函数不一定会达到最大值，例如函数 $f(x)=-|x|$，$x\neq 0$，$f(0)=-1$。为了看到反应映射如何即便在最优反应总是存在时仍没有闭图，考察以下双人博弈：

$$S_1 = S_2 = [0,1]$$

$$u_1(s_1,s_2) = -(s_1 - s_2)^2$$

$$u_2(s_1,s_2) = \begin{cases} -\left(s_1 - s_2 - \dfrac{1}{3}\right)^2, & s_1 \geq \dfrac{1}{3} \\ -\left(s_1 - s_2 + \dfrac{1}{3}\right)^2, & s_1 < \dfrac{1}{3} \end{cases}$$

这里每个参与人的收益对他自己的策略是严格凹的，对于对手的每种策略存在最优反应（且唯一）。不过，该博弈并不存在纯策略均衡：参与

① 有意思的是可以注意到，德布鲁（Debreu，1952）使用定理 1.2 的一般版本来证明消费者具有拟凸偏好时存在竞争均衡。

人 1 的反应函数是$r_1(s_2)=s_2$，而参与人 2 的反应函数在 $s_1\geqslant\frac{1}{3}$时为$r_2(s_1)=s_1-\frac{1}{3}$，在 $s_1<\frac{1}{3}$时为$r_2(s_1)=s_1+\frac{1}{3}$，两个反应函数不相交。

在一些情况下拟凹性很难得到满足。例如，在古诺博弈中收益的拟凹性要求价格和成本函数的二阶导数上很强的条件。当然，纳什均衡可以在存在性定理的条件没有得到满足的情况下也能存在，这些条件只是充分条件而不是必要条件。然而，在古诺情形中，罗伯茨和索南夏因（Roberts and Sonnenschein，1976）显示，纯策略古诺均衡可以在“良好”的偏好和技术下仍不存在。

在某些博弈中不存在纯策略纳什均衡并不令人吃惊，原因是纯策略均衡在有限博弈中并不一定存在，而这些博弈可以由具有实值行动空间但收益非凹的博弈近似。图 1—21 展示了参与人 1 的收益，他在区间$[\underline{s}_1, \bar{s}_1]$中选择行动 s_1，这一博弈“几乎”就是参与人 1 具有两种行动 s_1'和 s_1''的博弈。假设参与人 2 同样行动，则这一博弈就类似于每个参与人具有两种行动博弈，而我们知道（例如，从“硬币配对”中）这种博弈可能没有纯策略均衡。

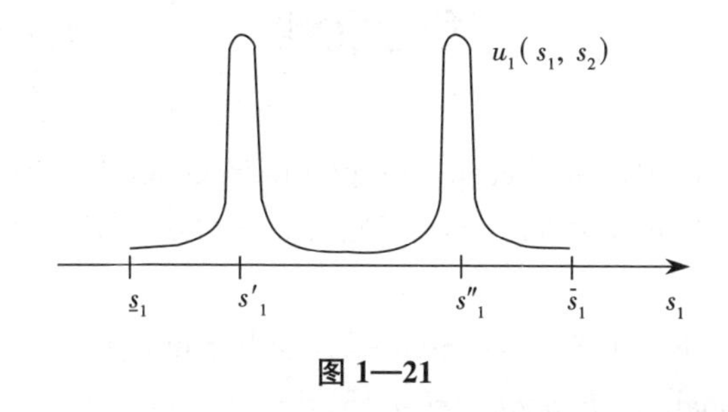

图 1—21

当收益连续（但不一定拟凹）时，混合策略可以用来获得凸值反应，如以下定理所说明的。

定理 1.3（Glicksberg，1952）　考察策略式博弈，其策略空间 S_i 是度量空间的非空紧集。如果收益函数 u_i 是连续的，则存在混合策略的纳什均衡。

这里混合策略是纯策略上的 Borel 概率度量，我们对它赋予弱收敛拓扑。① 再一次，定理的证明将不动点定理应用到反应映射上。如我们

① 给定一个紧的度量空间 A，A 上的度量序列 μ^n“弱”收敛于极限 μ 是指，对于 A 上的每种实值连续函数 f 有 $\int f\mathrm{d}\mu^n\to\int f\mathrm{d}\mu$。$A$ 上被赋予弱收敛拓扑的概率度量集合是紧的。

以上所述，混合策略的引入再次使得策略空间是凸的，收益对自己的策略是线性的，对所有策略是连续的（当收益是纯策略连续函数时，它们对混合策略也是连续的[①]），而且反应映射是凸值的。当具有无限多纯策略时，混合策略空间是无限维的，因此需要比角谷更强的不动点定理。替代地，可以用一系列有限网格来近似策略空间。根据纳什定理，每种网格具有混合策略均衡。因此可以认为，由于概率度量空间是弱紧致的，这些离散均衡序列具有聚点。由于收益是连续的，很容易验证极限点是一种均衡。

我们已经看到纯策略均衡在收益不连续时不一定存在。有许多例子显示，在这种情况下，混合策略也可能不存在。[我们所知最早的这种例子是赛恩和沃尔夫（Sion and Wolfe，1957）给出的。] 注意：以上使用的格里克斯伯格（Glicksberg）定理失效是因为纯策略收益不连续时混合策略收益也是不连续的。因此，和以前一样，最优反应可能对于某些对手策略不存在。12.2 节讨论不连续博弈中混合策略均衡的存在性，以及保证纯策略均衡存在的条件。

参考文献

Aumann，R. 1959. Acceptable points in general cooperative n-person games. In *Contributions to the Theory of Games IV*. Princeton University Press.

Aumann，R. 1987. Correlated equilibrium as an extension of Bayesian rationality. *Econometrica* 55：1－18.

Aumann，R. 1990. Communication need not lead to Nash equilibrium. Mimeo，Hebrew University of Jerusalem.

Axelrod，R. 1984. *The Evolution of Cooperation*. Basic Books.

Berge，C. 1963. *Topological Spaces*. Macmillan.

Bernhiem，D. 1984. Rationalizable strategic behavior. *Econometrica* 52：1007－1028.

Bernheim，D.，D. Peleg，and M. Whinston. 1987. Coalition-proof Nash equilibria. I：Concepts. *Journal of Economic Theory* 42：1－12.

① 这是我们在上页注释①中给出的收敛性定义的直接推论。

Bernheim, D., and M. Whinston. 1987. Coalition-proof Nash equilibria. II. Applications. *Journal of Economic Theory* 42: 13–22.

Bertrand, J. 1883. Théorie mathématique de la richesse sociale. *Journal des Savants*: 499–508.

Binmore, K. 1981. Nash bargaining theory II. London School of Economics.

Cournot, A. 1838. *Recherches sur les Principes Mathematiques de la Theorie des Richesses*. English edition: *Researches into the Mathematical Principles of the Theory of Wealth*, ed. N. Bacon (Macmillan, 1897).

Dasgupta, P., and E. Maskin. 1986. The existence of equilibrium in discontinuous economic games. 1: Theory. *Review of Economic Studies* 53: 1–26.

Debreu, D. 1952. A social equilibrium existence theorem. *Proceedings of the National Academy of Sciences* 38: 886–893.

Diamond, D., and P. Dybvig. 1983. Bank runs, deposit insurance and liquidity. *Journal of Political Economy* 91: 401–419.

Diamond, P. 1982. Aggregate demand in search equilibrium. *Journal of Political Economy* 90: 881–894.

Dixit, A. 1986. Comparative statics for oligopoly. *International Economic Review* 27: 107–122.

Fahrquarson, R. 1969. *Theory of Voting*. Yale University Press.

Fan, K. 1952. Fixed point and minimax theorems in locally convex topological linear spaces. *Proceedings of the National Academy of Sciences* 38: 121–126.

Farber, H. 1980. An analysis of final-offer arbitration. *Journal of Conflict Resolution* 35: 683–705.

Farrell, J., and G. Saloner. 1985. Standardization, compatibility, and innovation. *Rand Journal of Economics* 16: 70–83.

Fisher, F. 1961. The stability of the Cournot oligopoly solution: The effects of speed of adjustment and increasing marginal costs. *Review of Economic Studies* 28: 125–135.

Fudenberg, D., and D. Kreps. 1988. A theory of learning, experimentation, and equilibrium in games. Mimeo, Stanford Graduate School of Business.

Fudenberg, D., and D. Levine. 1983. Subgame-perfect equilibria of finite and infinite horizon games. *Journal of Economic Theory* 31: 251-268.

Fudenberg, D., and D. Levine. 1986. Limit games and limit equilibria. *Journal of Economic Theory* 38: 261-279.

Glicksberg, I. L. 1952. A further generalization of the Kakutani fixed point theorem with application to Nash equilibrium points. *Proceedings of the National Academy of Sciences* 38: 170-174.

Green, J., and W. Heller. 1981. Mathematical analysis and convexity with applications to economics. In *Handbook of Mathematical Economics*, volume I, ed. K. Arrow and M. Intriligator. North-Holland.

Gul, F. 1989. Rational strategic behavior and the notion of equilibrium. Mimeo, Stanford Graduate School of Business.

Hahn, F. 1962, The stability of the Cournot oligopoly solution. *Review of Economic Studies* 29: 929-931.

Harsanyi, J. 1973a. Games with randomly disturbed payoffs: A new rationale for mixed strategy equilibrium points. *International Journal of Game Theory* 1: 1-23.

Harsanyi, J. 1973b. Oddness of the number of equilibrium points: A new proof. *International Journal of Game Theory* 2: 235-250.

Harsanyi, J., and R. Selten. 1988. *A General Theory of Equilibrium Selection in Games*. MIT Press.

Hirsch, M., and S. Smale. 1974. *Differential Equations, Dynamical Systems and Linear Algebra*. Academic Press.

Hotelling, H. 1929. Stability in competition. *Economic Journal* 39: 41-57.

Hume, D. 1739. *A Treatise on Human Nature* (Everyman edition: J. M. Dent, 1952).

Kuhn, H. 1953. Extensive games and the problem of information. *Annals of Mathematics Studies*, No. 28. Princeton University Press.

Luce, D., and H. Raiffa. 1957. *Games and Decisions*. Wiley.

Maynard Smith, J. 1982. *Evolution and the Theory of Games*.

Cambridge University Press.

Maynard Smith, J., and G. R. Price. 1973. The logic of animal conflicts. *Nature* 246: 15 - 18.

Milgrom, P., and J. Roberts. 1989. Adaptive and sophisticated learning in repeated normal forms. Mimeo, Stanford University.

Moulin, H. 1979. Dominance solvable voting schemes. *Econometrica* 37: 1337 - 1353.

Moulin, H. 1984. Dominance solvability and Cournot stability. *Mathematical Social Sciences* 7: 83 - 102.

Moulin, H. 1986. *Game Theory for the Social Sciences*. New York University Press.

Nash, J. 1950a. The bargaining problem. *Econometrica* 18: 155 - 162.

Nash, J. 1950b. Equilibrium points in *n*-person games. *Proceedings of the National Academy of Sciences* 36: 48 - 49.

Nash, J. 1953. Two-person cooperative games. *Econometrica* 21: 128 - 140.

Novshek, W. 1985. On the existence of Cournot equilibrium. *Review of Economic Studies* 52: 85 - 98.

Nyarko, Y. 1989. Bayesian learning in games. Mimeo, New York University.

Ordeshook, P. 1986. *Game Theory and Political Theory: An Introduction*. Cambridge University Press.

Radner, R. 1980. Collusive behavior in non-cooperative epsilon equilibria of oligopolies with long but finite lives. *Journal of Economic Theory* 22: 136 - 154.

Roberts, J., and H. Sonnenschein. 1976. On the existence of Cournot equilibrium without concave profit functions. *Journal of Economic Theory* 13: 112 - 117.

Schelling, T. 1960. *The Strategy of Conflict*. Harvard University Press.

Seade, J. 1980. The stability of Cournot revisited. *Journal of Economic Theory* 23: 15 - 17.

Shapley, L. 1964. Some topics in two-person games. In *Contribu-*

tions to the Theory of Games (Princeton Annals of Mathematical Studies, no. 52).

Sion, M., and P. Wolfe. 1957. On a game without a value. In *Contributions to the Theory of Games*, Volume III (Princeton Annals of Mathematical Studies, no. 39).

Sugden, R. 1986. *The Economic of Rights, Cooperation, and Welfare*. Blackwell.

Thorlund-Petersen, L. 1990. Iterative computation of Cournot equilibrium. *Games and Economic Behavior* 2: 61 - 95.

von Neumann, J. 1928. Zur Theorie der Gesellschaftsspiele. *Math. Annalen* 100: 295 - 320.

Waltz, K. 1959. *Man, the State, and War*. Columbia University Press.

第 2 章　重复严格优势、可理性化和相关均衡

绝大多数博弈论的应用使用纳什均衡或者我们将在以后各章中引入的更为严格的“均衡精炼”概念。然而，正如我们在第 1 章中所警告的，在一些情形中纳什均衡概念似乎太苛刻了。因此，如果能不假设纳什均衡出现就可以作出何种预测将会是很有意义的。2.1 节提出了重复严格优势和可理性化的概念，仅使用博弈结构（也就是，策略空间和收益）和参与人理性为共同知识的假设来导出预测。如我们将要看到的，这两个概念紧密关联，可理性化本质上是重复严格优势的对换。

2.2 节引入相关均衡的概念，通过假设参与人可以在他们之间建立策略选择前向每个人发送私人信号的一种“相关机制”，对纳什概念进行了扩展。

2.1　重复严格优势和可理性化

我们在第 1 章的开头不规范地引入了重复严格优势。我们现在对它加以规范定义，导出它的一些性质，并将它应用到古诺模型。而后我们定义可理性化，并将这两个概念联系起来。为了连贯起见，我们将注意力集中在有限博弈上，除非我们另作说明。

2.1.1　重复严格优势：定义和性质

定义 2.1　重复剔除严格劣势策略的过程如下所示：集合 $S_i^0 \equiv S_i$，$\sum_i^0 \equiv \sum_i$。现在递归定义 S_i^n：$S_i^n = \{s_i \in S_i^{n-1}\}$，不存在 $\sigma_i \in \sum_i^{n-1}$，使得对于所有 $s_{-i} \in S_{-i}^{n-1}$ 有 $u_i(\sigma_i, s_{-i}) > u_i(s_i, s_{-i})$。并定义 $\sum_i^n = \{\sigma_i \in$

$\sum_i \mid \sigma_i(s_i) > 0, s_i \in S_i^n\}$ 。

集合

$$S_i^\infty = \bigcap_{n=0}^{\infty} S_i^n$$

S_i^∞ 是在重复剔除严格劣势策略过程中遗留下来的参与人的纯策略集合。集合 $\sum_i^\infty$ 是混合策略 σ_i 的集合，使得不存在 σ_i' 对所有 $s_{-i} \in S_{-i}^\infty$ 满足 $u_i(\sigma_i', s_{-i}) > u_i(\sigma_i, s_{-i})$，这是参与人 i 在重复严格优势之后遗留下来的混合策略。

简言之，S_i^n 是当参与人 $j \neq i$ 限制在 S_j^{n-1} 中采用策略时，参与人 i 的非严格劣势策略的集合，而 $\sum_i^n$ 是 S_i^n 上的混合策略集合。不过要注意，$\sum_i^\infty$ 可能比 S_i^∞ 上的混合策略集合要小。原因在于，如图 1—3 中所显示的，具有支撑集 S_i^∞ 的某些混合策略可能会被优超。（在那个例子中，对两个参与人 i 而言都有 $S_i^\infty = S_i$，原因是在过程的第一轮中没有纯策略被剔除。）

注意，在有限博弈中，以上定义的迭代序列必然在有限步之后才能进一步剔除策略。交集 S_i^∞ 就是最后一个遗留策略集合。还要注意，重复剔除的每一步要求更多一层的假设“我知道你知道……我知道收益”。由于这个原因，基于大量迭代的结论对于参与人彼此具有信息上的微小变动的稳健性要更差一些。

读者可能会有疑问，是否极限集 $S^\infty = S_1^\infty \times \cdots \times S_I^\infty$ 取决于我们规定剔除过程进行的特别方式：我们假设每次迭代中，每个参与人的所有劣势策略均同时被剔除。分别地，我们可以首先剔除参与人 1 的劣势策略，而后是参与人 2 的……最后是参与人 I 的劣势策略，然后再从参与人 1 开始……直到无限。显然存在许多其他过程可以用来剔除严格劣势策略。幸运的是，所有这些过程均导致同样的遗留策略 S^∞ 和 $\sum^\infty$。（我们将在第 11 章中说明，这一性质对于弱劣势策略不成立；也就是在极限中哪些策略遗留下来可能取决于剔除的次序。）

读者可能要问，是否可以在每一轮都剔除所有劣势策略（纯策略和混合策略），而不用开始仅剔除劣势纯策略，最后再来剔除混合策略？这两种剔除方式实际上导致同样的集合 $\sum_i^\infty$，原因在于，当且仅当一种策略在面对对手所有混合策略时是劣势的，这种策略在面对对手所有纯策略时是严格劣势的，如我们在1.1.2小节中看到的。因此，无论参与人i的非退化混合策略σ_i是否在第n轮中被剔除都不会改变参与人i在下一轮中要剔除的策略。那么，在每一轮中，其余的纯策略集合在两种替代定义下均是相同的。因此，非劣势混合策略$\sum_i^\infty$是相同的。

定义2.2　如果对于每个参与人i，S_i^∞是单点集（也就是只有一个元素的集合），那么这个博弈被称为是重复（严格）优势可解的。

当重复剔除严格劣势策略导致唯一的策略组合时（如图1—1博弈或图1—7的囚徒困境博弈），这一策略组合一定是纳什均衡（事实上是唯一的纳什均衡）。证明如下：令（s_1^*，…，s_I^*）表示策略组合，并假设存在i和$s_i \in S_i$使得$u_i(s_i,\ s_{-i}^*)>u_i(s_i^*,\ s_{-i}^*)$。则如果一轮剔除严格劣势策略足以得到唯一组合，那么s_i^*必须优于S_i中的所有其他策略，而由于s_i对s_{-i}^*的反应比s_i^*更好，所以这是不可能的。更一般地，假设在重复剔除中，s_i在某一轮是s_i'的严格劣势策略，s_i在下一轮剔除中由于劣于s_i''而被剔除……最后被s_i^*剔除。由于s_{-i}^*在每一轮中均属于参与人i的对手的非劣势策略，这一点与根据传递性s_i^*必然相对于s_i对s_{-i}^*的反应更好相矛盾。反之，很容易看到，在任何纳什均衡中，参与人必须采用不被重复严格优势剔除的策略。

也很容易看到，如果参与人重复进行同样的博弈，并从以往观察中推断其对手的行为，最终只有重复剔除严格劣势策略之后遗留下来的策略才会被采用。首先，由于对手不会采用劣势策略，参与人会认识到这一点；因此，在给定对手的劣势策略不被使用的情况下，他们也仅会使用非严格劣势策略。经过更多学习之后，这一点会被对手发现。

2.1.2　重复优势的应用

例2.1　古诺模型中的重复剔除[①]

我们现在对例1.3中引入的（无穷行动）古诺模型作出更强的假设：假设u_i对q_i是严格凹的（$\partial^2 u_i/\partial q_i^2<0$），交叉导数是负的（$\partial^2 u_i/\partial q_i\partial q_j<0$，其中$p'<0$和$p''\leqslant 0$），而反应曲线$r_1$和$r_2$（根据前两个假设，反应曲线是连续和向下倾斜的）仅在N点相交，在那里r_1比r_2严格更为陡峭。这一形势展现在图2—1中。（注意，根据1.2.5小节引入的术语，N是稳

① 这一个例子受到格贝和毛林（Gabay and Moulin，1980）的启发，也参见Moulin（1984）。

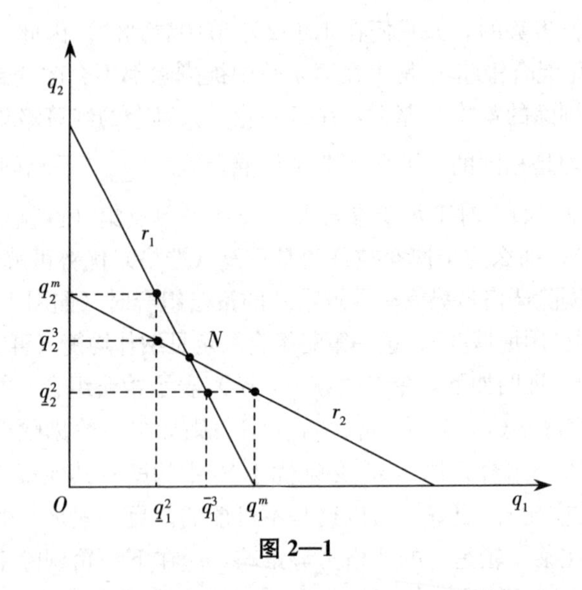

图 2—1

定的。）

令 q_1^m 和 q_2^m 为寡头垄断产出：$q_1^m=r_1(0)$ 和 $q_2^m=r_2(0)$。第一轮剔除严格劣势策略导致 $S_i^1=[0,q_i^m]$。第二轮剔除导致 $S_i^2=[r_i(q_j^m),q_i^m]\equiv[\underline{q}_i^2,q_i^m]$，如图 2—1 中所显示的。例如考察企业 2，根据企业 2 收益对其自身产量的严格凹性，选择小于 $r_2(q_1^m)\equiv\underline{q}_2^2$ 的产量 q_2 被采用 $\underline{q}_2^2$ 严格占优，从而企业 1 不会采用大于 q_1^m 的产量时，对企业 1 也类似。第三轮剔除导致 $S_i^3=[\underline{q}_i^2,r_i(\underline{q}_j^2)]\equiv[\underline{q}_i^2,\bar{q}_i^3]$，如此反复。更一般地，重复剔除导致一系列围绕产量（q_1^*，q_2^*）不断缩小的区间，该点对应着反应曲线的交点。对于 $n=2k+1$，

$$\underline{q}_i^{2k+1}=\underline{q}_i^{2k},\qquad \bar{q}_i^{2k+1}=r_i(\underline{q}_j^{2k})$$

对于 $n=2k$，

$$\underline{q}_i^{2k}=r_i(\bar{q}_j^{2k-1}),\qquad \bar{q}_i^{2k}=\bar{q}_i^{2k-1}$$

这一过程和有限策略空间情形的一个不同之处在于，剔除过程没有在有限步后停止。不过，由于序列 $\underline{q}_i^n$ 和 $\bar{q}_i^n$ 均收敛到 q_i^*，所以这一过程仍然收敛，从而重复剔除严格劣势策略导致 N 为唯一“合理”预测。[令 $\underline{q}_i^\infty\equiv\lim\underline{q}_i^n\leqslant q_i^*$ 和 $\bar{q}_i^\infty\equiv\lim\bar{q}_i^n\geqslant q_i^*$。由 $\underline{q}_i^n$ 和 $\bar{q}_i^n$ 的定义以及曲线的连续性，得到 $\bar{q}_i^\infty=r_i(\underline{q}_j^\infty)$ 和 $\underline{q}_j^\infty=r_j(\bar{q}_i^\infty)$，因此 $\bar{q}_i^\infty=r_i(r_j(\bar{q}_i^\infty))$，这只有在 $\bar{q}_i^\infty=q_i^*$ 时才有可能；对 $\underline{q}_i^\infty$ 有类似推理。]

我们得到结论，这一古诺博弈可以通过重复严格优势来求解，但收益函数在其他规定下并不一定会如此。

2.1.3 可理性化

可理性化概念是由伯恩翰姆（Bernheim，1984）和皮尔斯（Pearce，1984）独立引入的，奥曼（Aumann，1987）以及布兰登伯格和戴克尔（Brandenberger and Dekel，1987）在他们关于“贝叶斯方法”策略选择的论文中加以应用。

类似于重复严格优势，可理性化从参与人的收益和“理性”是共同知识这一假设中导出对行动的限制。重复严格优势的出发点是一种观察，也就是理性的参与人永远不会采用严格劣势策略。可理性化的出发点是一个互补问题：理性参与人可以采用的所有策略是什么？回答是，理性参与人仅使用对他关于其对手策略可能具有的某些信念来说是最优反应的那些策略。或者，使用对比的说法，参与人不能理性地采用不是对他关于其对手策略某些信念的最优反应的策略。更进一步，由于参与人知道其对手的收益，而且知道他们是理性的，所以他不应对他们的策略具有随意性的信念。他应预期其对手仅使用对他们所具有信念的最优反应的策略。而这些对手的信念转而也不应是随意性的，这会导致无穷回归。在双人情形中，无穷回归会形如：“我采用策略 σ_1 是因为我认为参与人 2 会采用 σ_2，这之所以是一种合理的信念是因为，如果我是参与人 2 而且认为参与人 1 采用 σ_1' 的话，那我会采用 σ_2，参与人 2 这样预期之所以合理是因为，σ_1' 是对 σ_2' 的最优反应……”

规范地，可理性化根据以下迭代过程加以定义：

定义 2.3　集合 $\widetilde{\sum}_i^0 \equiv \sum_i$，对于每个 i 递归定义：

$$\widetilde{\sum}_i^n = \left\{\sigma_i \in \widetilde{\sum}_i^{n-1} \,\middle|\, \exists \sigma_{-i} \in \times_{j\neq i}(\widetilde{\sum}_i^{n-1} \text{ 的凸壳}) \text{ 使得对所有 } \sigma_i' \in \widetilde{\sum}_i^{n-1} \text{ 有 } u_i(\sigma_i,\sigma_{-i}) \geqslant u_i(\sigma_i',\sigma_{-i})\right\}$$

参与人 i 的可理性化策略是 $R_i = \bigcap_{n=0}^{\infty} \widetilde{\sum}_i^n$。

简言之，$\widetilde{\sum}_{-i}^{n-1}$ 是参与人 i 的对手在第（$n-1$）轮遗留下来的策略，而 $\widetilde{\sum}_i^n$ 是参与人 i 对 $\widetilde{\sum}_{-i}^{n-1}$ 某种策略的最优反应而遗留下来的策略。在

定义中出现凸壳运算的原因是，参与人 i 可能不能确定几种策略 $\sigma_j \in \widetilde{\sum}_j^{n-1}$ 中参与人 j 采用哪一个策略①，而有可能出现一种情况，尽管 σ_j' 和 σ_j'' 是在 $\widetilde{\sum}_j^{n-1}$ 中，但混合 $\left(\frac{1}{2}\sigma_j', \frac{1}{2}\sigma_j''\right)$ 却不在该集合中。这在图 2—2 中得到展现。在图 2—2 的博弈中，参与人 2 仅有两种纯策略：L 和 R。因此参与人 1 的任意纯策略 s_1 和两个可能收益相关：$x \equiv u_1(s_1, \text{L})$ 和 $y \equiv u_1(s_1, \text{R})$。图 2—2a 描述了参与人 1 四种纯策略的 x 和 y。策略 A 是参与人 1 对 L 的最优反应，而策略 B 是对 R 的最优反应，然而混合策略 $\left(\frac{1}{2}\text{A}, \frac{1}{2}\text{B}\right)$ 被 C 占优，因此不是对参与人 2 任何策略的最优反应。

s_1	x	y
A	3	0
B	0	3
C	2	2
D	1	1

a

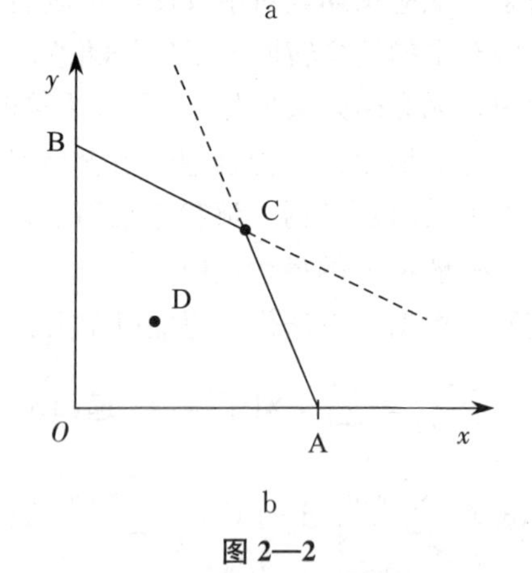

b

图 2—2

对每个参与人 i 来说，如果 σ_i 是可理性化的时候，一个策略组合 σ 是可理性化的。注意任意纳什均衡是可理性化的，原因在于如果 σ^* 是纳什均衡，那么对每个 n 有 $\sigma_i^* \in \widetilde{\sum}_i^n$。因此，可理性化策略的集合是非空的。

① 集合 X 的凸壳是包含它的最小凸集。

定理2.1（Bernheim，1984；Pearce，1984）　可理性化策略的集合是非空的，对每个参与人至少包含一个纯策略。更进一步，每个 $\sigma_i \in R_i$（在 $\sum_i$ 中）是对

$$\times_{j\neq i}(R_j \text{ 的凸壳})$$

中一个元素的最优反应。

证明概要　可递归地证明可理性化定义中的 $\widetilde{\sum}_i^n$ 是闭的、非空的和嵌套的，而且它们包含一个纯策略。它们的无限交集因此也是非空的，包含一个纯策略。存在 $\times_{j\neq i}$（R_j 的凸壳）的元素使 $\sigma_i \in R_i$ 为对它的最优反应这一点则可以通过以上的递推得到证明。■

2.1.4　可理性化和重复严格优势（技术性）

可理性化定义中用到的非最优反应条件看上去非常近似严格劣势定义中的那些条件。事实上在双人博弈中这两个条件是等价的。

很显然，对于任意数目的参与人，严格劣势策略绝不会是最优反应：如果 σ_i' 相对于 $\sum_{-i}$ 严格优于 σ_i，则 σ_i' 对于 $\sum_{-i}$ 中的每个 σ_{-i} 是比 σ_i 严格更优的反应。因此，在一般博弈中，可理性化策略的集合包含在重复严格优势遗留下来的策略集合中。双人博弈中的逆命题是超平面分离定理的一个推论。

为了获得一些直观概念，考察图2—2中的博弈。图2—2b中绘出了对应于参与人1不同策略的可能收益（x，y）。策略 σ_1 在以下情况下被严格占优：存在另一个策略为参与人1提供严格更高的收益，无论参与人2如何行动——也就是说，如果 σ_1 导致了可能收益（x，y），则存在另一种策略导致（x'，y'），且 $x'>x$，$y'>y$。显然，纯策略D是C的劣策略，非劣势策略对应于线段 $\overline{AC}$ 和 $\overline{BC}$ 上的收益。（注意A和B的混合是劣势策略，即便A和B中任何一个作为纯策略都不劣于其他策略。）

还很容易从图中看到哪些策略不是对参与人2任意策略的最优反应：参与人2的策略（p_2，$1-p_2$）对应于L和R上的权重，因此是对应于一族直线，我们可以解释为参与人1的“无差异曲线”。参与人1对（p_2，$1-p_2$）的最优反应是对于权重导致最大收益的那些策略，正好是有效集 $\overline{AC}\cup\overline{BC}$ 上的点，在那里无差异曲线“相切”（次相切）（参见图2—3）。参与人1对参与人2某种策略最优反应的策略对应于有效

前沿（图中的粗线）上的点，这样不是最优反应的任何策略必然在内部，因此是劣势的。这是以下定理中蕴涵的直观理由。

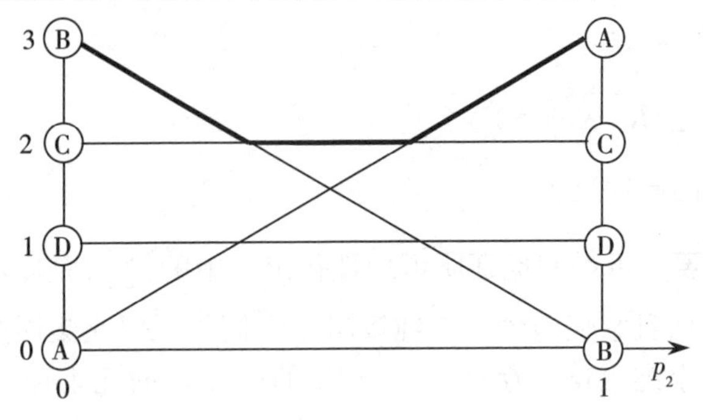

图 2—3

定理 2.2（Pearce，1984） 可理性化和重复严格优势在双人博弈中是一致的。

证明 令 S^n 为剔除严格优势策略 n 轮之后剩下的纯策略集合，令 $\sum^n$ 为对应的混合策略，并令 $\widetilde{\sum}^n$ 为可理性化定义中 n 轮迭代后剩下的混合策略集合。显然对应于 S^0 的混合策略集合 $\sum^0$ 等于 $\widetilde{\sum}^0$。假设 $\sum^n=\widetilde{\sum}^n$。对于任意有限集 A，令$\Delta(A)$ 为 A 上的概率分布空间。给定 $\sum_j^n$ 中的σ_j，S_i^{n+1} 中的任意 s_i 在 $\Delta(S_i^{n+1})$ 中都不是劣势的；否则它会被剔除。现在对于每个 $\sigma_i\in\sum_i^n$ 考察向量

$$\vec{\mathrm{u}}_i(\sigma_i)=\{u_i(\sigma_i,s_j)\}_{s_j\in S_j^n}$$

这种向量的集合是凸的，而且根据重复优势的定义，S_i^{n+1} 正好包含使 $\vec{\mathrm{u}}_i(s_i)$ 在这个集合中不被占优的 s_i。固定 S_i^{n+1} 中的 $\tilde{s}_i$，根据分离超平面定理，存在：

$$\sigma_j=\{\sigma_j(s_j)\}_{s_j\in S_j^n}$$

使得对于所有 $\sigma_i\in\sum_i^n$ 有

$$\sigma_j\cdot(\vec{\mathrm{u}}_i(\tilde{s}_i)-\vec{\mathrm{u}}_i(\sigma_i))\geqslant 0$$

（其中的点表示内积）或者

$$u_i(\tilde{s}_i,\sigma_j)\geqslant u_i(\sigma_i,\sigma_j),\forall\sigma_i\in\sum_i^n=\widetilde{\sum}_i^n$$

这意味着 $\tilde{s}_i$ 在 $\widetilde{\sum}_i^n$ 中是对 $\widetilde{\sum}_j^n$ 凸壳中策略 σ_j 的最优反应。因此，$\tilde{s}_i \in \widetilde{\sum}_i^{n+1}$，而我们得到结论 $\sum^{n+1} = \widetilde{\sum}^{n+1}$。■

备注 皮尔斯基于有限双人零和博弈中最小最大值的存在性①，给出了一种不同的证明，最小最大值定理同样可以由超平面分离定理所证明。

严格劣势和不是最优反应之间的等价性在三人或更多参与人的博弈中失效。关键在于，由于混合策略假定了独立的混合，所以混合策略的集合是非凸的。在图2—2中，问题变为，混合策略不再对应于有效平面的所有切点的集合，这样一种策略可能会在有效平面上但不是对混合策略的最优反应。不过，在可理性化中允许相关就重建了等价性：当且仅当一种策略不是对对手相关混合策略的最优反应时，该策略是严格劣势的。[参与人 i 的对手的相关混合策略 S_{-i} 是一般的概率分布，也就是 $\Delta(S_{-i})$ 的一个元素，而参与人 i 对手的混合策略组合是 $\times_{j\neq i}\Delta(S_j)$ 中的元素。] 这产生了相关理性化的概念，等价于重复严格优势。

为了看到这一点，修改上述证明，将下标 j 替换为下标 $-i$。超平面分离定理显示，如果 $\tilde{s}_i \in S_i^{n+1}$，则存在向量

$$\sigma_{-i} = \{\sigma(s_1, \cdots, s_{i-1}, s_{i+1}, \cdots, s_I)\}_{s_{-i} \in \tilde{S}_{-i}^n}$$

使得对于所有 $\sigma_i \in \widetilde{\sum}_i^n$ 有 $u_i(\tilde{s}_i, \sigma_{-i}) \geqslant u_i(\sigma_i, \sigma_{-i})$。然而，$\sigma_{-i}$ 是 S_{-i}^n 上的任意概率分布，由于它可能涉及参与人 i 的对手将他们的随机化关联起来，所以一般而言不能解释为混合策略。

2.1.5 讨论

根据设计，可理性化作出非常弱的预测；它不能区分基于关于理性的共同知识不能排除的任何结果。例如，在性别战博弈（图1—10a）中，理性化允许参与人肯定以（F，B）结束的预测，其中两个人均得

① 一个具有策略空间 S_1 和 S_2 的双人零和博弈具有（最小最大）值的条件是：

$$\sup_{s_1 \in S_1} \inf_{s_2 \in S_2} u_1(s_1, s_2) = \inf_{s_2 \in S_2} \sup_{s_1 \in S_1} u_1(s_1, s_2)$$

如果博弈具有 u_1^* 而且如果存在（s_1^*，s_2^*）使得 $u_1(s_1^*, s_2^*) = u_1^*$，则（$s_1^*$，$s_2^*$）被称为一个鞍点。冯·诺伊曼（Von Neumann，1928）和范（Fan，1952，1953）给出了鞍点存在的充分条件。

到0。(F，B) 不是一个纳什均衡；事实上，两个参与人均可以通过偏离而获益。我们可以看到它仍然发生的原因：参与人1采用F，期望参与人2采用F，而参与人2采用B，期望参与人1采用B。因此，我们可能不情愿地说 (F，B) 不会发生，特别是当这些参与人以往从未一起博弈过的时候。在某些特殊情况中，例如我们知道参与人2以往和其他对手博弈的行动经验导致他预测有 (B，B)，而参与人1的行动经验导致他预测有 (F，F)，则 (F，B) 甚至是最有可能的结果。不过，这样的局势看来很少见；最常见的是我们会不愿预测 (F，B) 以高概率出现。罗宾 (Rabin，1989) 将这一思路形式化，方法是询问每个参与人认为给定结果有多大可能。如果参与人1根据他关于参与人2策略的主观信念 $\hat{\sigma}_2$ 选择一种最优反应，则对于 $\hat{\sigma}_2$ 的任意值，参与人赋予 (F，B) 的概率必然不会大于1/3：如果他对参与人2采用B赋予大于1/3的概率，则参与人1会采用B。类似地，参与人2赋予 (F，B) 的概率不能大于2/3。因此，罗宾认为，我们不太应该赋予 (F，B) 大于两个概率中最大值的概率（也就是2/3）。

2.2 相关均衡††

纳什均衡的概念意图成为参与人必须同时选择策略的局势中进行"合理"预测的最低的必要条件。现在考察一种情况，参与人可以进行事前讨论，但此后要到不同的房间中选择他们的策略。在某些局势中，参与人如果建立一种"信号设备"可以将信号发送到不同的房间则会对大家都有利。奥曼 (Aumann，1974) 的相关均衡概念讨论能够得到这种信号可以达成的结果。[参见 Myerson (1986)，其中有对这一概念的更完整介绍，以及对它及其机制设计理论之间关系的讨论。]

为了引出这一概念，考察奥曼的例子，如图2—4所示。这一博弈有三个均衡：(U，L)，(D，R)，以及一个混合策略均衡，其中每个参与人在各自的每一个纯策略上赋予相等的权重，这些纯策略为他们提供收益2.5。如果他们可以在博弈前联合观察到一个"掷硬币"（或太阳黑子，或者任意其他可共同观察的随机变量），则他们可以通过两个纯策略均衡上的一种联合随机化来实现收益 (3，3)。(例如，掷一个质地均匀的硬币，使用策略"对参与人1来说，如果是正面则采用U，如果是反面则采用D；对参与人2来说，如果是正面则采用L，如果是反面则采用R"。) 更一般地，采用一种可公共观察的随机变量，参与人可以获得纳什均衡收益凸壳中的任意收益向量。反之，参与人不能通过使用可公共观察随机变量来获得纳什收益凸壳之外的任意收益向量。

	L	R
U	5，1	0，0
D	4，4	1，5

图 2—4

不过，参与人如果可以建立一种机制来发送不同但相关的信号给每个参与人，则他们可以做得更好（仍然没有具有约束力的合约）。这一机制可能具有三种同等可能的状态：A，B 和 C。假设如果 A 发生则参与人 1 被完全告知，但如果状态是 B 或 C，则参与人 1 不知道哪种状态出现了。参与人 2 则与之相反，如果状态是 C 则被完全告知，但他不能在 A 和 B 中加以区分。在这种变换博弈中，以下是纳什均衡：参与人 1 被告知 A 时采用 U，被告知（B，C）时采用 D；参与人 2 被告知 C 时采用 R，被告知（A，B）时采用 L。让我们来证实参与人 1 不会愿意偏离。当他观察到 A 时，他知道参与人 2 观察到（A，B），因此参与人 2 会采用 L；在这种情况下 U 是参与人 1 的最优反应。如果参与人 1 观察到（B，C），则以他的信息为条件，他会预期参与人 2 以同等概率采用 L 和 R。在这种情况下，参与人 1 从自己每种选择中得到的均值都是 2.5，所以他愿意采用 D。这样参与人 1 是在选择最优反应；同样的分析对参与人 2 也成立。因此，我们已经建立了一个均衡，其中参与人的选择是相关的：结果（U，L），（D，L）和（D，R）均以 1/3 的概率被选中，而“坏”结果（U，R）永远不会出现。在这一新的均衡中，每个人的期望收益是 $3\frac{1}{3}$，而这位于没有信号机制的原始博弈的均衡收益凸壳之外。（注意，增加信号机制并没有消除“旧”的均衡：原因是信号不影响收益，如果参与人 1 忽略了他的信号，那么参与人 2 最好也忽略。）

下一个相关均衡的例子表现了一个熟悉的博弈论论点，也就是如果对手们知道参与人这样做了，该参与人有可能会通过限制他自己的信息来获益，原因是这会引导对手以所希望的方式行动。

在图 2—5 所示的博弈中，参与人 1 选择行，参与人 2 选择列，参与人 3 选择矩阵。在这一博弈中，唯一的纳什均衡是（D，L，A），具有收益（1，1，1）。

	L	R
U	0，1，3	0，0，0
D	1，1，1	1，0，0

A

	L	R
U	2，2，2	0，0，0
D	2，2，0	2，2，2

B

	L	R
U	0，1，0	0，0，0
D	1，1，0	1，0，3

C

图 2—5

现在想象参与人建立了一种相关机制，具有两种同等可能结果，H（“正面”）和 T（“反面”），他们安排结果让参与人 1 和参与人 2 完全知晓，而参与人 3 不具备任何信息。在这一博弈中，一个纳什均衡是参与人 1 如果是 H 则采用 U，如果是 T 则采用 D；参与人 2 如果是 H 则采用 L，如果是 T 则采用 R；参与人 3 采用 B。参与人 3 现在面对着 $\frac{1}{2}$(U，L)和$\frac{1}{2}$(D，R) 的分布，这使得 B 成为一个最优反应。注意参与人 1 和参与人 2 知道参与人 3 在选择矩阵时不知道出现的是 H 还是 T 这一点的重要性。如果随机变量是可公共观察的，而参与人 1 和参与人 2 采用以上策略，则参与人 3 会在 H 时选择矩阵 A，T 时选择矩阵 C，这样参与人 1 和参与人 2 也会偏离。如我们所观察的，这时的均衡会给参与人 3 提供收益 1。

以这些例子作为介绍，我们转向相关均衡的规范定义，有两种等价方式来构造定义。

第一种定义明确地为具有相关机制的“扩充博弈”定义策略，而后将纳什均衡的定义应用到扩充博弈。规范地，我们将相关机制识别为三元集（Ω，$\{H_i\}$，p），其中 Ω 是对应于该机制结果（例如，图 2—5 的讨论中的 H 或 T）的（有限）状态空间，而 p 是状态空间 Ω 上的概率度量。

参与人 i 关于哪一个 $\omega\in\Omega$ 发生的信息表示为信息分割 H_i；如果真实状态是 ω，参与人 i 被告知状态属于 $h_i(\omega)$。在我们对图 2—4 的讨论中，参与人 1 的信息分割是（(A)，（B，C)），参与人 2 的分割是（(A，B)，(C)）。在我们对图 2—5 的讨论中，参与人 1 和参与人 2 具有分割（(H)，(T)）；参与人 3 的分割是单元集（H，T）。

更一般地，有限集合 Ω 的分割是 Ω 的分离子集组，它们的并是 Ω。一种信息分割 H_i 对每个 ω 赋予 $h_i(\omega)$，使得对所有 ω 有 $\omega\in h_i(\omega)$。集合 $h_i(\omega)$ 由真实状态为 ω 时参与人 i 认为可能的那些状态构成；要求 $\omega\in h_i(\omega)$意味着参与人 i 在不会将真实状态认为不可能的这种弱意义上永远不会“犯错”。不过，参与人 i 可能得到很少的信息。如果他的分割是对所有 ω 有单元集 $h_i(\omega)=\Omega$，则他没有超出其先验的任何信息。(这被称为是“平凡分割”。)

对于所有具有正先验概率的 h_i，参与人 i 关于 Ω 的后验信念由贝叶斯法则给出：对 h_i 中的 ω，$p(\omega \mid h_i)=\dfrac{p(\omega)}{p(h_i)}$，对不属于 h_i 中的 ω，$p(\omega|h_i)=0$。

给定相关机制 $(\Omega, \{H_i\}, p)$，下一步是为扩充博弈定义策略，其中参与人可以根据相关机制发送给他们的信息来决定行动。扩充博弈的策略可以视为一种函数 $\mathfrak{s}_i$，将 H_i 的元素 h_i——参与人 i 可能收到的信号——映射为没有相关机制的博弈的纯策略 $s_i \in S_i$。注意，如果 $\omega' \in h_i(\omega)$，则 $\mathfrak{s}_i$ 必然会在状态 ω 和 ω' 时采取同样的行动。作为将策略这样定义为从信息集到 S_i 的映射的替代，对我们的分析来说采用一种等价构造更为便利：我们将定义纯策略 $\mathfrak{s}_i$ 为从 Ω 到 S_i 的映射，具有附加性质，如果 $\omega' \in h_i(\omega)$，则 $\mathfrak{s}_i(\omega)=\mathfrak{s}_i(\omega')$。这种做法的规范术语是策略被调适到信息结构。[混合策略可以以明显的方式加以定义，但如果我们令状态空间 Ω 足够大，则它们可能并不重要。例如，替代参与人 1 在给定 h_i 时采用$\left(\frac{1}{2}\mathrm{U}, \frac{1}{2}\mathrm{D}\right)$，我们可以构造一种扩充的状态空间 $\hat{\Omega}$，其中每个 $\omega \in h_i$ 替换为两种等可能状态 ω' 和 ω''，参与人在两种情况下均被告知“h_i”以及状态是单撇的还是双撇的，之后参与人 i 可以使用纯策略“如果被告知 h_i 以及单撇则采用 U，如果被告知 h_i 以及双撇则采用 D”，这和原来的混合策略是等价的。]

定义 2.4A 对应于信息结构 $(\Omega, \{H_i\}, p)$ 的相关均衡 $\mathfrak{s}$ 是调适到这一信息结构的策略上的纳什均衡。也就是说，$(\mathfrak{s}_1, \cdots, \mathfrak{s}_I)$ 是一个相关均衡的条件是，对于任意和任意调适策略 $\tilde{\mathfrak{s}}_i$ 有

$$\sum_{\omega \in \Omega} p(\omega) u_i(\mathfrak{s}_i(\omega), \mathfrak{s}_{-i}(\omega)) \geqslant \sum_{\omega \in \Omega} p(\omega) u_i(\tilde{\mathfrak{s}}_i(\omega), \mathfrak{s}_{-i}(\omega)) \tag{2.1}$$

这一定义中 Ω 上的分布 p 对所有参与人是相同的，有时被称为“客观相关均衡”，以便和“主观相关均衡”相区别，后者中参与人可能在先验信念上不一致，每个参与人允许有不同的信念 p_i。我们在 2.3 节中将对主观相关均衡予以更多讨论。

定义 2.4A 要求 $\mathfrak{s}_i$ 最大化参与人的“事前”收益——在知道哪个 h_i 包含真实状态之前的期望收益——这意味着，对于参与人 i 赋予正的先验概率的每个 h_i，$\mathfrak{s}_i$ 最大化条件依赖 h_i 的收益（这一条件收益常常被称

为“临时”收益)。也就是说,(2.1)式等价于条件:对于所有参与人i,具有$p(h_i)>0$的信息集h_i和所有s_i,

$$\sum_{\{\omega|h_i(\omega)=h_i\}} p(\omega \mid h_i)u_i(s_i(\omega), s_{-i}(\omega))$$
$$\geqslant \sum_{\{\omega|h_i(\omega)=h_i\}} p(\omega \mid h_i)u_i(s_i, s_{-i}(\omega)) \tag{2.2}$$

当所有参与人具有同样的先验时,任意$p(h_i)=0$中的h_i是无关紧要的,而相应所有状态$\omega\in h_i$可以从Ω的设定中省去。当先验不同时就产生了新问题,这会在我们讨论Brandenburger and Dekel(1987)时看到。

这一定义的笨拙之处在于,它有赖于所规定的特定信息结构,仍然存在无穷多可能的状态空间Ω,对每个状态空间又存在许多信息结构。幸运的是,存在更为简明的方法来定义相关均衡。这种替代性方法基于一种认识,对某种相关机制构成相关均衡的任意行动上的联合分布可以用具备“通用机制”的均衡得到,其中对每个参与人的信号构成了参与人应如何行动的建议。在图2—4的例子中,参与人1会被告知“采用D”而不是“状态为(B,C)”,而参与人1愿意服从这一建议的条件是,当他被告知要采用D时,参与人2被指令采用R的条件概率为$\frac{1}{2}$。(熟悉机制设计文献的读者会发现这一点是“显示原理”的一种版本;参见第7章。)

定义2.4B 相关均衡是纯策略$S_1\times\cdots\times S_I$上的任意概率分布$p(\cdot)$,使得对于每个参与人$i$和从$S_i$到$S_i$的任意函数$d_i(\cdot)$有

$$\sum_{s\in S} p(s)u_i(s_i, s_{-i}) \geqslant \sum_{s\in S} p(s)u_i(d_i(s_i), s_{-i})$$

正如定义2.4A中一样,存在定义的另一种等价版本基于依赖每种建议的最大化:$p(\cdot)$是相关均衡,如果对于任意参与人i和任意$p(s_i)>0$的s_i有

$$\sum_{s_{-i}\in S_{-i}} p(s_{-i} \mid s_i)u_i(s_i, s_{-i}) \geqslant \sum_{s_{-i}\in S_{-i}} p(s_{-i} \mid s_i)u_i(s_i', s_{-i}), \forall s_i'\in S_i$$

也就是说,如果其他参与人服从给他的建议,那么参与人i不能通过不服从s_i的建议而获益。

让我们解释为什么相关均衡的两种定义是等价的。显然定义2.4B

意义上的均衡根据定义 2.4A 是一种均衡——只要取 $\Omega=S$ 和 $h_i(s)=\{s'|s_i'=s_i\}$ 即可。

反之，如果如定义 2.4A 一样，$\mathfrak{s}$ 对于某种 $(\Omega,\{H_i\},\tilde{p})$ 是一种均衡，集合 $p(s)$ 为对所有参与人 i 使 $\mathfrak{s}_i(\omega)=s_i$ 的所有 $\omega\in\Omega$ 上 $\tilde{p}(\omega)$ 的总和。让我们证实没有参与人 i 可以通过不服从任意建议 $s_i\in S_i$ 而获益。(这一点不很明显的唯一原因在于可能存在多个信息集 h_i，其中参与人 i 采用 s_i，在这种情况下他的信息缩减为仅为 s_i。) 集合

$$J_i(s_i)=\{\omega\mid \mathfrak{s}_i(\omega)=s_i\}$$

因此 $\tilde{p}(J_i(s_i))=p(s_i)$ 是参与人被告知要采用 s_i 的概率。如果我们将每个纯策略组合 $\mathfrak{s}_{-i}(\omega)$ 视为退化的混合策略，在 $s_{-i}=\mathfrak{s}_{-i}(\omega)$ 上的概率为 1，则参与人 i 相信他所面对的对手策略上的概率分布条件依赖于被告知要采用 s_i，为

$$\sum_{\omega\in J_i(s_i)}\frac{\tilde{p}(\omega)\mathfrak{s}_{-i}(\omega)}{\tilde{p}(J_i(s_i))}$$

这是依赖于使 $\mathfrak{s}_i(h_i)=s_i$ 的每个 h_i 的条件分布的凸组合。由于参与人 i 在任意这种 h_i 处不能通过偏离 $\mathfrak{s}_i$ 而获益，所以在这一更精细的信息结构被替换为简单告诉他被推荐策略的信息结构时，他不会通过偏离而获益。

纯策略纳什均衡是分布 $p(\cdot)$ 退化的相关均衡。混合策略纳什均衡也是相关均衡：仅需要令 $p(\cdot)$ 为均衡策略时导致的联合分布，这样对每个参与人的建议没有传送关于其对手行动的任何信息。

对定义的检查显示，相关均衡集合是凸的，这样相关均衡集合至少和纳什均衡的凸壳一样大。这一凸化可以仅使用公共相关机制来获得。然而，如我们已经看到的，非公共（不完美）相关可以导致纳什集凸壳之外的均衡。

由于纳什均衡在有限博弈中存在，所以相关均衡也相应存在。实际上，相关均衡的存在性看来比纳什均衡的存在性更为简单，原因是相关均衡集用线性不等式组定义，因此是凸的；事实上，哈特和斯凯梅德勒(Hart and Schmeidler，1989）提供了一种仅使用线性方法存在性的证明。人们可能希望知道什么时候相关均衡集和纳什均衡凸壳之间差别“巨大”，但这一问题还没有得到解答。

有人认为，相关均衡中的相关可视为参与人收到“内生”相关信号后的结果，因此相关均衡概念特别适合于事前交流，原因是这时参与人

可能能够设计和实施一种能够获得相关的私人信号过程。[①] 当参与人不会碰面来设计特定相关机制时，有可能他们仍能观察到外生随机信号（例如，“太阳黑子”和“月亮阴影”），在此基础上他们可以把他们的行动条件化。如果信号是公共观察的，则它们的作用仅是凸化纳什均衡收益集合。如果信号是私人观察，但仍然相关，则它们也允许不完美相关均衡，可能具有纳什均衡凸壳之外的收益，例如图 2—4 中的$\left(3\frac{1}{3}, 3\frac{1}{3}\right)$。[奥曼（Aumann，1987）认为，广义解释的贝叶斯理性意味着行动必须对应于相关均衡，尽管不一定是纳什均衡。]

2.3 可理性化和主观相关均衡†††

在硬币配对（图 1—10a）中，可理性化允许参与人 1 确信自己可以智胜参与人 2，而参与人 2 确信自己可以智胜参与人 1；参与人的策略信念不一定是一致的。有趣的一点是，这种信念上的不一致性可以建模描述为具有不一致信念的一类相关均衡。我们在定义主观相关均衡时描述了不一致信念的可能性，它通过允许每个参与人 i 在联合建议 $s\in S$ 上具有不同的信念 $p_i(\cdot)$，而对客观相关均衡进行了一般化。这一概念比可理性化要弱，如图 2—6 所显示的（来自 Brandenburger and Dekel，1987）。在此博弈的一个主观相关均衡中，参与人 1 的信念对（U，L）赋予概率 1，而参与人 2 的信念对（U，L）与（D，L）均赋予概率$\frac{1}{2}$。给定他的信念，参与人 2 正确地采用 L。然而该策略被重复优势所剔除，从而我们看到主观相关均衡比可理性化的限制性要弱。

	L	R
U	2，0	1，1
D	1，1	0，0

图 2—6

① 巴拉尼（Barany，1988）显示，如果至少有四个参与人（$I\geq 4$），则策略式博弈的任意相关均衡和一个扩展式博弈的纳什均衡相吻合，在这个扩展式博弈中参与人在所考察策略式博弈实际进行之前进行无成本交谈（廉价磋商）。如果只有两个参与人，则廉价磋商下的纳什均衡集和完美相关信号（也就是公共观察随机化机制）导致的相关均衡子集是吻合的。

关键在于，主观相关均衡允许每个参与人关于其对手的信念完全随意，因此没有体现关于收益的共同知识产生的限制。布兰登伯格和戴克尔引入了后验均衡的思想，体现了这些限制。

尽管这一均衡概念和相关均衡一样可以用两种方式定义，一种是明确引用相关机制，另一种是“间接版本”，但这里明确表现相关机制更为简单一些。

给定状态空间 Ω，分割 H_i 和先验 $p_i(\cdot)$，我们现在要求，对于每个 ω [甚至是 $p_i(\omega)=0$ 的那些][1]，参与人 i 具有良好定义的条件信念 $p_i(\omega'|h_i(\omega))$，满足 $p_i(h_i(\omega)|h_i(\omega))=1$。

定义 2.5　如果以下条件成立，则调适策略（s_1，…，s_I）是一个后验均衡：对于所有 $\omega\in\Omega$，所有参与人 i 和所有 s_i，

$$\sum_{\omega'\in h_i(\omega)} p_i(\omega' \mid h_i(\omega))u_i(s_i(\omega), s_{-i}(\omega'))$$
$$\geqslant \sum_{\omega'\in h_i(\omega)} p_i(\omega' \mid h_i(\omega))u_i(s_i, s_{-i}(\omega'))$$

因此，参与人 i 的策略被要求对所有 ω 是最优的，即便是对于他赋予了先验概率为 0 的那些策略也是如此。

布兰登伯格和戴克尔显示，相关可理性化收益集合恰好就是后验均衡的临时收益集合；也就是说，它们是参与人 i 以特定 $\omega\in\Omega$ 为条件可期望获得的收益。

参考文献

Aumann, R. 1974. Subjectivity and correlation in randomized strategies. *Journal of Mathematical Economics* 1：67－96.

Aumann, R. 1987. Correlated equilibrium as an extension of Bayesian rationality. *Econometrica* 55：1－18.

Barany, I. 1988. Fair distribution protocols, or how the players replace fortune. Mimeo, University College, London.

Bernheim, D. 1984. Rationalizable strategic behavior. *Econometrica* 52：1007－1028.

[1] 注意，我们不要求先验对于彼此是完全连续的——也就是说，它们可能在哪个 ω 具有正概率上不一致。

Brandenburger, A., and E. Dekel. 1987. Rationalizability and correlated equilibria. *Econometrica* 55: 1391 - 1402.

Fan, K. 1952. Fixed point and minimax theorems in locally convex topological linear spaces. *Proceedings of the National Academy of Sciences* 38: 121 - 126.

Fan, K. 1953. Minimax theorems. *Proceedings of the National Academy of Sciences* 39: 42 - 47.

Gabay, D., and H. Moulin. 1980. On the uniqueness of Nash equilibrium in noncooperative games. In *Applied Stochastic Control in Econometric and Management Science*, ed. Bensoussan, Kleindorfer, and Tapien. North-Holland.

Guesnerie, R. 1989. An exploration of the eductive justifications of the rational expectations hypothesis. Mimeo, EHESS, Paris.

Hart, S., and D. Schmeidler, 1989. Existence of correlated equilibria. *Mathematics of Operations Research* 14: 18 - 25.

Moulin, H. 1984. Dominance solvability and Cournot stability. *Mathematical Social Sciences* 7: 83 - 102.

Myerson, R. 1985. Bayesian equilibrium and incentive compatibility: An introduction, in *Social Goals and Social Organization: Essays in Honor of Elizha Pazner*, ed. L. Hurwicz, D. Schmeidler, and H. Sonnenschein. Cambridge University Press.

Pearce, D. 1984. Rationalizable strategic behavior and the problem of perfection. *Econometrica* 52: 1029 - 1050.

Rabin, M. 1989. Predictions and solution concepts in noncooperative games. Ph. D. dissertation, Department of Economics, MIT.

von Neumann, J. 1928. Zur Theorie der Gesellschaftsspiele. *Math. Annalen* 100: 295 - 320.

第 2 篇

完全信息的动态博弈

第3章　扩展式博弈

3.1　引言[†]

在我们第1篇所讨论的一些例子中，如猎鹿模型、囚徒困境以及性别战等，博弈的参与人都是同时选择他们的行动。博弈论经济应用方面的许多兴趣在于有着重要的动态结构的情形，比如工业组织中的进入和进入威慑问题以及宏观经济学中的“时间一致性”问题。博弈论的理论研究者们运用了一种“扩展式博弈”的概念来把这种动态的情形模型化。这种扩展式博弈很清晰地表明了参与人采取行动的次序，以及参与人在作出每一行动的决定时所知道的信息。在这一背景下，博弈的策略所对应的是相机行动计划而不是非相机行动。正如我们将看到的，扩展式博弈可以看做是一个决策树的多人博弈推广。毫不奇怪，决策论中的许多结果和直觉都有着博弈论的对照物。我们还将看到如何从一个博弈的扩展式建立其策略式的表述。这样，我们将可以把第1篇中的概念和结论运用到动态博弈当中来。

举一个简单的扩展式博弈例子，考虑一个双寡头模型中“斯塔克伯格均衡”的思想。正如在古诺模型中一样，企业的行动方案是要选择其产出水平，对参与人1而言是q_1，对参与人2而言是q_2。不同的是我们现在假设参与人1，即“斯塔克伯格领导人”，首先选择他的产出水平q_1，而参与人2在作出其产出水平的选择时则可以观察到参与人1的选择q_1。为了使问题更加具体化，我们可以假设生产是没有成本的，同样，需求是线性的，需求函数为$p(q)=12-q$，从而参与人i的收益是$u_i(q_1, q_2)=[12-(q_1+q_2)]q_i$。那么，我们怎样将纳什均衡的思路扩展到这一情形中呢？我们又怎样来推测参与人的博弈行为呢？

既然参与人 2 在选择其产出水平 q_2 时可以观察到参与人 1 所选择的产出水平 q_1，因而从原则上，参与人 2 会以其所观察到的 q_1 的产出水平为前提条件来选择 q_2。同时由于参与人 1 首先采取行动，她就不能以参与人 2 的产出水平作为其产出水平的前提条件。因而很自然地，参与人 2 在这一博弈中的策略就可以看做是一种映射 $s_2: Q_1 \to Q_2$，其中，Q_1 是 q_1 的可行集空间，Q_2 是 q_2 的可行集空间，而参与人 1 的策略则仅仅是选择 q_1。给定该博弈形式下的一个策略组合，则其博弈的结果就是产出水平 $(q_1, s_2(q_1))$，以及参与人的收益 $u_i(q_1, s_2(q_1))$。

既然已经确定了策略空间以及收益函数的表述，我们就可以很清楚地定义这一博弈的纳什均衡，当某一策略可以使得任何一参与方都不能通过采取另一策略而增加其所得到的收益时，我们称之为实现纳什均衡。让我们考虑这一博弈的两种特殊的纳什均衡的情况。

第一种均衡自然而然地产生了与这一博弈相对应的斯塔克伯格产出水平。在这一均衡下，参与人 2 的策略 s_2 是根据每一个 q_1 来选择 q_2 的水平，从而实现：$\max_{q_2'} u_2(q_1, q_2')$。因此，$s_2$ 实质上与第 1 章中所定义的古诺反应函数中的 r_2 是一样的。对于其收益我们已经有了清晰的表述，即 $r_2(q_1)=6-q_1/2$。

而对于参与人 1，纳什均衡则要求其策略必须是在给定 $s_2=r_2$ 的条件下最大化他的收益。因此，参与人 1 的产出水平 q_1^* 其实就是 $\max_{q_1} u_1(q_1, r_2(q_1))$ 的解，从我们所给出的收益函数中，可解得 $q_1^*=6$。

产出水平 $(q_1^*, r_2(q_1^*))$ [这里等于 (6, 3)] 被称为这一博弈的斯塔克伯格产出。这一结果也正是经济学的学生通常在课堂上所要求掌握的产出结果。在一般情况下，r_2 是减函数，因而参与人 1 可以通过增加其自身的产出水平来降低参与人 2 的产出水平。结果，参与人 1 的斯塔克伯格产出水平和收益就会比参与人同时决策的古诺模型的结果要高，而参与人 2 的产出和收益就相应地比同时决策情形下要低。(在我们的例子中，唯一的古诺均衡是 $q_1^c=q_2^c=4$，各参与人的收益为 16；而在斯塔克伯格均衡中，领导人的收益是 18，而追随者的收益是 9。)

尽管斯塔克伯格产出水平在这一博弈中看起来似乎是很自然地决定了的，但事实上这里仍然存在其他的纳什均衡。其中一个均衡就是方案“对于所有 q_1，$q_1=q_1^c$，$s_2(q_1)=q_2^c$”，这一策略确实是一种纳什均衡：给定参与人 2 的产出为 $q_2=q_2^c$，且 q_2 并不依赖于 q_1，那么参与人 1 的问题就是要最大化 $u_1(q_1, q_2^c)$。同时，根据定义，这一最大化问题的解就是 q_1^c。而这时对于参与人 2 而言，其收益为 $u_2(q_1^c, s_2(q_1^c))$，在任何

策略 s_2 下最大化其收益，最终可以得到 $s_2(q_1^c)=q_2^c$，这正好与其当前的策略$s_2(\cdot)\equiv q_2^c$ 相符合。因而，这一均衡确实是一个纳什均衡。然而要注意到参与人 2 的这一策略并不是在参与人 1 可能选择的任何产出水平下都是一个最优的反应。也就是说，在 $q_1\neq q_1^c$ 时，q_2^c 就不再是在 q_1 下的最好的反应策略。

至此，我们已经讨论了参与人 1 首先选择其产出水平博弈的两种纳什均衡情况：一种形成了斯塔克伯格产出水平，而另一种则与两参与人同时采取行动时的产出水平是一样的。为什么说第一种均衡更加合理呢？第二种均衡究竟存在什么问题？大多数博弈论理论研究者都会回答说第二种均衡是“不可靠”的，因为它依赖于一个前提条件，即不管参与人 1 采取什么样的策略参与人 2 都把他的产出水平定在 q_2^c 上。这显然只是一个“无用的威胁”，因为对于参与人 2 而言，如果参与人 1 选择斯塔克伯格的产出水平 q_1^* 已经成为不可改变的事实时，参与人 2 就会选择另外一个 q_2 的水平而不是 q_2^c，从而让自己变得更好。特别地，这时 $q_2=r_2(q_1^*)$。因而，如果参与人 1 清楚参与人 2 的收益函数，可以想象，他将不会再相信参与人 2 会坚定地选择 q_2^c 的产出水平而不论参与人 1 的产出水平如何。相反，参与人 1 会预期参与人 2 将根据参与人 1 实际选择的 q_1 水平来确定一个最优的对策。因此，参与人 1 会预期无论他选择哪一个 q_1 的水平，参与人 2 都会根据该 q_1 的水平来作出其最优的选择，即 $r_2(q_1)$。这一论述显然使得“斯塔克伯格均衡”成为唯一“可靠”的产出结果。更为正式的论述这一问题的思路是，斯塔克伯格均衡正好与逆向递归所得到的结果是一致的。而逆向递归这一思路则是通过逆向递归的方法，从先集中解决参与人在面临任何可能情况下的最终行为策略的最优选择开始，然后逐步向前推导计算前一步的最优选择。可靠性以及逆向递归的思想在斯塔克伯格博弈的教科书中都有着非常清晰的表述。这些方法在谢林（Schelling，1960）关于不同环境下的承诺分析中也曾用到。泽尔滕（Selten，1965）使得这一想法更加规范化，引入了子博弈完美均衡（subgame-perfect equilibrium）的概念，从而使得逆向递归的思想可以延伸到扩展式博弈，即参与人可以在多个阶段同时采取行动的情况中。但事实上，逆向递归的方法在扩展式博弈中也存在着其不相适宜的地方，特别是当存在许多“最终行为决策者”，且每一个参与人又必须知道其他人的所有行为，从而来计算他自己的最优选择的时候。

本章将讨论扩展式博弈的建模方式问题，同时还将讨论逆向递归法和子博弈均衡的解的概念。尽管扩展式博弈在博弈论中是一个基本概念，但其定义还是需要详细的说明，尤其对于那些对博弈论的应用比对掌握一般理论更加感兴趣的读者。考虑到这一部分读者的情况，3.2 节首先通过一类有着特殊简单结构的博弈来考察动态博弈，即“多阶段可观察行为博弈”。这些博弈有着不同的“阶段”，并且（1）在每一阶段中，每一参与人都知道所有参与人在以前任一阶段里所采取的行动，包括各参与人的行为特性；（2）各参与人在任一阶段都是同时行动的。

尽管这一类博弈较为特殊，但它包括我们已经讨论过的斯塔克伯格例子，同样还包括经济学文献中的许多其他例子。我们用多阶段博弈来阐述策略作为一种相机行动计划的思想，同时给出子博弈完美的最初定义。作为对这些概念的进一步的论述，3.2.3 小节讨论了如何对承诺进行建模，并探讨了宏观经济学中称为“时间不一致问题”的特别例子。读者如果没有时间或兴趣来研究一般扩展式博弈模型，我们建议你从 3.2 节的结尾直接跳到 3.6 节，而在 3.6 节我们会提醒读者注意逆向递归法和子博弈完美思想中的一些潜在缺陷。

3.3 节引入了定义扩展式博弈的一些概念，3.4 节讨论了扩展式博弈下的策略，即“行为策略”，并详细分析了如何将它们与第 1、2 章所讨论的策略式策略联系起来。但我们把一些更加深入的关于均衡的精炼讨论放到了第 8 章和第 11 章，以便我们可以先用在这一章学习的理论工具来对几类非常有趣的博弈进行富有成果的分析。

读者若已对动态博弈以及子博弈完美有了一定了解，可能就已经知道 3.2 节的内容，因而可以直接跳到 3.3 节。（授课建议：如果打算要完全讲授本章的内容，也许在课堂上花费时间来讲授 3.2 节并不值得。你可以选择让学生自己学习这一部分。）

3.2 多阶段可观察行为博弈中的承诺和精炼

3.2.1 什么是多阶段博弈？

我们首先要对“多阶段可观察行为博弈”作一个更加精确的定义。回忆我们以前所讨论过的内容，这一博弈意味着：（1）所有的参与人在阶段 k 选择其行动时，都知道他们在以前所有阶段 0，1，2，…，$k-1$ 所采取的行动；（2）所有参与人在阶段 k 时都是“同时”行动的。（我们采用了传统的方法，把初始阶段定义为“阶段 0”以便对贴现的概念进行简化，即把阶段解释为时间期间。）如果每个参与人在阶段 k 选择自身行动的时候并不知道其他参与人在阶段 k 的行动，则所有参与人都是同时行动的。与一般的用法有所不同，这里的“同时行动”并不排除参与人轮流采取行动，因为我们允许一部分参与人可以有单因素选择集合“不采取任何行动”的可能性。比如，在斯塔克伯格博弈中有两个阶段：在初始阶段，领导者选择了一个产出水平（这时追随者并没有采取任何行动）。而在第二阶段，追随者知道领导者的产出水平并选择了他自己的产出水平（这时领导者“不采取任何行动”）。古诺和伯特兰博弈都是单阶段博弈：所有参与人同时选择他们的行动，从而博弈结束。但迪克西特（Dixit，1979）的进入威胁模型［建立在斯宾塞（Spence，1977）的理论之上］则是一个较复杂的例子：在该博弈的初始阶段，在位者对其生产能力进行投资；而在第二阶段，进入者观察到在位者生产能力的选择并决定是否要进入。如果不进入，在位者在第二阶段就会选择垄断者的产出水平；但如果进入，这两个企业就会同时选择如古诺竞争中的产出水平。

通常，我们都会自然地把博弈的“阶段”和时间的区间加以区分，但两者并非总是截然不同。一个很好的反驳的例子就是鲁宾斯坦恩-斯塔尔讨价还价模型（在第4章讨论）。在该模型中，每一个“时间期间”都有两个阶段，在每个时期的第一阶段，一个参与人提出建议，在第二阶段，另一个参与人或者接受或者拒绝该建议。而每一个期间里的阶段与时间区间的区别在于时间区间指的是某种对经过的时间的物理度量，比如在讨价还价模型中延迟成本的积累，而阶段则没有一个直接的通俗解释。

在多阶段博弈的初始阶段（阶段0），所有参与人 $i\in\mathscr{I}$都同时从选择集 $\mathrm{A}_i(h^0)$ 中选择相应的行动。（请注意，一些选择集有可能是单因素“不采取任何行动”的集合。我们用 $h^0=\varnothing$来表示博弈刚开始时的“历史”。）在每一阶段结束的时候，所有的参与人都可以观察到这一阶段的所有行动组合。用 $a^0\equiv(a_1^0，\cdots，a_I^0)$ 表示阶段0的行动组合。在阶段1开始的时候，参与人对于阶段1的历史 h^1 都是清楚的，因为若 h^0 是空集，他就可以从 a^0 中辨别 h^1 的信息。一般地，参与人 i 在阶段1所选择的行动取决于以前发生过的事件。因而我们可以用 $A_i(h^1)$ 来表示历史为 h^1 时这一阶段可能的行动集合。如此延续下去，我们可以定义

$$h^{k+1}=(a^0,a^1,\cdots,a^k)$$

即阶段 k 结束时的历史是以往时段里采取的一系列行动的结果。同时，令 $A_i(h^{k+1})$ 表示当历史为 h^{R+1} 时参与人 i 在阶段 $k+1$ 可行的行动集。我们用 $K+1$ 来表示博弈的阶段的总数目，并可以认为相对于无限阶段数的博弈而言，在某些情况下有 $K=+\infty$，在这种情况下的“行为结果”就是一个无穷的历史，h^{∞}。由定义可知，由于每一个 h^{K+1} 都描述了从博弈开始时所有一系列的行动，其所有“最终历史”的集合 H^{K+1} 与博弈进行时的行为结果可能集应该是一样的。

在这一背景下，参与人 i 的纯策略就可以很简单表示为，在每一阶段 k 根据可能发生的历史 h^k 采取相机行动的策略。（我们将在 3.3 节讨论混合策略，但在这里我们所讨论的例子将不会用到混合策略的概念。）如果我们用 H^k 来表示所有阶段 k 的历史，同时设

$$A_i(H^k)=\bigcup_{h^k\in H^k}A_i(h^k)$$

参与人 i 的纯策略就可表示为一系列映射 $\{s_i^k\}_{k=0}^K$，其中 s_i^k 是 H^k 到参与人 i 的可行行动集 $A_i(H^k)$ 的映射［也就是说，对所有的 h^k，s_i^k 满足 $s_i^k(h^k)\in A_i(h^k)$］。现在我们就可以很清楚地知道如何去寻找由这样的策略组合所产生的行动系列：阶段 0 的行动是 $a^0=s^0(h^0)$，阶段 1 的行动是 $a^1=s^1(a^0)$，阶段 2 的行动是 $a^2=s^2(a^0, a^1)$，等等。我们把这称为策略组合的路径。由于最终历史代表了一个完整的博弈系列，我们就可以把每一个参与人 i 的收益表示为一个函数 u_i：$H^{K+1}\to\mathbb{R}$。在大部分的应用例子中，参与人的收益函数都是阶段可加、可分离的［也就是说，每一个参与人的总体收益都是单个阶段的收益 $g_i(a^k)$，$k=0, \cdots, K$ 的某种加权平均］，但这一约束也并非是必需的。

既然我们可以对每个策略组合分配一个 H^{K+1} 中的结果，同时每一个结果又对应于一个收益向量，我们现在就可以计算任一策略组合的收益了。为了方便起见，我们将用 $u(s)$ 来表示策略组合 s 下的收益变量。这时，纯策略下的纳什均衡就可简单地表示为在策略组合 s 下，没有任何参与人 i 可以通过其他策略使自己变得更好，即对所有的 s_i'，都有 $u_i(s_i, s_{-i})\geqslant u_i(s_i', s_{-i})$。

第 1 章中讨论的古诺以及伯特兰“均衡”就是多阶段（实际上是单阶段）博弈的简单例子。在本章的开头讨论斯塔克伯格博弈时，我们已看到过纳什均衡的其他两个例子。同样，我们也看到一些纳什均衡可能会依赖于次优博弈的无用威胁，并且这种无用威胁又是建立在预期并不会发生的历史之上的，也就是说这种历史并不在均衡路径之上。

3.2.2　逆向递归法和子博弈完美

在斯塔克伯格博弈中，很容易看到参与人2是“应该”参与博弈的，因为一旦q_1固定下来之后，参与人2所面临的就只是一个简单的决策问题。这使得我们可以对每一个q_1都找出参与人2在阶段2的最优选择，然后再由此来逆向推算出参与人1的最优选择。这一方法可以推广到其他类似的博弈，即在每一阶段只有一个参与人采取行动的博弈中。如果对每一个阶段k以及历史h^k而言，只有一个参与人具有非简单的选择集——选择集中元素的个数大于1，同时其他所有参与人都只有单元素，即“不采取任何行动”的选择集，我们就说，该多阶段博弈拥有完美的信息。这类博弈的一个简单的例子是，参与人1在阶段0，2，4…采取行动，而参与人2在阶段1，3，5…采取行动。更一般地，某些参与人可以连续在好几个阶段都采取行动，并且到底是哪一个参与人在阶段k行动取决于以前的历史情况。关键是在每一阶段k必须只有一个参与人采取行动。我们已经假设每一个参与人都清楚所有竞争对手的过去选择情况，这就意味着在阶段k采取行动的这一参与人对博弈的各个方面都是“完全知情”的，只有那些将会在以后发生的情况除外。

逆向递归法可以在任何完美信息下的有限次博弈中应用，其中“有限次”表明博弈的阶段数是有限的，同时任一阶段中可行的行动数目也是有限的。[①] 这一方法从确定最终阶段K在每一历史情况h^K下的最优选择开始，也就是说，在给定历史情况h^K的条件下，通过最大化参与人在面临历史h^K条件下的收益确定其最优的行动。（允许参与人选择能实现其最大化约束的任何一个可能的行动。）从而，我们向后推算到阶段$K-1$，并确定这一阶段中采取行动参与人的最优行为，只要给定阶段K中采取行动的参与人在历史h^K下将采取我们之前推导出来的最优行动即可。用这一方法不断地“向后推算”下去，就如在解决决策问题时一样，直到初始阶段。这样，我们就可以建立一个策略组合，并且很容易证明这一策略组合是一个纳什均衡，并且它有着良好的性质，即每一个参与人的行为在任何可能的历史情况下都是最优的。

然而，这一论述面临着一个有力的攻击，即对于逆向递归法在两阶段的斯塔克伯格博弈中解的论证——参与人1要能够预测参与人2在后一阶段的行动。在三阶段博弈中，这一论证就显得较为复杂：在阶段0

① 4.6节将会把逆向递归法扩展到无限期完美信息博弈中，这时并不存在一个最终的阶段来进行逆向递归。

采取行动的参与人必须要预测阶段 1 中行动的参与人能够正确预测阶段 2 行动的参与人的行为，这显然是一个更强的假设条件。逆向递归法在更多阶段的博弈中的论证就相应地要求更强的假设条件。由于这一原因，逆向递归法的论证在“长期”的博弈中并不是很有说服力的。在这里，我们将略过对于逆向递归法的这一争论，在 3.6 节将会更加详细地讨论它的局限性。

正如前面所定义的一样，逆向递归法只适用于完美信息下的博弈。它能够扩展到略微广泛一些的博弈类型中。举例来说，在一个多阶段博弈中，给定这一博弈的历史情况，如果所有参与人在最后一个阶段都有一个优势策略（或者更一般化，如果最后一个阶段可以通过重复剔除的严格优势来解出其最优策略），我们就可以用该优势策略来代替其最终阶段的策略，然后考虑在前一个阶段应用同样的推导方法；依此类推下去。然而，这里不包括对于那些不能通过这种优势策略可解性的逆向递归版本来解决的博弈。尽管这样，人们可能认为预测参与人在未来最可能会选择怎样行动的逆向递归思想是可以推广到更一般的博弈之中的。假设有一个企业——称之为企业 1——必须要决定是否投资于一项新的降低成本的技术。它的选择将会被其唯一的竞争对手，企业 2 所观察到。一旦这一选择被决定下来并被观察到，这两个企业就将同时选择它们的产出水平，与在古诺竞争中一样。这是一个两阶段的博弈，但并不是完美信息的。那么，企业 1 如何预测它的对手在后一阶段的产出水平呢？运用均衡分析的思想，一个很自然的猜想是，第二阶段产出水平的选择将与当前成本结构下的古诺均衡结果是一致的；也就是说，每一种历史情况 h_1 都会生成两个企业之间同时行动的博弈，企业 1 就会预测到这一博弈中的行为将与 h_1 所对应收益函数下的某个均衡相一致。这就是泽尔滕（Selten，1965）子博弈完美均衡的思想。

要定义子博弈完美，还需要一些前提条件。首先，由于所有参与人都知道在阶段 k 的历史情况 h^k，我们可以把从阶段 k 开始有着历史情况 h^k 的博弈视为本身就是一个单独的博弈，记为 $G(h^k)$。为了定义这一博弈中的收益函数，注意到如果从阶段 k 到 K 的行动是 a^k 到 a^K，则最终历史情况就是 $h^{K+1}=(h^k, a^k, a^{k+1}, \cdots, a^K)$，因而收益函数将是 $u_i(h^{K+1})$。$G(h^k)$ 中的策略就可以用很明显的方式加以定义：其策略就是从历史到行动集的映射，其中我们需要考虑的历史仅仅是那些与 h^k 相对应的历史。因此，我们现在就可以讨论 $G(h^k)$ 的纳什均衡了。

其次，整个博弈中任一策略组合以一种明显的方式导致博弈 $G(h^k)$

的策略组合 $s \mid h^k$：对于参与人 i 而言，$s_i \mid h^k$ 简单地是策略 s_i 对与 h^k 相容历史情况的限定。

定义 3.1 如果对任意的 h^k，$G(h^k)$ 的限定策略 $s \mid h^k$ 是 $G(h^k)$ 的纳什均衡，可观察行为多阶段博弈的策略组合 s 就是子博弈完美均衡的。

这一定义可简化为完美信息下有限次博弈的逆向递归的情况，因为在博弈 $G(h^K)$ 的最后一个阶段中，其唯一的纳什均衡就是让在该阶段采取行动的参与人选择其偏爱的行为（之一），这正如在逆向递归中一样。而在给定最终阶段的纳什策略下，倒数第二阶段中唯一的纳什均衡也同样如逆向递归法一样，依此类推。

例 3.1

为了举例说明这一部分的思想，考虑以下双寡头策略投资模型：企业1和企业2当前的固定平均成本都是每单位为2。企业1可以使用一种新的技术，从而使得其平均成本为每单位0；投入这一技术需要花费 f。企业2将可以观察到企业1是否投资于这一项新技术。一旦企业1对新技术的投资被观察到之后，这两个企业如在古诺竞争中一样同时选择它们的产出水平 q_1 和 q_2。因此，这是一个两阶段博弈。

为了定义收益函数，我们假设需求为 $p(q)=14-q$，并且每一个企业的目标都是要使扣除成本之后的净收入最大化。企业1如果不投资，则它的收益是 $[12-(q_1+q_2)]q_1$，但若它投资于新技术，则它的收益为 $[14-(q_1+q_2)]q_1-f$；企业2的收益是 $[12-(q_1+q_2)]q_2$。

为了解出子博弈完美均衡，我们使用逆向递归法。如果企业1不投资于新技术，则两个企业的单位成本都为2，从而它们的反应函数为 $r_i(q_j)=6-q_j/2$。反应函数相交于点（4，4），每一参与人的收益都是16。如果企业1进行技术投资，则它的反应函数变为 $\widetilde{r}_1(q_2)=7-q_2/2$，在第二阶段的均衡则为（16/3，10/3），企业1的总收益为 $256/q-f$。因此，如果 $256/9-f>16$，即 $f<112/9$，企业1就会进行技术投资。

请注意，技术投资可以从两个方面增加企业1第二阶段的利润。首先，企业1在任何给定的产出下都能获得比原来要高的利润，因为它的生产成本降低了。其次，企业1还可以从企业2第二阶段的产出减少中获利。企业2的产出减少是由于企业1通过降低其生产成本可以改变它自身在第二阶段的激励因素，特别是可以使其自身变得更有竞争力，即在任何 q_2 下都有 $\widetilde{r}_1(q_2)>r_1(q_2)$。我们将在下一部分更加详细地讨论这种"自我承诺"机制。注意，企业 2 如果继续认为企业 1 的成本等于 2，则其产量就不会减少。

3.2.3 承诺的价值和“时间一致性”

在动态博弈中反复出现的主题之一是在许多情形中参与人可以通过许诺按某种方式行动而增加其获利。在一个单人博弈中，即在一个决策问题中，这样的承诺没有任何价值，因为参与人根据承诺来行动而获得的收益也可通过采取同样的行动而不作任何承诺来获得。然而，当参与人多于一个人的时候，承诺就是有价值的，因为通过许诺自己按一给定系列行为进行行动，参与人就可能改变其对手的行动。承诺这种“看似矛盾”的价值与我们在第 1 章里所讨论的参与人通过缩减自身的行动集或减少某些产出的收益来增加获利是密切相关的，只要他的对手清楚地认识到这种变化。事实上，某些形式的承诺可以这种方式进行表述。

对承诺（和相关行为，如“许诺”）的可能性建模的方法是要明确地把这些承诺作为参与人可采取的行动包括进来。[谢林（Schelling，1960）是这一观点的早期支持者。] 我们在对斯塔克伯格博弈的分析中已经看到过承诺的价值的例子，在这一例子中一企业（“领导者”）可以承诺选择某种产出水平，使得追随者在作出自己产出水平决策时不得不把这一承诺的产出当做一个事先给定的量来看待。在一般性的假设条件下，每一企业的最优反应函数 $r_i(q_j)$ 是关于其竞争对手产出水平的减函数，斯塔克伯格领导者的收益要高于“古诺均衡”中两企业同时选择其产出时的水平。

在斯塔克伯格的例子中，承诺仅通过比对手先采取行动而获得。尽管这对应不同于古诺竞争同时采取行动的扩展式，但在某种意义上“物理行动”集是一致的。寻找作出承诺的方法也可导致以往不会考虑的行动。一些经典的例子，如破釜沉舟；奥德修斯把他自己捆绑在船桅上并命令水手用蜡来堵住他们的耳朵以作为不去塞壬岛的承诺。（注意，一般对奥德修斯的故事进行建模的方法是设立两个“参与人”，分别对应于听到海妖歌声之前的奥德修斯和听到海妖歌声之后的奥德修斯。）这两个例子都对应于“完全承诺”：一旦船被沉掉以后，或奥德修斯被捆绑在船桅上以及水手耳朵堵满了蜡之后，撤退或从船桅上摆脱的成本可以视成无穷大。我们也可以考虑部分承诺的情况，这种承诺只是增加了成本，如撤退的成本，而并没有使得它无穷大。

作为承诺价值的最后一个例子，我们考虑一下在宏观经济学中被称做“时间一致性”的问题（又称做动态一致性问题）。这一问题是凯德兰德和普雷斯科特（Kydland and Prescott，1977）首先提出来的。我们的讨论则由曼昆（Mankiw，1988）的分析中引出。假设政府要设定通货膨胀率π，同时其对于通货膨胀以及产出水平y的偏好以$u_g(\pi, y)=y-\pi^2$来表述，这样政府要通过货币政策增加产出水平就必须要准备承担通货膨胀。宏观经济的研究表明只有非预期的通货膨胀才会影响产出：

$$y = y^* + (\pi - \hat{\pi}) \tag{3.1}$$

式中，y^*为产出的“自然水平”；$\hat{\pi}$为预期的通货膨胀。①

在不考虑行动的时序问题的情况下，代理人对于通货膨胀的预期在任何纯策略的均衡中都是正确的，因此产出就会位于其自然水平上。（在混合策略均衡中，预期只需在平均上是正确的。）因而利率变量也就是通货膨胀的水平。首先假设政府可以承诺设定某一个通货膨胀率，也就是说政府首先采取行动并选择了一个π的水平，这种选择被代理人所观察到，从而不管所选择的通货膨胀水平π如何，产出都会等于y^*，因此政府也就会把通货膨胀设定在$\pi=0$上。

正如凯德兰德和普雷斯科特所指出的那样，这种对承诺博弈的解不是“时间一致的”，也就是说，如果代理人错误地相信了π被设定在等于0的水平上，而实际上政府却可以自由地选择它所希望的任意的π水平，那么政府就会倾向于选择一个与预期并不相同的π水平。因而，承诺解并非是在没有承诺情况下博弈的均衡。

如果政府不进行承诺，它就会选择一个通货膨胀的水平使得产出增加的边际收益刚好等于增加的通货膨胀的边际成本。政府效用函数使得这种替代关系与产出水平或预期通货膨胀水平不相关，政府会选择$\pi=1/2$。由于产出在两种情况下都是一样的，因而政府在不作出承诺时就会严格地更差。在货币政策的讨论中，“承诺路径”可以解释为“货币增长法则”，而不作任何承诺则与“随意政策”是对应的。因此，我们可以得出结论：“一般而言，有原则比随意行动要来得好。”②

---

① 方程（3.1）是一种简略形式，其体现了这样一种思路：代理人的预期影响他们的生产决策，从而影响他们的产出。由于代理人的行为被隐去，这个模型并不直接对应于一扩展式博弈，但扩展式博弈的思想仍然是适用的。以下就是一个具有同样性质的人为的扩展式例子：政府选择货币供应量m，某单一的代理人选择名义价格p。总需求是$y=\max(0, m-p)$，代理人为所有需求者提供供给。代理人的效用函数是$p-p^2/2m$，政府的效用函数是$y-(m-1)^2$。这并不能完全给出方程（3.1），但所得到的模型具有非常相似的性质。

② 在代理人选择价格的扩展式博弈中（见本页注释①），代理人选择$p=m$，承诺解是$m=1$。在没有承诺的情况下，由于对于每一个固定的p，政府都可以通过选择一个更大的m值而获利，从而这不是一个均衡。

作为时间一致性问题的一个注释，让我们考虑一些与斯塔克伯格均衡和古诺均衡相似的问题。如果我们将政府和代理人看成选择产出水平，那么承诺解与斯塔克伯格产出（q_1^*，q_2^*）是一致的。但在政府不能作出承诺的博弈中，这一产出并非是一个均衡，因为当 q_2^* 被固定下来时，q_1^* 在一般情况下并不是对应于 q_2^* 的最优产出。上面所推导出来的无承诺解 $\pi=1/2$ 与同时采取行动的情形是一致的，也就是与古诺产出是一致的。

对某一货币政策的承诺是否可信，以及什么时候可信，这一问题已经成为宏观经济学理论和应用研究的一个重要问题。这一研究是由观察到货币供给决策并非是一劳永逸而是不断重复制定而开始的。第 5 章（关于重复博弈）和第 9 章（关于声誉效应）讨论了什么时候重复博弈使得承诺可信的博弈理论分析。

最后，要注意到参与人先采取行动（其选择被观察到）并不总是比参与人同时采取行动会更好：在“硬币配对”博弈（例 1.6）中，每一个参与人的均衡收益都是 0，而如果一方参与人先采取行动，他的均衡收益是－1。

3.3 扩展式††

这一部分将对扩展式博弈进行规范的论述。扩展式是博弈论中一个基本的概念，是本书特别是第 8 章和第 11 章经常提及的概念，但其定义的细节对于本书其余大部分章节而言并不是非常重要。因而，读者如只是对理论的应用感兴趣而没有很好掌握扩展式方法的精要，也不用感到泄气。这些读者大可继续学习后面的内容而不必停留在这一部分上，但要记住在开始阅读 8.3 节之前回过头来看一看这一部分的内容。

3.3.1 定义

一个扩展式博弈包括以下信息：

（1）参与人集合；

（2）行动次序，即参与人参与行动；

（3）作为其所采取行动的函数的参与人收益；

（4）当他们采取行动时参与人的选择是什么；

（5）参与人在作选择时都知道什么信息；

（6）每一个外生事件的概率分布。

参与人集可以表示为 $i \in \mathscr{I}$。外生事件的概率分布（第 6 点）用“自然”的选择来表述，记为 N。采取行动的次序（第 2 点）用博弈树 T 来表述，如图 3—1 所示。[①] 一棵树就是一系列有序的节点 $x \in X$ 的有限集合，这些节点的前后关系用 $\succ$ 来表示；$x \succ x'$ 表示“x 在 x' 之前”。我们假定这种前后关系是可传递的（如果 x 在 x' 之前，x' 又在 x'' 之前，则 x 在 x'' 之前）、非对称的（如果 x 在 x' 之前，则 x' 就必然不会在 x 之前）。这些假设暗含着这一前后关系是半序的。（它不是一个全序的，因为两个节点之间有可能是不可比较的，在图 3—1 中，z_3 不在 x'' 之前，x'' 也不在 z_3 之前。）我们包括一个初始节点 $\circ \in X$，该节点在 X 中所有其他节点之前；这一节点将对应于自然的选择，如果有的话。图 3—1 表明了一种“自然的选择”是平凡的情形，因为自然仅仅是把行动权让予参与人 1。在该图中，我们在自然的行动无关紧要的时候将其隐去，直接从第一个“真正”的行动选择开始博弈树。初始节点将用 $\circ$ 来表示以区别于其他的节点。在图 3—1 中，前后次序是自顶到底排列的。给定我们假设的条件，前后次序在大多数图形中都将是很清楚的；在预期前后关系并不十分清楚的时候，我们将用箭头（→）来把某一节点和它的直接后续点连接起来。

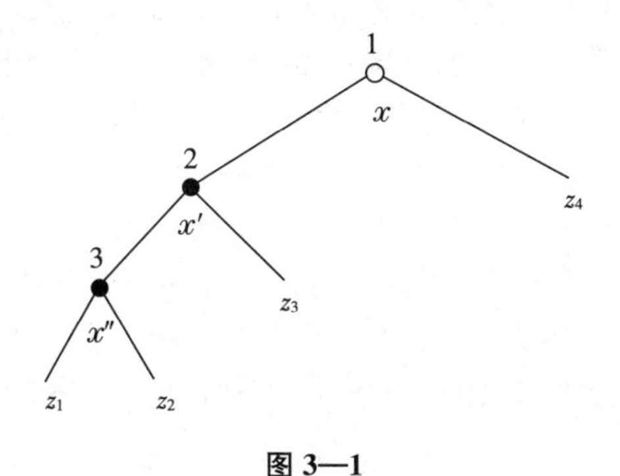

图 3—1

前后关系半序性的假设排除了图 3—2a 中所表示的循环类型：若 $x \succ x' \succ x'' \succ x$，那么根据传递性得 $x'' \succ x'$。由于我们已经知道 $x' \succ x''$，这就会违背非对称性的条件。然而，半序性并不能排除图 3—2b 中的情

① 我们对扩展式的讨论依照克雷普斯和威尔逊（Kreps and Wilson，1982）的方式，并进行了吉姆·拉特利夫（Jim Ratliff）建议下的简化。他们的假设（和我们一样）与库恩（Kuhn，1953）给出的假设是等价的。

形，即 x 和 x' 都是 x'' 的直接前续节点。

我们希望排除图 3—2b 的情形，因为博弈树的每个节点是其前面事件的完全描述，而不仅仅是给定节点最后的“物理形态”。例如，在图 3—2c 中，一个企业在两个市场 A 和 B 中，有可能先进入市场 A，再进入市场 B（先是节点 x，然后是节点 x''），或有可能先进入市场 B，然后进入市场 A（先是节点 x'，然后是节点 x''），但是我们希望我们的表示方式可以把这两种事件区分开来，而不是把它们都用一单个节点 x'' 来描述。（当然，我们可以假设这两个序列对企业来说导致相同的收益。）为了确保在博弈中对任一给定的节点都只有唯一路径通过，以使得每一个节点都是其前面事件的完全描述，我们要求每个节点 x（除了初始节点$\circ$以外）都必须有唯一的直接前续节点，也就是说，若节点 $x'\succ x$，那么当 $x''\succ x$ 且 $x''\neq x'$ 时，意味着 $x''\succ x'$。因而，如果 x' 和 x'' 都是 x 的前续节点，则或者 x' 在 x'' 之前，或者 x'' 在 x' 之前。[这使得二元对（X，$\succ$）是树状的。]

那些不是任何节点的前续节点的节点称为“终点节点”，用 $z\in Z$ 来表示。因为每一个 z 完全确定了博弈树中的一条路径，我们可以用函数 u_i：$Z\to\mathbb{R}$ 来描画一系列行动的收益。其中 $u_i(z)$ 表示若达到终点节点 z 参与人 i 的收益。在画扩展式图形的时候，收益向量（定义中的第 3 点）在其相应的终点节点的旁边表示出来，如图 3—3 及图 3—4 所示。为了表述第 2 点的约定（当参与人参与行动时），我们引入映射 i：$X\to\mathscr{I}$，表示参与人 $i(x)$ 在 x 节点采取行动。接下来，我们必须刻画参与人 $i(x)$ 的选择集是什么，即我们定义中的第 4 点。为了表述这一点，我们引入有限行动集 A，以及函数 ℓ，它用来给每一个非初始节点 x 标记达到它的最后一次行动。我们要求 ℓ 在每一节点 x 的直接后续节点集上是一一对应的，因此不同的后续节点对应于不同的行动，同时令 $A(x)$ 表示 x 节点上可行的行动集。[因而 $A(x)$ 是 ℓ 在 x 直接后续点集上的值域。]

第 5 点，参与人在选择他们的行动时所掌握的信息，是这六点里面最为微妙的一点。这些信息用信息集 $h\in H$ 来表示，它把树的节点进行了分割，也就是说，每一个节点仅在一个信息集里。① 包含节点 x 的信息集 $h(x)$，可以理解为参与人在节点 x 上选择其行动时，不能确定他是在节点 x 上还是在 $h(x)$ 中的其他节点 x' 上。我们要求若 $x'\in h(x)$，

① 注意，我们用同样的符号 h 来表示多阶段博弈中的信息集和历史。这应该不会引起太大的混淆，尤其是信息集可以看做是历史的一个推广。

则同一个参与人在 x 和 x' 采取行动。若没有这一要求，则参与人有可能在谁应该采取行动上并不能协调一致。我们还要求如果 $x' \in h(x)$，那么 $A(x')=A(x)$，因此采取行动的参与人在该信息集中的每一节点上都有着相同的选择集（否则，他将可能会采取不可行的行动）。所以，我们可以用 $A(h)$ 来表示在信息集 h 的行动集。

完美信息博弈是一个有趣的特例，在这类博弈中所有的信息集都是单点集。在完美信息博弈中，每时点参与人采取一个行动，每个参与人在其决策的同时知道以前所有的行动。在这一章开始的时候所讨论的斯塔克伯格博弈就是完美信息博弈。图 3—3 表示了一种博弈树，该博弈树假设每一个参与人只有三种可能的产出水平：3，4 和 6。树中每一分枝末端的向量分别是参与人 1 和参与人 2 的收益水平。

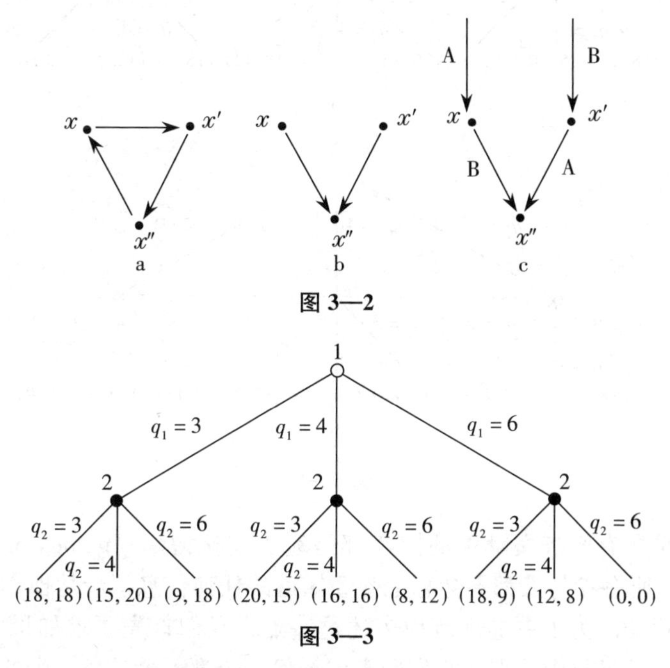

图 3—2

图 3—3

图 3—4a 表示古诺博弈的扩展式，参与人 1 和参与人 2 同时选择其产出水平。这里，参与人 2 在选择其自身的产出水平时并不知道参与人 1 的产出水平。我们通过把对应于参与人 1 的三个可能行动的节点放入到参与人 2 的同一个信息集中来对这一点建模。在图中用“虚线”把三个点连接起来加以表明。（有些作者也会用“环”把这些节点圈起来。）很明显，可注意到图中反映了同时采取行动的方式：如图 3—3，从图中的前后次序看来，参与人 1 是在参与人 2 之前进行决策，与前面不同

的是在参与人 2 的信息集之中。如图所示，树中的前后关系不一定要与时间顺序相对应。为了强调这一点，考察图 3—4b 的扩展式，在该图中以参与人 2 的行动为开端。图 3—4a 和图 3—4b 表示了同一策略情形：每一个参与人都在不知道竞争对手行为的情况下选择自己的行动。然而，在图 3—3 所表示的环境中，参与人 2 在其行动之前却可以观察到参与人 1 的行为，这时就只能用以参与人 1 首先行动的扩展式来表示。

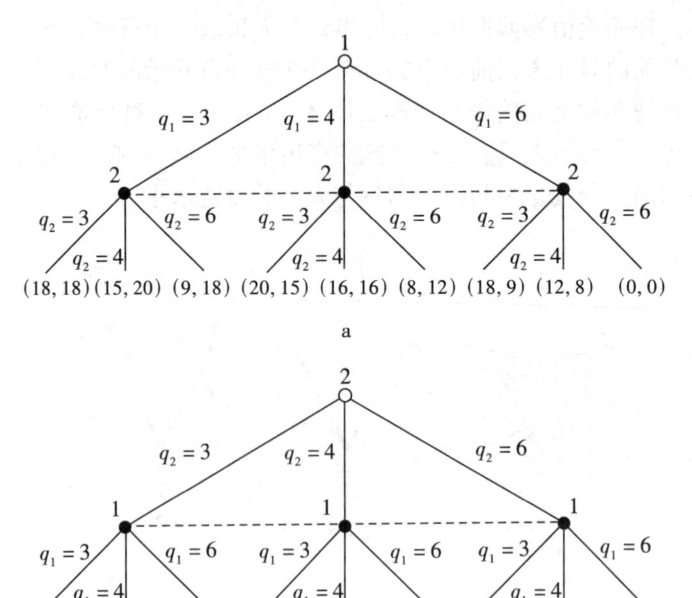

图 3—4

几乎所有经济文献中的博弈都是完美记忆博弈（games of perfect recall）：所有参与人都不会忘记曾经知道的任何信息，清楚他们前面所选择的行动。为了更加规范地表述这一点，我们首先要求如果 x 和 x' 是在同一信息集中，那么它们两者中任何一个都不会是另一个的前续节点。但这并不足以保证参与人永远不会忘记他所知道的信息，如图 3—5 所示。为了排除这种情况，我们要求如果 $x''\in h(x')$，x 是 x' 的一个前续节点，并且同一参与人 i 在 x 和 x'（因而也在 x''）上采取行动，那么存在一个节点 $\hat{x}$（有可能就是 x 本身）位于与 x 同样的信息集当中，且 $\hat{x}$ 是 x'' 的一个前续节点，在 x 点所采取的行动到达 x' 的路径与在 $\hat{x}$ 点所采取的行动到达 x'' 的路径是一样的。直观上，节点 x' 和 x'' 可以用参与人所不具有的信息加以区分，因而当参与人位于信息集 $h(x)$ 时，他不可能已经拥有这些信息；x'和x''必须与在$h(x)$的同一行动相一致，因为参与人可以回想起他曾经采取过的行为。

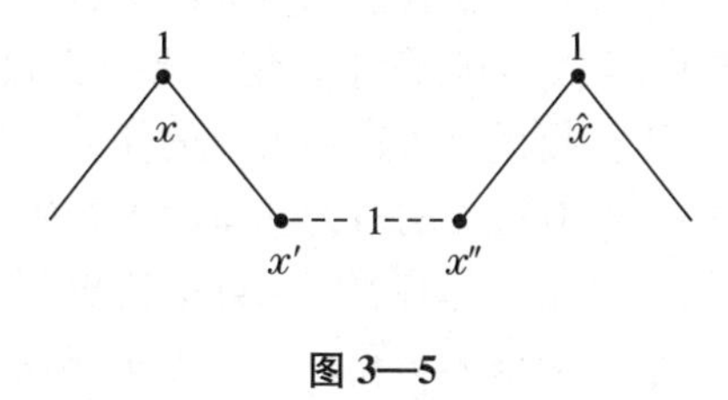

图 3—5

当一个博弈涉及自然的选择时，外生给定的概率用括号表示出来，如图 3—6 中两个参与人的扩展式。在图 3—6 中，自然首先行动，并选择了参与人 1 的“类型”（type）或私人信息（private information）。参与人 1 知道自己是“强”（T）的类型的概率为 0.6，而参与人 1 知道自己是“弱”（W）的类型的概率为 0.4。参与人 1 可以选择向左（L）或向右（R）行动。参与人 2 可以观察到参与人 1 的行为，但不能观察到他的类型，且参与人 2 可以选择向上（U）或向下（D）行动。注意到，我们允许两个参与人的收益都依赖于自然的选择，即使这一选择在初始的时候只能为参与人 1 所观察到。（参与人 2 将能够从他的收益中知悉自然的行为。）图 3—6 是“信号传递博弈”（signaling game）的一个例子，因为参与人 1 的行为可能会向参与人 2 显示自己类型的信息。作为最简单的不完全信息博弈，信号传递博弈将在第 8 章及第 12 章进行详细分析。

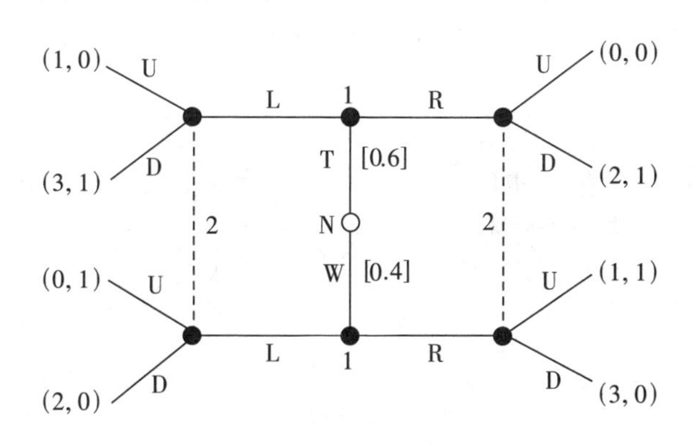

图 3—6

3.3.2　多阶段可观察行动博弈

博弈论在经济学、政治学以及生物学中的许多应用都用到我们在

3.2节中讨论的扩展式的特殊类型——“多阶段可观察行动博弈”类型。[①] 这种博弈有着多个“阶段”，从而（1）在每一阶段 k，每一参与人都知道所有的行为情况，包括自然的行为以及过去各个阶段所有参与人的行为；（2）在任一给定的阶段中，每一参与人最多只能行动一次；（3）阶段 k 的信息集不会提供有关这一阶段的任何信息。

在多阶段博弈中，所有过去的行为在阶段 k 开始的时候都是共同知识，因而在每一阶段 k 开始时都有着定义好的历史 h^k。这里参与人 i 的纯策略就是函数 s_i，它对于每个 k 和每一历史 h^k 确定行动 $a_i \in A_i(h^k)$；混合策略则确定在每一阶段中各种行为的概率组合。

提示 尽管多阶段博弈的思想似乎是自然和内在的，但它有着以下缺陷：对同一个实际博弈，可能会有两种扩展式的表示，其中一个是多阶段博弈，而另一个不是。考察图3—7的例子，左图所表示的扩展式不是一个多阶段博弈：参与人2的信息集并不是单点集，因而它应该属于第一阶段而不是第二阶段。然而，参与人2又确实拥有关于参与人1首先采取行动的某些信息（如果到达参与人2的信息集，则参与人1没有采取C行动），因而参与人2的信息集也不可能属于第一个阶段。然而，右图中的扩展式是一个两阶段博弈，这两种扩展式似乎表述同一种情形：当参与人2采取行动时，他知道参与人1选择了A或者B，而不是选择C；参与人1选择A或B的时候并不知道参与人2会选择L还是R。到底哪些扩展式是“等价”的，这一问题仍然是一个有待分析的课题，参见Elmes and Reny（1988）。我们在第11章讨论最近有关均衡精炼的研究时将对这一课题进行更详细的探讨。

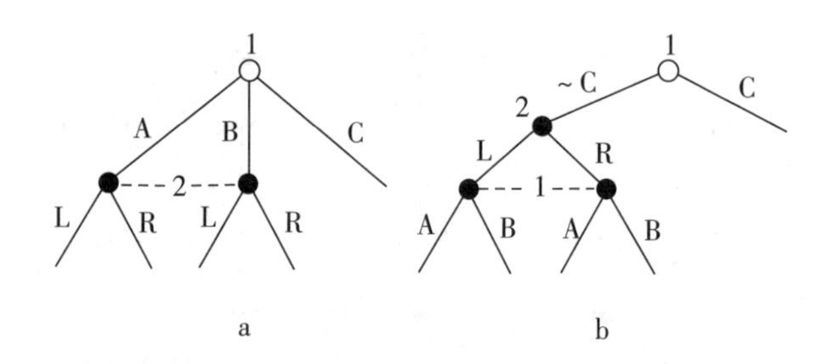

图3—7

在开始下一部分内容之前，我们应当指出，在应用中，扩展式通常并不用规范定义的方式来表述，并且除了非常简单的“玩具”模型之

① 这种博弈也常常被称作“近似完美信息博弈”（games of almost-perfect information）。

外，博弈树常常并不实际画出来。检验一个非正式表述好坏的标准就是检验它是否对构建相应的扩展式提供了充分的信息。如果扩展式不清楚，那么这一模型就没有被很好地设定。

3.4　扩展式博弈中的策略及均衡

3.4.1　行为策略

这一部分对扩展式博弈中的策略及均衡给出定义，并把它们和策略式模型中的策略和均衡联系起来。用 H_i 表示参与人 i 的信息集的集合，并用$A_i \equiv \bigcup_{h_i \in H_i} A(h_i)$表示参与人 i 的所有可选择行动的集合。参与人 i 的纯策略就是映射 s_i：$H_i \to A_i$，且对所有 $h_i \in H_i$，$s_i(h_i) \in A(h_i)$。参与人 i 的纯策略空间 S_i，就是所有这类 s_i 的空间。由于每一个纯策略都是从信息集到行动集的映射，我们就可以把 S_i 写成每一信息集 h_i 下的行动空间的笛卡儿乘积的形式：

$$S_i = \mathop{\times}_{h_i \in H_i} A(h_i)$$

在图 3—3 的斯塔克伯格的例子中，参与人 1 拥有一个信息集和三种行动，因而他有三个纯策略。参与人 2 有三个信息集，分别对应于参与人 1 的三种可能的行动，并且参与人 2 在每一个信息集下也有三种可能的行动，因而参与人 2 有 27 种纯策略。更一般地，参与人 i 的纯策略的个数，$\# S_i$，等于：

$$\prod_{h_i \in H_i} \#\ (A(h_i))$$

给定每一个参与人 i 的一个纯策略，以及自然的行动概率分布，我们就可以计算结局的概率分布，从而对每一组合 s 给出期望收益 $u_i(s)$。在策略组合 s 下以正概率所达到的信息集就称作 s 路径。

既然我们已经定义了每一纯策略的收益，接下来我们就可以定义扩展式博弈的纳什均衡，s^*，也就是说，每一个参与人 i 的策略 s_i^* 在给定其竞争对手的策略 s_{-i}^*下能最大化其期望收益。注意，由于这一纳什均衡定义在检验参与人 i 是否愿意偏离其当前策略的前提是保持其竞争对手的策略不变，因而这就好像各个参与人同时选择他们的策略一样。但这不意味着在纳什均衡中，各个参与人必须要同时选择他们的行动。例如，如果参与人 2 在图 3—3 的斯塔克伯格博弈中的固定策略是古诺

反应函数 $\hat{s}_2=(4,4,3)$，那么当参与人1认为参与人2的策略是固定的时候，他并不是假设参与人2的行动不受他自己行动的影响，而是认为参与人2会以 $\hat{s}_2$ 所确定的方式来对参与人1的行动作出反应。

补充一下在我们引言部分对斯塔克伯格博弈的讨论所没有涉及的一些细节问题：这一博弈的斯塔克伯格均衡是产出 $q_1=6$，$q_2=3$，则这一产出对应于纳什均衡策略组合 $s_1=6$，$s_2=\hat{s}_2$。古诺产出是（4，4）；它对应于纳什均衡产出 $s_1=4$，$s_2=(4,4,4)$。

下一步，我们将定义扩展式博弈混合策略及混合策略均衡。这些策略被称做行为策略（behavior strategy）以区别于我们在第1章所提到的策略式下的混合策略，以 $\Delta(A(h_i))$ 表示 $A(h_i)$ 的概率分布。参与人 i 的一个行为策略用 b_i 来表示，就是笛卡儿乘积 $\times_{h_i\in H_i}\Delta(A(h_i))$ 的一个元素，也就是说，一个行为策略就确定了在每一 h_i 下各个行动的概率分布，同时此概率分布在不同的信息集下又是相互独立的。（注意，纯策略是一种特殊的行为策略，即在每一信息集上的分布都是退化的行为策略。）策略组合 $b=(b_1,\cdots,b_I)$ 生成产出的概率分布，从而得到了各个参与人的期望收益。行为策略的纳什均衡就是这样一种组合，即没有参与人可以通过运用不同的行为策略来增加他的期望收益。

3.4.2 扩展式博弈的策略式表述

我们下一步把扩展式博弈及其均衡与策略式模型联系起来。为了从扩展的形式中定义出其策略式，我们可以简单地让纯策略 $s\in S$ 和收益 $u_i(s)$ 正好是那些我们在扩展式中所定义的。另一个不同的表述方式是同一个纯策略要么为扩展式，要么为策略式。在扩展式的解释中，参与人 i 保持“等待”的状态，直到知道了 h_i 的信息集以后才决定如何采取行动；而在策略式的表述中，他可以预先制定一个完全的相机行动计划。

图3—8以一个简单的例子说明了由扩展式到策略式的转换。我们把参与人2的信息集从左往右排列。举个例子来说，策略 $s_2=(\text{L},\text{R})$ 意味着他在U发生后采取L，而在D发生后采取R。

另一个例子可考察图3—3所示的斯塔克伯格博弈。同样我们可以把参与人2的信息集从左向右排列，从而参与人2的策略 $\hat{s}_2=(4,4,3)$ 意味着在 $q_1=3$ 的时候他选择4；在 $q_1=4$ 的时候选择4，在 $q_1=6$ 时选择3。（这一策略正好是参与人2的古诺反应函数。）由于参与人2

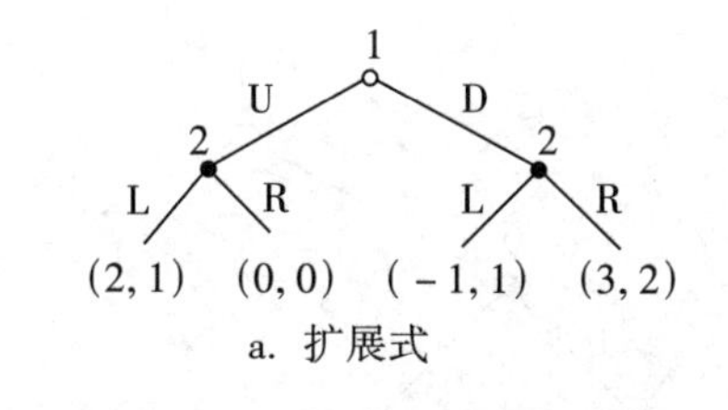

a. 扩展式

	(L, L)	(L, R)	(R, L)	(R, R)
U	2, 1	2, 1	0, 0	0, 0
D	- 1, 1	3, 2	- 1, 1	3, 2

b. 策略式

图 3—8

有 3 个信息集，在每一信息集下又有三种可能的行动，因而他有 27 种纯策略。我们相信读者在这里会谅解我们为什么没有把其策略式用矩阵图表示出来。

同一种策略式可能会有好几种扩展式与之对应，如同时行动的例子所示：图 3—4a 和图 3—4b 都对应于同样的古诺博弈策略式。

在这一点上，我们应注意到我们所定义的策略空间可能会不必要的巨大，因为它可能包括一些“等价”的策略，即不管竞争对手如何进行博弈都能产生相同的结果。

定义 3.2　如果两个纯策略 s_i 和 s_i' 在竞争对手所有的纯策略之下都能产生同样的结果概率分布，则这两个纯策略是等价的

考察图 3—9 的例子，其中参与人 1 有四个纯策略：(a，c)，(a，d)，(b，c) 以及 (b，d)。然而，如果参与人 1 选择 b，他就永远不可能达到他的第二阶段的信息集，因而策略 (b，c) 以及 (b，d) 其实是等价的。

定义 3.3　扩展式博弈的简化策略式（或简化标准式）可以通过识别等价纯策略而得到（即在每一类等价的策略中只留下一个而把其他的都消去）。

一旦我们从扩展式中得到策略式，我们就能够（如在第 1 章一样）把混合策略定义为简化策略式中各纯策略的概率分布。虽然扩展式与策略式有着相同的纯策略，但混合策略集与行为策略集是不一样的。对行为策略而言，参与人 i 在每一个信息集采取一种随机行动。卢斯和瑞福 (Luce and Raiffa，1957) 用下面的类比来解释混合策略与行为策略的

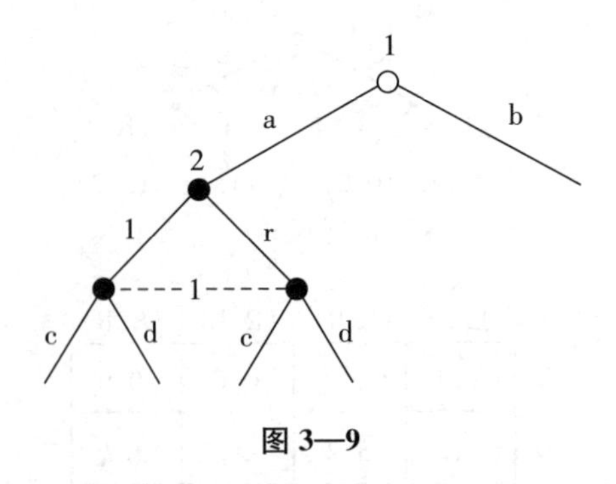

图 3—9

关系：一个纯策略是一本指南书，它的每一页告诉你在某个信息集中应如何进行选择。策略空间 S_i 就像这些书组成的图书馆，一个混合策略则是这些书的一个概率度量，即从图书馆中选择图书的一个随机方式。与之相比较，一个给定的行为策略则只是单一的一本书，但它在每一页里都给出一个随机行动选择。

读者或许会怀疑这两种策略其实是密切相关的，事实上，它们在完美记忆博弈中是等价的，这已被库恩（Kuhn，1953）所证明。（这里，我们使用如在前面定义里的“等价”：如果两个策略在竞争对手的所有策略下都能得到同样的概率分布结局，则它们是等价的。）

3.4.3 在完美记忆博弈里混合策略和行为策略的等价性

在完美记忆博弈中，混合策略与行为策略的等价性在这里值得作出一些解释，因为它也有助于更清楚地阐析扩展式博弈。任何一个策略式（不是简化策略式）的混合策略 σ_i 都会生成唯一的行为策略 b_i：用 $R_i(h_i)$ 表示参与人 i 在没有排除 h_i 下的纯策略集合，因而对所有的 $s_i \in R_i(h_i)$，存在一个参与人 i 的竞争对手到达 h_i 的策略组合 s_{-i}。如果 σ_i 使得 $R_i(h_i)$ 中某些 s_i 具有正概率，则定义 b_i 分配给$a_i \in A(h_i)$ 的概率为：

$$b_i(a_i \mid h_i) = \sum_{\{s_i \in R_i(h_i) \& s_i(h_i)=a_i\}} \sigma_i(s_i) \Big/ \sum_{\{s_i \in R_i(h_i)\}} \sigma_i(s_i)$$

如果 σ_i 使得所有 $s_i \in R_i(h_i)$ 的概率都为 0，则集合

$$b_i(a_i \mid h_i) = \sum_{\{s_i(h_i)=a_i\}} \sigma_i(s_i) \text{ ①}$$

① 由于 h_i 在 σ_i 下不可能达到，因而在 h_i 行为策略是任意的，就如贝叶斯法则并不能确定零概率事件的后验概率一样。我们的公式是各种可能表述的一种。

在上述两种情况中，$b_i(\cdot \mid \cdot)$ 是非负的，且：

$$\sum_{a_i \in A(h_i)} b_i(a_i \mid h_i) = 1$$

因为每一个 s_i 都确定了参与人 i 在 h_i 的一个行动。

注意到在表述 $b_i(a_i \mid h_i)$ 中，变量 h_i 其实是多余的，因为 $a_i \in A(h_i)$，但这种条件表述有助于强调 a_i 是在信息集 h_i 里的一个可行的行动。

通过一些例子来说明从混合策略构建行为策略有助于我们的理解。在图 3—10 中，同一个参与人（参与人 1）两次采取行动。考察其混合策略 $\sigma_1 = (\frac{1}{2}(\mathrm{L}, \ell), \frac{1}{2}(\mathrm{R}, \imath))$。这一策略在信息集 h_1' 以概率 1 选择 $\imath$ 行动，因为只有 $(\mathrm{R}, \imath) \in R_1(h_1')$。

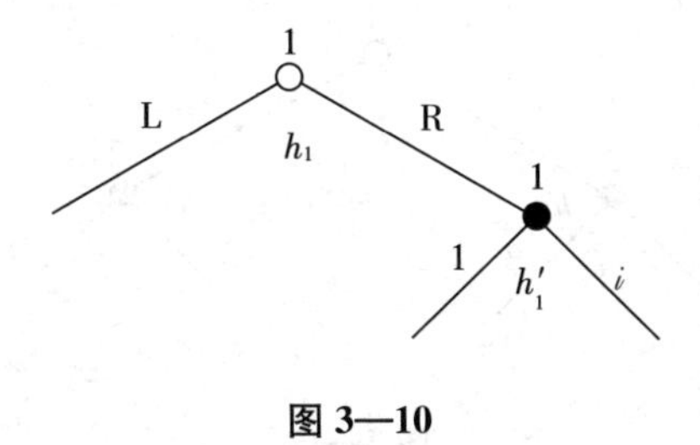

图 3—10

图 3—11 给出了另外一个例子。参与人 2 的策略 σ_2 分别使得 $s_2 = (\mathrm{L}, \mathrm{L}', \mathrm{R}'')$ 和 $\bar{s}_2 = (\mathrm{R}, \mathrm{R}', \mathrm{L}'')$ 的概率为 1/2。等价的行为策略为：

$$b_2(\mathrm{L} \mid h_2) = b_2(\mathrm{R} \mid h_2) = \frac{1}{2}$$

$$b_2(\mathrm{L}' \mid h_2') = 0 \text{ 和 } b_2(\mathrm{R}' \mid h_2') = 1$$

及

$$b_2(\mathrm{L}'' \mid h_2'') = b_2(\mathrm{R}'' \mid h_2'') = \frac{1}{2}$$

许多不同的混合策略可以生成同一个行为策略，这可以从图 3—12 中看到，参与人 2 有 4 个纯策略：$s_2 = (\mathrm{A}, \mathrm{C})$，$s_2' = (\mathrm{A}, \mathrm{D})$，$s_2'' = (\mathrm{B}, \mathrm{C})$ 以及 $s_2''' = (\mathrm{B}, \mathrm{D})$。

现在，考察两个混合策略：$\sigma_2 = \left(\frac{1}{4}, \frac{1}{4}, \frac{1}{4}, \frac{1}{4}\right)$，即对每一个纯策略都分配 $\frac{1}{4}$ 的概率，和 $\hat{\sigma}_2 = \left(\frac{1}{2}, 0, 0, \frac{1}{2}\right)$，即给 s_2 分配 $\frac{1}{2}$ 的概率，

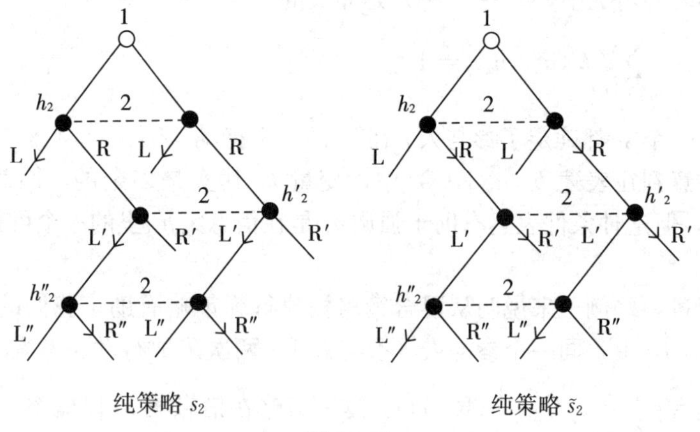

图 3—11

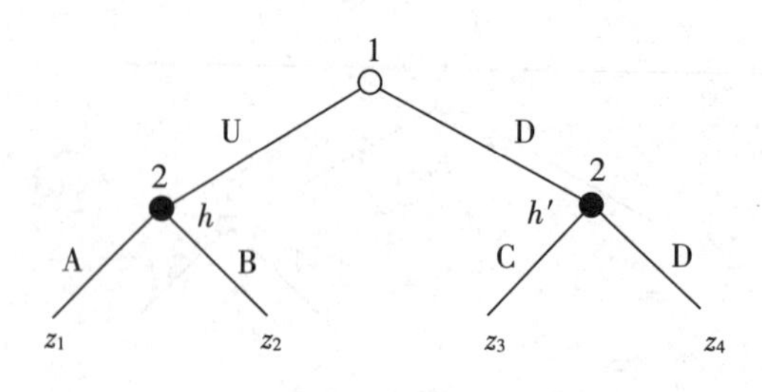

图 3—12

给 s_2''' 分配 $\frac{1}{2}$ 的概率。这两种混合策略都可生成行为策略 b_2，其中 $b_2(\mathrm{A}|h)=b_2(\mathrm{B}|h)=1/2$，$b_2(\mathrm{C}|h')=b_2(\mathrm{D}|h')=\frac{1}{2}$。此外，对参与人 1 的任意策略 σ_1 而言，σ_2、$\hat{\sigma}_2$ 和 b_2 都会导致终点节点的相同概率分布；举例来说，到达节点 z_1 的概率等于参与人 1 选择 U 的概率乘上 $b_2(\mathrm{A}\mid h)$。

图 3—13 所表示博弈的混合策略与行为策略的关系有所不同，该博弈不是完美记忆博弈。在这里，参与人 1 在策略式下有四个策略：

$$s_1=(\mathrm{A,C}),\ s_1'=(\mathrm{A,D}),\ s_1''=(\mathrm{B,C}) \text{ 以及 } s_1'''=(\mathrm{B,D})$$

现在，考察混合策略 $\sigma_1=\left(\frac{1}{2},\ 0,\ 0,\ \frac{1}{2}\right)$。正如在最后一个例子中的情况一样，这一混合策略能生成行为策略 $b_1=\left\{\left(\frac{1}{2},\ \frac{1}{2}\right),\ \left(\frac{1}{2},\ \frac{1}{2}\right)\right\}$，即参与人 1 在任一信息集下都运用 $\frac{1}{2}$—$\frac{1}{2}$ 的搭配。但 b_1 并不等价于生

成它的σ_1。考虑参与人2的策略$s_2=L$。(σ_1，L)生成了一个对应于(A，L，C)终点节点的$\frac{1}{2}$概率和(B，L，D)的$\frac{1}{2}$概率。然而，由于行为策略描述的是在每一信息集下相互独立的随机行动，(b_1，L)对四条路径(A，L，C)，(A，L，D)，(B，L，C)和(B，L，D)都分配了$\frac{1}{4}$的概率。由于A对B和C对D是参与人1所作出的选择，策略式策略σ_1就会具有如下性质：A和B都具有正概率，而且只要选择了A，则必然会采取行动C；换句话说，参与人1立即制定他所有决策的策略式，使得在不同信息集下的决策可以是相关的。行为策略在这一例子中却并不会产生这种相关性，因为当参与人1在C与D之间进行选择的时候，他已忘记了他过去是选择了A还是B。这种遗忘意味着在这一博弈中不存在完美记忆。如果我们变化扩展式以使得模型存在完美记忆(通过把参与人1第二阶段的信息集分离成两个，分别对应于他的A或B选择)，很容易看到每一个混合策略与它所生成的行为策略实际上都是等价的。

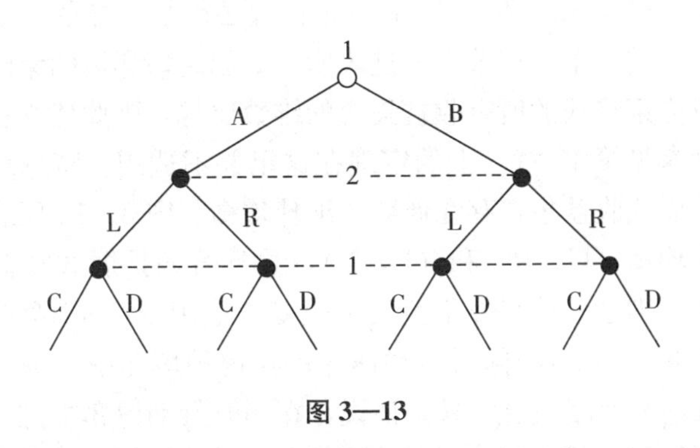

图3—13

定理3.1(Kuhn，1953) 在完美记忆博弈中，混合策略与行为策略是等价的。(更准确地说，每一个混合策略都与它所生成的唯一的行为策略是等价的，同时每一个行为策略也等价于每一个生成它的混合策略。)

在本书中，我们将把我们的注意力集中在完美记忆博弈上，同时将用“混合策略”以及“纳什均衡”术语来讨论混合方式与行为方式的可转换性。这使得我们可以遵循下面的重要常规：在第2篇的其余章节及第4篇的大部分章节中(除了8.3节及8.4节)我们将研究行为策略。因而，当我们提到某种扩展式的混合策略时，除非另有说明，否则我们指的都将是行为策略。尽管在建立混合策略σ_i与行为策略b_i的等价关系时，有必要关注它们之间的区别，我们将遵循标准的用法：把两者都用σ_i来表示（因而，在本书后面的剩余章节，符号 b_i 不再使用）。在多阶段可观察行动博弈中，我们将用 $\sigma_i(a_i^k \mid h^k)$ 表示参与人 i 在阶段 k 给定历史行动 h^k 下采取行动 $a_i^k \in A_i(h^k)$ 的概率。在一般的扩展式中（具有完美记忆），我们用 $\sigma_i(a_i \mid h_i)$ 表示参与人 i 在信息集 h_i 下采取行动 a_i 的概率。

3.4.4 重复剔除严格优势与纳什均衡

如果扩展式是有限期的，那么其所对应的策略式也是有限期的，由纳什存在性定理将推出混合策略均衡的存在性。重复剔除严格优势的概念也可以推广到扩展式博弈中；然而，就如我们在前面所提到的，这一概念在大多数扩展式中并没有多大作用。关键是参与人在没有真正达到某个信息集时，给定其竞争对手的行动，他也不可能严格偏好于某种行动。

考察图 3—14。在这里，参与人 2 的策略 R 不是严格劣势的，因为当参与人 1 选择了 U 的时候，策略 R 与策略 L 一样好。并且，这一事例并非是不正常的状况。这一点可以从其收益由博弈树图形中左边部分推导出来的所有策略式得到验证，也就是说，对于博弈树终点节点的任何收益分配，（U，L）和（U，R）的收益必须是一样的，因为这两种策略组合导致同一个终点节点。这表明一个固定博弈树的策略式收益集合要比其对应策略式的所有收益集合的维数要低，因此建立在一般的策略式收益（参见第 12 章）上的定理在这里并不适用。特别地，对一个开区间的扩展式收益集，存在偶数个纳什均衡。图 3—14 所表示的博弈有两个纳什均衡（U，R）和（D，L），并且若该扩展式收益只是受到轻微的扰动，则这一数字并不会发生改变。适用于第 12 章奇数定理的例子是如图 3—4 所示的同时行动博弈；在这种博弈中，每一个终点节点对应于唯一的策略组合。换句话说，在同时行动博弈中，每一个策略组合都能到达每个信息集，因而给定其竞争对手的行动，没有任何参与人的策略会存在无法实现的行动选择。

回忆一下，在完美信息博弈中，所有的信息集都是单结集，如图 3—3 和图3—14所示的博弈。

定理 3.2（Zermelo，1913；Kuhn，1953） 有限完美信息博弈存在纯策略纳什均衡。

这一定理的证明使用“策梅罗算法”构造均衡策略，该算法是对动态规划的逆向递归法的一个多参与人的推广。由于博弈是有限期的，它就具有次终点节点集合——就是那些其直接的后续节点是终点节点的节点。选定在这些次终点节点上行动的参与人会选择能给他在后续终点节

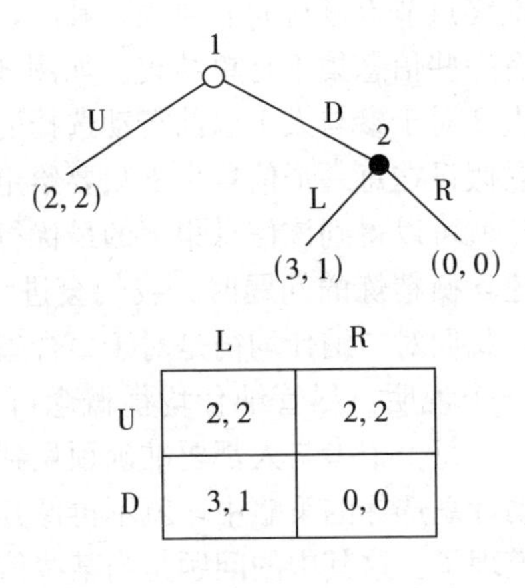

图 3—14

点上带来最高收益的策略。(当出现相等情况时，可以任意地选择其中一个。)现在设定每个在倒数第三排节点上（即那些其直接的后续节点是次终点节点的节点）行动的参与人会选择在其可行后续节点上能最大化其收益的行动，只要给定在次终点节点上行动的参与人如我们刚才所证实的一样行动即可。我们就可以沿着博弈树一直向后推导，确定每一个节点上的行动。当我们完成了整个博弈树的推导时，我们就将确定了每一个参与人的策略，很容易验证这些策略构成了一个纳什均衡。(实际上，这些策略满足更加严格的子博弈完美概念，这一点我们将在下一节讨论。)

如果定理的前提假设削弱一点，那么策梅罗算法并不能很好地运用。首先，考察无限期的博弈。一个无限期的博弈或者是某一个节点有着无限个后续节点（如连续行动博弈），或者是一条路径有无限多个节点（如无限阶段的多阶段博弈）。在第一种情况中，在没有对收益函数进一步约束的条件下，最优选择不一定存在①；在第二种情况中，在给

① 对于紧的行动集的最优选择的存在性必须要求收益函数在所作出的选择中是上半连续的。[当 $x^n \to x$ 隐含着 $\lim_{n\to\infty} f(x^n) \leqslant f(x)$ 时，一个实值函数 $f(x)$ 是上半连续函数。]

收益 u_i 关于 s 是连续的假设并不能保证在每一节点上都存在最优选择。虽然最终采取行动的参与者的收益是连续的，从而在其行动集为紧的时最优选择是存在的，但是最终采取行动的参与者的最优行为并不一定是关于前一个参与者所采取的行动的连续函数。在这种情况下，当我们选用每一条路径上任意一种最优行动来替换最终采取行动的参与者的时候，由此而产生的倒数第二个采取行动的参与者的收益函数就并不一定是上半连续的，即便该参与者的收益是一个关于任何一个节点所采取行动的连续函数。这样，上面所定义的简单的倒推算法则是不适用的。然而，尽管如此，子博弈完美均衡确实存在于完美信息的无限期行动博弈中，正如哈里斯（Harris，1985）与赫尔维格和雷宁格（Hellwig and Leininger，1987）所证明的那样。

定的路径上不存在次终点节点进行向后逆推。其次，考察一种不完美信息博弈。在博弈中有一些信息集不是单结集。如图 3—4a 所示，这时就没有办法定义参与人 2 对于参与人 1 以前行动选择的信念；这种运算方法不再适用，因为它假设在每一个信息集下只要给定其后续节点上所采取行动的确定方式，就可以得到该信息集下的最优行动选择。

在我们详细论述均衡精炼的问题时，我们会进一步讨论这一问题。在结束本节的时候，我们对“纳什均衡是对于‘合理’的点预测的最低要求”的说法给予一个说明：尽管纳什均衡概念可以在任何博弈中应用，但其前提假设——每一个参与人都要准确预见到其竞争对手的行为策略——在相机行动计划选择的策略中，就不再像其在只是简单行动选择的策略中那样有道理了。这其中的问题是当某些信息集在均衡中不可能达到时，纳什均衡就必须要求参与人能够正确地预见其竞争对手根据均衡策略以零概率在信息集上的行动。如果这种预见是从自我反省中发展而来的，则不会存在什么问题；但如果这种预见只是从以前行动的观察中得到，则为什么这种预见在没有到达的信息集上应该是准确的就不再是那么明显了。关于这一点，弗登博格和克雷普斯（Fudenberg and Kreps，1988）以及弗登博格和莱维（Fudenberg and Levine，1990）都曾有过详细的讨论。

3.5 逆向递归法与子博弈完美††

正如我们所看到的一样，策略式可以用来表示任意复杂的扩展式博弈，在扩展式中其策略式的策略是完全相机行动计划。因而，纳什均衡概念可以应用于所有类型的博弈中，而不仅仅是那些参与人同时采取行动的博弈。然而，许多博弈论的学者质疑纳什均衡是否是一般博弈的正解概念。在本节，我们将初次简单地看一下“均衡精炼”的概念，这一概念主要是用来把“合理”的纳什均衡与“不合理”的纳什均衡区分开来。尤其，我们将讨论逆向递归法与“子博弈完美”的思想。第 4 章、第 5 章和第 13 章将运用这些思想来分析一些经济学家们感兴趣的博弈。

泽尔滕（Selten，1965）第一个论证了在一般的扩展式博弈中，某些纳什均衡比其他的纳什均衡更加合理。他以图 3—14 所示的例子开始其论述。这是一个完美信息下的有限期博弈，并且其逆向递归的解（也就是利用库恩算法得到的解）是，参与人 2 在达到他的信息集下应选择行动 L，因此参与人 1 应该选择行动 D。检验这一博弈的对应策略式可以发现存在另外一个纳什均衡：即参与人 1 选择行动 U 而参与人 2 选择行动 R。组合（U，R）是一个纳什均衡，因为给定参与人 1 的选择为 U，则参与人 2 的信息集就不能达到，因而参与人 2 选择行动 R 并不会有任何损失。但泽尔滕认为这一均衡是值得怀疑的，我们也同意这一观点。毕竟，如果参与人 2 的信息集可以达到，那么只要参与人 2 坚信他的收益如图所示，则参与人 2 就会选择行动 L。如果我们是参与人 2，我们也会作出这样的选择。进一步讲，如果我们是参与人 1，我们将预计参与人 2 会选择行动 L，从而我们选择行动 D。

用现在大家都很熟悉的语言来说，均衡（U，R）是“不可信”的，因为它依赖于参与人 2 会选择行动 R 的“无效威胁”。这时威胁是“无效”的，因为参与人 2 并不会愿意真正选择这一行动。

逆向递归的思路能够对如图 3—14 这样的简单例子给出正确的答案，这在泽尔滕的论文发表以前就已经隐含在文献中了。特别地，它隐含在斯塔克伯格均衡思想中：参与人 2 的策略选定为古诺反应函数这一要求实际上正是逆向递归的思想，博弈中的所有其他纳什均衡是与逆向递归不一致的。因此，我们可以看到“斯塔克伯格均衡”这一表述并不简单地是指斯塔克伯格博弈的扩展式，而是“序贯数量选择博弈的逆向递归解”的简略表述。就像“古诺均衡”一样，这种简略术语在不引起混淆的时候是很方便的。然而，我们的经验表明这种表述方法实际上是会引起混淆的，因而我们还是鼓励读者使用精确的语言表述。

考察图 3—15 所示的博弈。在这里，参与人 2 在其最终信息集上的两个选择都不是劣势的，因而逆向递归法并不适用。然而，如果我们接受逆向递归法中的逻辑方法，以下的论证也似乎很有说服力：“在参与人 1 的第二阶段信息集上开始的博弈是一个零和同时行动博弈（‘硬币配对’），其唯一的纳什均衡的预期收益为（0，0）。参与人 2 只有预期在同时行动子博弈中他将以 3/4 或者更高的概率智胜参与人 1，从而获得+2 而不是−2 的收益时，他才可能会选择行动 R。由于参与人 2 推测参与人 1 与他一样理性，因而参与人 2 不会鲁莽地预期他比参与人 1 更有优势，尤其是以 3/4 的概率。因此，参与人 2 会选择 L，从而参与人 1 选择 R。”这是子博弈完美的逻辑：把博弈树上所有的“适当子博弈”用它的一个纳什均衡收益代替，同时在其简化的博弈树上进行逆向递归。（如果子博弈有多重纳什均衡，这就要求所有参与人在即将出现的问题上达成一致；我们将在 3.6.1 小节讨论这一问题。）一旦在参与人 1 的第二个信息集上开始的子博弈被它的纳什均衡结果所代替，则图

3—14 和图3—15所表示的博弈就是一致的。

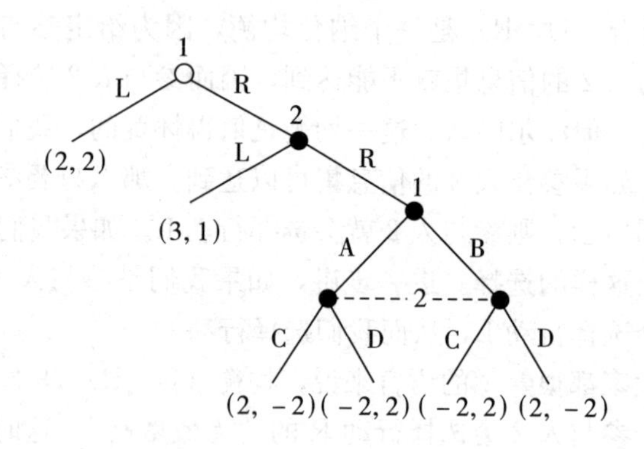

图 3—15

为了规范地定义子博弈完美，我们必须首先对适当子博弈的思想作出定义。简而言之，适当子博弈是一个博弈的一部分，其本身就可以作为一个博弈来加以分析，如图 3—15 博弈中所包含的同时行动博弈。规范的定义也并不复杂多少：

定义 3.4　扩展式博弈 T 的一个适当子博弈 G 是由 T 中的一个节点和其所有后续节点组成，它具有如下性质：若 $x'\in G$ 和 $x''\in h(x')$，则 $x''\in G$。子博弈的信息集和收益都来源于原博弈；也就是说，当且仅当 x' 和 x'' 在原博弈中处于同一个信息集，以及子博弈的收益函数恰好是原来收益函数在子博弈终点节点上的限制时，在子博弈中 x' 和 x'' 处于同一个信息集。

在这里“适当”一词并不意味严格的包含，就如同“适当子集”一样。任何博弈都是它自身的适当子博弈。适当子博弈在确定性的多阶段可观察行动博弈中更加容易确认。在这一类博弈中，在每一阶段开始时所有以前的行动都被每一个参与人所了解，因而每一阶段都是一个新的适当子博弈的开始。

关于 x 所有的后续节点都在子博弈中，以及子博弈并没有“削减”任何信息集的要求，保证了子博弈对应于原博弈中出现的某种情形。在图 3—16 中，右边的博弈并不是左边博弈的一个子博弈，因为在右边的博弈中，参与人 2 知道参与人 1 并不会选择 L，而在原来的博弈中，他却并不知道这一信息。

同时，子博弈要以某单一的节点 x 为开端和子博弈必须遵照原来信息集的要求，意味着在原来的博弈中 x 必须是一个单节点信息集，即 $h(x)=\{x\}$。这就保证了在达到这一子博弈的条件下，该子博弈的收益

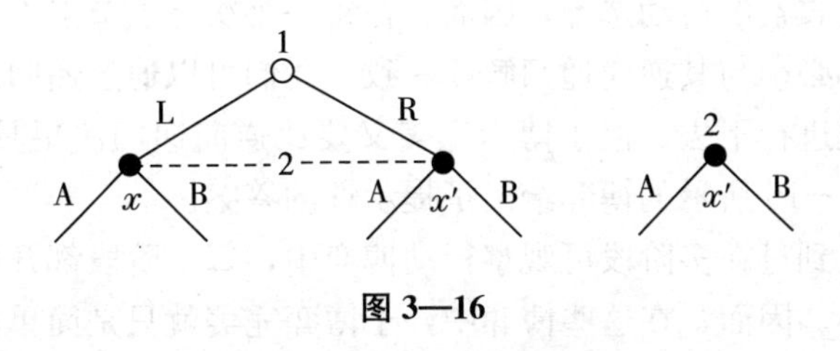

图 3—16

具有圆满的定义。在图 3—17 中，右边的“博弈”存在一个问题：参与人 2 的最优选择依赖于 x 和 x' 的相对概率，然而在设定博弈时并没有提供这些概率。换句话说，右边的图形并不能作为一个独立的博弈进行分析；它只能作为左图博弈中的一个组成部分才有意义，右边的图形博弈需要提供丢失的概率。

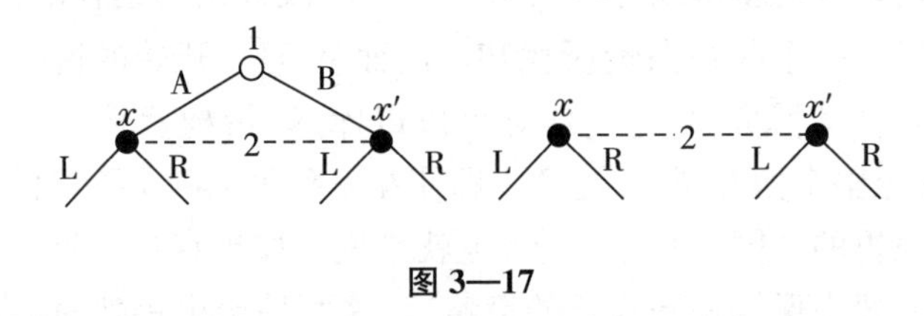

图 3—17

由于在达到适当子博弈条件下收益是定义好的，我们就可以容易地检验策略是否是对应的子博弈的一个纳什均衡。也就是说，如果 σ_i 是参与人 i 在原博弈中的一个行为策略，$\hat{H}_i$ 是参与人 i 在适当子博弈中信息集的集合，则 σ_i 在子博弈上的限制是映射 $\hat{\sigma}_i$，这里对于任意的 $h_i \in \hat{H}_i$，$\hat{\sigma}_i(\cdot|h_i)=\sigma_i(\cdot|h_i)$。

至此，我们已经具有了定义子博弈完美所需要的工具了。

定义 3.5　如果对每一个适当子博弈 G，σ 在 G 上的限制是 G 的一个纳什均衡，则扩展式博弈中的行为策略组合 σ 是一个子博弈完美均衡。

因为任何博弈都是它自身的一个适当子博弈，因而一个子博弈完美均衡的策略组合就必须是纳什均衡的。如果某博弈唯一的适当子博弈就是其本身，那么纳什集和子博弈完美均衡就是一样的。如果它还有其他的适当子博弈，则某些纳什均衡就有可能并不是子博弈完美的。

很容易看到在具有完美信息的有限期博弈里子博弈完美与逆向递归是一致的。考察博弈树的次终点节点，在这些节点上参与人须作出其最后的行动选择。每一个次终点节点都以一个单一参与人的简单的适当子博弈为开端，在这些子博弈中的纳什均衡要求这时参与人必须要作出能最大化自己收益的行动选择；因而，在每一个次终点节点上任何子博弈完美均衡都必须与其逆向递归解相一致，我们可以通过递归法在该博弈树上不断地进行下去。但子博弈完美又要比逆向递归法更具普遍意义；例如，图 3—15 所示的博弈给出了提示性的答案。

我们谈到过在多阶段可观察行动博弈中，每一阶段都开始一个新的适当子博弈。因而，在这些博弈中，子博弈完美就只是简单的要求：对于策略组合的限制从每一阶段 k 开始对每一历史 h^k 都能得到一个纳什均衡。如果博弈有着固定的有限阶段数（$K+1$），那么我们就能用逆向递归法来刻画子博弈完美均衡：在最后一阶段的策略必须是对应于一次性同时行动博弈的纳什均衡，对每一历史 h^k 我们都可以用它的一个纳什均衡收益来代替其最后阶段。对每一个通过这种方式分配给最终阶段的纳什均衡，我们就可以考察从每一 h^{K-1}阶段开始的纳什均衡集。（由于最后阶段被一个收益向量所代替，因而从 h^{K-1}开始的博弈就是一个一次性同时行动博弈。）这一推导可以以库恩-策梅罗算法方式不断地“向后推导至整个博弈树”。注意，即使在 k 阶段上两个不同的历史导致了最终阶段里的“同一个博弈”（也就是说，如果存在一种方法，它识别在两个博弈中保持相同收益的策略），这两种历史仍然对应于不同的子博弈，并且子博弈完美容许我们对每一个历史确定不同的纳什均衡。我们将在 4.3 节和第 5 章看到，这具有非常重要的意义。

3.6 对逆向递归法和子博弈完美均衡的批评

这一节将讨论逆向递归法与子博弈完美作为合理行动的必要条件的一些局限性。尽管这些概念在简单的两阶段完美信息博弈中似乎很有说服力，比如我们在本章开始时所讨论的斯塔克伯格博弈，但如果有多个参与人或每一个参与人有多次行动，那么情况就变得复杂多了；在这些博弈中，均衡精炼并不合理。

3.6.1 对逆向递归法的批评

考察图 3—18 所描述的 I 个参与人的博弈，在这里，每一个参与人 $i<I$ 可以选择“D”来结束博弈，或者选择“A”把采取行动的权利转移给参与人 $i+1$。（对于那些略过了 3.3 节～3.5 节的读者，图 3—18 描述了一个“博弈树”。尽管你并没有学习这些树的规范性定义，但我

们相信我们在这小节用的具体博弈树将会很显而易见。）如果参与人 i 选择了行动D，每一个参与人都能得到 $1/i$；如果所有参与人都选择了行动A，那么每一个参与人都能得到2。

由于每次只有一个参与人采取行动，这是一个完美信息博弈，我们可以应用逆向递归方法。用这一方法可以预测每一个参与人应该都会选择行动A。如果 I 很小，这似乎是一个合理的预测。如果 I 很大，那么作为参与人1，我们将会选择D而不是A，其原因类似于1.2.4小节的猎鹿博弈中推导无效率均衡所用到的"稳健性"。

首先，收益2要求所有 $I-1$ 个其他参与人都要选择行动A。如果一个给定参与人选择行动A的概率是 $p<1$，并且与其他参与人的选择是相互独立的，那么所有其他 $I-1$ 个参与人都选择行动A的概率就是 p^{I-1}，这一概率是很小的（即使 p 很大）。其次，我们担心参与人2可能也有着同样的考虑；也就是说，参与人2可能会选择D，以防未来参与人出现"失误"或者参与人3故意选择D的可能。

一个相关结论是逆向递归的链条越长，则其所假定的前提假设的链条也就越长（"参与人1知道参与人2知道参与人3知道……的收益"）。如果在图3—18中 $I=2$，逆向递归假设参与人1知道参与人2的收益，或者至少参与人1充分地相信参与人2的最优选择是A。如果 $I=3$，不仅参与人1和参与人2了解参与人3的收益，而且参与人1还必须知道参与人2清楚参与人3的收益，从而参与人1可以预测参与人2对参与人3的行动预测。如果参与人1认为参与人2将会不正确地预测参与人3的行动选择，那么参与人1就会选择行动D。习惯上，均衡分析是建立在收益作为一种"共同知识"的前提上的，从而任意长的"i 知道 j 知道 k 知道"是有效的，但相对于需要稍弱的共同知识前提假设所得到的结论，由这种形式的长链所得到的结论似乎更不合理。（部分原因是逆向递归的链条越长，就会对博弈信息结构的微小变化越敏感，我们将在第9章讨论这一问题。）

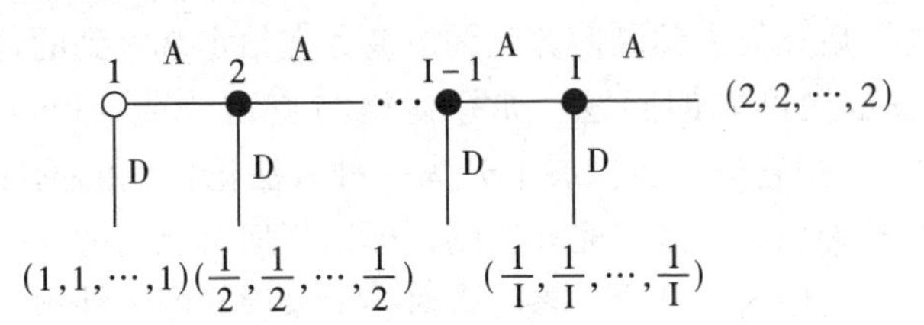

图3—18

在图 3—18 所示的例子中，如果 I 非常大，那这一博弈就变得极为麻烦了。当同一个参与人可以接连几次采取行动时，就会出现逆向递归法中的第二个难点。考察图 3—19 所示的博弈。在这里，逆向递归法的解就是采取行动的参与人在每一个信息集上都采取行动 D。这一解是否具有说服力呢？设想你就是参与人 2；设想，与原来的预期相反，参与人 1 在他初次采取行动时选择了行动 A_1，你将会怎样行动呢？逆向递归法表明你应选择行动 D_2，因为若给予参与人 1 一次机会他将选择 D_3；然而，逆向递归法也表明参与人 1 本应是选择 D_1。在这一博弈中，与我们开始时讨论的简单例子不同，参与人 2 在参与人 1 偏离了其所预测的行动选择 A_1 时，参与人 2 的最优选择取决于如何预测参与人 1 在未来的行动：若参与人 2 认为存在至少 25%的可能性参与人 1 会选择行动 A_3，则参与人 2 应选择行动 A_2。参与人 2 又是如何形成这些信念，并且到底什么信念才是合理的呢？尤其是，与逆向递归法相反，如果参与人 1 决定选择行动 A_1，那么参与人 2 应怎样预测参与人 1 的行动？在某些文章的讨论中，选择行动 A_2 似乎是一个有利可图的赌博。

在经济学文献中，大部分的动态博弈分析仍然是毫无保留地使用逆向递归法及其精炼，但近来对这一点持有怀疑态度的人逐渐增多。图 3—19 中所示的博弈是基于罗森塔尔（Rosenthal，1981）的例子，他是首先对逆向递归法的逻辑性提出质疑的人之一。贝苏（Basu，1988，1990），博南诺（Bonanno，1988），宾默尔（Binmore，1987，1988）以及伦尼（Reny，1986）论证，合理的博弈理论不应该在理论给定为零概率事件发生时就排除行动选择，因为理论并没有为参与人提供在这些事件发生的条件下如何建立其预测的途径。第 11 章讨论了弗登博格、克雷普斯和莱维（Fudenberg，Kreps and Levine，1988）的研究，他们建议参与人把意外的偏离解释成由于收益与原来所认定最有可能的情况发生偏差。因为任何博弈结果都可以解释为对竞争对手收益的某种确认，这种方法就回避了在零概率事件发生时如何形成信念的困难，它把发生“偏离”后如何去预测博弈问题改变为在给定观察到的行动下哪一个另类收益是最可能的问题。弗登博格与克雷普斯（Fudenberg and Kreps，1988）把它进一步扩展上升为一种方法论：他们论证任何博弈理论应该在某种意义上是“完备”的，即给任何可能的博弈行动赋予严格正的概率。运用这一理论，参与人对接下来博弈的条件预测总是有定义的。

收益不确定性不是建立一个完备理论的唯一方法。第二类方法是把

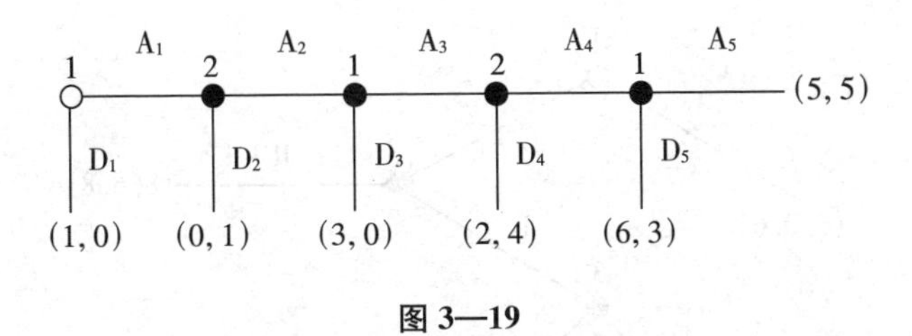

图 3—19

任何扩展式博弈解释为隐含参与人有时会犯一些小“错误”或“颤抖”（如 Selten，1975）。如泽尔滕所假设的，如果在不同信息集上“颤抖”的概率是相互独立的，那么无论过去多么频繁出现与逆向递归法预测不符的情况，参与人都应继续在当前子博弈中运用逆向递归法来预测博弈行动。因此，把偏离用“颤抖”来解释是一种为逆向递归法辩护的方法。与之相关的问题是，参与人在多大程度上会把这种对偏离的“颤抖”解释看做是反对其他理论解释的依据。在图 3—19 中，如果参与人 2 观察到 A_1，那么他（或她）应该把这种情况解释为一种“颤抖”，还是看做参与人 1 将会选择 A_3 的一种信号呢？

3.6.2　对子博弈完美的批评

因为子博弈完美是逆向递归法的一种推广，它也同样易于受到刚才所讨论的各种批评的攻击。此外，子博弈完美要求参与人在子博弈行动中达成一致意见，即使这种博弈行动不能通过逆向递归法来预测。罗宾（Rabin，1988）强调了这一点，他提出另一类较弱的均衡精炼，它允许参与人不必就偏离均衡路径的子博弈中哪一个纳什均衡将出现这个问题达成一致意见。

为了弄清楚这一点所引起的不同，考察下面一个三人博弈。在第一阶段，参与人 1 可以选择行动 L，以收益（6，0，6）结束这一博弈，或者选择行动 R，把采取行动的权利让给参与人 2。然后参与人 2 可以选择行动 R，以收益（8，6，8）结束这一博弈，或者选择行动 L，此时参与人 1 和参与人 3（而不是参与人 2）进行一个同时行动的“协调博弈”（coordination game），选择 F 或 G。如果他们的选择不一致，则参与人 1 和参与人 3 将每人得到 7 的收益，而参与人 2 则可得到 10 的收益。如果他们的选择一致，则所有三个参与人都只能得到 0。这一博弈如图 3—20 所示。

在第三阶段中，参与人 1 和参与人 3 的协调博弈具有三个纳什均衡：两个纯策略均衡，收益为（7，10，7），一个混合策略均衡，收益

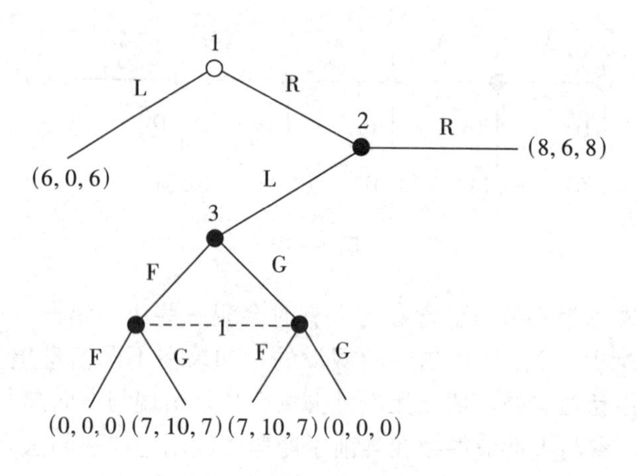

图 3—20

为$\left(3\frac{1}{2}, 5, 3\frac{1}{2}\right)$。如果我们确定一个参与人 1 和参与人 3 成功地进行协调的均衡，则参与人 2 就会选择行动 L，所以参与人 1 选择行动 R，其预期收益为 7。但如果我们在第三阶段所确定的是非效率的混合均衡，则参与人 2 将会选择行动 R，参与人 1 也选择行动 R，这时其预期收益为 8。因此，在这一博弈的所有子博弈完美均衡中，参与人 1 选择行动 R。

正如罗宾所论证的，参与人 1 选择行动 L 也是合理的。如果他看到在第三阶段没有办法进行协调，他就会这样做，从而在到达该阶段时，他的预期收益为$3\frac{1}{2}$，然而他也会担心参与人 2 会坚信第三阶段将产生一个效率均衡的协调。

关键之处在于子博弈完美不仅假设参与人在所有子博弈中都预期到纳什均衡，并且还假设所有参与人都会预期得到同一个均衡。这一点是否合理取决于参与人认为在开始时候就出现均衡的理由所在。

参考文献

Basu, K. 1988. Strategic irrationality in extensive games. *Mathematical Social Sciences* 15：247 - 260.

Basu, K. 1990. On the non-existence of a rationality definition for extensive games. *International Journal of Game Theory*.

Binmore, K. 1987. Modeling rational players: Part Ⅰ. *Economics and Philosophy* 3: 179 - 214.

Binmore, K. 1988. Modeling rational players: Part Ⅱ. *Economics and Philosophy* 4: 9 - 55.

Bonanno, G. 1988. The logic of rational play in extensive games of perfect information. Mimeo, University of California, Davis.

Brander, J., and B. Spencer. 1985. Export subsidies and market share rivalry. *Journal of International Economics* 18: 83 - 100.

Dixit, A. 1979. A model of duopoly suggesting a theory of entry barriers. *Bell Journal of Economics* 10: 20 - 32.

Eaton, J., and G. Grossman. 1986. Optimal trade and industrial policy under oligopoly. *Quarterly Journal of Economics* 101: 383 - 406.

Eckel, C., and C. Holt. 1989. Strategic voting in agenda-controlled committee experiments. *American Economic Review* 79: 763 - 773.

Elmes, S., and P. Reny. 1988. The equivalence of games with perfect recall. Mimeo.

Fudenberg, D., and D. Kreps. 1988. A theory of learning, experimentation, and equilibrium in games. Mimeo, MIT.

Fudenberg, D., D. Kreps, and D. Levine. 1988. On the robustness of equilibrium refinements. *Journal of Economic Theory* 44: 354 - 380.

Fudenberg, D., and D. Levine. 1990. Steady-state learning and self-confirming equilibrium. Mimeo.

Harris, C. 1985. Existence and characterization of perfect equilibrium in games of perfect information. *Econometrica* 53: 613 - 627.

Hellwig, M., and W. Leininger. 1987. On the existence of subgame-perfect equilibrium in infinite-action games of perfect information. *Journal of Economic Theory*.

Helpman, E., and P. Krugman. 1989. *Trade Policy and Market Structure*. MIT Press.

Ingberman, D. 1985. Running against the status-quo. *Public Choice* 146: 14 - 44.

Kreps, D., and R. Wilson. 1982. Sequential equilibria. *Econometrica* 50: 863 - 894.

Kuhn, H. 1953. Extensive games and the problem of information. *Annals of Mathematics Studies*, no. 28. Princeton University Press.

Kydland, F., and E. Prescott. 1977. Rules rather than discretion: The inconsistency of optimal plans. *Journal of Political Economy* 85: 473 - 491.

Luce, R., and H. Raiffa. 1957. *Games and Decisions*. Wiley.

Mankiw, G. 1988. Recent developments in macroeconomics: A very quick refresher course. *Journal of Money, Credit, and Banking* 20: 436 - 459.

Rabin, M. 1988. Consistency and robustness criteria for game theory. Mimeo. MIT.

Reny, P. 1986. Rationality, common knowledge, and the theory of games. Ph. D. Dissertation, Princeton University.

Romer, T., and H. Rosenthal. 1978. Political resource allocation, controlled agendas, and the status-quo. *Public Choice* 33: 27 - 44.

Rosenthal, H. 1990. The setter model. In *Readings in the Spatial Theory of Elections*, ed. Enelow and Hinich. Cambridge University Press.

Rosenthal, R. 1981. Games of perfect information, predatory pricing and the chain-store paradox. *Journal of Economic Theory* 25: 92 - 100.

Schelling, T. 1960. *The Strategy of Conflict*. Harvard University Press.

Selten, R. 1965. Spieltheoretische Behandlung eines Oligopolmodells mit Nachfrageträgheit. *Zeitschrift für die gesamte Staatswissenschaft* 12: 301 - 324.

Selten, R. 1975. Re-examination of the perfectness concept for equilibrium points in extensive games. *International Journal of Game Theory* 4: 25 - 55.

Shepsle, K. 1981. Structure-induced equilibrium and legislative choice. *Public Choice* 37: 503 - 520.

Spence, A. M. 1977. Entry, capacity, investment and oligopolistic pricing. *Bell Journal of Economics* 8: 534 - 544.

Zermelo, E. 1913. Über eine Anwendung der Mengenlehre auf der Theorie des Schachspiels. In Proceedings of the Fifth International Congress on Mathematics.

第 4 章　多阶段可观察行动博弈的应用

4.1　引言

在第 3 章，我们曾讨论过一类扩展式博弈，并称之为“多阶段可观察行动博弈”。在这一类博弈中，参与人在每一阶段都同时采取行动，并且在行动时所有参与人都知道所有过去阶段所选择的行动。尽管这类博弈很特殊，但它们在经济、政治和生物学中有许多的应用。我们将在第 5 章中研究的重复博弈就属于这类博弈，同时我们将在第 13 章中讨论的资源开发博弈、抢先性投资、策略性遗赠等也属于这类博弈。本章将揭示一个动态优化的基本事实，并介绍一些有趣的多阶段博弈的例子，同时本章也将讨论“开环均衡”和“闭环均衡”、重复剔除条件优势，以及有限期博弈均衡和无限期博弈均衡的关系等。

大家还记得，在多阶段可观察行动博弈中，在阶段 t 开始时的历史 h^t 是以前选择行动所构成的行动序列，（a^0，a^1，…，a^{t-1}）。参与人 i 的一个纯策略 s_i 就是从历史 h^t 到当前可行行为集 $A_i(h^t)$ 中行动 a_i^t 的映射序列 s_i^t。参与者 i 的收益 u_i 是最终历史（terminal history）h^{T+1} 的函数，即从初始阶段 0 到最终阶段 T 所选择行动组成的整个行动序列的函数，这里最终阶段 T 有时取无穷大。在本章的一些例子中，收益函数选取为每期收益 $g_i^t(a^t)$ 的贴现值之和的特殊形式，$\sum_{t=0}^{T}\delta_i^t g_i^t(a^t)$。

4.3 节将初次论述重复博弈的类型，其中参与人的收益如上所述采取贴现值之和的形式，每阶段的可行行为集和每期的收益则都与时间和以前阶段的行动无关，从这一点而言，博弈的“物理环境”是非记忆性的。不过，重复博弈意味着参与人仍然可以根据其对手过去的行动而采取其当前的行动，并且确实这种策略存在均衡。4.3 节只是考虑重复博弈的一些例子，也不试图刻画这些例子全部均衡的特性；在第 5 章则将会有更加详细的论述。

在本章中，我们主要讨论无限期博弈。期限长但有限的博弈代表了期限虽长但仍然可以很好预见的情形；无限期博弈则描述了行动者不能确定究竟哪一期是博弈最后阶段的情形。后者似乎是对具有多期博弈阶段情形的更好模型，我们将在讨论具体例子时对此做进一步的说明。

当期限是无限时，我们就不能使用逆向递归法从其最后阶段开始确定出子博弈完美均衡集；而像在有限重复囚徒困境博弈和任何具有完美信息的有限博弈中，我们就可以确定出子博弈完美均衡。然而，我们将发现子博弈完美在一些具有许多个纳什均衡的无限期博弈中具有很强的预测性，例如鲁宾斯坦恩（Rubinstein，1982）和斯塔尔（Ståhl，1972）的议价模型。这一模型和我们要讨论的其他模型的一个关键特点是，尽管时期界限并不能提前确定，但存在一些行动，例如接受出价或退出市场，可以确实有效地结束博弈。这些博弈被用来研究夕阳产业的退出、非合作的讨价还价、新技术的引入以及其他类似的问题，4.4 节讨论了鲁宾斯坦恩-斯塔尔轮流出价的议价模型，这一模型存在许多结束博弈的方式，它们分别对应着参与人可能达成的各种协议。4.5 节讨论一类简单的终止博弈，博弈里参与人唯一的决策是何时停止博弈而不是如何停止博弈。我们并不试图全面综述具有吸收状态（absorbing states）的博弈的各种应用；我们的目的只是介绍一些有关的思想。

4.6 节介绍重复剔除条件优势的概念，它将逆向递归法的概念扩展到无限阶段的博弈中。在这一节，我们将会看到，在本章所讨论的几个例子中，其唯一的子博弈完美均衡可以被理解为唯一满足重复剔除条件优势的某个策略的行为结果。4.7 节讨论开环均衡和闭环均衡的关系，这两种均衡对应于同一物理博弈的两种不同的信息结构。4.8 节讨论同一博弈在有限期和无限期的不同情形中均衡的关系。

最后两节比本章其他部分技术性更强，在初次讲授时可以跳过。4.3 节至 4.6 节是我们在第 3 章中所介绍理论的应用，尽管许多课程都会包括其中至少一节，但也没有必要全部讲授。尽管 4.2 节的内容在第 5 章和第 13 章有大量运用，但它只是提供了一个非常有用的论据来确定某种策略是不是子博弈完美的。

4.2　优化条件和子博弈完美性†

为验证多阶段可观察行动博弈的某一策略组合是否是子博弈完美的，只需检验是否存在某一历史 h^t，使得某个参与人 i 能够在到达 h^t 时通过偏离策略 s_i 给出的行动而在阶段 h^t 之后又遵循策略 s_i 的行动而获得好处。由于这个单阶段偏离原则在本质上是建立在逆向递归法之上的动态规划的最优性条件，因而它有助于说明子博弈完美如何扩展逆向递归思想。我们将这一论述分成有限和无限期博弈两部分；尽管两种情形的论证都很简单，但一些读者可能会更愿意接受第一部分证明，而认为第二部分是理所当然的。为了记号的简便，我们只叙述纯策略情形下的最优性条件，混合策略情况下的最优性条件可类似得到。

定理 4.1（有限期博弈的单阶段偏离原则）　在多阶段可观察行动博弈中，策略组合 s 是子博弈完美的，当且仅当它满足单阶段偏离条件，即没有一个参与人 i 可以通过在某一阶段偏离 s 策略而在其他阶段采取 s 的行动而获得好处。更精确地说，策略组合 s 是子博弈完美的，当且仅当不存在参与人 i 和策略 $\hat{s}_i$，使得策略 $\hat{s}_i$ 仅仅在时期 t 和历史行动 h^t 下与策略 s_i 不同，并且以到达历史 h^t 为条件，$\hat{s}_i$ 是比 s_i 更好的对 s_{-i}的反应。[①]

证明　单阶段偏离条件的必要性（仅当）可以从子博弈完美的定义中得到。（注意，单阶段偏离条件对纳什均衡不是必要的，因为纳什均衡对没有出现的历史所给出的反应行动可能不是最优的。）为了说明单阶段偏离条件的充分性，可以反过来假设策略组合 s 满足单阶段偏离条件但不是子博弈完美。那么，存在一个阶段 t 和历史 h^t，使得某一参与人 i 有策略 $\hat{s}_i$，并且在从 h^t开始的子博弈中，策略 $\hat{s}_i$ 可以比 s_i 更好地对 s_{-i}作出反应。设 $\hat{t}$ 为满足在某一 $h^{t'}$ 下 $\hat{s}_i(h^{t'})\neq s_i(h^{t'})$ 的最大的 t'。单阶段偏离条件表明 $\hat{t}>t$，由于博弈是有限的，因而 $\hat{t}$ 也是有限的。现在考察另一个策略 $\tilde{s}_i$：当 $t<\hat{t}$ 时，策略 $\hat{s}_i$ 与策略 $\tilde{s}_i$ 相同，但自阶段 $\hat{t}$ 之后与 s_i 相同。由于从 $\hat{t}+1$ 开始，策略 $\hat{s}_i$ 与策略 s_i 是相同的，由单阶段偏离条件可以知道，在从 $\hat{t}$ 开始的任一子博弈中，策略 $\hat{s}_i$ 至少和策略 $\tilde{s}_i$ 一样好（因为 $\tilde{s}_i$ 偏离了 s_i 一次，而 $\hat{s}_i$ 没有偏离），从而策略 $\hat{s}_i$ 在阶段 t 处开

① 更严格地说，不存在历史 h^t 满足策略 $\tilde{s}_i$ 在子博弈 $G(h^t)$ 的限制下比策略 s_i 表现得更好。

始的任一子博弈也都至少和策略 $\tilde{s}_i$ 一样好。如果 $\hat{t}=t+1$，那么策略 $\tilde{s}_i=s_i$，这与策略 $\hat{s}_i$ 改进了策略 s_i 的假设相矛盾。如果 $\hat{t}>t+1$，我们可以构造一个直到 $\hat{t}-2$ 都与策略 $\hat{s}_i$ 一致的策略，证明它和策略 $\hat{s}_i$ 一样好，依此类推：这样构造的改进偏离最终到达终点。 ■

如果时期界限是无穷的，那么情况会怎样？上述证明说明会有这样的可能性，即尽管参与人不能从在任何子博弈的单阶段偏离中获益，但他可以通过某一无穷偏离序列获得好处。然而，如果收益函数采取每期收益贴现值之和的特殊形式，就像在动态规划中一样，那么这种可能性也会被排除掉。更一般地，关键的条件就是收益“在无穷处是连续的”。准确地说，设 h 表示一个无限期的历史，即一个无限期博弈的结果。对于一个固定的无限期的历史 h，记 h^t 表示 h 在最初 t 个阶段上的限制。

定义 4.1 一个博弈在无穷处是连续的，如果对每一个参与人 i，收益函数 u_i 满足：

$$\sup_{h,\tilde{h}\text{ s.t. }h^t=\tilde{h}^t} |u_i(h)-u_i(\tilde{h})| \to 0,\ t\to\infty$$

这一条件表明在遥远未来的事件相对而言并不是十分重要。当整体收益是每期收益 $g_i^t(a_i^t)$ 的贴现值之和且每期收益都是一致有界的，即存在 B 满足

$$\max_{t,a^t} |g_i^t(a^t)| < B$$

则该条件成立。

定理 4.2（无限期博弈的单阶段偏离法则） 一个在无穷远处连续的具有可观察行动的无限期多阶段博弈中，策略组合 s 是子博弈完美的，当且仅当不存在参与人 i 和策略 $\hat{s}_i$，其中 $\hat{s}_i$ 和 s_i 只在单一个时期 t 和历史 h^t 上不同，并且以到达历史 h^t 为条件，$\hat{s}_i$ 比 s_i 对 s_{-i} 能作出更好的反应。

证明 定理 4.1 的证明说明了必要性；还同时指出，如果 s 满足单阶段偏离条件，那么不可能通过某一子博弈中的有限偏离来改进策略。假设 s 不是子博弈完美，那么就存在一个阶段 t 和历史 h^t，使得参与人 i 能够通过在从 h^t 开始的子博弈中使用不同的策略 $\hat{s}_i$ 来增加他的效用，且设效用增加量为 $\varepsilon>0$。则 t 在无穷远处连续的条件表明，存在一个时刻 t'，使得在 t' 之前所有阶段与 s_i' 相同且在 t' 开始后与 s_i 相同的策略 $\hat{s}_i$，必定能在从 h^t 开始的子博弈中比 s_i 增加效用至少 $\varepsilon/2$。但这与没有任何有限阶段的偏离可以改进策略的事实相矛盾。 ■

本定理及其证明本质上就是贴现动态规划的优化条件。

4.3　重复博弈初步†

4.3.1　囚徒困境重复博弈

本节将讨论允许参与人根据其对手在以前各个时期的行动方式来采取自己当期行动的博弈情况，从而引出新的均衡概念。我们以一个可能是最广为人知的重复博弈例子开始，这就是著名的囚徒困境，我们在第 1 章已经讨论了它的静态情形。在这里，假设每期收益只依赖当期行动，记为 $g_i(a^t)$；如图 4—1 所示，对所有参与人都使用同样的贴现因子 δ 来贴现其未来收益。我们希望考察均衡收益是如何随着期界 T 而变化的。为了使不同期界的收益之间具有可比性，我们用同样的单位对每期收益进行标准化表示，因此，一个行动序列 $\{a^0, \cdots, a^T\}$ 的（标准化）收益是：

$$\frac{1-\delta}{1-\delta^{T+1}}\sum_{t=0}^{T}\delta^t g_i(a^t)$$

这被称为“平均贴现收益”。因为标准化只是改变了权重，因而标准化形式和现值形式都代表了同样的偏好。通过把所有收益用每期平均收益来度量，标准化的形式更容易揭示出当贴现因子和期界发生变化时而产生的变化。例如，从 0 期到 T 期每期收益为 1 的现值为 $(1-\delta^{T+1})/(1-\delta)$；而这一收益流的平均贴现值为 1。

	合作	背叛
合作	1，1	−1，2
背叛	2，−1	0，0

图 4—1

我们从博弈只进行一次的情形开始。这时，合作就是绝对的劣策略，唯一的均衡就是两个参与人都选择出卖对方，即背叛；如果博弈只重复有限次，那么子博弈完美就要求两个参与人在最后一期博弈时都选择背叛，根据逆向递归法，则唯一的子博弈完美均衡就是两个参与人在每一阶段都选择背叛。[①]

① 这一结论对纳什均衡也成立，见 5.2 节。

如果博弈进行无限多次，那么“每一阶段两人都选择背叛”仍然是一个子博弈完美均衡，而且，这是唯一一个参与人每期行动都与上期行动相同的均衡。然而，如果期界是无限的，同时 $\delta>\frac{1}{2}$，那么下面的策略组合也是子博弈完美均衡：“开始时选择合作，只要没有参与人背叛就一直合作，但只要有一个参与人背叛，在以后的博弈中，就一直背叛。”使用这样的策略，就会面临两类子博弈：A 类是没有参与人背叛，B 类是背叛从 i 开始就已经发生。如果一个参与人在 A 类的每个子博弈都执行这一策略，则他的平均贴现收益是 1；但如果他在时间 t 偏离这一策略，并在此后（一直在 B 类子博弈中）都执行此策略，那么他的（标准化）收益是：

$$(1-\delta)(1+\delta+\cdots+\delta^{t-1}+2\delta^{t}+0+\cdots)=1-\delta^{t}(2\delta-1)$$

当 $\delta>\frac{1}{2}$时，显然其（标准化）收益小于 1。对于 B 类子博弈中的任何历史 h^{t}，从 t 期往后一直奉行这一策略的收益是 0，偏离一次后再奉行该策略，在 t 期收益为 -1，以后仍然是 0。因此，在任何子博弈中，没有参与人可以从偏离一次后再奉行这一特定策略中获得好处，根据单阶段偏离条件，这一策略组合也就形成一个子博弈完美均衡。

随着贴现因子大小的变化，可能会有许多其他的完美均衡。下一章我们将证明“无名氏定理”：即任何大于最小最大值（在第 5 章定义；本例中最小最大值是 0）的可行收益都能够被一个充分接近于 1 的贴现因子所支持。[①] 有耐心的参与人之间的重复博弈不仅可以使合作——意味着有效的收益——成为可能，而且也导致了更多的其他均衡结果。一些方法被提出来以减少均衡的多重性，然而没有一种方法能被广泛地接受，这个问题仍然是当前研究的课题，我们将在第 5 章讨论其中的一个方法——“抗重新谈判”。

从上面的例子中，囚徒困境重复博弈表明了重复博弈扩大均衡结果集合，此外它还显示了同样的博弈在有限期界和无限期界中其均衡的集合是截然不同的，特别是，在时期界限变为无限大时可能会出现新的均衡。我们在本章末尾会再次谈到这一点。

---

① 只对大的贴现因子成立的理由是，对于小的贴现因子，从偏离获得的短期收益（例如，在囚徒困境博弈中的偏离合作）必然超过这一行为引起的任何长期损失，见第 5 章。

4.3.2　具有多个静态均衡的有限重复博弈

有限重复囚徒困境博弈与静态囚徒困境博弈有同样的均衡集，但并不是常常如此。考虑图 4—2 所示的一个两期的重复阶段博弈。在博弈的第一阶段，参与人 1 和参与人 2 同时分别在 U，M，D 和 L，M，R 中选择。在第一阶段结束时，参与人可以观察到第一阶段所选择的行动；在第二阶段，参与人再进行一个一次阶段博弈。与以往一样，设每一个参与人的收益函数是他或她在两期收益贴现值之和。

	L	M	R
U	0，0	3，4	6，0
M	4，3	0，0	0，0
D	0，6	0，0	5，5

图 4—2

如果博弈只进行一次，则会出现三个均衡：(M，L)，(U，M)，和一个混合策略均衡 ((3/7U，4/7M)，(3/7L，4/7M))，分别可得收益 (4，3) (3，4) 和 (12/7，12/7)。显然，有效收益 (5，5) 不能作为一个均衡获得。然而，在两阶段博弈中，如果 $\delta>7/9$，那么下面的策略组合是一个子博弈完美均衡："在第一阶段选择 (D，R)。如果第一阶段的结果是 (D，R)，在第二阶段选择 (M，L)；如果第一阶段的结果不是 (D，R)，在第二阶段使用策略 ((3/7U，4/7M)，(3/7L，4/7M))。"

根据这种构造，这一策略组合在第二阶段是一个纳什均衡。因为第一阶段的偏离只会给当期的收益增加 1，同时却使参与人 1 和参与人 2 接下来的收益分别从 4 或 3 降到 12/7，这样，只要 $1<(4-12/7)\delta$ 或 $\delta>7/16$，参与人 2 就不会偏离，同时，只要 $1<(3-12/7)\delta$ 或 $\delta>7/9$，参与人 2 也不会采取偏离行动。

4.4　鲁宾斯坦恩-斯塔尔议价模型†

在鲁宾斯坦恩 1982 年的模型中，两个参与人必须就如何分享大小为 1 的一个蛋糕达成一致。在时期 0，2，4，… 参与人 1 提出一个分享规则 $(x, 1-x)$，让参与人 2 接受或拒绝。如果参与人 2 接受提议，则博弈结束，如果参与人 2 在时期 $2k$ 拒绝了参与人 1 的提议，那么在时

期 $2k+1$，参与人 2 提出一个分享办法（x，$1-x$）让参与人 1 接受或拒绝。如果参与人 1 接受参与人 2 的提议，则博弈结束；如果他拒绝，那么由参与人 1 在下一个时期提议分享规则，依此类推。这是一个完美信息的无限期博弈。注意，在我们的多阶段博弈的定义中，“阶段”（stages）与“时期”（periods）并不相同——时期 1 有两个阶段，对应着参与人 1 的提议和参与人 2 的接受或拒绝。

如果（x，$1-x$）在 t 期被接受，则收益是（$\delta_1^t x$，$\delta_2^t(1-x)$），其中 x 是参与人 1 的蛋糕的份额，δ_1 和 δ_2 是两个参与人的贴现因子。（鲁宾斯坦恩考虑了更广泛的一类偏好，除了考虑贴现因子表示拖延成本，还允许效用是参与人蛋糕份额的非线性函数的情形。）

4.4.1 子博弈完美均衡

注意这个博弈中有多个纳什均衡。特别地，策略组合“参与人 1 一直要求 $x=1$，且拒绝所有小于 1 的份额；参与人 2 总是提议 $x=1$，且接受任何提议”是一个纳什均衡。然而，这个策略组合并不是子博弈完美的，如果参与人 2 拒绝参与人 1 的第一次提议，并给参与人 1 一个 $x>\delta_1$ 的份额，那么参与人 1 就会接受，因为如果他拒绝这一提议，那么明天最好的结果哪怕是获得整个蛋糕，也不过只值 δ_1。

下面则是该模型的一个子博弈完美均衡：“参与人 i 总是在轮到他提议时要求份额 $(1-\delta_j)/(1-\delta_i\delta_j)$；他接受任何份额等于或大于$\delta_i(1-\delta_j)/(1-\delta_i\delta_j)$ 的提议而拒绝任何更小的提议。”注意参与人 i 的要求

$$\frac{1-\delta_j}{1-\delta_i\delta_j}=1-\frac{\delta_j(1-\delta_i)}{1-\delta_i\delta_j}$$

是参与人 j 可接受的参与人 i 得到的最大份额。参与人 i 不能通过降低自己的份额而获利，因为这一份额将会被接受。提出更高的份额（会被拒绝!），并接受参与人 j 在下一期的提议会对参与人 i 不利，因为，

$$\delta_i\left(1-\frac{1-\delta_i}{1-\delta_i\delta_j}\right)=\delta_i^2\,\frac{1-\delta_j}{1-\delta_i\delta_j}<\frac{1-\delta_j}{1-\delta_i\delta_j}$$

类似地，接受任何不小于 $\delta_i(1-\delta_j)/(1-\delta_i\delta_j)$ 的份额，拒绝更低的份额，对参与人 i 而言是最优的，因为当他拒绝更低的份额时，他下一期将得到 $(1-\delta_j)/(1-\delta_i\delta_j)$ 的份额。

鲁宾斯坦恩的论文扩展了斯塔尔（Ståhl，1972）的工作，后者只是分析了有限期轮流出价的情况。由于是有限期的，博弈很容易用逆向递归法来解：在最后一期的唯一子博弈完美均衡是提出分享规则的参与

人（假设他是参与人 1）要求得到整个蛋糕，而他的对手接受这一要求。在前期，最后的提议人（参与人 1）将拒绝所有给他份额少于 δ_1 的提议，因为他可以通过拒绝来保证获得 $\delta_1 \cdot 1$。并且依此类推下去。

相对于无限期模型，有限期模型有两个潜在缺陷。第一，其解是依赖于博弈的长度和哪一个参与人在最后一轮出价。然而，当期界的数目增加到无穷时，这种依赖性就会变小。第二，也是更重要的是，最后一期的假设意味着如果最后一轮的提议被拒绝，参与人不能允许继续谈判以达到一致。在没有外部机会和不考虑每期讨价还价成本的情形里，很自然地假设只要没有达到一致，参与人就会一直讨价还价。因此，要消除对禁止在外生给定博弈期界之外进行博弈是否会影响均衡结果的怀疑，唯一的办法就是证明无限期博弈里均衡的唯一性。

4.4.2　无限期均衡的唯一性

现在，让我们来证明无限期议价博弈存在唯一的均衡。下面的证明是由萨科德和萨顿（Shaked and Sutton，1984）给出的，其方法是利用博弈的平稳性得到每个参与人均衡收益的上界和下界，然后设法证明上界和下界相等。4.6 节则给出了均衡唯一性的另一个证明，尽管该证明过程稍长了一些，但它是通过扩展重复剔除严格优势这一概念来证明唯一性的。

为了利用博弈的平稳性，我们定义某策略组合在从 t 开始的子博弈中的后续收益为由该策略组合所诱导结果的 t 期单位值。例如，一个能使参与人 1 在第 3 期得到整个蛋糕的策略组合，在时期 2 的后续收益就是 δ_1，而这个结果用 0 期的单位来衡量是 δ_1^3。

我们定义 $\underline{v}_1$ 和 $\bar{v}_1$ 是所有由参与人 1 开始出价的子博弈完美均衡中，他可得到的最小和最大的后续收益。（更规范地，$\underline{v}_1$ 是这些收益的下确界或最大下界，而 $\bar{v}_1$ 是上确界。）类似地，令 $\underline{w}_1$ 和 $\bar{w}_1$ 是所有由参与人 2 开始出价的子博弈中，参与人 1 能得到的最小和最大的完美均衡后续收益。同样地，令 $\underline{v}_2$ 和 $\bar{v}_2$ 为由参与人 2 开始的子博弈中，参与人 2 可以得到的最小和最大完美均衡后续收益，$\underline{w}_2$ 和 $\bar{w}_2$ 为所有由参与人 1 开始的博弈中，参与人 2 可以得到的最小和最大完美均衡后续收益。

当由参与人 1 提议时，参与人 2 会接受任何 x 份额，其中 x 使得参与人 2 的份额（即 $1-x$）超过 $\delta_2\bar{v}_2$，因为参与人 2 不可能通过拒绝提议而在后续博弈中获得超过 $\bar{v}_2$ 的收益。因此，就得 $\underline{v}_1 \geqslant 1-\delta_2\bar{v}_2$。根据对称性，参与人 1 也会接受任何份额超过 $\delta_1\bar{v}_1$ 的提议，从而可得 $\underline{v}_2 \geqslant 1-\delta_1\bar{v}_1$。

因为参与人 2 给参与人 1 的份额永远不会超过 $\delta_1\bar{v}_1$，所以在由参与人 2 提议时参与人 1 的后续收益 $\bar{w}_1$ 最多就是 $\delta_1\bar{v}_1$。

由于参与人 2 可以通过拒绝参与人 1 的提议在后续博弈中至少得到 $\underline{v}_2$。故当 $1-x<\delta_2\underline{v}_2$ 时，参与人 2 就会拒绝 x。因此，当提出分配规则时，参与人 1 的最高均衡收益 $\bar{v}_1$ 满足

$$\bar{v}_1 \leqslant \max(1-\delta_2\underline{v}_2, \delta_1\bar{w}_1) \leqslant \max(1-\delta_2\underline{v}_2, \delta_1^2\bar{v}_1)$$

下一步，我们要证明：

$$\max(1-\delta_2\underline{v}_2, \delta_1^2\bar{v}_1) = 1-\delta_2\underline{v}_2$$

否则，我们有 $\bar{v}_1 \leqslant \delta_1^2\bar{v}_1$，从而意味着 $\bar{v}\leqslant 0$，这样就会使 $1-\delta_2\underline{v}_2 > \delta_1^2\bar{v}_1$，因为 δ_2 和 $\underline{v}_2$ 都小于 1，因而 $\bar{v}_1 \leqslant 1-\delta_2\underline{v}_2$。根据对称性，$\bar{v}_2 \leqslant 1-\delta_1\underline{v}_1$，联立这些不等式，我们有

$$\underline{v}_1 \geqslant 1-\delta_2\bar{v}_2 \geqslant 1-\delta_2(1-\delta_1\underline{v}_1)$$

或

$$\underline{v}_1 \geqslant \frac{1-\delta_2}{1-\delta_1\delta_2}$$

和

$$\bar{v}_1 \leqslant 1-\delta_2(1-\delta_1\bar{v}_1)$$

或

$$\bar{v}_1 \leqslant \frac{1-\delta_2}{1-\delta_1\delta_2}$$

因为 $\underline{v}_1 \leqslant \bar{v}_1$，这意味着 $\underline{v}_1 = \bar{v}_1$。同样地，

$$\underline{v}_2 = \bar{v}_2 = \frac{1-\delta_1}{1-\delta_1\delta_2}$$

$$\underline{w}_1 = \bar{w}_1 = \frac{\delta_1(1-\delta_2)}{1-\delta_1\delta_2}$$

和

$$\underline{w}_2 = \bar{w}_2 = \frac{\delta_2(1-\delta_1)}{1-\delta_1\delta_2}$$

这就证明完美均衡的后续收益是唯一的。为了说明只有唯一的完美均衡

策略组合，考虑一个由参与人 1 开始出价的子博弈。上述论证说明参与人 1 必须恰好以 $x=\underline{v}_1$ 出价。尽管参与人 2 对拒绝还是接受这一出价是无差异的，但完美均衡也会要求他以概率 1 接受：因为如果参与人 2 的策略是以概率 1 接受所有的 $x<\underline{v}_1$，但以小于 1 的概率接受 $\underline{v}_1$，那么参与人 1 对此就不存在最优的应对措施。因此，参与人 2 的随机化行为就会与均衡不一致。相似的论证可以说明由参与人开始出价的子博弈的情形。

4.4.3　比较静态分析

注意到，对于给定的 δ_2，当 $\delta_1\to 1$ 时，则 $v_1\to 1$，参与人 1 就会得到整个蛋糕；而当 δ_1 固定时，如果 $\delta_2\to 1$ 则参与人 2 得到整个蛋糕。如果 $\delta_2=0$，则参与人 1 也得到整个蛋糕，因为这时短视的参与人 2 将会接受今天任何正的数量而不愿多等一期。另外注意到，如果 $\delta_2<1$，即使 $\delta_1=0$ 参与人 2 也不能得到整个蛋糕：由于先动优势，即使是短视的参与人 1 也可得到正的份额。即使二者的贴现因子相等，先动优势也解释了为什么参与人 1 确实比参与人 2 要好：如果 $\delta_1=\delta_2=\delta$，那么，

$$v_1=\frac{1}{1+\delta}>\frac{1}{2}$$

如人们所预期，如果我们使每阶段的时间变得任意短，先动优势就会消失。为了说明这一点，我们令 Δ 表示阶段的时间长度，设 $\delta_1=\exp(-r_1\Delta)$ 和 $\delta_2=\exp(-r_2\Delta)$，那么当 Δ 接近 0，δ_i 近似等于 $1-r_i\Delta$，v_1 趋近于 $r_2/(r_1+r_2)$，这样参与人的相对耐心决定了他们的份额。特别地，如果 $r_1=r_2$，则两个参与人在极限时有相等的份额。[见宾默尔（Binmore，1981）对鲁宾斯坦恩-斯塔尔模型的详细讨论。]

4.5　简单终止博弈††

4.5.1　简单终止博弈的定义

在一个简单终止博弈中，每一个参与人的唯一选择就是何时选择行动“停止”，一旦一个参与人选择了停止，他对未来博弈将没有影响。也就是说，如果参与人 i 在时刻 $\tau<t$ 没有停止，那么他在 t 时刻的行动可行集是：

$$A_i(t)=\{停止,不停止\}$$

如果参与人 i 在某一刻 $\tau<t$ 停止，那么 $A_i(t)$ 是空行动，“不动”。很少情形能准确地用这种方式来描述，因为参与人一般都会有更宽泛的选择。（例如，企业通常不只简单地选择进入市场的时间；它们还决定进入的规模、质量水平等。）但经济学家常常抽象掉这些细节来孤立地研究时间问题。

我们将考察只有两个参与人的终止博弈，把注意力集中在子博弈完美均衡上。一旦一个参与人选择了停止，另一个参与人面对的是一个很容易解决的最大化问题。因而，当分析子博弈完美均衡时，我们可以先不考虑其中一个参与人已经选择了停止的子博弈，而分析没有参与人已经选择了停止的子博弈。[①] 这使得我们可以将两个参与人的收益表示成时间的函数，这里：

$$\hat{t}=\min\{t\mid a_i^t=至少一个参与人\ i\ 选择停止\}$$

即第一个参与人选择停止的时刻（对于我们所要考虑的策略而言，这个最小值是有定义的）；如果从没有参与人停止，我们令 $\hat{t}=\infty$。我们用函数 L_i、F_i 及 B_i 描述这些收益：如果只有参与人 i 在 $\hat{t}$ 时刻停止，那么参与人 i 是领导者；他将得到 $L_i(\hat{t})$，这时他的对手则是追随者，其收益为 $F_j(\hat{t})$。如果两个参与人同时在 $\hat{t}$ 停止，则收益为 $B_1(\hat{t})$ 和 $B_2(\hat{t})$。我们将假设：

$$\lim_{\hat{t}\to+\infty}L_i(\hat{t})=\lim_{\hat{t}\to+\infty}F_i(\hat{t})=\lim_{\hat{t}\to+\infty}B_i(\hat{t})$$

当收益被贴现时，这个条件就必然能得到满足。

描述这类博弈的最后一步是要确定其策略空间。我们从在技术上比较容易处理的离散时间情形开始，到目前为止我们所讨论的都是离散时间博弈。因为除非有一个参与人选择了停止，否则每一期的可行行动集都是简单的｛停止，不停止｝，因为一旦有一个参与人选择了停止，博弈实际上结束了（注意我们已不考虑此后的博弈），所以在时刻 t 的历史就仅是 t 时博弈一直在进行着这一简单的事实。因此，纯策略 s_i 只不过是从时刻集合 t 到集合｛停止，不停止｝的映射；行为策略 b_i 就是要确定时刻 t 停止发生的条件概率 $b_i(t)$，若 t 时刻以前没有参与人选择停止；混合策略 σ_i 就是纯策略 s_i 的概率分布。

---

① 尽管一个参与者最大化问题通常只有一个解，但这也不是没有例外，如果存在多个解，就必须考虑每一个解的含义。

对有些博弈而言，均衡在连续时间的模型中更容易计算出来。如同在离散时间的情形中一样，纯策略是从时间 t 到集合｛停止，不停止｝的映射，但在处理混合策略时则会出现两种复杂情况。首先，在参与人具有连续统信息集时，行为策略规范的概念就变得有问题了。［这首先由奥曼（Aumann，1964）指出。］在这里，我们将只使用混合策略，而把行为策略的问题放在一边。第二个问题是，如我们将会看到的，按照通常定义的连续时间混合策略集太小，从而不能保证连续时间模型能刻画时间间隔非常短的离散时间博弈均衡的极限，尽管对某一类博弈而言这一性质是能够满足的。

暂时把这些疑问放在一边，下面我们引入在本节大部分地方都要用到的连续时间混合策略空间。给定纯策略是停止发生的时间，我们自然地把混合策略看做是［0，∞）上的累积概率分布 G_i。换句话说，$G_i(t)$ 就是参与人 i 在时刻 t 或之前停止的概率。（作为累积概率分布，G_i 在［0，1］之间取值，是非减函数且右连续的。[①]）函数 G_i 并不一定是连续的；令

$$\alpha_i(t)=G_i(t)-\lim_{\tau\uparrow t}G_i(\tau)$$

为在时刻 t 产生跳跃的幅度。当 $\alpha_i(t)$ 非零时，参与人 i 恰在时刻 t 以 $\alpha_i(t)$概率停止；这被称为一个概率分布“原子”。如果 G_i 可微，则它的导数 $\mathrm{d}G_i$ 是概率密度函数；参与人 i 在时刻 t 与时刻 $t+\varepsilon$ 之间停止的概率近似为 $\varepsilon\mathrm{d}G_i(t)$。于是，参与人 i 的收益函数是：

$$u_i(G_1,G_2)=\int_0^\infty[L_i(s)(1-G_j(s))\mathrm{d}G_i(s)+F_i(s)(1-G_i(s))\mathrm{d}G_j(s)]+\sum_s\alpha_i(s)\alpha_j(s)B_i(s)$$

也就是说，参与人 i 在时刻 s 停止的概率是 $\mathrm{d}G_i(s)$。如果参与人 j 还没有停止，此时其概率是 $1-G_j(s)$，那么参与人 i 是领导者，得到 $L_i(s)$。等式右边的其他项可得到类似解释。

我们现在探讨两个熟悉的终止博弈：消耗战和抢先进入博弈。[②]

---

① 如果$\lim_{\tau\downarrow t}G(\tau)=G(t)$，函数 $G(\cdot)$ 在 t 处右连续。如果 $G(\cdot)$ 在每个 t 处右连续，则它是右连续的。

② Katz 和 Shapiro（1986）有这两个博弈更多的变形。

4.5.2 消耗战

时间博弈的经典例子是消耗战，最早是由梅纳德·史密斯（Maynard Smith，1974）提出。[①]

平稳消耗战

在平稳消耗战的离散时间模型中，两只动物为获得在任一时期 $t=0，1，\cdots$ 价值为 $v>1$ 的奖品相互拼抢；每期拼抢成本是 1 单位。如果一只动物在时刻 t 停止拼抢，它的对手则无需花费任何拼抢成本就得到奖品，第二个停止时间的选择是毫无意义的。如果每期贴现因子为 δ，那么（对称的）收益函数是：

$$L(\hat{t})=-(1+\delta+\cdots+\delta^{\hat{t}-1})=-(1-\delta^{\hat{t}})/(1-\delta)$$

和

$$F(\hat{t})=-(1+\delta+\cdots+\delta^{\hat{t}-1})+\delta^{\hat{t}}v=L(\hat{t})+\delta^{\hat{t}}v$$

如果两只动物同时停止，我们规定谁都不能获得该奖品，因此，

$$B_1(\hat{t})=B_2(\hat{t})=L(\hat{t})$$

图 4—3 描绘了该博弈连续时间模型中的 $L(\cdot)$ 和 $F(\cdot)$。

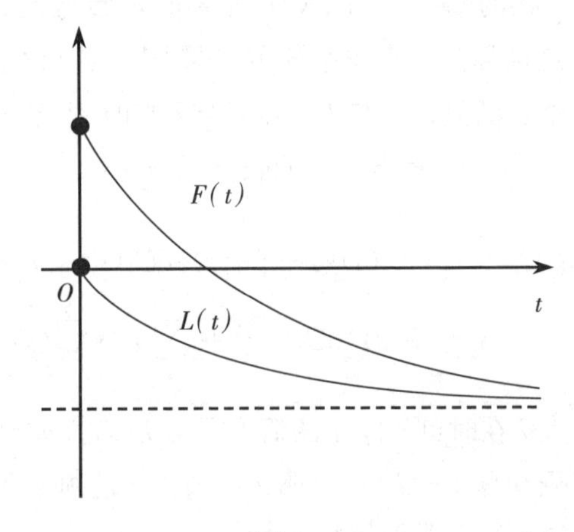

图 4—3

① 消耗战另一个名称是“斗鸡博弈”，经典的斗鸡博弈是用汽车来进行的。在一个版本中，两辆车并排开向悬崖，先停下来的车算输；另一个版本是二辆车相向行驶，第一个打偏车头避免相撞的汽车就算输了。我们不评论这些博弈版本的实验研究。

这个平稳博弈存在多个纳什均衡。参与人 1“永不停止”和参与人 2“永远选择停止”就是一个均衡。这一博弈只有唯一的对称均衡，该均衡是平稳的混合策略：对于任意 p，用“一直 p”表示行为策略：“如果另一个参与人在 t 之前没有停止，那么在 t 以概率 p 停止。”等价的策略式混合策略赋予纯策略“如果到 t 时另一个参与人还不停止就在 t 停止”以概率 $(1-p)^t p$。为了使得平稳对称策略组合（一直 p，一直 p）是一个均衡，就必须对任何时刻 t 使得在对手在 t 之前没有停止的条件下参与人在 t 停止的收益 $L(t)$ 等于

$$p[F(t)]+(1-p)[L(t+1)]$$

即参与人选择直到 $(t+1)$ 期才退出的收益（除非对手在今天退出）。（如果对手在 t 之前退出，那么“在时刻 t 停止”与“在时刻 $t+1$ 停止”得到相同的收益。）利用此等式，可解得 $p^*=1/(1+v)$，其取值范围随着 v 的取值从 0 变化到无穷大而从 1 变为 0。另一个可得到此结论的方法是注意到如果再多等一期，则参与人就可以概率 p 获得 v，而以概率 $1-p$ 损失该期的拼抢成本 1。为使该参与人对多斗争一期与当期就停止之间无差异，就必须有 $pv=1-p$，这样就得到了与 p^* 同样的表达式。

因此，“一直 p^*”是唯一可能的平稳对称均衡。为了验证该策略是否确实是均衡的，只需注意如果参与人 1 使用“一直 p^*”，则在每一个可能停止时刻 t 参与人 2 的收益都是 0。

到此，读者可能会问这个纳什均衡是否是子博弈完美的。如果参与人任何时候都可以自由退出，不需限制在时刻 0 选择停止，他们就不想作出偏离行为吗？答案是否定的，所有的平稳纳什均衡（即不依赖于日历时间的策略所导致的均衡）都是子博弈完美的。（为了弄清楚这一点，注意到收益的平稳性意味着两个参与人都未停止的所有子博弈是同构的。）

对于消耗战博弈，连续时间表述是非常方便的。考虑上例的连续时间情形，这里 δ^t 被换成 $\exp(-rt)$，其中 r 是利率。令 $G_i(t)$ 表示参与人 i 在时刻 t 或之前停止的概率［也就是说，$G_i(\cdot)$ 是累积概率分布函数］。如同离散时间情形一样，存在一个平稳对称均衡 G，满足在任一时刻，参与人对在时刻 t 停止与再多等一会儿到 $t+\varepsilon$ 以看看对手是否先停止之间是无差异的。给定在 t 之前没有发生停止，延长 ε 一阶时间[①]，多等 ε 时间的边际成本就是 ε，而这样做的期望回报是 $v\mathrm{d}G/(1-G)$。令两者相等，可得 $\mathrm{d}G/(1-G)=1/v$，因此 G 是指数分布函数，$G^*(t)=$

---

① 如果 $\lim_{\varepsilon\to 0} f(\varepsilon)/\varepsilon=0$，我们说 $f(\varepsilon)$ 与 ε 是不同阶的。

$1-\exp(-t/v)$。(同离散时间情形一样，为了证实这些是均衡策略，只需注意如果参与人 1 使用 G^*，那么参与人 2 采取任何策略的期望收益都是 0。)

所以，消耗战博弈在我们上面讨论的连续时间策略中确实存在一个对称均衡。此外，我们将会证明，这一均衡是当时期间隔 Δ 趋于 0 时的离散博弈均衡的极限。为了使离散情形与连续情形可比较，我们假设每单位真实时间的拼抢成本为 1。因此，如果在离散时间模型中，每期真实时间长度为 Δ（这样每单位时间有 $1/\Delta$ 期），那么每期的拼抢成本为 Δ。当时间长度改变时，奖品的价值 v 并不需要调整，因为在两种叙述中 v 都被看做存量而不是流量。这样，离散时间均衡策略现在由 $p^* v=(1-p^*)\Delta$ 或 $p^*=\Delta/(\Delta+v)$ 给出。给定一个真实时间 t，令 $n=t/\Delta$ 表示 0 到 t 之间的期数，则在离散时间模型中参与人在 t 之前没有停止的概率是（Δ 充分小）：

$$1-G(t)=(1-p^*)^n=\left(\frac{v}{v+\Delta}\right)^{t/\Delta}=\exp\left[-\frac{t}{\Delta}\ln\left(1+\frac{\Delta}{v}\right)\right]$$

$$\approx\exp\left(-\frac{t}{\Delta}\frac{\Delta}{v}\right)=\exp\left(-\frac{t}{v}\right)$$

所以，当 Δ 趋于 0 时，对称离散时间均衡收敛于对称连续时间均衡。

非平稳消耗战博弈

更一般地，满足下面条件的博弈（离散或连续时间）都被看做消耗战博弈：对于所有的参与人 i 和所有时刻 t，

（ⅰ）$F_i(t)\geqslant F_i(\tau)$，对于 $\tau>t$。

（ⅱ）$F_i(t)\geqslant L_i(\tau)$，对于 $\tau>t$。

（ⅲ）$L_i(t)=B_i(t)$。

（ⅳ）$L_i(0)>L_i(+\infty)$。

（ⅴ）$L_i(+\infty)=F_i(+\infty)$。

条件ⅰ表明，如果参与人 i 的对手准备在从 t 开始的子博弈中先停止，那么参与人 i 更愿意他的对手在时刻 t 立刻停止。条件ⅱ则表明每个参与人 i 相对于在 $\tau>t$ 时自己先选择停止而言，更偏好于其对手在时刻 t 停止。提出这一条件的原因是，如果参与人 j 在时刻 t 停止，则参与人 i 可以一直等到 $\tau>t$，然后在 τ 时刻才退出，从而得到 $L_i(\tau)$ 加上在 t 与 τ 之间节省下的拼抢成本。

条件ⅲ表明当一个参与人停止时，他的对手是停是留并不重要；这个假设简化了离散时间情形的研究，在连续时间情形下，这个条件无关

紧要。条件ⅳ则表明永远拼抢下去是成本高昂的——每个参与人与永远拼抢下去的参与人相比会选择立刻退出。如果参与人贴现他们的收益并且收益是有界的，条件ⅴ则会自动成立。

文献中经常出现满足这些条件和更强假设的两种非平稳消耗战博弈："最终持续"和"最终停止"博弈。（我们在离散时间的框架中叙述这些更强的假设而不讨论连续时间的情形。）在每一种情形中，子博弈完美唯一地确定了均衡行为。

最终持续　满足假设ⅰ～ⅴ和以下的假设条件：

（ⅱ′）对所有的 i 和 t，$F_i(t+1)>L_i(t)$。

（ⅵ）对所有的 i，存在 $T_i>0$ 满足：在 $t<T_i$ 时，$L_i(t)>L_i(+\infty)$，在 $t>T_i$ 时，$L_i(t)<L_i(+\infty)$。

（ⅶ）对所有的 i，存在 $\widetilde{T}_i$ 满足 $L_i(\cdot)$ 在 $\widetilde{T}_i$ 之前是严格递减的，而在 $\widetilde{T}_i$ 之后是严格递增的。

条件ⅱ′表明如果可以成功，那么多拼抢一个时期是值得的，这是条件ⅱ的加强形式。[为说明条件ⅰ和ⅱ′蕴涵着条件ⅱ，注意对 $\tau>t$，$F_i(t)\geqslant F_i(\tau+1)>L_i(\tau)$。] 条件ⅵ表明尽管博弈开始的时候参与人最好选择停止而不要永远拼抢下去，但到后来情况逐渐变化，以致若不考虑过去的沉淀成本，参与人宁愿一直拼抢下去也不愿停止。条件ⅶ表明 $L_i(\cdot)$ 是单峰的。注意到，必然有 $\widetilde{T}_i\geqslant T_i$。在产业组织理论中，条件ⅵ和ⅶ对应着随着时间推移而不断发展的市场成长或技术改进的情况（由于外生原因或干中学的原因）。

最终持续的例子　弗登博格等人（Fudenberg et al.，1983）研究了一个最终持续的例子：两家公司进行专利竞赛，"停止"意味着放弃竞赛。最初，研究的预期生产率是比较低的，因而如果两家企业都从事研发直到其中一家研究出来为止，那么两家企业将获得负的期望利润。然而，有的生产率随着时间而增加，从而存在时刻 T_1 和 T_2，满足如果在 T_i 时两家企业都没有退出，那么对企业 i 而言，永远不退出就是其优势策略。

简单起见，我们讨论专利竞赛的连续时间模型。假设专利的价值是 v。如果企业 i 在时刻 t 之前没有退出，那么在时刻 t 到 $t+\mathrm{d}t$ 他要花费 $c_i\mathrm{d}t$，以 $x_i(t)$ 的概率取得一项发明。因此，这时的瞬间利润流是 $[x_i(t)v-c_i]\mathrm{d}t$。（企业 j 在时刻 t 和 $t+\mathrm{d}t$ 之间有所发明的概率是无穷小量。）假设 $\mathrm{d}x_i/\mathrm{d}t>0$（因为学习能力在不断提高）。

在这个博弈中，

$$L_i(t) = \int_0^t [x_i(\tau)v - c_i]\exp\left(-\int_0^\tau [x_1(s)+x_2(s)]\mathrm{d}s\right) \times \exp(-r\tau)\mathrm{d}\tau$$

其中 r 是利率。在两家企业都坚持竞赛的情况下，没有一家企业在时刻 τ 有所发现的概率是：

$$\exp\left(-\int_0^\tau [x_1(s)+x_2(s)]\mathrm{d}s\right)$$

我们假设研发独占垄断是可行的：

$$0 < \int_0^\infty [x_i(\tau)v - c_i]\exp\left(-\int_0^\tau x_i(s)\mathrm{d}s\right)\exp(-r\tau)\mathrm{d}\tau = F_i(0)$$

假设在时刻 0 双寡头垄断是不可行的：$L_i(\infty)<0$。［回忆 $L_i(\infty)$ 是永远没有一家企业停止研究时贴现到 0 期的收益。］因为 $x_i(\cdot)$ 是递增的，所以如果在 0 时刻独占垄断是可行的，那么从任何 $t>0$ 时刻往后它也是可行的。[①] 因而，对每一个参与人而言，一旦他的对手退出，他继续进行研发直至有所发明便是最优的。于是，追随者的收益是：

$$\begin{aligned}F_i(t) = & \int_0^t [x_i(\tau)v - c_i]\exp\left(-\int_0^\tau [x_1(s)+x_2(s)]\mathrm{d}s\right) \\ & \times \exp(-r\tau)\mathrm{d}\tau + \int_t^\infty [x_i(\tau)v - c_i] \\ & \times \exp\left[-\left(\int_0^\tau x_i(s)\mathrm{d}s + \int_0^t x_j(s)\mathrm{d}s\right)\right] \\ & \times \exp(-r\tau)\mathrm{d}\tau\end{aligned}$$

在连续时间专利竞赛中，领导者和追随者的收益如图 4—4 所示。很明显，只要每期的时间间隔足够小（即当离散时间模型接近连续时间模型时），假设条件ⅰ～ⅴ，ⅱ′，ⅵ和ⅶ在离散时间博弈模型中也是可以得到满足的。

最终持续下的唯一性　条件ⅵ保证了在时刻 T_i 之后参与人 i 永远不会退出：因为在时刻 $t>T_i$ 退出，对于任意 τ，他将得到

$$L_i(t) < L_i(+\infty) = F_i(+\infty) \leqslant F_i(\tau)$$

因此，他通过不退出总能得到更多。因而，在时刻 $t>T_i$ 退出是一个（条件）严格劣策略。现假设条件ⅵ定义的时刻（T_1，T_2）满足 $T_1+1<T_2$。

① 也要注意 $F_i(0)>0$，$x_i(\cdot)$ 递增蕴涵着存在一个时间满足在此时间之后 $x_i(t)v>c_i$，于是 L_i 先减后增，$x_i(\widetilde{T}_i)v=c_i$ 给出了条件ⅶ定义的时刻 $\widetilde{T}_i$。

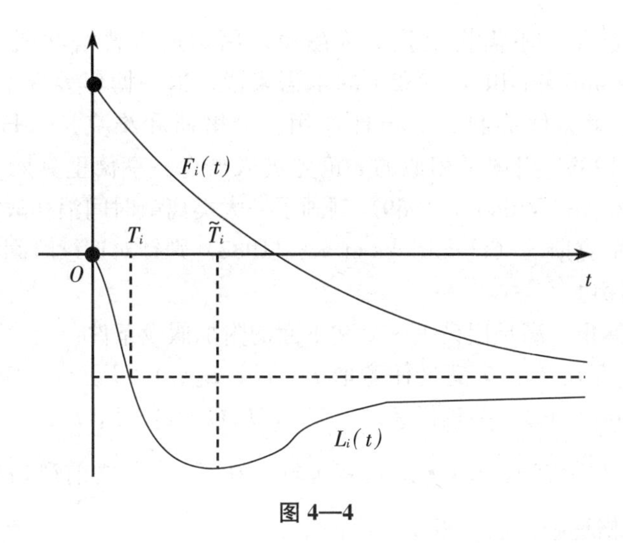

图 4—4

如果时期之间的时间间隔很小，而且参与人的情况也不相同［例如，在专利竞赛中如果 $c_1 \neq c_2$ 或 $x_1(\cdot) \neq x_2(\cdot)$］，那么这一条件（或对称性条件）可能就会被满足。我们断言消耗战博弈存在唯一的均衡，并且在这一均衡中，参与人 2 在时刻 0 就退出（不存在消耗战!）。

唯一性可用逆向递归法证明。在时刻 T_1+1，如果两个参与人仍然在拼抢，参与人 2 知道参与人 1 永远不会退出。因为 $T_1+1<T_2$，

$$L_2(T_1+1) > L_2(+\infty)$$

进一步，因为 $L_2(\cdot)$ 是单峰的（条件ⅶ），对所有 $t>T_1+1$，

$$L_2(T_1+1) > L_2(t)$$

因此，在时刻 T_1+1，退出对参与人 2 而言就是最优的。现在考虑时刻 T_1。因为$F_1(T_1+1)>L_1(T_1)$（条件ⅱ′），参与人 1 不会退出。依照与前面同样的推理，得到对所有 $t>T_1$，$L_2(T_1)>L_2(t)$。因而，如果两个竞争者在 T_1 前一直竞争，那么参与人 2 就会在 T_1 退出。同样，根据与前面一样的推理，在任何时刻 $t<T_1$，参与人 2 都会选择退出而参与人 1 留下。于是，就存在唯一子博弈完美均衡。

在专利竞赛的例子中，T_1+1 可能小于 T_2 的一个原因是企业 1 比企业 2 提前$k \geqslant 2$ 时期进行专利开发。因而，如果两家企业有同样的技术［$x_2(t)=x_1(t-k)$ 且 $c_1=c_2$］，则：

$$T_1 = T_2 - k$$

如果时期很短，那么 $T_1=T_2-2$ 情形对参与人 1 似乎只有很小的优势，

但足以使企业 1 不需拼抢就成为赢家。用达斯古普塔和斯蒂格利茨(Dasgupta and Stiglitz，1982）的术语来说，这一博弈表现了“ε 抢先进入”，这里 ε 优势起着决定性作用。哈里斯和维克斯（Harris and Vickers，1985）发展了相似的 ε 抢先进入概念。亨德里克斯和威尔逊(Hendricks and Wilson，1989）刻画了一大类离散时间消耗战博弈的均衡；亨德里克斯等（Hendricks et al.，1988）则针对连续时间消耗战均衡进行了探讨。

最终停止　满足假设ⅰ～ⅴ和下面的附加假设条件：

（ⅷ）存在 $T_2>0$ 满足任意取 $t<T_2$，$L_2(t)<F_2(t)$；任意取 $t>T_2$，$F_2(t)\leqslant L_2(t)$，并且任意取 $t\leqslant T_2$，$F_1(t+1)>L_1(t)$。

（ⅸ）对所有 i，$L_i(\cdot)$ 具有单峰。在某一 $\widetilde{T}_i$ 之前严格递增，在 $\widetilde{T}_i$ 之后严格递减。进一步 $\widetilde{T}_2\leqslant\widetilde{T}_1$。

假设ⅷ表明在某一时刻 T_2 之后，即使其他参与人都已退出，参与人 2 退出而不是留下的境况会更好。下面的例子说明了这些条件。注意，$\widetilde{T}_2<T_2$ 是必然的。

最终停止的例子　如同最终持续一样，我们在连续时间情形举例和描绘参与人的收益函数。唯一性的证明将在离散时间框架中说明。两家企业在市场上进行双寡头竞争。如果一家退出，另一家就获得独占垄断，假设两家企业只在每期固定成本方面有所不同，$f_1<f_2$。对于任何 t，垄断者的总利润流量是 $\Pi^m(t)$，而双寡头者则是 $\Pi^d(t)$，其中 $\Pi^m(t)>\Pi^d(t)$。需求曲线是向下倾斜的，因而 $\Pi^m(\cdot)$ 和 $\Pi^d(\cdot)$ 是严格递减的。假设存在 $\widetilde{T}_2$ 和 T_2，满足 $0<\widetilde{T}_2<T_2<+\infty$，$\Pi^d(\widetilde{T}_2)=f_2$（作为双寡头竞争者，厂商 2 在时刻 $\widetilde{T}_2$ 不再产生利润）和 $\Pi^m(T_2)=f_2$（厂商 2 在 T_2 之后就无法作为垄断者而存在）。其收益 $F_2(\cdot)$ 和 $L_2(\cdot)$ 如图 4—5 所示（厂商 1 的收益具有相似的形状）。在 T_2 之后，立刻退出对厂商 2 是最优的，因此在连续时间情形下，对于 $t>T_2$，$F_2(t)=L_2(t)$。[在离散时间情形下，如果具有很短的间隔，则 $F_2(t)$ 略小于 $L_2(t)$，因为企业 2 作为追随者，比领导者多等待一期，在该期内企业 2 的收益遭受损失。] 在离散时间情形下，如果时期间隔足够小，这个例子也满足假设ⅰ～ⅴ，ⅷ和ⅸ。

最终停止下的唯一性　首先，我们断言参与人 2 会在任何 $t>T_2$ 的时刻退出博弈。参与人 2 通过退出得到 $L_2(t)$。因为根据条件ⅷ，$L_2(t)\geqslant F_2(t)$，又由条件ⅸ，$L_2(\cdot)$ 严格递减，所以对于任何 $\tau>t$，$L_2(t)>$

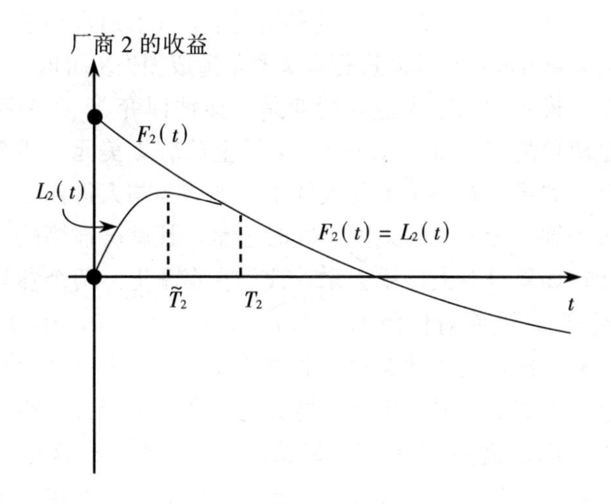

图 4—5

$L_2(\tau) \geqslant F_2(\tau)$。从而，在任何时刻，$t > T_2$ 退出是参与人 2 的严格优势策略。于是，由 $F_1(T_2+1) > L_1(T_2)$ 可以推出参与人 1 在时刻 T_2 会留下。因为 $L_2(T_2) > L_2(T_2+1)$，因而参与人 2 在 T_2 退出。通过递归可知，对任何 $t > \widetilde{T}_2$ 参与人 2 都会在时刻 t 退出。在 $\widetilde{T}_2$ 之前，没有参与人会退出，因为这时 $L_i(\cdot)$ 是递增的。博弈唯一的均衡就是参与人 2 在 $\widetilde{T}_2$ 时先退出，两个参与人的收益是 $F_1(\widetilde{T}_2)$ 和 $L_2(\widetilde{T}_2)$。

格玛沃特和内勒布夫（Ghemawat and Nalebuff，1985），以及弗登博格和梯若尔（Fudenberg and Tirole，1986）给出一些夕阳产业的例子，它们符合最终停止例子。格玛沃特和内勒布夫论证了如果退出是全有或全无的选择，就像我们一直在探讨的简单例子一样，那么一个大企业将在小企业之前变得更加无利可图，从而大企业被迫先行退出。此外，预见到这一最终退出，小企业将留在行业中，逆向递归法意味着一旦市场规模缩小到留在行业里只有亏损时，大企业才会退出。[温斯顿（Whinston，1986）证明如果大企业可以将生产能力分拆为小单位，则这个结论不成立。]

4.5.3　抢先进入博弈

抢先进入博弈与消耗战博弈大致上是相反的，其对某一范围的时点 $\hat{t}$，$L(\hat{t}) > F(\hat{t})$。这里确定同时停止的收益 $B(\cdot)$ 要比在消耗战博弈中显得更重要，因为如果 L 大于 F，我们期望两个参与人选择同时停止。抢先进入博弈的一个例子是当市场规模只能容纳一家企业进行扩张时，是否和何时兴建一个新工厂或采用新的技术改革 [见 Reinganum（1981a，b）；

Fudenberg and Tirole (1985)]。在这种情况下，$B(t)$通常小于$F(t)$，因此让对手获取垄断可能比相互间进行寡头竞争造成损失更可取。

一个非常模式化的抢先进入博弈是“抓钱博弈”。在平稳抓钱博弈中，时间是离散的（$t=0$，1，…），桌子上放着1美元，两个参与人都可伸手去拿。如果只有一个参与人伸手，那该参与人得到1美元而另外一个参与人得到0美元；如果两个同时去拿，钱就会被撕破，每人分别罚款1美元；如果没有人伸手去拿，钱仍在桌子上。两个参与人具有共同的贴现因子δ，因而对任何t，$L(t)=\delta^t$，$F(t)=0$，$B(t)=-\delta^t$。如同消耗战博弈一样，这个博弈存在非对称均衡，其中一个参与人将以概率1赢得桌子上的1美元；但这一博弈也存在对称混合策略均衡，其中每个参与人每期以概率$p^*=1/2$抓钱。[很容易验证这是一个对称均衡；为了证明这是唯一的，注意在时刻t，每个参与人在“停止”——即伸手抓钱——和“永不停止”之间必须是无差异的，这里，某参与人若选择停止，而其他参与人在t之前都没有停止，则得到$\delta^t[(1-p^*(t))-p^*(t)]$，否则就得到0；某参与人若选择永不停止，则只能得到0。两种情形无差异，则其收益相等，故对任何t，$p^*(t)$必须等于1/2。]对称均衡的收益是（0，0），其结果的概率分布是，参与人1单独在t先停止，参与人2单独在t先停止，以及两个参与人同时在t停止的概率都等于$(1/4)^{t+1}$。注意到，这些概率独立于贴现因子δ，因而也独立于每一时期的长度Δ，这与消耗战博弈不同，在消耗战博弈中概率与时期长度成比例。这使得寻找该博弈的连续时间情形更加困难了。

为了理解这些困难，令t表示初始时刻0之后某一固定的“真实时间”，定义当每期真实时间长度为Δ时，时刻0与时刻t之间的时期数为$n(t, \Delta)=t/\Delta$，考察当$\Delta\to 0$时的情形。在t时刻至少一个参与人停止的概率是$1-(1/4)^{n(t,\Delta)}$；当$\Delta\to 0$时，此概率收敛于1。因此，博弈结果的极限均衡分布是，参与人1以概率1/3在时刻0赢得1美元，参与人2以概率1/3在时刻0赢得1美元，两者以概率1/3同时在0时刻抓钱，博弈在0时刻之后继续的概率是0。弗登博格和梯若尔（Fudenberg and Tirole，1985）发现这一极限分布不能用我们至今为止所考虑类型博弈的连续时间策略均衡来表示：如果博弈在0时刻结束的概率是1，那么至少对一个参与人i而言，$G_i(0)$必须等于1；但这样一来，参与人i的对手赢得这一美元的概率为0。问题是不同的离散时间策略组合序列都收敛到博弈以概率1在开始时就停止的极限，这些离散时间策略组合序列限包括“以概率1在时刻0停止”和“以条件概率$p>0$在每一期停止”。一般的连续时间策略都隐含地把连续时间策略中大小为 1 的原子和离散时间中同样大小的原子联系起来，这不能代表离散时间均衡的极限，这里在离散时间中时刻 0 的原子并不是对应恰好在时刻 0 停止的概率 1，而是对应在 0 时刻之后时点的一个“原子区间”。我们提出一种连续时间策略和收益函数的扩展形式来捕捉我们所分析的特定抢先进入博弈的离散时间均衡极限。西蒙（Simon，1988）给出了一种相关的更一般性方法，把它应用到了更广一类的博弈。

作为抢先进入博弈的另一个例子，假设 $L(t)=14-(t-7)^2$，$F(t)=0$，$B(t)<0$。这些收益意味着两个企业都可推出一种新产品的情形。这种产品对它们已有的业务没有影响，这就是为什么 $F(t)=0$。固定成本和进攻性双寡头定价意味着，如果两家企业都开发这种产品就会给双方带来损失。所以，一旦一家企业已推出该产品，另一家企业永远不会做同样的事情。而只有当两家同时推出新品时才会出现两家企业共同竞争的产品市场。

为了避免再去考虑这种错误性选择的可能性以及与之相关的混合策略，我们依照吉尔伯特和哈里斯（Gilbert and Harris，1984）以及哈里斯和维克斯（Harris and Vickers，1989）的思路，作出如下简化假设：参与人 1 只能在偶数时间（$t=0$，2，…）停止，参与人 2 只能在奇数时间（$t=1$，3，…）停止，以致博弈是完美信息的。对参与人而言，存在三个帕累托有效的结果：参与人 1 在 $t=6$ 或 $t=8$ 停止，或参与人 2 在 $t=7$ 停止，具有两个帕累托有效收益（13，0）和（0，14）。在唯一的子博弈完美均衡中，企业 1 在 $t=4$ 停止，它为最早满足 $L(t)>F(t)$ 的值。这是一个“租金耗散”的例子：尽管推迟引入新产品可能有租金存在，但在均衡里争夺第一的竞赛使得在租金第一次出现非负时该产品就被引入。

4.6　重复剔除条件优势与鲁宾斯坦恩-斯塔尔议价博弈†††

前面两节列举了一些具有唯一均衡的无限期博弈的例子。在那里，对均衡唯一性的论证可以进一步加强，因为这些博弈具有满足比子博弈完美更弱概念的唯一策略组合。

定义 4.2　在多阶段可观察行动博弈中，如果在以 h^t 开始的子博弈中，给 a_i^t 赋予正概率的每个参与人 i 的策略都是严格劣势的，那么行动 a_i^t 是在阶段 t 给定历史 h^t 下条件劣势的。重复剔除条件优势是这样一个过程：在每一回合中，给定竞争对手在上一回合已到达的策略，把每一个子博弈的所有条件劣势行动都剔除掉。

很容易验证，在具有完美信息的有限博弈中，重复剔除的条件优势与子博弈完美是一致的。在这些博弈里，它与皮尔斯（Pearce，1984）的扩展式可理性化也是一致的。在一般的多阶段博弈中，任何被重复剔除条件优势所排除的行动也会被扩展式可理性化所排除，但这两个概念的准确关系仍不能完全明确。

在一个不完美信息博弈中，重复剔除条件优势可能比子博弈完美更弱，因为它并不假设参与人预见一个均衡将在每个子博弈中会达到。为了说明这一点，考虑一个单阶段同时行动博弈。此时，重复剔除条件优势与重复剔除严格优势是一致的，子博弈完美与纳什均衡相一致，重复剔除严格优势一般弱于纳什均衡。

定理 4.3 在有限或无限期的完美信息博弈中，没有任何完美子博弈策略组合会被重复剔除条件优势排除。

证明 （略）。

重复剔除条件优势在一些博弈中是很弱的。例如，在一个贴现因子接近 1 的重复博弈中，没有任何行动是条件劣势的。（如果采取这一行动会使对手在未来的博弈中合作，而不采取这一行动则会引起对手采取你不喜欢的行动，那么采取这一固定的行动总是值得的。）然而，在当采取某些行动时博弈就会终止的博弈里，重复剔除条件优势会遇到更多的问题，因为如果一个参与人的当期行动终止了博弈，那么他的对手就不能在未来“惩罚”他。一个这样的例子就是 4.4 节议价模型的无限期模型。

我们来看一下重复剔除条件优势是如何给出唯一解的。首先，注意到一个参与人永远不会接受给予他负份额的出价：接受这样一个出价是严格劣于策略“拒绝包括该出价在内的任何出价，并且只提出那些只要被接受时就可得到正份额的出价”。其次，在任何参与人 2 出价的子博弈中，如果提供给参与人 1 的份额 x 超过 δ_1，则对参与人 1 而言，拒绝是条件劣势的。同样地，参与人 2 必须接受任何 $x<1-\delta_2$ 的出价。这些是所有在重复剔除的第一回合博弈中被排除的行动。在第二回合，我们可得出：

（ⅰ）参与人 2 将永不会提出参与人 1 多于 δ_1 的份额。

（ⅱ）参与人 2 将拒绝任何 $x>1-\delta_2(1-\delta_1)$，因为他通过等到下一期能得到$\delta_2(1-\delta_1)$。

（ⅲ）参与人 1 永远不会提供 $x<1-\delta_2$ 的出价。

（ⅳ）参与人 1 拒绝所有 $x<\delta_1(1-\delta_2)$。

如此连续进行下去，设想经过 k 轮条件劣势策略剔除之后，我们就可以得出结论：参与人 1 接受所有 $x>x^k$ 的出价，参与人 2 接受所有 $x<y^k$的出价，其中$x^k>y^k$。那么，再经过一回合之后，我们可以得到：

（ⅰ）参与人 2 永远不会出价 $x>x^k$。

（ⅱ）参与人 2 拒绝所有 $x>1-\delta_2(1-x^k)$。

（ⅲ）参与人 1 永远不会出价 $x<y^k$。

（ⅳ）参与人 1 拒绝所有 $x<\delta_1 y^k$。

在下一轮的重复剔除中，我们断言参与人 1 必须接受所有 $x>x^{k+1}\equiv\delta_1(1-\delta_2)+\delta_1\delta_2 x^k$，参与人 2 接受所有 $x<y^{k+1}=1-\delta_2+\delta_1\delta_2 y^k$，其中 $x^{k+1}>y^{k+1}$。我们针对参与人 1 来验证这些结论：如果在某一子博弈中参与人 1 拒绝参与人 2 的出价，有三种情形可能发生，或者（a）从未达成协议，因而收益是 0；或者（b）参与人 2 接受参与人 1 的出价，其当期价值最多为 $\delta_1(1-\delta_2(1-x^k))$［因为这最早只能发生在下一期，参与人 2 拒绝超过（$1-\delta_2(1-x^k)$）的出价］，或者（c）参与人 1 接受参与人 2 的一个出价，其当期价值最多是 $\delta_1^2 x^k$。简单的代数运算表明，对所有的贴现因子 δ_1，δ_2，（b）情形下的收益是最大的，因而参与人 1 接受所有 $x>\delta_1(1-\delta_2)+\delta_1\delta_2 x^k$。

x^k 和 y^k 是单调的序列，具有极限 $x^\infty=\delta_1(1-\delta_2)/(1-\delta_1\delta_2)$ 和 $y^\infty=(1-\delta_2)/(1-\delta_1\delta_2)$。重复剔除条件优势表明，参与人 2 将拒绝所有$x>1-\delta_2(1-x^\infty)=y^\infty$，接受所有 $x<y^\infty$的出价，因此唯一的均衡结果是参与人 1 的出价恰为 y^∞，同时参与人 2 接受。（不存在参与人 2 以正概率拒绝 y^∞的均衡策略组合，因为这样一来参与人 1 就想出价恰好低于 y^∞，结果参与人 1 就不存在优势策略。）

4.7　开环和闭环均衡††

4.7.1　定义

术语“闭环”和“开环”是用来区别多阶段博弈中的两种不同的信息结构。我们的多阶段可观察行动博弈的定义对应着一种闭环信息结构，其中参与人在时刻 t 可以根据直到 t 时刻行动的历史来选择自己的行动。在最优控制的文献术语中，相应的策略称为闭环策略，或称为反馈策略，而开环策略只是日历时间的函数。

确定什么是应该考虑的正确策略与确定博弈的信息结构是一致的。首先假设所有参与人除了自己的行动和时间之外，观察不到任何历史行为，或者假设在博弈一开始，他们必须选择只依赖于日历时间的行动路径。（从扩展式的角度而言，这两种情形是等价的，因为信息集的作用是描述参与人在选择行动时具有的信息。）在这种情况下，所有的策略都是开环的，所有的纳什均衡（此时和完美均衡一致）是基于开环策略的。开环策略均衡被称为开环均衡。（例如“古诺”和“斯塔克伯格”均衡，这并不是一个新的均衡概念，只是描述一类特定博弈均衡的方式。）

若参与人除了日历时间，还有其他变量可作为选择其行动策略的依据，他们可能偏好不使用开环策略，从而能更灵活地应对自然的外生选择、对手的混合策略及对手可能对均衡策略的偏离之类的情形。也就是说，他们可能更偏好使用闭环策略。当闭环策略可行时，子博弈完美均衡一般而言就不是开环均衡，因为子博弈完美要求参与人对随机变量的实现和意料之外的偏离都作出最优的反应。特别地，要使开环策略满足这一条件，就要求无论对手过去是否有偏离行为，选择同样的行动是最优的。“闭环均衡”术语通常意味着这一博弈的子博弈完美均衡，博弈里参与人在每一期末可以观察到对手所采取的行动并且对之作出反应。当然，具有这类信息结构的博弈会有非完美的纳什均衡。特别地，如果博弈是确定的（没有自然的选择行动）且参与人的可行行为空间只依赖于时间，纯策略开环均衡是一个具有闭环信息结构博弈的纳什均衡；然而它通常不是完美均衡。

通常，一种给定情形的开环均衡相对于其闭环均衡更容易刻画，部分是因为闭环策略空间太大。在经济分析中人们使用开环均衡的一种解释也是它的这种可处理性。对开环均衡感兴趣的第二个原因（将在下一小节讨论），是因为它为论证闭环信息结构的策略激励（即改变当前的行动从而去影响对手将来行动的激励）的效果提供了一个有用的基准。第三个原因（将在 4.7.3 小节讨论）是，如果博弈中有许多“小”参与人，开环均衡可能是闭环均衡的一个良好的近似。从直观上讲，如果参与人很小，对手的一个意料之外的偏离对他的最优行动几乎没有影响。

4.7.2　一个两期博弈的例子

开环均衡作为度量策略效果的基准可以用具有连续行动空间的博弈来说明。考虑一个两人两阶段博弈，在第一阶段参与人 $i=1$，2 同时选择行动 $a_i \in A_i$，在第二阶段他们同时选择行动 $b_i \in B_i$，这里所有的行动可行集都是实数轴上的区间。假设收益函数 u_i 是可微分的，并对每个参与人自己的行动是凹的。

一个开环均衡是一个时间路径（a^*，b^*），满足对于 $i=1$，2，

$$a^* \text{ 最大化 } u_i((a_i, a_{-i}^*), b^*)$$

和

$$b^* \text{ 最大化 } u_i(a^*, (b_i, b_{-i}^*))$$

因为收益函数是凹的，内点解必然满足一阶条件：

$$\frac{\partial u_i}{\partial a_i} = 0 = \frac{\partial u_i}{\partial b_i} \tag{4.1}$$

在一个闭环均衡中（假设其存在），任何第一阶段行动 a 之后的第二阶段行动 $b^*(a)$ 必须是第二阶段博弈的纳什均衡。这就是说，对每一个 $a=(a_1, a_2)$，$b_i^*(a)$ 最大化 $u_i(a, b_i, b_{-i}^*(a))$。而且，当选择第一阶段行动时，参与人认识到第二阶段的行动会通过函数 b^* 依赖于第一阶段的行动。所以，最优（内点）的 a_i［假设$b^*(\cdot)$ 可微分］的一阶条件是：

$$\frac{\partial u_i}{\partial a_i} + \frac{\partial u_i}{\partial b_{-i}} \frac{\partial b_{-i}^*}{\partial a_i} = 0 \tag{4.2}$$

与相应的开环方程（4.1）相比，这里方程多出了一项，对应着参与人 i 改变 a_i 来影响 b_{-i} 的"策略激励"。（根据包络定理，诱致的第二阶段行动变化所引起的参与人 i 的效用变化是 0。）例如，如果参与人 i 希望减少 b_{-i}，在开环均衡 a^* 处 $\partial b_{-i}^* / \partial a_i$ 是负的，那么参与人 i 的"策略激励"，至少局部地，就是增加 a_i 使其超过 a_i^*。

为了使这些结果更加具体，假设行动是产出水平，如同在古诺竞争中一样，存在"干中学"，从而厂商第二阶段的边际成本是它第一阶段产出的减函数。于是，第二阶段均衡 $b^*(a)$ 就简单地是给定第一阶段成本的古诺均衡。由于厂商古诺均衡产出水平是其对手边际成本的增函数（至少在第 1 章讨论的稳定性条件得到满足的情况下是如此），又因为增加 a_i 将降低厂商 i 第二阶段的成本，所以 $\partial b_{-i}^* / \partial a_i$ 是负的。最后，

在古诺竞争模型中每个厂商都希望其对手的产量降低。这样本例中的策略激励就会使厂商偏向于超过其在开环均衡中对学习的额外投资。

作为这一点的最后注释，注意到如果第二期均衡行动是第一期行动的增函数，厂商偏好其对手第二期产出水平低一点，那么策略激励就会倾向于减少首期行动而使之低于开环均衡水平。同时还注意到，通过改变 $\partial u_i/\partial b_{-i}$的符号，我们可以得到两个类似情形。①

4.7.3 多人博弈的开环和闭环均衡†††

我们在前面提到过使用开环均衡的一个原因是如果在博弈中存在大量小参与人，它们可能近似于闭环均衡。我们现在较详细地说明一下此类情形。首先，考虑参与人都是无穷微小的极限情形。也就是说，假设博弈中每个参与人类型的人数都是无原子的连续统——由第一类参与人组成的连续统，由第二类参与人组成的连续统，依此类推。（为了具体些，设参与人集合是具有 Lebesgue 测度的单位区间。）进一步假设参与人 i 的收益独立于任一组测度为 0 的对手的行动。因而，如果一个参与人 j 发生偏离现象，而所有 $k\neq i$，j 的参与人都忽略 j 的偏离，则很明显参与人 i 的最优行动是也忽略 j 的偏离。所以，一个开环均衡的结果是子博弈完美的。②

然而，即使在这种无原子模型中，也存在每个参与人都对某一个参与人的一个偏离作出反应的均衡，因为这个偏离使博弈从一个连续统均衡转到了另一个连续统均衡。这在图 4—2 所示两阶段博弈的连续统参与人版本中最容易看出。假设每一个参与人 1 采取策略 s_1 所获得的收益是对应于具有连续统的参与人 2 可能策略分布的平均收益：

$$u_1=\sum_{s_2}p(s_2)u_1(s_1,s_2)$$

其中 $p(s_2)$ 是使用策略 s_2 的参与人 2 的比例；类似地，参与人 2 的收益也可以定义为对应于参与人 1 的可能策略 s_1 的分布下的平均收益。如果没有参与人能观察到任何一个对手的行动，那么每一参与人第二阶段的收益独立于他第一阶段的行动，第一阶段的有效收益（5，5）不会出现在均衡中。然而，如果参与人能观察到每一个对手的行动，那么第

① 布洛、吉纳科普洛斯和克莱姆帕若尔（Bulow，Geanakoplos，Klemperer，1985）以及弗登博格和梯若尔（Fudenberg and Tirole，1984，1985）沿着这一思路研究了税收经济并将其应用于产业组织里的各种问题。

② 开环策略组合不是精炼的，因其无视具有正测度参与者的偏离。

一阶段的收益（5，5）可以用该博弈的两人模型中的同样策略来实现。

在本例中实现收益（5，5）的关键是所有参与人都对单个对手的偏离作出应对措施，尽管偏离并不直接影响他们的收益。经济学家经常要求参与人不能观察零测度集参与人的行动来排除这种“原子”的或“不规则”的均衡。① 然而，这种原子均衡并不是连续统参与人模型的病态情况。弗登博格和莱维（Fudenberg and Levine，1988）给出了一个两期有限参与人模型系列的例子，每一个博弈有一个开环均衡和两个闭环均衡，且对任何有限个参与人，每一个第二期子博弈都有唯一的均衡存在。当参与人的数目增加至无穷的时候，其中一个闭环均衡与开环均衡有着同样的极限路径，而另一个闭环均衡则收敛于极限博弈的一个原子均衡。为了得到在具有较大的有限数参与人的 T 期博弈中开环均衡和闭环均衡相互接近这一直观的结论，需要有关收益函数的前 $T+1$ 阶偏导数的（强）条件。

小参与人的行动应忽略的直觉对应于这样一种具有连续统参与人的博弈，它是具有干扰项的有限人数博弈的极限形式，而这种干扰项足够大以至可以掩盖任何单独一个参与人的行动，但随着人数逐渐增多至无穷，干扰逐渐消失以致极限博弈变为确定的。但我们没有看到这一思路的正式结果。

4.8　有限期和无限期均衡（技术性）††

因为在无穷远处连续（见4.2节）意味着在时刻 t（t 相当大）之后的事件几乎没有影响，我们可以期望在这一条件下，同一博弈的有限期模型的均衡集和无限期模型的均衡集是紧密相关的。事实确实如此，但并不是所有的无限期均衡都是对应的有限期博弈均衡的极限。（也就是说，在过渡到无限期极限时通常会有下半连续性的失效。）在图4—1所示的重复囚徒困境博弈中，我们已经见到关于这点的一个例子。

拉德纳（Radner，1980）观察到，如果放松参与人严格最大化其收益的假设，合作均衡就可以是有限期博弈（带有时间平均，即 $\delta=1$）中的均衡。

定义 4.3　如果对所有的参与人 i 和策略 σ_i，

① 最新的例子见 Gul，Sonnenschein and Wilson（1986）。

$$u_i(\sigma_i^*, \sigma_{-i}^*) \geqslant u_i(\sigma_i, \sigma_{-i}^*) - \varepsilon$$

称策略组合 σ^* 是一个 ε 纳什均衡（ε-Nash equilibrium）。如果没有参与人能在任何子博弈中通过偏离获利超过 ε，则一个策略组合是 ε 完美均衡。

在我们看来，ε 均衡的概念最好可被视为将有限期结构和无限期结构联系起来的一种有用的工具。虽然它有时被提出作为有限理性行为的一种描述，但它的理性要求非常接近于纳什均衡的要求。例如，参与人必须对其对手的策略树立正确的信念，必须能正确算出每一行动的期望收益；由于某些不很明确的原因，他们可能自愿放弃 ε 的利益。[①]（然而，ε 最优性可能是某种有限理性措施能够存在的必要条件。）

当效用函数在无穷远处连续时，利用拉德纳的 ε 均衡可以使得有限期界平稳地过渡到无限期界。弗登博格和莱维（Fudenberg and Levine，1983）曾说明了这一点，以一个无限期博弈 G^∞ 开始，然后它被一系列 T 期截断博弈 G^T 所近似，而 G^T 又是通过选择 G^∞ 一个任意策略 $\tilde{s}$，并规定 T 期后按 $\tilde{s}$ 行动来构造得到。（在一个重复博弈中，最自然的截断博弈是这样一些类型的博弈，即策略 $\tilde{s}$ 规定不管历史行为如何每一期都使用同样的策略；这些截断对应于博弈的有限重复版本。在更一般的多阶段博弈中，这种不变策略可能是不可行的。）博弈 G^T 的策略 s^T 规定了到 T 为止的各期（包括 T）行动，而在剩余时期里依照策略 $\tilde{s}$ 行动。有点滥用符号之嫌，我们用同样的记号 s^T 表示截断博弈 G^T 的策略，也表示其对应的 G^∞ 策略。当我们提到截断博弈策略收敛时，我们将把它们看做是博弈 G^∞ 中的元素。给定这些约定，从 G^∞ 的收益函数就可以一种明显方式诱导出 G^T 的收益函数。

为了用 G^T 中策略组合极限的形式来刻画 G^∞ 中的均衡，我们必须确定 G^∞ 策略空间的一个拓扑结构。回忆一下，博弈 G^∞ 中参与人 i 的一个行为策略 σ_i 是一个序列 $\sigma^i(\cdot \mid h^0)$，$\sigma_i(\cdot \mid h^1)$，…。弗登博格和莱维使用一个复杂的度量来把这些序列拓扑化。[②] 在一些每期只有有限数目

① 作为描述性的模型，这个概念的另一困难是尽管相对总效用较小，但它可能相对每期效用而言很大，这样，例如，在有限重复囚徒困境博弈的最后一期中合作就会在该期产生相当大的成本，尽管这一成本总体来看是微不足道的。

② 哈里斯（Harris，1985）表明，弗登博格和莱维使用的复杂度量可用一个简单度量代替，该度量给定两个策略组合的距离是 $1/k$，这里 k 是满足 $t \leqslant k$ 每个时期对每个历史 h^t 两种策略都给出完全一致的行动的最大数。这一拓扑使哈里斯可以去掉弗登博格和莱维要求的两个连续性条件。（他们要求收益作为无穷历史 h^∞ 的函数在乘积拓扑中连续，这意味着在每一期实现的行动连续。）鲍格斯（Borgers，1989）表明，无限期界纯策略均衡的结果与有限期界纯策略 ε 均衡结果的极限（在乘积拓扑中）重合。

的可行行动的博弈（“有限行动博弈”）中，其拓扑简化成乘积拓扑（也被称为点态收敛拓扑），从而可以更容易地进行探讨。①

定理 4.4（Fudenberg and Levine，1983）　对一个无限期界的有限行动博弈 G^{∞}，其收益函数在无穷远处连续，那么

（ⅰ）σ^* 是 G^{∞} 的子博弈完美均衡，当且仅当它是一系列截断博弈 G^T 的 ε_T 完美均衡策略组 σ^T 系列的极限（以乘积拓扑），其中 $\varepsilon_T \to 0$。同时，

（ⅱ）G^{∞} 的子博弈完美均衡集是非空的、紧的。

评注　为了获得对这一定理的某些直觉，考虑图 4—1 所示囚徒困境博弈的有限期界近似的情况，其中 $\delta > 1/2$，要求参与人在 T 期之后一直选择背叛来截断博弈。尽管“一直背叛”是这些有限博弈的唯一子博弈完美均衡，但选择合作在 ε 完美均衡里出现：如果对手的策略是一直合作直到有背叛出现，且此后一直背叛，那么最好的应对就是合作到最后一期 T，然后在 T 期背叛，这样平均收益是：

$$1 + \frac{\delta^T(1-\delta)}{1-\delta^{T+1}}$$

每期合作可得的收益为 1，这一策略和最优策略之间的差距在当 $T \to \infty$ 时趋于 0。更一般地，在无穷远处连续意味着在相当遥远的期界即使不采取最优化，参与人的损失也是非常小的（用事前收益衡量）。

证明　首先注意到在乘积拓扑中，如果 $\sigma^n \to \sigma$，那么在 h^t 开始的子博弈中，策略 σ^n 的后续收益 $u(\sigma^n \mid h^t)$ 收敛于策略 σ 的收益 $u(\sigma \mid h^t)$。为了证明这一点，记得对于所有的 t，h^t 和 a_i^t，$\sigma^n \to \sigma$ 意味着：

$$\sigma^n(a_i^t \mid h^t) \to \sigma(a_i^t \mid h^t)$$

因此，在给定 h^t 的条件下，在 t 期使用行动 a^t 及在 $t+1$ 期使用行动 a^{t+1} 的概率是：

$$\sigma^n(a^t \mid h^t)\sigma^n(a^{t+1} \mid h^t, a^t) \to \sigma(a^t \mid h^t)\sigma(a^{t+1} \mid h^t, a^t)$$

及在时刻 $\tau > t$ 上博弈结果的分布点态收敛于由 σ 产生的分布。所以，对任意 $\varepsilon > 0$ 和 T，存在一个 N 满足当 $n > N$ 时，在给定 h^t 条件下由 σ^n 生成的从时刻 t 到时刻 $t+T$ 行动的分布，与 σ 生成的分布相差不超过 ε。因为对相当大的 T，$t+T$ 期之后的结果已经并不重要，策略 σ^n 的后续

① 一个序列 σ^n 在乘积拓扑中（或点态收敛拓扑中）收敛于 σ，当且仅当对所有 i，所有 h^t 和所有 $a_i^t \in A_i(h^t)$ 都有 $\sigma_i^n(a_i^t \mid h^t) \to \sigma_i^n(a_i^t \mid h^t)$ 成立，其中 $\sigma^n(a \mid h^t) \to \sigma(a \mid h^t)$。

收益也就收敛于σ的后续收益。[①]

为证明（ⅰ），注意到在无穷远处连续是说存在序列$\eta_T \to 0$满足对每一参与人而言，时刻T之后所发生的事件其影响都不超过η_T。如果σ是G^∞的子博弈完美均衡，则σ到G^T的映射σ^T必然是G^T的$2\eta_T$完美均衡：对于任意i，h^t和$\tilde{\sigma}_i$，

$$u_i(\sigma_i, \sigma_{-i} \mid h^t) \geqslant u_i(\tilde{\sigma}_i, \sigma_{-i} \mid h^t)$$

所以，根据无穷远处连续的条件，有：

$$u_i(\sigma_i^T, \sigma_{-i}^T \mid h^t) + \eta_T \geqslant u_i(\tilde{\sigma}_i^T, \sigma_{-i}^T \mid h^t) - \eta_T$$

因此，σ是G^T的$2\eta_T$完美均衡的极限。

反过来，设$\sigma^T \to \sigma$是一个G^T的ε_T完美均衡系列，其中$\varepsilon^T \to 0$。在无穷远处连续意味着每个σ^T都是一个G^∞的（$\eta_T + \varepsilon_T$）完美均衡。如果σ不是子博弈完美的，则必定存在时间t和历史h^t，使得某一参与人i能通过使用$\hat{\sigma}_i$而不是用σ_i来响应σ_{-i}，从而至少获得收益$2\varepsilon > 0$。但因为$\sigma^T \to \sigma$及收益在无穷远处连续，所以当T充分大时，参与人i能通过用$\hat{\sigma}_i$而不是σ_i^T来应对σ_{-i}^T至少获得好处ε，这与$\varepsilon_T \to 0$相矛盾。

为了证明（ⅱ），首先注意到对固定的$\bar{s}$，每个G^T都是一个有限多阶段博弈，因而有子博弈完美均衡σ^T（见第8章）。因为无限期界的策略空间是紧的（这是 Tychonov 定理[②]），所以序列σ^T存在一个聚点；由（ⅰ）可知这一聚点是G^∞的一个完美均衡。因为收益函数是连续的，因而标准的论证表明子博弈完美均衡集是闭的，紧集的闭子集也是紧的。 ■

拉德纳从时间平均的角度考察了重复囚徒困境博弈，观察到“双方合作”是有限重复博弈的ε完美均衡结果，其中随着重复期数趋于无穷，有$\varepsilon \to 0$。拉德纳通过时间平均的方法所得到的这一结果有些误导性，因为一般来说，时间平均的博弈不好表现：存在有限重复随机博弈

① 使用时间平均时，收益在乘积拓扑中不连续，因为它们在无穷远处不连续。考虑只有一个参与者的博弈，他每期可行行动是0或1，他每期的收益等于他的行动。由$\sigma^n(0 \mid h^t) = 1$ $(t < n)$和$\sigma^n(1 \mid h^t) = 1 (t \geqslant n)$给出的策略序列$\sigma^n$收敛于$\sigma(0 \mid h^t) = 1$。贴现收益也收敛于0，但经过时间平均后，每个策略$\sigma^n$的收益是1。

② 见 Munkres（1975）。

的准确均衡收益，但这一收益甚至不是无限重复版本中的 ε 均衡收益。[1]

参考文献

Admati，A.，and M. Perry. 1988. Joint projects without commitment. Mimeo.

Aumann，R. 1964. Mixed vs. behavior strategies in infinite extensive games. *Annals of Mathematics Studies* 52：627－630.

Binmore，K. 1981. Nash bargaining theory 1－3. London School of Economics Discussion Paper.

Binmore，K.，A. Rubinstein，and A. Wolinsky. 1986. The Nash bargaining solution in economic modeling. *Rand Journal of Economics* 17：176－188.

Bolton，P.，and M. Whinston. 1989. Incomplete contracts，vertical integration，and supply assurance. Mimeo，Harvard University.

Borgers，T. 1989. Perfect equilibrium histories of finite and infinite horizon games. *Journal of Economic Theory* 47：218－227.

Bulow，J.，J. Geanakoplos，and P. Klemperer. 1985. Multimarket oligopoly：Strategic substitutes and complements. *Journal of Political Economy* 93：488－511.

---

[1] 这里是一个单人博弈，其中（唯一的）无限期界均衡收益小于有限期界均衡收益的极限。参与人必须决定何时砍倒一棵树。这棵树每期长一个单位，在初始时刻 0 其长度为 0，如果树在 t 期开始时被砍倒，参与人在 t 时刻之前每期收到收益流为 0，从 t 期到 $2t-1$ 期每期为 1，再往后又为 0，若参与者用 δ 来贴现收入流，则在无限期界博弈中，参与人的策略是选择 t^* 时砍树以最大化 $\delta^t(1+\delta+\cdots+\delta^{t-1})=\delta^t(1-\delta^t)/(1-\delta)$，$t^*$ 将是使 δ^{t^*} 尽可能接近 1/2 的值。注意到 t^* 独立于（有限或无限）期界，只要期界足够长。

然而，如果参与者的效用是平均收益，在有限期界 T 的最优策略是，在第一个 $t\geqslant T/2$ 时砍树，得到的平均收益趋近于 1/2。于是在无限期界问题中就没有办法得到一个严格正的收益。这里的问题是有限期界的策略序列“在 $T/2$ 砍树”（在乘积拓扑中）收敛于极限策略“永远不砍”，但这一极限策略的收益并不等于对应收益的极限。因而收益不是策略的连续函数。瑟林（Sorin，1986）分析了由有限到无限期极限可能出现差异的另外一种方式。在他的例子中，有限期界均衡包括一个参与人使用一种行为策略，这种策略指定概率大约 t/T 给一个可以使博弈进入吸收态的行动。因而，期界 T 增加时，以接近 1 的概率到达这一状态。这些策略再次有指定每期停止（到达吸收态）概率为 0 的极限，且事实上无限期界博弈的均衡收益不包括有限期界均衡收益的极限。莱勒和瑟林（Lehrer and Sorin，1989）给出了有时间平均的单人博弈中，从有限过渡到无限期界权限时行为良好的条件。

Dasgupta, P., and J. Stiglitz. 1980. Uncertainty, industrial structure, and the speed of R&D. *Bell Journal of Economics* 11: 1-28.

Fudenberg, D., R. Gilbert, J. Stiglitz, and J. Tirole. 1983. Preemption, leapfrogging, and competition in patent races. *European Economic Review* 22: 3-31.

Fudenberg, D., and D. Levine. 1983. Subgame-perfect equilibria of finite and infinite horizon games. *Journal of Economic Theory* 31: 227-256.

Fudenberg, D., and D. Levine. 1988. Open-loop and closed-loop equilibria in dynamic games with many players. *Journal of Economic Theory* 44: 1-18.

Fudenberg, D., and J. Tirole. 1984. The fat cat effect, the puppy dog ploy and the lean and hungry look. *American Economic Review, Papers and Proceedings* 74: 361-368.

Fudenberg, D., and J. Tirole. 1985. Preemption and rent equalization in the adoption of new technology. *Review of Economic Studies* 52: 383-402.

Fudenberg, D., and J. Tirole, 1986. *Dynamic Models of Oligopoly*. Harwood.

Ghemawat, P., and B. Nalebuff. 1985. Exit. *Rand Journal of Economics* 16: 184-194.

Gilbert, R., and R. Harris. 1984. Competition with lumpy investment. *Rand Journal of Economics* 15: 197-212.

Gul. F., H. Sonnenschein, and R. Wilson. 1986. Foundations of dynamic monopoly and the Coase conjecture. *Journal of Economic Theory* 39: 155-190.

Harris, C. 1985. A characterization of the perfect equilibria of infinite horizon games. *Journal of Economic Theory* 37: 99-127.

Harris, C., and C. Vickers. 1985. Perfect equilibrium in a model of a race. *Review of Economic Studies* 52: 193-209.

Hendricks, K., A. Weiss, and C. Wilson. 1988. The war of attrition in continuous time with complete information. *International Economic Review* 29: 663-680.

Hendricks, K., and C. Wilson. 1989. The war of attrition in discrete time. Mimeo, State University of New York, Stony Brook.

Herrero, M. 1985. A strategic bargaining approach to market institutions. Ph. D. thesis, London School of Economics.

Katz, M. , and C. Shapiro. 1986. How to license intangible property. *Quarterly Journal of Economics* 101: 567 - 589.

Kuhn, H. 1953. Extensive games and the problem of information. *Annals of Mathematics Studies* 28. Princeton University Press.

Lehrer, E. , and S. Sorin. 1989. A uniform Tauberian theorem in dynamic programming. Mimeo.

Maynard Smith, J. 1974. The theory of games and evolution in animal conflicts. *Journal of Theoretical Biology* 47: 209 - 221.

Moulin, H. 1986. *Game Theory for the Social Sciences*. New York University Press.

Munkres, I. 1975. *Topology: A First Course*. Prentice-Hall.

Pearce, D. 1984. Rationalizable strategic behavior and the problem of perfection. *Econometrica* 52: 1029 - 1050.

Radner, R. 1980. Collusive behavior in non-cooperative epsilon equilibria of oligopolies with long but finite lives. *Journal of Economic Theory* 22: 121 - 157.

Reinganum, J. 1981a. On the diffusion of a new technology: A game-theoretic approach. *Review of Economic Studies* 48: 395 - 405.

Reinganum, J. 1981b. Market structure and the diffusion of new technology. *Bell Journal of Economics* 12: 618 - 624.

Rubinstein, A. 1982. Perfect equilibrium in a bargaining model. *Econometrica* 50: 97 - 110.

Shaked, A. , and J. Sutton. 1984. Involuntary unemployment as a perfect equilibrium in a bargaining game. *Econometrica* 52: 1351 - 1364.

Simon, L. 1988. Simple timing games. Mimeo, University of California, Berkeley.

Sorin, S. 1986. Asymptotic properties of a non zero-sum stochastic game. Mimeo, Université de Strasbourg.

Ståhl, I. 1972. *Bargaining Theory*. Stockholm School of Economics.

Whinston, M. 1986. Exit with multiplant firms. HIER DP 1299, Harvard University.

第 5 章　重复博弈

重复博弈是目前人们了解得最为透彻的一类动态博弈，参与人每一期都面对同样的“阶段博弈”或“选民博弈”，而且参与人的全部收益是每阶段所得收益的加权平均。如果参与人的行动在每期末被观察到，那么参与人就可能参考他们对手过去的博弈行为来行动，这类博弈导致的均衡结果在只进行一次的博弈中没有出现过。举例来说，4.3 节的重复囚徒困境中参与人执行“冷酷”策略：“合作，直到对手背叛；对手一旦背叛，那么就在以后各期都背叛。”如果贴现因子充分接近[①]，两个参与人都使用冷酷策略的组合是无限重复博弈的一个子博弈完美均衡：即使每个参与人都能用背叛而非合作的方式在短期过得更好，对一个耐心的参与人来说将来因为遭到冷酷“惩罚”而要付出的代价比短期收益更多。4.3 节考虑了这个均衡和每一期参与人都背叛的均衡；也存在其他的均衡。本章的目标是给出一个更为系统的处理一般情况下重复博弈的方法 。[对重复博弈进行综述的文献已有出版，如 Aumann（1986，1989），Mertens（1987）和 Sorin（1988）。默滕斯、瑟林和泽米尔（Mertens，Sorin and Zamir，1990）更仔细地说明了重复博弈，他们更强调“大”行动空间，并且讨论了随机博弈的相关主题。]

因为重复博弈不考虑过去的选择影响当期的可行行动或收益函数的可能，它们就不能被用来为某些重要现象，比如生产性投资和对物质环境的学习这类事件建立模型。无论如何，重复博弈可以看成对经济和政治科学中某些长期关系的一个很好的近似——尤其当“信任”和“社会

---

① 费雪（Fisher，1898）对静态古诺模型的较早批评可以解释为用到了重复博弈模型的思想。他断言，与古诺假设产出一旦被选定就永恒不变不同，“没有哪个商人会假设其对手的产出或价格会保持一个常数”[见 Scherer（1980）]。

压力”发挥非常重要作用的时候，比如非正式的协议用于在没有法律强制性合同的条件下实施互惠交易。这个主题有许多变型，包括钱伯林（Chamberlin，1929）非正式地讨论寡头能用重复选择在更高的价格上形成潜在共谋和麦考利（Macaulay，1963）观察到厂商及其供应商之间的关系往往基于“声誉”和取消未来交易的威胁。[①] 第9章讨论了另一种对长期关系进行建模的方法，其中，过去的行动通过提供关于参与人收益的有关信息来显示他对将来的打算。

重复选择之所以能引入新的均衡博弈结果，是因为参与人的选择取决于他们在之前阶段所获得的信息。那么，分析重复博弈的一个关键所在就是这种信息会以何种形式出现。在第4章囚徒困境的例子里，参与人观察到所有既往的行动。5.1节～5.4节讨论了具有这种信息结构的重复博弈一般形式，我们称之为有可观察行动的重复博弈。（注意它是第3章引入的多阶段可观察行动博弈的一个特例。）

5.1节分析了无限期博弈的均衡，集中讨论“无名氏定理”，它描述了当参与人绝对有耐心或者几乎如此时出现的均衡。5.2节对有限重复博弈给出了平行的结果，5.3节讨论模型的多种推广，其中不是所有的参与人都要在每一期作出选择。一个例子是一个长期厂商在每一期都和一个不同的短期消费者博弈，在这种情形下，厂商必须决定是生产高质量产品还是生产低质量产品（Dybvig and Spatt，1980；Shapiro，1982）。另一个例子是一个由世代交叠的工人组成的组织，其中工人们必须决定是否在联合生产中尽力而为（Crémer，1986）。

5.4节讨论帕累托完美和抗重新谈判的思想，它被用来限定当参与人有耐心时，重复博弈均衡集的范围。

5.5节～5.7节考虑参与人观察到对手选择的不完美信号时的重复博弈。这种博弈的一个例子是格林和波特（Green and Porter，1984）的寡头模型，其中厂商不仅选择每期的产量而且观察实际的市场价格，但不知道对手的产出。因为市场价格是不确定的，低价格可能归咎于需求出乎意料地低，但也可能是某竞争者的产出出乎意料地高。第二个例子是重复发生的合伙关系，其中每个参与人观察到实际的产出水平但是无法了解合伙人的努力水平（Radner，1986；Radner，Myerson，and Maskin，1986）。

---

① 最近，重复博弈在经济学上被用来解释信任与合作，包括 Greif（1989）；Milgrom，North，Weingast（1989）；Porter（1983a）；Rotemberg and Saloner（1986）。重复博弈最近在政治科学中的应用，见奥耶（Oye，1986）的论文。

5.1 可观察行动的重复博弈††

5.1.1 模型

我们称重复进行的博弈为阶段博弈，它们是构成重复博弈的基石。假设阶段博弈是有限的 I 个参与人在有限个行动空间 A_i 中同时行动，其中阶段博弈收益函数为 $g_i: A\rightarrow\mathbb{R}$，这里 $A=\times_{i\in\mathscr{I}}A_i$。令 $\mathscr{A}_i$ 为 A_i 上的概率分布空间。

要定义重复博弈，我们就必须指定参与人的策略空间和收益函数。在本节分析的博弈中，参与人在每一期末观察到实现的行动。这样，令 $a^t\equiv(a_1^t, \cdots, a_I^t)$ 为在 t 期实现的行动。设博弈从时期 0 开始，此时历史 h^0 中什么都没有。对 $t\geqslant 1$，令 $h^t=(a^0, a^1, \cdots, a^{t-1})$ 代表所有 t 期以前实现的行动选择，令 $H^t=(A)^t$ 是所有可能的 t 期历史的空间。

在重复博弈中因为所有参与人都观察到 h^t，参与人 i 的一个纯策略 s_i 是一个 s_i^t 映射的序列——每个时期 t 都有一个 s_i^t——将可能的时期 t 的历史 $h^t\in H^t$ 映射为行动 $a_i\in A_i$。（要记住一个策略必须对所有应变情况都指定选择，甚至对那些不期望发生的情况也是如此。）一个重复博弈中的混合（行为）策略 σ_i 是一个从 H^t 映射到混合行动 $\alpha_i\in\mathscr{A}_i$ 的映射 σ_i^t 的序列。注意参与人的策略不会依赖于他对手以前随机化选择 α_{-i} 的概率值；它只依赖于以前的行动值 a_{-i}。还要注意到每一期开始的一个适当子博弈。而且，因为在阶段博弈中要同时行动，存在唯一的适当子博弈，我们将利用这一事实检验子博弈完美性。①

本节考虑无限重复博弈；5.2 节考虑有限期博弈。我们可以用逆向递归法来解有限期的子博弈完美均衡，但这个方法不能用于无限期模型。无限期模型更准确地描述了这样一些情况：参与人总是认为博弈有很大的概率多延续一期；而有限期模型用以描述容易共同预见到博弈何

① 尽管看上去本章的许多结论都能推广到行动不同时进行的阶段博弈中去，但就我们所知还没有人对细节进行过验证。

时结束的情况。[①]

对无限期博弈，存在另外几种收益函数的具体形式。我们关注参与人以贴现因子$\delta<1$贴现未来效用的情形。在这个博弈中，令$G(\delta)$代表参与人i的目标函数来对标准化的和求最大值：

$$u_i = \mathrm{E}_\sigma(1-\delta)\sum_{t=0}^{\infty}\delta^t g_i(\sigma^t(h^t))$$

其中算子E_σ代表以策略组合σ生成的分布来取期望，这个分布定义在无限的历史上。标准化因子$(1-\delta)$用来以统一的单位测度阶段博弈和重复博弈的收益：每期的1单位效用都标准化为1。

重述一下记号：和本书其他部分一样，u_i，s_i和σ_i分别代表整个博弈的收益、纯策略和混合策略。阶段博弈的收益和策略用g_i，a_i和α_i来表示。

像第4章中的博弈那样，贴现因子δ可以代表对时间的偏好：这个解释相应于$\delta=e^{-r\Delta}$，其中r是对时间的偏好率，Δ是一期的长度。贴现因子还能表示博弈在每一期期末结束的可能性：假定对时间的偏好率是r，每期长度是Δ，博弈从某一期延续到下一期的概率为μ。从而下一期的1单位效用只有当博弈能持续那么久的时候才能得到；它分文不值的概率是$1-\mu$，而以概率μ价值$\delta=e^{-r\Delta}$，那么期望的贴现价值就是$\delta'=\mu\delta$。因此，这一情形和$\mu'=1$，$r'=r-\ln(\mu)/\Delta$一样。这说明无限期博弈可涵盖以概率1在有限期内终止的博弈。无限期和有限期的关键区别在于博弈延续到下一期的条件概率的下界是否大于0。[②]

既然每一期都有一个适当子博弈进行，对任何策略组合σ和历史h^t我们就能计算参与人从t期开始的期望收益。我们将称之为“后继收益”，且再次标准化使得从t开始的后继收益以t阶段的效用单位来测度。这样，从时间t开始的后继收益是

$$(1-\delta)\sum_{\tau=t}^{\infty}\delta^{\tau-t}g_i(\sigma^\tau(h^\tau))$$

---

① 诺伊曼（Neyman，1989）说明了共同预见到博弈终止期的重要性，他考虑重复的囚徒困境，其中两个参与人都知道期限有限，且两人了解的时期长度和真实长度相差不到1期，但是博弈的长度不是他们的共同知识（它甚至也不是“近似共同知识”，如同以后在第14章定义的那样）。他说明了这个博弈具有某种“合作”均衡，这种均衡产生于无限期模型但是在已知的有限期模型中被逆向递归法所排除。

② 在未发表的笔记中，B. D. 伯恩翰姆说明如果阶段博弈有行动连续统，即使后继的概率随时间收敛于0，只要收敛的足够慢，就仍可能存在合作均衡。

经过再次标准化后，参与人从 t 期开始接受每期 1 个单位效用的后继收益对任何时期 t 来说都是 1 单位。再次标准化为揭示博弈的平稳结构带来了方便。

尽管我们关心的是参与人贴现未来收益的情形，我们还是要讨论参与人“完全有耐心”的情形，这对应于 $\delta=1$ 的极限模型。收益的几种不同设定方式已经被提出用于对完全的耐心建模。最简单的是时间—平均标准，其中每个参与人 i 的目标是最大化

$$\liminf_{T\to\infty} \mathrm{E}(1/T)\sum_{t=0}^{T} g_i(\sigma^t(h^t))$$

该式中的下极限 lim inf 对某些没有很好定义平均值的无限序列同样适用。[①] ［见莱勒（Lehrer，1988）对时间—平均和类似的上极限 lim sup 之间区别的论述。］

任何形式的时间—平均标准都意味着参与人不仅关心收益的时间，而且关心在任何有限时期内的收益，举例来说，平均值都是 0 的序列（1，0，0，…）和（0，0，…）具有同样的吸引力。赶超标准是另一种设定“耐心”的方式，其中单期的改进是重要的。该标准不能用一个效用泛函表示，它声称一个序列 $g=(g^0, g^1, \cdots)$ 比 $\tilde{g}=(\tilde{g}^0, \tilde{g}^1, \cdots)$ 更受偏好等价于存在一个时间 T' 使得对所有 $T>T'$，部分和 $\sum_{t=0}^{T} g^t$ 严格大于部分和 $\sum_{t=0}^{T} \tilde{g}^t$。如果 g 不比 $\tilde{g}$ 更受偏好，且 $\tilde{g}$ 也不比 g 更受偏好，那么这两个序列就被认为有同等吸引力。注意如果 g 具有比 $\tilde{g}$ 更高的时间平均，那么在赶超标准下必有 g 比 $\tilde{g}$ 更受偏好。[②]

既然我们已经说明了重复博弈的策略空间和收益函数，我们就完整地描述了模型。现在我们用一个简单但是有用的观察来结束本小节。

观察 如果 α^* 是阶段博弈的纳什均衡（即“静态均衡”），那么策略组合“每个参与人 i 从现在开始一直选择 α_i^*”是一个子博弈完美均衡。而且，如果博弈有 m 个静态均衡 $\{\alpha^j\}_{j=1}^m$，那么对任何从时期到上标的映射 $j(t)$，策略在第 t 期选择 $\alpha^{j(t)}$ 也都是子博弈完美均衡。

---

① 回想 $\lim_{t\to\infty}\inf x^t=\sup_T\inf_{t>T}x^t$ 是序列聚点的下确界。也就是说，如果 $\lim\inf_{t\to\infty} x^t=\underline{x}$，那么对所有 $x>\underline{x}$ 和所有 T 存在 $\tau>T$ 使得 $x^\tau<x$。

② 如何将赶超标准推广到序列的概率分布并不是显然的事。一种办法是要求在一种分布下实现的效用序列以 1 的概率偏好于另一种分布的序列，但是用这种办法的赶超标准将不再是时间平均的精炼。

要证明这个观察是正确的，注意使用以下策略，参与人 i 的对手以后的选择独立于他在今天的选择，所以他的最优反应要使得他当期收益最大，即选择一个相对于 $\alpha_{-i}^{j(t)}$ 的静态最佳反应。另外还要注意，这些策略作为类型的“开环”策略在4.7节中讨论过。

上述观察说明博弈重复进行并不缩小均衡收益的集合。更进一步，既然不选择静态最佳反应的唯一原因是考虑到了未来的收益，如果贴现因子足够小，重复博弈中唯一的一类纳什均衡就是对每段以正概率出现在均衡中的历史都指定一个静态均衡。（注意不一定在每一期都出现同样的静态均衡。这个结论在无限的策略空间的博弈中必须稍加修改，因为即使将来的惩罚非常小也还是可能使得参与人放弃充分小的当前收益。）

另一个关于可观察行动重复博弈的重要事实是纳什均衡中后继收益的集合在每个子博弈中都相同。

5.1.2　无限重复博弈的无名氏定理

重复博弈的“无名氏定理”认为，如果参与人有足够的耐心，那么任何可行的个人理性收益都能在均衡中得以实施。这样，如果参与人极端有耐心，重复选择实质上允许任何收益都能成为均衡的博弈结果。

为了更准确地表述这个断言，我们必须定义“可行性”和“个人理性”。定义参与人 i 的保留效用或最小最大值为

$$\underline{v}_i = \min_{\alpha_{-i}}\left[\max_{\alpha_i} g_i(\alpha_i, \alpha_{-i})\right] \tag{5.1}$$

这是参与人 i 的对手选择任何 α_{-i} 时，只要参与人 i 正确预见到 α_{-i} 并对它作出最佳反应就能得到收益的下限。令 m_{-i}^i 为（5.1）式取最小值时参与人 i 的对手的策略。我们称 m_{-i}^i 为针对参与人 i 的最小最大组合。令 m_i^i 为参与人 i 的一个策略，它使得 $g_i(m_i^i, m_{-i}^i)=\underline{v}_i$。

我们举例说明这个定义，计算出图5—1中的最小最大值。为了计算参与人1的最小最大值，我们首先计算如果参与人2以概率 q 获得L时，参与人1分布在U，M和D的收益；根据前述记号，这些收益是 $v_U(q)=-3q+1$，$v_M(q)=3q-2$ 和 $v_D(q)=0$。既然参与人1总能通过选择D获得收益0，他的最小最大收益就至少是这么大；问题是参与人2能否选择 q 使得参与人1的最大收益是0。既然 q 不进入 v_D，我们就选择一个 q 能最小化 v_U 和 v_M 之中的较大值，这在两个表达式相等时达到，即 $q=\frac{1}{2}$。因为 $v_U\left(\frac{1}{2}\right)=v_M\left(\frac{1}{2}\right)=-\frac{1}{2}$，参与人1的最小最大值

是0收益，他可以通过实施D得到。［注意对任何 $q\in\left[\frac{1}{3},\frac{2}{3}\right]$，$\max(v_U(q),v_M(q))\leqslant 0$，所以我们可以选择参与人2针对参与人1的最小最大策略，它是以这个区间中的任何 q 作为取 m_2^1 的概率。］

	L	R
U	−2，2	1，−2
M	1，−2	−2，2
D	0，1	0，1

图5—1

类似地，为了找到参与人2的最小最大值，我们首先将参与人2在L和R的收益表示为参与人1指派到U和M的概率 p_U 和 p_M：

$$v_L=2(p_U-p_M)+(1-p_U-p_M) \tag{5.2}$$

$$v_R=-2(p_U-p_M)+(1-p_U-p_M) \tag{5.3}$$

那么参与人2的最小最大收益就由下式决定：

$$\min_{p_U,p_M}\max[2(p_U-p_M)+(1-p_U-p_M),-2(p_U-p_M)+(1-p_U-p_M)]$$

经过观察［或作等式（5.2）和（5.3）的图］，我们就知道参与人2在策略组合$\left(\frac{1}{2},\frac{1}{2},0\right)$中达到最小最大收益0。这里，和针对参与人1的最小最大策略不同，最小最大组合是唯一确定的：如果 $p_U>p_M$，实施L得到的收益为正；如果 $p_M>p_U$，实施R得到的收益为正；而如果 $p_M=p_U<\frac{1}{2}$，那么L和R都有正收益。

注意到如果我们只关心（5.1）式中的纯策略，那么参与人1和参与人2的最小最大值都将是1。显然，在更小的集合上最小化（5.1）式不可能得到更小的值；数字表明了限制使得收益值严格增加。

从这一点上来说，读者可能会问我们为什么将最小最大收益确定为保留效用。下面的观察表明这个术语是合适的。

观察　无论贴现因子有多大，参与人 i 在任何静态均衡和任何重复博弈的纳什均衡中都至少得到收益 $\underline{v}_i$。

证明　在静态均衡 $\hat{\alpha}$ 中，$\hat{\alpha}_i$ 是对 $\hat{\alpha}_{-i}$ 的最佳反应，因此 $g_i(\hat{\alpha}_i,\hat{\alpha}_{-i})$ 不小于（5.1）式定义的最小值。现在考虑一个重复博弈中的纳什均衡

$\hat{\sigma}$。参与人 i 的一个可行但不一定最优的策略是短视的选择每期行动 $a_i(h^t)$ 来最大化 $g_i(a_i, \hat{\sigma}_{-i}(h^t))$ 的期望值。（该策略也许不是最优的，因为它忽略了参与人 i 的对手的选择可能依赖于参与人 i 今天的选择。）关键是因为所有参与人在每一期 t 开始时有相同的信息，给定参与人 i 的信息，对手在 t 期行动上的概率分布就符合对手独立的随机化。（我们将会在5.5节讨论，当行动是被不完美地观察到的时候，不一定会出现这样的结果。）那么参与人 i 的短视策略在每一期至少得到 $\underline{v}_i$，因此 $\underline{v}_i$ 是参与人 i 在重复博弈中的均衡收益的下界。■

从而，我们先验地知道了重复博弈中没有均衡能给任何参与人带来低于其最小最大值的收益。

下面我们引入可行收益的定义。这里我们要遇到如下细节：阶段博弈中的可行收益集不一定凸，从而小贴现因子的重复博弈的可行收益集也不必为凸。问题在于有“许多”纯策略收益的凸组合和关联的策略相一致，因此不能通过独立的随机化得到。例如，在“性别战”博弈中（见图1—10a），收益 $\left(\frac{3}{2}, \frac{3}{2}\right)$ 就不能通过独立的混合得到。

正如瑟林（Sorin，1986）所言，当贴现因子足够接近1时非凸性不会发生，因为任何纯策略收益的凸组合能在时间改变的确定性路径上获得。很容易看到，在时间—平均的标准下：性别战的收益 $\left(\frac{3}{2}, \frac{3}{2}\right)$ 能通过在偶数期选择（B，B）和在奇数期选择（F，F）得到。

为了避开使用这样的时间—平均路径，弗登博格和马斯金（Fudenberg and Maskin，1986a）通过假设所有的参与人在每一期初观察到公共的随机装置的结果来凸化阶段博弈的可行收益集。虽然没有明示，瑟林的结果本身蕴涵了这些公共的随机化在贴现因子足够接近1时不会引起麻烦；弗登博格和马斯金（Fudenberg and Maskin，1990a）继而证明了更强的瑟林结果，而且用这个结果将他们对完美无名氏定理的证明推广到无需公共随机化的博弈。① 为了避免讨论上述复杂性，我们将在证明中使用公共随机化的假设。正式地，令 $\{\omega^0, \cdots, \omega^t, \cdots\}$ 代表一个独立同分布于 $[0, 1]$ 上均匀分布的序列，并假设参与人自 t 期之初观察到 ω^t。那么历史就是

$$h^t \equiv (a^0, \cdots, a^{t-1}, \omega^0, \cdots, \omega^t)$$

① 对小的贴现因子，公共随机化允许博弈收益不在无公共随机化均衡收益集的凸壳里。见Forges (1986)，Myerson (1986)。

一个参与人 i 的纯策略 s_i 是一个从历史 h^t 到 A_i 的映射 s_i^t 的序列。

在这一情形中，可行收益集对任何贴现因子都是

$$V = \text{凸壳}\{v \mid \exists a \in A, \text{其中 } g(a) = v\}$$

这个集合如图 5—2 所示。图中的阴影区域是帕累托占优于最小最大收益的可行收益集，对两个参与人来说，最小最大收益都是 0。可行集是严格个人理性的，其收益集是 $\{v \in V \mid v_i > \underline{v}_i, \ \forall i\}$。图 5—2 描述了图 5—1 博弈中的这些集合，这个博弈中的最小最大收益是（0，0）。

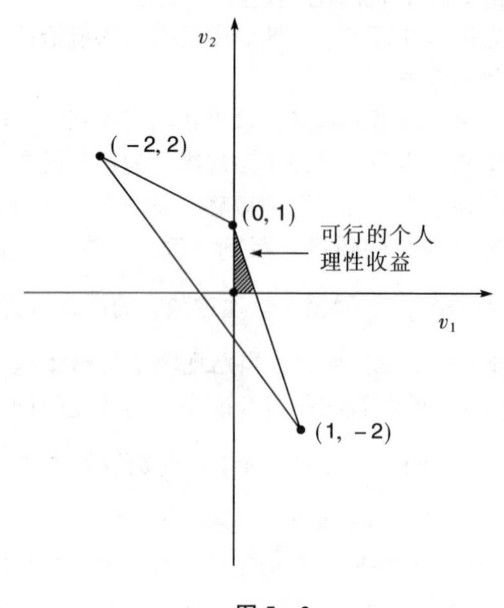

图 5—2

定理 5.1（无名氏定理）① 对每个满足条件"$v_i > \underline{v}_i$ 对所有参与人 i 成立"的收益向量 v，存在 $\underline{\delta} < 1$，使得对所有 $\delta \in (\underline{\delta}, 1)$ 存在纳什均衡 $G(\delta)$，其收益为 v。

备注 这个定理直观上就是当参与人有耐心时，由于背离引起的未来每一期的效用损失要超过背离时任何有限一期的收益增量，即使损失很小。我们在证明中所构造的策略是"冷酷的"：一个选择背离的参与人将在之后各期得到最小最大收益。

证明 首先假设存在一个纯行动组合 a 使得 $g(a) = v$，对每个参与

① 称之为"无名氏定理"是因为早在被文字记录之前，它就已经是口头相传的传统博弈论的一部分了。

人 i 考虑如下策略："在时期 0 选择 a_i，且只要下面两个条件之一满足就继续选择 a_i：（ⅰ）前一期实现的行动是 a；或（ⅱ）前一期实现的行动组合与 a 在两个或更多方面不同。如果以前某期只有参与人 i 没有遵循组合 a，那么以后的博弈中每个参与人 j 就选择 m_j^i。"

参与人 i 能从背离该策略组合中获益吗？在他背离的那一期内他可以得到至多 $\max_a g_i(a)$，而因为他的对手将永远对他采取最小最大策略，他在第一次背离后每期至多得到 $\underline{v}_i$。因此，如果参与人 i 第一次背离是在时期 t，他至多得到

$$(1-\delta^t)v_i+\delta^t(1-\delta)\max_a g_i(a)+\delta^{t+1}\underline{v}_i \tag{5.4}$$

只要 δ 超过下面定义的临界水平 $\underline{\delta}_i$，上式就小于 v_i。

$$(1-\underline{\delta}_i)\max_a g_i(a)+\underline{\delta}_i\underline{v}_i=v_i \tag{5.5}$$

由于 $v_i>\underline{v}_i$，方程（5.5）的解 $\underline{\delta}_i$ 就小于 1。取 $\underline{\delta}=\max_i\underline{\delta}_i$ 完成上述讨论。注意，在决定是否在第 t 期背离时，参与人 i 以零概率认为有一个对手会在同一期背离。这是纳什均衡定义的推论：只考虑单边背离。

如果收益 v 不能由纯行动得到，那么我们用公共随机化 $a(\omega)$ 代替行动组合 a 得到的收益有期望值 v。在本情形中，贴现因子要大到能够保证参与人 i 在背离时不能得到更多。因为如果参与人 i 遵循原策略，他不是在每期恰好得到 v_i，而且在 $g_i(a(\omega))$ 相对小的时期里，背离对他的吸引力更大。一个充分条件是取 $\underline{\delta}_i$ 使得

$$(1-\underline{\delta}_i)\max_a g_i(a)+\underline{\delta}_i\underline{v}_i=(1-\underline{\delta}_i)\min_a g_i(a)+\underline{\delta}_i v_i \tag{5.6}$$

要推出方程（5.6）是充分条件，就要注意对任何时期 t 实现的 ω，参与人 i 从 t 期开始要遵循的后继收益是

$$(1-\delta)g_i(a(\omega))+\delta v_i$$

它至少和 $(1-\delta)\min_a g_i(a)+\delta v_i$ 一样大。根据假设，δ 要足够大，从而使后一个表达式超过背离后的收益，它至多是 $(1-\delta)\max_a g_i(a)+\delta\underline{v}_i$。 ■

采用定理 5.1 证明中的策略，一次背离就会激发冷酷惩罚。现在，惩罚者被处以这种惩罚的代价很大。例如，在重复选择产量的寡头中，执行最小最大策略要求参与人 i 的对手生产的产品多到足以使价格降到参与人 i 的平均成本以下，但这也就可能在他们自己的成本之下。既然最小最大惩罚可能代价高昂，问题就出现了：参与人 i 是否对对手将采

取冷酷惩罚有所畏惧，而不进行原本有利可图的一次性背离。这里的关键是我们用来证明纳什无名氏定理的策略不是子博弈完美的。那么无名氏定理的结论还适用于完美均衡的收益吗？

完美无名氏定理的回答是“适用”。弗里德曼（Friedman，1971）证明了一个更弱的结果，有时被称为“纳什威胁”无名氏定理。

定理 5.2（Friedman，1971） 令 α^* 是一个收益为 e 的静态均衡（一个阶段博弈的均衡）。那么对任何 $v \in V$，其中 $v_i > e_i$，对所有参与人 i 成立，存在一个 $\underline{\delta}$ 使得对所有 $\delta > \underline{\delta}$，存在一个子博弈完美均衡 $G(\delta)$，其收益为 v。

证明 假设存在一个 $\hat{a}$ 满足 $g(\hat{a}) = v$，并考虑如下策略组合：在时期 0 每个参与人 i 选择 $\hat{a}_i$。只要以前时期实现的行动总是 $\hat{a}$，参与人 i 就继续选择 $\hat{a}_i$。如果至少有一个参与人不选择 $\hat{a}$，那么参与人 i 在其余的博弈中选择 α_i^*。

当 δ 足够大时，这个策略组合是一个纳什均衡

$$(1-\delta)\max_a g_i(a) + \delta e_i < v_i \tag{5.7}$$

这个不等式在 δ 小于 1 的范围内都满足，因为它在 $\delta = 1$ 的极限情况下严格成立。为了验证这个组合是子博弈完美的，注意到每个偏离均衡路径的子博弈中的策略组合永远选择 α^*，对任何静态博弈 α^*，这是一个纳什均衡。

如果没有 $\hat{a}$ 满足 $g(\hat{a}) = v$，我们像前一个定理那样通过公共随机化来证明。■

弗里德曼的结果说明有耐心的、对等的古诺双寡头可能存在“隐性共谋”，各自生产垄断产出的一半，一旦出现任何背离就转换到以后采用古诺均衡直至永远。因为得到垄断价格，所以这个均衡是“共谋”的；共谋是“潜在”的，因为实施中没有使用要遵守的合同。每个厂商都因为害怕触发古诺竞争而不敢破坏协议。

有充足的证据表明某些行业的厂商已经理解了重复选择在产生这类共谋结果上所发挥的作用（尽管除了这里的重复博弈之外，其他模型也能被用来刻画重复选择的影响）。其中一些代理人甚至已经认识到两期之间的时间间隔是非常关键的因素，它决定了贴现因子是否已经大到足够使共谋成为一个均衡，他们还建议行业要采取行动确保能立即发现对共谋结果的背叛。谢勒（Scherer，1980）引用了美国木材加工业协会（American Hardwood Manufacturer's Association）罢工的例子，它表明：关于价格实际是如何产生的知识对于保持价格适度地稳定和处于正

常水平之上来说是必须的……通过使所有人全面迅速地了解别人干了些什么，计划促成了交易的某种一致性……合作的竞争，而不是残酷的竞争。

弗里德曼定理的结论弱于无名氏定理的结论，除非博弈中存在静态均衡使所有参与人得到他们的最小最大值。(这个条件看上去非常特殊，但是它的确在囚徒困境和具有完全替代与规模报酬性质的伯特兰竞争中成立。)这样，弗里德曼定理提出了下面有待解决的问题：完美均衡的要求是否限制了均衡收益的极限集。奥曼和夏普利（Aumann and Shapley，1976），鲁宾斯坦恩（Rubinstein，1979a）以及弗登博格和马斯金（Fudenberg and Maskin，1986a）的“完美无名氏定理”说明这种情形不会发生：对任何可行的、个人理性的收益向量，存在贴现因子的一个范围，其中该收益向量能在一个子博弈完美均衡中得到。

要理解无名氏定理中的那些策略，第一步就要注意到在一个均衡中，要使参与人 i 的收益非常接近他的最小最大值，他的对手必须说明一旦参与人 i 从均衡路径上偏离，他们将在至少一期中使用最小最大策略组合 m_{-i}^{i}（或非常近似的一个组合）来“惩罚”他。(否则，如果参与人 i 在每一期都将选择一个针对他对手策略的静态最佳反应，他每一期的收益都将高于他的最小最大值，那么他的总收益也就超过他总的最小最大值。)从而，完美无名氏定理要求存在完美均衡策略，其中参与人 i 的对手选择 m_{-i}^{i}。容易推出参与人 i 的对手在无穷多期都选择 m_{-i}^{i}，如果跨期偏好用时间—平均标准来表示，那么即便看起来惩罚减少了惩罚者每期的收益，总的惩罚成本仍然是0。这就是下面定理的直观说明。

定理5.3（Aumann and Shapley，1976）　如果参与人用时间—平均标准来评估阶段博弈的效用序列，那么对所有参与人 i 和任何 $v_i > \underline{v}_i$ 的 $v \in V$，存在一个收益为 v 的子博弈完美均衡。

证明　考虑如下策略：“从‘合作状态’开始。在该状态下，选择一个收益为 v 的公共随机化 ρ，且若不存在背离，就一直保持这个状态不变。如果参与人 i 背离，则在以后 N 期选择最小最大策略 $m^i = (m_i^i, m_{-i}^i)$，其中 N 满足

$$\max_a g_i(a) + N\underline{v}_i < \min_a g_i(a) + Nv_i$$

对所有参与人 i 成立。N 期之后，无论是否有从 m^i 的背离，都回到合作状态。”

回想单阶段背离法则并不适于经过时间平均的无限期博弈。因此，

要证明这些策略是完美均衡，我们必须明确指出没有策略能在任何子博弈中改进参与人的收益。在 N 期满足的条件确保了任何背离合作状态的收益在惩罚状态中被抵消，所以没有哪个有限或无限次背离的序列能令参与人 i 的平均收益超过 v_i。再者，尽管对一个背离者实行最小最大惩罚从每一期的收益看是有代价的，任何有限次损失在时间—平均标准下都变得没有代价了。从而，参与人 j 在参与人 i 受罚的子博弈中获得平均收益 v_j，而且没有参与人 j 能从偏离任一个子博弈中获益。这就是说策略是子博弈完美的。 ■

鲁宾斯坦恩（Rubinstein，1979a）研究了上述证明中的策略，它在赶超标准下不是子博弈完美的，因为在赶超标准下，参与人不关心重复博弈的有限次数，其间他们可能因为对对手采取最小最大策略而受到损失。为了对这个情形证明无名氏定理，鲁宾斯坦恩使用了惩罚的长度呈指数增长的策略：第一个背离者受到的惩罚持续 N 期，不采取最小最大策略对待第一个背离者的参与人受到 N^2 期的惩罚，对“不惩罚‘第一个背离者’的参与人”不实施惩罚的参与人受到 N^3 期的惩罚，依此类推。这里选出的 N 要足够长，使得对任何参与人来说，向对手实施一期的最小最大策略之后选择回到每期收益 v，比向对手实施 N 期的最小最大策略然后回到每期收益 v 要更好。

当参与人贴现他们未来的收益时，这种机制将不起作用：如果向参与人 j 施以最小最大策略，$g_i(m^j)$，参与人 i 的收益严格小于他自己的最小最大值 $\underline{v}_i$，那么对任何 $\delta<1$ 存在一个 k 使得对参与人 j 惩罚 N^k 期不是个人理性的：持续 N^k 期实施 m^j 策略的最佳可能收益是

$$(1-\delta^{N^k})g_i(m^j)+\delta^{N^k}\max_a g_i(a)$$

当 k 趋于无穷时，它收敛于 $g_i(m^j)<\underline{v}_i$。

从而为了在贴现因子趋于 1 的极限情形下得到无名氏定理，弗登博格和马斯金（Fudenberg and Maskin，1986a）考虑了另一类策略——它以如下方式促使参与人 i 的对手向参与人 i 实施最小最大策略，当他们不实施最小最大策略时不是用“惩罚”威胁他们，而是在他们实施后给予“奖励”。阿伯若（Abreu，1986，1988）在他关于固定贴现因子的均衡集合结构的著作中进行了同样的观察；我们将在下面讨论他的成果。现在，要设计提供上述奖励以惩罚背离者的策略组合，就必须注意不要对最初的背离者给予奖励，否则可能抵消惩罚的影响而使背离变得有吸引力。必须能够提供奖励，通过不奖励参与人 i 来惩罚他，就得到如下定理中使用的“充分维数”条件。

定理 5.4（Fudenberg and Maskin，1986a）　假设可行收益集 V 的维数等于参与人的个数，那么，对所有参与人 i 和任何 $v_i>\underline{v}_i$ 的 $v\in V$，存在一个贴现因子 $\underline{\delta}<1$，使得对所有 $\delta\in(\underline{\delta}, 1)$ 存在一个子博弈完美均衡 $G(\delta)$，其收益为 v。

备注

（1）弗登博格和马斯金给出了一个三人博弈且 $\dim V=1$ 的例子，其中无名氏定理失效。阿伯若和达塔（Abreu and Dutta，1990）将充分维数条件减弱至 $\dim V=I-1$；史密斯（Smith，1990）说明只需 V^* 到任意两个参与人的同等空间上的投影是两维的，定理结论就成立。

（2）鲁宾斯坦恩的完美无名氏定理假定任何从最小最大策略组合的背离都注定被发现，这要求在每期末或者观察到纯行动的最小最大策略组合，或者观察到参与人随机化选择的概率，而不只是他们实现的行动。以前提到过，加在纯最小最大策略上的限制能使最小最大值提高。实际上，纯策略最小最大值可能超过任何静态博弈中的收益。

证明

（ⅰ）为简单起见，假定存在纯行动组合 a，有 $g(a)=v$。一般情形的证明思路和以前一样。首先假设针对参与人 i 的最小最大策略组合 m^i_{-i}是纯策略，因此对这个组合的背离肯定会被发现。下面的情形ⅱ勾画了如何修改对混合最小最大策略组合的证明。

在 V 的内部选择 v'和 $\varepsilon>0$，使得对每个 i ，有

$$\underline{v}_i<v'_i<v_i$$

和向量

$$v'(i)=(v'_1+\varepsilon, \cdots, v'_{i-1}+\varepsilon, v'_i, v'_{i+1}+\varepsilon, \cdots, v'_I+\varepsilon)$$

位于空间 V 中。[充分维数假设确保对某些 v'和 ε 这类 $v'(i)$ 存在。]

为了避免公共随机化的细节问题，我们再一次假设对每个 i 存在一个纯行动组合 $a(i)$ 有 $g(a(i))=v'(i)$。令 $w^j_i=g_i(m^j)$ 代表参与人 i 在对参与人 j 实施最小最大策略时的得到的收益。挑选 N 使得对所有的 i，

$$\max_a g_i(a)+N\underline{v}_i<\min_a g_i(a)+Nv'_i \qquad (5.8)$$

这个惩罚长度使得对接近1的贴现因子，“一次背离则 N 期施以最小最大策略”比“得到一次最低收益然后得到 N 期 v'_i”要差。

现在考虑如下策略组合：

状态Ⅰ　选择从状态Ⅰ开始。在状态Ⅰ中，选择行动组合 a，其中 $g(a)=v$。只要每一期实现的行动为 a 或者与 a 有两个及两个以上的分量不同的行动就继续在状态Ⅰ中选择。如果一个参与人 j 单独背离 a，那么博弈转移到状态 Ⅱ_j。

状态 Ⅱ_j　每一期都选择 m^j。只要每一期实现的行动为 m^j 或和 m^j 有两个及两个以上的分量不同的行动就继续状态 Ⅱ_j。在状态 Ⅱ_j 连续 N 期之后，转向状态 Ⅲ_j。如果在状态 Ⅱ_j 期间，一个参与人 i 背离 m_i^j，那么博弈转移到状态 Ⅱ_i。(注意只有 m^j 是纯行动组合时，上述构造才有意义；否则"实现的行动"就不同于 m^j。)

状态 Ⅲ_j　采取行动 $a(j)$，且继续下去，除非某一期只有一个参与人 i 没有选择 $a_i(j)$。如果参与人 i 确实背离，就开始状态 Ⅱ_i。

为了说明这些策略是子博弈完美的，只需验证在每个子博弈中都没有参与人能从一次背离继而总是遵循上述策略中获益。

在状态Ⅰ中，参与人 i 如遵循则至少获得收益 v_i，他如出现一次背离，则至多获得收益

$$(1-\delta)\max_a g_i(a)+\delta(1-\delta^N)\underline{v}_i+\delta^{N+1}v'_i$$

由于 v_i' 小于 v_i，只要 δ 足够大，背离的收获就小于 v_i。类似地，如果参与人 i 在状态 Ⅲ_j 中循规蹈矩，$j\neq i$，那么参与人 i 获得收益 $v_i'+\varepsilon$。他因背离得到的收益至多是

$$(1-\delta)\max_a g_i(a)+\delta(1-\delta^N)\underline{v}_i+\delta^{N+1}v'_i$$

当 δ 足够大时它小于 $v'_i+\varepsilon$。

在状态 Ⅲ_i 中，参与人 i 如循规蹈矩则获得收益 v_i'，而出现一次背离，则至多获得收益

$$(1-\delta)\max_a g_i(a)+\delta(1-\delta^N)\underline{v}_i+\delta^{N+1}v'_i$$

不等式 (5.8) 保证了在 δ 足够接近 1 时背离是无利可图的。

如果参与人 i 在状态 Ⅱ_j 中循规蹈矩，$j\neq i$，当状态 Ⅱ_j 还剩下 N' 期时(包括当期)，他的收益是

$$(1-\delta^{N'})w_i^j+\delta^{N'}(v'_i+\varepsilon)$$

如果他背离，那么在以后 N 期他受到最小最大惩罚；在状态 Ⅲ_i 中的选择将给他带来 v'_i 的收益，而现在循规蹈矩则在状态 Ⅲ_j 中本应得到 $v_i'+\varepsilon$ 的收益。再一次，当 δ 足够接近 1 时，一旦状态Ⅲ达到，ε 微分就大于

任何短期收益。最后，如果参与人 i 在状态 Ⅱ$_i$ 中循规蹈矩（即当他正在受罚时），那么当剩下 $N'\leqslant N$ 期惩罚时，参与人 i 的收益是：

$$q_i(N')\equiv(1-\delta^{N'})\underline{v}_i+\delta^{N'}v'_i<v_i$$

如果他背离一次然后循规蹈矩，那么他在自己背离的一期获得的收益至多为 $\underline{v}_i$（因为对手选择 m^i_{-i}），而且他的后继收益就是 $q_i(N)\leqslant q_i(N'-1)$。

（ⅱ）上述构造假设如果参与人 i 在状态 Ⅱ$_j$ 中没有选择 m^j_i，那么就将发现参与人 i 出现偏离。如果 m^j_i 是混合策略，情况不一定会如此。为了推导出参与人采取混合的最小最大行动，必须要求参与人 i 对行动空间的支撑集中的每个行动收到相同的标准化收益。既然这些行动在阶段博弈中得到不同的收益，要使参与人 i 混合行事，必须有他在支撑集中某些纯行动的后继收益低于另一些行动的后继收益。在第ⅰ部分 的策略组合中，参与人 i 在状态 Ⅲ$_j$，$j\neq i$ 下的准确后继收益无关紧要（关键是要求参与人 i 在状态 Ⅲ$_j$ 中得到的收益比在状态 Ⅲ$_i$ 中得到的要多）。从而，诚如弗登博格和马斯金（Fudenberg and Maskin，1986a）所言，可以推出参与人利用混合行动通过指定参与人 i 在状态 Ⅲ$_j$，$j\neq i$ 中的每个后继收益来设定惩罚，这些后继收益随着参与人 i 在状态 Ⅱ$_j$ 中以某种方法选择的行动而变化，这种方法使得在 m^j_i 的支撑之中的行动为参与人 i 带来同样的总体收益。

作为上述构造方法的一个例子，考虑一个双人博弈，其中参与人 1 针对参与人 2 的最小最大策略是以 $\frac{1}{2}-\frac{1}{2}$ 的概率在 U 和 D 之间随机选取，不管参与人 2 如何选择，参与人 1 对 U 和 D 的收益分别是 2 和 0。如果参与人 1 在状态 Ⅱ$_2$ 中的 N 个时期都选择 U，他获得的平均价值是 $2(1-\delta^N)$，而总选择 D 得到平均值 0，选择最小最大策略得到（$1-\delta^N$）。在状态 Ⅱ$_2$ 末期，我们不采用固定的收益向量

$$v'(2)=(v'_1(2),v'_2(2))$$

而是像在第ⅰ种情形中那样作如下指定：如果参与人 1 每期都选择 U，那么他的收益为 $v'_i(2)-2(1-\delta^N)$；如果他在状态 Ⅱ$_2$ 开始选择 D 并在以后选择 U，那么收益为 $v'_1(2)-2\delta(1-\delta^{N-1})$，依此类推，这样选出的调整项使得参与人 1 从状态 Ⅱ$_2$ 开始计算的平均收益是 $\delta^N v'_1(2)$，对任何状态 Ⅱ$_2$ 中的行动在 m^2_1 的支撑上的序列都是如此。（如果参与人 1 的行动不在 m^2_1 的支撑上，如证明第ⅰ种情形时所述，博弈转向状态 Ⅱ$_1$。）

■

讨论 各种无名氏定理说明标准的均衡概念对于刻画耐心的参与人的选择帮助很少。在运用重复博弈的过程中，经济学者的典型做法是只关注其中一个有效的均衡，它通常是一个对称均衡。这部分地归于大家一般认为参与人可能对有效均衡保持一致，部分地归于相信合作在重复博弈中是最可能发生的。令人头痛的是在这一点上确实没有哪个理论既能被接受又能解释为什么在这种框架下可以假设有效性。5.4 节讨论的“抗重新谈判”的概念已经被许多人用来缩小完美均衡结果的集合；这个概念的一些版本暗示了行为必然是无效率的。

5.1.3 均衡集的刻画（技术性）

无名氏定理描述了 $\delta \to 1$ 时的均衡集合。我们还对有一个固定的 δ 时如何确定子博弈完美均衡集感兴趣。（无名氏定理暗示了对较大的贴现因子存在许多子博弈完美均衡。）根据阿伯若（Abreu，1986，1988）的工作，我们将考虑构造这样的策略：参与人 i 的任何背离都将遭到惩罚，他将转到收益最低的完美均衡。要说明这个构造的定义有意义，我们必须先证明这些最差的均衡确实存在。

定理 5.5

（ⅰ）（Fudenberg and Levine，1983） 如果阶段博弈存在有限个纯行动，那么对每个参与人 i 存在一个最差的子博弈完美均衡 $\underline{w}(i)$。

（ⅱ）（Abreu，1988） 如果阶段博弈中每个参与人的行动空间是有限维欧几里德空间中的紧子集，每个参与人 i 的收益是连续的，且存在一个静态纯策略均衡，那么对每个参与人 i 存在一个最坏的子博弈完美均衡 $\underline{w}(i)$。

备注 由均衡集的平稳性可知，$\underline{w}(i)$ 还是任何子博弈的最差均衡。目前，混合策略的连续统行动博弈中是否存在最差的均衡仍然是一个未解决的问题。

证明

（ⅰ）像第 4 章那样，行动个数有限和收益连续且无限，子博弈完美均衡集在策略上的乘积拓扑中是紧的，执行策略所得的收益在这个拓扑中也是连续的，从而对每个参与人都存在最差（和最好）的均衡。

（ⅱ）令 $y(i)$ 为参与人 i 在所有纯策略子博弈完美均衡中收益的下确界，令 $s^{i,k}$ 为一个纯策略子博弈完美均衡的序列，使得 $\lim_{k\to\infty} g_i(s^{i,k})=y(i)$。令 $a^{i,k}$ 为相对于策略 $s^{i,k}$ 的均衡路径，即

$$a^{i,k}=\{a^{i,k}(0),a^{i,k}(1),\cdots,a^{i,k}(t),\cdots\}$$

由于A是紧的，纯行动序列集也是紧的（Tychonoff定理①），我们令$a^{i,\infty}$为一个聚点。并且注意到参与人i对$a^{i,\infty}$的收益是$y(i)$。

现在对一个固定的参与人i，考虑如下策略组合：从状态I_i开始。

状态I_i　只要没有单边背离本序列，就一直沿着以下行动序列进行选择

$$a^{i,\infty}=\{a^{i,\infty}(0),a^{i,\infty}(1),\cdots\}$$

如果参与人j在时期t单边背离，那么在时期$t+1$进入状态I_j。也就是说，在时期$t+1$选择$a^{j,\infty}(0)$，在时期$t+2$选择$a^{j,\infty}(1)$，等等。

如果参与人都执行这些策略，那么参与人i的收益是$y(i)$。要验证这些策略是子博弈完美的，注意到如果它们不是子博弈完美的，则必然存在参与人i和j，行动$\hat{a}_j$，$\varepsilon>0$，和τ使得

$$(1-\delta)g_j(\hat{a}_j,a_{-j}^{i,\infty}(\tau))+\delta y(j)>(1-\delta)\sum_{t=0}^{\infty}\delta^t g_j(a^{i,\infty}(\tau+t))+3\varepsilon$$

既然收益是连续的且$a^{i,k}\to a^{i,\infty}$，对足够大的k我们有

$$(1-\delta)g_j(\hat{a}_j,a_{-j}^{i,k}(\tau))+\delta y(j)>(1-\delta)\sum_{t=0}^{\infty}\delta^t g_j(a^{i,k}(\tau+t))+\varepsilon \tag{5.9}$$

最后，因为$s^{i,k}$是子博弈完美均衡，如果执行$s^{i,k}$直到时期τ，然后参与人j选择$\hat{a}_j$而非$a_j^{ik}(\tau)$，就描述了某个子博弈完美均衡。令参与人j在这个均衡中（标准化的）的后继收益为$z_j(\tau,\hat{a}_j)$。由于$s^{i,k}$是子博弈完美的，

$$(1-\delta)g_j(\hat{a}_j,a_{-j}^{i,k}(\tau))+\delta z_j(\tau,\hat{a}_j)\leqslant(1-\delta)\sum_{t=0}^{\infty}\delta^t g_j(a^{i,k}(\tau+t))$$

和不等式（5.9）矛盾，因为$y(j)\leqslant z_j(\tau,\hat{a}_j)$。■

因为参与人的行动可以正确无误地观察到，所以那些均衡中以零概率出现的行动的后继收益不直接影响参与人的均衡收益。所以我们当构造均衡时，这些后继收益的数量只起到决定参与人能否从背离中获益的作用。所以任何能“实施”某些子博弈完美惩罚的策略组合也能实施最

① 见Munkres (1975)。

苛刻的惩罚。[①]

定理5.6（Abreu，1988）

（ⅰ）如果阶段博弈是有限的，那么任何无限历史上的分布只要能由某子博弈完美均衡 σ 产生，就能通过如下策略组合 σ^* 产生。在 σ^* 中，如果参与人 i 第一个选择以零概率出现在 σ 中的行动，那么博弈就转向对于参与人 i 来说最差的均衡 $\underline{w}(i)$。

（ⅱ）如果阶段博弈具有紧的有限维行动空间和连续的收益，那么任何纯策略子博弈完美均衡 s 生成的历史 $\tilde{h}$ 也能由下述策略组合 $\hat{s}$ 产生，在 $\hat{s}$ 中如果参与人 i 单边背离历史 $\tilde{h}$，那么博弈将转向对参与人 i 最差的子博弈完美均衡 $\underline{w}(i)$。

证明

（ⅰ）根据一个固定的完美均衡 σ，构造以下新的策略组合 σ^*：只要 σ 中历史 h^t 以正概率发生，组合 σ^* 就和 σ 保持一致［即，$\sigma^*(h^t)=\sigma(h^t)$］。如果对所有 $\tau<t$，σ 中历史 h^τ 以正概率发生，且参与人 i 是唯一在时期 t 选择 $\sigma(h^t)$ 支撑以外的行动的人，那么博弈转向对参与人 i 最差的子博弈完美均衡 $\underline{w}(i)$。更正式的，

$$\sigma^*(h^{t+1})=\underline{w}(i)(h^0)$$

$$\sigma^*((h^{t+1},a^{t+1}))=\underline{w}(i)(a^{t+1})$$

（像往常一样，策略将忽略两个或更多参与人的同时背离。）让我们证明 σ^* 是子博弈完美的。在参与人 i 是第一个背离 σ 的支撑的人的子博弈中，σ^* 要求所有参与人跟随执行策略组合 $\underline{w}(i)$，从定义看它是子博弈完美的。在所有其他 h^t 的子博弈中，σ^* 规定的行动和 σ 规定的行动是相同的，而且只要参与人 i 的行动在 $\sigma(h^t)$ 的支撑中，后继收益就相同。然后要证明的是参与人 i 不能通过选择一个行动 $a_i\notin$ 支撑 $(\sigma_i(h^t))$ 来获益。假设该参与人可以，那么，

$$(1-\delta)g_i(a_i,\sigma_{-i}(h^t))+\delta u_i(\underline{w}(i))>u_i(\sigma\mid h^t) \qquad (5.10)$$

但是，因为 σ 是子博弈完美的，所以，

$$u_i(\sigma\mid h^t)\geqslant(1-\delta)g_i(a_i,\sigma_{-i}(h^t))+\delta u_i^c(a_i\mid h^t) \qquad (5.11)$$

其中，右式的最后一项是如果参与人 i 在历史 h^t 选择 a_i 而偏离 σ，那么

① 对熟悉代理问题文献的读者来说，只要代理人不欺骗，可见的信号就不产生，那么最优合同就能“击中代理人”，这个观察和上面的表示是一样的。

根据σ他从时期$t+1$开始能得到的后继收益。联合不等式（5.10）和（5.11）存在下述矛盾：

$$u_i(\underline{w}(i)) > u_i^{\sigma}(a_i \mid h^t)$$

（ⅱ）证明是类似的。■

对每个参与人都找出最差的可能均衡相当烦琐。但是，找到对称博弈的最差强对称纯策略均衡就简单得多，特别是如果产生任意低收益的强对称策略存在的话。“强对称”是指，对所有历史h^t和所有参与人i和j，

$$s_i(h^t) = s_j(h^t)$$

所以即使在不对称历史后两个参与人也都以同样的方式行动。例如，在重复囚徒困境中，双方都实施“针锋相对”策略的组合（即按对手前一期行动来行动）不是强对称的，因为双方在历史$h^1=(C, D)$后的行动不是完全相等的。注意，策略组合在较弱的意义下是对称的：如果$h_1^t=\tilde{h}_2^t$和$h_2^t=\tilde{h}_1^t$，那么，

$$s_1(h_1^t, h_2^t) = s_2(\tilde{h}_1^t, \tilde{h}_2^t)$$

所以改变过去的历史就改变当前的行动。我们用术语“强对称”和“对称”来区分两种对称。

阿伯若（Abreu，1986）说明对称博弈中的最差强对称均衡很容易刻画。其行动空间是实数区间，收益是连续的且有上界，它满足：(a) 对称纯策略组合$\vec{a}$（即每个参与人i都选择a的策略组合）是拟凹的，且随着a趋于无穷而下降到负无穷，和（b）令$\vec{a}_{-i}$代表所有参与人i的对手都选择行动a的策略组合，偏离对称纯策略组合$\vec{a}$的最大收益，

$$\max_{a_i'} g_i(a_i', \vec{a}_{-i})$$

是随着a弱下降的。

条件b在对称数量设置博弈中是自然的，其中厂商通过生产大量的商品使价格下降到0，从而稍稍偏离最佳收益。

我们特别指出在强对称均衡的定义中，非均衡路径和均衡路径一样都要求对称，这就排除了许多可以用来加强对称博弈结果的对称惩罚。

定理 5.7（Abreu，1986）　考虑一个满足条件a和b的对称博弈。令e^*和e_*分别代表在纯策略强对称均衡中每个参与人的最高和最低收益。

（ⅰ）收益 e_* 可以从以如下形式出现的有着强对称策略的均衡中得到："从状态 A 开始，其中参与人选择行动 a_*，它满足：

$$(1-\delta)g(\overrightarrow{a}_*)+\delta e^*=e_* \tag{5.12}$$

如果存在任何背离，继续状态 A。否则，转向有着收益 e^* 的完美均衡（状态 B）。"

（ⅱ）收益 e^* 能利用下述策略获得：只要不出现背离就坚持一个不变行动 a^*，而如果有任何背离就转向最差的强对称均衡。（其他可行收益也能用类似方法得到。）

证明

（ⅰ）固定某个有着收益 e_* 的强对称均衡 $\hat{s}$ 和第一期行动 a。因为 $\hat{s}$ 的后继收益不可能多于 e^*，第一期收益 $g(\overrightarrow{a})$ 就至少是 $(-\delta e^*+e_*)/(1-\delta)$。这样，在条件 a 下，存在 $a_*\geqslant a$ 使得 $g(\overrightarrow{a}_*)=(-\delta e^*+e_*)/(1-\delta)$。令 s_* 代表定理中构造的策略。由定义，在状态 B 中，策略 s_* 是子博弈完美的。在状态 A 中，条件 b 和 $a_*\geqslant a$ 暗示了背离的短期收益不多于 $\hat{s}$ 在第一期的收益。因为状态 A 中背离的惩罚是最坏的可能惩罚，没有参与人愿意在 $\hat{s}$ 的第一期背离就意味着没有参与人愿意从 s_* 的状态 A 中背离。

（ⅱ）我们将第ⅱ部分的证明留给读者。 ■

备注 应用该定理，刻画最佳强对称均衡的问题就退化为找出两个值，它们代表两个状态中的行动。[莱姆伯森（Lambson，1987）给出了一个应用。] 如果行动空间有一个上界 $\bar{a}$，那么收益就不能任意低，而惩罚状态 A 也许必须持续好几期。在这一情形中哪个行动将被指定给状态 A 并不十分清楚。定理的直接推广是使参与人持续 T 期 $\bar{a}$ 行动，然后像以前一样转向状态 B，其中的后继收益是 e^*。不过，困难在于可能不存在 T 使得从状态 A 开始的总收益，$(1-\delta^T)g(\bar{a})+\delta^T e^*$，恰巧如等式（5.12）所示，等于 e_*。但是如果我们假设能利用公共随机化的装置，就可以消除这个整数问题。（记住对于小的贴现因子，公共随机化假设能改变均衡集。）

阿伯若还说明一般情况下对称纯策略均衡的收益要求惩罚的收益 e_* 低于任何静态均衡中的收益，除非永远转向静态均衡的威胁——即弗里德曼引入的策略——支持一个有效的博弈结果。

最后，阿伯若说明在条件 a 和 b 下，当且仅当存在一个强对称均衡使参与人得到他们的最小最大值时，对称纯策略均衡支撑均衡集边界上的收益。

弗登博格和马斯金（Fudenberg and Maskin，1990b）考虑了有限的多阶段行动博弈。他们观察到当对每个参与人 i 存在一个完美均衡，其中参与人 i 的收益是$\underline{v}_i$ 时，纳什均衡的收益集和完美均衡的收益集是一样的。他们还提供了阶段博弈中对充分大贴现因子存在这类完美均衡的条件。

5.2　有限重复博弈†††

本节的博弈具有已知固定的时间跨度 T。策略空间（其中 $t=0$，1，…，T）像上一节一样定义；通常用经过时间平均的每期收益表示效用。（考虑到接近 1 的贴现因子 δ 并不改变我们的结论。）

有限重复博弈的均衡集可能和相应的无限重复博弈的均衡集非常不同，因为无名氏定理中使用的自我加强的奖惩机制能从终点时刻开始逆向拆解。一个经典的例子是重复囚徒困境。正如第 4 章所观察到的那样，有着固定时间跨度的“总是背叛”是唯一的子博弈完美均衡结果。事实上，更进一步的工作表明这是唯一的纳什结果。

固定一个纳什均衡 σ^*。两个参与人必定都在最后一期 T 实施欺骗，因为对实施 σ^* 时任何以正概率出现的历史 h^T，欺骗都将提高他们在第 T 期的收益而且也没有未来遭受惩罚的可能。然后，我们证明在第 $T-1$ 期对任何以正概率出现的历史 h^{T-1} 两个参与人都必定背叛：我们已经确证沿着均衡路径的两个参与人将在最后一期背叛，所以特别地，如果参与人 i 在时期 $T-1$ 遵循均衡策略，那么他的对手必然在最后一期背叛。因此参与人 i 没有激励不在时期 $T-1$ 背叛。依此类推，就归纳地完成了证明。这尽管不是一个病态的结论，但它依赖于静态均衡中参与人恰巧得到其最小最大值这一条件，就像下面定理所述的那样。

定理 5.8（Benoit and Krishna，1987）　假设对每个参与人 i 存在一个静态均衡 $\alpha^*(i)$，使得 $g_i(\alpha^*(i))>\underline{v}_i$。那么随着 $T\to\infty$，经过时间平均的 T 期博弈的纳什均衡收益集就收敛于可行的个人理性收益集。

证明　证明的关键思想是先构造一个“最终回报期”，其中每个参与人得到的严格多于他在许多期的最小最大值。要构造它，设“回报循环”为一个混合行动组合的序列 $\alpha^*(1)$，$\alpha^*(2)$，…，$\alpha^*(I)$，令 R 循环最终状态是长度为 $R\cdot I$ 的策略组合序列，其中回报循环重复 R 次。任何 R 循环最终状态显然在长度为 $R\cdot I$ 的子博弈中都是纳什均衡路径。因为每个 $\alpha^*(j)$ 都使参与人 i 至少得到他的最小最大值，而由假设 $\alpha^*(i)$ 他得到的更多，所以每个参与人在这个状态中的平均收益严格超过了他的最小最大水平。

接下来，固定一个可行的严格个人理性收益 v 和集合 R，使其足够大，从而使得每个参与人 i 宁愿沿着 R 循环最终状态得到收益 v_i，而不愿在一期得到最大的可能收益 $\max_a g_i(a)$，然后持续 $R \cdot I$ 期受到最小最大惩罚。我们继而选择任意一个 $\varepsilon > 0$ 和 T 使得存在一个长度为 $T - R \cdot I$ 的确定的纯行动循环 $\{a(t)\}$，其中他的平均收益和收益 v 相差不到 ε。

最后，我们指定如下策略：只要过去的选择符合 $\{a(t)\}$ 且还剩下多于 $R \cdot I$ 期的时间，就按照确定的 $\{a(t)\}$ 选择。如果余下的时间多于 $R \cdot I$ 期时任何参与人单边背离这一路径，那么在接下来的博弈中对这个参与人实施最小最大策略。如果选择 $\{a(t)\}$ 直到余下的时间等于 $R \cdot I$ 期，那么在剩下的博弈中遵循 R 循环最终状态，无论在这种状态中观察到何种行动。

对于任何 $T > R \cdot I$，这些策略都是纳什均衡。对 $T > R \cdot I(\max_a g_i(a) - \underline{v}_i)/\varepsilon$，平均收益和 v 相差不到 2ε。 ■

贝努瓦和克瑞什纳（Benoit and Krishna，1985）在更强的条件下给出了子博弈完美均衡的相关结果。［弗里德曼（Friedman，1985）与弗瑞斯和摩瑞克斯（Fraysse and Moreaux，1985）对于特殊博弈类做了独立的、但不完备的分析。］回顾第 4 章，如果阶段博弈有唯一的均衡，逆向递归说明有限次重复博弈的唯一完美均衡是在每个子博弈的每一期选择静态均衡。如果存在几个静态均衡，就可能对在倒数第二期背离的参与人施加这样的惩罚，如果他不背离，那么他所青睐的静态均衡就在最后一期发生，而背离会导致他不喜欢的静态均衡出现。

定理 5.9 (Benoit and Krishna，1985) 假设对每个参与人 i 存在静态均衡 $\alpha^*(i)$ 和 $\hat{\alpha}(i)$，使得 $g_i(\alpha^*(i)) > g_i(\hat{\alpha}(i))$。又假设可行集的维数等于参与人的个数。那么，对每个分量 v_i 严格超过参与人 i 纯策略的最小最大水平的可行收益 $v \in V$ 和每个充分小的 $\varepsilon > 0$，存在 T 使得对所有有限期限 $T' > T$，存在一个子博弈完美均衡，其收益和 v 相差不到 ε。

证明 （略）。

和无限期情形一样，为了使只奖励一个参与人的策略存在，就要求满足充分维数条件。这个结果能否加强为使所有的收益都能超过混合策略的最小最大水平仍然是一个尚待解决的问题。

尽管贝努瓦-克瑞什纳结果将纳什均衡和完美均衡无名氏定理推广到一类有限重复博弈，在囚徒困境这样的博弈中唯一一个重复有限的纳什均衡却总是“不友好”的。极少“真实世界”中的长期关系符合有限期模型；但是确实有许多实验研究表明，存在参与人被告知博弈期限位于一个固定有限点和有唯一的阶段博弈均衡的情况。无论理论如何预测，从这些对囚徒困境的实验研究中我们知道，参与人实际上的确在许多时期里合作。

一种解释是从“合作”中所得到的额外满足为参与人所知，这些满足超过实验设计所指定的回报。这样的解释不是看上去不合理，但是它也未免太简单了，而且放之四海而皆准；一旦我们承认错误地设定了收益，就没法找到约束实验的预期结果的条件。

另一种解释是对模型做更小的修改，考虑可能存在从合作得到额外满足的小概率，只要参与人及其对手以前合作过。这是克雷普斯-米尔格罗姆-罗伯茨-威尔逊（Kreps-Milgrom-Roberts-Wilson，1982）“声誉效应”的基本思想，我们将在第9章中详细讨论。4.8节讨论的ε均衡方法（Radner，1980；Fudenberg and Levine，1983）是另一种在有限次重复博弈中不用逆向递归的方法，尽管它要求用ε均衡描述有限理性而不是仅仅把它当成一个方便的技术性手段。

5.3 和不同的对手重复博弈†††

重复博弈的经典假定是每一期同一个固定集合中的参与人彼此博弈。不过，在某些不是所有参与人都无限期地彼此博弈的条件下也可以得到和无名氏定理类似的结论。按照上述思路，本节讨论了重复博弈的几个变型。

5.3.1 包含长期和短期参与人的重复博弈

我们要考虑的第一个变型假定一些参与人和标准重复博弈一样是长期参与人，而另一些“参与人”的角色由一系列的短期参与人担当，每人只博弈一次。

例 5.1

假定一个单独的长期厂商面对一系列短期消费者，他们每人博弈一次，但是在选择自己行动的时候都知道以前全部的选择。每一期，消费者先行，选择是否从厂商处购买商品。如果消费者不购买，那么两个参与人得到的收益都为0。如果消费者决定购买，那么厂商决定是生产高质量还是低质量的产品。如果厂商生产高质量产品，两个参与人得到的收益都为1；如果它生产低质量产品，厂商得到的收益为2，而消费者得到的收益为−1。该博弈是以下论文所论述的一个简化版本：Dybvig and Spatt (1980)，Klein and Leffler (1981)，以及 Shapiro (1982)。[①] 西蒙 (Simon，1951) 和克雷普斯 (Kreps，1986) 用类似的博弈来分析雇佣关系，并且论述厂商之所以存在，准确地说，是提供一个长期参与人，他因为要考虑将来得到奖惩的前景而变得值得信赖。

当厂商有充分的耐心时，以下策略是一个子博弈完美均衡：厂商一开始在每次消费者购买的时候都生产高质量产品，而且只要他从未在过去生产过低质量产品，就一直这样持续下去。如果厂商已经生产过低质量的产品，他就在后来每次有机会卖出时都生产低质量的产品。消费者从购买产品开始，只要厂商从未生产过低质量产品，他就一直购买。如果厂商已经生产过低质量的产品，那么没有消费者会再次购买。消费者的策略是最优的，因为每个消费者只关心他所在的那一期的收益，所以他在当且仅当那期产品的期望质量高时才购买。厂商生产高质量产品确实发生一个短期成本，但是当厂商足够有耐心时，这个成本就被低质量产品将会吓跑消费者的恐惧抵消掉了。注意这个均衡暗示了为什么消费者更偏好和一个能期望存在一段时间的厂商做生意，而不是和一个“不可靠”的不关心长期利益的厂商做生意。

例 5.2

作为另一个例子，考虑囚徒困境的一个序贯行动形式的重复博弈，其中一个长期参与人面对一系列短期对手。每一期，短期参与人决定合作还是欺骗在长期参与人作出自己的决定之前就被观察到。和以前的例子一样，如果长期参与者的贴现因子接近1，那么存在一种均衡，其中参与人总是合作。这一均衡是：“只要过去每一期长期参与人都和那期的短期参与人采

---

① 迪布维格和斯派特 (Dybvig and Spatt，1980) 与夏皮罗 (Shapiro，1982) 考虑的模型中，用一个永生但是“小”的消费者连续统代表上述“短期参与人”。因为他们假设任何个人消费者的选择不可能被观察到，消费者总是最大化他们的当期收益，且模型等价于一系列短期消费者个人。(见我们在第3章为了讨论“小”参与人不能被观察到的假设而对开环和闭环均衡所做的处理。)

取同样的行动，短期参与人就合作；如果长期参与人曾经未能匹配短期参与人，则选择欺骗。只要以前长期参与人的选择一直和短期参与人的选择匹配，他就继续与当期的对手匹配，否则选择欺骗。”

例5.2的合作成为均衡的关键在于因为短期参与人先行，就可假设他们有激励在将来各期无须奖惩即能合作。如果在每阶段博弈中同时行动，短期参与人将在每一期欺骗，那么唯一的均衡结果就是双方总是欺骗。这暗示了将无名氏定理推广到这些博弈的方法是修改可行收益和最小最大值的定义以建立约束使得短期参与人总是作出短期最佳反应。

正式表述这个猜想，标记各个参与人，使得参与人 $i=1$，…，ℓ 是长期参与人，他们使自己经过标准化的每期收益贴现和达到最大。令参与人 $j=(\ell+1)$，…，I 代表一系列短期参与人，他们在每一期行动最大化自己当期的收益。即阶段博弈有 I 个参与者，在个人进行选择的重复博弈中，部分参与人从 $\ell+1$ 到 I 每期都更换。（换言之，参与人 $\ell+1$ 到 I 可视为贴现因子为0的长期参与人。）令

$$\mathrm{B}: \mathscr{A}_1 \times \cdots \times \mathscr{A}_\ell \rightarrow \mathscr{A}_{\ell+1} \times \cdots \times \cdots \times \mathscr{A}_I$$

是长期参与人的任一行动组合（α_1，…，α_ℓ）到相应纳什均衡中短期参与人的行动的映射。也就是说，对每个 $\alpha \in \mathrm{graph}(\mathrm{B})$ 和 $i \geqslant \ell+1$，α_i 是 α_{-i} 的最佳反应。

对每个长期参与人 i，定义最小最大值 $\underline{v}_i$ 为

$$\min_{\alpha \in \mathrm{graph}(\mathrm{B})} \max_{a_i \in A_i} g_i(a_i, \alpha_{-i}) \tag{5.13}$$

（最小值能够达到，是因为B的图形是紧的，且收益函数在混合策略上是连续的。注意到如果所有参与人是长期参与人，这个定义就退化为通常的情形。）令

$$\begin{aligned} U = \{ & v = (v_1, \cdots, v_\ell) \in \mathbb{R}^\ell \mid \exists \alpha \in \mathrm{graph}(\mathrm{B}), \\ & \text{其中 } g_i(\alpha) = v_i, i = 1, \cdots, \ell \} \end{aligned}$$

和集合

$$V = \text{凸壳}(U)$$

这就是调整过的可行收益集的定义。

我们在注释中提到过，也许有人怀疑无名氏定理能否使用这些调整过的可行性和最小最大水平的定义推广。弗登博格、克雷普斯和马斯金（Fudenberg，Kreps，and Maskin，1990）说明只有当每个参与

人在阶段博弈中的混合行动选择是公开可见的时候，这些推广才成立。当参与人只能观察到其对手实现的行动时，子博弈完美均衡集可能严格变小。原因是，为了要短期参与人沿着均衡路径采取一个特定行动，某些长期参与人也许需要用混合行动。当随机化的概率不可观察时，这个随机化要求后继收益使得随机化行动的长期参与人在他们指派正概率的纯行动间无差异，从可行均衡收益的效率上考虑，这强加了一项成本。

无法观察的随机化概率的均衡的极限集是可行的，个人理性的收益约束$v_i \leqslant \bar{v}_i$的交集，其中$\bar{v}_i$定义如下：

$$\bar{v}_i = \max_{\alpha \in \mathrm{graph}(B)} \min_{a_i \in \mathrm{support}(\alpha_i)} g_i(a_i, \alpha_{-i}) \tag{5.14}$$

对于固定的混合行动组合α，等式（5.14）计算了参与人i以正概率采取的行动α_i中的最差收益。直观上看，如果参与人i沿着均衡路径选择α_i，他必然乐于使用α_i中的每个行动。

定理 5.10（Fudenberg，Kreps，and Maskin，1990；Fudenberg and Levine，1990） 假设V的维数等于长期参与人的数目ℓ。如果对所有$i=1$，…，ℓ满足$\underline{v}_i < v_i < \bar{v}_i$，那么相对于每个这样的$v \in V$，存在一个$\underline{\delta}$，使得对任何$\delta \in (\underline{\delta}, 1)$都存在一个收益为$v$的子博弈完美均衡。

证明 （略）。

5.3.2 参与人世代交叠的博弈

克莱默（Crémer，1986）考虑的博弈中世代交叠的参与人能生存T期，所以在每个时刻t存在一个T岁的参与人正在进行最后一轮选择，一个$T-1$岁的参与人在进行倒数第二轮选择……，一个新的参与人将要进行T次选择。每一期，T个参与人同时选择工作还是偷懒，而且他们的选择在每期末被显示出来；参与人平等分享的产出是工作人数的增函数。[①] 努力的成本超过产出增长的成本，所以偷懒是阶段博弈中的优势策略，这和T参与人囚徒困境类似。重复博弈的收益是每期效用的平均值。

假定有效率的博弈结果是所有参与人都工作。既然T岁的参与人总会偷懒，它就不会是任何纳什均衡的结果。无论如何，存在绝大多数人工作的均衡。如果我们进一步限定模型，这就更显而易见的了。令

① 但注意到有意思的是如果我们假定工作者只观察偷懒者的数目而不是他们的身份，下一段落推出的“合作”均衡仍为一个均衡。

$T=10$，假定 k 个参与人工作的总产出为 $2k$，而努力的成本为 1。那么如果偏好是产出和努力的线性组合，当 k 个对手都工作时，参与人自己工作得到的收益是 $2(k+1)/10-1$，而偷懒的收益是 $2k/10$。有效率的结果是所有参与人都工作，每人获得效用 1。

现在考虑如下策略组合："10 岁的参与人总是偷懒。只要没有人 10 岁之前偷过懒，所有不满 10 岁的人就会工作。如果有一人曾经在 10 岁前偷懒，那么全体参与人都偷懒。"如果所有参与人遵循这个策略组合，那么每人在他工作的时期内得到 $18/10-1=4/5$，而在 10 岁那一期得到 9/5。显然，当他 10 岁时，没有人能背离上述策略后还能获益。如果一个 9 岁的参与人背离，他在背离的当期得到 8/5，下一期得到 0，两期总和小于 $4/5+9/5$；更年轻的参与人背离的损失甚至更大。因此，这一策略组合是子博弈完美均衡。

科恩德瑞（Kandori，1989b）和史密斯（Smith，1989）推广了这种构造方法，给出了无名氏定理成立的条件。

5.3.3　随机匹配的对手

另一个重复博弈模型的变型假定存在 a 参与人。每个参与人博弈无限次，但是在每一期面对不同的对手。更准确地说，一个两人参加的阶段博弈，假定存在编号为 1 和 2 的两个参与人群，各有 N 人。每一期，每个参与人 1 和一个参与人 2 相互进行博弈。匹配一个特定参与人 2 的概率是 $1/N$，且每阶段的配对是独立的。[①]

最初分析这类随机—配对模型的是罗森塔尔和兰德（Rosenthal，1979；Rosenthal and Landau，1979）。他们假设当参与人两两配对时，所了解的信息包含了他们两个前一期如何选择的情况。从而，如果阶段博弈是囚徒困境，C 代表"合作"而 D 代表"背叛"，一对参与人可能有四种可能的"历史"，即（C，C），（D，C），（C，D）和（D，D），因此每人有 $2^4=16$ 种纯策略。（注意参与人没有完美回忆！）

在这种信息结构下，"当且仅当我的对手上一期合作时合作"，或者"针锋相对"是可行策略。更一般地，参与人在时期 t 的选择对他在时期 $t+1$ 的对手的选择有直接影响。

如果参与人期望在时期 $t+1$ 和时期 $t+2$ 面对同一个对手，他也许期待他在时期 t 的行动能对 $t+1$ 以后对手的选择产生间接的影响。例

① 这类模型可用来解释其原因，比如，交易者会诚实行为，即便他们几乎不可能在将来再次遇到彼此（Greif，1989；Milgrom，North，Weingast，1989）。

如，如果对手的策略是只要历史是（C，C）就合作，在时期 t 背叛不仅会引起对手在时期 $t+1$ 背叛，而且以后每一期的对手都会选择背叛。

罗森塔尔（Rosenthal，1979），罗森塔尔和兰德（Rosenthal and Landau，1979）只对“马尔可夫均衡”感兴趣，那里不存在这种间接影响，而且每个参与人都相信他在时刻 t 的行动对从时期 $t+2$ 开始的对手没有影响。[①] 尽管这个判断在每个类型只有一个参与人时是不正确的，它对于每种类型的参与人是一个连续统的模型却是正确的，因而没有哪个参与人曾遇到同一个对手两次。[②]

什么时候参与人采用“针锋相对”的策略组合是囚徒困境的一个马尔可夫均衡呢？如果现在的对手在上期合作，每个参与人都必定愿意合作，而如果上一期中这个对手背叛了，该参与人就宁愿选择背叛。然而，参与人下一期的对手不知道他现在对手过去的选择，从而不能区分为了惩罚当前对手过去背叛行为而采取的“背叛”和偏离“针锋相对”策略的“背叛”。特别地，采用“针锋相对”策略，任何一种今天的背叛都将导致下一个对手背叛。因此，只要贴现因子使得欺骗的短期收益等于下一期惩罚的贴现成本，两种参与人都采用“针锋相对”策略就是马尔可夫均衡：如果贴现因子较小，那么惩罚的威胁不足以强制实施合作；如果贴现因子较大，那么对手在上一期背叛的参与人不愿惩罚他的对手，因为这样做将降低惩罚者未来的收益。对于图 4—1 中的收益，临界值是 $\delta=\frac{1}{2}$。更一般地，罗森塔尔说明除非贴现因子取临界值，囚徒困境唯一的对称马尔可夫均衡就是所有参与人都要在每一期欺骗。

科恩德瑞（Kandori，1989b）发现对于接近 1 的贴现因子，如果参与人观察到他伙伴前一期的配对结果，即他伙伴及其对手的选择，合作是一个均衡结果。在这种情形下，合作可以通过如下策略实施：“第一期合作，而且只要每次我的配对结果是（C，C），而且我对手上一次的配对结果也是（C，C），那么就继续合作；否则背叛。”采用这些策略，如果他的伙伴在上一期欺骗，这个参与人不可能有比实施预定惩罚更好的选择，因为现在的伙伴将在这一期背叛；而且这个参与人无论今天如

---

① 这里的“马尔可夫均衡”不同于第 13 章的定义。

② 为了避免技术性的烦琐，罗森塔尔（Rosenthal，1979）与罗森塔尔和兰德（Rosenthal and Landau，1979）假定每群参与人有有限个，所以一个参与人 1 在连续两期里遇到同一个参与人 2 的可能性大于 0。于是，参与人 1 今天的行动就对他下一个对手的选择有所影响，但是每群参与人有许多时，这种影响就比较小。

何选择，下一期都将遭受惩罚。另外，无论参与人将来的行为如何，他一旦背离就将永远受到惩罚。科恩德瑞指出这些策略有一个不现实的特征：单独一个参与人的背离导致整个“社会”最终陷入全部背叛的均衡。他建议研究者应去寻找“弹性”均衡，就是最终能回到在任何子博弈中都选择合作（在有限次背离之后）的策略组合。既然提出这种稳定性是出于以下考虑：模型中可能存在某种噪声触发了“惩罚机制”，另一种可选的方法就是明确指出噪声。这种方法把囚徒困境转换成一个有着观察不完美行动的博弈，我们在5.5节～5.7节讨论这个问题。研究含有噪声的博弈中的随机匹配均衡直到现在仍然是文献中的热门问题。

科恩德瑞还提出博弈中的另一类均衡，在这些博弈里参与人只能观察到他们过去竞争的表现。在这个“传染”均衡中，所有参与人一开始都选择合作，如果一个参与人曾遇到选择D的参与人，他就从那时起一直选择D。因为每群参与人有无穷多个，参与人不会再次遇到他现在对手的概率是1（他甚至也不会遇到任何与他现在对手博弈过的人，等等）。参与人不会因选择D而遭受长期损失，而且这些策略不是一个均衡。但是，如果人数有限且进行随机匹配，今天选择D将最终导致所有人选择D。这样，传染策略就可能成为均衡；它们是不是均衡依赖于传染扩散的速度，速度反过来又依赖于参与人的人数。如果只有两个参与人，传染策略对接近1的贴现因子显然是个均衡。如果固定阶段博弈的收益，科恩德瑞的传染策略就不是一个均衡，但这并不是因为参与人在合作阶段下被诱致背叛，而是因为参与人偏好继续选择C，即便在他遇到一个为了减缓传染过程的扩散而选择D的对手也是如此。科恩德瑞说明对任何给定数目的参与人，只要阶段博弈的收益改变如下：当对手选择D时该参与人选择C的收益充分小，传染策略就是贴现因子接近1时的均衡。在这种情形下，即使下一个对手选择D的概率足够小也足以使D成为最佳反应。

埃利森（Ellison，1991）指出对任何数量的参与人和固定的阶段博弈的收益，实际上存在所有人都合作的均衡。此外，均衡是部分有弹性的，从这个意义上说如果单一参与人欺骗一次，结果是参与人在绝大多数时间内继续合作的稳态。（如果引入公共随机化装置，均衡就可能完全有弹性。）埃利森还对有噪声的随机匹配模型构造出了近似有效率的均衡。

5.4 帕累托完美和重复博弈中的抗重新谈判†††

5.4.1 介绍

最近许多经济学者探讨了均衡的“重新谈判”思想，尤其是把在重复博弈中的选择看做重新谈判能得到什么结论。其思想是这样的，如果把均衡当成参与人谈判的结果，他们在每期初有机会开始重新谈判，那么我们就有理由怀疑：偏离将触发一个“惩罚均衡”的威胁是否能使均衡得到“好”的结果。因为参与人可能首先偏离，然后提议放弃有惩罚的均衡而追求另一个能改善所有人状况的均衡。我们称这种对均衡的限制为“帕累托完美性”，它推广了这一思想：给定未来时期对均衡的约束，由于要求任何子博弈中的均衡不能是帕累托劣势的，参与人在动态安排中不会选择帕累托劣势的均衡。

由于子博弈中的帕累托最优约束能看成参与人“重新谈判”达成原始协议的结果，所以上述限制又称为“抗重新谈判”。后一个术语暗示了本节与讨论重新谈判合同的文献之间的平行关系，那些文献也提出了“抗重新谈判”的概念，不过这两个概念并非完全一致：如果两个参与人就一个合同达成一致，它的条款就受到法律约束，除非两人都同意用另一个合同代替原合同；相反地，均衡时的原始“谈判”不受法律约束，只起到调整预期的作用。

因为选择帕累托最优结果的过程和帕累托完美性、抗重新谈判的思想都把它们的出发点放在如下前提上：在一个静态博弈中，参与人总是在均衡收益集的帕累托边界上选择均衡，它们经常受到对该假设的各种批评。特别地，考虑图 5—3 所示的博弈（我们已经在 1.2.4 小节中讨论过它）。

	L	R
U	9，9	0，8
D	8，0	7，7

图 5—3

我们在 1.2.4 小节中论述了尽管均衡（U，L）帕累托优于其他结果，而且参与人甚至能在博弈开始前相互沟通，我们依然不清楚它能否最合理地预言博弈如何进行。像奥曼（Aumann，1990）所观察到的，不管参与人2如何选择，如果参与人1选择U，参与人2肯定获益更多，那么不管参与人2如何选择，他都会告诉参与人1他会选择L。因此，我们还是不知道参与人是否应该期望让他们的对手相信他们的声明是真诚的。

本节提出的这些概念更为深入，它们假定即使参与人已经背离了过去“谈判”规定的选择，未来的谈判也能得到有效的博弈结果。例如，在重复进行图5—3所示的博弈时，帕累托完美性要求参与人在第1期选择（U，L），在第2期还是选择（U，L），即便他们中的一个或者两个在第1期背离——将第1期的背离视做不影响以后选择的“过去”。这是一个很强的假设。不过如果我们假定在子博弈完美中，参与人认为背离是不太可能重复的事，那么可以认定它是合理的。（第11章讨论了前向归纳的思想，其中将背离解释成策略信号；将它用于重复博弈就得到了完全不同的结论。）

不论我们如何看待静态博弈中的帕累托有效性，这个概念总是非常有意义的，我们需要讨论它的动态情形。对应该如何使其动态化一般有几种互相竞争的理论；无名氏定理只对其中的某几种理论成立，我们将在下面解释这一点。从无限次重复博弈开始讨论，更容易看出什么是“恰当”的定义。

5.4.2 无限重复博弈中的帕累托完美性

抗重新谈判均衡概念的正式定义中最成熟的一个是由伯恩翰姆-佩莱格-温斯顿（Bernheim-Peleg-Whinston，1987）提出的——无限重复博弈的帕累托完美均衡。帕累托完美性将帕累托最优均衡和子博弈完美的逻辑相结合，得出了下面给出的递归定义。[①]

对于任何$\mathbb{R}^I$中的集合C，记$\mathrm{Eff}(C)$为C中强有效点的集合，即这样的集合：对任何$x\in C$都不存在$y\in C$和$y\neq x$使得$y\geqslant x$。

定义5.1（Bernheim，Peleg and Whinston，1987） 固定阶段博弈g，令G^T为相应的T次重复。令P^T为G^T的纯策略子博弈完美均衡的收益集。设$Q^1=P^1$和$R^1=\mathrm{Eff}(P^1)$。

对$T>1$，令$Q^T\subseteq P^T$为纯策略完美均衡的收益集，它能够在第2期通过R^{T-1}中的后继收益强制执行。

① 伯恩翰姆、佩莱格和温斯顿（Bernheim，Peleg and Whinston，1987）给出了可观察行动的一般多阶段博弈的定义。我们出于方便符号使用的考虑而特殊化了重复博弈，但是一般定义应该是清楚的。我们正式表述定义遵循贝努瓦和克瑞什纳（Benoit and Krishna，1988）的结果，他们只考虑了纯策略均衡。

如果对每个时间 t 和历史 h^t，σ 下的后继收益在 R^{T-t} 中，那么一个 G^T 的完美均衡 σ 是帕累托完美的。

文献一般将讨论限制在纯策略均衡的范围内。但是，因为有些博弈的混合策略均衡帕累托优于所有纯策略均衡，这个限制就有问题了。另外，回顾 1.2.4 小节，对“谈判”类型的论述仅仅在双人博弈中支持帕累托最优均衡。不过只有伯恩翰姆、佩莱格和温斯顿将他们的抗共谋均衡概念推广到完美抗共谋均衡，大多数后续工作还是集中在双人博弈上。

为了说明重新谈判约束的重要性，让我们考虑贝努瓦和克瑞什纳（Benoit and Krishna，1988）与伯金和麦克劳德（Bergin and MacLeod，1989）采用的例子，如图 5—4 所示。在该博弈中，纯策略帕累托最优均衡收益集 R^1 是 $\{(4,2),(3,3),(2,4)\}$。因为 R^1 中存在多重均衡，在重复两次的博弈 G^2 中，我们可以相对于第 1 期的选择自由改变最后一期的均衡。如果参与人足够有耐心，就能在第 1 期实施收益（5，5）：如果不存在背离，那么后继收益为（3，3），而背离者将受到后继收益是 2 的惩罚。特别地，如果（像贝努瓦和克瑞什纳所假设的）贴现因子恰好是 1，那么 R^2 就是单点集（8，8）。但是对 G^3 来说就无法在第 1 期实施合作，因为后继的博弈 G^2 只有唯一的帕累托完美的收益！这样，帕累托完美性就要求三次重复博弈的第 1 期发生静态均衡之一，且 $Q^3=R^3=\{(12,10),(11,11),(10,12)\}$。给定 Q^3 中的一种收益，四阶段博弈的第 1 期就能实施组合（a_4，b_4），等等。贝努瓦和克瑞什纳说明集合 R^T 是随 T 变化的，当 T 是奇数时有三个元素，当 T 是偶数时有一个元素。另外，尽管根据贝努瓦和克瑞什纳（Benoit and Krishna，1985），当 T 很大时有效率的收益（5，5）可在一个子博弈完美均衡中近似地得到（见 5.2 节），当 $T\to\infty$ 时，每期的平均收益 R^T/T 还是收敛于点（4，4）。从而，帕累托完美均衡不一定是所有完美均衡构成的集合里的帕累托有效点，因为帕累托完美连续性的限制减少了参与人选择有效组合（a_4，b_4）的次数。

	b_1	b_2	b_3	b_4
a_1	0，0	2，4	0，0	5.5，0
a_2	4，2	0，0	0，0	0，0
a_3	0，0	0，0	3，3	0，0
a_4	0，5.5	0，0	0，0	5，5

图 5—4

注意，有趣的一点是 R^T 和所有完美均衡组成的集合 P^T 不同：即使期限非常长，最初几期的选择对于时期的准确长度还是十分敏感。因此参与人准确知道时间跨度的假设在这里就比重新谈判约束不起作用重要得多，因为在这种情况下［在贝努瓦和克瑞什纳（Benoit and Krishna，1985）的条件下］期限很长的博弈中的选择除了“最后几期”外不依赖于博弈的确切长度。

贝努瓦和克瑞什纳证明了对一般的阶段博弈来说，平均收益 R^T/T 要么像前例一样收敛于一个单点，要么是有效边界的一个子集。更准确地说，他们证明了如果在每一阶段 T 调整 R^T 的递归定义，只考虑在 R^{T-1} 中拥有后继的纯策略均衡，这些性质也依然成立。（回忆一下，从某种意义上说，对纯策略均衡的限制和帕累托最优标准是存在矛盾的，因为有一些阶段博弈中的混合策略均衡优于全部纯策略均衡。）

伯金和麦克劳德（Bergin and MacLeod，1989）对无限重复博弈提出了另一种抗重新谈判，他们称之为递归有效性。递归有效性的定义和帕累托完美性的定义一样由递归办法给出，用 Q'^T 代表可由 R'^{T-1} 中的后继收益实施的均衡收益；不同之处在于递归有效性的协议集合 R'^T 可能是 Q'^T 中有效点的恰当子集。[①]

在上述例子中，在递归有效性的含义下集合 R'^1 是单点集（3，3），从而 G^2 在第一阶段就不能实施（5，5）。这反过来就使得 R'^2 是集合 $\{(5,7),(6,6),(7,5)\}$，所以在 G^3 中通过在第 1 期指定如下策略使得结果（a_4，b_4）和收益（5，5）能够执行：如果不存在背离，后继收益就是（6，6），而背离者的后继收益是 5。这和帕累托完美相矛盾，帕累托完美要求从第 2 期开始的后继收益是（8，8），从而也就排除了在第 1 期“合作”的可能。

如果贴现因子恰巧是 1，时间变换就不影响参与人在 G^3 中的收益，但是如果贴现因子小于 1，参与人就更偏好在第 1 期有高收益（5，5）。例如，如果 $\delta=\frac{1}{2}$，G^3 中贴现后的帕累托完美收益是（25/4，25/4），而递归有效收益是（29/4，29/4）。（如果贴现因子太小，前述策略就不是完美的。）

伯金和麦克劳德论证了他们所给定义的合理性。假定参与人在第 1 期以前曾经相见而且同意在最后一期选择任何一个固定的静态均衡，那

---

① 递归有效性也用弱有效性代替有效性。［对任何 $\mathbb{R}^I$ 中的集合 C，Weff（C），弱有效点集定义为集合 C 中的元素 $x\in C$ 使得不存在 $y\in C$，能使 $y>x$，即 y 在所有分量上都优于 x。］

么这个后继均衡就变成了“社会规范”。而且所有参与人都相信，无论第 2 期如何谈判，第 3 期的社会规范将被选择，除非在第 3 期它是不可接受的。那么在第 2 期，参与人将会选择更有效的均衡“今天的结果是 (a_4, b_4)，任何背离者明天得到 2”的暗示是不可置信的，尽管它是帕累托完美的。因为两个参与人都情愿背离，然后要求在最后一期实施“社会规范”（3，3）。换言之，递归有效性使得原始协议变得有价值，但是在帕累托完美性的要求下，当选择后继博弈的协议时，无须考虑原始协议组成的集合。正如伯金和麦克劳德所指出的，帕累托完美是一个“历史不起重要作用的理论”，但是在递归有效性的含义中“第 1 期的协议是一个默认的焦点”。从另一个角度看，递归有效性假定在重新谈判阶段有“较少的超理性”，因为参与人不能通过最后两期重新谈判达到帕累托完美均衡。

伯金和麦克劳德阐释的精髓可以用来论证一个相对松弛的递归有效性的合理性。伯金和麦克劳德承认 t 时的协议集合是相对于递归有效后继而言的有效协议的子集，但不认为子集 Q'^{t} 的选择依赖于历史 h^t。考虑一个四期的重复博弈，每阶段如图 5—4 所示，贴现因子是 $\frac{1}{2}$。如果参与人能同意采取的均衡在第 2、3 期选择 (a_1, b_2)，即便它不是帕累托完美的，他们也许还能同意在最后三期中使用递归有效的均衡，如果在第 1 期不存在背离，或者背离就采取帕累托有效均衡，从而在第 1、2 期实施结果 (a_4, b_4)。[见德马泽（DeMarzo，1988）和格林伯格（Greenberg，1988）对均衡精炼作为社会规范的其他讨论。]

5.4.3 无限重复博弈中的抗重新谈判

有限期博弈的帕累托完美性和递归有效性都是通过从终点逆向递归来定义的。已经有人证实，定义无限期博弈的重新谈判或者帕累托完美性要麻烦得多。最早的分析之一是法雷尔和马斯金（Farrell and Maskin，1989）给出的。他们定义了无限重复博弈的“弱抗重新谈判”。这个概念要求时刻 t 的抗重新谈判均衡集不仅取决于历史 h^t，而且取决于日历时间 t，因此能将帕累托完美性“过去的已经过去了”的含义推广到无限重复博弈。弱抗重新谈判从如下观点出发：存在外生选定的可能均衡的收益集 Q，它在任何 t 和对任何 h^t 都是可能的，Q 中的每个收益只需要满足其后继收益与 Q 中的其他均衡相一致这一条件。令 $c(\sigma; h^t)$ 为 σ 中给的历史 h^t 的后继收益，令 $C(\sigma)=\bigcup_{t,h^t} c(\sigma;h^t)$ 是策略组合 σ 的所有后继收益组成的集合。那么，对 $v\in Q$，必存在一个

完美均衡 σ，其收益是 v，使得 $C(\sigma)\subseteq Q$。如果没有一个 Q 中的均衡收益帕累托劣于另一个均衡收益，就称集合 Q 为弱抗重新谈判的（weakly renegotiation-proof，WRP）。

这个定义让外生的“社会规范”集合 Q 发挥了非常重要的作用。比如，它使得任何弱抗重新谈判的静态均衡都是单点集。但是在囚徒困境中，如果背离不是弱抗重新谈判的，静态均衡要求的初始合作永远采用“严酷”策略，因为“合作状态”对应的收益帕累托优于惩罚状态的收益。也就是说，一旦“总是合作”导致的收益包含在可能“协议”的集合 Q 中，参与人就会为从无休止的惩罚中回到合作状态而重新谈判。此外，“完美针锋相对”策略也不是弱抗重新谈判的，因为当出现单边背离时，忽略背离而选择（C，C）将更有效率。“完美针锋相对”策略的定义为：“在第 1 期选择 C，然后如果上一期的结果是（C，C）或者（D，D）就继续选择 C；如果上一期结果是（D，C）或（C，D）就选择 D。”不过当贴现因子接近 1 时，这些策略是有着一般收益的子博弈完美均衡，即如图 5—5 所给出的那样。

	C	D
C	2，2	−1，3
D	3，−1	0，0

图 5—5

无论如何，法雷尔和马斯金（Farrell and Maskin，1989）和冯・达姆（van Damme，1989）说明如果贴现因子足够接近 1，合作就是重复囚徒困境中弱抗重新谈判的结果。而实际上抗重新谈判版本的无名氏定理对这个博弈成立。特别地，两个参与人都使用如下“忏悔”策略的组合是 WRP，而且收益是有效率的：“以两个参与人都选择 C 的合作为开始状态。如果一个参与人 i 偏离到 D，就转向惩罚参与人 i 的状态。在这个状态中，参与人 i 选择 C，而其他人选择 D。继续选择这一状态，直到参与人 i 第一次选择 C，然后转回合作状态。”

证明该策略组合是 WRP，第一步要验证它是子博弈完美的。在合作状态中，任何背离都触发一期的惩罚，如果贴现因子接近 1，收益如图 5—5 所示，参与人就不喜欢背离。当参与人 1 受到惩罚时，如果他遵照前面的策略，则其收益是 $-(1-\delta)+2\delta>0$；如果他背离，则得到较小的 $0-\delta(1-\delta)+2\delta^2$。当参与人 1 被惩罚时，参与人 2 的收益是 $3(1-\delta)+2\delta$，超过了参与人 2 自己背离一次然后回复原来状态所得到的收益。所以该策略组合是子博弈完美的。此外，三个后继收益向量中没有一个劣于其他两个帕累托，所以组合是 WRP。

要得到重复囚徒困境中的有效 WRP 收益，关键在于用组合（C，D）来惩罚参与人 1，这就使参与人 1 的收益取最小最大值，而奖励了参与人 2。在其他博弈中，可能存在奖励 2 和惩罚 1 之间的取舍，这就使得有效个人理性收益不总是 WRP 的。例如，在无成本生产的重复古诺双寡头竞争中，如果需求 $D(p)=2-p$ 和形式为 $(x, 1-x)$，$x\in(0, 1)$ 的收益向量是可行的和个人理性的，那么无论贴现因子如何取值，唯一的有效 WRP 收益是每个厂商至少得到$\frac{1}{9}$。[见法雷尔和马斯金（Farrell and Maskin，1989）对此的论述。]

皮尔斯（Pearce，1988）与阿伯若、皮尔斯和斯达彻蒂（Abreu，Pearce and Stachetti，1989）发展了另一种抗重新谈判的定义，遗憾的是他们使用了同一个名字。不同于法雷尔和马斯金、皮尔斯等人允许 $C(\sigma)$中的某些均衡帕累托优于其他——他们没有检验“内部”帕累托一致性，而是做了外部检验：σ 是抗重新谈判的，除非存在 $C(\sigma)$ 中的后继收益 w 和另一个子博弈完美均衡 σ' 使得所有 $C(\sigma')$ 中的后继收益帕累托优于 w。这个思想是代理人不愿在重新谈判中从 w 偏离到另一个均衡，后者要求某个子博弈的收益低于 w，因为他们害怕在那个子博弈中参与人重新谈判回到有收益 w 的均衡。[①] 和 WRP 不同，这个定义典型地排除了无限重复静态均衡的情况。例如，在囚徒困境中，两个参与人都选择完美“针锋相对”的策略组合就排除了无限重复（D，D）的可能。

此外，在这个意义下存在不平凡的对称均衡 σ（其后继收益实质性地依赖于历史）是抗重新谈判的，使得对某些历史 h^t 所有参与人都能够通过“一致”选择一个不同历史下的策略 $\sigma(\tilde{h}^t)$ 获益。例如，能够说明两个参与人都选择完美针锋相对的策略组合是抗重新谈判的，即便它不是 WRP。皮尔斯（Pearce，1988）说明根据抗重新谈判的定义，无名氏定理对一般博弈都成立。阿伯若、皮尔斯和斯达彻蒂（Abreu，Pearce，and Stachetti，1989）在一类推广古诺竞争的博弈中得到了对抗重新谈判的准确刻画。

---

① 皮尔斯的定义也适用于下一节讨论的不完美可观察行动的博弈。如果对任何（有限）观察的序列，即使其中没有参与人欺骗的序列，都能以正概率发生，则要求有低于 w 的收益的“子博弈”（观察）以正概率出现，这个定义似乎显得更有根据。

WRP 的法雷尔-马斯金定义只能检验“内部帕累托一致”，而阿伯若-皮尔斯-斯达彻蒂定义只能检验“外部帕累托一致”；两个定义似乎都在某些方面弱于无限重复博弈的帕累托最优。另一个替代的选择是取 WRP 理论得到的所有收益中帕累托有效收益（假设所有 WRP 收益构成的集合是闭集）。法雷尔和马斯金提出了另外一些定义。如果一个收益集 Q 是弱重新谈判的，而且又不存在其他 WRP 集存在收益严格帕累托优于任何 Q 中的收益，则该收益集 Q 是“强抗重新谈判”的。概括地说，由上述理论，在任何时间参与人都能够重新谈判达成一个不同的 WRP 集 Q' 和初始集合。所以 Q 中的所有收益都必定对这种重新谈判有免疫力。遗憾的是，伯恩翰姆和雷（Bernheim and Ray，1990）还观察到这种强抗重新谈判的收益不一定存在。法雷尔、马斯金、伯恩翰姆和雷继续发展了更为复杂的解释性概念，放松强重新谈判使得这样的收益一定存在。

5.5　具有不完美公共信息的重复博弈[††]

在上一节所考虑的重复博弈中，每个参与人在每期末观察到别人的行动。不过，因为参与人接受到的信息只是其对手在阶段博弈中策略的不完美信号，所以在许多经济学感兴趣的情形里，上述假设不成立。尽管有多种放松可观察行动的假设的方法，经济学家还是关注有公共信息的博弈：在每一期末，所有参与人观察到一个“公共结果”，它和阶段博弈的行为向量相关，每一个参与人实现的收益只依赖于他自己的行为和公共结果。因此，参与人对手的行动只是通过对结果分布的作用来影响参与人的收益。可观察行动的博弈是公共结果包含实现的行动时的特例。

有许多博弈的例子说明公共结果只能提供不完美信息。格林和波特（Green and Porter，1984）是第一份正式研究此类博弈的经济学文献。他们的模型试图解释“价格战”的产生，这部分地是受到了斯蒂格勒（Stigler，1964）著作的启发。在斯蒂格勒的模型中，每个厂商观察到他自己的销售但是不知道对手的价格和产量。消费者需求的总体水平是不确定的。从而，一家厂商销量的下降可能归于需求的下降，也可能归于对手不可见的降价行为。因为厂商关于其对手行动的全部信息是它自己实现的销售水平，所以没有厂商知道它的对手已经观察到了什么，也就没有关于选择的公共信息。[1] 相反，格林-波特的模型包含公共信息，这使它更容易分析。在他们的模型中，每个厂商的收益取决于它自己的产出和可见的公共市场价格。厂商观察不到其他厂商的产出，而且市场价格取决于不可观察的需求冲击和总产出。因此，市场价格出乎意料的低就既能归咎于对手意料之外的高产出也能归咎于意料之外的低需求。

另一个有不完美公共信息的重复博弈是拉德纳（Radner，1986）等人考虑的合伙模型。在这些模型中，每个参与人的收益依赖于他自己的努力和公共可见的产出，每个参与人并不能看到其合伙人的努力，产出是随机的。还有一个例子是"有噪声"的囚徒困境，其中参与人有时会无意中选择"错误"的行动，那么观察到的行动就只是表示计划的行动的不完美信号。（等价地，每个参与人有时可能误解了其对手的行动，此时收益就是想象的行动的函数，而不是计划的行动的函数。）

使用标准术语，上述博弈是"重复道德风险"的例子。这一类拥有不完美公共信息的博弈可以推广，以涵盖"重复逆向选择"博弈，其中参与人 i 在阶段博弈中的行动是从某些私人信息（即"类型"）到物理行动空间或报告空间的映射，所有观察到的行动都是实现了的行动（从类型到行动的函数是观察不到的）。一个例子是格林（Green，1987）的重复保险模型，其中参与人的禀赋对时间和参与人是随机和独立的，而阶段博弈策略是从禀赋到"报告"的禀赋水平的映射。在这里，可观察的是报告的禀赋，但真实禀赋到报告的映射不可观察。

5.5.1 模型

在阶段博弈中，每个参与人 $i=1, \cdots, I$ 同时从有限集 A_i 中选择一个策略 a_i。每个行动组合 $a \in A = \times_i A_i$ 都对应于公共观察到的结果 y 上的一个分布，其中 y 属于有限集 Y。令 $\pi_y(a)$ 为 a 对应结果 y 的概率，令 $\pi(a)$ 为概率分布，我们有时将其视为行向量。参与人 i 实现的收益 $r_i(a_i, y)$ 独立于其他参与人的行动。（否则，参与人 i 的收益将提供对手博弈的私人信息。）参与人 i 对于策略组合 a 的期望收益是：

$$g_i(a) = \sum_y \pi_y(a) r_i(a_i, y)$$

对于混合策略 α 导致的结果，收益和分布自然都可以据此定义。

---

[1] 莱勒（Lehrer，1989）与弗登博格和莱维（Fudenberg and Levine，1990）研究了不完美私人信息的重复博弈。

在重复博弈中，t 期初的公共信息是：

$$h^t=(y^0,y^1,\cdots,y^{t-1})$$

参与人 i 在 t 阶段也有私人信息——即他自己过去的行动选择，记为 z_i^t。参与人 i 的一个策略是一系列从 t 阶段的信息到 A_i 上概率分布的映射；$\sigma_i^t(h^t，z_i^t)$ 代表当参与人 i 的信息是（h^t，z_i^t）时他所选择的概率分布。

对于这个模型我们还要作如下说明：

● 在可观察行动的重复博弈中，结果集 Y 和行动组合集 A 是同构的：如果 y 同构于 a，则 $\pi_y(a)=1$，否则 $\pi_y(a)=0$。

● 在格林-波特模型中，$a_i\in[0，\bar{Q}]$ 是厂商 i 的产出，结果 y 是市场价格。格林-波特又假设结果上的概率分布只依赖于厂商的总产出，而且每种价格都以正概率在每个行动组合下发生。

● 在重复合伙模型中，a_i 是参与人 i 的努力水平，y 是实现的产出。在拉德纳（Radner，1986）和拉德纳等（Radner et al.，1986）的模型中，A_i 是集合｛工作，偷懒｝。与之紧密相关的是重复委托—代理模型（Radner，1981，1985），其中委托人的行动是观察到的货币转移收益，而代理人的努力水平却观察不到。这里的博弈结果是（产出，转移收益）。

● 在格林（Green，1987）的重复保险模型中，每个参与人 i 在每个时期 t 知道自己当前的禀赋 θ_i^t，θ_i^t是独立同分布的，服从已知分布 $P_i(\cdot)$。其中 a_i 是从所有可能类型的集合 Θ_i 到报告 $\hat{\theta}_i\in\Theta_i$ 的映射。（见第 7 章对静态机制设计的介绍。）所以公共结果 y^t 是报告向量 $\hat{\theta}_t$，它既不能显示参与人的真实类型，也不能显示他们使用的策略。[只有 $\prod_{i=1}^I(\#\Theta_i)$ 种结果，却有$\prod_{i=1}^I(\#\Theta_i)^{\#\Theta_i}$种策略组合。] 在这种情形下，参与人 i 的私人信息必须从包含他过去类型的值扩展到包含他过去的行动。我们将不在这里继续这种扩展；细节见 Fudenberg，Levine and Maskin (1990)。

● 在"有噪声的囚徒困境"中，结果的集合 Y 和行动空间 A 是同构的，但即使 y 不对应 a，仍有 $\pi_y(a)>0$。例如，如果两个参与人都选择 $a_i=C$，结果的分布就可能是：

$$\pi_{(C,C)}(C,C)=(1-\varepsilon)^2$$

$$\pi_{(C,D)}(C,C)=\pi_{(D,C)}(C,C)=\varepsilon(1-\varepsilon)$$

以及，对某些 $0<\varepsilon<\frac{1}{2}$，

$$\pi_{(D,D)}(C,C)=\varepsilon^2$$

这就描述了每个参与人都以概率 ε 犯错误的情况，而且错误是独立的。这里关键的假设是计划的行动是观察不到的，能观察的只有实现的行动。

5.5.2 触发价格策略

格林和波特（Green and Porter，1984）在对他们的寡头模型进行分析时，关注“触发价格策略”下的均衡，它推广了弗里德曼（Friedman，1971）引入的触发策略均衡。如果将结果集 Y 解释成价格，则 $Y\subseteq\mathbb{R}$，且每个厂商的产出 a_i 一定位于区间 $[0,\bar{Q}]$ 中。假设收益函数是对称的，而且只考虑所有参与人在每期都选择相同行动的均衡——即对所有的 t 和 h^t 有 $\sigma_i(h^t)=\sigma_j(h^t)$。（因此用 5.1.3 小节的定义来说，均衡是“强对称”的。）触发价格策略组合由三个参数 $\hat{a}$，$\hat{y}$，$\hat{T}$ 决定。在这些组合中，博弈在两种可能“状态”中进行。在“合作状态”中，所有厂商生产同样的产出 $\hat{a}$，只要每期实现的价格 y^t 至少是“触发价格” $\hat{y}$，选择就继续在合作状态中进行。如果 $y^t<\hat{y}$，那么选择就转换到“惩罚状态”并持续 $\hat{T}$ 期。在这个状态下，无论实现的结果如何，参与人每期选择一个静态纳什均衡 a^*；$\hat{T}$ 期过后，转回合作状态。

如果我们简单地取 $\hat{a}=a^*$，根据上述策略，每期都选择静态均衡 a^*，这显然是一个均衡，所以触发价格均衡存在。更一般地，我们可以如下刻画触发价格均衡：对固定的 $\hat{y}$ 和 $\hat{a}$，令

$$\lambda(\hat{a})=\text{Prob}(y^t\geqslant\hat{y}\mid\hat{a})$$

为参与人使用策略组合 $\hat{a}$ 的结果不低于触发水平的概率。方便起见，标准化静态均衡 a^* 的收益为 0。那么如果参与人遵循上述策略的（标准化）收益是：

$$\hat{v}=(1-\delta)g(\hat{a})+\delta\lambda(\hat{a})\hat{v}+\delta(1-\lambda(\hat{a}))\delta^{\hat{T}}\hat{v} \tag{5.15}$$

因此

$$\hat{v}=\frac{(1-\delta)g(\hat{a})}{1-\delta\lambda(\hat{a})-\delta^{\hat{T}+1}(1-\lambda(\hat{a}))} \tag{5.16}$$

注意，如果 $\lambda(\hat{a})=1$，那么 $\hat{v}=g(\hat{a})$，从而只要所有参与人都按原策略行事，惩罚的概率就为 0，或者如果 $\hat{T}=0$，那么“惩罚”的长度为 0。后一种情形只有在 $\hat{a}$ 是静态均衡时才可能发生，此时没有人通过惩罚提供激励。即使 $\hat{a}$ 不是静态均衡，仍可能有 $\lambda(\hat{a})=1$，此时只有当

某人背离时才进行惩罚；比如，如果行动完全被观察到，这就是可能的。但是在格林-波特的“完全支撑”假设下，对所有 $y\in Y$ 和所有 $a\in A$，都有 $\pi_y(a)>0$，唯一的触发价格策略组合是只要没有参与人背离就从不惩罚，它也具有在任何结果序列之后都不进行惩罚的特性。因为这类策略使得参与人没有激励考虑比短期利益更长远的利益，惩罚从不发生的唯一一个触发价格均衡就是重复选择静态均衡。那么比静态均衡的结果有所改善的均衡中，$\lambda(\hat{a})$ 要小于1，而且因此存在对背离施加惩罚的成本。特别地，对固定的 $\hat{y}$ 和 $\hat{a}$，均衡收益随着惩罚长度变长而下降。

然而，很长甚至无限的惩罚可能是最优的，因为当惩罚长度增加时，就可能降低触发价格或增加合作状态的收益。最优触发价格均衡将最大化（5.16）式中的 $\hat{v}$，不过要求满足下列激励约束：没有参与人通过背离合作状态而获益，如（5.17）式所示，对所有 a_i

$$
\begin{aligned}
&(1-\delta)g(a_i,\hat{a}_{-i})+\delta\lambda(a_i,\hat{a}_{-i})\hat{v}+\delta(1-\lambda(a_i,\hat{a}_{-i}))\delta^{\hat{T}}\hat{v}\\
&\leqslant(1-\delta)g(\hat{a})+\delta\lambda(\hat{a})\hat{v}+\delta(1-\lambda(\hat{a}))\delta^{\hat{T}}\hat{v}
\end{aligned}
\tag{5.17}
$$

（没有参与人能通过背离惩罚状态而获益，因为这里的博弈是若干静态博弈的重复。）

合并同类项，用（5.16）式代替 $\hat{v}$，我们得到

$$
\begin{aligned}
&(1-\delta)[g(a_i,\hat{a}_{-i})-g(\hat{a})]\\
&\leqslant\frac{\delta[1-\delta^{\hat{T}}][\lambda(\hat{a})-\lambda(a_i,\hat{a}_{-i})](1-\delta)g(\hat{a})}{1-\delta\lambda(\hat{a})-\delta^{\hat{T}+1}(1-\lambda(\hat{a}))}
\end{aligned}
\tag{5.18}
$$

对所有 a_i 成立。

最优触发价格均衡（从厂商角度看）被 $\hat{a}$，$\hat{T}$ 和 $\hat{y}$ 所限定，它们最大化（5.18）式约束下的（5.16）式。波特（Porter，1983b）刻画了产出和价格是连续统时的最优触发价格均衡，并提出无限惩罚是最优惩罚的条件。当行动为连续统时，最佳均衡比静态均衡更好，因为如果合作状态下的产出仅比静态均衡水平低一个小 ε，合作状态的收益就大于静态均衡中的收益，而背离的激励是 ε 的一阶无穷小［见（5.18）式］，所以防止背离也只要求惩罚概率是一阶无穷小。

在触发价格均衡中，博弈进入惩罚状态的概率为1。这和“价格战”的思想近乎保持一致，但是注意到在均衡中所有参与人都正确地预见到他们的对手从不背离。这样某厂商在以前选择高产出就不会触发“价格战”。更准确地说，所有参与人都正确假定他们的对手上一期选择

“合作”产出，而且低价格是由需求冲击引起的，但是“惩罚”作为对实现的低水平需求的自我强制反应还是发生了。（考虑到这种惩罚可能不会实施，我们引入了 5.4 节的解的概念。注意到如果需求低的时候不惩罚，那么参与人就不可能在合作状态下彼此信任。）

对触发价格均衡的研究没有解决是否还存在其他高收益均衡的问题。和具有可观察行动的博弈作类比，我们怀疑也许存在“惩罚均衡”，它的收益低于静态均衡的收益，而在某些情形下使用更强的惩罚也许能得到更好的回报。但是这种类比缺乏依据，因为惩罚甚至可能在没有背离时作出。这个问题是我们下面将要讨论的阿伯若-皮尔斯-斯达彻蒂的论文的动机之一。

5.5.3 公共策略和公共均衡

尽管所有参与人都知道时刻 t 的历史 h^t，每个参与人 i 还知道他过去选择的行动 z_i^t。我们将只关注“公共策略”的均衡，其中参与人在选择自身的行动时，忽略了自己的私人信息。

定义 5.2 如果 $\sigma_i^t(h^t, z_i^t)=\sigma_i^t(h^t, \tilde{z}_i^t)$ 对所有时期 t，对公共历史 h^t 和私人历史 z_i^t 和 $\tilde{z}_i^t$ 都成立，那么策略 σ_i 是公共策略。

尽管不是所有的纯策略都是公共策略，还是很容易看出纯策略均衡的收益是公共策略均衡的收益。即给定一个纯策略均衡，其中参与人的策略可能依赖于他们的私人信息，我们可以找到一个等价的均衡，其中参与人的策略只依赖于他们的公共信息。其思想是这样的，在纯策略均衡中，每个参与人完全预见到每个对手在各期如何选择——比如参与人 1 在第 1 期选择 a_1^0，且应该在第 2 期选择 $\sigma_1^1(a_1^0, y^0)$ ——但是因为参与人 1 第 1 期的选择是确定的，第 2 期的选择条件依赖于第 1 次行动就是多余的——我们能用 $\hat{\sigma}_1^1(y^0)=\sigma_1(a_1^0, y^0)$ 代替 σ_1^1。

当所有参与人使用公共策略时，他们对以后行动的概率分布和给定公共历史时的结果的认识是一致的。这样我们就能定义某公共历史 h^t 条件下的后继收益，并且探讨是否存在一个引致从时刻 t 开始的纳什均衡的公共策略组合。

定义 5.3 如果下列条件成立，重复博弈的一个策略组合 $\sigma_i=\{\sigma_1, \cdots, \sigma_I\}$ 是完美公共均衡：

（ⅰ）每个 σ_i 都是公共策略，且

（ⅱ）对每个时刻 t 和历史 h^t，从该时刻起，由该策略可得纳什均衡。

注意子博弈完美性不会在这些博弈中起限制作用。因为唯一的适当子博弈是从时刻0开始的：以后的日子里参与人不需要知道彼此过去的行动，从而后继博弈不只是从一个节点开始的。不过当参与人使用公共策略时，他们关于自己过去行动的私人信息与此无关，所以完美公共均衡是子博弈完美思想的一个自然推广。

关于完美公共均衡（PPE）的一个重要事实是，这些均衡的收益是平稳的——即对任何公共历史和私人历史，从时期t开始的PPE的可能后继收益集和从第0期开始的PPE收益集是相同的。（练习：正式地验证这一点。）但是，一般情况下纳什均衡集和序贯均衡集不是平稳的。（换言之，博弈缺少"递归结构"。）这里不严格地列出要点：如果参与人1和参与人2在第1期选择混合策略，且他们在第2期的行动依赖于第1期实现的行动，那么第2期将进行的行动就不是共同知识。因为（在任何纳什均衡中）第1期策略必须是共同知识，策略可能性在第1期和第2期是不同的。该博弈存在参与人的收益低于他最小最大水平的均衡。[①]

5.5.4　动态规划和自我生成

分析完美公共均衡的一个有用工具是自我生成的概念，它由阿伯若、皮尔斯和斯达彻蒂（Abreu，Pearce and Stachetti，1986）引入，并被阿伯若、皮尔斯和斯达彻蒂（Abreu，Pearce and Stachetti，1990）进一步发展。自我生成是能用完美公共均衡支撑一个收益集的充分条件。它是贴现动态规划的最优原理在多人博弈时的一般化，最优原理给出了使得一个收益向量的每个分量成为在某一情况下开始选择时的最大现值的充分条件。

重复博弈中的自我生成和动态规划之间的关键差异在于前者的状态和状态转移函数是外生的。在重复博弈中，物理环境是无记忆的——过去的事情对现在和将来没有物理影响。但是，每个参与人的策略可能依赖于历史——例如，参与人1今天的产出可能依赖于上一期的价格，参与人2今天希望选择的产出也依赖于上一期的价格。这样，每个单独参与人的控制问题就依赖于历史，尽管物理环境并不如此。

---

① 参与人可能对他人选择的相关预期不完美导致了不平稳性。如果参与人在期初观察到私人的相关信号，也可能产生同样的不完美相关预期，就像在第8章讨论的"扩展型相关均衡"那样。扩展型相关均衡集是平稳的，因为第1期观察到的公共结果而在第2期引起的不完美相关能够通过私人信号的适当分布在第1期重现。

让我们看看阿伯若-皮尔斯-斯达彻蒂对均衡的刻画。回忆 Y 是公共可见结果的空间，令 w 是从 Y 到$\mathbb{R}^I$ 的函数。它是将实现的结果映射为参与人（标准化）的后继收益，但是此处没有对 W 进行限制。（阿伯若-皮尔斯-斯达彻蒂使用了公开可见的结果 y 是连续统的模型；简单起见，我们假设只有有限个结果。）

定义 5.4 （α，v）对于 δ 和 $W\subseteq\mathbb{R}^I$ 是可实施的，如果存在函数 w：$Y\rightarrow W$ 使得对每个参与人 i 都有

（ⅰ）$v_i=(1-\delta)g_i(\alpha)+\delta\sum_y\pi_y(\alpha)w_i(y)$；

（ⅱ）α_i 是$\max\limits_{\alpha_i'}\Big((1-\delta)g_i(\alpha'_i,\alpha_{-i})+\sum\limits_y\pi_y(\alpha'_i,\alpha_{-i})w_i(y)\Big)$的解。

条件ⅱ说明如果后继收益由 $w(\cdot)$ 给定，那么 α_i 是最优选择；条件ⅰ是指当所有参与人选择 α 时，导致的标准化的收益是 v。显然，在任何 PPE 的任何时期 t，要得到后继的均衡收益就要实施行动 $\sigma(h^t)$；否则，某参与人就能通过一期背离获益。

如果对某 v，（α，v）对于 δ 和 W 是可实施的，我们就称 α 在 W 上是可实施的。如果对某 α，（α，v）对于 δ 和 W 是可实施的，我们就称 v 是由（δ，W）生成的。（δ，W）生成的所有收益 v 的集合记为 $\mathrm{B}(\delta,W)$。

令 $E(\delta)$ 代表给定贴现因子的所有 PPE 收益的集合。显然，$\mathrm{E}(\delta)=\mathrm{B}(\delta,\mathrm{E}(\delta))$。给定任何 $v\in\mathrm{B}(\delta,\mathrm{E}(\delta))$，容易构造收益为 v 的 PPE：在 $\mathrm{E}(\delta)$ 的范围内挑选一个 α 和一个 w，使得 w 能实施（α，v），指定参与人在第 1 期使用 α 和结果 y 发生时，收益为 $w(y)$ 的 PPE。因此，$\mathrm{B}(\delta,\mathrm{E}(\delta))\subseteq\mathrm{E}(\delta)$。相反，如果 $v\in\mathrm{E}(\delta)$，那么没有参与人希望背离第 1 期行动组合，后继收益就必然位于 $\mathrm{E}(\delta)$ 中（由完美性要求得知）。因此，$\mathrm{E}(\delta)\subseteq\mathrm{B}(\delta,\mathrm{E}(\delta))$。

定义 5.5 如果 $W\subseteq B(\delta,W)$，则 W 是自我生成的。

总之，如果根据 W 中的后继收益实施的收益的集合包含整个 W，那么 W 就是自我生成的。自我生成集的一个常见的例子是静态均衡的收益集；静态均衡是唯一一种单点自我生成集。另一个极端是所有 PPE 的收益集 $\mathrm{E}(\delta)$ 都是自我生成的。

定理 5.10①（Abreu，Pearce，and Stachetti，1986，1990） 如果 W 是自我生成的，那么 $W\subseteq\mathrm{E}(\delta)$：所有 W 中的收益都是 PPE 收益。

① 阿伯若、皮尔斯和斯达彻蒂只考虑了纯策略均衡，但是他们的证明可以立即推广到所有 PPE。

证明　固定一个 $v\in W$。我们将给出重复博弈中收益为 v 的策略，并验证策略是 PPE 的。因为 W 是自我生成的，$v\in \mathrm{B}(\delta, W)$，因此我们有行动组合 α 和映射 w：$Y\rightarrow W$，能产生收益 v^1。将 0 时期的策略取为 $\sigma^0=\alpha^0$，并且对每个 0 时期的结果 y^0 取 $v^1=w^0(y^0)$，因为 $v^1\in W\subseteq \mathrm{B}(\delta, W)$，所以存在行动组合 $\alpha(v^1)$ 和映射 $w^1(y^1)$：$Y\rightarrow W$，能产生收益 v^1。取 $\sigma^1(y^0)=\alpha^1(w^0(y^0))$，再对每个序列 y^0，y^1，取 $v^2=w^1(w^0(y^0))(y^1)$，依此类推：如果没有背离则按构造的策略能得到收益 v，而且这些策略被构造成使得没有参与人能通过一次背离然后再回到原策略而获益。从而，我们构造的策略是 PPE。■

正如我们上面提到的，这个论述本质上是将动态规划应用于物理环境无记忆的博弈，但是过去的事情会影响对手的选择，所以过去也是重要的。这里，可以将“情况”概括为当前的目标收益 v——考虑每个收益向量 v，我们就得到每个参与人在第 1 期的行动和一个规则，它指定后继收益作为这些时期实现结果的一个函数。

例 5.3

为了帮助我们理解上述思想，这里给出一个自我生成集的例子，即收益如图 5—5 所示的囚徒困境，其中行动能完全被观察到。在观察到的行动中，存在与阶段博弈的四个行动组合一致的四个结果 y 和结果上的概率分布，对已经发生的行动组合指派概率 1。考虑有两个点的集合 $W=\{v, \hat{v}\}$，其中，

$$v=\left[\frac{3-\delta}{1+\delta},\frac{3\delta-1}{1+\delta}\right] \tag{5.19}$$

和

$$\hat{v}=\left[\frac{3\delta-1}{1+\delta},\frac{3-\delta}{1+\delta}\right] \tag{5.20}$$

我们声明这个集合对 $\delta>\frac{1}{3}$ 是自我生成的。

给定对称的 W，只需验证收益向量 v 能被 W 中的后继收益强制实施。令与 v 对应的行动组合 α 是 (D，C)，又令后继收益 $w(\mathrm{D}, \mathrm{C})=w(\mathrm{C}, \mathrm{C})=\hat{v}$ 和 $w(\mathrm{D}, \mathrm{D})=w(\mathrm{C}, \mathrm{D})=v$。如果两个参与人都执行 α，结果收益为

$$\begin{aligned}&(1-\delta)(3,-1)+\delta\hat{v}\\&=\left[\frac{3(1-\delta^2)+3\delta^2-\delta}{1+\delta},-\frac{(1-\delta^2)+3\delta-\delta^2}{1+\delta}\right]=v\end{aligned}$$

既然参与人1当前的行动不影响后继收益，他的平均收益就通过选择D实现最大化，因为这最大化了他的当前收益。如果α使得参与人2选择C，那么他的收益就是$v_2=(3\delta-1)/(1+\delta)$。如果他选择D，他在今天获得收益0，后继收益是$v_2$，所以如果$\delta>\frac{1}{3}$，C就比D更好。

阿伯若、皮尔斯和斯达彻蒂（Abreu，Pearce and Stachetti，1990）证明了纯策略均衡集是紧的。即存在最好和最坏的均衡。尽管他们假设产出水平个数有限，这个结论也不是显然的，因为（和我们的有限模型大不相同）他们设定的是价格连续统，从而结果的数目是不可数的。此外，阿伯若等（Abreu et al.，1986）的有关论述说明任何对称PPE的收益都能被某些策略实施，这些策略威胁着转向最好的均衡或者转向最差的均衡。这里不需要媒介值。更一般地，阿伯若等（Abreu et al.，1990）说明任何纯策略PPE收益可以用均衡集的极点充当的后继值来实现。而且，在合适的条件下，他们说明了极端均衡——收益在可行集边界上的均衡——必定存在这样的后继收益，它们自己是极端均衡。

在刻画对称博弈的“强对称”均衡时——即对每个公共历史，所有参与人的行动都一样，了解如下事实非常有用：使用极端均衡作为后继均衡就足够了。(5.1.3小节讨论了强对称；回顾5.5.2小节，触发价格策略是强对称的。）要刻画强对称均衡，只有两个数值要确定：最高和最低的强对称均衡收益，$\overline{v}$和$\underline{v}$。

5.6 含有不完美公共信息的无名氏定理††

弗登博格、莱维和马斯金（Fudenberg，Levine and Maskin，1990）发展了用动态规划求解均衡的方法，并用它来证明含有不完美公共信息的博弈的无名氏定理。① 何时能得到无名氏定理，关键在于有多少关于参与人行动的信息一定能用公共结果显示出来。如果参与人得不到任何他人选择的信息，唯一的均衡收益将是静态均衡收益的凸组合；当行动本身被观察到时，在适当的“充分维数”条件下就能得到无名氏定理。

最初，考虑可行集中的一个极端收益v，即不是V中任何其他两点的凸组合的点。如果存在一个收益接近v的均衡，它就必然能实施策略

① 他们的工作推广了弗登博格和马斯金（Fudenberg and Maskin，1986b）对重复委托—代理博弈所做的早期工作。马苏什马（Matsushima，1989）对服从行动连续统的模型证明了部分无名氏定理，他需要假设对每个h^t激励约束都能用相应的一阶条件代替。

组合 a，并使得 $g(a)$ 接近 v。这种情形何时能够发生呢？也就是说，(不要求是可行的）后继收益何时能导致参与人选择 a？答案是 a 是可实施的，只要对任何参与人 i 都不存在行动 a_i' 使得

（i）$g_i(a_i', a_{-i})>g_i(a)$

和

（ii）$\pi.(a_i', a_{-i})=\pi.(a)$

条件 i 蕴涵着如果期望的后继收益相同，参与人 i 偏好 a_i' 胜过偏好 a_i，而条件 ii 确保了这两个行动导出结果的分布，继而确保后继收益的分布相同。显然这些条件排除了可实施性；反之，命题“当这些条件不成立时，a 是可实施的”为真。

一个关于可实施性的稍强的充分条件是下面将提到的个人满秩条件，它意味着参与人 i 的任何两个截然不同的混合策略导致结果的不同分布。

定义 5.6　如果对每个参与人 i 向量 $\{\pi.(a_i', \alpha_{-i})\}_{a_i'\in A_i}$ 是线性不相关的，策略组合 α 满足个人满秩条件。

我们下面说明为什么称其为“满秩”条件，固定组合 α，令 $\Pi_i(\alpha_{-i})$ 为这类矩阵，它的行向量为相应于每个 a_i' 的 $\pi.(a_i', \alpha_{-i})$，令 $G_i(\alpha_{-i})$ 是元素为 $[(1-\delta)/\delta]g_i(a_i', \alpha_{-i})$ 的列向量。那么，当且仅当对某个常数向量 k，

$$\Pi_i(\alpha_{-i})\circ w_i=-G_i(\alpha_{-i})+k \tag{5.21}$$

参与人 i 在后继收益为 $w_i(\cdot)$ 时用每个行动 a_i' 得到同样的总收益。个人满秩条件确保矩阵 $\Pi_i(\alpha_{-i})$ 行满秩，使得对任何 k，方程（5.21）有解。(相关思想见 7.6.1 小节。）注意，这个满秩条件要求公共观察到的结果至少和任意参与人能采取的行动一样多。

但是，所有极限行动具有可实施性并不是无名氏定理在贴现因子趋于 1 的极限时成立的充分条件。[①] 第一个反例由拉德纳、迈尔森和马斯金（Radner, Myerson and Maskin, 1986）利用类似于下例的重复合伙博弈给出。

例 5.4

每一期，两个参与人各自选择是工作还是偷懒。每个参与人的收益依

---

① 鲁宾斯坦恩（Rubinstein, 1979a），鲁宾斯坦恩和伊尔（Rubinstein and Yaari, 1983）与拉德纳（Radner, 1986）在不满足我们下面发展的更强的信息条件的例子中，用时间—平均收益得到了纳什威胁无名氏定理。文献指出个人满秩条件对于用时间—平均收益的无名氏定理来说是足够了，但是我们并不知道正式的证明。

赖于他自己的努力和公共可见的产出，他们平分产出。产出只有两个水平，好和坏，如果两人都工作，则好的概率为$\frac{9}{16}$，如果只有一个参与人工作，则好的概率为$\frac{3}{8}$，如果两人都偷懒，则好的概率为$\frac{1}{4}$。注意即使两人都工作，坏产出也以正概率发生。收益如下所示：工作而不偷懒效用损失为1；如果产出是好的，两个参与人得到价值4个效用单位的报酬；如果产出是坏的，报酬为0。（如果参与人都是风险中性的，产出是8或0，且参与人平分产出，则这种情况就会发生。）

个人满秩条件对两人都工作的组合成立，就是说矩阵

$$\Pi_i(\text{工作},\text{工作}) = \begin{bmatrix} \frac{9}{16} & \frac{7}{16} \\ \frac{3}{8} & \frac{5}{8} \end{bmatrix}$$

是非奇异的。从而恰当的选择后继收益就能推出两个参与人都工作，并且两人都工作的策略得到收益$\left(\frac{5}{4}, \frac{5}{4}\right)$，这是最高的对称可行收益。但是无论$\delta$如何，均衡的收益之和都限制在2以内。为什么这个模型中的有效率甚至都不可能近似实现，从直观上看，是为了提供两人都工作的激励，即使两人在得到高产出后的后继收益高于低产出后的后继收益。粗略地说，这意味着如果坏结果被观察到，两个参与人就必然受到“惩罚”。只要两人都工作时坏的结果以正概率发生，就必然发生“相互惩罚”，而且因为相互惩罚是无效率的，均衡收益集就不是有效的。

尽管博弈的所有纳什均衡都在这一范围内，对称的纯策略均衡还是最容易得到的。令v^*是所有纯策略对称均衡中的最高收益。因为这些均衡的集合是平稳的，得到收益v^*的均衡中第1期的收益至少是v^*；从而，如果$2v^*$比2大，在任何得到收益v^*的均衡中两个参与人都要在第1期工作。如果v_g是得到好产出后的（对称）后继收益，v_b是得到坏产出后的后继收益，激励相容性要求：

$$(1-\delta)\left[\left(\frac{9}{16}\cdot 4+\frac{7}{16}\cdot 0\right)-1\right]+\delta\left[\frac{9}{16}v_g+\frac{7}{16}v_b\right]$$
$$\geqslant (1-\delta)\left[\frac{3}{8}\cdot 4+\frac{5}{8}\cdot 0\right]+\delta\left[\frac{3}{8}v_g+\frac{5}{8}v_b\right]$$

或者

$$v_g - v_b \geqslant [(1-\delta)/\delta]\frac{4}{3}$$

因为$v_g \leqslant v^*$，我们断定如果v^*接近$\frac{5}{4}$，那么，

$$v^* \leqslant (1-\delta)\frac{5}{4}+\delta\left[\frac{9}{16}v^*+\frac{7}{16}\left\{v^*-[(1-\delta)/\delta]\frac{4}{3}\right\}\right]$$

所以$(1-\delta)v^* \leqslant (1-\delta)\frac{8}{12}$——矛盾。

这里，即使当δ趋于1时，v_g和v_b的必要差异趋于0，标准化的效率损失现值仍是不可忽略的。

在其他情形下，我们还是能用最小程度的效率损失说明参与人有激励采取期望的行动。在这一情形下，随着$\delta \to 1$，提供激励时效率损失变得可忽略了。那么什么时候后继收益能以这种方式被选择呢？一个充分条件是不同参与人的背离导致结果上的分布要完全不同。下述定义和引理精确地说明了这一点。

定义5.7　如果向量（$|A_i|+|A_j|$）

$$\{\pi.(a'_i,\alpha_{-i})_{a'_i \in A_i},\ \pi.(a'_j,\alpha_{-j})_{a'_j \in A_j}\}$$

中只有一个线性依赖关系，行动α对参与人i和j满足两两满秩条件。

这个条件暗示了把$\Pi_i(\alpha_{-i})$摞在$\Pi_j(\alpha_{-j})$上得到的矩阵$\Pi_{ij}(\alpha)$有最大的秩。这个矩阵不是行满秩的，因为其中至少存在一组线性相关关系。在所有参与人都使用他们的第一个纯策略时最容易看清这一点。所以Π_i和Π_j的第一行是完全相同的。更一般地，Π_{ij}各行满足如下等式：

$$\pi.(\alpha)=\sum_{a_i \in A_i}\alpha_i(a_i)\pi.(a_i,\alpha_{-i})=\sum_{a_j \in A_j}\alpha_j(a_j)\pi.(a_j,\alpha_{-j}) \tag{5.22}$$

如果策略组合α满足两两满秩条件，它就不仅能被实施，而且后继收益能按下列规则选取，对任何非零的β_1和β_2满足线性等式$\beta_1 w_1(y)+\beta_2 w_2(y)=k$。也就是说，参与人$i$的后继收益能和参与人$j$的后继收益以比率$\beta_2/\beta_1$进行交换，好像效用能在参与人间转移一样。此时，我们能安排后继收益以便当参与人i受惩罚时，参与人j得到奖励，反之亦然。再者，当策略组合α有效时，交换率可以取到有限边界在α处的正切值，这是以有效率的途径提供激励的关键所在。

在两两满秩条件下，参与人i的背离和参与人j的背离所导致的结果上的分布是不一样的。

注意到这个条件要求结果至少有$|A_i|+|A_j|-1$个。在例5.4中，每人有两种行动和两种结果，所以任何行动组合都不满足两两满秩条件。这就是为什么参与人1的偷懒不能和参与人2的偷懒区分开来，甚至从统计意义上也不行。

即使结果的数量大到足够满足两两满秩条件，该条件仍可能对某些组合失效。特别地，无论结果数有多少，两两满秩条件都对某些博弈中的对称组合失效，比如格林-波特寡头或者例5.4中的合伙模型，那里结果的分布只依赖于单个参与人行动之和。不管例5.4中结果数如何，在两人都工作的策略组合中，我们都能看到：

$$\Pi_{12}(\text{工作},\text{工作})=\begin{bmatrix}\pi.(\text{工作},\text{工作})\\ \pi.(\text{偷懒},\text{工作})\\ \pi.(\text{工作},\text{工作})\\ \pi.(\text{工作},\text{偷懒})\end{bmatrix}$$

因为$\pi.(\text{偷懒},\text{工作})=\pi.(\text{工作},\text{偷懒})$，所以这个矩阵的秩为2，而不是两两满秩条件要求的秩为3。

无论如何，如果有多于两个结果，参与人1工作而参与人2偷懒的行动策略组合对几乎所有结果上的概率分布都不满足两两满秩条件。例如，假定存在三个结果y_1，y_2和y_3以及

$$\pi.(\text{工作},\text{工作})=\left(\frac{1}{2},\frac{3}{8},\frac{1}{8}\right)$$

$$\pi.(\text{工作},\text{偷懒})=\pi.(\text{偷懒},\text{工作})=\left(\frac{1}{4},\frac{1}{2},\frac{1}{4}\right)$$

和

$$\pi.(\text{偷懒},\text{偷懒})=\left(\frac{1}{8},\frac{3}{8},\frac{1}{2}\right)$$

那么

$$\Pi_{12}(\text{工作},\text{偷懒})=\begin{bmatrix}\left(\frac{1}{4},\frac{1}{2},\frac{1}{4}\right)\\ \left(\frac{1}{8},\frac{3}{8},\frac{1}{2}\right)\\ \left(\frac{1}{2},\frac{3}{8},\frac{1}{8}\right)\\ \left(\frac{1}{4},\frac{1}{2},\frac{1}{4}\right)\end{bmatrix}$$

上述矩阵的秩是3。进一步，勒格罗（Legros，1988）观察到任何参与人1工作而参与人2偷懒以正概率发生的组合也满足两两满秩条件，这是因为参与人1偷懒而参与人2使用混合策略的组合以及参与人1工作而参与人2偷懒的组合引致不同的分布。下述引理推广了勒格罗的观察。

引理5.1　如果每对参与人$i \neq j$，都存在$\alpha^{i,j}$满足对参与人i和j的两两满秩条件，那么一个α的稠密开集对所有参与人满足两两满秩条件。

定理5.11（Fudenberg，Levine and Maskin，1990）　如果（ⅰ）对每个纯策略a单人满秩条件成立，（ⅱ）对每对参与人i，j，两两满秩条件都满足，（ⅲ）可行集V的维数等于参与人个数，那么对V的相对内部中的闭集W，存在$\underline{\delta}$使得对所有的$\delta > \underline{\delta}$，有$W \subseteq E(\delta)$。

证明概要　用光滑凸集W逼近个人理性收益的可行集。条件ⅰ意味着针对参与人i的最小最大组合和参与人i的最佳组合都能在参与人i的收益为常数的超平面上得到实施。条件ⅱ意味着几乎所有组合都能在没有参与人的收益保持正常的超平面上得到实施。联立上述两点可知，对任何W边界上的点w，存在一个得到$g(\alpha)$的行动组合α和W被过w的切平面H分离，而且使得组合α能伴随着任何H的线性流形$H+v$上的后继收益得到实施。如果我们选择的δ接近1，在$w(y)$中所需的变量要小到能使组合α伴随着某个后继收益得到实施，这个后继收益包含在H的某个线性流形中，而且非常接近W的边界。直观上看，因为光滑集W几乎（即对一阶条件而言）是线性的，为了提供激励而引起的“效率损失”（相对于W）就变得可以忽略了。

在对称博弈中，这个定理断言存在均衡，它们的收益可以和最高对称收益任意接近。即使这类博弈中对称均衡的最高收益可能无效率，结论仍然成立。关键是对称行动组合所显示的信息可能非常少（即不满足两两满秩条件），尽管附近有许多几乎对称的策略组合的确能产生“足够”的信息。[①]

① 弗登博格、莱维和马斯金在一些博弈中继续发展了纳什威胁的无名氏定理。那些博弈中结果数太少以至于个人满秩条件都不满足，但是结果所显示的信息具有“生产结构”，即$y=(y_1, \cdots, y_I)$，而且每个参与人i的行动只影响他“自己”的结果y_i。这是格林（Green，1987）关于重复逆向选择的模型中讨论过的情形，其中行动显示参与人的类型。

5.7 通过改变时期来改变信息结构†††

无名氏定理考察了当 $\pi_y(a)$ 为常数，$\delta \to 1$ 时的均衡收益。正如我们所看到的，定理成立与否取决于公共结果 y 显示的信息有多少。因此可以对结论这样解释，如果和结果显示的信息相比 δ 足够大，那么几乎所有可行的个人理性收益都是均衡收益。阿伯若、皮尔斯和米尔格罗姆（Abreu，Pearce and Milgrom，1990）说明如果 $\delta \to 1$ 的原因是两期之间的间隔趋于 0，而且如果随着间隔缩小，y 所显示的信息发生扭曲，那么无名氏定理不一定成立。为什么？在可观察到行动的博弈中，公共结果是完美信息，所以信息不会随着时期缩短而改变。那么在这些博弈中，我们就将 $\delta \to 1$ 解释成有着很小的时间偏好或者很短时期的状态。但是，如果参与人只观察到他人行动的不完全信号，那他们所获得信息的质量就很可能依赖于每次观察的时期长度，从而就不能根据对时期变得很短时博弈情况的研究来解释 $\pi_y(a)$ 为常数，$\delta \cong 1$ 的情形。

阿伯若、皮尔斯和米尔格罗姆（APM）在两个不同的例子中研究了改变时期的效应和相应的信息结构。我们将关注他们第一个例子的变型，一个重复的合伙博弈的模型。像往常一样，我们开始描述阶段博弈，在 APM 模型中它是长度为 τ 的连续时间博弈。要说明的是参与人在阶段之初锁定他们的行动，在阶段结束时结果和收益显示出来。像例 5.4 那样，每个参与人有两种选择：工作和偷懒。选择偷懒的收益不仅是阶段博弈中的优势策略，而且是最小最大策略。例子中阶段博弈的结构和囚徒困境一样："都偷懒"是优势策略的纳什均衡，这个均衡为参与人带来最小最大值。收益经过标准化以便使最小最大收益是 0。如果两人都工作，那么（期望的）收益是（c，c），对手工作时自己偷懒得到收益 $c+g$。（这些是期望的收益，它们服从相应产出的分布。）APM 阶段博弈和例 5.4 的差异在于代之以每时期只有两个结果（即高产出和低产出）的是，这一时期中出现"成功"的数目，它是服从泊松分布的随机变量，如果两人都工作，则强度为 λ，如果有一人偷懒，则强度为 μ，其中 $\lambda > \mu$。从而，如果时期很短，就不太可能存在多于一个成功，因此在长度为 dt 的一期里出现一个成功的概率和 dt 成正比。这就可能符合工人发明新产品的实际情况。①

在重复博弈 $G(\tau, r)$ 中，贴现因子 δ 是 $\exp(-r\tau)$，公共信息就只是每期“成功”的数量。

从先前对重复的合伙博弈的讨论中我们知道无名氏定理不适用于这个博弈中的对称均衡，因为当两人都使用同样的策略时，到底是哪个参与人发生背离并不十分清楚。因此，两人必须同时受到惩罚，这就引起了效率损失，而且即使随着 $r \to 0$，对称均衡集中的点仍然没有效率。然而，当 r 很小时，我们希望存在对称均衡，其收益高于静态均衡的收益。虽然这一有限的结论在 $\tau \to 0$ 时不成立，这是由于结果显示的信息可能“扭曲”得足够快而超出变大的贴现因子的影响。APM 计算了对小 τ 而言博弈的最大对称均衡收益。为取得结果，他们考虑用泰勒序列近似博弈，而忽略比 τ^2 小的项。

有必要论证当 τ 比较小时，这个泰勒序列方法是否能最好地描述 τ 的增加或减少。我们将满足于讨论更简单的表述：τ 在信息结构相应地变化时趋近于 0，与 r 在信息结构不变时趋近于 0 十分不同。为此，我们对 APM 模型进行简化，假设每期只有两个结果：对于 $\theta = \lambda, \mu$，不发生任何事件的概率是 $\exp(-\theta\tau)$，发生刚好一个事件的概率是 $1 - \exp(-\theta\tau)$。通过将事件等同于一个或多个结果，这个假设简化了泊松分布；当阶段较短时，这个简化是对泊松分布的一个好的近似。

让我们考虑最佳纯策略对称均衡能有严格大于 0 的收益这一情况。(APM 说明最大值能够取到；以下论述对此进行推广，如果 v^* 是上确界而非最大值，就增加几个 ε。）因为 APM 允许公共随机化，我们立刻知道收益为 (v^*, v^*) 的均衡能用这样的后继收益来构造，它是最佳后继收益 v^* 和最差后继收益 0 之间的博彩，这是因为这些值之间的任何后继收益都能通过它们之间的公共随机化得到。从而，固定一个得到 v^* 的均衡，如果第 1 期结果是 0，令每个参与人的后继收益取博彩 $[(1-\alpha(0))v^*, \alpha(0) \cdot 0]$；如果第 1 期结果是 1，而取博彩 $[(1-\alpha(1))v^*, \alpha(1) \cdot 0]$。可以说明如果 v^* 大于 0，得到 v^* 的策略（或非常近似地得到）必须要求两个参与人都在第 1 期工作。从而要使 v^* 超过 0，就必须要存在概率 $\alpha(0)$ 和 $\alpha(1)$ 导出两个代理人同时工作，而且两人都工作时，得到的标准化现值是 v^*。

---

① 阿伯若、皮尔斯和米尔格罗姆还考虑了“坏消息”的情形，如果两人都工作，则低产出是强度为 λ 的泊松事件，如果一人偷懒，则强度为 μ，其中 $\lambda < \mu$。这里泊松事件代表如果两人都工作时不太可能发生的“事故”。

写出这两个等式，我们有

$$(1-e^{-r\tau})g \leqslant e^{-r\tau} \cdot (e^{-\mu\tau}-e^{-\lambda\tau}) \cdot [\alpha(0)-\alpha(1)]v^* \quad (5.24)^*$$

和

$$v^* = (1-e^{-r\tau})c+e^{-r\tau}[(1-\alpha(0)e^{-\lambda\tau})-\alpha(1)(1-e^{-\lambda\tau})]v^* \quad (5.25)$$

对 v^* 解方程（5.25）得到

$$v^* = \frac{(1-e^{-r\tau})c}{1-e^{-r\tau}\{1-\alpha(1)-e^{-\lambda\tau}[\alpha(0)-\alpha(1)]\}} \quad (5.26)$$

直觉上看，我们希望最佳均衡中，如果产生成功，参与人能免受惩罚，从而$\alpha(1)=0$。检视上述等式即可验证这一点：当 $\lambda>\mu$ 时，取 $\alpha(1)=0$，则使（5.24）式更容易得到满足，并且降低转向惩罚状态的概率就提高了均衡的收益。

现在我们要问何时上述系统在 $\alpha(1)=0$ 和 $\alpha(0)\leqslant 1$ 的条件下有解。通过代数变型可知仅当下式成立时有解

$$c[e^{-\mu\tau}-e^{-\lambda\tau}] \geqslant g[e^{r\tau}-1+e^{-\lambda\tau}] \geqslant ge^{-\lambda\tau} \quad (5.27)$$

这样，无论利率如何，$v^*>0$ 的必要条件是

$$\frac{g}{c} \leqslant \frac{e^{-\mu\tau}-e^{-\lambda\tau}}{e^{-\lambda\tau}} = e^{-(\mu-\lambda)\tau}-1 \quad (5.28)$$

也就是说，“没有成功”的似然率 $L(\tau)=e^{-(\mu-\lambda)\tau}$应该充分大。不过随着 τ 收敛到 0，似然率 $L(\tau)$ 收敛到 1：因为几乎可以肯定将没有成功，公共观察到的结果提供的信息太少以至于没有均衡能改善最小最大值。

在讨论信息结构的改变时，我们还要提及科恩德瑞（Kandori，1989a），他研究了当公共结果包含参与人行动的信息变少时，均衡收益的集合会如何变化的问题。如果第二个分布能够通过向第一个分布加入噪声得到，那么一个概率分布就“混淆于”另一个分布（Blackwell and Girshik，1954）。科恩德瑞说明如果在相混淆的意义下信息质量变差了，那么均衡收益集就严格地缩小。我们都清楚集合不能变大，而且当公共随机化存在时就更加显而易见，因为公共随机化装置能用于产生一个原始信号的混淆；结论的有趣之处在于集合严格变小。

---

* 英文原书中公式（5.22）与公式（5.24）之间没有出现公式（5.23）。

参考文献

Abreu，D. 1986. Extremal equilibria of oligopolistic supergames. *Journal of Economic Theory* 39：191－228.

Abreu，D. 1988. Towards a theory of discounted repeated games. *Econometrica* 56：383－396.

Abreu，D.，and D. Dutta. 1990. in preparation.

Abreu，D.，D Pearce，and P. Milgrom. 1990. Information and timing in repeated partnerships. *Econometrica*，forthcoming.

Abreu，D.，D. Pearce，and E. Stachetti. 1986. Optimal cartel equilibrium with imperfect monitoring. *Journal of Economic Theory* 39：251－269.

Abreu，D.，D. Pearce，and E. Stachetti. 1989. Renegotiation and symmetry in repeated games. Mimeo，Harvard University.

Abreu，D.，D. Pearce，and E. Stachetti. 1990. Toward a theory of discounted repeated games with imperfect monitoring. *Econometrica* 58：1041－1064.

Aumann，R. 1986. Repeated games. In *Issues in Contemporary Microeconomics*，ed. G. Feiwel. Macmillan.

Aumann，R. 1989. Survey of repeated games. In *Essays in Game Theory and Mathematical Economics in Honor of Oskar Morgenstern*. Manheim：Bibliographisches Institut.

Aumann，R. 1990. Communication need not lead to Nash equilibrium. Mimeo.

Aumann，R.，and L. Shapley. 1976. Long-term competition—a game theoretic analysis. Mimeo.

Benoit，J. P.，and V. Krishna. 1985. Finitely repeated games. *Econometrica* 53：890－904.

Benoit，J. P.，and V. Krishna. 1987. Nash equilibria of finitely repeated games. *International Journal of Game Theory* 16.

Benoit，J. P.，and V. Krishna. 1988. Renegotiation in finitely repeated games. Discussion Paper 89－004，Harvard University.

Bergin, J., and B. MacLeod. 1989, Efficiency and renegotiation in repeated games. Mimeo, Queen's University.

Bernheim, B. D., B. Peleg, and M. Whinston. 1987. Coalition-proof Nash equilibria. I: Concepts. *Journal of Economic Theory* 42: 1 - 12.

Bernheim, B. D., and D. Ray. 1989. Collective dynamic consistency in repeated games. *Games and Economic Behavior* 1: 295 - 326.

Blackwell, D. and M. Girshik. 1954. *Theory of Games and Statistical Decisions*. Wiley.

Chamberlin, E. 1929. Duopoly: Value where sellers are few. *Quarterly Journal of Economics* 43: 63 - 100.

Crémer, J. 1986. Cooperation in ongoing organizations. *Quarterly Journal of Economics* 101: 33 - 49.

DeMarzo, P. M. 1988. Coalitions and sustainable social norms in repeated games. IMSSS Discussion Paper 529, Stanford University.

Dybvig, P., and C. Spatt, 1980. Does it pay to maintain a reputation? Mimeo, Carnegie Mellon University.

Ellison, G. 1991. Cooperation in random matching games. Mimeo.

Farrell, J., and E. Maskin. 1989. Renegotiation in repeated games. *Games and Economic Behavior* 1: 327 - 360.

Fisher, I. 1898. Cournot and mathematical economics. *Quarterly Journal of Economics* 12: 1 - 26.

Forges, F. 1986. An approach to communications equilibrium. *Econometrica* 54: 1375 - 1386.

Fraysse, J., and M. Moreaux. 1985. Collusive equilibria in oligopolies with long but finite lives. *European Economic Review* 27: 45 - 55.

Friedman, J. 1971. A noncooperative equilibrium for supergames. *Review of Economic Studies* 38: 1 - 12.

Friedman, J. 1985. Trigger strategy equilibria in finite horizon supergames. Mimeo.

Fudenberg, D., D. Kreps, and E. Maskin. 1990. Repeated games with long-run and short-run players. *Review of Economic Studies* 57: 555 - 574.

Fudenberg, D., and D. Levine. 1983. Subgame-perfect equilibria of finite and infinite horizon games. *Journal of Economic Theory* 31:

227－256.

Fudenberg, D., and D. Levine. 1990a. Approximate equilibria in repeated games with imperfect private information. *Journal of Economic Theory*, forthcoming.

Fudenberg, D., and D, Levine. 1990b. Efficiency and observability in games with long-run and short-run players. Mimeo.

Fudenberg, D., D. Levine, and E. Maskin. 1990. The folk theorem in repeated games with imperfect public information. Mimeo, Massachusetts Institute of Technology.

Fudenberg, D., and E. Maskin. 1986a. The folk theorem in repeated games with discounting or with incomplete information. *Econometrica* 54: 533－556.

Fudenberg, D., and E. Maskin. 1986b. Discounted repeated games with one-sided moral hazard, Mimeo.

Fudenberg, D., and E. Maskin. 1990a. On the dispensability of public randomizations in discounted repeated games. *Journal of Economic Theory*. Forthcoming.

Fudenberg, D., and E. Maskin. 1990b. Nash and perfect equilibria of discounted repeated games. *Journal of Economic Theory* 50: 194－206.

Green, E. 1987. Lending and the smoothing of uninsurable income. In *Contractual Arrangements for Intertemporal Trade*, ed. E. Prescott and N. Wallace. University of Minnesota Press.

Green, E., and R. Porter. 1984. Noncooperative collusion under imperfect price information. *Econometrica* 52: 87－100.

Greenberg, J. 1988. The theory of social situations. Mimeo, Haifa University.

Greif, A. 1989. Reputation and coalitions in medieval trade: Evidence from the geniza documents. Mimeo.

Kandori, M. 1989a. Monotonicity of equilibrium payoff sets with respect to obervability in repeated games with imperfect monitoring. Mimeo.

Kandori. M. 1989b, Social norms and community enforcement. Mimeo.

Kandori, M. 1989c. Repeated games played by overlapping generations of players. Mimeo.

Klein, B. , and K. Leffler. 1981. The role of market forces in assuring contractual performance. *Journal of Political Economy* 81: 615 - 641.

Kreps, D. 1986. Corporate culture and economic theory. In *Technological Innovation and Business Strategy*, ed. M. Tsuchiya. Nippon Keizai Shimbunsha Press (in Japanese). Also (in English) in *Rational Perspectives on Political Science*, ed, J. Alt and K. Shepsle. Harvard University Press, 1990.

Kreps, D. , P. Milgrom, J. Roberts, and R. Wilson. 1982. Rational cooperation in the finitely repeated prisoner's dilemma. *Journal of Economic Theory* 27: 245 - 252.

Lambson, V. E. 1987. Optimal penal codes in price-setting supergames with capacity constraints. *Review of Economic Studies* 54: 385 - 397.

Legros, P. 1988. Sustainability in partnerships. Mimeo, California Institute of Technology.

Lehrer, E. 1988. Two player repeated games with non-observable actions and observable payoffs. Mimeo.

Lehrer, E. 1989. Lower equilibrium payoffs in two-player repeated games with non-obervable actions. *International Journal of Game Theory* 18.

Macaulay, S. 1963. Non-contractual relations in business: A preliminary study. *American Sociological Review* 28: 55 - 67.

Matsushima, H. 1989. Efficiency in repeated games with imperfect monitoring. *Journal of Economic Theory* 48: 428 - 442.

Mertens, J.-F, 1987. Repeated games. In *Proceedings of the International Congress of Mathematicians* 1986.

Mertens, J.-F. , S. Sorin. and S. Zamir. 1990. Repeated games. Manuscript.

Milgrom, P. , D. North, and B, Weingast. 1989. The role of law merchants in the revival of trade: A theoretical analysis. Mimeo.

Munkres. I. 1975. *Topology: A First Course*. Prentice-Hall.

Myerson. R. 1986. Multistage games with communication. *Econometrica* 54: 323 - 358.

Neyman, J. 1989. Counterexamples with almost common knowledge Mimeo.

Oye, K. , ed. 1986. *Cooperation under Anarchy*. Princeton University Press.

Pearce, D. 1988. Renegotiation-proof equilibria: Collective rationality and intertemporal cooperation. Mimeo, Yale University.

Porter, R. 1983a. A study of cartel stability: The joint economic committee, 1880 - 1886. *Bell Journal of Economics* 14: 301 - 314.

Porter, R. 1983b. Optimal cartel trigger-price strategies. *Journal of Economic Theory* 29: 313 - 338.

Radner, R. 1980, Collusive behavior in non-cooperative epsilon equilibria of oligopolies with long but finite lives. *Journal of Economic Theory* 22: 121 - 157.

Radner, R. 1981. Monitoring cooperative agreements in a repeated principal-agent relationship. *Econometrica* 49: 1127 - 1148.

Radner, R. 1985. Repeated principal agent games with discounting. *Econometrica* 53: 1173 - 1198.

Radner, R. 1986. Repeated partnership games with imperfect monitoring and no discounting. *Review of Economic Studies* 53: 43 - 58.

Radner, R. , R. Myerson, and E. Maskin. 1986. An example of a repeated partnership game with discounting and with uniformly inefficient equilibria. *Review of Economic Studies* 53: 59 - 70.

Rosenthal, R. 1979. Sequences of games with varying opponents. *Econometrica* 47: 1353 - 1366.

Rosenthal, R. , and H. Landau. 1979. A game-theoretic analysis of bargaining with reputations. *Journal of Mathematical Psychology* 20: 235 - 255.

Rotemberg, J. , and G. Saloner. 1986. A supergame-theoretic model of price wars during booms. *American Economic Review* 76: 390 - 407.

Rubinstein, A. 1979a. Equilibrium in supergames with the overtaking criterion. *Journal of Economic Theory* 21: 1 - 9.

Rubinstein, A. 1979b. An optimal conviction policy for offenses that may have been committed by accident. In *Applied Game Theory*, ed. S. Brams, A. Schotter, and G. Schwodiauer. Physica-Verlag.

Rubinstein, A., and M. Yaari. 1983. Repeated insurance contracts and moral hazard. *Journal of Economic Theory* 30: 74-97.

Scherer, F. M. 1980. *Industrial Market Structure and Economic Performance*, second edition. Houghton Mifflin.

Shapiro, C. 1982. Consumer information, product quality, and seller reputation. *Bell Journal of Economics* 13: 20-35.

Simon, H. 1951. A formal theory of the employment relationship. *Econometrica* 19: 293-305.

Smith, L. 1989. Folk theorems in overlapping-generations games. Mimeo.

Smith, L. 1990. Folk theorems: Two-dimensionality is (almost) enough. Mimeo.

Sorin, S. 1986. On repeated games with complete information. *Mathematics of Operations Research* 11: 147-160.

Sorin, S. 1988. Supergames. Mimeo.

Stigler, G, 1964. A theory of oligopoly. *Journal of Political Economy* 72: 44-61.

van Damme, E. 1989. Renegotiation-proof equilibria in repeated prisoner's dilemma. *Journal of Economic Theory* 47: 206-207.

第 3 篇

不完全信息的静态博弈

第 6 章　贝叶斯博弈与贝叶斯均衡

6.1　不完全信息

如果在一个博弈中，某些参与人不知道其他参与人的收益，我们就说这个博弈是不完全信息博弈。很多我们感兴趣的博弈都在一定程度上存在信息不完全问题，虽然有时候完美知识假设是一个简单而又恰当的近似。

我们首先来看一个包括两个企业的行业博弈，这个例子虽然非常简单，却很能说明不完全信息造成的影响。假定这个行业有一个在位者（参与人 1）和一个潜在的进入者（参与人 2）。参与人 1 决定是否建立一个新工厂，同时参与人 2 决定是否进入该行业。假定参与人 2 不知道参与人 1 建厂的成本是 3 还是 0，但参与人 1 自己知道。这个博弈的收益如图 6—1 所示。参与人 2 的收益取决于参与人 1 是否建厂，而不是直接取决于参与人 1 的成本。当且仅当参与人 1 不建厂时，参与人 2 进入才是有利可图的。此外，值得注意的是，在这个博弈中，参与人 1 有一个优势策略：成本低，“建厂”；成本高，不“建厂”。

	进入	不进入
建厂	0，−1	2，0
不建厂	2，1	3，0

参与人 1 的建厂成本高时的收益

	进入	不进入
建厂	3，−1	5，0
不建厂	2，1	3，0

参与人 1 的建厂成本低时的收益

图 6—1

令 p_1 代表参与人 2 认为参与人 1 为高成本的先验概率。因为当且仅当参与人 1 为低成本时他才会建厂，因此只要 $p_1>\frac{1}{2}$，参与人 2 就会进入；而当 $p_1<\frac{1}{2}$ 时，参与人 2 会选择不进入。这样，我们就可以用重复剔除劣策略来求解图 6—1 所示的博弈。6.6 节给出了如何用重复剔除劣策略方法来分析不完全信息博弈的详细说明。

如果低成本是 1.5 而不是 0，这个博弈的分析就要稍微复杂些。如图6—2 所示，在这个新的博弈中，当参与人 1 的建厂成本高时，不建厂仍是参与人 1 的优势策略。但如果参与人 1 的建厂成本低，那么参与人 1 的最优策略就取决于他对参与人 2 是否进入的概率估计：如果，

$$1.5y+3.5(1-y)>2y+3(1-y)$$

或

$$y<\frac{1}{2}$$

那么，“建厂”优于“不建厂”。这样，参与人 1 就必须根据对参与人 2 行动的判断来选择自己的行动，但参与人 2 不能仅从他对参与人 1 收益的了解来推断参与人 1 的行动。

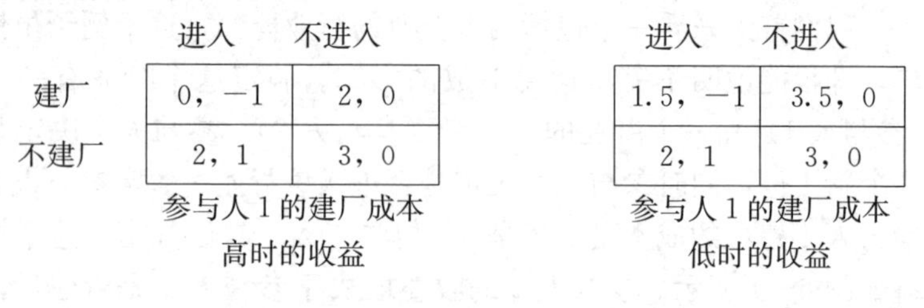

	进入	不进入
建厂	0，−1	2，0
不建厂	2，1	3，0

参与人 1 的建厂成本高时的收益

进入	不进入
1.5，−1	3.5，0
2，1	3，0

参与人 1 的建厂成本低时的收益

图 6—2

海萨尼（Harsanyi，1967—1968）首先提出了一种模拟和处理这类不完全信息博弈的方法，即引入一个虚拟参与人——“自然”，“自然”首先选择参与人 1 的类型（这里是他的成本）。在这个转换博弈中，参与人 2 关于参与人 1 成本的不完全信息就变成了关于“自然”的行动的不完美信息，从而这个转换博弈可以用标准的技术进行分析。

从不完全信息博弈到不完美信息博弈的转换如图 6—3 所示，这个图是首先由海萨尼给出的。N 代表“自然”，“自然”选择参与人 1 的类型。（图中方括号内的数字代表自然行动的概率。）这个图还包含一个隐含的标准假设，即所有参与人对自然行动的概率分布具有一致的判断。（尽管这是一个标准假设，在自然的行动代表公共事件诸如天气等时，

这一假设比在自然的行动代表诸如参与人的收益等个人特征时来得更为合理。）一旦采用这一假设，我们就得到一个标准博弈，从而可以使用纳什均衡的概念。海萨尼的贝叶斯均衡（或贝叶斯纳什均衡）正是指不完美信息博弈的纳什均衡。

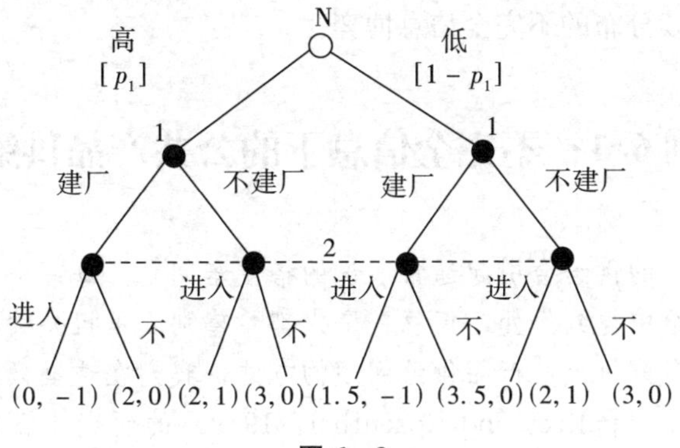

图 6—3

在图 6—2（或图 6—3）所示的例子中，令 x 代表当参与人 1 为低成本时的建厂概率（参与人 1 在高成本时肯定不会建厂），令 y 代表参与人 2 的进入概率。参与人 2 的最优策略是：如果 $x<1/[2(1-p_1)]$ 则选择 $y=1$（即进入）；如果 $x>1/[2(1-p_1)]$，则选择 $y=0$；如果 $x=1/[2(1-p_1)]$，选择 $y\in[0, 1]$。同理，低成本参与人 1 的最优反应是：如果 $y<\frac{1}{2}$，选择 $x=1$（即建厂）；如果 $y>\frac{1}{2}$，选择 $x=0$；如果 $y=\frac{1}{2}$，选择 $x\in[0, 1]$。求解贝叶斯均衡就是找到这样一组（x，y）使得 x 是低成本参与人 1 的最优策略；同时，给定参与人 2 关于参与人 1 的判断 p_1 及参与人 1 的策略，y 是参与人 2 的最优策略。例如，对于任何 p_1，策略组合（$x=0$，$y=1$）是一个均衡（即参与人 1 不建厂，参与人 2 进入）；当且仅当 $p_1\leqslant 1/2$ 时，策略组合（$x=1$，$y=0$）构成一个均衡（即低成本参与人 1 建厂，参与人 2 不进入）。[①]

本章主要内容如下所示，6.2 节给出不完全信息博弈贝叶斯纳什均衡的另一个例子。6.3 节讨论类型的概念。6.4 节给出贝叶斯均衡的正式定义。6.5 节继续讨论贝叶斯均衡，主要突出其特征及细节。很多例子及其详细分析在初步阅读时都可以略过。6.6 节讨论不完全信息博弈

---

① 此例还有一个混合策略均衡：($x=1/[2(1-p_1)]$，$y=\frac{1}{2}$)。

的重复剔除劣策略求解方法，这里的主要问题是同一参与人的不同类型能否视为对对手策略具有不同判断的不同参与人，或者视为具有混合信念的同一个体。6.7 节利用不完全信息博弈来解释完全信息博弈中的混合策略纳什均衡。6.8 节进一步讨论如何使用一些技术手段来分析参与人类型为连续分布的不完全信息博弈。

6.2 例 6.1：不完全信息下的公共产品供给博弈†

公共产品的供给会引起通常所说的搭便车问题。每一个人都能从公共产品的供给中得到好处，但每一个人都希望别人承担公共产品的供给成本。有很多分析公共产品供给问题的方法，我们在这里只讨论帕尔弗里和罗森塔尔（Palfrey and Rosenthal，1989）的研究。假定有两个参与人，$i=1$，2。参与人同时决定是否提供公共产品，而且供给必须是 0—1决策（即要么提供，要么不提供）。如果至少有一个人提供，每一个参与人的效用是1，否则为0；参与人 i 的供给成本是 c_i。参与人的收益如图 6—4 所示。①

	提供	不提供
提供	$1-c_1$，$1-c_2$	$1-c_1$，1
不提供	1，$1-c_2$	0，0

图 6—4

假定公共产品带来的效用（双方各为 1）是共同知识，但每一个参与人的供给成本是私人知识。参与人双方都知道 c_i 服从区间 $[\underline{c}, \bar{c}]$ 上的连续、严格递增的独立同分布 $P(\cdot)$，其中 $\underline{c}<1<\bar{c}$ [从而 $P(\underline{c})=0$，$P(\bar{c})=1$]。参与人 i 的类型是他的成本 c_i。

在这个博弈中，参与人的一个纯策略是从区间 $[\underline{c}, \bar{c}]$ 到集合 $\{0, 1\}$ 的一个函数 $s_i(c_i)$，其中 1 代表“提供”，0 代表“不提供”。参与人 i 的收益是

$$u_i(s_i, s_j, c_i) = \max(s_1, s_2) - c_i s_i$$

① 公共产品供给博弈模型的特点是如果两个参与人同时选择供给，他们都必须花费全部的成本，而不是两人平摊成本。能够解释这个模型的一个例子是两个参与人属于同一个委员会，如果有一个参与人参加会议，会议结果是两个参与人都满意的；如果没有参与人参加会议，结果是两个参与人都不满意的。这里，与会时间是成本 c_i。

(注意，这里参与人 i 的收益并不取决于 c_j，$j \neq i$。)

贝叶斯均衡是指一组策略（$s_1^*(\cdot)$，$s_2^*(\cdot)$）组合，使得对于每一个参与人 i 和 c_i 的每一个可能值，策略 $s_i^*(c_i)$ 使得 $E_{c_j}u_i(s_i, s_j^*(c_j), c_i)$ 达到最大值。令 $z_j \equiv \text{Prob}(s_j^*(c_j)=1)$ 代表均衡时参与人 j 提供公共产品的概率。为使其期望收益最大化，仅当参与人 i 的提供成本 c_i 低于 $1 \cdot (1-z_j)$ 时他才会提供，这里 $1 \cdot (1-z_j)$ 是参与人 i 提供公共产品的收益与参与人 j 不提供公共产品的概率的乘积。因此，如果 $c_i < 1-z_j$，则 $s_i^*(c_i)=1$；反之，如果 $c_i > 1-z_j$，则 $s_i^*(c_i)=0$。[①] 这表明供给公共产品的参与人的类型属于区间 $[\underline{c}, c_i^*]$：仅当他的成本充分低时参与人 i 才会提供公共产品。（如果 $c_i^* < \underline{c}$，我们约定 $[\underline{c}, c_i^*]$ 为空集。）类似地，当且仅当对于某些 c_j^* 存在 $c_j \in [\underline{c}, c_j^*]$ 时，参与人 j 才会提供公共产品。这种"单调性"特征在经济分析中经常用到，我们在6.5节讨论贝叶斯均衡时将运用这一特性，在第7章我们还将进一步讨论这一特性。

因为 $z_j = \text{Prob}(\underline{c} \leqslant c_j \leqslant c_j^*) = P(c_j^*)$ 均衡的临界值 c_i^* 必须满足 $c_i^* = 1-P(c_j^*)$。因此，c_1^* 和 c_2^* 必须同时满足方程 $c^* = 1-P(1-P(c^*))$。如果方程存在唯一解，则必有 $c_i^* = c^* = 1-P(c^*)$。例如，如果 P 是区间 $[0, 2]$ 上的均匀分布 $[P(c) \equiv c/2]$，则 c^* 唯一且等于 $\frac{2}{3}$。[为验证上述分析，注意如果参与人不提供公共产品，他的期望收益是 $P(c^*) = \frac{1}{3}$；如果成本为 c^* 的参与人提供公共产品，他的收益是 $1-c^* = \frac{1}{3}$。] 如果一个参与人的提供成本属于区间 $(\frac{2}{3}, 1)$，那么即使他的提供成本小于所带来的收益，即使有 $1-P(c^*) = \frac{2}{3}$ 的概率另外一个参与人不提供该产品，他也不会提供。

如果 $\underline{c} \neq 0$，我们假定 $\underline{c} \geqslant 1-P(1)$，则这个博弈有两个非对称纳什均衡。在均衡的情况下，一个参与人从不提供公共产品，另一个参与人对所有的 $c \leqslant 1$ 都提供公共产品。例如，考虑这样一个均衡：参与人1从不提供公共产品，$c_1^* = 1-P(1) < \underline{c}$，$c_2^* = 1$。参与人选择不提供是因为他的最小成本 $\underline{c}$ 超出他从增加供给中得到的收益 $1 \cdot (1-P(1))$；对于所有的 $c \leqslant 1$，参与人都选择提供公共产品，因为如果他不提供，则肯

① 类型 $c_i = 1-z_j$ 在供给和不供给之间是无差别的，由于 $P(\cdot)$ 是连续的，任何特定类型的概率都是零。

定不会有公共产品供给。

6.3 策略和类型†

在6.1节和6.2节的例子中，参与人的“类型”——他的私人信息——就是他的成本。在通常情况下，一个参与人的类型可能包括与其决策相关的任何私人信息（准确地说，是指不属于所有参与人共同知识的任何信息）。除了参与人的收益函数外，可能还包括他对其他参与人收益函数的判断，他对其他参与人对自身收益函数的判断的判断，等等。

我们已经讨论了几个例子，在这些例子中，参与人的收益函数就相当于他的类型。下面我们来讨论一个双方裁军谈判博弈，在这个例子中，参与人的类型包含更多的私人信息，而不仅仅是收益函数。假定参与人2的目标函数是共同知识，参与人1不知道参与人2是否知道他（参与人1）的目标函数。假定参与人1有两种类型——“强硬派”和“软弱派”。“强硬派”宁可达不成协议也不愿作出大的让步；“软弱派”则希望能达成一份协议，即使作出较大的让步。假定参与人1为“强硬派”的概率为p_1。进一步地，假定参与人2有两种类型：“知情”，即知道参与人1的类型，和“不知情”，即不知道参与人1的类型。参与人2是知情者的概率是p_2，同时参与人1不知道参与人2的类型。

很容易构造这一类博弈中更复杂的例子，比如，参与人1关于参与人2类型的先验判断可以是p_2或p'_2，但参与人2不知道是哪一个。不过，如果参与人的类型过于复杂，模型就可能很难处理，在实际运用中，通常假定参与人关于对手的判断完全由他自己的收益函数决定。

海萨尼考虑了更一般的情形。假定参与人的类型$\{\theta_i\}_{i=1}^{I}$取自某一客观概率分布$p(\theta_1, \cdots, \theta_I)$，这里$\theta_i$属于某一空间$\Theta_i$。为简单起见，假定$\Theta_i$有$\#\Theta_i$个元素。$\theta_i$只能被参与人$i$观察到。令$p(\theta_{-i} \mid \theta_i)$代表给定$\theta_i$时参与人$i$关于其他参与人类型$\theta_{-i}=(\theta_1, \cdots, \theta_{i-1}, \theta_{i+1}, \cdots, \theta_I)$的条件概率。假定对于每一个$\theta_i \in \Theta_i$，边际分布$p_i(\theta_i)$是严格正的。

为了完整地描述贝叶斯博弈，我们还必须说明每一个参与人i的纯策略空间S_i（纯策略$s_i \in S_i$，混合策略$\sigma_i \in \Sigma_i$）和收益函数$u_i(s_1, \cdots, s_I, \theta_1, \cdots, \theta_I)$。[①] 和前几章一样，通常把博弈的外生因素如策略空间、

① 在前几章中，任何参与人在选择自己的策略时都不知道自然的行动，此时收益函数可以是自然的行动（随机变量）空间上的期望值。

收益函数、可能类型、先验分布等视为共同知识（即每一个参与人知道，每一个参与人知道其他参与人知道，等等）。换句话说，参与人拥有的任何私人信息都包括在他的类型中。①

一般来说，这些策略空间都比较抽象，有些还包括如扩展式博弈中的相机行动策略。但在这里，为简单起见，我们假定策略空间 S_i 是参与人 i 的（非相机）行动集。按照惯例，我们首先讨论纳什均衡的解概念和严格剔除优势均衡。值得指出的是，尽管在静态博弈中严格剔除优势均衡是一个非常强而合理的预测，但在动态博弈中这一均衡概念就显得太弱而缺乏可信度。在第8章和第11章，我们将进一步讨论不完全信息动态博弈的"均衡精炼"。

由于每个参与人的策略选择只取决于他的类型，我们可以用 $\sigma_i(\theta_i)$ 代表类型为 θ_i 的参与人 i 的策略选择（可能是混合策略）。如果参与人 i 知道其他参与人的策略 $\{\sigma_j(\cdot)\}_{j\neq i}$ 是其相应类型的函数，参与人1就可以用条件概率 $p(\theta_{-i} \mid \theta_i)$ 来计算对应于每一个选择的期望效用，从而找出最优反应策略 $\sigma_i(\theta_i)$。[奥曼（Aumann，1964）指出，如果类型是连续分布的，上述策略描述方法可能存在技术性问题（可测度性）。在本章末讨论米尔格罗姆和韦伯（Milgrom and Weber，1986）的研究时，我们将进一步讨论这个问题。]

6.4　贝叶斯均衡†

定义6.1　在一个不完全信息博弈中，如果每一参与人 i 的类型 θ_i 有限，且参与人类型的先验分布为 p，相应纯策略空间为 S_i，则该博弈的一个贝叶斯均衡是其"展开博弈"的一个纳什均衡，在这个"展开博弈"中，每一个参与人 i 的纯策略空间是由从 Θ_i 到 S_i 的映射构成的集合 $S_i^{\Theta_i}$。②

给定策略组合 $s(\cdot)$，和 $s'_i(\cdot)\in S_i^{\Theta_i}$，令 $(s'_i(\cdot), s_{-i}(\cdot))$ 代表当参与人 i 选择 $s'_i(\cdot)$ 而其他参与人选择 $s(\cdot)$，且令

$$(s'_i(\theta_i), s_{-i}(\theta_{-i})) = (s_1(\theta_1), \cdots, s_{i-1}(\theta_{i-1}), s'_i(\theta_i), s_{i+1}(\theta_{i+1}), \cdots, s_I(\theta_I))$$

① 详细的讨论请参阅 Mertens and Zamir（1985）及 Mertens，Sorin，and Zamir（1990）第3章。

② 这里的"展开博弈"与2.2节说明相关均衡的扩充博弈非常类似。

代表策略组合在 $\theta=(\theta_i, \theta_{-i})$ 的值。那么如果对于每一个参与人 i 均有

$$s(\cdot) \in \arg\max_{s'_i(\cdot)\in S_i^{\Theta_i}} \sum_{\theta_i}\sum_{\theta_{-i}} p(\theta_i,\theta_{-i})u_i(s'_i(\theta_i), s_{-i}(\theta_{-i}), (\theta_i,\theta_{-i}))$$

则策略组合 $s(\cdot)$ 是一个（纯策略）贝叶斯均衡。

贝叶斯均衡的存在性可由纳什均衡的存在性立即得到。（和纳什均衡一样，贝叶斯均衡实际上是一个一致性检验，参与人关于其他参与人的判断并不包含在均衡定义中，所涉及的只是每一个参与人对类型分布及其对手的类型相依策略的判断。只有当参与人考虑参与各方的行动构成贝叶斯均衡的可能性以及均衡精炼时，对判断的判断、对判断的判断的判断等才变得重要。）

6.5 贝叶斯均衡：另一个例子††

本节简要分析几个贝叶斯博弈的例子。第一个例子虽然简单，有些读者也可能想略过，但它却包含与其他例子有关的一些细节，而且我们将在 6.7 节继续讨论其中的几个例子。

例 6.2 不完全信息下的古诺博弈

考虑双寡头古诺博弈（产量竞争）。假定企业的利润为 $u_i=q_i(\theta_i-q_i-q_j)$，其中 θ_i 是线性需求函数的截距与企业 i 的不变单位成本之差（$i=1, 2$），q_i 是企业 i 选择的产量（$s_i=q_i$）。企业 1 的类型 $\theta_1=1$ 是共同知识（即企业 2 完全知道关于企业 1 的信息，或者说企业 1 只有一种可能类型）。但企业 2 拥有关于其单位成本的私人信息。企业 1 认为 $\theta_2=\frac{3}{4}$ 的概率是 $\frac{1}{2}$，$\theta_2=\frac{5}{4}$ 的概率也是 $\frac{1}{2}$，而且企业 1 的判断是共同知识。这样，企业 2 有两种可能类型，我们分别将其称为“低成本型”（$\theta_2=\frac{5}{4}$）和“高成本型”（$\theta_2=\frac{3}{4}$）。两个企业同时选择产量。

我们来看这个博弈的纯策略均衡。记企业 1 的产量为 q_1，企业 2 在 $\theta_2=\frac{5}{4}$ 时的产量为 q_2^L，在 $\theta_2=\frac{3}{4}$ 时的产量为 q_2^H。企业 2 的均衡产量必须满足

$$q_2(\theta_2) \in \arg\max_{q_2}\{q_2(\theta_2 - q_1 - q_2)\} \Rightarrow q_2(\theta_2) = \frac{\theta_2 - q_1}{2}$$

企业1不知道企业2属于哪种类型，因此他的收益只能是对企业2的类型取期望：

$$q_1 \in \arg\max_{q_1}\{\frac{1}{2}q_1(1-q_1-q_2^H)+\frac{1}{2}q_1(1-q_1-q_2^L)\} \Rightarrow q_1 = \frac{2-q_2^H-q_2^L}{4}$$

将 $\theta_2=\frac{5}{4}$ 和 $\theta_2=\frac{3}{4}$ 代入 $q_2(\theta_2)$ 中，我们得到其贝叶斯均衡解（$q_1=\frac{1}{3}$，$q_2^L=\frac{11}{24}$，$q_2^H=\frac{5}{24}$）。（事实上，这也是唯一的均衡。）

例6.3 消耗战

考虑第4章曾讨论过的消耗战在不完全信息时的情形。参与人 i 选择一个数 $s_i \in [0, +\infty)$。两个参与人同时行动。收益函数为

$$u_i = \begin{cases} -s_i, & s_j \geq s_i \\ \theta_i - s_j, & s_j < s_i \end{cases}$$

参与人 i 的类型 θ_i 是私人信息，且其取值在区间 $[0, +\infty)$ 上，累积分布为 P，密度函数为 p。参与人的类型之间是相互独立的。θ_i 是赢家的奖金（即 s_i 最高的参与人）。这个博弈有点类似于二级竞价拍卖，不同的是输家同样要支付其竞价。

我们来看这个博弈的（纯策略）贝叶斯均衡（$s_1(\cdot)$，$s_2(\cdot)$）。对于每一个 θ_i，$s_i(\theta_i)$必须满足

$$s_i(\theta_i) \in \arg\max_{s_i}\{-s_i \text{Prob}(s_j(\theta_j) \geq s_i) + \int_{\{\theta_j | s_j(\theta_j) < s_i\}} (\theta_i - s_j(\theta_j)) p_j(\theta_j) d\theta_j\} \quad (6.1)$$

我们在这里将发现，在均衡策略组合中，每一个参与人的策略都是其类型的严格递增连续函数。事实上，可以证明，每一个均衡策略组合都有这个特点。为了说明均衡策略是非减的，注意到在均衡时，类型为 θ'_i 的参与人将选择 $s'_i = s_i(\theta'_i)$ 而非 $s''_i = s_i(\theta''_i)$；类型为 θ''_i 的参与人将选择 s''_i 而非 s'_i。因此有

$$\theta'_i \text{Prob}(s_j(\theta_j) < s'_i) - s'_i \text{Prob}(s_j(\theta_j) \geq s'_i) - \int_{\{\theta_j | s_j(\theta_j) < s'_i\}} s_j(\theta_j) p_j(\theta_j) d\theta_j$$

$$\geqslant \theta'_i \text{Prob}(s_j(\theta_j) < s''_i) - s''_i \text{Prob}(s_j(\theta_j) \geqslant s''_i) - \int_{\{\theta_j | s_j(\theta_j) < s''_i\}} s_j(\theta_j) p_j(\theta_j) d\theta_j$$

及

$$\theta''_i \text{Prob}(s_j(\theta_j) < s''_i) - s''_i \text{Prob}(s_j(\theta_j) \geqslant s''_i) - \int_{\{\theta_j | s_j(\theta_j) < s''_i\}} s_j(\theta_j) p_j(\theta_j) d\theta_j$$

$$\geqslant \theta''_i \text{Prob}(s_j(\theta_j) < s'_i) - s'_i \text{Prob}(s_j(\theta_j) \geqslant s'_i) - \int_{\{\theta_j | s_j(\theta_j) < s'_i\}} s_j(\theta_j) p_j(\theta_j) d\theta_j$$

第一个不等式的左边减去第二个不等式的右边，第一个不等式的右边减去第二个不等式的左边，我们得到

$$(\theta''_i - \theta'_i)[\text{Prob}(s_j(\theta_j) \geqslant s'_i) - \text{Prob}(s_j(\theta_j) \geqslant s''_i)] \geqslant 0$$

因此，如果 $\theta''_i \geqslant \theta'_i$，则 $s''_i \geqslant s'_i$。(这就是我们在例 6.1 中提到的单调性特征。)

关于策略的严格递增和连续性证明，可能比较复杂，我们在这里只给出直观的解释。首先，如果策略不是严格递增的，那么在某些 $s>0$ 处必然存在一个"原子"，即使得 $\text{Prob}(s_j(\theta_j)=s)>0$。在这种情况下，对于任意小的正数 ε，参与人 i 将选择恰当的策略使其属于区间 $[s-\varepsilon, s)$ 的概率为零，这是因为他可以选择恰好超过 s 的策略从而改善自己的处境。(这里的说明不尽严密，但可以得到严格的证明。) 这样一来，选择 s 的参与人 j 又可以通过选择 $s-\varepsilon$ 来改善自己的处境，因为这样做并不会降低获胜的概率，但却能减少成本。因此，在 s 处这样的"原子"不可能存在，从而策略必然是严格递增的。同理可以说明策略的连续性。如果策略不是连续的，则存在 $s'\geqslant 0$ 和 $s''>s'$ 使得 $\text{Prob}(s_j(\theta_j)\in[s', s''])=0$ 同时对于某些 $\hat{\theta}_j$ 和任意小的 $\varepsilon\leqslant 0$ 有 $s_j(\hat{\theta}_j)=s''+\varepsilon$ 成立。此时对参与人 i，$s_i=s'$ 严格优于任何 $s_i\in(s', s'')$，因为获胜的概率并没有改变，预期成本却降低了。但这样一来，"在"或"恰好超过" s'' 处退出就不再是 $\hat{\theta}_j$ 型参与人 j 的最优选择。

现在我们来求严格递增、连续的函数 s_i 及其逆函数 Φ_i，这里 $\Phi_i(s_i)$ 是选择策略 s_i 的参与人的类型。将方程 (6.1) 中的积分变量 θ_j 换成 s_j（运用密度函数的转换公式[①]），得到

$$s_i(\theta_i) \in \arg\max_{s_i} \{-s_i(1-P_j(\Phi_j(s_i)))$$

① 如果随机变量 x 的密度函数为 $p(x)$ 且映射 f: $X\to Y$ 是一一对应，则 $y=f(x)$ 的密度函数由下式确定：

$$g(y) = \frac{p(f^{-1}(y))}{f'(f^{-1}(y))} = p(f^{-1}(y))(f^{-1})'(y)$$

$$+\int_0^{s_i}(\theta_i - s_j)p_j(\Phi_j(s_j))\Phi'_j(s_j)\mathrm{d}s_j\} \qquad (6.2)$$

相应的一阶条件 θ_i 型的参与人不能通过用 $s_i+\mathrm{d}s_i$ 代替 s_i 来增加其收益，这里 $s_i \equiv s_i(\theta_i)$。如果参与人 j 的选择超过 $s_i+\mathrm{d}s_i$ [这一事件的概率是 $1-P_j(\Phi_j(s_i+\mathrm{d}s_i))$]，则 θ_i 型的参与人用 $s_i+\mathrm{d}s_i$ 代替 s_i 的成本为 $\mathrm{d}s_i$，从而预期成本增量是 $\mathrm{d}s_i$ 的同阶无穷小量。如果参与人 j 的选择位于区间 [s_i，$s_i+\mathrm{d}s_i$] 内（当且仅当 $\theta_j \in [\Phi_j(s_i), \Phi_j(s_i+\mathrm{d}s_i))$），则 θ_i 型参与人改变策略（用 $s_i+\mathrm{d}s_i$ 代替 s_i）产生的收益是 $\theta_i=\Phi_i(s_i)$，成功的概率是 $p_j(\Phi_j(s_i))\Phi'_j(s_i)\mathrm{d}s_i$。令成本和收益相等，我们得到如下一阶条件①：

$$\Phi_i(s_i)p_j(\Phi_j(s_i))\Phi'_j(s_i) = 1 - P_j(\Phi_j(s_i)) \qquad (6.3)$$

现在，我们令 $P_1=P_2=P$，求解对称均衡。去掉方程（6.3）的下标，令 $\theta=\Phi(s)$，并注意到 $\Phi'=1/s'$②，我们得到

$$s'(\theta) = \frac{\theta p(\theta)}{1-P(\theta)} \qquad (6.4a)$$

或

$$s(\theta) = \int_0^{\theta}\left(\frac{xp(x)}{1-P(x)}\right)\mathrm{d}x \qquad (6.4b)$$

这里的积分常数由 $s(0)=0$ 决定：如果一件物品对某一参与人毫无价值，他就不会去争取。

---

① 我们来证明如果一阶条件得到满足，则二阶条件在整个定义域上同样成立。令 $U_i(s_i, \theta_i)$ 代表方程（6.2）中大括号一项的最大值。注意

$$\frac{\partial^2 U_i}{\partial s_i \partial \theta_i} = p_j(\Phi_j(s_i))\Phi'_j(s_i) > 0$$

假定存在类型 θ_i 和策略 s'_i 使得：

$$U_i(s'_i, \theta_i) > U_i(s_i, \theta_i)$$

其中 $s_i = s_i(\theta_i)$，则有

$$\int_{s_i}^{s'_i}\frac{\partial U_i}{\partial s}(s, \theta_i)\mathrm{d}s > 0$$

或对所有的 s 应用一阶条件 $(\partial U_i/\partial s)(s, \Phi_i(s))=0$

$$\int_{s_i}^{s'_i}\left(\frac{\partial U_i}{\partial s}(s, \theta_i) - \frac{\partial U_i}{\partial s}(s, \Phi_i(s))\right)\mathrm{d}s > 0$$

即有

$$\int_{s_i}^{s'_i}\int_{\Phi_i(s)}^{\theta_i}\frac{\partial^2 U_i}{\partial s \partial \theta}(s, \theta)\mathrm{d}\theta\mathrm{d}s > 0$$

如果 $s'_i > s_i$，则对所有的 $s \in (s_i, s'_i]$ 均有 $\Phi_i(s) > \theta_i$，从而最后一个不等式不成立。类似地，如果 $s'_i < s_i$，该不等式同样不成立。因此，s_i 是 θ_i 型参与人的整体最优策略。

② 运用逆函数定理。

作为练习，请读者自己证明当类型服从对称指数分布 $P(\theta)=1-\exp(-\theta)$ 时存在对称均衡：$\Phi(s)=\sqrt{2s}$，相应策略 $s(\theta)=\theta^2/2$。［赖利（Riley，1980）证明了该分布还存在一个对称均衡：$\Phi_1(s_1)=K\sqrt{s_1}$ 和 $\Phi_2(s_2)=(2/K)\sqrt{s_2}$，其中 $K>0$。］

附注 消耗战在产业组织中的解释为：假定市场上有两个企业。如果两企业竞争，双方每次各损失 1 单位时间。如果对手退出，任何一个企业都可以获得垄断利润，其贴现值为 θ_i。(更符合现实的考虑是双寡头和垄断的利润相关，但这对结果的影响不大。）如果企业 j 此前没有退出，那么，s_i 就是企业 i 在市场上停留的时间。[①][②]

例 6.4 双边拍卖

在双边拍卖中，同一物品的潜在卖方和买方同时叫价，卖方报价同时买方出价。然后拍卖人选择一个价格 p 使市场出清：所有报价低于 p 的卖方卖出，所有报价高于 p 的买方买进；且价格为 p 时供给总数等于需求总数。(任何叫价等于 p 的买方和卖方是无差异的，我们选择使供给等于需求的交易量。）

凯特吉和萨缪尔森（Chatterjee and Samuelson，1983）考虑了双边拍卖的一种最简单的情形：单一买方和单一卖方选择是否交易一个单位的商品。卖方（参与人 1）的成本是 c，该商品对买方（参与人 2）的价值为 v，其中 v 和 c 属于区间 $[0,1]$。双方同时选择竞价 b_1 和 b_2，b_1 和 b_2 属于区间 $[0,1]$。如果 $b_1\leqslant b_2$，双方以价格 $t=(b_1+b_2)/2$ 成交。[③] 如果 $b_1>b_2$，双方不发生交易，也没有货币的转移。因此，卖方的效用为：如果 $b_1\leqslant b_2$，$u_1=(b_1+b_2)/2-c$，否则为零；买方的效用为：如果 $b_1\leqslant b_2$，$u_2=v-(b_1+b_2)/2$，否则为零。

---

① 有关对称信息消耗战的介绍请参见第 4 章。有关不完全信息消耗战的理论文献请参阅 Bishop，Cannings，Maynard Smith（1978），以及 Riley（1980），Kreps and Wilson（1982），Nalebuff（1982），Nalebuff and Riley（1983），Bliss and Nalebuff（1984）等的拓展工作。有关均衡集的特征及不稳定收益流或类型高度不确定时均衡的唯一性问题，请参见 Fudenberg and Tirole（1986）。

② 有些读者或许会问：在这里的动态博弈中，纳什均衡的概念是否足够强？有没有更强的均衡概念从而减少均衡的多样性？在第 4 章讨论完全信息静态消耗战时我们已经看到，所有的纳什均衡都是子博弈完美均衡，类似地，这里提到的不同均衡都满足我们在第 8 章引入的完美贝叶斯均衡概念。(实际上它们还满足第 3 章引入的完美贝叶斯均衡概念，因为唯一的恰当子博弈就是它自身。)

③ 凯特吉和萨缪尔森在这里假设双方平分交易利得。更一般地，双边拍卖的成交价为 $kb_1+(1-k)b_2$，其中 $k\in[0,1]$。

如果信息是对称的（即 v 和 c 是共同知识），则上述问题就是纳什需求博弈（Nash，1953）。为使问题更有意义，我们假定 $v>c$，则此对称信息博弈存在一些连续的纯策略有效均衡，在这些均衡中，双方叫价相同，即 $b_1=b_2=t\in[c, v]$。交易双方都获得正的剩余。如果双方过于贪婪（卖方要价高于 t 或买方出价低于 t），交易就不会发生。值得注意的是，这个博弈还存在无效均衡，即双方随意叫价，卖方要价超过 v 同时买方出价低于 c。

现在来考虑非对称信息时的情形。假定卖方成本 c 服从 [0，1] 上的分布 P_1，买方估值 v 服从同样区间上的分布 P_2。P_1 和 P_2 是共同知识，凯特吉和萨缪尔森讨论了该博弈的一个纯策略均衡（$s_1(\cdot)$，$s_2(\cdot)$），这里 s_1 和 s_2 是从区间 [0，1] 到 [0，1] 上的映射。令 $F_1(\cdot)$ 和 $F_2(\cdot)$ 分别代表均衡时双方竞价的累积分布。也就是说，$F_1(b)$ 是成本为 c 的卖方要价不超过 b 的概率：

$$F_1(b)=\text{Prob}(s_1(c)\leqslant b)$$

类似地，$F_2(b)$ 是估值为 v 的买方出价不超过 b 的概率。

如果交易的概率为正，则均衡报价必然是类型的增函数。考虑两类成本 c' 和 c''，令卖方的相应策略分别为 $b_1'\equiv s_1(c')$ 和 $b_1''\equiv s_1(c'')$，则卖方的最优策略要求：

$$\int_{b_1'}^{1}\left(\frac{b'_1+b_2}{2}-c'\right)\mathrm{d}F_2(b_2)\geqslant\int_{b_1''}^{1}\left(\frac{b''_1+b_2}{2}-c'\right)\mathrm{d}F_2(b_2)$$

以及

$$\int_{b_1''}^{1}\left(\frac{b''_1+b_2}{2}-c''\right)\mathrm{d}F_2(b_2)\geqslant\int_{b_1'}^{1}\left(\frac{b'_1+b_2}{2}-c''\right)\mathrm{d}F_2(b_2)$$

第一个不等式的左边减去第二个不等式的右边，同时第一个不等式的右边减去第二个不等式的左边，得到

$$(c''-c')[F_2(b''_1)-F_2(b'_1)]\geqslant 0$$

因此，如果 $c''>c'$，则 $b_1''\geqslant b_1'$。[①] 对于买方的类型相依策略，我们可以得到同样的结论。

凯特吉和萨缪尔森还进一步讨论了参与人的策略是其类型的严格递增、

① 为了使结论更严格，我们必须证明不存在 $F_2(b_1'')=F_2(b_1')<1$，否则，c' 型卖方可以用报价 b_1'' 代替 b_1' 来改善自己的福利，因为这种改变并不影响交易的概率，而一旦成交，报价却更高。

连续、可微函数时的情形。此时成本为 c 的卖方选择 b_1 使下式最大：

$$\max_{b_1}\int_{b_1}^{1}\left(\frac{b_1+b_2}{2}-c\right)\mathrm{d}F_2(b_2)$$

这表明，以下三式至少有一个成立：

(ⅰ) $\frac{1}{2}[1-F_2(s_1(c))]-(s_1(c)-c)f_2(s_1(c))=0$；

(ⅱ) $\frac{1}{2}[1-F_2(s_1(c))]-(s_1(c)-c)f_2(s_1(c))>0$，且 $s_1(c)=1$；

(ⅲ) $\frac{1}{2}[1-F_2(s_1(c))]-(s_1(c)-c)f_2(s_1(c))<0$，且 $s_1(c)=0$。

因为 $F_2(1)=1$ 且 $F_2(0)=0$，边界条件 $s_1\in[0,1]$ 可以不考虑，此时相应的一阶条件是（ⅰ）。注意到当成本 c 超过买方的最高出价 $\bar{s}_2$ 时，卖方的最优报价是任何 $s_1>\bar{s}_2$，且所有这类报价满足卖方的一阶条件。这是因为此时 $f_2(s_1(c))$ 和 $1-F_2(s_1(c))$ 均为零。（类似的讨论也适于买方的一阶条件。）我们还注意到，除了当卖方的报价提高到 1 时而成交价只提高 $\frac{1}{2}$ 而非 1 之外，这里的一阶条件与垄断卖方的一阶条件并无任何差别。对于买方，我们有类似的公式

$$\max_{b_2}\int_{0}^{b_2}\left(v-\frac{b_1+b_2}{2}\right)\mathrm{d}F_1(b_1)\Rightarrow[v-s_2(v)]f_1(s_2(v))$$

$$=\frac{1}{2}F_1(s_2(v))$$

根据凯特吉和萨缪尔森的方法，假设 P_1 和 P_2 都是 $[0,1]$ 上的均匀分布，并且假定策略是线性的，即有

$$s_1(c)=\alpha_1+\beta_1 c$$

和

$$s_2(v)=\alpha_2+\beta_2 v$$

则由上述讨论，我们有

$$F_i(b)=P_i(s_i^{-1}(b))=s_i^{-1}(b)=(b-\alpha_i)/\beta_i$$

及

$$f_i(b)=\frac{1}{\beta_i}$$

代入一阶条件，我们得到

$$2[\alpha_1+(\beta_1-1)c]/\beta_2=[\beta_2-(\alpha_1+\beta_1 c)+\alpha_2]/\beta_2$$

及

$$2[(1-\beta_2)v-\alpha_2]/\beta_1=(\alpha_2+\beta_2 v-\alpha_1)/\beta_1$$

因为上述方程对所有的 c 和 v 都成立，从而方程两边的常数项、c 和 v 的系数都应当分别相等，即有

$$2(\beta_1-1)=-\beta_1$$
$$2(1-\beta_2)=\beta_2$$
$$2\alpha_1=\beta_2-\alpha_1+\alpha_2$$
$$-2\alpha_2=\alpha_2-\alpha_1$$

解上述方程组，我们有

$$\beta_1=\beta_2=\frac{2}{3}$$

$$\alpha_1=\frac{1}{4}$$

$$\alpha_2=\frac{1}{12}$$

按照上述策略，如果参与人 1 的成本 $c>\frac{3}{4}$，则其报价 $\frac{1}{4}+\frac{2}{3}c$ 低于成本。但此时参与人 2 的最高出价 $s_1(c)$ 也超过 $\frac{3}{4}$，因此参与人 1 的策略并不会使其以低于成本的价格出售。同理，当 $v<\frac{1}{4}$ 时，参与人 2 的出价超过了其价值，但此时交易永远都不会发生。

当且仅当 $\alpha_2+\beta_2 v\geqslant\alpha_1+\beta_1 c$ 或 $v\geqslant c+\frac{1}{4}$ 时，均衡交易才会发生。比较此条件和事后有效交易条件（即当且仅当 $v\geqslant c$ 时交易），可以看出，均衡时的交易量过低。

和对称信息时一样，此博弈还存在其他均衡。特别地，双方随意报价 ($b_1=1$ 和 $b_2=0$) 构成一个均衡。此外，该博弈在 $b\in[0,1]$ 上还存在一族“单一价格”均衡：如果 $c\leqslant b$，卖方报价 b，如果 $c>b$，报价 1；如果 $v\geqslant b$，买方出价 b，如果 $v<b$，出价 0。由于交易发生时价格是固定的（等于 b），任何参与人都不会改变自己的策略，从而该策略组合构成一个均衡。更有意思的是，雷宁格、林哈特和拉德纳（Leininger，Linhart and Radner，1989）证明了该博弈存在单参数族可微对称（但非线性）均衡策略。[事实

上它还存在双参数族可微非对称均衡策略，参见 Satterthwaite and Willams (1989)。]雷宁格等人还证明了其他非连续均衡的存在性。

例 6.5 类型服从连续分布的一级价格拍卖（技术类）

在一级价格拍卖中，出价最高的买方获得拍卖物品，同时支付其出价（注意这里与 1.1.3 小节二级价格拍卖的区别，在那里出价最高的买方只需收益次高出价）；其他竞价人不发生支付。在这个例子里，我们讨论只有两个竞买方，不确定性对称，且双方估价在同一个区间内的一级价格拍卖的均衡；在下一个例子里，我们将讨论当双方估价服从两点分布时的情形。这两个一级价格拍卖例子的目的是想说明求解连续和离散问题的不同处理方式。（第一个问题的分析是相当复杂的。）假定有两个竞价人，$i=1, 2$，有一个单位商品待售。参与人 i 的估值为 θ_i，且 $\theta_i \in [\underline{\theta}, \bar{\theta}]$，这里 $\underline{\theta} \geqslant 0$，每一个参与人知道自己的估值，并且认为对手的估值在 $[\underline{\theta}, \bar{\theta}]$ 上的分布服从概率 P 和正的密度函数 p。双方的估值是独立的。卖方设定一个底价 $s_0 > \underline{\theta}$，即拒绝所有低于 $\underline{\theta}$ 的出价。参与人 i 的出价为 s_i。如果 $s_i > s_j$ 且 $s_i \geqslant s_0$，参与人 i 的效用为 $u_i = \theta_i - s_i$，如果 $s_i < s_j$ 或 $s_i < s_0$，$u_i = 0$。如果双方出价相同，双方各以 $\frac{1}{2}$ 的概率得到该物品：即如果 $s_i = s_j \geqslant s_0$，则 $u_i = (\theta_i - s_i)/2$。令 $s_i(\cdot)$ 代表参与人 i 的均衡（纯）策略。（有关 s_i 是 θ_i 的增函数的证明留给读者，步骤与例 6.3、例 6.4 中单调性的证明相同。）

此博弈的贝叶斯均衡策略可以直观地表述如下。[①] 首先注意到估值低于 s_0 的参与人不会参与竞价（或出价低于 s_0）。其次，和"消耗战博弈"一样，可以证明当竞价高于 s_0 时均衡策略是严格递增的。再次，证明策略是连续的。假定参与人 i（无论何种类型）的竞价不属于区间 $[s_i^-, s_i^+]$，其中 $s_i^- \geqslant s_0$，但某些类型的参与人 i 可能会出价 s_i^+ 或任意接近 s_i^+。那么参与人 j（无论何种类型）不应出价 $s_j \in (s_i^-, s_i^+)$，因为如果 $s_j \in (s_i^-, s_i^+)$，则参与人 j 略微降低出价并不影响他获胜的概率，却降低了获胜时的成本。但这样一来，出价为 s_i^+ 或非常接近 s_i^+ 的参与人 i 可以使出价略微超过 s_i^-，从而改善自己的处境。因为他这样做只使其获胜机会降低了一个无穷小量（回忆参与人 i 在 s_i^+ 是连续的）但却显著降低了获胜时的成本。

通过上述方法，我们可以证明在超过 s_0 处均衡策略是连续且严格递增

① 严格的证明请参见 Maskin and Riley (1986a)。竞价策略的连续性和严格递增性的证明亦可参见搜寻理论（如 Butters, 1977）及消耗战（如 Fudenberg and Tirole, 1986）中的相关证明。

的。容易证明 $s_i(\bar{\theta})=s_j(\bar{\theta})\equiv\bar{s}$。[如果 $s_i(\bar{\theta})>s_j(\bar{\theta})$，则 $\bar{\theta}$ 型参与人 i 可以稍微降低出价，但仍然以 1 的概率获胜。] 令 $\theta_i=\Phi_i(s)$ 代表 $s_i(\cdot)$ 在 $(s_0,\bar{s}]$ 上的反函数。也就是说，当参与人 i 的估值为 $\Phi_i(s)$ 时，参与人 i 的出价为 s。由于 $\Phi_i(\cdot)$ 是单调的，从而几乎处处可微。

θ_i 型参与人选择 s 使 $(\theta_i-s)P(\Phi_j(s))$ 最大化，从而得到：

$$P(\Phi_j(s))=[\Phi_i(s)-s]p(\Phi_j(s))\Phi'_j(s) \tag{6.5}$$

将上式中 i 与 j 互换得到另一个对称方程。两个方程联立，得到两个关于 $\Phi_1(\cdot)$ 和 $\Phi_2(\cdot)$ 的一阶微分方程。令 $G_j(\cdot)$ 代表竞价的累积分布，即 $G_j(s)=P(\Phi_j(s))$，其密度函数为 $g_j(s)=p(\Phi_j(s))\Phi'_j(s)$，则方程（6.5）可以改写为：

$$G_j(s)=[\Phi_i(s)-s]g_j(s) \tag{6.6}$$

注意上述方程与垄断定价均衡策略一阶条件的相似之处：竞价提高一个单位可以使收入增加 $G_j(s)$ 个单位（即获胜概率），但同时竞价方损失其剩余，$[\Phi_i(s)-s]$ 的概率为 $g_j(s)$。

现在我们来看方程（6.5）的边界条件。注意到对所有的 i，$\Phi_i(\bar{s})=\bar{\theta}$。而且，至少对某些 i，$\lim_{s\downarrow s_0}\Phi_i(s)=s_0$。（如果双方的均衡策略在 s_0 处不满足严格递增条件，即类型为 $\theta_i\in[s_0, s_0+a_i]$，$a_i>0$ 的参与人 i 出价 s_0，$i=1, 2$。那么类型为 s_0+a_i 的参与人 i 可以使出价稍微高于 s_0，从而显著增加其获胜的概率。）因此，这两个边界条件保证了方程（6.5）有唯一解。

虽然方程（6.5）有唯一解，求解却并不容易。这是因为当 $\Phi_i(s_0)=s_0$ 时，方程（6.5）中的 Φ'_j 在 s_0 处不满足 Lipschitz 条件。① 对方程（6.5）积分得到：

$$\ln\frac{P(\Phi_2(s))}{P(\Phi_1(s))}=\int_s^{\bar{s}}\left(\frac{1}{\Phi_2(x)-x}-\frac{1}{\Phi_1(x)-x}\right)\mathrm{d}x \tag{6.7}$$

方程（6.5）表明，如果对于某些 $s\in(s_0, \bar{s}]$ 有 $\Phi_1(s)=\Phi_2(s)$，则方程的解是对称的：即对所有的 $s\in(s_0, \bar{s}]$，均有 $\Phi_1(s)=\Phi_2(s)$。（且由连续性，亦有 $s=s_0$。）问题是，上述方程是否存在非对称解？根据前面的推断，对于所有的 $s\in(s_0, \bar{s}]$，均有 $\Phi_1(s)\neq\Phi_2(s)$。（否则，解是对称的。）不失一般性，假定对所有的 $s\in(s_0, \bar{s}]$，均有 $\Phi_2(s)>\Phi_1(s)$。那么方程（6.7）意味着 $P(\Phi_2(s))/P(\Phi_1(s))$ 大于 1 且是区间 $[s, \bar{s}]$ 上的增函数。从而 $P(\Phi_2(s))/P(\Phi_1(s))$ 不可能在 $\bar{s}$ 处收敛至 1，因此该方程不存在非对称解。

---

① 即 Φ_j 的斜率趋于无穷。微分方程有唯一解的前提是满足 Lipschitz 连续条件。例 6.3 中的消耗战博弈在 $s=0$ 处不满足 Lipschitz 连续条件，这是方程（6.3）存在多种解的原因。

这样我们就证明了任何均衡策略都是对称的，这表明均衡策略在 s_0 处是严格递增的。由方程 (6.5)，$\Phi_1=\Phi_2=\Phi$ 满足

$$\ln(P(\Phi(s)))=-\int_s^{\bar{s}}\frac{\mathrm{d}x}{\Phi(x)-x} \tag{6.8}$$

为了证明存在唯一的均衡，只需注意到存在唯一的 $\bar{s}$，使得：如果 $\Phi(\cdot)$ 由方程 (6.8) 确定，则有 $\Phi(s_0)=s_0$。①

这样，我们证明了只要 $s_0>\underline{\theta}$，则存在唯一解；且解是对称的，同时还满足 $P(\Phi(s))=[\Phi(s)-s]p(\Phi(s))\Phi'(s)$ 及 $\Phi(s_0)=s_0$。均衡策略 $s(\cdot)$ 是 $\Phi(\cdot)$ 的反函数。

例 6.6 两种类型参与人的一级价格拍卖

作为最后一个例子，我们来求解当两个参与人的估值服从两点分布 $\{\underline{\theta},\bar{\theta}\}$ ($\underline{\theta}<\bar{\theta}$) 时一级价格拍卖的均衡策略。假定双方的估值是独立的，令 $\bar{p}$ 和 $\underline{p}$ 分别代表 θ_i 等于 $\bar{\theta}$ 或 $\underline{\theta}$ 的概率 ($\bar{p}+\underline{p}=1$)。为使问题更有意义，假定卖方的保留价或最小报价低于 $\underline{\theta}$。当类型分布函数是离散而非连续时，参与人就可能选择混合策略，此时问题的处理可能要难些。

我们来看该博弈的一个均衡：$\underline{\theta}$ 型参与人出价 $\underline{\theta}$，$\bar{\theta}$ 型参与人按照区间 $[\underline{s},\bar{s}]$ 上的连续分布 $F(s)$ 随机选择 s。(可以证明，均衡是唯一的。) 很显然，$\underline{s}=\underline{\theta}$。如果 $\underline{s}>\underline{\theta}$，那么 $\bar{\theta}$ 型参与人可以将出价 $\underline{s}$ (或接近于 $\underline{s}$) 改为略高于 $\underline{\theta}$ 来改善自己的处境，因为这样做并不降低获胜的概率，却减少了获胜时的成本。要使 $\bar{\theta}$ 型参与人 i 在支撑 $[\underline{s},\bar{s}]$ 上根据 $F(s)$ 来选择混合策略，就必须有

$$\forall s\in[\underline{s},\bar{s}],(\bar{\theta}-s)[\underline{p}+\bar{p}F(s)]=\text{常数} \tag{6.9}$$

($\bar{\theta}$ 型参与人肯定不选择的出价策略不会影响他的期望收益。因此，虽然以正概率选择 $\underline{s}$ 会使拍卖人将其视为 $\underline{\theta}$ 型参与人从而降低其期望收益，出价 $\underline{s}$ 仍然属于 $\bar{\theta}$ 型参与人的均衡策略集。②) 由于 $F(\underline{\theta})=0$，代入方程 (6.9) 中，我们得到常数为 $(\bar{\theta}-\underline{\theta})\underline{p}$。从而 $F(\cdot)$ 可由下式给出：

$$(\underline{\theta}-s)[\underline{p}+\bar{p}F(s)]=(\bar{\theta}-\underline{\theta})\underline{p} \tag{6.10}$$

---

① 这里的证明类似于不存在非对称均衡的证明：考虑两个最高出价，$\bar{s}^1$ 和 $\bar{s}^2$，且令 Φ^1 和 Φ^2 代表相应的解，则有 $\Phi^2(\bar{s}^2)=\bar{\theta}>\Phi^1(\bar{s}^2)$。对于任何 $s\leqslant\bar{s}^2$，$P(\Phi^2(s))/P(\Phi^1(s))$ 大于 1 且为 s 的减函数。因此当 s 收敛于 s_0 时，$P(\Phi^2(s))/P(\Phi^1(s))$ 不可能收敛于 1。

② 注意概率分布区间是概率为 1 的最小闭集。

令 $G(s)\equiv\underline{p}+\bar{p}F(s)$ 代表报价 $s\geqslant\underline{\theta}$ 时的累积分布，则方程（6.10）可改写为

$$(\bar{\theta}-s)G(s)=(\bar{\theta}-\underline{\theta})\underline{p} \tag{6.11}$$

最后，$F(\bar{s})=1$，这意味着：

$$(\bar{\theta}-\bar{s})=(\bar{\theta}-\underline{\theta})\underline{p} \quad \text{或} \quad \bar{s}=\bar{p}\bar{\theta}+\underline{p}\underline{\theta} \tag{6.12}$$

由于卖方的保留价低于 $\underline{\theta}$，交易总会发生，且卖方的期望利润等于期望社会剩余减去买方的期望收益。期望社会剩余等于 $\underline{p}^2\underline{\theta}+(1-\underline{p}^2)\bar{\theta}$。$\underline{\theta}$ 型买方的净效用为 0，$\bar{\theta}$ 型买方的净效用为 $\underline{p}(\bar{\theta}-\underline{\theta})$。[由于 $\bar{\theta}$ 型买方对（$\underline{\theta}$，$\bar{s}$] 上的出价是无差别的，他的效用可以这样计算：假定他的出价恰好超过 $\underline{\theta}$，此时他获胜的概率为 $\underline{p}$，从而净效用为 $\underline{p}(\bar{\theta}-\underline{\theta})$。]

有意思的是，这里的期望社会剩余和买方的效用（从而卖方的期望利润）与我们在第 1 章中讨论的二级价格拍卖的结果完全一样。这就是通常所说的收入等价原理，这一原理在类型服从如例 6.5 中的连续分布时同样成立。（我们在第 7 章还将看到，当类型服从两点分布时，一级价格拍卖和二级价格拍卖并不能使卖方的期望收益最大化；而对于类型服从连续分布的情形，在某些条件下可以使卖方的期望收益最大化。）

6.6　剔除严格优势策略

6.6.1　事前优势与事中优势

如果参与人 i 并不知道对手的类型相依策略而是必须预测它们，则参与人 i 就会关心参与人 $j\neq i$ 对每一种可能类型的参与人 i 的行动的看法。而且为了预测其可能面临的策略分布，参与人 i 还必然会试图估计参与人 j 关于参与人 i 类型的判断。

这样我们就会遇到一个问题：参与人如何预测对手的策略？反过来，这又引出如下问题：在事前阶段就作出类型相依决策（即在了解其类型之前）的参与人 1 的不同类型 θ_1 和 θ_1' 是否应当简单地视为同一参与人 1 不同信息集的描述方式？这种解释按照海萨尼转换是非常自然的。（海萨尼转换是引进虚拟参与人“自然”，并由其决定参与人的类型。）或者，是否应当将不同类型 θ_1 和 θ_1'的参与人视为两个不同的“个体”，在博弈进行时，“自然”选择其中一个“出现”？按照第一种解释，

单一的事前参与人 1 应当视为在事前阶段就预测其对手的行动，从而所有类型的参与人 1 对其他参与人行动的预测是一致的。而按照第二种解释，相对于不同类型 θ_1 的不同个体在事中阶段作出各自的预测（即在了解其类型之后），从而不同类型的参与人将作出不同的预测。（如果我们设想“类型”对应于由遗传决定的不同偏好，则第二种解释就更为合理，这里的“事前”阶段是很难解释的。）

有意思的是，严格重复剔除优势的“事前”解释至少是和“事中”解释同样强的概念，而且在某些博弈中，“事前”解释可以得出更强的预测。为了说明这一点，让我们再次回到前面讨论过的公共产品供给博弈例 6.1。如果用“事中”解释优势均衡，我们要问，哪一个策略是成本为 c_i 的参与人 i 的严格劣策略？对于任何提供成本非零的参与人，“不提供”都不是劣策略，因为如果你预期对手将提供，则“不提供”总是优于提供。但如果 c_i 大于公共产品的私人收益，则“提供”就是参与人 i 的严格劣策略。

如果最低可能成本 $\underline{c}$ 大于 $1-P(1)$，则剔除过程只进行一轮：对所有类型属于 $[\underline{c}, 1]$ 的参与人，“提供”和“不提供”都不是劣策略。特别地，按照“事中”解释的优势均衡并不排除对某些 $c'\in[\underline{c}, 1]$，所有类型属于 $[\underline{c}, c']$ 的参与人将不提供，所有类型属于 $[c', 1]$ 的参与人将提供——如果预期对方在提供成本小于 1 时会提供，则类型属于 $[\underline{c}, c']$ 的参与人就不会提供；如果预期任何类型的对方都不会提供，则类型属于 $(c', 1]$ 的参与人就会提供。

但在贝叶斯均衡中这种情况就不会发生，因为正如我们所看到的，在任何贝叶斯均衡中，每一参与人都必须采取“一刀切”策略（cutoff rule）：对某些 c'，当且仅当 $c_i\leqslant c'$ 时提供。也就是说，在贝叶斯均衡中，如果给定成本类型的参与人 i 提供，则所有成本更低的参与人 i 必然也会提供。

参与人必须采取“一刀切”策略的结论也可以在“事前”阶段利用严格优势方法找出。为了理解这一点，注意到参与人 i 以非零概率 $z>0$ 提供且非“一刀切”的任何策略 $s_i(\cdot)$ 都（事前）严格劣于参与人 i 当且仅当 $c_i<c'$ 时提供的策略，这里 c' 由 $P(c')=z$ 确定。对于对手的任何策略 $s_j(\cdot)$，参与人 i 采取“一刀切”策略获得公共产品的概率与采用策略 $s_i(\cdot)$ 时相同，但预期提供成本却降低了。这里的关键是，如果参与人 i 是针对参与人 j 的行动采取最优策略的同一个体（第一种解释），则任何关于参与人 j 的策略的判断，如果使得提供成本为 c' 的参

与人 i 提供，则必然会使所有提供成本低于 c' 的参与人 i 提供。

更一般地，“事前”劣策略多于“事后”劣策略的原因在于，给定参与人1的类型相依策略 $\hat{\sigma}_1(\cdot)$，对所有的 $\sigma_{-1}(\cdot)$，找到 $\sigma_1(\cdot)$ 满足“事前”优势条件：

$$\sum_{\theta_1} p_1(\theta_1) \sum_{\theta_{-1}} p(\theta_{-1} \mid \theta_1) u_1(\sigma_1(\theta_1), \sigma_{-1}(\theta_{-1}), \theta)$$

$$> \sum_{\theta_1} p_1(\theta_1) \sum_{\theta_{-1}} p(\theta_{-1} \mid \theta_1) u_1(\hat{\sigma}_1(\theta_1), \sigma_{-1}(\theta_{-1}), \theta)$$

比找到 s_1 和 θ_1 满足“事中”优势条件：

$$\sum_{\theta_{-1}} p(\theta_{-1} \mid \theta_1) u_1(s_1, \sigma_{-1}(\theta_{-1}), \theta)$$

$$> \sum_{\theta_{-1}} p(\theta_{-1} \mid \theta_1) u_1(\hat{\sigma}_1(\theta_1), \sigma_{-1}(\theta_{-1}), \theta)$$

更为容易。（或者说，“事前”方法考虑了所有优势约束，且放松了某些约束条件。）如果我们使用纳什均衡概念就不会存在这个问题，因为纳什均衡假定所有参与人对被选择的策略组合具有一致性预测。而优势方法允许双方参与人对第三方参与人（可能是虚拟参与人）的预测不一致。

6.6.2　重复严格优势的例子

现在我们用两个不完全信息博弈的例子来说明，重复优势确实会得出唯一解。

第一个例子是例6.1中当 $\underline{c}<1-P(1)$ 且存在唯一的 c^* 使得 $c^*=1-P(1-P(c^*))$ 时的公共产品供给博弈。在这个例子中，即使用“事中”优势也能得出唯一解。

我们知道，在第一轮剔除时，任何成本超过1的参与人都不会提供公共产品。[即对所有的 $c_i \in (c^1, \bar{c}]$，其中 $c^1 \equiv 1$，“提供”是参与人 i 的严格劣势策略。] 在第二轮剔除时，对所有的 $c_i \in [\underline{c}, c^2)$，“不提供”是参与人 i 的严格劣策略，这里 $c^2 \equiv 1-P(1)=1-P(c^1)$。而类型 $c_i \in [c^2, c^1]$ 的参与人的最优策略依赖于参与人 j 的类型 $c_j \in [c^2, c^1]$，所有类型属于 $[c^2, c^1]$ 的参与人的策略都不能在第二轮被剔除。在第三轮剔除时，提供成本接近1的参与人应当不提供，因为提供成本接近于公共产品的私人价值，且至少有 $P(c^2)$ 的概率另一参与人会提供。因此，如果 $c_i > c^3 \equiv 1-P(c^2)$，“提供”是参与人 i 的严格劣势策略，等等。由重复剔除严格劣势策略，我们得到，在阶段 $2k+1(k=0, 1, 2,$

…），“提供”是成本高于 $c^{2k+1} \equiv 1-P(c^{2k})$ 的参与人的严格劣势策略。在阶段 $2k(k=1, 2, \cdots)$，“不提供”是成本低于 $c^{2k} \equiv 1-P(c^{2k-1})$ 的参与人的严格劣势策略。序列 $\{c^{2k+1}\}_{k=0,1,\cdots}$ 和 $\{c^{2k}\}_{k=1,2,\cdots}$ 分别为严格递减和严格递增的，又都是有界的，从而分别收敛于 c^{+} 和 c^{-}。又因为 P 是连续的，$c^{+}=1-P(c^{-})$ 且 $c^{-}=1-P(c^{+})$。如果存在唯一的 c^{*} 满足 $c^{*}=1-P(1-P(c^{*}))$（纳什均衡的唯一性条件），则 $c^{+}=c^{-}=c^{*}$，从而该博弈是（事中）重复剔除严格劣势策略可解的。

在我们的第二个例子中，（事前）重复优势可以求出唯一解，但（事中）重复优势则不行。

考虑图 6—5 中的博弈。参与人 1 有两种可能的类型，θ_1' 和 θ_1''，每一种类型的先验概率为 $\frac{1}{2}$。图 6—5a 是对应于两类参与人 1 的收益矩阵；图 6—5b 是参与人 1 选择类型相依策略的不完全信息博弈的策略式表述。在图 6—5b 中，参与人 1 的策略的第一个元素是当他的类型为 θ_1' 时的行动，第二个元素是当他属于 θ_1'' 时的行动，收益是对先验分布取期望值得到的。

	L	R
U	10，12	10，0
D	0，0	12，10

$\theta_1 = \theta_1'$

	L	R
U	12，0	0，10
D	10，12	10，0

$\theta_1 = \theta_1''$

a

	L	R
UU	11，6	5，5
UD	10，12	10，0
DU	6，0	6，10
DD	5，6	11，5

b

图 6—5

使用（事中）优势，对于任何类型的参与人 1，U 和 D 都不能被剔除，因为如果参与人 2 选择 L，任何类型的参与人 1 都将选择 U；如果参与人 2 选择 R，则任何类型的参与人 1 都将选择 D。这样（事中）重复优势就不能继续进行。但是，如果参与人 1 属于两种类型的可能性相等，如图 6—5b 所示，类型相依策略 DU 就严格劣于 UD。而且一旦 DU 被参与人 1 剔除，L 就是参与人 2 的严格优势策略。在下一轮剔除中，UU 优于 UD 和 DD，我们得到（事前）重复剔除优势的唯一均衡结果（UU，L）。（如果 θ_1' 的先验概率为 0.9，UD 就不再优于 DU。）

6.7　用贝叶斯均衡来解释混合均衡

6.7.1　例子

在第 1 章中，我们已经看到，完全信息下的同时行动博弈常常存在混合策略均衡。有些学者对“混合均衡”的概念不甚满意，认为“人们在实际决策时不可能抛硬币”。但是，正如海萨尼（Harsanyi，1973）指出的，完全信息博弈的混合策略均衡可以解释为不完全信息“微扰动博弈”纯策略均衡的极限。确实，我们在贝叶斯博弈中已经注意到，一旦参与人的类型相依策略确定，他就会设想是面对对手的混合策略并相机行事。（这里造成不确定性的原因是类型分布而非抛硬币。）

例 6.7　“抓钱博弈”

为了说明上述解释的机理，我们来看在第 4 章介绍过的单期“抓钱博弈”的一个变型。每一个参与人有两种可能的行动：投资（“抓”）和不投资（“不抓”）。在完全信息下，如果一个企业是唯一的投资者，则它的收益为 1；如果双方同时投资，它损失 1；如果不投资，既不盈也不亏。（这个博弈可以看成是自然垄断市场进入问题的粗略描述。）此时唯一的对称均衡是每个企业以 $\frac{1}{2}$ 的概率投资。这是很显然的，因为企业不投资时的收益为 0，投资时的收益为 $\frac{1}{2}\times1+\frac{1}{2}\times(-1)=0$。现在考虑具有如下类型的不完全信息博弈：除了获胜时参与人 i 的收益变为 $(1+\theta_i)$ 外，其他什么都不变，这里 θ_i 服从 $[-\varepsilon,\ \varepsilon]$ 上的均匀分布，每一个企业知道自己的类型 θ_i，但另一个企业不知道。很容易看出此时对称纯策略组合“$s_i(\theta_i<0)=$ 不投资，$s_i(\theta_i\geqslant0)=$ 投资”构成一个贝叶斯均衡。从不同企业的角度分析，另一个企业投资的概率为 $\frac{1}{2}$。因此，当且仅当 $\frac{1}{2}(1+\theta_i)+\frac{1}{2}(-1)\geqslant0$，即 $\theta_i\geqslant0$

时企业应当投资。此外，注意到当 $\varepsilon \to 0$ 时纯策略贝叶斯均衡收敛于完全信息博弈的混合策略均衡。

例 6.8 消耗战[††]

作为另一个例子，考虑对称信息消耗战。假定例 6.3 中的收益函数：

$$u_i(s_i, s_j) = \begin{cases} -s_i, & s_j \geqslant s_i \\ \hat{\theta} - s_j, & s_j < s_i \end{cases}$$

是共同知识。该博弈存在非对称均衡（如在自然垄断时，企业 1 总是选择“进入”，企业 2 总是选择“退出”）。但这个博弈还存在一个混合策略对称均衡。每一个参与人根据分布函数 $F(s) = 1 - \exp(-s/\hat{\theta})$ ［密度函数为 $f(s) = (1/\hat{\theta})\exp(-s/\hat{\theta})$］选择自己的策略；此分布的似然率（即如果参与人在 s 之前没有退出，他在 s 和 $s + ds$ 之间退出的条件概率）为 $ds/\hat{\theta}$。上述策略组合构成均衡是因为继续在位“ds”时间的期望利得［这里是 $\hat{\theta} \cdot (ds/\hat{\theta})$］等于其等待成本 ds。在每一个瞬间时刻，如果双方继续争夺，则每一个人从该时刻起的收益为 0（不包括此前争夺的沉没成本），因此参与人在争夺和放弃之间是无差异的。

我们要问：该混合策略均衡是否收敛于某一纯策略均衡？也就是说，是否存在弱收敛于 $\hat{\theta}$ 的连续分布类型序列，使得每一类型的参与人都选择一个纯策略，同时均衡行动的分布收敛于对应的完全信息博弈的均衡混合策略分布？

考虑 $[0, \infty)$ 上的对称分布序列 $p^n(\cdot)$，其累积分布函数为 $P^n(\cdot)$，$P^n(0) = 0$，且对所有的 $\varepsilon > 0$，

$$\lim_{n \to \infty} [P^n(\hat{\theta} + \varepsilon) - P^n(\hat{\theta} - \varepsilon)] = 1$$

令 $s^n(\cdot)$ 为对应于 p^n 的对称均衡策略，且令 Φ^n 为 s^n 的反函数。

对方程（6.3）积分（最大化的一阶条件）得：

$$P^n(\Phi^n(s)) = 1 - \exp\left(-\int_0^s db/\Phi^n(b)\right) \tag{6.13}$$

因为 $P^n(\hat{\theta} - \varepsilon)$ 收敛于 0，且 $P^n(\hat{\theta} - \varepsilon) = P^n(\Phi^n(s^n(\hat{\theta} - \varepsilon)))$，方程（6.13）意味着对所有的 $\varepsilon > 0$，$s^n(\hat{\theta} - \varepsilon)$ 收敛于 0。类似地，可以证明 $s^n(\hat{\theta} + \varepsilon)$ 收敛于无穷。从而对任何 $s > 0$ 和 $\varepsilon \in (0, \hat{\theta})$ 以及充分大的 n 有

$$s^n(\hat{\theta} - \varepsilon) < s < s^n(\hat{\theta} + \varepsilon)$$

注意方程（6.13）可以改写为

$$P^n(\Phi^n(s)) = 1 - \exp\Big(-\int_0^{s^n(\hat{\theta}-\varepsilon)} \frac{\mathrm{d}b}{\Phi^n(b)}\Big)\exp\Big(-\int_{s^n(\hat{\theta}-\varepsilon)}^{s} \frac{\mathrm{d}b}{\Phi^n(b)}\Big)$$

$$= 1 - [1 - P^n(\hat{\theta}-\varepsilon)]\exp\Big(-\int_{s^n(\hat{\theta}-\varepsilon)}^{s} \frac{\mathrm{d}b}{\Phi^n(b)}\Big) \quad (6.14)$$

因为当 n 充分大时，$P^n(\hat{\theta}-\varepsilon)$ 和 $s^n(\hat{\theta}-\varepsilon)$ 收敛于 0，且对所有的 $b\in[s^n(\hat{\theta}-\varepsilon),\ s]$ 有 $\Phi^n(b)\in b\in[\hat{\theta}-\varepsilon,\ \hat{\theta}+\varepsilon]$，因此 $P^n(\Phi^n(s))$ 的任何积点 (accumulation point) 都介于 $1-\exp[-s/(\hat{\theta}+\varepsilon)]$ 和 $1-\exp[-s/(\hat{\theta}-\varepsilon)]$ 之间。又因为上述结论对所有的 $\varepsilon>0$ 都成立，我们得到

$$P^n(\Phi^n(s)) \rightarrow P(\Phi(s)) = 1 - \exp(-s/\hat{\theta})$$

因此，我们又一次看到，不完全信息博弈的均衡纯策略序列收敛于相应的完全信息博弈的混合均衡策略。需要说明的是，这里的分析只考虑了均衡行动概率分布的收敛问题。图 6—6 说明了另一种情形，即策略空间的收敛问题。

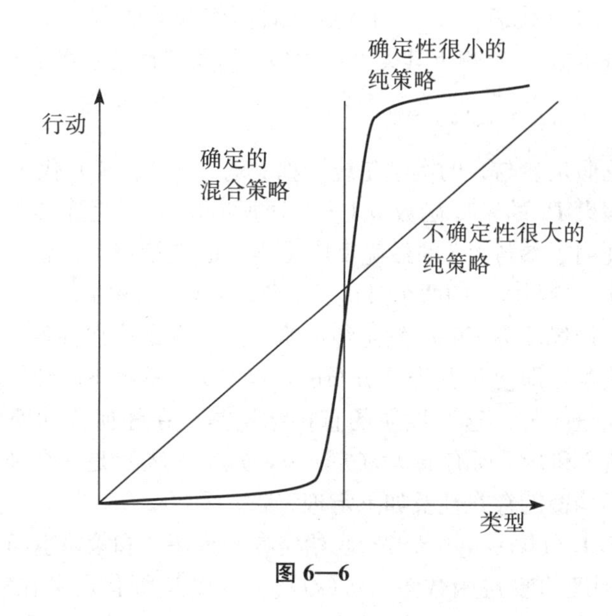

图 6—6

例 6.9　一级价格拍卖

作为最后一个例子，考虑类型分别为连续分布和两点分布的一级价格拍卖（例 6.5 和例 6.6）。方程（6.11）（对应于类型服从两点分布的情形）对 $s>\underline{\theta}$ 微分得：

$$G(s)=(\bar{\theta}-s)g(s) \tag{6.15}$$

为比较方程（6.15）和方程（6.6）（对应于类型服从连续分布时的情形）[1]，考虑在 $\underline{\theta}$ 和 $\bar{\theta}$ 左右极限分别收敛于不同值（对 $\theta<\underline{\theta}$，$\lim_{n\to\infty}P^n(\theta)=0$；对 $\theta\in[\underline{\theta},\bar{\theta})$，$\lim_{n\to\infty}P^n(\theta)=\underline{p}$；对 $\theta\geqslant\bar{\theta}$，$\lim_{n\to\infty}P^n(\theta)=1$）的连续分布序列 $P^n(\cdot)$。令 $\Phi^n(\cdot)$ 代表对应分布 $P^n(\cdot)$ 的均衡策略。则 $\Phi^n(s)$ 在 $s>\underline{\theta}$ 时必收敛于 $\bar{\theta}$，从而（大体上说）方程（6.6）收敛于方程（6.15）。

6.7.2 纯化定理（技术类）††

海萨尼（Harsanyi，1973）证明了任何混合策略均衡“几乎总是”可以通过对给定的“微扰动”博弈序列的纯策略均衡序列求极限得到。考虑有限策略集为 S_i，收益函数为 u_i 的策略式博弈。海萨尼用如下方法使收益函数不确定化：令 θ_i^s 代表闭区间（比如 $[-1,1]$）上的一个随机变量，$\varepsilon>0$ 代表一个正的常数（后面将令其收敛于 0）。参与人 i 的扰动收益函数 $\tilde{u}_i$ 依赖于其类型 $\theta_i\equiv\{\theta_i^s\}_{s\in S}$ 及“扰动”水平 ε：

$$\tilde{u}_i(s,\theta_i)=u_i(s)+\varepsilon\theta_i^s$$

海萨尼假定参与人的类型是统计独立的。令 $P_i(\cdot)$ 代表 θ_i 的概率分布，并假设 P_i 的密度函数 $p_i(\cdot)$ 对所有的 θ_i 都是连续可微的。海萨尼首先证明了参与人 i 的最优反应是唯一的纯策略。也就是说，对几乎所有的 θ_i，参与人 i 的两个最优反应策略 $\sigma_i(\cdot)$ 和 $\tilde{\sigma}_i(\cdot)$ 必然重合，进一步地，最优反应策略必然是纯策略。这一点是非常直观的，因为给定对手的策略，即使 θ_i 是连续分布的，参与人 i 选择不同纯策略时的收益不可能完全一样。这一性质的直接结论是，在任何扰动博弈的均衡中，对所有 i 和几乎所有的 $\theta\equiv(\theta_1,\cdots,\theta_I)$，$\sigma_i(\theta_i)$ 是一个纯策略。海萨尼证明了均衡的存在性及如下定理。

定理 6.1（Harsanyi，1973） 给定参与人集 I 和策略空间 S_i。对于 Lebesgue 测度的收益函数集 $\{u_i(s)\}_{i\in\mathcal{I},s\in S}$ 以及所有定义在空间 $\Theta_i=[-1,1]^{\#S}$ 上的独立二次可微分布 p_i，任何对应于收益函数 u_i 的均衡都是当 $\varepsilon\to0$ 时对应于扰动博弈收益函数的纯策略均衡的极限。确切地说，扰动博弈的纯策略均衡下的均衡策略的概率分布收敛于稳定博弈均衡策略的概率分布。

[1] 在连续的例子中，我们假定了一个保留价，在离散的例子中令保留价等于 $\underline{\theta}$，就可以比较这两个博弈。

注意这里定理表述的顺序，一个扰动博弈序列可以“净化”极限博弈的所有混合均衡。

还要注意的是这里对收益函数完全可测的限制。对于非正常的收益函数，可能会存在两个问题。首先，一个给定的均衡或许只能用所有扰动博弈的一个很小子集的纯策略均衡来近似，而且不同的扰动博弈可能导出不同的均衡。其次，弱劣势策略均衡并不是任何扰动博弈均衡的极限。在图 6—7（取自 Harsanyi，1973）中，一旦博弈产生扰动，纯策略均衡（D，R）就不可能达到。例如，假定随机变量 θ_1^{UR} 和 θ_1^{DR} 是 [−1，1] 上的对称（均匀）分布，则无论参与人 2 选择 R 的概率是多少，参与人 1 严格偏好 U 的概率至少为 0.5。因此，扰动博弈中参与人 1 选择 D 的概率不可能收敛于 1。不过，图 6—7 所示的博弈是非常特殊的，在均衡（D，R），参与人对于均衡策略和优势策略是无差异的。但如果图中的数字略微变动，这种均衡就不太可能存在。[①]

	L	R
U	3，4	2，2
D	1，1	2，1

图 6—7

我们认为，完全信息博弈是一种非常理想的情形，因为通常情况下参与人关于其他参与人目的的信息至少在某种程度上是不完全的。由此得出的结论应该是，正如海萨尼的证明所表明的，纯策略与混合策略的区别只不过是表面的，并不如人们想象得那么重要。

6.8　分布方法（技术类）†††

正如奥曼（Aumann，1964）指出的，将混合策略视为从类型到纯策略的映射的不足之处在于，它不能很好地解释类型服从连续分布时的情形。奥曼假定混合策略是从 [0，1] $\times\Theta_i$ 到 S_i 的一个函数。意思是 θ_i 型参与人根据一个抽签结果 x_i 从 s_i 中选择自己的策略。不失一般性，

① 在第 3 章我们曾指出，给定扩展式博弈，所有策略式收益的集合在该策略式博弈的收益函数空间的测度可能为 0。

假定 x_i 是 [0，1] 上的均匀分布[①]，θ_i 型参与人 i 选择 s_i 的概率等于满足条件 $\mathfrak{s}_i(x_i, \theta_i)=s_i$ 的集合 x_i 的测度。显然，描述一个给定行为的混合策略有无穷多个。

例如，下述混合策略是“等价”的：

$$\mathfrak{s}_i(x_i,\theta_i)=s_i,\text{如果 } x_i\leqslant\frac{1}{3};\ \mathfrak{s}_i(x_i,\theta_i)=s'_i,\text{如果 } x_i>\frac{1}{3}$$

和

$$\tilde{\mathfrak{s}}_i(x_i,\theta_i)=s_i,\text{如果 } x_i>\frac{2}{3};\ \tilde{\mathfrak{s}}_i(x_i,\theta_i)=s'_i,\text{如果 } x_i\leqslant\frac{2}{3}$$

换句话说，“奥曼假定”是恰当的。

针对上述问题，米尔格罗姆和韦伯（Milgrom and Weber，1986）引入“分布策略”的概念，即产生同样行为的一类等价混合策略。从其他参与人的角度看，重要的是参与人 i 的类型和行动的联合分布。这样就引出如下定义：分布策略是 $\Theta_i\times S_i$ 上的一个联合分布，其在 Θ_i 上的边际分布由先验分布确定。

混合策略与分布策略的等价性是很显然的。一个混合策略确定类型和行动的一个联合分布。反之，一个联合分布可由许多混合策略产生。

熟悉相关均衡概念（参见第 2 章）的读者或许会注意到相关均衡定义 A 和 B 的相似之处及混合策略与分布策略的区别所在。在第 2 章我们曾指出，根据策略的联合分布可以确定相关均衡集而不必考虑所有可能的相关策略。类似地，我们可以不必列出随机策略和策略之间的所有关系，而只要注意参与人类型和行动的联合分布即可。

有意思的是，尽管纯策略均衡在完全信息时不一定存在，但在某些限制条件下，类型服从连续分布的博弈仍然存在纯策略均衡。（一般的不完全信息博弈的均衡通常都存在于混合策略中。）

这里的思想是采用混合策略的效果可以通过让每一类参与人选择一种纯策略达到。如果每一类参与人的收益不依赖于其他参与人的类型，则参与人只关心对手的行动分布；其收益也不会因对手选择混合策略而不是纯策略而改变。

---

① 为了理解为什么假定 x_i 服从均匀分布不失一般性，考虑混合策略 $\sigma_i(y_i, \theta_i)$，其中 y_i 服从 [0，1] 上的递增累积分布 $F_i(y_i)$[$F_i(0)=0$，$F_i(1)=1$]。定义新策略 $\tilde{\sigma}_i(x_i, \theta_i)\equiv\sigma_i(F_i(x_i), \theta_i)$。此混合策略是服从 [0，1] 上均匀分布的随机变量 x_i 的函数 [因为 $\text{Prob}(x_i\leqslant x)=\text{Prob}(F_i^{-1}(x_i)\leqslant F_i^{-1}(x))=F_i(F_i^{-1}(x))=x$]。

为了说明这一点，假定类型 θ_i 服从 [0，1] 上的均匀分布，且给定对手的策略，位于区间 $[0, \frac{1}{2}]$ 的所有类型 θ_i 的参与人 i 在行动 s_i 和 s_i' 之间是无差异的。给定 θ_i 属于区间 $[0, \frac{1}{2}]$，θ_i 型参与人 i 选择 s_i（或 s_i'）的概率为 α（相应地，$1-\alpha$）。考虑如下纯策略：$\theta_i \in [0, \alpha/2]$ 的参与人以 1 的概率选择 s_i，$\theta_i \in (\alpha/2, \frac{1}{2}]$ 的参与人以 1 的概率选择 s_i'。因为类型属于 $[0, \frac{1}{2}]$ 的参与人对 s_i 和 s_i' 是无差异的，只要对手不改变行为，则上述纯策略就是均衡行为。而且如果以下两个条件得到满足，对手的期望收益就不会因为参与人的策略是 s_i 还是 s_i' 而改变。第一个条件是 θ_i 不进入参与人 j 的效用函数，或更一般地，θ_i 与 s_i 是按如下方式可分的：虽然 s_i 与 s'_i 互相替代不影响 s_i 和 θ_i 的边际分布，但会影响策略分布，而且如果在 u_j 中的 s_i 和 θ_i 存在交叉效应，这一点就变得非常重要。第二个条件是不同参与人之间的类型分布应当是独立的。（如果不是如此，s_i 对 θ_j 的条件分布就可能因 s_i 与 s_i' 的互相替代而改变。）

按照这一思路，我们可以用米尔格罗姆和韦伯（Milgrom and Weber，1986）对德沃兹基、沃尔德和沃尔福威茨（Dvoretzky，Wald and Wolfowitz，1951）的单人决策结论的拓展来表述“极限定理”。为此，我们假设博弈的信息结构如下：θ_0 是共同可观察变量（共同价值），$\tilde{\theta}_i$ 是每一参与人 i 的私人信息（个人价值），而且对于 θ_0 的每一个实现值，$\tilde{\theta}_i$ 是条件独立的。令 $\theta_i=(\theta_0, \tilde{\theta}_i)$；由于 θ_0 是共同可观察变量，不妨称 $\tilde{\theta}_i$ 是“参与人 i 的类型”。假定 $\theta_0 \in \Theta_0$，$\tilde{\theta}_i \in \Theta_i$。

定义 6.2　偏好是条件独立的，如果每一个参与人 i 的收益函数可以写作 $u_i=u_i(s, \theta_0, \tilde{\theta}_i)$，其中 $s \equiv (s_1, \cdots, s_I)$，且对于 θ_0 的每一个实现值，参与人 i 的类型 $\tilde{\theta}_i$ 是条件独立的。

定理 6.2（Milgrom and Weber，1986）　假定偏好是条件独立的，Θ_0 是有限的，类型的边际分布连续，博弈的收益函数连续，且每一个 S_i 都是紧集，则每一个均衡点都存在一个极限（后面我们将证明其存在性）。

评论 1　偏好的条件独立假设显然是非常强的。即使这个假设没有得到满足，我们仍然可能找到混合策略的收敛序列。如果偏好是相关的，我们根据一个纯策略不仅可以给出 S_i 的分布，而且可以确定在

$S_i \times \Theta_i$ 上的分布策略。也就是说，前面权重的改变只是“局部”而非“整体”的。遗憾的是，我们无法确切地知道在什么条件下才能达到这种“整体”效应。[①] 关键是纯策略的导出分布策略集小于混合策略的导出分布策略集。（不过，这两个集合的差别不大：从概率测度弱收敛的拓扑看，前者是后者的稠集。因而，对于任何混合策略均衡，都存在一个几乎纯的策略集构成该博弈的 ε 均衡。）

评论 2 在 6.7.2 小节我们从尽管相关但不同的意义上使用“收敛”一词。我们要问的是，在什么程度上，一个完全信息博弈的混合策略均衡（或更一般地，类型连续分布的博弈）可以视为每一参与人类型服从连续分布的不完全信息博弈的纯策略均衡的近似？

对于类型连续或行动连续的情形，为了运用吉利克伯格（Glickberg）的存在性定理（参见 1.3.3 小节），我们必须施加某些限制条件。令 η 和 η_i（$i=0, 1, \cdots, I$）分别代表集合 $\Theta=\Theta_0 \times \Theta_1 \times \cdots \times \Theta_I$ 上的概率测度和 Θ_i 上的边际分布。下面的存在性定理［更强的结论请参见 Milgrom and Weber（1986）］是对安布鲁斯特和鲍格（Ambruster and Böge，1979）独立类型结论的推广。

定理 6.3（Milgrom and Weber，1986） 假定所有的 S_i 是紧集；测度 $\eta(\cdot)$ 相对于测度 $\hat{\eta}(\cdot)=\eta_0(\cdot) \times \cdots \times \eta_I(\cdot)$ 绝对连续[②]；且或者所有的 S_i 有限，或者对所有的 i，u_i 是 $\Theta \times S$ 上的一致连续函数，则该博弈存在均衡。

参考文献

Ambruster, W., and Böge. 1979. Bayesian game theory. In *Game Theory and Related Topics*, ed O. Moeschlin and D. Pallascke. North-Holland.

---

① 奥曼等（Aumann et al., 1982）允许相关性存在，但只得到一个近似的纯化结果。他们证明，对于非离散分布和任意 $\varepsilon>0$，无论其他参与人采用何种策略，一个参与人的任何混合策略都可以被 ε 纯化（也就是说，可以由一个纯策略所取代，在这个纯策略下，所有参与人的收益与原混合策略下收益的距离都在 ε 之内）。

② 即 $\hat{\eta}$ 的零测度集也是 η 的零测度集。Radon-Nikodym（Radom，1968）定理表明存在密度函数 f 使得对于任何 θ 的子集 S，$\eta(S)=\int_S f(\theta)\mathrm{d}\hat{\eta}(\theta)$。连续信息假设在类型空间有限或类型独立分布时成立。

Aumann, R. 1964. Mixed vs. behavior strategies in infinite extensive games. *Annals of Mathematics Studies* 52: 627 - 630.

Aumann, R. , Y. Katznelson, R. Radner, R. Rosenthal, and B. Weiss. 1982. Approximate Purification of Mixed Strategies. *Mathematics of Operations Research* 8: 327 - 341.

Bishop, D. T. , C. Cannings, and J. Maynard Smith. 1978. The war of attrition with random rewards. *Journal of Theoretical Biology* 3: 377 - 388.

Bliss, C. , and B. Nalebuff. 1984. Dragon-slaying and ballroom dancing: The private supply of the public good. *Journal of public Economics* 25: 1 - 12.

Butters, G. 1977. Equilibrium distribution of prices and advertising. *Review of Economic Studies* 44: 465 - 492.

Chatterjee, K. , and W. Samuelson. 1983. Bargaining under incomplete information. *Operations Research* 31: 835 - 851.

Dvoretzky, A. , A. Wald, and J. Wolfowitz. 1951. Elimination of randomization in certain statistical decision procedures and zero-sum two-person games. *Annals of Mathematics and Statistics* 22: 1 - 21.

Fudenberg, D. , and J. Tirole. 1986. A theory of exit in duopoly. *Econometrica* 54: 943 - 960.

Harsanyi, J. 1967—68. Games with incomplete information played by Bayesian players. *Management Science* 14: 159 - 182, 320 - 334, 486 - 502.

Harsanyi, J. 1973. Games with randomly disturbed payoffs: A new rationale for mixed-strategy equilibrium points. *International Journal of Game Theory* 2: 1 - 23.

Kreps. D. , and R. Wilson. 1982. Reputation and imperfect information. *Journal of Economic Theory* 27: 253 - 279.

Leininger, W. , P. Linhart, and R. Radner. 1989. Equilibria of the sealed-bid mechanism for bargaining with incomplete information. *Journal of Economic Theory* 48: 63 - 106.

Maskin, E. , and J. Riley. 1985. Auction theory and private values. *American Economic Review Papers & Proceedings* 75: 150 - 155.

Maskin, E. , and J. Riley. 1986a. Existence and uniqueness of equilibrium in sealed high bid auctions. Discussion paper 407, University of California, Los Angeles.

Maskin, E., and J. Riley. 1986b. Asymmetric auctions. Mimeo, UCLA and Harvard University.

Mertens, J. F., S. Sorin, and S. Zamir. 1990. Repeated games. Manuscript.

Mertens, J. F., and S. Zamir. 1985. Formulation of Bayesian analysis for games with incomplete information. *International Journal of Game Theory* 10: 619 - 632.

Milgrom, P., and R. Weber. 1982. A Theory of Auctions and Competitive Bidding. *Econometrica* 50: 1089 - 1122.

Milgrom, P., and R. Weber. 1986. Distributional strategies for games with incomplete information. *Mathematics of Operations Research* 10: 619 - 631.

Nalebuff, B. 1982. Brinksmanship. Mimeo, Harvard University.

Nalebuff, B., and J. Riley. 1983. Asymmetric equilibria in the war of attrition. Mimeo, University of California, Los Angeles.

Nash, J. 1953. Two-person cooperative games. *Econometrica* 21: 128 - 140.

Palfrey, T., and H. Rosenthal. 1989. Underestimated probabilities that others free ride: An experimental test. Mimeo, California Institute of Technology and Carnegie-Mellon University.

Riley, J. 1980. Strong evolutionary equilibrium and the war of attrition. *Journal of Theoretical Biology* 82: 383 - 400.

Royden, H. 1968. *Real Analysis*. Macmillan.

Satterthwaite, M., and S. Williams. 1989. Bilateral trade with the sealed bid k-double auction: existence and efficiency. *Journal of Economic Theory* 48: 107 - 133.

Wilson, R. 1990. Strategic analysis of auctions. Mimeo, Graduate School of Business, Stanford University.

第7章　贝叶斯博弈与机制设计

本章详细讨论一类特殊的不完全信息博弈：（静态）机制设计博弈。这一类博弈的例子包括垄断差别定价、最优税制、拍卖设计、公共产品供给等。在所有这些例子中，“委托人”的行动依赖于其他参与人——“代理人”——的私人信息。对于委托人来说，最简单的办法是要求代理人将其私人信息直言相告。但代理人不太可能说实话，除非委托人提供货币收益或其他方式的激励。由于提供激励是有成本的，委托人通常会采取一种折中的办法，而这种折中的办法很有可能导致一种无效配置。

机制设计方法的显著特征是假定委托人选择一种使其期望效用最大化的机制，而不是由于历史或制度的原因来选择一种特定机制。这种区别可以用拍卖的例子来说明：在第1章和第6章，我们求出了两种特定的机制，一级价格拍卖和二级价格拍卖中买方的均衡出价策略。而在本章，当我们研究拍卖问题时，我们要问的是，哪一种形式的拍卖可以使卖者的预期收入最大化？由于一级价格拍卖被广泛采用，有趣的是，我们可以看到，在某些情况下，一级价格拍卖（以及二级价格）确实是最优的。类似地，当我们考虑政府是委托人的一类模型时，我们假定政府选择一种机制，使其效用即社会总剩余最大化。这样，税收等政策就可以用标准的模型而非描述性模型来解释。

机制设计的很多运用都是考虑单一代理人的博弈。（这类单一代理人模型也适用于代理人类型服从连续分布，但每一类代理人只与委托人发生相互作用而各类代理人之间无任何相互作用时的情形。）在垄断厂商的二级价格歧视中，垄断者对消费者（代理人）的意愿收益具有不完全信息。垄断者设计一个定价方案，消费者的购买价格是其购买数量的函数。在非对称信息的情况下对自然垄断的管制中，政府对被管制企业（代理人）的成本结构具有不完全信息。政府设计一个激励方案，以便根据被管制企业的成本或价格（或两者同时）来确定对被管制企业的转移收益。在最优税收的研究中，政府通过对消费者征税来提供公共产品。最优税收水平依赖于消费者的挣钱能力。如果政府知道消费者的这一能力，它就可以向消费者征收与能力相关的一次性税收而不改变消费者的劳动供给。如果政府对消费者的能力具有不完全信息，它就只能根据消费者的实际收入来征税。所得税方案可以看做是一种激励消费者如实反映其能力的信息诱导机制。

机制设计还适用于多代理人的博弈。在公共产品供给问题中，政府必须决定是否供给公共产品，但不知道该产品对消费者的价值。政府可以设计一种方案以确定公共产品的供给及消费者愿意为公共产品支付的转移收益。在拍卖设计中，卖方为潜在买方组织一项拍卖。由于不知道买方的意愿支付，卖方要设计一种机制以确定售价和谁购买该产品。此外，在双边交易中，仲裁人要为对生产成本拥有私人信息的卖方和对意愿支付拥有私人信息的买方设计一种交易机制。

机制设计是典型的三阶段不完全信息博弈，这里代理人的类型，即意愿支付是私人信息。在第一阶段，委托人设计一种“机制”、“契约”或“激励方案”。一种机制就是一个博弈，在这个博弈中，代理人发出无成本的信息，而“配置”结果则依赖于实际发出的信号。而在信号博弈中，双方可以同时显示自己的信号，或者通过更复杂的过程进行信号传递。配置的结果取决于某些可观察变量，如消费量或公共产品的供给数量等的水平，以及委托人向代理人的转移向量（可以是正的，也可以是负的）。在第二阶段，代理人同时接受或拒绝该机制。拒绝的代理人得到某个外生的“保留效用”（通常但并不必然，是一个类型相依的数量）。在第三阶段，接受该机制的代理人在该机制下选择自己的博弈行动。

由于机制设计博弈可以有多个阶段，多阶段完全信息博弈（参见第3章）的纳什均衡和子博弈完美均衡的区别或许表明在这里贝叶斯均衡的概念可能太弱。幸运的是，一个简单但非常根本的被称为“显示原理”的结论（7.2节）表明，为了获得最高期望收益，委托人可以只考虑在第二阶段被所有代理人接受并且在第三阶段使所有代理人同时如实显示其类型的机制。这表明委托人可以通过代理人之间的静态贝叶斯博弈而获得自己的最高期望收益。这就是为什么我们把机制设计放在本书的第3篇而非第4篇的原因。（不过，在这里有一个适度的要求：如果在第二、三阶段接受该机制并如实报告类型是符合代理人的利益的，那么代理人就不能威胁不接受委托人的机制或谎报自己的类型。）

在某些情况下（尤其是委托人为政府的情形），我们可以不考虑“个人理性”或“参与”约束——即代理人必须愿意参与委托人的机制。也就是说，机制设计博弈的第二阶段可以忽略。例如，具有强制力的政府可以选择一种适用于所有消费者的所得税（除非允许移民从而使得参与约束发生作用）。类似地，在某些公共产品问题中，政府可以采用代理人无法否决的决策。相比之下，消费者可以不购买企业的产品，竞标人可以不参加拍卖，被管制企业（至少其经理）可以不生产（或不工作）。模型中是否应包括个人理性约束取决于委托人的强制力大小，或者说，取决于产权的分布。①

机制设计文献讨论的一个主要问题是不完全信息和个人理性约束是如何一起导致无效率结果的。② 科斯（Coase，1960）指出，在无交易成本和信息对称时，决策当事人之间的讨价还价将达成有效决策，即实现交易收益。除了少数例外（参见7.4.3小节的“效率结果”），在非对称信息下，这一结论一般是不成立的。机制设计文献讨论的一个永恒的主题是，当个人理性约束起作用时，代理人的私人信息会导致无效率的结果。

本章结构如下：7.1节说明个人理性，显示原理，及两个简单的最优机制设计例子。7.2节给出一般性的框架并推导显示原理。7.3节考虑单一代理人情形。这个例子不但具有相当的实际意义，而且提供了一个关于更一般的多代理人情形的有用介绍。求解委托人最优机制下的“可实施”的或“激励相容”配置的大多数步骤都与单一代理人时无异。7.4节讨论多代理人情形以及可实施配置的性质。7.4.3小节～7.4.6小节运用这一性质讨论公共产品或私人产品问题的有效和无效结果。7.5节在7.4节的基础上分析两种不同情况下委托人的最优机制：一种是拍卖，卖方要设法从买方手中获得最大期望收入；二是双边交易，仲裁人设计一种机制使买卖双方交易的期望收益最大化。7.6节将略述其他一些问题并结束本章。

---

① 通常文献中对产权的实际分布都有相当合理的假设，但在大多数文献中却很少有人注意到什么决定这种分配。

② 如果委托人是不存在预算平衡约束的政府，则政府可以给所有代理人大量正的转移支付，从而个人理性约束不再起作用。

就重要性而言，机制设计完全可以单独写一本书。[①] 我们这里的目的不是全面地讨论这个问题，而在于介绍其主要内容。不过，本章的内容在短时间内并不容易掌握。对机制设计不感兴趣的读者可以略过本章，而借助第 6 章的例子仍能理解贝叶斯均衡的运用。对机制设计感兴趣但时间有限的读者可以阅读 7.3 节以前的内容，因为这些内容基本上概括了单一代理人的机制设计分析。

7.1 机制设计的两个例子†

本节包括机制设计的两个例子。为了便于说明，两个例子都是讨论一个卖方卖给一个买方一件物品的情形。不过 7.1.1 小节只有单一的买方，在 7.1.2 小节则有两个潜在买方。这一节主要是想说明本章的目的，已经熟悉这方面例子的读者可以略过本节。

7.1.1 非线形定价

假定有一个垄断厂商，以不变的边际成本 c 生产某一商品并出售 $q\geqslant 0$ 数量的商品给一个消费者。(容易证明，如果垄断厂商将该商品出售给几个“事前”完全一样的买者，结论并不会有任何改变。) 消费者获得效用

$$u_1(q,T,\theta)\equiv\theta V(q)-T$$

其中，$\theta V(q)$ 是消费者总剩余，$V(0)=0$，$V'>0$，$V''<0$，T 是消费者对卖者的转移支付。$V(\cdot)$ 是共同知识，但 θ 是消费者的私人信息。卖者只知道 $\theta=\underline{\theta}$ 的概率为 $\underline{p}$，$\theta=\bar{\theta}$ 的概率为 $\bar{p}$，其中 $\bar{\theta}>\underline{\theta}>0$，且 $\underline{p}+\bar{p}=1$。博弈的顺序如下：卖方首先宣布自己的收费标准（可能是非线性的）：如果消费者消费 q 的商品，则他的总支出为 $T(q)$。然后消费者可以选择接受或者拒绝该机制。如果接受，则消费者消费 q 的商品，同时支付 $T(q)$。注意到不失一般性，我们可以限定卖方的收费标准满足 $T(0)=0$，且消费者总是接受该机制。如果卖方知道 θ 的值，他就可以供给固定数量 q 的商品，并收取 $T=\theta V(q)$。此时他的利润为 $\theta V(q)-cq$，在由 $\theta V'(q)=c$ 确定的 q 处达到最大值。因为消费者可能是两种类

① 例如，参见 Green and Laffont (1979) 和 Laffont (1979)。

型之一，如果卖方不知道 θ，他会提供两种不同的收费标准。令（$\underline{q}$，$\underline{T}$）代表为 $\underline{\theta}$ 型消费者提供的价格数量组合，（$\bar{q}$，$\bar{T}$）代表为 $\bar{\theta}$ 型消费者提供的价格数量组合。[①] 卖方的期望收益为

$$\mathrm{E}u_0=\underline{p}(\underline{T}-c\underline{q})+\bar{p}(\bar{T}-c\bar{q})$$

卖方面临两类约束。第一类是消费者愿意购买。[如上所述，这个假设不失一般性。因为卖方总可以提供价格数量组合（q，T）=(0，0)，这意味着消费者不购买。] 这一类约束称为个人理性（individual-rationality，IR）或参与约束。消费者的“保留效用”是不购买时的净效用，这里是0。因此，我们要求

$$(\mathrm{IR}_1)\quad \underline{\theta}V(\underline{q})-\underline{T}\geqslant 0$$

及

$$(\mathrm{IR}_2)\quad \bar{\theta}V(\bar{q})-\bar{T}\geqslant 0$$

第二类约束要求消费者选择为其设计的价格数量组合。这一类约束称为激励相容（incentive-compatibility，IC）约束。因此，我们要求

$$(\mathrm{IC}_1)\quad \underline{\theta}V(\underline{q})-\underline{T}\geqslant \underline{\theta}V(\bar{q})-\bar{T}$$

及

$$(\mathrm{IC}_2)\quad \bar{\theta}V(\bar{q})-\bar{T}\geqslant \bar{\theta}V(\underline{q})-\underline{T}$$

卖方的问题是在满足两个 IR 和两个 IC 约束时，选择 $\{(\underline{q},\underline{T}),(\bar{q},\bar{T})\}$，使期望利润最大化。

求解此问题的第一步是证明只有 IR_1 和 IC_2 是紧的。首先注意到如果 IR_1 和 IC_2 得到满足，则

$$\bar{\theta}V(\bar{q})-\bar{T}\geqslant(\bar{\theta}-\underline{\theta})V(\underline{q})\geqslant 0$$

此式表明 $\bar{\theta}$ 型消费者比 $\underline{\theta}$ 型消费者得到更多的消费剩余。因此，IR_2 也得到了满足。而且，除非 $\underline{q}=0$，即除非卖方不向 $\underline{\theta}$ 型消费者销售商品，否则 IR_2 不起作用。相比之下，IR_1 等式成立，即 $\underline{T}=\underline{\theta}V(\underline{q})$，因为如果两个 IR 约束都不成立，则卖方可以等量地提高 $\underline{T}$ 和 $\bar{T}$ 而不破坏

① 7.2 节的结果表明，卖方不希望为同一个消费者提供几种选择。

IC_1 和 IC_2，却增加了卖方的收入。

接下来，我们证明 IC_2 式成立，即

$$\overline{T}=\underline{T}+\bar{\theta}V(\bar{q})-\bar{\theta}V(\underline{q})=\bar{\theta}V(\bar{q})-(\bar{\theta}-\underline{\theta})V(\underline{q})$$

如果 IC_2 不成立，则卖方可以适当提高 $\overline{T}$ 而不破坏约束条件。图 7—1 说明了这一点。令 A 代表 $\underline{\theta}$ 型消费者的配置（$\underline{q}$，$\underline{T}$），B 代表 $\bar{\theta}$ 型消费者的配置（$\bar{q}$，$\overline{T}$）。过点 A 分别画出 $\underline{\theta}$ 型及 $\bar{\theta}$ 型消费者的无差异曲线。注意到，因为 θ 型消费者无差异曲线的斜率为 $\theta\cdot V'(q)$，$\bar{\theta}$ 型消费者的无差异曲线在任何消费量下都比 $\underline{\theta}$ 型消费者的无差异曲线更陡。价格数量组合 B 必然属于图 7—1 中的阴影区域。这是因为对 $\bar{\theta}$ 型消费者来说，B（弱）劣于 A，而且对 $\underline{\theta}$ 型消费者来说，A（弱）劣于 B。（注意，这表明 $\bar{q}\geqslant\underline{q}$，即高需求者必然比低需求者消费更多。我们将在本章中详细分析这一“单调性”特征。）图 7—1 还表明，对于卖方来说，向 $\underline{\theta}$ 型消费者提供价格数量组合 A 或向 $\bar{\theta}$ 型消费者提供价格数量组合 C 都不是最优的。因为卖方可以通过增加 $\overline{T}$ 并向 $\bar{\theta}$ 型消费者提供 B 来增加自己的利润。因此，IC_2 必然成立。

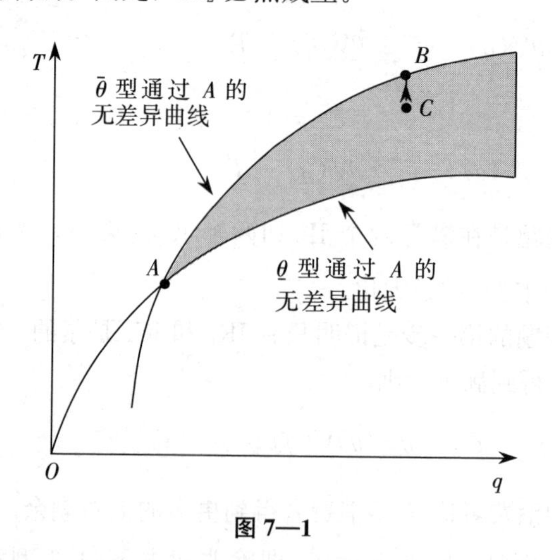

图 7—1

上面我们证明了 IR_1 和 IC_2 必然是紧的，我们在求解卖方的最优非线性定价时暂不考虑 IC_1，求解只包含约束 IR_1 和 IC_2 的子约束规划问题。如果子约束规划问题的解满足条件 IC_1（正如图 7—1 中所表明的），则子约束规划问题的解也是整个规划问题的解。

给定 IR_1 和 IC_2，使 Eu_0 最大化等价于使下式最大化：

$$\underline{p}(\underline{T}-c\underline{q})+\overline{p}(\overline{T}-c\overline{q})$$
$$=[(\underline{p}\underline{\theta}-\overline{p}(\bar{\theta}-\underline{\theta}))V(\underline{q})-\underline{p}c\underline{q}]+\overline{p}(\bar{\theta}V(\overline{q})-c\overline{q})$$

一阶条件为［假定 $\overline{p}\bar{\theta}<\underline{\theta}$ 和 $V'(0)=0$］

$$\underline{\theta}V'(\underline{q})=\frac{c}{1-\dfrac{\overline{p}(\bar{\theta}-\underline{\theta})}{\underline{p}\underline{\theta}}}$$

和

$$\bar{\theta}V'(\overline{q})=c$$

$\bar{\theta}$ 消费者的购买量是社会最优的（消费的边际效用等于边际成本）。否则，卖者可以稍微改变 $\overline{q}$ 并相应改变 $\overline{T}$，使 $\bar{\theta}$ 型消费者的效用保持不变，从而从这一类消费者的消费中获取的利润就可以增加。这是因为效率改进了，而且由于 IC_1 不起作用，新的定价仍然是激励相容的。

相比之下，低需求者的购买量是社会次优的（注意 $V''<0$）。这一点很容易理解：卖者降低了低需求者的消费从而降低了高需求者假装低需求者的可能性。这使得卖者增加 $\overline{T}$ 或（等价地）减少高需求者的租金，$(\bar{\theta}-\underline{\theta})V(\underline{q})$。因此，卖者的最优选择是牺牲效率以攫取高需求消费者的剩余。注意到 $\overline{q}>\underline{q}$，而且，如果 IR_1 和 IC_2 成立，转移支付 $\underline{T}$ 和 $\overline{T}$ 取决于 $\underline{q}$ 和 $\overline{q}$。

最后，我们检验子约束规划的解满足 IC_1，即

$$\underline{\theta}V(\underline{q})-\underline{T}=0\geqslant\underline{\theta}V(\overline{q})-\overline{T}$$

我们发现

$$\underline{\theta}V(\overline{q})-\overline{T}=-(\bar{\theta}-\underline{\theta})[V(\overline{q})-V(\underline{q})]<0$$

前面已经证明只要满足 IR_1，则条件 IR_2 总会满足，这样我们就证明了子约束规划问题的解亦是整个规划问题的解。

这种由于不完全信息而导致的无效率将在本章中多次提及。读者可能会注意到上面的分析与（非歧视性）垄断定价分析的相似之处。事实上，垄断定价是当模型中所有消费者都具有 0－1 需求时的一个特例，即当 $q<1$ 时，$V(q)=0$；当 $q\geqslant 1$ 时，$V(q)=1$。我们这里讨论的两类消费者情形对应于市场需求函数（转移支付函数）为当 $T\leqslant\underline{\theta}$，$d(T)=1$；当 $T\in[\underline{\theta},\bar{\theta}]$，$d(T)=\overline{p}$；当 $T>\bar{\theta}$ 时，$d(T)=0$ 的情形。（如果我

们假定类型服从连续分布，我们就可以得到连续的需求函数。）对于这种分段需求曲线，卖者的最优定价是 $T>\bar{\theta}$（利润为 0），$T=\bar{\theta}$ [利润为 $\bar{p}(\bar{\theta}-c)$] 或 $T=\underline{\theta}$（利润为 $\underline{\theta}-c$）。如果 $\bar{p}(\bar{\theta}-c)>\max(0,\ \underline{\theta}-c)$，则最优定价是 $T=\bar{\theta}$，这种定价可以区分两类消费者。$\bar{\theta}$ 型买者以价格 $\bar{\theta}$ 消费一个单位，且从私人信息中没有得到任何“信息租金”。$\underline{\theta}$ 型买者的消费为 0。如果 $\underline{\theta}-c>\max(0,\ \bar{p}(\bar{\theta}-c))$，则卖者的最优策略是统一定价，即两类买方各消费一个单位且让 $\bar{\theta}$ 型买方享有 $\bar{\theta}-\underline{\theta}$ 的信息租金。在 7.3 节和本章附录，我们将给出在机制设计中差别定价和统一定价的最优条件。①

在 7.2 节中，我们可以说明这个例子中的显示原理。卖者通过使消费者购买一个类型相依数量的商品间接地得到了消费者的类型信息。或者说，卖者可以直接要求消费者报告其类型从而达到利润最大化。令

$$\{(q^*(\theta),T^*(\theta))\}_{\theta\in\{\underline{\theta},\bar{\theta}\}}$$

代表所求得的解。卖方可以向消费者提供如下直接（显示）机制：“说出你的类型。如果你声明是 $\hat{\theta}$，你将支付 $T^*(\hat{\theta})$，同时消费 $q^*(\hat{\theta})$。”激励约束 IC_1 和 IC_2 保证了消费者如实报告其类型是最优的。这样，最终配置与在间接显示机制下完全相同。

7.1.2 拍卖

一个卖方有一个单位的商品出售。有两个具有单位需求的买方 ($i=1,\ 2$)，他们在事前是完全相同的。他们对商品的估值 θ_1 和 θ_2，为 $\underline{\theta}$ 的概率是 $\underline{p}$，为 $\bar{\theta}$ 的概率是 $\bar{p}$，其中 $\underline{p}+\bar{p}=1$，且 θ_1 和 θ_2 是独立的。每一个买方知道他自己的估值，但卖方和另一个买方不知道。

卖方的一种选择是采用第 1 章和第 6 章曾讨论过的一级和二级价格拍卖。问题是这种拍卖方法能否使卖方的利润最大化？为了回答这一问题，我们来求解卖方的最优拍卖机制。正如我们将看到的，在某些情况下，这种拍卖方法确实是最优的。

假定卖方为买方设定某个“信号博弈”——发送和接受信号的规则，说明商品的最终配置和转移支付将如何取决于所选择的信号。令 s_1

① 7.3 节求解类型服从连续分布的更一般的情形。用连续分布替代两点分布，读者会发现类型服从两点分布时将不满足单调似然率条件（假设 A10），这一条件在本章中起着非常重要的作用。此时统一定价就势在必然（未必仅限于两种“可能类型”）。

和 s_2 代表两个买方策略 σ_1 和 σ_2 在此博弈中的实际取值。拍卖机制说明了商品由买方 i 获得的概率 $x_i(s_1, s_2)$，以及买方对卖方的转移支付 $T_i(s_1, s_2)$。例如，在一级和二级价格拍卖机制下，买方同时出价，此时出价就是信息。[在这两种拍卖中，如果 $s_i > s_j$，则 $x_i(s_1, s_2)=1$，且 $T_j(s_1, s_2)=0$。但当 $s_i > s_j$ 时，在一级价格拍卖中，$T_i = s_i$，而在二级价格拍卖中，$T_i = s_j$。]

令 $\{\sigma_1^*(\cdot), \sigma_2^*(\cdot)\}$ 代表上述（机制设计）博弈的贝叶斯均衡策略。由于买方可以不参加拍卖，因而买方1的个人理性约束为，对每一个 θ_1 和每一个属于$\sigma_1^*(\theta_1)$的 s_1，均有

$$(\text{IR}) \quad \mathrm{E}_{\theta_2}\mathrm{E}_{\sigma_2^*(\theta_2)}[\theta_1 x_1(s_1, s_2) - T_1(s_1, s_2)] \geqslant 0$$

类似地，贝叶斯均衡（或激励相容）条件是，对每一个 θ_1 和每一个属于 $\sigma_1^*(\theta_1)$ 的 s_1 和每一个 s_1'，均有

$$\begin{aligned}(\text{IC}) \quad & \mathrm{E}_{\theta_2}\mathrm{E}_{\sigma_2^*(\theta_2)}[\theta_1 x_1(s_1, s_2) - T_1(s_1, s_2)] \\ & \geqslant \mathrm{E}_{\theta_2}\mathrm{E}_{\sigma_2^*(\theta_2)}[\theta_1 x_1(s_1', s_2) - T_1(s_1', s_2)]\end{aligned}$$

对于买方2有类似的IR和IC约束。

如果考虑所有可能的信号空间，我们就很难定义卖方的最优拍卖机制，更谈不上考虑其特性。幸运的是，我们可以只考虑“直接显示博弈”，即两个买方同时报告（可能并不真实）他们的类型（$\hat{\theta}_1$，$\hat{\theta}_2$）。为此，分别定义消费概率和收益为

$$\tilde{x}_i(\hat{\theta}_1, \hat{\theta}_2) \equiv \mathrm{E}_{\{\sigma_1^*(\hat{\theta}_1), \sigma_2^*(\hat{\theta}_2)\}}[x_i(s_1, s_2)]$$

和

$$\widetilde{T}_i(\hat{\theta}_1, \hat{\theta}_2) \equiv \mathrm{E}_{\{\sigma_1^*(\hat{\theta}_1), \sigma_2^*(\hat{\theta}_2)\}}[T_i(s_1, s_2)]$$

IR和IC保证了买方会参与此直接显示博弈，同时还保证了此博弈的贝叶斯均衡是两个买方都如实报告自己的类型（$\hat{\theta}_1 = \theta_1$，$\hat{\theta}_2 = \theta_2$）。

我们现在来求解最优对称拍卖机制。（我们将在7.5节看到，最优拍卖机制确实是对称的。）注意到IR和IC只与每一个买方获得拍卖品的期望概率及其对卖方的期望支付有关，这里的概率和支付都是对另一买方的类型取期望而得到的。因此令 $\overline{X}$，$\underline{X}$，$\overline{T}$ 和 $\underline{T}$ 分别代表买方类型为 $\bar{\theta}$ 和 $\underline{\theta}$ 时获得该物品的期望概率和期望支付。个人理性和激励相容约束可以表示如下：

$$(\text{IR}_1) \quad \underline{\theta}\underline{X} - \underline{T} \geqslant 0$$

(IR$_2$) $\bar{\theta}\bar{X}-\bar{T}\geqslant 0$

(IC$_1$) $\underline{\theta}\underline{X}-\underline{T}\geqslant\underline{\theta}\bar{X}-\bar{T}$

(IC$_2$) $\bar{\theta}\bar{X}-\bar{T}\geqslant\bar{\theta}\underline{X}-\underline{T}$

如果拍卖品的机会成本为 0，则卖方的期望利润为

$$\mathrm{E}u_0=(\underline{p}\underline{T}+\bar{p}\bar{T})$$

借助 7.1.1 小节对单一买方情形的讨论，我们猜测这里起约束的同样只有条件 IR$_1$ 和 IC$_2$，即 $\underline{\theta}$ 型参与人的参与约束和 $\bar{\theta}$ 型参与人的激励相容约束。和单一买方时一样，读者可以验证另两个约束不发生作用。IR$_1$ 和 IC$_2$ 决定了两类买方的期望支付价格：$\underline{T}=\underline{\theta}\underline{X}$ 和 $\bar{T}=\bar{\theta}(\bar{X}-\underline{X})+\underline{\theta}\underline{X}$。代入卖方的期望利润函数中得

$$\mathrm{E}u_0=(\underline{\theta}-\bar{p}\bar{\theta})\underline{X}+\bar{p}\bar{\theta}\bar{X}$$

到目前为止，我们还没有对概率 $\underline{X}$ 和 $\bar{X}$ 施加任何限制条件。如果只有一个买方，则约束条件显然是 $0\leqslant\underline{X}$，$\bar{X}\leqslant 1$。如果有两个买方，我们就必须考虑到：如果一个买方得到该商品，则另一个买方就不可能得到该商品。因此任一买方得到该商品的事前概率至多不超过$\frac{1}{2}$（根据对称性），即

$$\underline{p}\underline{X}+\bar{p}\bar{X}\leqslant\frac{1}{2} \qquad (*)$$

我们稍后即将看到，这一条件没有完全描述买方之间的概率约束。

首先，假定 $\underline{\theta}\leqslant\bar{p}\bar{\theta}$。则 $\mathrm{E}u_0$ 是 $\underline{X}$ 的减函数，$\bar{X}$ 的增函数。此时卖方的最优策略是令 $\underline{X}=0$，$\bar{X}$ “尽可能大”。由对称性，$\bar{X}$ 不能超过 $\underline{p}+\frac{\bar{p}}{2}$，因为当两个买方的价值均为 $\bar{\theta}$ 时，每一个买方得到该商品的可能性均为$\frac{1}{2}$。因此，$\bar{X}=\underline{p}+\frac{\bar{p}}{2}$。最优机制是：如果两个买方都说自己是 $\underline{\theta}$ 型的，商品留在卖方手中；如果只有一个买方说自己是 $\bar{\theta}$ 型的，商品出售给该买方；如果两个买方都说自己是 $\bar{\theta}$ 型的，双方各以$\frac{1}{2}$的概率得到该商品。注意这里与单一买方时的相似之处。如果$c=0$ 且 $\bar{p}\bar{\theta}>\underline{\theta}$，当且仅当$\theta=\bar{\theta}$ 时，买方会购买，而且得不到任何信息租金。

其次，假定 $\underline{\theta}>\bar{p}\bar{\theta}$。则 $\mathrm{E}u_0$ 是 $\underline{X}$ 和 $\bar{X}$ 的严格增函数，且约束（$*$）

的等号必然成立。将 $\underline{X}$ 代入 $\mathrm{E}u_0$ 中得到：

$$\mathrm{E}u_0=\frac{1}{2\underline{p}}(\underline{\theta}-\bar{p}\bar{\theta})+\frac{\bar{p}}{\underline{p}}(\bar{\theta}-\underline{\theta})\bar{X}$$

因此，最优解仍然是 $\bar{X}=\underline{p}+\frac{\bar{p}}{2}$，且由（*）式可以得到 $\underline{X}=\frac{\underline{p}}{2}$。如果只有一个买方声明自己是 $\bar{\theta}$ 型，则他获得该商品；如果双方声明的类型相同，双方各以 $\frac{1}{2}$ 的概率获得该商品。这样我们就推导出了最优拍卖机制。

拍卖理论的一个著名结论（Vickrey，1961）是，在某些假设条件下，一级和二级价格拍卖会给卖方带来最大预期收入。我们将在7.5节中证明，如果买方是对称的，且双方的价值服从独立连续分布（而非两点分布），并满足某些技术性条件[①]，则上述结论是成立的。任何一个拍卖机制（博弈）如果存在一个（对称）均衡，且均衡时的期望转移支付 $\bar{T}$ 和 $\underline{T}$ 以及期望概率 $\underline{X}$ 和 $\bar{X}$ 都与我们上面得到的结果相同，则这个机制就是最优的。如果 $\underline{\theta}\geqslant\bar{p}\bar{\theta}$，则一级价格拍卖的对称均衡和二级价格拍卖的均衡会产生与上述结果相同的 $\underline{X}$ 和 $\bar{X}$，因为商品卖给 $\bar{\theta}$ 型买方。如果 $\underline{\theta}<\bar{p}\bar{\theta}$，则通过施加一个"保留价格"（比如 $\bar{\theta}$，即报价低于 $\bar{\theta}$ 时不卖），可以得到同样的 $\underline{X}$（即0）。但是，此时的期望转移支付可能与最优机制时不同。[②] 例如，在二级价格拍卖中，买方报出自己的实际估值。$\bar{\theta}$ 型买方获得 $\underline{p}(\bar{\theta}-\underline{\theta})$ 的租金，而非 $\frac{\underline{p}(\bar{\theta}-\underline{\theta})}{2}$。当 $\underline{\theta}\geqslant\bar{p}\bar{\theta}$ 时，这个租金是最优的。此时对二级价格拍卖进行下述修正就可以使卖方获得最优收入：如果一个买方报价 $\underline{\theta}$，另一个买方报价 $\bar{\theta}$，则后者以 $\underline{\theta}+\frac{(\bar{\theta}-\underline{\theta})}{2}$ 的价格获得该商品。注意此时买方如实报价仍然是一个均衡：如果 $\bar{\theta}$ 型买方报价为 $\bar{\theta}$，则他的期望收益为：

$$\underline{p}\left(\bar{\theta}-\left(\underline{\theta}+\frac{\bar{\theta}-\underline{\theta}}{2}\right)\right)=\frac{\underline{p}(\bar{\theta}-\underline{\theta})}{2}$$

---

① 这里所指的技术性条件是买方的类型服从单调似然率分布（参见假设A10）。趋于离散的两点分布的连续分布不满足这一条件。

② 与类型服从连续分布时相反。在那里，激励相容要求对所有的 θ，有 $\theta\dot{X}(\theta)-\dot{T}(\theta)=0$（参见7.5节），且均衡条件要求 $\underline{\theta}$ 型无信息租金，这意味着如果 $X(\cdot)$ 是最优的，则 $T(\cdot)$ 也是最优的。

这等于报价为 $\underline{\theta}$ 时的期望收益 $\underline{\theta}$。

7.2 机制设计和显示原理††

本节讨论机制设计的一般性问题并说明如何用显示原理来简化该问题。

假定有 $I+1$ 个参与人：一个没有私人信息的委托人（参与人 0），I 个代理人($i=1$，…，I)，其类型为 $\theta=(\theta_1, \cdots, \theta_I)$，$\theta$ 属于某个集合 Θ。首先我们来讨论 Θ 上的概率分布非常一般的情形，且假定有一个明确定义的期望和条件期望效用函数。

委托人的目标是，设计一个机制以确定一个配置 $y=\{x, t\}$。该配置包括一个属于非空的紧的凸集 $\mathscr{X}\subset\mathbb{R}^n$ 上的被称为决策的向量 x 以及从委托人向代理人的货币转移收益向量 $t=(t_1, \cdots, t_I)$（可能为正，也可能为负）。① 一般我们都假定 X 充分大从而肯定存在内点解；当然我们前面讨论的拍卖例子是一个例外。

参与人 $i(i=0, 1, \cdots, I)$ 有一个冯·诺伊曼-摩根斯坦效用函数 $u_i(y, \theta)$。假定 $u_i(i=1, \cdots, I)$ 是 t_i 的严格增函数，u_0 是每一个 t_i 的减函数，且 u_i 是二次连续可微的。

给定一个（类型相依）配置 $\{y(\theta)'\}_{\theta\in\Theta}$，$\theta_i$ 型代理人 $i(i=1, \cdots, I)$ 的期望效用为：

$$U_i(\theta_i)\equiv E_{\theta_{-i}}[u_i(y(\theta_i,\theta_{-i}),\theta_i,\theta_{-i})\mid\theta_i]$$

委托人的效用为

$$E_\theta u_0(y(\theta),\theta)$$

在本章讨论的所有例子中，代理人 i 的效用只取决于他自己的转移支付 t_i 和类型 θ_i，而与 t_{-i} 和 θ_{-i} 无关。（u_i 与 θ_{-i} 有关的一种情形是具有共同价值的商品拍卖，每一个买方对待卖商品的质量都具有私人信息。）

在我们上面提到的例子中，x 和 θ（加上必要的符号调整）的经济学意义可以作如下解释：

价格歧视 x 是消费者的购买数量，t 是消费者支付给垄断者的价格，θ 代表消费者的消费剩余。

---

① 在 7.1 节的差别定价和拍卖例子中，代理人将资金转移给委托人，$t_i=-T_i$。

监管　x 是企业的成本或价格或成本与价格组成的向量，t 是企业的收入，θ 是一个代表成本函数的技术参数。

所得税　x 是代理人的收入，t 是代理人的纳税额，θ 是代理人的盈利能力。

公共产品　x 是公共产品供给数量，t_i 是消费者 i 的货币支出，θ_i 代表消费者 i 从公共产品消费中获得的剩余。

拍卖　$\mathscr{X}$ 是 I 维单纯形，即对所有的 i，$x_i \geqslant 0$，且 $\sum_{i=1}^{I} x_i \leqslant 1$。这里 x_i 是消费者 i 获得该商品的概率，t_i 是消费者 i 支付的价格，θ_i 代表消费者 i 对标的商品的支付意愿。

议价　x 是卖方出售给买方的数量，t_1 是卖方获得的转移支付，t_2 是买方获得的转移支付（负值），且 $t_1+t_2=0$，$\theta_1=c$ 代表卖方的生产成本，$\theta_2=v$ 代表买方的购买意愿。

一种机制或契约 m 对每一个代理人 i 定义了一个信号空间 $\mathscr{M}_i$，及一个信号显示博弈式，$\mu=(\mu_1, \cdots, \mu_I)$ 是以所有代理人在博弈中发出的信息为元素的向量。因为类型是私人信息，y 与 θ 的关心可以用代理人的信号来表示；记这个函数为 y_m：$\mathscr{M} \to Y=\mathscr{X}\times\mathbb{R}^I$。

现在我们来推导显示机制，显示机制是指委托人可以只考虑“直接”显示机制（博弈）。在这种直接显示机制博弈中，信号空间就是类型空间。无论何种类型的代理人都在博弈的第二阶段接受该机制，且在第三阶段代理人同时如实地报出自己的信息。这一原理被许多学者明确指出，如 Gibbard（1973），Green and Laffont（1977），Dasgupta et al.（1979）和 Myerson（1979）。

应当指出，与第三阶段机制相关的博弈式以及第二阶段的接受决策在代理人之间定义了一个更广义的博弈。不失一般性，我们可以将代理人的接受决策作为其信息 $\mu_i(\cdot)$ 的一个分量。考虑此广义博弈的贝叶斯均衡。为方便起见，假定此均衡是一个纯策略均衡，均衡策略（即信号）为 $\mu_i^*(\theta_i)$。

考虑每一个代理人 i 的新信息空间 Θ_i，且代理人 i 报告的类型为 $\hat{\theta}_i$（可能不同于真实值 θ_i）。令 $\hat{\theta}\equiv(\hat{\theta}_1, \cdots, \hat{\theta}_I)$，定义一种新的配置规则 $\bar{y}$：$\Theta \to Y$，$\bar{y}$ 由下式给出：

$$\bar{y}(\hat{\theta}) = y_m(\mu^*(\hat{\theta}))$$

其中，

$$\mu^*(\hat{\theta}) = (\mu_1^*(\hat{\theta}_1), \cdots, \mu_I^*(\hat{\theta}_I))$$

显然，给定 $\{\mu_i^*\}$ 是原机制（博弈）的贝叶斯均衡，则 $\{\hat{\theta}_i=\theta_i\}$ 是新博弈的贝叶斯均衡①，因为对所有的 i 和 θ_i，

$$
\begin{aligned}
& E_{\theta_{-i}}[u_i(\bar{y}(\theta), \theta_i, \theta_{-i}) \mid \theta_i] \\
= & E_{\theta_{-i}}[u_i(y_m(\mu^*(\theta)), \theta_i, \theta_{-i}) \mid \theta_i] \\
= & \sup_{\mu_i \in \mathscr{M}_i} E_{\theta_{-i}}[u_i(y_m(\mu_1^*(\theta_1), \cdots, \mu_i, \cdots, \mu_I^*(\theta_I)), \theta_i, \theta_{-i}) \mid \theta_i] \\
\geqslant & \sup_{\hat{\theta}_i \in \Theta_i} E_{\theta_{-i}}[u_i(\bar{y}(\theta_1, \cdots, \hat{\theta}_i, \cdots, \theta_I), \theta_i, \theta_{-i}) \mid \theta_i]
\end{aligned}
$$

这里的第一个等式由直接显示机制的定义而来，第二个等式是在原机制 m 下的贝叶斯均衡条件，而弱不等式则表述了如下事实：在直接显示机制（博弈）中，代理人 i 实际是从 $\mathscr{M}_i$ 的一个子信息集 $\{\mu_i^*(\hat{\theta}_i)\}_{\hat{\theta}_i \in \Theta_i}$ 中选择一个元素作为自己的信号（从而代理人的选择至多不超过在原机制中的选择）。如果 σ_i^* 是随机的，则对于适当定义为 $\hat{\theta}$ 的随机函数的 $\bar{y}(\cdot)$，上述推理仍然成立。

观察（显示原理） 假定一种机制（博弈），其信号空间为 $\mathscr{M}_i$，配置函数为 $y_m(\cdot)$，且存在贝叶斯均衡：

$$\mu^*(\cdot) \equiv \{\mu_i^*(\theta_i)\}_{\substack{i=1,\cdots,I \\ \theta_i \in \Theta_i}}$$

则存在一种直接显示机制（即，$\bar{y}=y_m \circ \mu^*$），使得信号空间等价于类型空间（$\bar{\mathscr{M}}_i=\Theta)_i$，且使得该机制存在一个贝叶斯均衡：所有代理人在第二阶段接受该机制，在第三阶段如实报告自己的类型。

注意 对应于配置的直接显示（机制）博弈存在一个均衡，均衡的配置结果与 $\bar{y}(\cdot)$ 原机制的均衡配置结果相同。不过，这个均衡未必是唯一的。马等（Ma et al.，1988），穆克希吉和瑞凯尔斯泰因（Mookherjee and Reichelstein，1988），普斯特尔维特和舒梅德勒（Postlewaite and Schmeidler，1986），帕尔弗里和斯瑞瓦斯特瓦（Palfrey and Srivastava，1989）都讨论了贝叶斯配置可以在机制设计博弈的所有均衡或唯一均衡下实现的条件。② 和马斯金（Maskin，1977），摩尔和瑞普勒（Moore and Repullo，1989）一样，他们的思路是考虑一种使参与人报告类型相关信息的机制，而非直接显示机制（即不是直接报告其信息）。结果发现，在均衡时，所有这些“非类型”信息都是

---

① 我们这里是在贝叶斯博弈下讨论显示原理，但对于优势互补策略均衡，同样的推理仍然成立。（参见 7.4.2 小节关于优势策略所下的定义。）

② 有兴趣的读者还可以参见 Demski and Sappington（1984），Ma，Moore and Turnbull（1988）。

多余的，但在参与人只能报告其类型的简化博弈中，这种“非类型”信息剔除了（贝叶斯配置之外的）其他均衡。标准的方法是首先求出委托人的最优方案，然后，如果委托人担心在直接显示博弈中可能存在多个均衡，则要看最优配置是否满足唯一性的充分条件。

评论　我们很少强调机制与配置之间的区别。在某种意义上，显示原理允许我们交替使用这两个概念。

7.3　单个代理人的机制设计††

下面的方法首先是由莫里斯（Mirrlees，1971）给出的，穆萨和罗森（Mussa and Rosen，1978），巴伦和迈尔森（Baron and Myerson，1982），马斯金和赖利（Maskin and Riley，1984a）以及其他一些学者发展了这一方法并讨论了它的各种运用。这里的讨论（包括命题）主要参照了盖思那瑞和拉丰（Guesnerie and Laffont，1984）的一般性分析。[①]

因为本节只考虑一个代理人，我们省去转移支付（t）和类型（θ）的下标。假定代理人的类型属于区间 $[\underline{\theta}, \bar{\theta}]$。代理人知道 θ，委托人具有先验（估计）累积分布函数 $P[P(\underline{\theta})=0, P(\bar{\theta})=1]$ 和可微密度函数 $p(\theta)$，使得对所有的$\theta\in[\underline{\theta}, \bar{\theta}], p(\theta)>0$。（密度函数的可微性并非必要条件，这里只是为了便于问题的处理。）类型空间是一维的[②]，但决策空间可能是多维的。（尽管我们为了尽可能的全面，讨论的是多维决策空间的情形，但读者只要理解一维决策的情形就能掌握这里的要义。）一个（类型相依）配置是从代理人的类型到配置空间上的函数：

$$\theta \to y(\theta) = (x(\theta), t(\theta))$$

7.3.1　可实施决策和配置

定义 7.1　如果存在一个转移支付函数$t(\cdot)$，使得对于任意 $\theta\in[\underline{\theta}, \bar{\theta}]$，配置$y(\theta)=(x(\theta), t(\theta))$满足激励相容约束：

$$\text{(IC)}\quad u_1(y(\theta),\theta) \geqslant u_1(y(\hat{\theta}),\theta), \forall (\theta,\hat{\theta}) \in [\underline{\theta},\bar{\theta}]\times[\underline{\theta},\bar{\theta}]$$

---

① 亦可参见 Laffont（1989），第10章。

② 多维类型空间的情形更难处理。参见 Rochet（1985），Laffont，Maskin and Rochet（1987），及 McAfee and McMillan（1988）。

则决策函数 x：$\theta \to \mathscr{X}$ 是可实施的；如果决策函数是可实施的，我们就说配置 $y(\cdot)$ 是可实施的。

注意，我们这里省略了个人理性约束（代理人在第二阶段不退出）。如果确实有必要，我们将在优化阶段再次引入这一约束。

评论 如果 $x(\cdot)$ 可以通过转移支付 $t(\cdot)$ 实施，则存在一个代理人选择 x 而非报告自己类型的"间接"或"财政"机制 $t=T(x)$，使得最终配置相同。考虑如下方案：

$$T(x) \equiv \begin{cases} t & \text{如果存在}\hat{\theta}\text{使得 } t=t(\hat{\theta}) \text{ 和 } x=x(\hat{\theta}) \\ & \text{(如果有多个这样的 }\hat{\theta}\text{,任选其一)} \\ -\infty & \text{其他} \end{cases}$$

选择一个 x 实际上就是选择一个 $\hat{\theta}$。

我们这里只讨论分段连续可微（分段 C^1）[①]决策方案 $x(\cdot)$，下面给出 $x(\cdot)$ 可实施的必要条件。

定理 7.1（必要性） 一个分段 C^1 决策函数 $x(\cdot)$ 是可实施的，当且仅当：

$$\sum_{k=1}^{n} \frac{\partial}{\partial\theta}\left(\frac{\dfrac{\partial u_1}{\partial x_k}}{\dfrac{\partial u_1}{\partial t}}\right)\frac{\mathrm{d}x_k}{\mathrm{d}\theta} \geqslant 0 \tag{7.1}$$

其中，$x=x(\theta)$，$t=t(\theta)$，且 x 是 θ 的可微函数。

证明 θ 型参与人选择自己的报告类型 $\hat{\theta}$，从而使 $\Phi(\hat{\theta},\theta) \equiv u_1(x(\hat{\theta}), t(\hat{\theta}), \theta)$ 最大化。因为 u_1 是二次连续可微（C^2）且 x 是分段 C^1 的，任何实现配置 x 的转移支付函数 t 也必然是分段 C^1 的。[②] 最优问题存在内点解的一阶和局部二阶条件，因此，在 $\hat{\theta}=\theta$ 处有：

$$\frac{\partial\Phi}{\partial\hat{\theta}}(\theta,\theta)=0 \quad \text{（说实话或激励相容）} \tag{7.2}$$

和

① 一个分段 C^1 函数除了在有限的点之外可微，并且当导数不存在时，函数仍然允许左导数和右导数。标准的最优控制技术（Hadley and Kemp，1971）需要分段 C^1。在本章附录中，分段标准更加清晰。

② 在 $\hat{\theta}=\theta$（$\mathrm{d}x/\mathrm{d}\theta$ 在 θ 处存在且连续）处对 $u_1(x(\hat{\theta}), t(\hat{\theta}), \theta)$ 进行泰勒展开，并利用 $\hat{\theta}=\theta$ 对于 θ 型最优的事实即可。

$$\frac{\partial^2 \Phi}{\partial \hat{\theta}^2}(\theta,\theta) \leqslant 0 \tag{7.3}$$

[方程（7.3）除了在有限个点外存在二阶导数，原因是$\frac{\partial^2 \Phi}{\partial \hat{\theta}\,\partial \theta}$除了有限个点外存在，且$\frac{\mathrm{d}x}{\mathrm{d}\theta}$和$\frac{\mathrm{d}t}{\mathrm{d}\theta}$存在，由等式（7.2）即得出。]

对方程（7.2）求导数得（除少数点之外）：

$$\frac{\partial^2 \Phi}{\partial \hat{\theta}^2}(\theta,\theta) + \frac{\partial^2 \Phi}{\partial \hat{\theta}\,\partial \theta}(\theta,\theta) = 0 \tag{7.4}$$

因此，局部二阶条件可以写作：

$$\frac{\partial^2 \Phi}{\partial \hat{\theta}\,\partial \theta}(\theta,\theta) \geqslant 0 \tag{7.5}$$

或

$$\sum_{k=1}^{n} \frac{\partial}{\partial \theta}\left(\frac{\partial u_1}{\partial x_k}\right)\frac{\mathrm{d}x_k}{\mathrm{d}\theta} + \frac{\partial}{\partial \theta}\left(\frac{\partial u_1}{\partial t}\right)\frac{\mathrm{d}t}{\mathrm{d}\theta} \geqslant 0 \tag{7.6}$$

方程（7.2）可以改写为：

$$\sum_{k=1}^{n} \frac{\partial u_1}{\partial x_k}\frac{\mathrm{d}x_k}{\mathrm{d}\theta} + \frac{\partial u_1}{\partial t}\frac{\mathrm{d}t}{\mathrm{d}\theta} = 0 \tag{7.7}$$

由方程（7.7）求出$\frac{\mathrm{d}t}{\mathrm{d}\theta}$并代入方程（7.6）得

$$\sum_{k=1}^{n} \left[\frac{\left[\frac{\partial}{\partial \theta}\left(\frac{\partial u_1}{\partial x_k}\right)\frac{\partial u_1}{\partial t} - \frac{\partial}{\partial \theta}\left(\frac{\partial u_1}{\partial t}\right)\frac{\partial u_1}{\partial x_k}\right]}{\frac{\partial u_1}{\partial t}}\right]\frac{\mathrm{d}x_k}{\mathrm{d}\theta} \geqslant 0 \tag{7.8}$$

此即方程（7.1）式。■

在以下假设下，必要条件的解释是很简单的：

A1　对所有的 $k\in\{1,\ \cdots,\ n\}$，或者

$$(\mathrm{CS}^+)\quad \frac{\partial}{\partial \theta}\left(\frac{\frac{\partial u_1}{\partial x_k}}{\frac{\partial u_1}{\partial t}}\right) > 0$$

或者

$$(\text{CS}^-) \qquad \frac{\partial}{\partial\theta}\left(\frac{\dfrac{\partial u_1}{\partial x_k}}{\dfrac{\partial u_1}{\partial t}}\right)<0$$

此即“分离条件”［或“不变符号”（constant sign，CS）、“单交点”、“斯宾塞-莫里斯”（Spence-Mirrlees）条件］。

注意在必要时我们可以将 x_k 改成 $-x_k$，从而可以只考虑 A1 成立且所有导数均为正的情形。因此，从现在起我们不妨假定对所有的 k，条件 CS^+ 成立。应当指出的是，A1 是一个非常标准的假设，而且在几乎所有的理论运用中都会有这个假设。注意

$$\frac{\dfrac{\partial u_1}{\partial x_k}}{\dfrac{\partial u_1}{\partial t}}$$

是代理人在决策 k 和转移支付 t 之间的边际替代率。分离条件指出代理人的类型对此边际替代率的影响具有系统的趋势。

举例来说，假定决策是一维的（$n=1$），且 $\dfrac{\partial u_1}{\partial x}<0$，比如 x 是代理人对委托人的产品供给。在此例中，如果分离条件满足，不等式（7.1）就等价于代理人决策对类型的单调性。CS^+ 意味着代理人的无差异曲线在（x，t）空间的斜率：

$$\left|\frac{\dfrac{\partial u_1}{\partial x}}{\dfrac{\partial u_1}{\partial t}}\right|$$

是代理人类型的减函数。也就是说，对于给定的决策 x 的一个增量，高类型（θ_2）代理人比低类型（θ_1）代理人获得的补偿要少。如图 7—2 所示。

在此例中，不等式 CS^+ 的意义是很直观的。令 $y(\theta_1)=(x(\theta_1), t(\theta_1))$ 和 $y(\theta_2)=(x(\theta_2), t(\theta_2))$ 分别代表类型 θ_1 和 θ_2 的配置。要使配置满足激励相容条件，$y(\theta_2)$ 必须位于 θ_1 型代理人过 $y(\theta_1)$ 的无差异曲线下方，同时位于 θ_2 型代理人过 $y(\theta_1)$ 无差异曲线上方。因此，$y(\theta_2)$ 必然属于图 7—2 中的阴影区域。［在图 7—2 中，我们把 $y(\theta_2)$ 画在阴影区域的边界上，这是因为正如下面所说的，θ_2 型代理人的激励相容约束在最优机制下是起约束作用的。］

在本章中，我们将经常用到如下定理。

定理 7.2（单调性）　假定决策空间是一维的，且条件 CS^+ 成立，

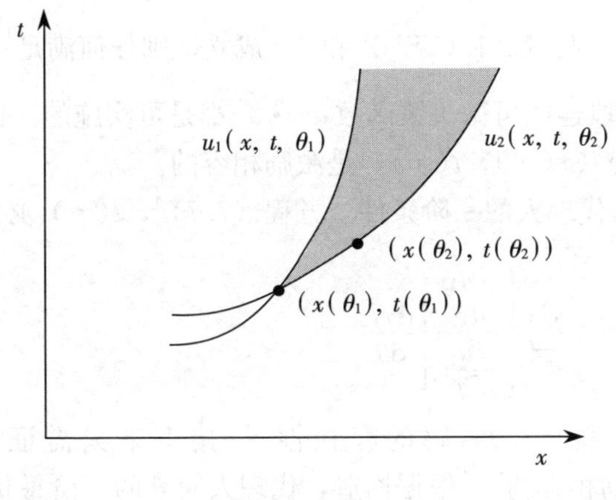

图 7—2

则 $x(\cdot)$ 可实施的必要条件是，它是非减的：$\theta_2>\theta_1\Rightarrow x(\theta_2)\geqslant x(\theta_1)$。

当然，如果 CS^- 成立，则 $x(\cdot)$ 可实施的必要条件是它是非增的。值得指出的是，尽管定理 7.1 意味着在可微点的单调性，定理 7.2 的证明只需借助图 7—2 讨论的显示偏好，而与可微性无关。

为了讨论可实施性的充分条件，盖思那瑞和拉丰（Guesnerie and Laffont，1984）考虑了分离假设 A1 并增加了如下技术性假设，其作用在于保证微分方程解的存在性。

A2　当转移支付趋于无穷时，决策与转移支付之间的边际替代率并不随之迅速增加，即对所有的 k，存在 K_0 和 K_1，使得：

$$\left|\frac{\dfrac{\partial u_1}{\partial x_k}}{\dfrac{\partial u_1}{\partial t}}\right|\leqslant K_0+K_1|t|\text{，对所有的 } x,\ t \text{ 和 } \theta \text{ 都成立}$$

例如，拟线性偏好函数满足假设 A2（$\dfrac{\partial u_1}{\partial t}=1$）。

可以证明，单调性亦是可实施性的充分条件。[①]

---

① 因此，如果激励约束是局部满足的且决策的每一分量都是单调的（对 θ），则激励约束在整个选择空间上也得到满足。如果效用函数和类型分布服从某些条件，则满足局部激励约束的最优机制是单调的（对 θ），从而在整体激励约束下亦是最优的。我们用一维决策的例子来说明这一方法。

简单地说，除了假设满足所有"向下"激励约束［即对所有的 $\theta'\leqslant\theta$，$u_1(y(\theta),\theta)\geqslant u_1(y(\theta'),\theta)$］，我们还可以适当地对效用函数作某些假设，从而保证省略的"向上"激励约束同样满足，从而整体激励相容成立。此外，我们还可以根据只有向下约束必须被满足这一事实得到最优机制的某些特点。这种"非局部"方法是由摩尔（Moore，1984，1985，1988）及马修斯和摩尔（Matthews and Moore，1987）等给出的。

定理 7.3 假设 A1（CS^+）和 A2 成立，则任何满足$\frac{\mathrm{d}x_k}{\mathrm{d}\theta}\geqslant 0$（对所有的 k）的分段连续可微决策函数 $x(\cdot)$ 都是可实施的。也就是说，存在 $t(\cdot)$ 使得（$x(\cdot)$，$t(\cdot)$）是激励相容的。

证明 由代理人的一阶条件［方程（7.7）］，$t(\cdot)$ 必须满足

$$\frac{\mathrm{d}t}{\mathrm{d}\theta}=-\sum_{k=1}^{n}\left(\frac{\frac{\partial u_1}{\partial x_k}}{\frac{\partial u_1}{\partial t}}\right)\frac{\mathrm{d}x_k}{\mathrm{d}\theta} \tag{7.9}$$

A2 保证了方程（7.9）解的存在性。① 接下来只需证明（$x(\cdot)$，$t(\cdot)$）是激励相容的。［根据构造，代理人对 $\hat{\theta}$ 的一阶最优条件是满足的；由 CS^+ 和$\frac{\mathrm{d}x_k}{\mathrm{d}\theta}>0$，不等式（7.1）的局部二阶条件亦是满足的。不过，上述条件并非充分的，因为我们还必须证明最优的整体二阶条件也得到满足。］假定说实话不是 θ 型代理人的最优选择。也就是说，存在 $\hat{\theta}$ 使得 $\Phi(\hat{\theta},\theta)-\Phi(\theta,\theta)>0$［记住 $\Phi(\hat{\theta},\theta)\equiv u_1(x(\hat{\theta}),t(\hat{\theta}),\theta)$］。则

$$\int_{\theta}^{\hat{\theta}}\frac{\partial\Phi}{\partial a}(a,\theta)\mathrm{d}a>0$$

或

$$\int_{\theta}^{\hat{\theta}}\frac{\partial u_1}{\partial t}(x(a),t(a),\theta)\left[\sum_{k=1}^{n}\frac{\frac{\partial u_1}{\partial x_k}(x(a),t(a),\theta)}{\frac{\partial u_1}{\partial t}(x(a),t(a),\theta)}\frac{\mathrm{d}x_k}{\mathrm{d}a}(a)+\frac{\mathrm{d}t}{\mathrm{d}a}(a)\right]\mathrm{d}a>0 \tag{7.10}$$

如果 $\hat{\theta}>\theta$，由分离条件 CS^+②，方程（7.10）意味着：

$$\int_{\theta}^{\hat{\theta}}\frac{\partial u_1}{\partial t}(x(a),t(a),\theta)\left[\sum_{k=1}^{n}\frac{\frac{\partial u_1}{\partial x_k}(x(a),t(a),a)}{\frac{\partial u_1}{\partial t}(x(a),t(a),a)}\frac{\mathrm{d}x_k}{\mathrm{d}a}(a)+\frac{\mathrm{d}t}{\mathrm{d}a}(a)\right]\mathrm{d}a>0 \tag{7.11}$$

---

① 这是因为$\left|\frac{\mathrm{d}t}{\mathrm{d}\theta}\right|\leqslant\left(\sup_{\theta,k}\left|\frac{\mathrm{d}x_k}{\mathrm{d}\theta}\right|\right)(K_0+K_1\mid t\mid)$，参见 Hurewicz (1958)。

② 即当 $\theta\leqslant a$ 时，$\frac{\frac{\partial u_1}{\partial x_k}(x,t,\theta)}{\frac{\partial u_1}{\partial t}(x,t,\theta)}\leqslant\frac{\frac{\partial u_1}{\partial x_k}(x,t,a)}{\frac{\partial u_1}{\partial t}(x,t,a)}$。

但方程（7.9）意味着对所有的 a，方程（7.11）中的括号部分为零，矛盾！

如果 $\hat{\theta}<\theta$，同理可证方程（7.11）不成立。 ■

定理 7.3 的一个重要推论是：在一维决策情形中，如果分离条件 CS^+ 或 CS^- 成立，则决策函数可实施的充要条件是它是单调的。（CS^+ 时非减，CS^- 时非增。）

7.3.2　最优机制

现在来讨论可实施配置集的特点，我们可以为委托人找出一个最优的配置机制。为此，重新引入代理人的个人理性约束。如果一个可实施配置满足个人理性约束，则称之为可行配置；委托人的问题是选择具有最高期望收益的可行配置。为简单起见，假定代理人的保留效用（即当他拒绝委托人的机制时的期望收益）与其类型无关。

A3　保留效用 $\underline{u}$ 与类型无关，即参与约束是：

（IR）　对所有的 θ，$u_1(x(\theta),t(\theta),\theta)\geqslant\underline{u}$

在此假设下，如果 u_1 随类型递增（$\frac{\partial u_1}{\partial\theta}>0$），则仅当 $\theta=\underline{\theta}$ 时 IR 发挥约束作用：任何 $\theta>\underline{\theta}$ 的代理人都会宣称 $\hat{\theta}=\underline{\theta}$，从而得到比 $\underline{\theta}$ 型代理人更高的效用，而 $\underline{\theta}$ 型代理人的效用至多为 $\underline{u}$。[①] 为方便起见，我们标准化 $\underline{u}$，使 $\underline{u}=0$。

除此之外，我们还作如下假设。

---

① 对于保留效用为 θ 的增函数的情形，并没有关于机制设计的一般性结果。因为参与约束等式可能在 $\underline{\theta}$ 之外的其他点成立。等式在点 $\bar{\theta}$ 处成立的经济例子请参见 Champsaur and Rochet（1989），Laffont and Tirole（1990a），Lewis and Sappington（1989a）；参与约束等式在内点处成立的例子请参见 Lewis and Sappington（1989b）。例如，凯姆普萨和罗切特（Champsaur and Rochet，1989）及拉丰和梯若尔（Laffont and Tirole，1990a）研究了当高需求消费者可以购买替代品时厂商的差别定价行为。类似地，在劳动力市场上，能力强的劳动者通常比能力差的劳动者有更好的外部机会，从而有更高的保留效用。保留效用与类型相关及使理想类型代理人的个体理性约束等式成立的另一个共同原因是，在委托人和代理人之间存在先验合同［即签合同时，委托人不知道代理人的类型，参见 Laffont and Tirole（1990b），Caillaud，Jullien and Picard（1990）］。即使与委托人签订合同之前所有类型的代理人在事前具有同样的保留效用，合同一旦签订，就为将来的任何续签合同定了一个与原合同相同的配置，从而原配置是类型相关的。

A4 拟线性效用①：

$$u_0(x,t,\theta)=V_0(x,\theta)-t$$

$$u_1(x,t,\theta)=V_1(x,\theta)+t$$

其中，V_0 和 V_1 是三次可微的且是 x 的凸函数。

A5 $n=1$：决策是一维的，条件 CS^+ 成立，即$\frac{\partial^2 V_1}{\partial x\,\partial\theta}\geqslant 0$。

A6 $\frac{\partial V_1}{\partial\theta}>0$。

A7 $\frac{\partial^2 V_0}{\partial x\,\partial\theta}\geqslant 0$（如果 V_0 与 θ 无关，这一条件是满足的）。

A8 $\frac{\partial^3 V_1}{\partial x\,\partial\theta^2}\leqslant 0$，且$\frac{\partial^3 V_1}{\partial x^2\,\partial\theta}\geqslant 0$。

A9 $\mathscr{X}$代表区间 $[0,\ \bar{x}]$，其中 $\bar{x}>\arg\max(V_0(x,\ \bar{\theta})+V_1(x,\ \bar{\theta}))$。

我们并不知道假设 A8 能否满足，因为它涉及三阶导数。这一假设以及下面介绍的单调似然率条件是忽略单调约束求出的最优决策，仍满足单调性的充分条件。因为从下面的方程（7.13）可以看到，如果“θ 的不确定性”很小，即似然率很大②，则假设 A8 就可以略去。

委托人在满足代理人的个体理性和激励相容约束条件下选择$x(\cdot)$，$t(\cdot)$，使自己的期望效用最大化。

$$\max_{\{x(\cdot),t(\cdot)\}}\ E_\theta u_0(x(\theta),t(\theta),\theta)$$

$$\text{s.t.}\quad x\in\mathscr{X}$$

(IC)　对所有的$(\theta,\hat{\theta})$，$u_1(x(\theta),t(\theta),\theta)\geqslant u_1(x(\hat{\theta}),t(\hat{\theta}),\theta)$

(IR)　对所有的 θ，$u_1(x(\theta),\ t(\theta),\ \theta)\geqslant \underline{u}=0$

为了便于问题的处理，我们暂不考虑约束 $x\in\mathscr{X}$，问题的最后，我们再

① 尽管拟线性是一个非常强的假设，但在此假设下再令 t 的系数分别为 -1 和 $+1$ 都不是一个附加假设，由于我们总可以使 V_0 和 V_1 标准化，从而收益函数可以写成假设 A4 中的形式。

② 从直观上看，如果不确定性很小，配置结果就接近于对称信息时的配置，而在研究对称信息时的最优机制时，我们只要求二阶导存在。

来讨论这一约束。在大多数运用中，此约束都是多余的。注意到假设 A3 和 A6 意味着 IR 只需在$\theta=\underline{\theta}$处成立即可。另一方面，由于转移支付对委托人是有成本的，因此 IR 必然在$\theta=\underline{\theta}$处取等号，即

$$(\mathrm{IR}')\quad u_1(x(\underline{\theta}),t(\underline{\theta}),\underline{\theta})=\underline{u}=0$$

莫里斯（Mirrlees，1971）首先采用了一种非常有用的方法，即间接效用函数方法，来消去上述规划问题中的转移支付。令

$$\begin{aligned}U_1(\theta)&\equiv\max_{\hat{\theta}}u_1(x(\hat{\theta}),t(\hat{\theta}),\theta)\\&=u_1(x(\theta),t(\theta),\theta)\end{aligned}$$

包络定理意味着

$$\frac{\mathrm{d}U_1}{\mathrm{d}\theta}=\frac{\partial u_1}{\partial\theta}=\frac{\partial V_1}{\partial\theta}$$

从而，

$$U_1(\theta)=\underline{u}+\int_{\underline{\theta}}^{\theta}\frac{\partial V_1}{\partial\tilde{\theta}}(x(\tilde{\theta}),\tilde{\theta})\mathrm{d}\tilde{\theta}$$

此外，$u_0=V_0+V_1-U_1$；也就是说，委托人的效用等于社会剩余减去代理人的效用。这样委托人的目标函数就是：

$$\begin{aligned}&\int_{\underline{\theta}}^{\bar{\theta}}\left[V_0(x(\theta),\theta)+V_1(x(\theta),\theta)-\int_{\underline{\theta}}^{\theta}\frac{\partial V_1}{\partial\tilde{\theta}}(x(\tilde{\theta}),\tilde{\theta})\mathrm{d}\tilde{\theta}\right]p(\theta)\mathrm{d}\theta\\&=\int_{\underline{\theta}}^{\bar{\theta}}\left[V_0(x(\theta),\theta)+V_1(x(\theta),\theta)-\frac{1-P(\theta)}{p(\theta)}\frac{\partial V_1}{\partial\theta}(x(\theta),\theta)\right]p(\theta)\mathrm{d}\theta\end{aligned}$$

应用分部积分可得上述结论。

接下来，我们证明 IC 等价于条件$\frac{\mathrm{d}U_1}{\mathrm{d}\theta}=\frac{\partial V_1}{\partial\theta}$和条件$x(\cdot)$非减同时成立。定理 8.2 证明了 IC 可推出这两个条件，定理 8.3 则证明了定理 8.2 的逆命题。

因此，委托人的最优规划问题是：

$$\max_{\{x(\cdot)\}}\int_{\underline{\theta}}^{\bar{\theta}}\left[V_0(x,\theta)+V_1(x,\theta)-\frac{1-P(\theta)}{p(\theta)}\frac{\partial V_1}{\partial\theta}(x,\theta)\right]p(\theta)\mathrm{d}\theta$$

s. t. （单调性）$x(\cdot)$非减

不妨将此问题记为规划Ⅰ。如果规划Ⅰ的解可以求出，我们就可以计算代理人的间接效用，

$$U_1(\theta) \equiv \int_{\underline{\theta}}^{\theta} \frac{\partial V_1}{\partial \tilde{\theta}}(x(\tilde{\theta}), \tilde{\theta}) \mathrm{d}\tilde{\theta}$$

及转移支付：

$$t(\theta) \equiv U_1(\theta) - V_1(x(\theta), \theta)$$

我们暂不考虑规划Ⅰ的单调约束。将此松弛规划称为规划Ⅱ。如果规划Ⅱ的解是非减的，则它就是整个规划的解。否则，我们就必须重新引入单调约束。

松弛规划的解由下式确定：

$$\frac{\partial V_0}{\partial x} + \frac{\partial V_1}{\partial x} = \frac{1 - P(\theta)}{p(\theta)} \frac{\partial^2 V_1}{\partial x \partial \theta} \tag{7.12}$$

令 $x^*(\cdot)$ 代表方程（7.12）的解。（由假设 A4 和 A8，松弛规划是 x 的凹函数，从而二阶条件得到满足。）

诠释方程（7.12） 委托人面临最大化总剩余（V_0+V_1）及攫取代理人的信息租金（U_1）之间的权衡。考虑一种类型 θ。在区间 $[\theta, \theta+\mathrm{d}\theta]$ 上给 x 一个增量 δx，总剩余增加

$$\left[\frac{\partial (V_0 + V_1)}{\partial x} \delta x\right] p(\theta) \mathrm{d}\theta$$

同时，$(\theta+\mathrm{d}\theta)$ 型代理人的（信息）租金增加了

$$\left[\frac{\partial}{\partial x}\left(\frac{\partial V_1}{\partial \theta}\right) \delta x\right] \mathrm{d}\theta$$

此即类型属于 $[\theta+\mathrm{d}\theta, \bar{\theta}]$ 的代理人的租金［其权重为 $1-P(\theta)$］。在最优机制下，总剩余的增加必然等于代理人租金的期望增加。注意在 $\theta=\bar{\theta}$ 处，代理人的信息租金不可能再增加，从而 V_0+V_1 可以实现最大化；这一结论就是通常所说的"角点无扭曲原理"（no distortion at the top）。

作为一个小小的说明，考虑垄断定价问题。令 $x \in [0, 1]$ 代表具有 0—1 需求的买方的购买数量。令 $V_0(x, \theta) = -cx$（其中 c 是边际成本），$V_1(x, \theta) = \theta x$（$\theta$ 代表商品对买方的价值）。委托人的最优规划问题的最优解是 x 的线性函数，且角点解是：如果 $\theta \geqslant \theta^* > c$，其中 $\theta^* = c + \frac{1-P(\theta^*)}{p(\theta^*)}$，则 $x=1$，否则 $x=0$。这与垄断厂商要价 π 且知道有 $1-P(\pi)$ 的消费者其价值超过 π 时的最优解是相同的：规划 $\max_\pi (\pi-c)(1-$

$P(\pi)$）的解为 $\pi=\theta^*$。这可能是交易收益不能实现的最简单的例子，委托人为了攫取代理人的（信息）租金而放弃了一部分效率。

更一般地，利用显示偏好可以证明 $x^*(\theta)$ 小于使总剩余（V_0+V_1）最大化的 $\hat{x}(\theta)$，而 $\hat{x}(\theta)$ 是当委托人知道代理人类型时的最优解。为了理解这一点，注意到根据定义，有

$$V_0(\hat{x},\theta)+V_1(\hat{x},\theta)\geqslant V_0(x^*,\theta)+V_1(x^*,\theta)$$

和

$$\begin{aligned}&V_0(x^*,\theta)+V_1(x^*,\theta)-\frac{1-P}{p}\frac{\partial V_1}{\partial\theta}(x^*,\theta)\\&\geqslant V_0(\hat{x},\theta)+V_1(\hat{x},\theta)-\frac{1-P}{p}\frac{\partial V_1}{\partial\theta}(\hat{x},\theta)\end{aligned}$$

将两个不等式相加，应用分离条件 $\frac{\partial^2 V_1}{\partial x\,\partial\theta}\geqslant 0$，得到

$$x^*(\theta)\leqslant\hat{x}(\theta)$$

对于规划Ⅰ的检验，建议使用如下定义（Myerson，1981）：

定义 7.2　代理人的实际剩余是

$$V_1(x,\theta)-\frac{1-P(\theta)}{p(\theta)}\frac{\partial V_1}{\partial\theta}(x,\theta)$$

可以看出，一切都与委托人最大化总剩余时相同，只不过代理人的剩余被他的实际剩余取代了。注意委托人的实际剩余等于实际总剩余减去代理人的实际剩余，这是因为委托人知道自己的一切信息。

什么时候可以只考虑松弛规划？　当且仅当方程（7.12）定义的 $x^*(\cdot)$ 非减时，我们可以不考虑单调性约束。简单起见，假定松弛规划的目标函数是 x 的严格凹函数。对方程（7.12）全微分得

$$\begin{aligned}&\left(\frac{\partial^2 V_0}{\partial x^2}+\frac{\partial^2 V_1}{\partial x^2}-\frac{1-P(\theta)}{p(\theta)}\frac{\partial^3 V_1}{\partial x^2\,\partial\theta}\right)\frac{\mathrm{d}x^*}{\mathrm{d}\theta}\\&=\frac{\partial^2 V_1}{\partial x\,\partial\theta}\left[\frac{\mathrm{d}}{\mathrm{d}\theta}\left(\frac{1-P(\theta)}{p(\theta)}\right)-1\right]-\frac{\partial^2 V_0}{\partial x\,\partial\theta}+\frac{1-P(\theta)}{p(\theta)}\frac{\partial^3 V_1}{\partial x\,\partial\theta^2}\end{aligned}\tag{7.13}$$

因此，根据假设 A5、A7 和 A8 及二阶条件，如果下式成立，则 $\frac{\mathrm{d}x^*}{\mathrm{d}\theta}$ 是正的，

$$\frac{\mathrm{d}}{\mathrm{d}\theta}\left(\frac{1-P(\theta)}{p(\theta)}\right)\leqslant 0$$

因此，如果下述假设满足，我们就可以只考虑松弛规划

A10(单调似然率) $\frac{\mathrm{d}}{\mathrm{d}\theta}\left(\frac{p(\theta)}{1-P(\theta)}\right)\geqslant 0$。

为了理解单调似然率条件，θ 可以看做是机器的使用寿命，令 $Q(\theta)=1-P(\theta)$ 是机器使用的可靠性，即机器至少可以使用到时刻 θ（不出故障）的概率。给定已使用到时刻 θ，机器在 $[\theta, \theta+\mathrm{d}\theta]$ 这一时期出故障的条件概率就是“似然率”

$$\frac{p(\theta)}{Q(\theta)}=\frac{p(\theta)}{1-P(\theta)}$$

因此，单调似然率意味着机器越老化，故障就越有可能发生。

因为 $1-P(\theta)$ 是 θ 的减函数，似然率递增的一个充分条件是密度函数 p 递增。更一般地，单调似然率条件等价于可靠性函数 Q 是对数凹函数（即 $\ln Q$ 是凹函数）。可以证明，如果 p 是 $[\underline{\theta}, \bar{\theta}]$ 上的对数凹函数，则可靠性函数 Q 也是 $[\underline{\theta}, \bar{\theta}]$ 上的对数凹函数（Bagnoli and Bergstrom，1989，定理 2）。[①] 利用这些结果，可以证明如果 P 是均匀分布、正态分布、logistic 分布、χ^2 分布、指数分布或贝塔分布，且对某些参数加以适当的限定，则假设 A10 就成立，从而可以不考虑单调性约束。[参见 Bagnoli and Bergstrom (1989) 关于可靠性函数是对数凹函数时对分布函数的详细讨论。]

最后，我们来考虑约束条件 $x\in\mathscr{X}$。因为，

$$x^*(\bar{\theta})=\arg\max_x[V_0(x,\bar{\theta})+V_1(x,\bar{\theta})]$$

由假设 A9，$x^*(\theta)\leqslant x^*(\bar{\theta})$，因此可以不考虑约束 $x(\theta)\leqslant\bar{x}$。如果对某些 θ，$x^*(\theta)<0$，最优配置是对一定范围内的 θ，令 $x^*(\theta)=0$。例如，在垄断定价中，垄断厂商的最优方案是不出售给支付意愿低于垄断价格的所有消费者。

定理 7.4 在假设 A1～假设 A10 下，最优决策 $x^*(\theta)$ 由方程

---

① 注意，如果 q 是 Q 的密度函数，则 $\frac{q'}{q}=\frac{p'}{p}$。在 $\underline{\theta}$ 或 $\bar{\theta}$ 处取值为 0，定义在区间 $[\underline{\theta}, \bar{\theta}]$ 上的严格单调函数在此区间上是对数凹函数的充分条件是它的导数是对数凹函数（Prekova，1973；Bagnoli and Bergstrom，1989，定理 1）。因此，如果 $\left(\frac{p'}{p}\right)'=\left(\frac{q'}{q}\right)'\leqslant 0$，则 $\left(\frac{q}{Q}\right)'\leqslant 0$。

(7.12）给出。

在本章的附录中，我们分析了单调性限制是紧的情况；我们也研究了使用随机方法的可能性。

7.4　具有多个代理人的机制设计：可行配置、预算平衡、效率[††]

现在我们讨论多代理人时的机制设计。我们将分别讨论“自利”委托人和使代理人的福利之和最大化的“利他”委托人的最优机制。当然，只有委托人在所有可行配置之间选择最优配置时，这种区别才变得重要（见7.5节）。在本章的以下部分，我们将作如下假设：

B1　类型是一维的，且服从$[\underline{\theta}_i, \bar{\theta}_i]$上的独立分布$P_i$，其密度函数$p_i$是严格正的可微函数。分布函数是共同知识。

B2（私人价值）　代理人i的偏好只依赖于其决策和他自己的类型及转移支付：

$$u_i(x,t_i,\theta_i)$$

B3　偏好是拟线性的：

$$u_i(x,t_i,\theta_i)=V_i(x,\theta_i)+t_i,\ i\in\{1,\cdots,I\}$$

且以下两式有（且仅有）一个成立：

$$u_0(x,t,\theta)=V_0(x,\theta)-\sum_{i=1}^{I}t_i\qquad（自利的委托人）$$

或

$$u_0(x,t,\theta)=\sum_{i=0}^{I}V_i(x,\theta)\qquad（利他的委托人）$$

其中$V_0(x,\theta)=B_0(x,\theta)-C_0(x)$，$C_0(x)$是委托人在决策$x$（如公共产品供给）下的货币成本，$B_0(x,\theta)$是非货币收益（如决策在其他市场带来的收益）。

如果对于每一个θ，$x(\theta)\in\mathscr{X}$且

(E)　对所有的θ，$x(\theta)$是$\max\sum_{i=0}^{I}V_i(x,\theta)$在$\mathscr{X}$上的解

那么我们说一个分配是$y(\cdot)$（事后）有效率的。

本节其他内容安排如下：7.4.1 小节给出预算平衡的定义，并解释它可能意味着有效配置是不可实施的。7.4.2 小节讨论代理人贝叶斯机制和优势策略机制的区别。7.4.3 小节讨论代理人的保留效用足够低，从而有效配置在预算平衡约束下仍可实施的例子。7.4.4 小节讨论在什么条件下，满足预算平衡约束的可实施配置是无效率的。7.4.5 小节将说明在多代理人的交换经济中，配置的无效性是如何消失的。7.4.6 小节则说明在公共产品供给时，代理人的增多会使配置的无效率问题变得更严重。

应当说明的是，对于个体理性、激励相容、预算平衡及效率的定义，还有不同于这里的解释［参见 Holmström and Myerson (1983)］。这些概念的定义，可以是事前（代理人还未获得关于自己的信息）、事中（代理人已经获得关于自身的私人信息，但尚未报告），也可以是事后（代理人已经报告，且委托人已经知道，从而所有的类型都是大家已知的）。为了避免混淆，我们只采用在本书中给出的定义。

7.4.1 预算平衡约束下的可行性

在许多代理人的机制设计问题中，“委托人”并不是代理人的净资金来源，而且委托人必须从转移支付中获得足够的收入以补偿其成本（有时候成本为 0）。这导致我们想到机制设计问题必须满足预算平衡约束

$$\text{(BB)}\quad \text{对所有的 } \theta^{①},\ \sum_{i=1}^{I} t_i(\theta) \leqslant -C_0(x(\theta))$$

和在 7.3.2 小节中一样，如果 x 是通过 t 可实施的，且 y 是个体理性的，我们认为配置 $y=(x,\ t)$ 是可行的；如果它还满足条件 BB，则 y 就是预算平衡约束下的可行配置。

本节讨论的一个主要问题是，在不完全信息下，除非个体理性约束很弱，否则有效配置在预算平衡约束下通常都是不可行的。（如果不考虑预算平衡，个体理性约束就是无关的，因为委托人可以给予代理人充分大的转移支付，从而使代理人的参与约束成立，而且此时有效配置通常是可行的。）不过，这里的无效率不同于 7.1 节的垄断定价问题中的

① 委托人可能具有有限权利（如法律允许监管者建立一种机制，但对代理人无转移支付），或者没有委托人，分析的目的只是讨论非对称信息下代理人之间的讨价还价会导致何种可能结果。（参见 7.4.4 小节和 7.5.2 小节。）

无效率。在那里，当价格等于垄断厂商的生产成本时，竞争结果是可行且有效的；垄断厂商的最优定价是无效率的，因为这一价格使垄断厂商的利润最大化而非社会福利最大化。相比之下，本节讨论的所有预算平衡约束可行配置都是无效率的。

7.4.2　优势策略与贝叶斯机制

本章主要讨论的是贝叶斯机制。另外一个讨论得比较多的概念是"优势策略机制"。在这种机制下，每一个代理人的最优选择独立于其他代理人的选择。（注意，在单一代理人的情况下，两个解的概念是等价的。）根据显示原理，代理人的最优选择可以认为是说实话，因此优势策略机制可以正式定义为：如果函数$y(\theta)$使得对于每一个代理人$i=1$，…，I和每一个θ_i，$\hat{\theta}_i$，θ_{-i}，均有

$$\text{(DIC)}\quad u_i(y(\theta_i,\theta_{-i}),\theta_i)\geqslant u_i(y(\hat{\theta}_i,\theta_{-i}),\theta_i)$$

则称$y(\theta)$为优势策略机制。也就是说，无论其他代理人如何选择（或等价地，何种类型），每一个代理人都有积极性说实话。优势策略机制下的激励相容约束比贝叶斯机制下的激励相容约束要严格得多。贝叶斯机制只要求激励相容约束对类型θ_{-i}的平均水平成立即可，这里的平均水平是代理人i关于θ_{-i}对θ_i的条件期望。显然，贝叶斯激励相容包括优势策略激励相容约束，而且每一个参与人的贝叶斯条件都假定所有其他参与人说实话。因此，贝叶斯激励相容约束是

$$\text{(IC)}\quad \mathrm{E}_{\theta_{-i}}u_i(y(\theta_i,\theta_{-i}),\theta_i)\geqslant \mathrm{E}_{\theta_{-i}}u_i(y(\hat{\theta}_i,\theta_{-i}),\theta_i)$$

可能的话，委托人总是会选择优势策略机制（而非贝叶斯机制），因为优势策略机制对参与人关于其他参与人的判断并不敏感，而且它不要求参与人计算贝叶斯均衡策略。但是，只考虑优势策略机制会大幅减小可实施机制集。如果优势策略是可行的，它一定是可实施的。但是，要使代理人的优势策略存在，委托人可能必须损失相当程度的效用。

穆克希吉和瑞凯尔斯泰因（Mookherjee and Reichelstein，1989）研究了一类相对于贝叶斯机制不存在福利损失的优势策略可实施模型。[①] 假定代理人的偏好是拟线性的，且对$i=1$，…，I，有

$$u_i(x,t,\theta)=V_i(x,\theta_i)+t_i$$

---

① 他们的结果综合了拉丰和梯若尔（Laffont and Tirole，1987a）关于企业间激励契约的类似观点。

其中 t_i 是委托人对代理人 i 的转移支付。穆克希吉和瑞凯尔斯泰因并没有限定 x 必须是一维的，但假定 V_i 通过一个一维随机变量 $h_i(x)$ 依赖于 x，有

$$u_i(x,t,\theta)=V_i(h_i(x),\theta_i)+t_i$$

他们还进一步假定类型服从独立分布。对每一个 i，参与人 i 的类型分布 $P_i(\cdot)$ 满足单调似然率条件（$\frac{p_i}{1-P_i}$ 非减），且偏好满足分离假设 $\frac{\partial V_i}{\partial\theta_i\,\partial h_i}\geqslant 0$ 及条件 $\frac{\partial^2 V_i}{\partial\theta_i\,\partial h_i}$ 随 θ_i 递减。在上述假设下，他们证明如果一个配置使委托人的期望效用

$$\mathrm{E}_\theta\big(V_0(x,\theta)-\sum_{i=1}^{I}t_i(\theta)\big)$$

在贝叶斯激励相容约束（IC）和个人理性约束

$$\text{(IR)}\quad 对所有的\ \theta_i,\mathrm{E}_{\theta_{-i}}u_i(y(\theta_i,\theta_{-i}),\theta_i)\geqslant 0$$

下最大化，则该配置是优势策略可实施的。也就是说，委托人可以在上述规划中选择适当的转移支付函数使条件 DIC（不仅是 IC）得到满足。

尽管我们会提及优势策略可实施机制的（配置）结果，但除非特别说明，我们将认为委托人的激励相容和个体理性约束都是贝叶斯机制下的 IC 和 IR。

7.4.3 效率定理

关于有效配置的可实施性，有两个基本的结论，这两个结论都假定代理人的保留效用足够低，从而可以不考虑参与约束。

格罗夫斯机制

关于（有效配置）可实施性的一个早期结论是由格罗夫斯（Groves，1973）和克拉克（Clarke，1971）提出的。在不要求预算平衡时，任何公共产品的有效供给机制都是可实施的，甚至更强的结论也是成立的：有效供给机制是优势策略可实施的。

道理很简单：总可以适当选择代理人 i 的转移支付，从而使得代理人 i 的收益等于参与各方的总剩余（常数）。因为代理人 i 已经内化了自己的剩余，因此可以令转移支付等于总剩余减去他自己的剩余。换句话说，转移支付是“外部支付”（即不依赖于自己的类型）。

为使问题更加具体化，令 $x^*(\theta)$ 代表类型向量为 θ 且使 $\sum_{i=0}^{I} V_i(x, \theta_i)$ 最大化的有效解（根据惯例，委托人的类型空间是单值的，即 θ_0）。定义

$$t_i(\hat{\theta}) \equiv \sum_{\substack{j\in\{0,\cdots,I\}\\ j\neq i}} V_j(x^*(\hat{\theta}_i,\hat{\theta}_{-i}),\hat{\theta}_j) + \tau_i(\hat{\theta}_{-i}) \tag{7.14}$$

其中，$\tau_i(\cdot)$ 是 $\hat{\theta}_{-i}$的任意函数。

考虑方案 $(x^*(\hat{\theta}), t(\hat{\theta}))$，其中 $t(\cdot)=\{t_i(\cdot)\}_{i=1}^{I}$。我们将证明，无论其他代理人如何选择，代理人 i 的最优选择是如实报告自己的类型 $(\hat{\theta}_i=\theta_i)$。证明过程很简单：假定对于其他代理人的某些类型 $\hat{\theta}_{-i}$，代理人严格偏好 $\hat{\theta}_i$（相对于 θ_i）。那么，

$$\begin{aligned} &V_i(x^*(\hat{\theta}_i,\hat{\theta}_{-i}),\theta_i) + \sum_{j\neq i} V_j(x^*(\hat{\theta}_i,\hat{\theta}_{-i}),\hat{\theta}_j) \\ &> V_i(x^*(\theta_i,\hat{\theta}_{-i}),\theta_i) + \sum_{j\neq i} V_j(x^*(\theta_i,\hat{\theta}_{-i}),\hat{\theta}_j) \end{aligned} \tag{7.15}$$

但方程（7.15）与 $x^*(\theta_i, \hat{\theta}_{-i})$ 是类型向量 $(\theta_i, \hat{\theta}_{-i})$ 下的有效配置矛盾。

在公共产品供给例子中，委托人通常都必须决定是否建设某一固定规模：桥（固定规模）是被建造的吗？代理人的偏好是 $u_i=\theta_i x+t_i$，其中 x 等于 0 或 1，θ_i 是代理人对公共产品的意愿支付。$c>0$ 代表公共产品的供给成本，有效供给规则是

$$x^*(\theta)=\begin{cases}1，如果\sum_{i=1}^{I}\theta_i \geqslant c\\ 0，其他\end{cases}$$

此例的一种格罗夫斯机制是

$$t_i(\hat{\theta})=\begin{cases}\sum_{j\neq i}\hat{\theta}_j - c，如果\sum_{j=1}^{I}\hat{\theta}_j \geqslant c\\ 0，\qquad 其他\end{cases} \tag{7.16}$$

和

$$x^*(\hat{\theta})=\begin{cases}1，\sum_{j=1}^{I}\hat{\theta}_j \geqslant c\\ 0，\qquad 其他\end{cases}$$

在 $\hat{\theta}_i$ 之外，代理人 i 的收益独立于它的选择，而在 $\hat{\theta}_i$ 的区域内，代理人

i 的选择将公共产品的供给水平由 0 变为 1 或由 1 变为 0，即在次区域内，代理人 i 是“关键人物”。

应当注意的是，尽管我们很自然地用格罗夫斯机制来解释公共产品供给问题，但格罗夫斯机制也可以用于处理其他问题。特别地，如果可以不考虑条件 IR 和 BB，则格罗夫斯机制可以用于私人产品交换问题。

有关格罗夫斯机制的贡献极其丰富［特别地，参阅 Green and Laffont（1979）］。格林和拉丰（Green and Laffont，1977）证明了，至于无关收益$\tau_i(\cdot)$，当对代理人类型空间 Θ_i[①] 不做任何限制时，式（7.14）给出的格罗夫斯转移成为唯一一个使真实报告成为优势策略的转移支付。

格林和拉丰的另外一个结论是，一般来说，格罗夫斯机制不满足条件 BB。这样我们很自然地引入第二种机制：德·亚斯普瑞芒特和杰勒德-瓦瑞特（d'Aspremont and Gerard-Varet，1979）机制，以下称 AGV 机制。［阿罗（Arrow，1979）独立推导出了这一机制。］问题的关键是激励相容与效率和预算约束能否一致成立。格林和拉丰的研究表明对于优势策略可实施机制来说答案是否定的，但对贝叶斯可实施（IC）机制来说答案是肯定的。

AGV 机制

从某种意义上说，AGV-阿罗机制是格罗夫斯机制的推广。在格罗夫斯机制下，每个代理人的所得是根据代理人的报告所计算的其他代理人的剩余和，而在 AGV-阿罗机制下，每个代理人的所得是其他代理人的剩余对该代理人的报告取条件期望而得到的期望值。同样地，每位代理人都内化了社会总剩余，没有激励通过操纵自身的声明而改变决策。更确切地说，假设代理人 i 获得转移支付

$$t_i(\hat{\theta}) = \mathrm{E}_{\theta_{-i}}\Big(\sum_{j\neq i} V_j(x^*(\hat{\theta}_i,\theta_{-i}),\theta_j)\Big) + \tau_i(\hat{\theta}_{-i}) \tag{7.17}$$

函数 $\tau_i(\cdot)$ 将在稍后确定以保证条件 BB 得到满足。首先注意到（x^*，t）必须满足激励内容。为此 $\hat{\theta}_i=\theta_i$ 必须使下式最大化：

$$\mathrm{E}_{\theta_{-i}}\Big(V_i(x^*(\hat{\theta}_i,\theta_{-i}),\theta_i) + \sum_{j\neq i} V_j(x^*(\hat{\theta}_i,\theta_{-i}),\theta_j)\Big)$$

但是（与格罗夫斯机制时的道理相同），对所有的 θ_{-i}，$\hat{\theta}_i=\theta_i$，使括号

① 如果 θ_i 的定义域不连续（即由两个分离的闭区间组成），则存在非格罗夫斯机制的优势策略机制［即不存在函数 $\tau_i(\cdot)$ 满足方程（7.14）］；参见 Holmström（1979）。

内的式子最大化，从而使整个期望值最大化。[①]

首先假设$C_0(x)$等于0，因此决策对委托人并无任何货币成本。我们将在下面解释如何处理一般的成本函数。预算平衡要求

$$\sum_{i=1}^{I} t_{i(\hat{\theta})} = 0$$

令

$$\mathscr{E}_i(\hat{\theta}_i) \equiv \mathrm{E}_{\theta_{-i}}\Big(\sum_{j\neq i} V_j(x^*(\hat{\theta}_i,\theta_{-i}),\theta_j)\Big)$$

代表代理人i报告$\hat{\theta}_i$时他的“期望外部价值”。$\mathscr{E}_i(\hat{\theta}_i)$是代理人$i$所得转移支付的一部分，同时假定$\tau_i(\cdot)$与$\hat{\theta}_i$无关。$\mathscr{E}_i(\hat{\theta}_i)$必然由其他代理人支付。例如，我们可以让其他［$(I-1)$个］代理人分担这个支付，即将$\dfrac{\mathscr{E}_i(\hat{\theta}_i)}{I-1}$归于每一个$\tau_j(\cdot)$，$j\neq i$。这样，下述函数就确保了预算平衡[②]，

$$\begin{aligned}\tau_i(\hat{\theta}_{-i}) &= \frac{-\sum_{j\neq i}\mathscr{E}_j(\hat{\theta}_j)}{I-1}\\ &= -\frac{1}{I-1}\sum_{j\neq i}\mathrm{E}_{\theta_{-j}}\Big(\sum_{k\neq j} V_k(x^*(\hat{\theta}_j,\theta_{-j}),\theta_k)\Big)\end{aligned} \tag{7.18}$$

现在假定委托人在决策$x\neq 0$时要发生成本$C_0(x)$，此时预算平衡要求

$$\sum_{i=1}^{I} t_i(\hat{\theta}) \leqslant -C_0(x(\hat{\theta}))$$

为了在此约束下实施有效决策，我们考虑一个“虚构问题”，此时代理人的效用函数为

$$\widetilde{V}_i(x,\theta_i) \equiv V_i(x,\theta_i) - \frac{C_0(x)}{I}$$

且委托人的成本为$\widetilde{C}_0(x)\equiv 0$。然后我们计算此问题的转移支付$\tilde{t}_i(\cdot)$，记

$$t_i(\cdot) = \tilde{t}_i(\cdot) - \frac{C_0(x^*(\cdot))}{I}$$

① 注意方程（7.17）并不产生优势策略机制。如果参与人i的对手不说实话，$\hat{\theta}_{-i}$的实际分布就不同于先验分布，此时参与人i说谎可能是有利的。

② 克莱默和赖尔登（Crémer and Riordan，1985）证明可以通过（$I-1$）个代理人的优势策略来加强AGV机制的结果。第一个人首先如实报告自己的类型使自己的期望支付最大化，则对其余的（$I-1$）个“斯塔克伯格跟随者”来说，说实话是优势策略。

我们说 $\bar{t}_i(\cdot)$ 是原问题中满足预算平衡约束有效决策的转移支付。满足预算平衡是很明显的：因为 $\sum_{i=1}^{I}\bar{t}_i(\hat{\theta})=0$ 对所有的 $\hat{\theta}$ 成立，

$$\sum_{i=1}^{I}t_i(\hat{\theta})=-C_0(x^*(\hat{\theta}))$$

而对于激励相容条件，注意到对每一个 $\hat{\theta}$ 和 θ_i，均有

$$\widetilde{V}_i(x^*(\hat{\theta}),\theta_i)+\bar{t}_i(\hat{\theta})=V_i(x^*(\hat{\theta}),\theta_i)+t_i(\hat{\theta})$$

因此，如果说实话是虚拟问题在转移支付 $\bar{t}$ 下的一个均衡，则它必然是原问题在转移支付 t 下的一个均衡。

AGV 结论意味着：假定 I 个代理人会合并事前（即在他们获得私人信息之前）同意实施机制（$x(\cdot)$，$t(\cdot)$）。机制设计（博弈）的时序如图 7—3 所示。如果$x^*(\cdot)$是有效决策规则，I 个代理人事前签署的合同将对每个实现的θ 收益 $x^*(\theta)$，即使代理人拒绝签署合同（即 $\underline{u}$ 有下界）。显然，如果 $x^*(\cdot)$ 是可实施的，任何达到配置 $x^*(\cdot)$ 的机制（$x^*(\cdot)$，$t(\cdot)$）都是最优的。因为它使代理人分割的“蛋糕”最大化，同时代理人也有积极性去做大这个蛋糕然后共同分享，或许需要一些补偿收益。[注意合同是在对称信息下签署的，因此每一个代理人都预期（事前）能从实现的交易中获利。] 但要实现配置 $x^*(\cdot)$，只要付出 AGV 公式（7.17）和（7.18）确定了的事后转移支付 $t_i(\cdot)$ 即可。

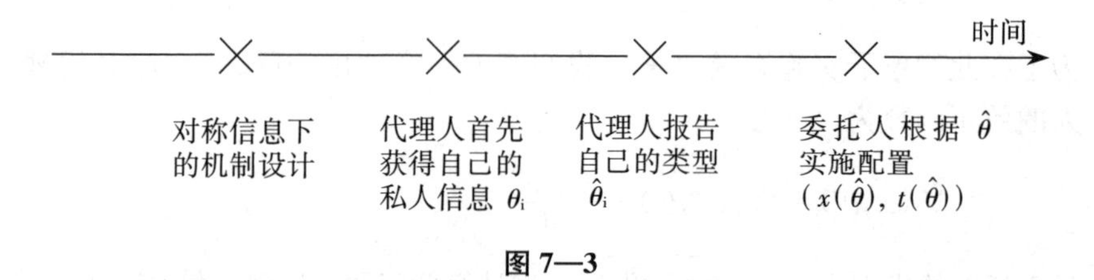

图 7—3

7.4.4 无效率定理

我们在 7.4.3 小节已经看到，如果偏好是拟线性的，预算平衡约束可以不满足或者代理人必须参与（从而不需考虑参与约束），则配置可以是有效的。相比之下，如果代理人存在外生的保留效用，且必须满足预算平衡，则无效配置“更可能出现”。关于无效率有两个基本的结论，一个是由拉丰和马斯金（Laffont and Maskin，1979）提出的；另一个

是由迈尔森和萨特思韦特（Myerson and Satterthwaite，1983）提出的。[①] 在本小节中，我们首先给出迈尔森和萨特思韦特的分析，然后概述拉丰和马斯金的研究。

迈尔森和萨特思韦特考虑了一个两代理人的交换博弈。卖者提供一个单位的商品，供给成本 c 服从区间 $[\underline{c}, \bar{c}]$ 上的分布 $P_1(\cdot)$，其密度函数 $p_1(\cdot)$ 可微且严格为正。具有单位需求的买方，其价值 v 服从 $[\underline{v}, \bar{v}]$ 上的分布 $P_2(\cdot)$，其密度函数 $p_2(\cdot)$ 可微且严格为正。令 $x(c, v)\in[0, 1]$ 代表交易发生的概率，$t(c, v)$ 代表买方对卖方的转移支付（因此，$t_1\equiv t$，$t_2\equiv -t$，$t_1+t_2=0$）。我们并不关心每个参与人是如何结束博弈并达到类型相依配置$\{x(\cdot), t(\cdot)\}$的。例如，他们可以按第6章描述的凯特吉-萨缪尔森模型进行讨价还价，亦可以按第10章讨论的轮流出价模型来讨价还价，还可以按委托人设计的机制来决定交易结果（更详细的讨论请参见7.5.2小节）。我们关心的是在一般博弈中，效率与均衡策略（即IC）、个体理性及预算平衡能否保持一致？

令

$$X_1(c) \equiv \mathrm{E}_v[x(c,v)]$$

和

$$X_2(v) \equiv \mathrm{E}_c[x(c,v)]$$

分别代表卖方和买方的交易概率；令

$$T_1(c) \equiv \mathrm{E}_v[t(c,v)]$$

和

$$T_2(v) \equiv -\mathrm{E}_c[t(c,v)]$$

分别代表它们的期望转移支付；令

$$U_1(c) \equiv T_1(c) - cX_1(c)$$

和

$$U_2(v) \equiv vX_2(v) + T_2(v)$$

---

① 正如马斯金对我们所说的，从“事后诸葛亮”的角度看，无效率结论早在莫里斯（Mirrlees，1971）关于最优所得税问题中就已得出。假定社会计划者的目标［如罗尔斯（Rawls）所建议的］是最大化整个社会最低效用。我们可以把最小效用看做保留效用并求解激励相容和预算平衡配置。莫里斯证明不存在这样的有效配置。

分别代表类型为 c 的卖方和类型为 v 的买方的期望效用。因为分离条件满足（参见 7.3.1 小节），由定理 7.2 可知，如果激励相容约束得到满足，则 X_1 和 X_2 必定是单调的：X_1 非增，X_2 非减。且由 7.3 节，我们有

$$U_1(c)=U_1(\bar{c})+\int_c^{\bar{c}}X_1(\gamma)\mathrm{d}\gamma \tag{7.19}$$

和

$$U_2(v)=U_2(\underline{v})+\int_{\underline{v}}^{v}X_2(v)\mathrm{d}v \tag{7.20}$$

将 $U_1(c)$ 和 $U_2(v)$ 的上述定义式代入方程（7.19）和（7.20）并相加，得

$$\begin{aligned}T_1(c)+T_2(v)&=cX_1(c)-vX_2(v)+U_1(\bar{c})+U_2(\underline{v})\\&\quad+\int_c^{\bar{c}}X_1(\gamma)\mathrm{d}\gamma+\int_{\underline{v}}^{v}X_2(v)\mathrm{d}v\end{aligned} \tag{7.21}$$

但预算平衡［$t_1(c,v)+t_2(c,v)=0$］意味着

$$\mathrm{E}_cT_1(c)+\mathrm{E}_vT_2(v)=0$$

或者，由方程（7.21）

$$\begin{aligned}0=&\int_{\underline{c}}^{\bar{c}}\Big(cX_1(c)+\int_c^{\bar{c}}X_1(\gamma)\mathrm{d}\gamma\Big)p_1(c)\mathrm{d}c+U_1(\bar{c})\\&+\int_{\underline{v}}^{\bar{v}}\Big(\int_{\underline{v}}^{v}X_2(v)\mathrm{d}v-vX_2(v)\Big)p_2(v)\mathrm{d}v+U_2(\underline{v})\end{aligned} \tag{7.22}$$

对方程（7.22）进行分部积分得

$$\begin{aligned}U_1(\bar{c})+U_2(\underline{v})=&-\int_{\underline{c}}^{\bar{c}}\Big(c+\frac{P_1(c)}{p_1(c)}\Big)X_1(c)p_1(c)\mathrm{d}c\\&+\int_{\underline{v}}^{\bar{v}}\Big(v-\frac{1-P_2(v)}{p_2(v)}\Big)X_2(v)p_2(v)\mathrm{d}v\end{aligned} \tag{7.23}$$

将 X_1 和 X_2 的定义代入上式，得到

$$\begin{aligned}U_1(\bar{c})+U_2(\underline{v})=&\int_{\underline{c}}^{\bar{c}}\int_{\underline{v}}^{\bar{v}}\Big[\Big(v-\frac{1-P_2(v)}{p_2(v)}\Big)-\Big(c+\frac{P_1(c)}{p_1(c)}\Big)\Big]\\&x(c,v)p_1(c)p_2(v)\mathrm{d}c\mathrm{d}v\end{aligned} \tag{7.24}$$

因为个体理性等价于 $U_1(\bar{c})\geqslant0$ 和 $U_2(\underline{v})\geqslant0$，因此配置 $x(\cdot)$ 可实施的必要条件是方程（7.24）的等号右边非负。

由于配置的有效性要求 $x(\cdot)=x^*(\cdot)$，其中如果 $v\geqslant c$，则 $x^*(c, v)=1$；否则 $x^*(c, v)=0$。可以验证如果 $\bar{c}>\underline{v}$ 且 $\underline{c}<\bar{v}$，同时 $x(\cdot)=x^*(\cdot)$，则方程（7.24）不可能成立，这样我们就得到如下结论。

定理 7.5（Myerson and Satterthwaite，1983）　假定卖方的成本和买方的价值分别为 $[\underline{c}, \bar{c}]$ 和 $[\underline{v}, \bar{v}]$ 上有严格正的可微密度函数，且从交易中获得收益（$\underline{c}<\bar{v}$）以及从交易中没有获得收益（$\bar{c}>\underline{v}$）的概率都为正。则不存在一个有效交易结果同时满足个体理性、激励相容和预算平衡约束。[①]

方程（7.24）表明买方和卖方的实际剩余分别是[②][③]

$$\left(v-\frac{1-P_2(v)}{p_2(v)}\right)x$$

和

$$-\left(c+\frac{P_1(c)}{p_1(c)}\right)x$$

此外，和7.3节一样，在评价交易利得时，必须考虑激励成本。这样就可以解释无效率结果。例如，设两种类型 c 和 v 满足 $v=c+\varepsilon$，其中 ε 是（适当）“小”的（只要 $\bar{v}>\bar{c}>\underline{v}$，这样的 c 和 v 就存在）。此时尽管买方的价值超过卖方的成本，但买方的实际价值低于卖方的实际成本，因此不存在“可实施的有效交易”。

注意无效率定理是一个非常强的结论。如果交易利得（$\underline{v}\geqslant\bar{c}$）是共同知识，则存在满足 IR，IC 和 BB 的有效（交易）机制：“对所有的 $(\hat{c}, \hat{v})$，$x(\hat{c}, \hat{v})=1$，$t(\hat{c}, \hat{v})=t$，其中 $\bar{c}\leqslant t\leqslant\underline{v}$。”

克拉姆顿、吉本斯和克莱姆帕若尔（Cramton，Gibbons and Klem-

---

① 假设分布函数具有严格正的密度函数这一点重要。为了理解这一点，考虑如下离散的例子：v 等于 $\underline{v}$ 和 $\bar{v}$ 的概率分别为 $\underline{q}$ 和 $\bar{p}$；c 等于 $\underline{c}$ 和 $\bar{c}$ 的概率分别为 $\underline{q}$ 和 $\bar{q}$。其中 $\underline{p}+\bar{p}=\underline{q}+\bar{q}=1$，$\underline{c}<\underline{v}<\bar{c}<\bar{v}$ 且 $\underline{v}-\underline{c}>\bar{p}(\bar{v}-\underline{c})$。考虑如下讨价还价方案：卖方提出“爱买不买”的报价，买方可以接受或拒绝。显然，当且仅当 $v=\bar{v}$ 时，$\bar{c}$ 型卖方报价 $\bar{v}$ 且双方成交。而对于 $\underline{c}$ 型卖方，只要 $\underline{v}-\underline{c}>\bar{p}$（$\bar{v}-\underline{c}$），他就会报价 $\underline{v}$ 且双方总是成交。双方讨价还价的结果满足 IR，BB 和 IC，同时是有效的。

② $v-\frac{1-P_2}{p_2}$ 和 $c+\frac{P_1}{p_1}$ 可分别称为实际价值和实际成本。

③ 卖方的似然率是 $\frac{P_1}{p_1}$ 而非 $\frac{1-P_1}{p_1}$。这是因为卖方厌恶（而非喜欢）更高的决策（x）。

perer，1987）将迈尔森和萨特思韦特（Myerson and Satterthwaite，1983）的模型推广到初始所有权结构是（$\alpha_1=1$，$\alpha_2=0$），其中 α_i 是参与人 i 的商品份额；交易就是将所有权结构变为（$\alpha_1'=0$，$\alpha_2'=1$）。更一般地，假定有 I 个代理人，商品的初始所有权结构为（α_1，…，α_I），$\sum_{i=1}^{I}\alpha_i=1$。假定最终所有权结构为（α_1'，…，α_I'），代理人 i 的剩余为 $V_i(\alpha_i, \theta_i)=\alpha_i\theta_i$，其中 θ_i 取自 $[\underline{\theta}, \bar{\theta}]$ 上的某一对称分布 $P(\cdot)$。克拉姆顿等人证明，如果初始所有权分配相当平均［接近于（$1/I$，…，$1/I$）］，则存在满足 IC，IR 和 BB 的有效机制。

拉丰和马斯金（Laffont and Maskin，1979，第 6 节）在更一般的结构内得到了无效率结论：如果变量 x 不是 0—1 取值而是在 $\mathbb{R}^n$ 上取值。代理人具有拟线性效用 $u_i=V_i(x, \theta_i)+t_i$。拉丰和马斯金假定：（ⅰ）使 $\sum_{i=1}^{I}V_i(x, \theta_i)$ 最大化的有效解 $x^*(\theta)$ 是 θ 的连续可微函数，（ⅱ）最优期望转移支付 $t_i(\theta_i)$ 是可微的。假定（ⅰ）虽然不允许迈尔森和萨特思韦特所考虑的不连续性 x^*（只能用连续可微的 x 来近似），却是很自然的想法，对结论的影响也不大。假定（ⅱ）由于涉及内生变量，而容易引起争议。不过，在大多数运用中，激励相容要求 t_i 是单调的：可以证明与代理人相关的决策 $X_i(\theta_i)$，即交易的期望的概率是单调的，而且如果 X_i 是单调的，则 t_i 必然是单调的（例如，价格越低，买得越多就不满足激励相容）。但单调函数是几乎处处可微的，而连续可微函数又可以用几乎处处可微函数来近似。因此，拉丰和马斯金的关于可微转移支付的假设在很多应用中都是满足的。[①]

① 关于无效率结论还有另外一个推广。斯普特（Spitr，1989）考虑原告和被告之间的博弈，假定原告和被告都拥有关于法庭判决可能结果的私人信息（因而与迈尔森和萨特斯韦特模型不同，这是一个“共同价值”模型；也就是说，每一代理人都直接关心另一代理人的信息）。但是法律诉讼对双方都存在诉讼成本。庭外和解是帕累托更优的结果，因为它避免了诉讼成本。这样，交易双方都知道交易是双赢的（即从双方协定中获利）。不过，斯普特证明，如果诉讼成本很小（当然是非负的），有效交易就与 IR，IC 和 BB 不一致。（从直觉上说，效率要求法庭裁决概率为零。因此，所有类型的被告和原告都得到相同的货币转移支付。但如果诉讼成本很低，原告或被告就可能因为拥有对自己有利的私人信息而走上法庭。）莱迪亚德和帕尔弗里（Ledyard and Palfrey，1989）考虑了委托人设计公共产品供给机制的例子。他们证明，如果代理人的私人信息是收入的边际效用 $\left(u_i\equiv x-\frac{t}{\theta_i}\right)$ 且委托人关心收入的分布（即关于 $\sum_{i=1}^{I}u_i$），即使代理人没有 IR 约束，委托人也可以选择一种适当的机制，不使代理人对公共产品的意愿支付和最大化。

7.4.5 效率极限定理†††

迈尔森和萨特思韦特的结果表明，如果买卖双方关于对方的信息不完全，且无效交易的概率非零，则他们不可能获取交易的全部利得。这一结论进一步证明了我们早期的猜测：科斯定理在非对称信息下未必成立。我们想知道的是，如果有很多买方和很多卖方，交易的效率损失会如何变化？特别地，我们会猜测：如果有大量交易方，则任一交易方都很难用自己的行动，如说假话，来影响自己的交易条件，因此，即使在非对称信息下，近似于瓦尔拉斯均衡或帕累托最优的配置自然是可实施的。

买卖双方的类型服从连续分布，则上述猜测的证明是非常简单的。假定每一卖方有一个单位的待售商品，其机会成本（或生产成本）c（独立于其他卖方和买方的成本价值）取自［$\underline{c}$，$\bar{c}$］上的分布 P_1。类似地，假定买方具有单位需求，其价值 v 取自［$\underline{v}$，$\bar{v}$］上的独立分布 P_2。如果 $\bar{c}>\underline{v}$（不是每一个人都应当交易），市场出清价格 π 由 $P_1(\pi)=1-P_2(\pi)$ 确定（假定买卖双方的人数相同）。令 $x_1\in[0,1]$ 和 $x_2\in[0,1]$ 分别代表卖方卖和买方买的概率。社会计划者可以为交易双方提供如下机制以达到有效结果："如果 $\hat{c}\leqslant\pi$，$x_1(\hat{c})=1$ 且 $t_1(\hat{c})=\pi$，否则，$x_1(\hat{c})=t_1(\hat{c})=0$；如果 $\bar{v}\geqslant\pi$，$x_2(\hat{v})=1$ 且 $t_2(\hat{v})=-\pi$，否则 $x_2(\hat{v})=t_2(\hat{v})=0$。"

如果交易双方人数很多但仍有限，则在 IR 约束下一般达不到有效结果。事实上，赫维奇（Hurwicz，1972）证明：一般来说，任何一种机制，如果它要求交易各方如实报告自己的偏好序列，且它是有效的，同时还满足个体理性约束，即交易双方偏好由该机制分配的消费束（相对于他们自己的初始禀赋向量），则这种机制在某些序列关系下必然不满足激励相容约束。赫维奇假定交易各方知道彼此的偏好（通常在文献中称之为"纳什信息环境"，以区别于偏好私人信息的"贝叶斯信息环境"）。罗伯茨和波斯尔思韦特（Roberts and Postlewaite，1976）根据这一思路证明了在某些限制条件下，交易方从谎报自己的偏好中获得的效用增加值存在一个上界，而且当交易方的人数趋于无穷时，这一上界趋于零。

威尔逊（Wilson，1985）、格莱希克和萨特思韦特（Gresik and Satterthwaite，1989）［又见 Cramton et al.（1987）］对于贝叶斯信息环境下的交易效率问题作了类似的分析。威尔逊假定有 I_1 个卖方，$i=$

1，…，I_1 和 I_2 个买方，$i=1$，…，I_2；卖方的成本和买方的价值分别取自 $[\underline{c}, \bar{c}]$ 和 $[\underline{v}, \bar{v}]$ 上的独立分布；且 $\underline{c} \leqslant \underline{v} < \bar{c} \leqslant \bar{v}$，从而 $v>c$ 和$v<c$的概率都为正。

威尔逊研究了“双边拍卖”的情形。在这种拍卖中，双方竞价 $\{\hat{c}_i\}_{i=1,\cdots,I_1}$ 和 $\{\hat{v}_i\}_{i=1,\cdots,I_2}$（报价类似于报告自己的成本或价值）。不失一般性，我们将报价序列重排使得

$$\hat{c}_{I_1} \geqslant \hat{c}_{I_1-1} \geqslant \cdots \geqslant \hat{c}_1$$

和

$$\hat{v}_1 \geqslant \hat{v}_2 \geqslant \cdots \geqslant \hat{v}_{I_2}$$

那么双边拍卖中的成交量就等于使 $\hat{v}_k \geqslant \hat{c}_k$ 的最大的 k，成交者是从 1 到 k 的卖方和买方。成交价格是属于 $[\hat{c}_k, \hat{v}_k]$ 的任意价格（如$\frac{\hat{v}_k+\hat{c}_k}{2}$）。而其他卖方和买方不发生交易也没有转移支付。注意，如果每一个参与人的报价等于它的类型，则双边拍卖是社会剩余最大化。当然，交易方有积极性说假话，均衡也未必是有效的。不过，威尔逊证明在某些假设(存在策略均衡，且均衡策略是私人信息的可微函数，同时存在已知有界导数）下，当 I_1 和 I_2 趋于无穷时，双边拍卖可以达到有效结果。格莱希克和萨特思韦特（Gresik and Satterthwaite，1989）给出了一个关于交易结果取决于瓦尔拉斯均衡时收敛速率的结果。

7.4.6 强无效率极限定理[†††]

在上一小节中，我们提到，对于私人产品的交易，当交易双方人数趋于无穷时，效率极限定理成立。这一结论与罗布（Rob，1989）以及梅勒斯和波斯尔思韦特（Mailath and Postlewaite，1990）讨论代理人具有否决权的公共产品供给问题所得出的极限定理完全相反。在私人产品例子中，如果存在大量的交易者，则交易方对交易价格就不可能有很大的影响。因此，交易方在权衡了更好的价格和更低的交易概率之后，就没有积极性谎报自己的偏好。而对于公共产品的供给问题，当存在大量交易者时，结论恰好相反。任何交易方都不太可能成为影响是否供给公共产品这一决策的关键性人物，从而不会影响“交易”的概率（即公共产品供给的概率），但在某些条件（下面将会说明）下，每一代理人可以改变“交易条件”——即它对公共产品供给的贡献。

考虑一个 I 个代理人的固定规模公共工程。代理人 $i(i=1，\cdots，I)$

的效用函数为 $u_i=\theta_i x+t_i$，其中如果公共产品供给，$x=1$，否则 $x=0$（t_i 可能是负的）。假设参数 θ_i 取自 $[\underline{\theta}_i, \bar{\theta}_i]$ 上具有正的密度函数 p_i 的独立分布函数 P_i。进一步假定工程的建设成本是代理人数的函数 $C(I)$。

我们来寻找满足下述性质的机制 $m=\{x, t\}$：

对所有 $\hat{\theta}$，$x(\hat{\theta})\in[0,1]$

(IC)　对所有的 $(i,\theta_i,\hat{\theta}_i)$，$E_{\theta_{-i}}[x(\theta_i,\theta_{-i})\theta_i+t_i(\theta_i,\theta_{-i})] \geqslant E_{\theta_{-i}}[x(\hat{\theta}_i,\theta_{-i})\theta_i+t_i(\hat{\theta}_i,\theta_{-i})]$

(IR)　对所有的 (i,θ_i)，$E_{\theta_{-i}}[x(\theta_i,\theta_{-i})\theta_i+t_i(\theta_i,\theta_{-i})]\geqslant 0$

(BB)　对所有的 θ，$\sum_{i=1}^{I} t_i(\theta)+x(\theta)C(I)\leqslant 0$

罗布-梅勒斯-波斯尔思韦特的结论是：当交易方人数趋于无穷多时，条件 IC，IR 和 BB 意味着，如果 $C(I)$ 与 I 成比例且对所有的 i，$\frac{C(I)}{I}>\underline{\theta}_i$，则交易不可能是有效的。

实际上，用事前的预算平衡约束代替条件 BB（事后概念）可以证明一个更强的结论：

(EABB)　$E_\theta\Big(\sum_{i=1}^{I} t_i(\theta)+x(\theta)C(I)\Big)\leqslant 0$

当然，条件 BB 意味着条件 EABB。[①]

令

$$U_i(\theta_i)\equiv E_{\theta_{-i}}[x(\theta_i,\theta_{-i})\theta_i+t_i(\theta_i,\theta_{-i})]$$

代表代理人 i 在类型为 θ_i 时的期望效用，令

$$X_i(\theta_i)\equiv E_{\theta_{-i}}[x(\theta_i,\theta_{-i})]$$

代表产品供给的概率。7.3 节的分析表明

$$U_i(\theta_i)=U_i(\underline{\theta}_i)+\int_{\underline{\theta}_i}^{\theta_i} X_i(\tilde{\theta}_i)\mathrm{d}\tilde{\theta}_i \tag{7.25}$$

则期望总剩余 W（等于预算剩余与代理人效用的期望之和）为

---

① 梅勒斯和波斯尔思韦特证明如果条件 EABB，IC 和 IR 满足，则可以适当地选择转移支付 $t_i(\cdot)$，使得 BB，IC 和 IR 也得到满足。

$$W = E_\theta\Big(\sum_i[-t_i(\theta)] - C(I)x(\theta) + \sum_i U_i(\theta_i)\Big)$$
$$= E_\theta\Big(\sum_i[-t_i(\theta)] - C(I)x(\theta) + \sum_i U_i(\underline{\theta}_i)\Big)$$
$$+ \sum_i E_{\theta_i}\Big[\Big(\frac{1-P_i(\theta_i)}{p_i(\theta_i)}\Big)X_i(\theta_i)\Big] \tag{7.26}$$

其中

$$\int_{\underline{\theta}_i}^{\bar{\theta}_i}\int_{\underline{\theta}_i}^{\theta_i} X_i(\tilde{\theta}_i)\mathrm{d}\tilde{\theta}_i p_i(\theta_i)\mathrm{d}\theta_i$$

被分部积分结果所代替。现在，由条件 EABB，有

$$E_\theta\Big(\sum_i[-t_i(\theta)] - C(I)x(\theta)\Big) \geqslant 0$$

且由个体理性，对所有的 i，$U_i(\underline{\theta}_i)\geqslant 0$。因为，

$$0 \leqslant E_\theta\Big[\sum_i U_i(\theta_i)\Big] = E_\theta\Big[\sum_i(t_i(\theta) + \theta_i x(\theta))\Big]$$
$$\leqslant E_\theta\Big[\sum_i \theta_i x(\theta) - C(I)x(\theta)\Big]$$

（根据预算约束条件）分部积分得

$$E_\theta\Big\{\Big[\sum_i\Big(\theta_i - \frac{1-P_i(\theta_i)}{p_i(\theta_i)} - \frac{C(I)}{I}\Big)\Big]x(\theta)\Big\} \geqslant 0 \tag{7.27}$$

我们给出一个引理。

引理 7.1 实际期望价值等于类型区间的下界。

证明 由分部积分

$$\int_{\underline{\theta}_i}^{\bar{\theta}_i}\Big(\theta_i - \frac{1-P_i(\theta_i)}{p_i(\theta_i)}\Big)p_i(\theta_i)\mathrm{d}\theta_i$$
$$= \int_{\underline{\theta}_i}^{\bar{\theta}_i}\theta_i p_i(\theta_i)\mathrm{d}\theta_i - \{[1-P_i(\theta_i)]\theta_i\}_{\underline{\theta}_i}^{\bar{\theta}_i} - \int_{\underline{\theta}_i}^{\bar{\theta}_i}\theta_i p_i(\theta_i)\mathrm{d}\theta_i$$
$$= \underline{\theta}_i$$

■

接下来，我们假定公共产品供给的单位资本成本为常数，即$\frac{C(I)}{I}=c$，且对所有 i，$c>\underline{\theta}_i$。进一步假定（为简单起见）所有 θ_i 取自 $[\underline{\theta}, \bar{\theta}]$ 上的同一分布$P(\cdot)$，从而 $c>\underline{\theta}$。

注意到当时方程（7.27）的左边在 $x(\theta)=1$ 时达到最大，即

$$\sum_i\Big(\theta_i - \frac{1-P(\theta_i)}{p(\theta_i)} - c\Big) \geqslant 0$$

否则在 $x(\theta)=0$ 时达到最大。

对于具有连续分布的代理人，代理人的真实类型分布与先验分布相同。因为 $\underline{\theta}<c$，且（根据引理7.1）期望实际总剩余等于 $E_\theta[(\underline{\theta}-c)x(\theta)]$，为了保证期望剩余非负，$x$ 必须以概率1等于0。如果代理人很多但有限，大数定律表明同样的结果近似成立。要使这种直觉上的结论更为精确需要技术上的证明，但罗布（Rob，1989）与梅勒斯和波斯尔思韦特（Mailath and Postlewaite，1990）证明了当 I 趋于无穷时，如果 $c>\underline{\theta}$ 且IR，IC，BB得到满足，则公共项目被执行的概率趋于0。[①]

这样，当代理人趋于无穷多时，结论就变得很难确定。由此导致的无效率问题可能非常严重。这是因为，假定 $P(c)$ 很小的概率接近于1，则公共产品对每一代理人的价值都超过公共产品供给的单位资本成本，从而交易有效的概率接近1，但实现有效交易的概率却接近0。

这一结果从直觉上看是非常简单的。如果代理人很多，则代理人成为决策中心人物（即 $\hat{\theta}_i$ 的改变会导致 x 的改变）的概率就非常小，如果代理人是连续分布的，则这一概率就为0。[②] 这样，代理人 i 的目标就简化为使他获得的期望转移支付最大，即使他对公共产品的期望贡献最小化。这一期望贡献不能超过 $\underline{\theta}$，否则将违反 $\underline{\theta}$ 型代理人的个人理性约束，而且代理人 i 总可以说自己的类型是 $\underline{\theta}$。但如果期望贡献最多是 $\underline{\theta}$，则工程建设就将入不敷出，从而违反预算平衡约束。

为避免这种无效率，我们必须从（代理人）外部资源（如“政府”）中寻求补贴。梅勒斯和波斯尔思韦特证明了实施有效公共产品供给机制（当且仅当 $\sum_i \theta_i \geqslant cI$ 时 $x=1$）的单位资本补贴近似等于 $c-\underline{\theta}$，这与我们的猜测是一致的。

7.5　多代理人的机制设计：优化问题[††]

在上一节中，我们讨论了可实施配置的一般性质。现在我们来讨论

① 罗伯茨（Roberts，1976）给出了一个关于优势策略机制而非贝叶斯机制的类似结果。相比之下，格林和拉丰（Green and Laffont，1979）证明，如果不存在IR约束，则当代理人趋于无穷时，在满足预算平衡约束的优势策略机制下，效率极限定理成立。

② 类似的思想还可以从“投票悖论”中看到：在众多投票人的情况下，影响投票结果的概率微乎其微。关于这方面的一篇较新文章见 Palfrey and Rosenthal（1985）。

两个配置问题中的最优机制选择。第一个问题是拍卖的例子，一个自利的委托人将商品出售给几个代理人之一，这几个代理人对自己的意愿支付拥有私人信息。第二个问题是双边交易例子，拥有私人成本信息的卖方和拥有私人信息的买方交易一件物品。在两个例子中，我们都将假定交易机制由同一方设计使得其目标函数最大化，这一假设使我们可以不考虑契约设计所带来的信息泄露（参见 7.6.3 小节）。在拍卖例子中，这个假设实际上等于假定卖方没有私人信息，且使其期望收入最大化。在双边拍卖例子中，要解释这个假设就比较困难。此时通常假定存在一个无私的第三方使买卖双方的期望交易利得最大化。正如我们将要讨论的，为什么会存在这样一个无私的第三方？目前尚未有对这一问题的满意解释，我们这里分析的主要目的是给出非对称信息下双边交易效率的一个上界。

7.5.1 拍卖

假定一个卖方（委托人）有 $\hat{x}$ 单位的商品待售。有 I 个潜在的买方（代理人）：$i=1$，…，I。所有参与方都具有拟线性偏好：

$$u_i = V_i(x_i,\theta_i) + t_i, \quad i = 0,1,\cdots,I$$

其中 $x_i \in [0, \hat{x}]$ 是第 i 方的消费数量，t_i 是他（或她）的收入（在本节中，$t_0 = -\sum_{i=1}^{I} t_i$。）我们假定 V_i 是 x_i 的增函数，且分离条件成立：

$$\frac{\partial^2 V_i}{\partial x_i \, \partial \theta_i} \geqslant 0$$

也就是说，商品的边际效用是 θ_i 的增函数。

卖方的参数 θ_0 是共同知识，而买方的类型 θ_i 是取自 $[\underline{\theta}, \bar{\theta}]$ 上具有严格正的密度 $p_i(\cdot)$ 的独立累积分布 $P_i(\cdot)$。

卖方的目的是使自己的期望效用最大化。由显示原理，卖方可以只考虑直接显示机制 $\{x(\cdot), t(\cdot)\}$。因此，卖方的目的是使她的期望（净）收入最大化：

$$R = \mathrm{E}_\theta\Big[V_0\big(\hat{x} - \sum_{i=1}^{I} x_i(\theta), \theta_0\big) - \sum_{i=1}^{I} t_i(\theta)\Big]$$

使得

(IC) 对所有的$(i, \theta_i, \hat{\theta}_i)$，$\mathrm{E}_{\theta_{-i}}[V_i(x_i(\theta_i, \theta_{-i}), \theta_i) + t_i(\theta_i, \theta_{-i})]$

$$\geqslant \mathrm{E}_{\theta_{-i}}[V_i(x_i(\hat{\theta}_i, \theta_{-i}), \theta_i) + t_i(\hat{\theta}_i, \theta_{-i})]$$

(IR)　　对所有的(i, θ_i)，$\mathrm{E}_{\theta_{-i}}[V_i(x_i(\theta_i, \theta_{-i}), \theta_i) + t_i(\theta_i, \theta_{-i})] \geqslant 0$

和

$$\text{对所有的 } \theta, \ x_i(\theta) \geqslant 0 \text{ 且} \sum_{i=1}^{I} x_i(\theta) \leqslant \hat{x}$$

令

$$U_i(\theta_i) \equiv \mathrm{E}_{\theta_{-i}}[V_i(x_i(\theta_i, \theta_{-i}), \theta_i) + t_i(\theta_i, \theta_{-i})]$$

代表买方类型为 θ_i 时的期望效用。将上式代入卖方的期望效用函数，可以将卖方的期望效用函数写为买方期望效用函数：

$$R = \mathrm{E}_{\theta}\Big[V_0\big(\hat{x} - \sum_{i=1}^{I} x_i(\theta), \theta_0\big) + \sum_{i=1}^{I} V_i(x_i(\theta), \theta_i)\Big] - \sum_{i=1}^{I} \mathrm{E}_{\theta_i} U_i(\theta_i) \tag{7.28}$$

根据包络定理

$$\frac{\mathrm{d}U_i}{\mathrm{d}\theta_i} = \mathrm{E}_{\theta_{-i}}\Big(\frac{\partial V_i}{\partial \theta_i}(x_i(\theta_i, \theta_{-i}), \theta_i)\Big) \tag{7.29}$$

或

$$U_i(\theta_i) = U_i(\underline{\theta}) + \int_{\underline{\theta}}^{\theta_i} \mathrm{E}_{\theta_{-i}}\Big(\frac{\partial V_i}{\partial \theta_i}(x_i(\tilde{\theta}_i, \theta_{-i}), \tilde{\theta}_i)\Big)\mathrm{d}\tilde{\theta}_i \tag{7.30}$$

在最优机制下，$U_i(\underline{\theta})=0$，因为此时卖方没必要让买方享有（信息）租金。将方程（7.30）代入方程（7.28），由分步积分得

$$R \equiv \mathrm{E}_{\theta}\Big[V_0\big(\hat{x} - \sum_{i=1}^{I} x_i(\theta), \theta_0\big) + \sum_{i=1}^{I}\Big(V_i(x_i(\theta), \theta_i) - \frac{1-P_i(\theta_i)}{p_i(\theta_i)}\frac{\partial V_i}{\partial \theta_i}(x_i(\theta), \theta_i)\Big)\Big] \tag{7.31}$$

最优拍卖机制定义了一种商品配置 $x_i(\cdot)$ 使得 R 在满足代理人的激励相容条件下达到最大。我们这里不准备详细地讨论激励相容条件，而是详细地讨论一个特殊例子。假定

$$V_i(x_i, \theta_i) = \theta_i x_i, \ i = 0, 1, \cdots, I$$

且

$$\hat{x}=1$$

由定理 7.2 我们知道代理人 i 的激励相容条件等价于方程（7.30）加上条件 $X_i(\theta_i)\equiv \mathrm{E}_{\theta_{-i}}x_i(\theta_i，\theta_{-i})$ 非减。

因此，最优拍卖机制是如下问题的解：

$$\max \mathrm{E}_\theta\Big[\sum_{i=1}^{I}\Big(\theta_i-\frac{1-P_i(\theta_i)}{p_i(\theta_i)}\Big)x_i(\theta)+\theta_0\big(1-\sum_{i=1}^{I}x_i(\theta)\big)\Big] \tag{7.32}$$

使得

$$\text{对所有 }\theta，\sum_{i=1}^{I}x_i(\theta)\leqslant 1，x_i(\theta)\geqslant 0， \tag{7.33}$$

和

$$X_i(\cdot)\text{ 非减} \tag{7.34}$$

最优拍卖机制下的期望转移支付可以通过计算 $U_i(\theta_i)$ 和 U_i 的定义求得

$$T_i(\theta_i)=\mathrm{E}_{\theta_{-i}}t_i(\theta_i,\theta_{-i})=-\theta_iX_i(\theta_i)+\int_{\underline{\theta}}^{\theta_i}X_i(\tilde{\theta}_i)\mathrm{d}\tilde{\theta}_i \tag{7.35}$$

注意方程（7.35）的最大化确定了唯一的期望转移支付 $T_i(\cdot)$，因此在定义事后转移支付 $t_i(\cdot)$ 时就有相当的灵活性。我们将看到，这种灵活性使我们在实施最优拍卖机制时有多种方案可以选择。

令

$$J_i(\theta_i)\equiv\theta_i-\frac{1-P_i(\theta_i)}{p_i(\theta_i)}$$

代表买方 i 的实际价值，令 $J_0(\theta_0)\equiv\theta_0$ 代表卖方的价值。我们首先不考虑激励相容约束（7.34）来求（7.32）式的最优解。得到

$$\text{当且仅当 }J_i(\theta_i)=\max_{j\in(0,\cdots,I)}J_j(\theta_j)\text{ 时},x_i(\theta)=1$$

（我们仅考虑至少有两个参与人达到最优的情形，这种情形发生的概率为 0。）

如果 $J_i(\cdot)$ 对所有 i 都是非减的（特别地，如果单调似然率条件成立，这一假设就成立，参见 7.3 节），那么，如果 $x_i(\theta_i，\theta_{-i})=1$，则

对所有的 $\theta_i' > \theta_i$，

$$x_i(\theta_i', \theta_{-i}) = 1$$

因此，$X_i(\cdot)$ 是非减的，忽略的激励相容约束也得到满足。如果 $J_i(\cdot)$在某个区间上递减，我们就必须按本章附录进行分析。[详细的讨论请参见 Myerson（1981）。] 在下面的讨论中，我们假定 $J_i(\cdot)$ 是非减的。

现在我们来讨论上述分析的含义。

首先，注意到相关比较只与参与人的实际价值有关而与名义价值无关。卖方的实际价值等于他的真实价值 θ_0，因为卖方对自己具有完全的信息从而不需信息显示激励成本。

其次，产生同样（配置）决策 $x_i(\cdot)$ 和使 $\underline{\theta}$ 型买方获得零剩余的所有拍卖给卖方带来相同的收入。我们稍后将解释这一收入等价原理的含义。

再次，对于对称分布的情形，$P_i(\cdot)=P(\cdot)$，由前面的分析已得到一系列标准的结论。如果分布是对称的，则商品出售给价值最高的买方，当且仅当下式成立时

$$\max_{i \in \{1, \cdots, I\}} \theta_i \geqslant \theta^*$$

商品出售，其中 $\theta^* > \theta_0$ 由下式定义[①]：

$$\theta^* - \frac{1 - P(\theta^*)}{p(\theta^*)} \equiv \theta_0$$

此外，任何一种拍卖都会把商品出售给出价最高的买方［即如果 $\theta_i \geqslant \theta^*$，则 $X_i(\theta_i) \equiv [P(\theta_i)]^{I-1}$，否则，$X_i(\theta_i) \equiv 0$］，且使出价 θ^*［或方程（7.30）中的 $\underline{\theta}$］的买方获得零剩余，则所有这类拍卖都会给卖方带来相同的收入。

特别地，具有最小价格或保留价格的一级价格拍卖（参见第 6 章）和二级价格拍卖（参见第 1 章），给卖方带来的收入相同而且是最优的（Vickney，1961；Myerson，1981；Riley and Samuelson，1981）。不过，尽管一级和二级价格拍卖的 x_i 和 T_i 相同，但 t_i 却不同：如果竞标人 i 中标，在一级价格拍卖中，他的支付只依赖于他的出价从而只依赖

---

① 同样地，这一结论是垄断定价例子的推广。注意，如果 $\theta_0 < \max_{i \in \{1, \cdots, I\}} \theta_i < \theta^*$，交易利得就不可能实现。卖方为了自己的利益改变了拍卖结果。

于 θ_i，而在二级价格拍卖中，他的支付只依赖于次高价 $(\max_{j\neq i,j\in\{1,\cdots,I\}}\theta_j)$。这表明在用事后转移支付 t_i 来实施最优拍卖机制时能有相当的余地。在7.1节的两种类型的例子中，我们曾经证明，当类型是离散分布时，一级和二级价格拍卖都不是最优的，因为此时高类型的买方获得了不必要的高（信息）租金。例如，在二级价格拍卖中，卖方知道一个买方出价 $\bar{\theta}$，另一个买方出价 $\underline{\theta}$，且出价 $\bar{\theta}$ 的买方以价格 $\underline{\theta}+\frac{\bar{\theta}-\underline{\theta}}{2}$ 获得该商品，则卖方就可以增加自己的收入，同时令买方说实话。

关于非对称分布的例子，拍卖并不保证商品会出售给意愿收益最高的竞标人（Myerson，1981；McAfee and McMillan，1987b），特别地，假定有两个竞标人$(i=1,2)$，且对所有的 θ：

$$\frac{1-P_1(\theta)}{p_1(\theta)}\geqslant\frac{1-P_2(\theta)}{p_2(\theta)}$$

也就是说，竞标人1“平均来说”比竞标人2更想获得该商品。此时拍卖将有利于竞标人2。因为存在 θ_1 和 θ_2 使得 $\theta_1>\theta_2$ 但 $x_2(\theta_1,\theta_2)=1$，却不存在 θ_1 和 θ_2 同时满足 $\theta_2>\theta_1$ 和 $x_1(\theta_1,\theta_2)=1$。

7.5.2 有效率的协商过程[†††]

现在考虑单一买方和卖方的情形。卖方有一个单位的商品待售，且对单位供给成本 c 拥有私人信息。具有单位需求的买方对自己的支付意愿或商品价值 v 有私人信息。因此，$\theta_1\equiv c$，$\theta_2\equiv v$，$\theta\equiv(c,v)$，c 和 v 分别取自 $[\underline{c},\bar{c}]$ 和 $[\underline{v},\bar{v}]$ 上具有严格正的密度 $p_1(\cdot)$ 和 $p_2(\cdot)$ 的累积分布函数 $P_1(\cdot)$ 和 $P_2(\cdot)$。买卖双方都是风险中性的。

给定交易双方的类型分别为 c 和 v，及买方对卖方的转移支付 $w(c,v)$［或等价地，给定双方是风险中性的，期望转移支付 $w(c,v)$］［在前面的例子中，$t_1(\theta)=w(c,v)=-t_2(\theta)$］，一种预算平衡机制等价于一个商品交易的概率 $x(c,v)\in[0,1]$。令

$$X_1(c)\equiv \mathrm{E}_v x(c,v) \qquad X_2(v)\equiv \mathrm{E}_c x(c,v)$$

$$W_1(c)\equiv \mathrm{E}_v w(c,v) \qquad W_2(v)\equiv \mathrm{E}_c w(c,v)$$

$$U_1(c)\equiv -cX_1(c)+W_1(c) \quad U_2(v)\equiv vX_2(v)-W_2(v)$$

如果对所有的 c 和所有的 v，$U_1(c)\geqslant 0$ 且 $U_2(v)\geqslant 0$，则该机制是个体

理性的。如果

$$\text{对所有的}(c,\hat{c}),\ U_1(c) \geqslant -cX_1(\hat{c}) + W_1(\hat{c})$$

和

$$\text{对所有的}(v,\hat{v}),\ U_2(v) \geqslant vX_2(\hat{v}) - W_2(\hat{v})$$

则该机制是激励相容的。

考虑一个无私的委托人，他的目标是使期望社会总剩余 $E_{\{c,v\}}[(v-c)x(c,v)]$ 最大化，假定委托人可以设计一种预算平衡机制，只要满足个体理性和激励相容约束，买卖双方就必须遵守。这里委托人的意义比较难以解释。她可能代表政府，但政府具有强制力，因此又很难解释机制设计为什么必须满足个体理性（即参与）约束，另外一种可能的解释是，参与方委托仲裁人（委托人）设计一种有效机制。但这种解释仍存在问题。如果参与方这样做，一旦他们获得了关于自己的私人信息（“事中阶段”），则双方在是否请仲裁人及如何确定仲裁目标函数上的争执就可能泄露关于成本和价值的私人信息；而且基于后验估计的 IR 和 IC 约束亦不同于基于先验估计的 $P_1(\cdot)$ 和 $P_2(\cdot)$ 约束。如果双方在获得私人信息之前（“事前”阶段）就决定聘请仲裁人，在获知自己的信息之后，他们就可以承诺执行该机制，从而“事中”IR 约束就可能无关紧要。承诺可以采用在合同上表明“推出”或“违约”[①] 造成违约补偿金的办法。如果参与方可以承诺使用该机制，则他们就会执行该机制，因为“事中”IR 约束通常会导致无效率，而在没有“事中”IR 约束时，我们可以用 AGV 机制来达到事后有效结果（即当 $v \geqslant c$ 时，$x=1$；当 $v<c$ 时，$x=0$。）

由于对委托人设计机制的解释存在上述诸多不足，或许对模型的最好解释是视其为非合作协商博弈均衡效用的特征描述。假定买卖双方对是否成交及以何价格成交进行协商。协商过程可以是同时密封竞价拍卖(Chatterjee and Samuelson，第 6 章)，也可以是更复杂的轮流出价博弈(参见第 10 章)。一个已知的结论是，只要交易双方具有相同的时间偏好[②]，协商过程的任何（贝叶斯）均衡都能够获得一个配置，该配置能

---

① 不过，承诺方式可能有限：如果把向企业提供劳务的工人视为“卖方”，法律上工人不能同意辞职要罚款，但企业仍然可以作出承诺。这实际上是一个存在单方个人理性约束的混合模型。

② 如果交易双方的时间偏好不同，则让耐心的交易方向无耐心的另一方提供贷款可以达到在单期问题中达不到的效用水平。

被满足条件 IC 和 IR 的机制设计所解释。这一结论实际上是显示原理的直接应用：假定议价博弈从 0 期开始，交易双方都以利率 $r>0$（博弈时间既可以是 $t=0, 1, 2, \cdots$或离散的或连续的）对未来进行贴现。假定成本为 c 的卖方和价值为 v 的买方在时刻 $\tau(c, v)$ 达成协议并以价格 $z(c, v)$成交（假定 τ 和 z 是确定性变量；对于 τ 和 z 随机的情形可以类推）。$\tau=+\infty$相当于双方没有达成协议。我们可以定义：

$$x(c,v) \equiv e^{-r\tau(c,v)} \in [0,1]$$

$$w(c,v) \equiv e^{-r\tau(c,v)} z(c,v)$$

$$U_1(c) \equiv \mathrm{E}_v[w(c,v) - cx(c,v)]$$

$$U_2(v) \equiv \mathrm{E}_c[vx(c,v) - w(c,v)]$$

注意在这里达成协议所需要的时间（$\tau>0$）相当于交易不发生的概率（$x<1$）。

容易看出，机制 $\{x(\cdot, \cdot), w(\cdot, \cdot)\}$ 满足 IR，IC 和 BB。满足个人理性是因为交易双方总可以拒绝交易（比如提出极大的需求，拒绝所有的报价）从而得到零效用。同时贝叶斯均衡的定义保证了它满足激励相容约束：θ_i 型参与人 i 不能采用 $\hat{\theta}_i$ 型参与人的策略来获得更高的期望收益。满足预算平衡是因为没有第三方的存在。

从这个角度看，计算满足 IR，IC 和 BB 的机制所能达到的最大期望社会剩余可以看做是求解无仲裁双边议价博弈（结果）的有效上界的过程。

评论 按照同样的思路，可以求出有调解者的配置集。问题是，是否此配置集的任何元素都是某些无调解者议价博弈的均衡结果？我们将在第 10 章讨论这一问题。

现在我们来求解最大化期望交易利得的机制

$$\mathrm{E}_{c,v}[(v-c)x(c,v)] \tag{7.36}$$

上式满足条件 IR，IC 和 BB。在 7.4.4 小节我们曾指出 IR，IC 和 BB 意味着：

$$\mathrm{E}_{c,v}\{[J_2(v) - J_1(c)]x(c,v)\} \geqslant 0 \tag{7.37}$$

其中

$$J_1(c) \equiv c + \frac{P_1(c)}{p_1(c)}$$

$$J_2(v)=v-\frac{1-P_2(v)}{p_2(v)}$$

反之，如果 $x(\cdot,\cdot)$ 是使得不等式（7.37）成立的表达式（7.36）的最大化解，则只要 $X_1(c)=\mathrm{E}_v x(c,v)$ 非增且 $X_2(v)=\mathrm{E}_c x(c,v)$ 非减，就存在满足 BB（根据定义），IR 和 IC 的转移支付函数 $t(\cdot,\cdot)$。令 $\mu\geqslant 0$ 代表方程（7.37）的拉格朗日乘子，则此规划问题的拉格朗日函数为

$$\mathscr{L}=\mathrm{E}_{c,v}(\{(v-c)+\mu[J_2(v)-J_1(c)]\}x(c,v)) \tag{7.38}$$

其一阶条件为

$$x(c,v)=\begin{cases}1,\text{如果 } v+\mu J_2(v)\geqslant c+\mu J_1(c)\\0,\text{其他}\end{cases} \tag{7.39}$$

因此，当且仅当下式成立时

$$v-\left(\frac{\mu}{1+\mu}\right)\frac{1-P_2(v)}{p_2(v)}\geqslant c+\left(\frac{\mu}{1+\mu}\right)\frac{P_1(c)}{p_1(c)} \tag{7.40}$$

交易发生。方程（7.40）仍没有清楚地给出上述规划的解，因为系数 $\alpha\equiv\frac{\mu}{1+\mu}\in[0,1)$ 仍有待确定。为此，只需注意到当 $\bar{c}>\underline{v}$ 时，方程（7.37）的等式必然成立。[①] [理想的交易规则是尽可能与最优交易规则（当且仅当 $v\geqslant c$ 时成交）接近；即使 μ（或 α）尽可能小，通过令 $U_1(\bar{c})=U_2(\underline{v})=0$，方程（7.37）在与 IR，IC 和 BB 相容的前提下尽可能被放松了。]

我们每一次注意到，如果单调似然率条件成立（$\frac{p_2}{1-P_2}$ 非减，$\frac{p_1}{P_1}$ 非增），方程（7.40）就可以求出 $X_1(\cdot)$ 和 $X_2(\cdot)$，而且 $X_1(\cdot)$ 和 $X_2(\cdot)$ 是单调的，从而它就是最优交易规则。

迈尔森和萨特思韦特将方程（7.40）用于分析 [0，1] 上均匀分布的情形 [对 $(c,v)\in[0,1]^2$，$P_1(c)=c$ 且 $P_2(v)=v$]。得到

$$v-c\geqslant\frac{\alpha}{1+\alpha} \tag{7.41}$$

代入方程（7.37）得

① 如果方程（7.37）是严格不等式，则 $\mu=0$，方程（7.40）是最优规划。但由 7.4.4 小节知，只要 $\bar{c}>\underline{v}$，满足 IR，IC 和 BB 的交易就不可能有效。

$$\int_0^{1-\frac{\alpha}{1+\alpha}}\left(\int_{c+\frac{\alpha}{1+\alpha}}^1 [(2v-1)-2c]\mathrm{d}v\right)\mathrm{d}c = 0 \tag{7.42}$$

解得$\frac{\alpha}{1+\alpha}=\frac{1}{4}$。在最优交易规则下，当且仅当买方的价值至少比卖方的成本高$\frac{1}{4}$时，交易才会发生。因此，对于均匀分布的情形，第 6 章讨论的凯特吉-萨缪尔森双边拍卖线性均衡可以得到 IR，IC 和 BB 约束下的最优交易量。[①]

7.6 机制设计的其他问题†††

在本章前面的分析中，我们并没有提到机制设计研究近来的一些进展。作为结束，我们在本节里简要地介绍这方面的一些研究。

7.6.1 相关类型

7.5 节假定代理人的类型是独立的。马斯金和赖利（Maskin and Riley，1980），克莱默和麦克莱恩（Crémer and McLean，1985，1988），麦卡菲、麦克米伦和伦尼（McAfee，McMillan and Reny，1989），约翰森、普拉特和泽克豪泽（Johnson，Pratt，and Zeckhauser，1990），德·亚斯普瑞芒特、克莱默和杰勒德-瓦瑞特（d'Aspremont，Crémer and Gérard-Varet，1990a，b）证明在很多情况下，当偏好是拟线性的（风险中性）且代理人类型相关时，委托人可以实施与她知道代理人类型[②]时相同的配置。因此，在风险中性和类型相关假设下，条件 IC 不成立。

为了更好地理解这一点，假定代理人的类型是完全相关的，则每一代理人都知道其他代理人的类型。假设委托人考虑这样一个“通吃”机制：委托人要求所有代理人同时报告 I 元素类型向量。如果所有报告向量完全相同，委托人实施对应于报告类型向量的最优充分信息配置（可能满足也可能不满足 IR 约束，视情况而定）；如果报告向量不完全相

---

① 这一结论并不是非常稳定的。萨特思韦特和威廉斯（Satterthwaite and Williams，1989）证明对于“一般”的成本和价值的先验分布，最优交易不可能由双边拍卖实施。

② 7.4.3 小节曾指出，如果委托人欲使代理人的效用和最大，类型相关并不是必要条件。这里当委托人与代理人目标冲突时结论是有趣的。

同，则委托人“通吃”：对所有的 i，$t_i=-\infty$。显然，如果其他代理人如实报告类型向量，任一代理人的最优选择也是说实话。因此，委托人可以免费获得代理人的信息，从而实际上是充分信息的。[①]

这一思路可以运用到代理人类型不完全相关的例子上去。如果代理人谎报类型，委托人可以借助代理人报告的信息是对其他代理人类型的最好预测这一事实将其“随机一网打尽”。因为代理人和委托人是风险中性的，转移支付不仅依赖于代理人的类型而且依赖于其他代理人的类型[②]会给代理人带来风险，但不会由于风险的存在造成社会福利损失。

大多数这方面的论文都有一个满秩假设。假定每一代理人的可能类型有限，令 $p(\theta_{-i}\mid\theta_i)$ 代表代理人 i 之外的其他代理人类型依赖于 θ_i 型代理人 i 的条件概率分布。令 $p_i^{\theta_i}$ 代表向量

$$\{p(\theta_{-i}\mid\theta_i)\}_{\theta_{-i}\in\Theta_{-i}}$$

如果对于每一个 i，向量

$$\{p_i^{\theta_i}\}_{\theta_i\in\Theta_i}$$

是线性无关的，则满秩条件成立。也就是说，不存在代理人 i 和类型 θ_i 及正数 $\rho_i(\theta_i')$ 构成的向量，使得下式成立：

$$p_i^{\theta_i}=\sum_{\theta_i'\neq\theta_i}\rho_i(\theta_i')p_i^{\theta_i'}$$

---

① 注意在“通吃”机制中存在许多其他的均衡。例如，所有代理人报告同一个虚假类型向量。这种均衡的多样性正是为什么从马斯金（Maskin，1977）起，有大量文献研究唯一纳什均衡实施机制的原因。[详情请参见 More（1990）。] 包括马斯金和赖利（Maskin and Riley，1980）在内的一些学者，已经解决了不完全相关的均衡唯一性问题（参见7.2节提及的有关文献）。克莱默和麦克莱恩（Crémer and McLean，1985，1988）研究了优势策略机制和贝叶斯机制下的均衡唯一性问题。

② “代理人报告的信息是对其他代理人类型的最好预测”可以这样来理解，考虑类似于统计学中的“适当得分规则”：假定要求代理人 i 报告其类型 $\hat{\theta}_i$，当且仅当其他代理人报告 $\hat{\theta}_{-i}$ 时他得到转移支付 $\tau_i(\hat{\theta}_1)=\ln p(\hat{\theta}_{-i}\mid\hat{\theta}_i)$。假定第一阶段决策无关紧要，则代理人 i 使得期望转移支付最大化。很明显，如果其他代理人说实话，则代理人 i 的最优选择也是说实话。而且如果条件概率向量不相同，这一结论严格成立。

如果决策 x 与支付相关，如在竞标人中分配某一物品或公共产品的供给，则代理人 i 的支付函数不仅依赖于他的报告还依赖于决策 x，此时“适当得分规则”未必能使人说实话。不过，委托人可以用一个很大的正常数 K 乘以 τ_i 使 τ_i 成比例增加。这样一来，任何类型谎报意味着多达 $K\tau_i$ 的大额转移支付损失，同时抵消了谎报类型对 V_i 的影响。约翰森等人（Johnson et al.，1990）的研究即采用了这种“比例得分规则”（inflated proper scoring rules）（当然，还增加了某些条件以满足预算平衡约束）。

换句话说，满秩条件意味着代理人 i 关于其他代理人类型的条件概率向量可以分离。

克莱默和麦克莱恩（Crémer and McLean，1985）证明了在风险中性和满秩条件下，委托人可以实施任何决策规则 $x^*(\cdot)$ 和代理人的效用 $U_i^*(\cdot)$，即使委托人不知道 θ。我们用两个代理人，每人具有两种类型的情形来说明他们的研究。代理人 i 的类型为 $\underline{\theta}_i$ 或 $\bar{\theta}_i$。令 q_{11} 和 q_{12} 代表当 $\theta_1=\underline{\theta}_1$ 时 $\theta_2=\underline{\theta}_2$ 和 $\theta_2=\bar{\theta}_2$ 的条件概率；q_{21} 和 q_{22} 分别代表当 $\theta_1=\bar{\theta}_1$ 时 $\theta_2=\underline{\theta}_2$ 和 $\theta_2=\bar{\theta}_2$ 的条件概率。代理人 1 的满秩条件是 $q_{11}q_{12}\neq q_{21}q_{12}$。令 t_{11} 和 t_{12} 分别代表当代理人 1 报告 $\underline{\theta}_1$ 时以及代理人 2 报告 $\underline{\theta}_2$ 和 $\bar{\theta}_2$ 时代理人 1 的转移支付。类似地，可以定义 t_{21} 和 t_{22}。决策和效用可以用同样的方式证明。为了获得欲望效用，对于某些常数 A_1 和 A①，转移支付必须满足下式：

$$q_{11}t_{11}+q_{12}t_{12}=A_1 \tag{7.43}$$

和

$$q_{21}t_{21}+q_{22}t_{22}=A_2 \tag{7.44}$$

同时，转移支付还必须满足 $\underline{\theta}_1$ 或 $\bar{\theta}_1$ 型参与人 1 的激励相容条件。即

$$q_{11}(t_{11}-t_{21})+q_{12}(t_{12}-t_{22})\geqslant A_3 \tag{7.45}$$

和

$$q_{21}(t_{21}-t_{11})+q_{22}(t_{22}-t_{12})\geqslant A_4 \tag{7.46}$$

其中，A_3 和 A_4 以类似的方式确定。②

将方程（7.43）和（7.44）代入方程（7.45）和（7.46），得

$$(q_{11}q_{22}-q_{21}q_{12})t_{11}\geqslant A_5\equiv A_1q_{22}+(A_4-A_2)q_{12} \tag{7.47}$$

和

$$(q_{11}q_{22}-q_{21}q_{12})t_{21}\leqslant A_6\equiv -A_2q_{12}-(A_3-A_1)q_{22} \tag{7.48}$$

---

① 其中

$$A_1\equiv q_{11}(U_{11}^*-V_1(x_{11}^*,\ \underline{\theta}_1))+q_{12}(U_{12}^*-V_1(x_{12}^*,\ \underline{\theta}_1))$$

$$A_2\equiv q_{21}(U_{21}^*-V_1(x_{21}^*,\ \bar{\theta}_1))+q_{22}(U_{22}^*-V_1(x_{22}^*,\ \bar{\theta}_1))$$

② 读者可以验证

$$A_3\equiv q_{11}(V_1(x_{21}^*,\underline{\theta}_1)-V_1(x_{11}^*,\underline{\theta}_1))+q_{12}(V_1(x_{22}^*,\underline{\theta}_1)-V_1(x_{12}^*,\underline{\theta}_1))$$

$$A_4\equiv q_{21}(V_1(x_{11}^*,\bar{\theta}_1)-V_1(x_{21}^*,\bar{\theta}_1))+q_{22}(V_1(x_{12}^*,\bar{\theta}_1)-V_1(x_{22}^*,\bar{\theta}_1))$$

满足方程（7.47）、方程（7.48）、方程（7.43）和方程（7.44）的转移支付将使委托人得到满意的配置，而且在满秩条件下这样的转移支付总存在。不过，随着类型的相关性降低，$(q_{11}-q_{21})$ 和 $(q_{12}-q_{22})$ 都收敛于0，从而 $q_{11}q_{22}-q_{21}q_{12}$ 也收敛于0，满足方程（7.47）和（7.48）的转移支付就变得非常大。类似地，我们可以求出代理人2的转移支付（假定参与人2的满秩条件成立）。更一般地，对于任意类型（任意多参与人）的情况，运用法卡斯引理［法卡斯引理给出了线性不等式和等式构成的方程现存解的条件，参见 Rockafellar（1970）第22节］和满秩条件可以证明存在适当的转移支付。[①]

当然，这里的结论有点极端，如果类型相关且存在信息不对称，委托人是否真的借助于这种类型相关信息达到完全信息时的结果仍很难说。原因在于对低相关类型的代理人收益很高的转移支付夸大了风险中性的可信度。

7.6.2　风险回避偏好

大多数有关机制设计的文献都假定偏好是拟线性的。我们在7.4节和7.5节已经看到，如果偏好是拟线性的，则多代理人的最优机制设计实际只是单一代理人机制设计问题的简单推广。如果代理人是风险回避型的，我们仍然要利用单一代理人时的分析框架，不过，问题要复杂得多。

考虑这样一个问题：买方是风险回避的，且每一买方的偏好相同，其类型服从 $[\underline{\theta},\bar{\theta}]$ 上的独立同分布 $P(\cdot)$，有一个单位的商品待售，委托人（卖方）应当如何设计最优拍卖机制？［这一问题是由马斯金和赖利（Maskin and Riley，1984），马修斯（Matthews，1983）首先提出并研究的。］考虑到代理人的效用不是消费和收入的可分函数，我们必须根据代理人在拍卖中的输赢情况考虑两个转移支付 $t_i(\hat{\theta})$ 和$\bar{t}_i(\hat{\theta})$。（为简单起见，假定转移支付是非随机的。）令 $u(t_i(\hat{\theta}),\theta_i)$ 和 $w(\bar{t}_i(\hat{\theta}))$ 分别代表代理人 i 在赢和输时的效用，定义

$$t_i(\hat{\theta}_i)\equiv \mathrm{E}_{\theta_{-i}}t_i(\hat{\theta}_i,\theta_{-i})$$

和

$$\bar{t}_i(\hat{\theta}_i)\equiv \mathrm{E}_{\theta_{-i}}\bar{t}_i(\hat{\theta}_i,\theta_{-i})$$

---

① 如果类型服从连续分布，代理人可以通过说谎而任意接近于真实条件概率分布。这样就必须求解“Fredholm 方程”（McAfee et al.，1989；Caillaud et al.，1986；Melumad and Reichelstein，1989）。

转移支付不依赖于其他代理人的报告降低了代理人的风险并增加了他的效用。在对称拍卖机制下[1]，略去 t_i 和 $\bar{t}_i$ 的下标，上述处理使我们得到 θ_i 型代理人的效用函数

$$U(\theta_i) = \max_{\hat{\theta}_i}\{X(\hat{\theta}_i)u(t(\hat{\theta}_i),\theta_i) + [1 - X(\hat{\theta}_i)]w(\bar{t}(\hat{\theta}_i))\} \tag{7.49}$$

其中，$X(\hat{\theta}_i) \equiv \mathrm{E}_{\theta_{-i}} x(\hat{\theta}_i, \theta_{-i})$ 是代理人获胜的概率。令

$$U(\theta_i) = X(\theta_i)u(t(\theta_i),\theta_i) + [1 - X(\theta_i)]w(\bar{t}(\theta_i)) \tag{7.50}$$

包络定理意味着：

$$\frac{\mathrm{d}U}{\mathrm{d}\theta_i} = X(\theta_i)\frac{\partial u}{\partial \theta_i}(t(\theta_i),\theta_i) \tag{7.51}$$

委托人的目的是使从每一买方处获得的期望收入最大化，

$$\max\int_{\underline{\theta}}^{\bar{\theta}} \{X(\theta_i)t(\theta_i) + [1 - X(\theta_i)]\bar{t}(\theta_i)\}p(\theta_i)\mathrm{d}\theta_i \tag{7.52}$$

约束条件是方程（7.50），方程（7.51）、条件（IR）$U(\underline{\theta}) \geqslant 0$，以及“一致性”。

“一致性”约束源自这样一个事实，如果方程（7.52）最大化的约束条件为方程（7.50）、方程（7.51）及条件（IR），则给定 $X(\cdot)$，我们并不能保证一定存在决策函数 $x(\cdot) \in [0, 1]$，使得

$$X(\theta_i) = \mathrm{E}_{\theta_{-i}}[x(\theta_i,\theta_{-i})] \tag{7.53}$$

对所有的（i，θ_i）成立。换句话说，当我们单独考虑单一代理人问题时，我们忽略了只有一个单位的商品可供所有买方分配。一致性约束意味着我们必须注意概率 $X(\cdot)$ 以保证存在函数 $x(\cdot)$ 满足方程（7.53）。

幸运的是，在拍卖例子中，概率 $X(\cdot)$ 满足一致性从而保证了最优控制问题的结构可以大大简化。[马斯金和赖利（Maskin and Riley, 1984），马修斯（Matthews, 1983）证明了这一性质，而且马修斯（Matthews, 1984）给出了这一性质的一般形式。] 即，如果 $X(\cdot)$ 非

---

① 要证明取消这种相关性的确是好的还需要一定的分析。必须对偏好作出进一步的假设，以使得代理人的激励相容条件不会在使用随机机制的时候不起作用。（即使不能满足偏好的附加条件，且最优拍卖涉及随机支付，最佳的随机设计也一般和由 θ_{-i} 所引起的随机因素无关。）

减且对所有的 $\theta \in [\underline{\theta}, \bar{\theta}]$

$$\int_{\theta}^{\bar{\theta}} [P(\tilde{\theta})^{I-1} - X(\tilde{\theta})] p(\tilde{\theta}) \mathrm{d}\tilde{\theta} \geqslant 0 \tag{7.54}$$

则“一致性”满足。

容易看出，方程（7.54）是一致性的必要条件。价值属于 $[\theta, \bar{\theta}]$ 的买方获胜的概率

$$I\int_{\theta}^{\bar{\theta}} X(\tilde{\theta}) p(\tilde{\theta}) \mathrm{d}\tilde{\theta}$$

不能超过至少有一个买方价值属于 $[\theta, \bar{\theta}]$ 的概率

$$I - P(\theta)^I$$

由于

$$\frac{1 - P(\theta)^I}{I} = \int_{\theta}^{\bar{\theta}} P(\tilde{\theta})^{I-1} p(\tilde{\theta}) \mathrm{d}\tilde{\theta}$$

这样我们就得到方程（7.54）。困难在于证明方程（7.54）是一致性的充分条件。

7.6.3　知情的委托人

在本章里，我们一直假定代理人完全知道委托人的偏好，但委托人（机制设计方）也可能拥有私人信息。例如，她可能知道公共产品的供给成本，或知道在拍卖时放弃目标的私人成本，或知道代理人购买某件物品的支付意愿。

正如迈尔森（Myerson，1983）指出的，一旦委托人拥有私人信息，我们就必须认识到，委托人对机制的任何建议或设想都会透露关于其类型的信息。与迈尔森从合作博弈的角度分析这一问题相反，马斯金和梯若尔（Maskin and Tirole，1989，1990）按照导论中的三阶段方法从非合作博弈的角度来研究这一问题。（他们采用精炼贝叶斯均衡要求代理人在观察到委托人的合同报价后根据贝叶斯规则来修正其对委托人类型的估计。）

注意必须区分两种情形。在“私人价值”例子中，委托人的类型并不进入代理人的偏好（但代理人的类型可能进入委托人的偏好）。用 y 代表配置结果，θ_0 代表委托人的类型，委托人的效用是 $u_0(y, \theta, \theta_0)$，代理人 i 的效用为 $u_i(y, \theta)$。与此相反，如果 θ_0 影响某些代理人的效

用，我们就有一种“公共价值”。私人价值与公共价值的区别在于，在前一例中，只有当委托人的类型影响到他在实施机制时的行为时，代理人才会关心委托人的类型；而在后一例中，代理人本来就关心委托人的类型。本小节开始时的三个例子都是属于“私人价值”一类的问题。相比之下，如果在拍卖中卖方的成本与买方不知道的商品质量有关，则它就属于“公共价值”一类的问题。

容易看出，在“私人价值”问题中，如果代理人知道委托人的类型，则委托人可以确保获得期望收入：当代理人知道委托人的类型时，委托人只要提供对自己最优的机制就足够了。因为委托人不参与第三阶段（博弈机制实施阶段），关于 θ_0 的信息不对称并不会影响配置结果。问题是委托人能否在其类型不为代理人所知时得到比其类型为共同知识时更好的结果。显然，委托人要改变结果，就必须参与第三阶段的博弈，例如在代理人报告类型的同时报告自己的类型。如果委托人在提出合同之后才实现自己的类型，则她可以使代理人的（IR 或 IC）约束与她的类型无关。确实，马斯金和梯若尔（Maskin and Tirole，1990）证明了机制设计博弈的任何均衡都可以视为一个虚拟经济的瓦尔拉斯均衡。在这个虚拟经济系统中，交易者实际上就是不同类型的委托人。不同类型交易者在人数上的比例等于关于 θ_0 的后验估计，交易的商品是代理人的 IC 和 IR 约束不等式中的松弛变量，交易方的商品初始禀赋为 0。[①]

如果偏好是拟线性的，则当代理人知道 θ_0 时，其 IR 和 IC 约束的拉格朗日乘子与 θ_0 无关。因此，不同类型的委托人在设计机制时，并不能通过使代理人 IR 和 IC 约束与委托人类型无关而获益，因为这样做和交易松弛变量并不能使他获益。这意味着唯一的均衡与代理人知道 θ_0 时完全相同。因此，7.3 节的单一代理人理论和 7.5 节的多代理人理论，在委托人拥有私人信息（价值是私人信息）且偏好为拟线性时仍然成立。

相比之下，如果偏好不是拟线性的，本章的许多分析和结论就要进行修正。一般来说，对于不同类型的委托人，代理人约束条件的拉格朗日乘子并不相同，而且这些委托人有可能通过交易（代理人）约束条件的松弛变量而获益。均衡时，委托人在第一阶段（提出合同）并不透露任何私人信息直到第三阶段（合同执行）才会这样做。而且这样做严格

① 马斯金和梯若尔在论文中只考虑了单一代理人的情形，但类似的思路也适用于多代理人的情形。

优于当代理人知道她的类型时的结果。

共同价值的情形要复杂一些。首先，当代理人知道 θ_0 时，委托人不再能保证自己获得同样的收益。这里的关键在于假如代理人对 θ_0 判断错误，则他们就可能拒绝接受代理人知道 θ_0 时的最优机制，因为代理人的效用直接受 θ_0 的影响。马斯金和梯若尔（Maskin and Tirole，1989）考虑了只有单一代理人且此代理人不拥有私人信息的情形（并将其结果推广到拟线性偏好情形下的非对称信息双边拍卖中）。这样除了“信号发送者”（委托人）有很大的策略空间（契约空间）之外，机制设计博弈就类似于8.2节描述的标准信号博弈。均衡集的特征可以被完全描述：代理人对 θ_0 的先验估计的子集只有唯一的元素，而该子集的补集有连续的元素。

7.6.4　动态机制设计

如果委托人和代理人可以作出跨期（可置信）承诺，则本章的静态分析就可以用来分析重复机制设计问题（Baron and Besanko，1984a）。考虑一个多期问题，时期 $\tau=0$，1，…，T。首先假定只有一个单一代理人，效用为

$$\sum_{\tau=0}^{T}\delta^{\tau}u_1(y_\tau,\theta)$$

其中，$y_\tau=(x_\tau,\ t_\tau)$ 是 τ 期的配置，δ 是贴现因子。委托人的效用为

$$\sum_{\tau=0}^{T}\delta^{\tau}u_0(y_\tau,\theta)$$

注意这里假定代理人的类型不随时间而变化。[①]

令 $y^*(\theta)$ 代表在单期（机制设计）博弈中（参见7.3节）满足（代理人的）IR和IC约束的委托人的最优配置。我们说配置 $y_\tau(\theta)=y^*(\theta)$ 对所有的 τ 都是最优的［即最优配置是（$T+1$）次单期配置的完全重复］。为了说明这一点，假定委托人有更好的配置。即假定存在配置 $\{y_\tau(\cdot)\}_{\tau=0,\cdots,T}$ 满足代理人的多期IR和IC约束，

$$(\text{多期 IR})\qquad \text{对所有的}\ \theta,\ \sum_{\tau=0}^{T}\delta^{\tau}u_1(y_\tau(\theta),\theta)\geqslant\sum_{\tau=0}^{T}\delta^{\tau}\underline{u}_1(\theta)$$

［其中，$\underline{u}_1(\theta)$ 是 θ 型代理人的每期不变保留效用。］

① 关于类型随时间变化的情形参见Baron and Besanko（1984a）。

$$（多期 IC）\quad 对所有的(\theta,\hat{\theta}),\sum_{\tau=0}^{T}\delta^{\tau}u_1(y_\tau(\theta),\theta)\geqslant\sum_{\tau=0}^{T}\delta^{\tau}u_1(y_\tau(\hat{\theta}),\theta)$$

且配置 $\{y_\tau(\cdot)\}_{\tau=0,\cdots,T}$ 比 y^* 重复 $T+1$ 次给委托人带来更高的期望效用：

$$\mathrm{E}_\theta\Big(\sum_{\tau=0}^{T}\delta^{\tau}u_0(y_\tau(\theta),\theta)\Big)>(1+\delta+\cdots+\delta^T)(\mathrm{E}_\theta[u_0(y^*(\theta),\theta)]) \tag{7.55}$$

现在考虑这样一种随机静态机制：代理人报告 $\hat{\theta}$，使其以 $\frac{1}{1+\cdots+\delta^T}$ 的概率得到配置 $y_0(\hat{\theta})$，以 $\frac{\delta}{1+\cdots+\delta^T}$ 的概率得到配置 $y_1(\hat{\theta})$，……，以 $\frac{\delta^T}{1+\cdots+\delta^T}$ 的概率得到配置 $y_T(\hat{\theta})$。多期 IR、多期 IC 和不等式（7.55）均除以（$1+\cdots+\delta^T$），则这一随机配置满足（单期）IR 和 IC 约束且比 $y^*(\cdot)$ 产生更高的期望效用，矛盾！因此，在承诺可行的动态机制设计博弈中，单期最优配置仍然是最优的。①

为了实施动态最优配置机制，委托人要求代理人在 0 期报告自己的类型，然后在每期末重复实施配置 $y^*(\hat{\theta})$。注意委托人的承诺（即可置信）是一个非常重要的条件。否则就会出现第 3 章曾讨论过的动态一致性问题。我们在 7.3 节看到［如果 $\underline{u}_1(\theta)=\underline{u}$ 且 u_1 是 θ 的增函数］，除了 $\underline{\theta}$ 型代理人之外，其他类型的代理人都获得了由于拥有私人信息而带来的信息租金［$u_1(y^*(\theta),\theta)>\underline{u}$］。在零期末，委托人已经知道代理人的类型并且希望在 $\tau=1$，…，T 等各期使代理人只获得保留效用 $\bar{u}$。也就是说，委托人一旦知道代理人的类型，她就会想违约而保持同样的配置。

事实上，正如迪瓦蒂旁特（Dewatripont，1989）所证明的，要使单期最优机制重复（$T+1$）次成为可行配置，参与方（委托人和代理人）仅有法律保证的承诺执行长期契约的能力是不够的。在 7.5 节我们曾指出 $y^*(\cdot)$（在 7.3 节的假设下）除了在 $\theta=\bar{\theta}$ 之外都存在效率损失。委托人为了获得信息租金而牺牲一部分效率。现在，如果在 0 期末委托

① 上述分析实际上隐含地假定是确定性的，但在单期最优配置为随机时，同样的推导仍然成立。

人知道代理人的类型是θ，则双方知道在1期到T期改进配置$y^*(\cdot)$对大家都有利。然后双方就会协议修改初始契约。因此，要使单期最优配置重复（$T+1$）次成为动态（长期）最优配置，我们不仅要假设参与方在时期0可以签订一份法律上可以强制实施的长期合同，而且要求双方承诺（必须可置信）在将来不再修改初始契约，即使修改合同对双方都有利。如果双方不能承诺不修改契约，动态（长期）最优机制就不是单期最优机制的（$T+1$）次简单重复，此时我们必须采用第8章中给出的动态均衡概念。哈特和梯若尔（Hart and Tirole，1988），拉丰和梯若尔（Laffont and Tirole，1990b）证明，当偏好为拟线性时，动态均衡配置$y_\tau(\cdot)$与第10章分析的耐用品问题的科斯动态均衡相同。[①]

除了“完全承诺”和“承诺与契约修改”这两个例子外，经济学家还考虑了第三个例子，我们称之为“无承诺”例子。假定参与方由于交易或法律的原因（比如政府是委托人的情形）不能签订长期契约。考虑7.3节的三阶段博弈重复进行的情形。在每期，委托人提供一种只用于该期的配置机制$y_\tau(\cdot)$。[②] 此时的一个重要问题是存在“棘轮效应”。例如假定代理人在时期0说出自己的类型，则从时期1开始的连续博弈就成为一个对称信息博弈，而且此连续博弈的唯一子博弈均衡是委托人在每期提供使代理人恰好满足IR约束的配置。因此，在没有承诺的动态博弈中，暴露自己的类型要付出高昂的代价，从而不同类型的代理人倾向于采取“混同”策略。*

由于“棘轮效应问题”涉及第8章讨论的不完全信息下的动态博弈，我们在这里就不作分析。

7.6.5　共同代理

有时候，一个代理人同时有几个委托人。例如，一个配送中心可能要配送几家制造商的产品，一个企业可能同时被几个（上级）政府机构监管，一个消费者可从几家厂商手中购买商品。马赫蒂摩（Martimort，

---

① 非对称信息下的合同修改问题在委托—代理模型的道德风险问题中也存在。一旦代理人选择了努力水平，努力水平就成为代理人的类型。[参见 Fudenberg and Tirole（1990）。]

② 参见弗雷西斯等（Freixas et al.，1985），拉丰和梯若尔（Laffont and Tirole，1987b，1988），及巴伦和伯桑科（Baron and Besanko，1987）关于不同解概念的使用方法。

* 即不同类型的代理人都说是同一类型。——译者注

1990）和斯托尔（Stole，1990a）首先研究了共同代理问题。[①]

假定有两个委托人，A 和 B。委托人 i，$i=A$，B，只关心决策 $x_i\in\mathbb{R}$，其效用为

$$u_i = V_i(x_i,\theta) - t_i$$

代理人的效用为

$$u_1 = V_1(x_A,x_B,\theta) + t_A + t_B$$

契约的一个纳什均衡是一对转移收益和配置

$$\{t_A(x_A),t_B(x_B)\}$$

或

$$\{((t_A(\hat{\theta}_A),x_A(\hat{\theta}_A)),(t_B(\hat{\theta}_B),x_B(\hat{\theta}_B))\}$$

其中，$\hat{\theta}_i$ 是代理人向委托人 i 报告的类型，使得每一个委托人在给定另一委托人的契约和代理人对契约的最优反应时最大化其期望收益。注意，这里委托人 i 只观察到报告类型 $\hat{\theta}_i$（或等价地，决策 x_i）。

如果共同代理存在可微均衡，方程（7.12）的一个自然推广是对所有的 $i=A$，B：

$$\frac{\partial V_i}{\partial x_i}+\frac{\partial V_1}{\partial x_i}$$
$$=\frac{1-P(\theta)}{p(\theta)}\left(\frac{\partial^2 V_1}{\partial x_i\,\partial\theta}+\frac{\partial^2 V_1}{\partial x_j\,\partial\theta}x_j'(\theta)\frac{\dfrac{\partial^2 V_1}{\partial x_i\,\partial x_j}}{\dfrac{\partial^2 V_1}{\partial x_j\,\partial\theta}+\dfrac{\partial^2 V_1}{\partial x_j\,\partial x_i}x_i'(\theta)}\right) \tag{7.56}$$

除了右边第二项（交叉项）外，方程（7.56）与方程（7.12）完全相同。当委托人 i 使 $x_i(\theta)$ 增加 $\mathrm{d}x_i$ 时，决策 x_j 的边际效用也随之变化，从而决策 x_j 的变化是

$$\mathrm{d}x_j=\frac{\mathrm{d}x_i x_j'(\theta)\dfrac{\partial^2 V_1}{\partial x_i\,\partial x_j}}{\dfrac{\partial^2 V_1}{\partial x_j\,\partial\theta}+\dfrac{\partial^2 V_1}{\partial x_i\,\partial x_j}x_i'(\theta)}$$

---

① 共同代理的早期例子出自巴伦（Baron，1985）。其他的例子包括格尔-奥（Gal-Or，1989），假定两委托人决策在代理人效用函数中互不相关，即 $\frac{\partial^2 V_1}{\partial x_A\,\partial x_B}=0$；及拉丰和梯若尔（Laffont and Tirole，1990c），假定决策是完全互补的，即 $\frac{\partial^2 V_1}{\partial x_A\,\partial x_B}=+\infty$。

[上式是这样得来的，x_j 的一阶条件对 x_i 和 $\hat{\theta}_j$ 全微分得到 $\frac{\partial\hat{\theta}_j}{\partial x_i}$ 的表达式，且注意到 $\mathrm{d}x_j = x_j'(\theta)\left(\frac{\partial\hat{\theta}_j}{\partial x_i}\right)\mathrm{d}x_i$，代入即得。] 因此，增量 $\mathrm{d}x_i$ 对代理人（信息）租金增长率的影响包括两方面：直接效应 $\left[\left(\frac{\partial^2 V_1}{\partial x_i\,\partial\theta}\right)\mathrm{d}x_i\right]$ 和间接效应 $\left[\left(\frac{\partial^2 V_1}{\partial x_j\,\partial\theta}\right)\mathrm{d}x_j\right]$。这样就得到方程（7.56）。

契约互补 $\left(\frac{\partial^2 V_1}{\partial x_i\,\partial x_j}>0\right)$ 导致了双重租金攫取，委托人 i 降低 x_i，使得委托人 j 也会降低 x_j，从而这种决策导致的效率损失超过了委托人的合作契约（即只有单一委托人的情形）下的效率损失。与此相比，在对称均衡下，介于合作契约决策与完全信息决策（或最优决策）之间的决策是契约替代的 $\left(\frac{\partial^2 V_1}{\partial x_i\,\partial x_j}<0\right)$。

这里分析与讨论如何寻找可实施性的充分条件。在单一委托人及满足分离条件假设下，单调性是满足局部和整体二阶条件的充分条件（定理7.3）。在两个委托人的条件下，如果代理人不对委托人 i 如实报告自己的类型，则他对委托人 j 也可能撒谎，虽然方式可能不同。也就是说，撒谎类型向量 θ 属于二维空间而非一维空间。马赫蒂摩和斯托尔给出了可实施性的充分条件，从而证明了可微均衡的存在性。如果契约是可替代的，支付函数是二次式，则存在唯一的可微对称均衡。如果契约是互补的，则存在连续的对称均衡，但其中有一个最小效率损失的均衡对双方都帕累托优于其他均衡。①

附　录†††

如果单调性约束起作用时怎么办

如果由（7.12）式给出的 $x^*(\cdot)$ 并不是处处非递减的，我们就必

---

① 与单一委托人例子的另外一个差别是对代理人 IR 约束的处理方式。它取决于代理人能接受0，1或2个契约（比如消费者的例子），或只能接受0或2个契约（监管企业的例子）。例如，在第二个例子中，低类型时的转移支付 $t_A(\underline{\theta})$ 和 $t_B(\underline{\theta})$ 并不是唯一确定的（但其和是确定的）。

须分析整个规划。那样的话就有两个 $[\underline{\theta}, \bar{\theta}]$ 上的子集，这两个集合都由一组不连续区间构成。在第一个子集中，单调性约束是不起作用的，因而 $x(\theta)=x^*(\theta)$。注意该集合永远都是非空的，因为对于接近 $\bar{\theta}$ 的 θ 而言，$\frac{p}{1-P}$必然是递增的。[①] 特别地，"在顶点处无扭曲"的结论是一个普遍的结论，它并不依赖于单调似然率的假定。

在第二个子集中，单调性约束是起作用的，所以在这个子集上的每一个区间内 $x(\cdot)$ 都为常数。

我们首先来推导出拥挤水平，即被不止一个 θ 选中的决策点 x 的特征。然后我们简述一下为得到拥挤区域的算法。考虑一个区间 $[\theta_1, \theta_2]$，在该区间上存在着"拥挤"，所以对于所有的 $\theta \in [\theta_1, \theta_2]$ 都有 $x(\theta)=\hat{x}$，但是在区间之外该单调性约束马上不起作用了。

最大化代理人的期望收益，并将单调性约束替换为

$$\frac{\mathrm{d}x}{\mathrm{d}\theta}=\gamma(\theta) \tag{7.57}$$

和

$$\gamma(\theta) \geqslant 0 \tag{7.58}$$

如果 $v(\theta)$ 和 $\lambda(\theta)$ 表示（7.57）式和（7.58）式中的影子价格，则规划 I 中的汉密尔顿方程为

$$H=\left(V_0+V_1-\frac{1-P}{p}\frac{\partial V_1}{\partial \theta}\right)p+v\gamma+\lambda\gamma$$

其中，x 为状态变量；γ 为控制变量。庞特里亚金（Pontryagin）条件是

$$\frac{\partial \mathrm{H}}{\partial \gamma}=0=v+\lambda \tag{7.59}$$

和

$$\frac{\mathrm{d}v}{\mathrm{d}\theta}=-\frac{\partial \mathrm{H}}{\partial x}=-\left(\frac{\partial V_0}{\partial x}+\frac{\partial V_1}{\partial x}-\frac{1-P}{p}\frac{\partial^2 V_1}{\partial x\,\partial \theta}\right)p \tag{7.60}$$

现在我们来分析如下假定：在区间的两个边界点上单调性约束是不起作用的。因此，$v(\theta_1)=v(\theta_2)=0$，且（7.60）式可以写成

① 回忆我们假定 p 在整个区间上都是连续的，并且是严格正的。

$$\int_{\theta_1}^{\theta_2}\left(\frac{\partial V_0}{\partial x}+\frac{\partial V_1}{\partial x}-\frac{1-P}{p}\frac{\partial^2 V_1}{\partial x\,\partial\theta}\right)p\,\mathrm{d}\theta=0 \tag{7.61}$$

也就是说，在整个区间上对于总的实际剩余的平均扭曲等于 0。(7.61) 式以及条件$x^*(\theta_1)=x^*(\theta_2)$ 来自于边界条件 $x(\theta_1)=x^*(\theta_1)$ 和 $x(\theta_2)=x^*(\theta_2)$ 以及 $x(\theta_1)=x(\theta_2)$ 的事实，联合起来就产生了具有两个未知量的两个方程。图 7—4 画出了当 A10 没有得到满足时的情形。

利用拥挤区域的这个特征，我们现在来确定这样的区域到底处于什么位置。根据我们的假定，x^* 是连续可微的。让我们假定曲线 x^* 在 $[\underline{\theta},\bar{\theta}]$ 上具有有限多个内部峰值。

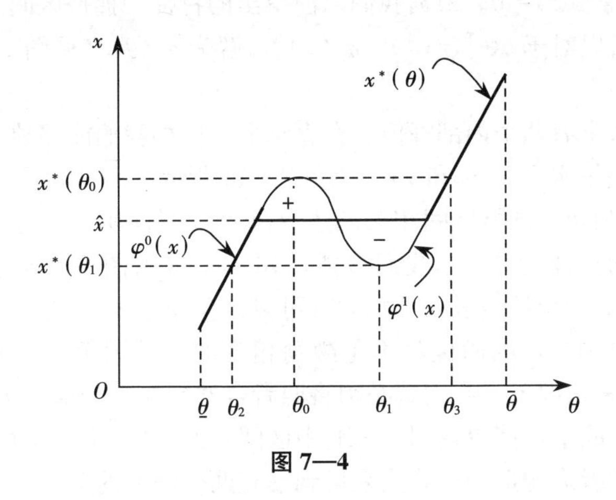

图 7—4

假如没有内部峰值，x^* 就是非递减的［回忆对于所有 θ 有 $x^*(\bar{\theta})\geqslant x^*(\theta)$］，因而它就是规划 Ⅰ 的解。如果只有一个内部峰值 θ_0，则也存在经过 θ_1 的单个内部峰值（见图 7—4）。区间 $[x^*(\theta_1),x^*(\theta_0)]$ 的逆象包含两个区间 $[\theta_2,\theta_0]$ 和 $[\theta_1,\theta_3]$，在这两个区间上 $x^*(\cdot)$ 是递增的［如果不存在 $\theta_2<\theta_0$ 使得 $x^*(\theta_2)=x^*(\theta_1)$，则令 $\theta_2\equiv\underline{\theta}$］，并且还包含一个区间 $[\theta_0,\theta_1]$，在该区间上 $x^*(\cdot)$ 是递减的。设$\varphi^0(x)$和 $\varphi^1(x)$ 代表 x 在区间 $[\theta_2,\theta_0]$ 和 $[\theta_1,\theta_3]$ 上的反函数。最后，对于每一个 $x\in[x^*(\theta_1),x^*(\theta_0)]$，定义

$$\Delta(x)\equiv\int_{\varphi^0(x)}^{\varphi^1(x)}\left(\frac{\partial V_0}{\partial x}(x,\theta)+\frac{\partial V_1}{\partial x}(x,\theta)-\frac{1-P(\theta)}{p(\theta)}\frac{\partial^2 V_1}{\partial x\,\partial\theta}(x,\theta)\right)\mathrm{d}\theta$$

注意，在 $x=x^*(\theta_0)$ 处，$\varphi^0(x)=\theta_0$，$\varphi^1(x)=\theta_3$，而且 $\Delta(x)<0$，因为对于所有的$\theta\in(\theta_0,\theta_3)$ 都有 $x>x^*(\theta)$。目标函数

$$V_0+V_1-\frac{1-P}{p}\frac{\partial^2 V_1}{\partial x\,\partial\theta}$$

对于 x 是严格凹的。类似地，在 $x=x^*(\theta_1)$ 处，$\varphi^0(x)=\theta_2$，$\varphi^1(x)=\theta_1$，并且当 $\theta_2>\underline{\theta}$ 时，有 $\Delta(x)>0$，因为对于所有的 $\theta\in(\theta_2,\theta_1)$ 都有 $x<x^*(\theta)$。进一步地，由于 x 在 $\varphi^0(x)$ 和 $\varphi^1(x)$ 处是最优的，所以，

$$\Delta'(x)=\int_{\varphi^0(x)}^{\varphi^1(x)}\left(\frac{\partial^2 V_0}{\partial x^2}(x,\theta)+\frac{\partial^2 V_1}{\partial x^2}(x,\theta)-\frac{1-P(\theta)}{p(\theta)}\frac{\partial^3 V_1}{\partial x^2\,\partial\theta}\right)\mathrm{d}\theta<0$$

如果 $\theta_2>\underline{\theta}$，则中值定理表明存在着（唯一的）$\hat{x}\in[x^*(\theta_1),x^*(\theta_0)]$使得$\Delta(\hat{x})=0$。根据我们以前得出的特征，拥挤区间为 $[\varphi^0(\hat{x}),\varphi^1(\hat{x})]$，所以对于 $\theta\notin[\varphi^0(\hat{x}),\varphi^1(\hat{x})]$，解为 $x^*(\theta)$（见图 7—4 中的粗线）。①

现在假定有两个内部峰值。在直觉上，假如我们能够独立地设计两个统一的决策水平，$\hat{x}_1$ 和 $\hat{x}_2$，如图 7—5a 所示，而且满足 $\hat{x}_1\leqslant\hat{x}_2$，并且 $\hat{x}_1$、$\hat{x}_2$ 和两个拥挤区间相关的边界满足如下性质：在每一个拥挤区间上的平均扭曲等于 0，我们就能求出解了（由图 7—5a 中的粗线表示）。如果对两个拥挤区间分别对待可以产生 $\hat{x}_1>\hat{x}_2$，则导致的决策方案就不是单调的，因而也就不是激励相容的（见图 7—5b 中断开的线段）。在这种情况下，我们就必须将两者合并到在某个水平 $\hat{x}_3$ 上的一个单个拥挤区间上，使得在图 7—5b 中区间 $[\theta_5,\theta_6]$ 上的平均扭曲为零。我们留给读者去构造一个算法来得到带有两个峰值的解。

假定 A9 意味着约束 $x(\theta)\leqslant\bar{x}$ 永远都不起作用。第一，单调性意味着对于所有的 θ 有 $x(\theta)\leqslant x(\bar{\theta})$。第二，我们看到在顶点处不存在扭曲，所以$x(\bar{\theta})=x^*(\bar{\theta})$。但是根据 A9 有 $x^*(\bar{\theta})\leqslant\bar{x}$。

何时集中于确定性机制是合理的

我们将注意力集中到下列机制上，其中决策 x 和转移 t 都是报告类型$\hat{\theta}$ 的确定性函数。更一般地，我们允许 x 和 t 具有随机值 $\tilde{x}(\hat{\theta})$ 和 $\tilde{t}(\hat{\theta})$。很明显，在拟线性效用下，引入随机的转移并不能得到任何好

---

① 如果 $\theta_2=\underline{\theta}$，这样的 $\hat{x}$ 既可能存在也可能不存在……更精确地，如果$\Delta(x^*(\underline{\theta}))\geqslant 0$，则存在这样一个 $\hat{x}$ 并且答案如上所述。如果 $\Delta(x^*(\underline{\theta}))<0$，则拥挤区域是 $[\underline{\theta},\theta_4]$，其中 $\theta_4\in[\theta_1,\theta_3]$ 且

$$\int_{\underline{\theta}}^{\theta_4}\left(\frac{\partial V_0}{\partial x}+\frac{\partial V_1}{\partial x}-\frac{1-P}{p}\frac{\partial^2 V_1}{\partial x\,\partial\theta}\right)\mathrm{d}\theta=0$$

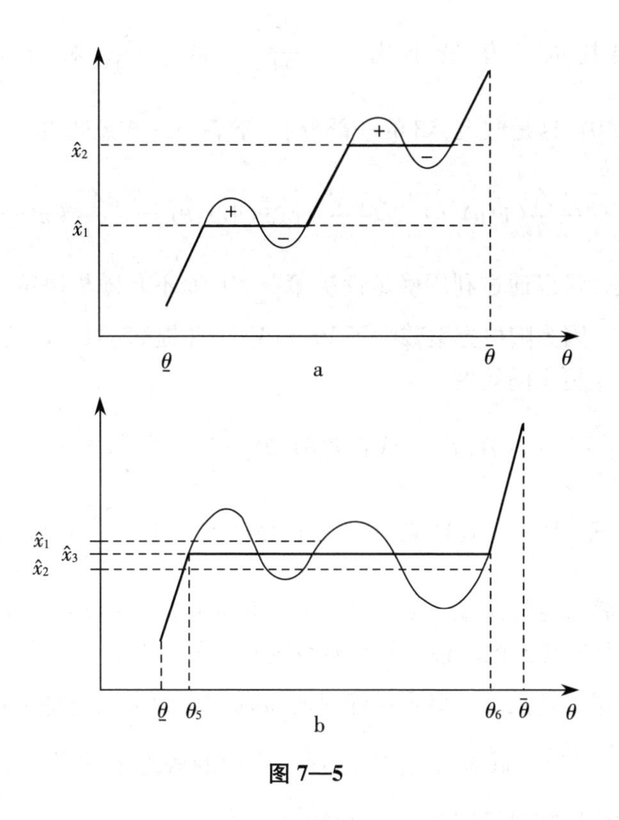

图 7—5

处，因为委托人和代理人只关心期望 $t(\hat{\theta})\equiv\mathscr{E}\tilde{t}(\hat{\theta})$。[在这个讨论中，期望是相对于随机配置所蕴涵的随机变量而言的，而不是相对于类型而言的。为了区分这两点，我们注意用 $\mathscr{E}(\cdot)$ 表示新的期望。] 这样，只需要考虑随机决策。

在众多运用中，函数 V_0 和 V_1 对于 x 都是凹的，我们在下面的讨论中也做同样的假定。这样的话，就可以通过将随机变量 $\tilde{x}$ 替换成它的期望 $x(\hat{\theta})\equiv\mathscr{E}\tilde{x}(\hat{\theta})$ 来增加 V_0 和 V_1。增加 V_0 对于委托人而言直接有利；而增加 V_1 使她能够减少代理人的收入而间接地得到帮助。因此，如果说在决策中引入随机性有什么好处，则一定是随机性放松了激励约束。回忆激励约束可以由代理人的租金或者效用随着他的类型递增的速度来表示（如果甄别条件成立，还要加上决策对于代理人类型是递增的这一条件）。对于一个随机的方案而言，由包络定理得到

$$\dot{U}_1(\theta)=\mathscr{E}\Big(\frac{\partial V_1}{\partial\theta}(\tilde{x}(\theta),\theta)\Big)$$

假设，比如说，u_1 对于 θ 是递增的。那么，为了最小化函数 $U_1(\cdot)$ 的

斜率，委托人希望最小化 $\mathscr{E}\left[\frac{\partial V_1}{\partial\theta}\right]$。如果 $\frac{\partial V_1}{\partial\theta}$ 对于 x 是凹的 $\left(\frac{\partial^3 V_1}{\partial\theta\,\partial x^2}\geqslant 0\text{，这是假定 A8 的一部分}\right)$，詹森不等式意味着

$$\mathscr{E}\left[\frac{\partial V_1}{\partial\theta}(\tilde{x}(\theta),\theta)\right]\geqslant\frac{\partial V_1}{\partial\theta}(\mathscr{E}(\tilde{x}(\theta)),\theta)=\frac{\partial V_1}{\partial\theta}(x(\theta),\theta)$$

也就是说，可以通过利用确定性决策 $x(\theta)$ 而不是随机决策 $\tilde{x}(\theta)$ 来减小 $\dot{U}_1(\theta_1)$。因为随机方案减少了 V_0 和 V_1，并提高了 $\dot{U}$，它们对于委托人而言产生更少的效用：

$$\begin{aligned}&\mathrm{E}_\theta\left[\mathscr{E}V_0(\tilde{x}(\theta),\theta)+\mathscr{E}V_1(\tilde{x}(\theta),\theta)-\int_{\underline{\theta}}^{\theta}\mathscr{E}\frac{\partial V_1}{\partial\eta}(\tilde{x}(\eta),\eta)\mathrm{d}\eta\right]\\&\leqslant\mathrm{E}_\theta\left[V_0(\mathscr{E}(\tilde{x}(\theta)),\theta)+V_1(\mathscr{E}(\tilde{x}(\theta)),\theta)-\int_{\underline{\theta}}^{\theta}\frac{\partial V_1}{\partial\eta}(\mathscr{E}(\tilde{x}(\eta)),\eta)\mathrm{d}\eta\right]\end{aligned}$$

反过来，将确定性决策 $x(\theta)$ 转换成一个随机决策 $\tilde{x}(\theta)$，并且使得对于每一个 θ 都有相同的均值，就会减少委托人的福利。因此我们得出如下结论：如果代理人对于确定性配置的激励相容约束完全是由式 $\dot{U}_1(\theta)=\frac{\partial V_1(x(\theta),\ \theta)}{\partial\theta}$ 刻画的，就像在定理 7.4 中的假定下那样，则委托人就无法通过使用随机机制来获得好处。

与之相比，如果 $\frac{\partial V_1}{\partial\theta}$ 对于 x 是严格凹的（即 $\frac{\partial^3 V_1}{\partial\theta\,\partial x^2}<0$），则委托人就可以通过使用随机决策来降低代理人的租金。那么，委托人就必须在随机方案的成本（效率的降低，亦即 V_0+V_1 的减少）和收益（代理人租金 U_1 的减少）之间进行权衡。关于随机机制方面更多的讨论，请参见 Maskin（1981）。[①]

参考文献

Akerlof, G. 1970. The market for lemons. *Quarterly Journal of Economics* 89: 488 - 500.

① 马斯金和赖利（Maskin and Riley，1984b）给出了在非拟线性效用的情况下使得随机激励机制不是最优的一个充分条件。

Arrow, K. 1979. The property rights doctrine and demand revelation under incomplete information. In *Economies and Human Welfare*. Academic Press.

Bagnoli, M. , and T. Bergstrom. 1989. Log-concave probability and its applications. Discussion paper 89—23, University of Michigan.

Baron, D. 1985. Noncooperative regulation of a nonlocalized externality. *Rand Journal of Economics* 16: 533 - 568.

Baron, D. , and D. Besanko. 1984a. Regulation and information in a continuing relationship. *Information Economics and Policy* 1: 447 - 470.

Baron, D. , and D. Besanko. 1984b. Regulation, asymmetric information and auditing. *Rand Journal of Economics* 15: 447 - 470.

Baron, D. , and D. Besanko. 1987. Commitment and fairness in a continuing relationship. *Review of Economic Studies* 54: 413 - 436.

Baron, D. , and R. Myerson. 1982. Regulating a monopolist with unknown costs. *Econometrica* 50: 911 - 930.

Besanko, D. , and A. Thakor. 1987. Collateral and rationing: Sorting equilibria in monopolistic and competitive credit markets. *International Economic Review* 28: 671 - 689.

Bester, H. 1985. Screening vs. rationing in credit markets with imperfect information. *American Economic Review* 75: 850 - 855.

Caillaud, B. , R. Guesnerie, and P. Rey. 1986. Noisy observation in adverse selection models. Mimeo, EHESS, Paris.

Caillaud, B. , B. Jullien, and P. Picard. 1990. Publicly announced contracts, private renegotiation and precommitment effects. Mimeo, CEPREMAP, Paris.

Champsaur, P. , and J. -C. Rochet. 1989. Multiproduct duopolists. *Econometrica* 57: 533 - 558.

Clarke, E. 1971. Multipart pricing of public goods. *Public Choice* 8: 19 - 33.

Coase, R. 1960. The problem of social cost. *Journal of Law and Economics* 3: 1—44.

Cramton, P. , R. Gibbons and P. Klemperer. 1987. Dissolving a partnership efficiently. *Econometrica* 55: 615 - 632.

Crémer, J. , and R. McLean. 1985. Optimal selling strategies under uncertainty for a discriminating monopolist when demands are interdependent. *Econometrica* 53：345－361.

Crémer，J.，and R. McLean. 1988. Full extraction of the surplus in Bayesian and dominant strategy auctions. *Econometrica* 56：1247－1258.

Crémer，J.，and M. Riordan. 1985. A sequential solution to the public goods problem. *Econometrica* 53：77－84.

Dasgupta，P.，P. Hammond，and E. Maskin. 1979. The implementation of social choice rules. *Review of Economic Studies* 46：185－216.

d'Aspremont，C.，J. Crémer，and L. A. Gérard-Varet. 1990a. On the existence of Bayesian and non-Bayesian revelation mechanisms. *Journal of Economic Theory*，forthcoming.

d'Aspremont，C.，J. Crémer，and L. A. Gérard-Varet. 1990b. Bayesian implementation of non Pareto-optimal social choice functions. Mimeo，CORE.

d'Aspremont，C.，and L. A. Gerard-Varet. 1979. Incentives and incomplete information. *Journal of Public Economics* 11：25－45

Demski，J.，and D. Sappington. 1984. Optimal incentive contracts with multiple agents. *Journal of Economic Theory* 33：152－171.

Dewatripont，M. 1989. Renegotiation and information revelation over time：The case of optimal labor contracts. *Quarterly Journal of Economics* 104：589－620.

Freixas，X.，R. Guesnerie，and J. Tirole. 1985. Planning under incomplete information and the ratchet effect. *Review of Economic Studies* 52：173－192.

Fudenberg，D.，and J. Tirole. 1990. Moral hazard and renegotiation in agency contracts. *Econometrica* 58：1279－1320.

Gal-Or，E. 1989. A common agency with incomplete information. Mimeo，University of Pittsburgh.

Gibbard，A. 1973. Manipulation for voting schemes. *Econometrica* 41：587－601.

Green，J.，and J.-J. Laffont. 1977. Characterization of satisfactory mechanisms for the revelation of preferences for public goods. *Econometrica* 45：427－438.

Green, J., and J.-J. Laffont. 1979. *Incentives in Public Decision Making*. North-Holland.

Gresik, T., and M. Satterthwaite. 1989. The rate at which a simple market converges to efficiency as the number of traders increases: An asymptotic result for optimal trading mechanisms. *Journal of Economic Theory* 48: 304 - 332.

Groves, T. 1973. Incentives in teams. *Econometrica* 41: 617 - 631.

Guesnerie, R., and J.-J. Laffont. 1984. A complete solution to a class of principal-agent problems with an application to the control of a self-managed firm. *Journal of Public Economics* 25: 329 - 369.

Gul, F., and A. Postlewaite. 1988. Asymptotic efficiency in large exchange economies with asymmetric information. Mimeo, Stanford Graduate School of Business and University of Pennsylvania.

Hadley, G., and M. Kemp. 1971. *Variational Methods in Economics*. North-Holland.

Harris, M., and A. Raviv. 1981. Allocation mechanisms and the design of auctions. *Econometrica* 49: 1477 - 1500.

Hart, O., and J. Tirole. 1988. Contract renegotiation and Coasian dynamics. *Review of Economic Studies* 55: 509 - 540.

Holmström, B. 1979. Groves' scheme on restricted domains. *Econometrica* 47: 1137 - 1144.

Holmström, B., and R. Myerson. 1983. Efficient and durable decision rules with incomplete information. *Econometrica* 51: 1799 - 1820.

Hurewicz, W. 1958. *Lectures on Ordinary Differential Equations*. MIT Press.

Hurwicz, L. 1972. On informationally decentralized systems. In *Decision and Organization*, ed. M. McGuire and R. Radner. North-Holland.

Johnson, S., J. Pratt, and R. Zeckhauser. 1990. Efficiency despite mutually payoff-relevant private information: The finite case. *Econometrica* 58: 873 - 900.

Kofman, F., and J. Lawarrée. 1989. Collusion in hierarchical agency. Mimeo, University of California, Berkeley.

Laffont, J.-J. (ed.) 1979. *Aggregation and Revelation of Pref-*

erences. North-Holland.

Laffont, J.-J. (1989). *The Economics of Uncertainty and Information*. MIT Press.

Laffont, J.-J., and E. Maskin. 1979. A differentiable approach to expected utility maximizing mechanisms. In *Aggregation and Revelation of Preferences*, ed. J.-J. Laffont. North-Holland.

Laffont, J.-J., and E. Maskin. 1980. A differential approach to dominant strategy mechanisms. *Econometrica* 48: 1507 – 1520.

Laffont, J.-J., and E. Maskin. 1982. The theory of incentives: An overview. In *Advances in Economic Theory*, ed. W. Hildenbrand. Cambridge University Press.

Laffont, J.-J., E. Maskin, and J.-C. Rochet. 1987. Optimal nonlinear pricing with two-dimensional characteristics. In *Information, Incentives, and Economic Mechanisms*, ed. T. Groves, R. Radner, and S. Reiter. University of Minnesota Press.

Laffont, J.-J., and J. Tirole. 1986. Using cost observation to regulate firms. *Journal of Political Economy* 94: 614 – 641.

Laffont, J.-J., and J. Tirole. 1987a. Auctioning incentive contracts. *Journal of Political Economy* 95: 921 – 937.

Laffont, J.-J., and J. Tirole. 1987b. Comparative statics of the optimal dynamic incentives contract. *European Economic Review* 31: 901 – 926.

Laffont, J.-J., and J. Tirole. 1988. The dynamics of incentive contracts. *Econometrica* 56: 1153 – 1176.

Laffont, J.-J., and J. Tirole. 1990a. Optimal bypass and cream-skimming. *American Economic Review* 80: 1042 – 1061.

Laffont, J.-J., and J. Tirole. 1990b. Adverse selection and renegotiation in procurement. *Review of Economic Studies* 57: 597 – 626.

Laffont, J.-J., and J. Tirole. 1990c. Privatization and incentives. Mimeo, Université de Toulouse.

Ledyard, J., and T. Palfrey. 1989. Interim efficient public good provision and cost allocation with limited side payments. Mimeo, California Institute of Technology.

Lewis, T., and D. Sappington. 1989a. Inflexible rules in incentive problems. *American Economic Review* 79: 69－84.

Lewis, T., and D. Sappington. 1989b. Countervailing incentives in agency problems. *Journal of Economic Theory* 49: 294－313.

Ma, C., J. Moore, and S. Turnbull. 1988. Stopping agents from "cheating." *Journal of Economic Theory* 46: 355－372.

Mailath, G., and A. Postlewaite. 1990. Asymmetric-information bargaining problems with many agents. *Review of Economic Studies* 57: 351－368.

Martimort, D. 1990. Multiple principals and asymmetric information. Mimeo, Université de Toulouse.

Maskin, E. 1977. Nash equilibrium and welfare optimality. Mimeo.

Maskin, E. 1981. Randomization in incentive schemes. Mimeo, Harvard University.

Maskin, E., and J. Riley. 1980. Auction design with correlated values. Mimeo, University of California, Los Angeles.

Maskin, E., and J. Riley. 1984a. Monopoly with incomplete information. *Rand Journal of Economics* 15: 171－196.

Maskin, E., and J. Riley. 1984b. Optimal auctions with risk averse buyers. *Econometrica* 52: 1473－1518.

Maskin, E., and J. Tirole. 1989. The principal-agent relationship with an informed principal. II: Common values. *Econometrica*, forthcoming.

Maskin, E., and J. Tirole. 1990. The principal-agent relationship with an informed principal. I: Private Values. *Econometrica* 58: 379－410.

Matthews, S. 1983. Selling to risk-averse buyers with unobservable tastes. *Journal of Economic Theory* 30: 370－400.

Matthews, S. 1984. On the implementability of reduced form auctions. *Econometrica* 52: 1619－1522.

Matthews, S., and J. Moore. 1987. Monopoly provision of quality and warranties: An exploration in the theory of multidimensional screening. *Econometrica* 52: 441－468.

McAfee, P., and J. McMillan. 1987a. Auctions and bidding. *Journal of Economic Literature* 25: 699－738.

McAfee, P., and J. McMillan. 1987b. Government procurement

and international trade: Implications of auction theory. Mimeo, University of Western Ontario.

McAfee, P., and J. McMillan. 1988. Multidimensional incentive compatibility and mechanism design. *Journal of Economic Theory* 46: 335 - 354.

McAfee, P., J. McMillan, and P. Reny. 1989. Extracting the surplus in the common-value auction. Mimeo, University of Western Ontario.

Melumad, N., and S. Reichelstein. 1989. Value of communication in agencies. *Journal of Economic Theory* 47: 334 - 368.

Milgrom, P. 1987. Auction theory. In *Advances in Economic Theory, Fifth World Congress*, ed. T. Bewley. Cambridge University Press.

Mirrlees, J. 1971. An exploration in the theory of optimum income taxation. *Review of Economic Studies* 38: 175 - 208.

Mookherjee, D., and S. Reichelstein. 1988. Implementation via augmented revelation mechanisms. Discussion paper 985, Graduate School of Business, Stanford University.

Mookherjee, D., and S. Reichelstein. 1989. Dominant strategy implementation of Bayesian incentive compatible allocation rules. Mimeo, Stanford University.

Moore, J. 1984. Global incentive constraints in auction design. *Econometrica* 52: 1523 - 1535.

Moore, J. 1985. Optimal labour contracts when workers have a variety of privately observed reservation wages. *Review of Economic Studies* 52: 37 - 67.

Moore, J. 1988. Contracting between two parties with private information. *Review of Economic Studies* 55: 49 - 70.

Moore, J. 1990. Implementation, contracts, and renegotiation in environments with symmetric information. In *Advances in Economic Theory, Sixth World Congress*, ed. J. -J. Laffont. Cambridge University Press.

Moore, J., and R. Repullo. 1989. Subgame perfect implementation. *Econometrica* 56: 1191 - 1220.

Mussa, M., and S. Rosen. 1978. Monopoly and product quality. *Journal of Economic Theory* 18: 301–317.

Myerson, R. 1979. Incentive compatibility and the bargaining problem, *Econometrica* 47: 61–73.

Myerson, R. 1981. Optimal auction design. *Mathematics of Operations Research* 6: 58–73.

Myerson, R. 1983. Mechanism design by an informed principal. *Econometrica* 51: 1767–1797.

Myerson, R., and M. Satterthwaite 1983. Efficient mechanisms for bilateral trading. *Journal of Economic Theory* 28: 265–281.

Palfrey, T., and H. Rosenthal. 1985. Voter participation and strategic uncertainty. *American Political Science Review* 79: 62–78.

Palfrey, t., and S. Srivastava. 1989. Implementation with incomplete information in exchange economies. *Econometrica* 56: 115–134.

Postlewaite, A., and D. Schmeidler. 1986. Implementation in differential information economies. *Journal of Economic Theory* 39: 14–33.

Prekova, A. 1973. On logarithmic concave measures and functions. *Acta Sci. Math. (Szeged)* 34: 335–343.

Riley, J., and W. Samuelson. 1981. Optimal auctions. *American Economic Review* 71: 381–392.

Rob, R. 1989. Pollution claims settlements with private information. *Journal of Economic Theory* 47: 307–333.

Roberts, J. 1976. The incentives for correct revelation of preferences and the number of consumers. *Journal of Public Economics* 6: 359–374.

Roberts, J., and A. Postlewaite. 1976. The incentives for price-taking behavior in large economies. *Econometrica* 44: 115–128.

Rochet, J.-C. 1985. The taxation principle and multi-time Hamilton-Jacobi equations. *Journal of Mathematical Economics* 14: 113–128.

Rockafellar, T. 1970. *Convex Analysis*. Princeton University Press.

Satterthwaite, M., and S. Williams. 1989. Bilateral trade with the sealed-bid k-double auction: Existence and efficiency. *Journal of Economic Theory* 48: 107–133.

Spier, K. 1989. Efficient mechanisms for pretrial bargaining. Mimeo, Harvard University.

Stiglitz, J. 1977. Monopoly, nonlinear pricing, and imperfect information: The insurance market. *Review of Economic Studies* 44: 407 - 430.

Stole, L. 1990a. Mechanism design under common agency. Mimeo, Massachusetts Institute of Technology.

Stole, L. 1990b. The economics of liquidated damage clauses in contractual environments with private information. Mimeo, Massachusetts Institute of Technology.

Vickrey, W. 1961. Counterspeculation, auctions and competitive sealed tenders. *Journal of Finance* 16: 8 - 37.

Wilson, R. 1985. Incentive efficiency of double auctions. *Econometrica* 53: 1101 - 1117.

第4篇

不完全信息的动态博弈

第8章　均衡的精炼：完美贝叶斯均衡、序贯均衡和颤抖手完美性

8.1　导言[†]

在第3章中引入的子博弈完美性的概念对于不完全信息博弈是不起作用的，即使在每一期的期末参与人都观察到了别人的行动：由于参与人不知道别人的类型，所以从某一时期的开始并不能构成一个定义良好的子博弈，除非已经给定了参与人的后验信念，因此，我们无法检验后续策略是否是一个纳什均衡。①

不完全信息博弈所导致的复杂性在"信号传递"博弈中最容易看出来，这里信号传递博弈是指领导者—追随者博弈，其中只有领导者具有私人信息。领导者先行动；追随者观察到领导者的行动，但不知道领导者的类型是什么，然后选择自己的行动。一个例子是斯宾塞（Spence，1974）著名的劳动力市场模型。在该模型中，领导者是一个知道自己生产率的工人，并且她必须选择一个教育水平；而追随者是一家厂商（或数家厂商），观察到了工人的努力水平，但不知道她的生产率，然后决定付给她多少工资。在该模型中子博弈完美性的精神在于，对于工人选择的任何教育水平，后续策略——即所获得的工资，应该是"合理"的，也就是说，要与后续博弈中的均衡策略相一致。现在，支付的合理工资将主要取决于厂商对于工人生产率的信念，而这个信念反过来又取

① 正式地讲，不完全信息博弈的唯一适当子博弈就是整个博弈，所以任何纳什均衡都是子博弈完美的。

决于工人可观察到的教育水平。如果教育水平在均衡中是被赋予正概率的，则工人生产率的后验分布就可以运用贝叶斯法则计算出来。然而，如果观察到的教育水平在均衡中被赋予零概率，则贝叶斯法则就不能确定生产率的后验分布，这时合理的工资将取决于后验概率是如何确定的。因此，为了将子博弈完美性扩展到这些博弈中，我们就需要说明当观察到的先验概率为零时，参与人是如何更新他们关于对手类型的信念的。

在本章的开始发展了两个解的概念："完美贝叶斯均衡"以及克雷普斯和威尔逊（Kreps and Wilson，1982a）的"序贯均衡"，它们将子博弈完美性扩展到不完全信息博弈。如果将子博弈完美性、贝叶斯均衡以及贝叶斯推论的思想综合起来，我们就得到了完美贝叶斯均衡，其中贝叶斯推论是指：给定参与人的后验概率，要求策略在每一个"后续博弈"中都能产生一个贝叶斯均衡，并且要求只要贝叶斯法则适用，信念就应该根据贝叶斯法则加以更新。序贯均衡也是类似的，但它对于参与人更新信念的方式施加了更多的限制。在上述信号传递博弈中，这两个概念是相同的，而且它们对于出现零概率事件后的信念所施加的限制是非常弱的：任何后验信念，只要它对于类型的先验分布的支撑赋予概率1，就都是允许的。在更复杂的博弈中，这两个概念可能会对于所允许的信念施加更多的限制，因此对于均衡施加更多限制也就显得非常合理了。

由于不完全信息可以模型化为一种不完美信息（Harsanyi，1967—68），所以，有关非均衡信念的类似问题若出现在信息完全但不完美的博弈中也就不足为奇了。重要的是有些参与人的行动可以将信息传递给其他参与人；这个信息可以是某个参与人观察到的但是其他参与人都没有观察到的任何东西，包括参与人自己过去的行动。图8—1中的简单例子来自泽尔滕（Selten，1975）。在这个博弈中，参与人1有三个行动：L，M和R。如果它采用L，博弈结束，收益为（2，2）。如果采用M或R，则参与人2必须在A和B之间进行选择，在选择时参与人2并不知道参与人1是选择M还是R。（这就是为什么在M和R两个节点之间要用虚线连接起来——用3.3节的术语来说，它们属于参与人2的同一个信息集。）如果参与人1选择M，参与人2选择A，收益就为（0，0）；（M，B）的收益为（0，1），（R，A）的收益为（1，0），（R，B）的收益为（3，1）。

该博弈有两个纯策略纳什均衡，（L，A）和（R，B），它们都是

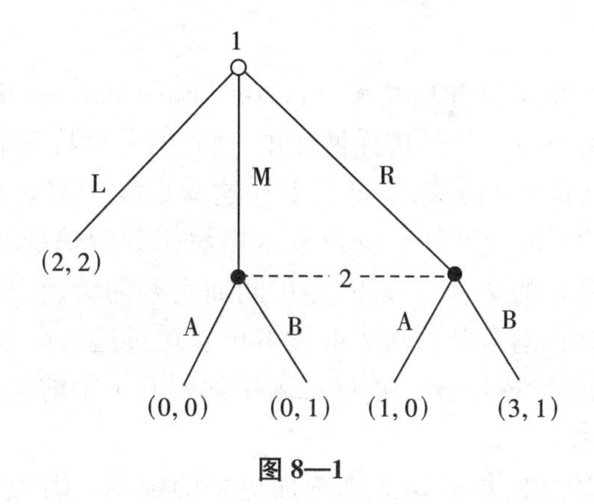

图8—1

子博弈完美的。[要观察到（L，A）是子博弈完美的，请注意由于参与人2在A和B之间选择时并不知道参与人1的行动，所以我们无法检验从那一点以后选择A是否是“纳什均衡”的一部分。任何让参与人1选择L且参与人2至少以1/2的概率选择A的混合策略组合也是一个纳什均衡。]但是要注意，当参与人1偏离而并不采取L时，无论参与人2对于M和R的相对概率的“信念”是什么，参与人2的最优行动是选择B，所以在这个博弈中，选择A就类似于支付给工人一个工资，且对于他生产率的任何后验信念来说，该工资都是不合理的。

在本章中，我们所要发展的完美贝叶斯均衡的一个简单的形式将只限于带有可观察到的行动和不完全信息的多阶段博弈，我们在这一章中将简单称之为“多阶段博弈”。与之相对照，序贯均衡是为一般的博弈定义的，排除了图8—1中的（L，A）均衡。该均衡也被泽尔滕（Selten，1975）的“颤抖手完美性”的概念所排除，这在历史上要先于克雷普斯和威尔逊的序贯均衡，而且与之关系相当密切，因为在这两篇论文中都考虑了受扰动的博弈并对其加以精炼，在这些博弈中参与人“颤抖”并以极其小的概率采取次优行动。

我们将历史顺序倒过来，先讨论序贯均衡再讨论颤抖手均衡，因为序贯均衡强调参与人信念的形成，我们发现这一方法更容易理解。我们的讨论的另一个特别之处在于，大多数关于精炼的文献考虑的是一般的扩展式，而我们将从研究带有可观察到的行动的多阶段博弈开始，这里唯一相关的私人信息就是每一个参与人关于自己类型的知识。这是经济学文献中最常遇到的一种私人信息，它在第9章和第10章的运用中非常重要。[①②]

8.2节引入完美贝叶斯均衡（perfect Bayesian equilibrium，PBE）的概念。8.2.1小节以信号传递博弈中PBE的一个特殊情形作为开始。8.2.2小节将其运用到掠夺性定价上［这受启发于克雷普斯和威尔逊（Kreps and Wilson，1982b）以及米尔格罗姆和罗伯茨（Milgrom and Roberts，1982b）的文章］，以及运用到斯宾塞的劳动力市场信号传递博弈；熟悉这些内容和类似例子的读者可以跳过这一小节。8.2.3小节将PBE扩展到多阶段博弈，并将其运用到例6.1中的公共产品博弈的重复性版本上来。

PBE要比单独的贝叶斯法则施加更多的限制，因为它对于零概率事件的信念施加了一些限制。特别地，当初始信念认为类型是互相独立时，PBE要求后验信念也认为类型是互相独立的，任何两个参与人对于第三方的类型拥有相同的信念，并且如果参与人i偏离而参与人j不偏离，则关于参与人j的信念要根据贝叶斯法则予以更新。

8.3节发展了序贯均衡的概念，它是为一般的扩展式博弈定义的，并且要比PBE对于零概率事件后的信念施加更多的限制。在序贯博弈中，参与人的信念就好像在每一个信息集中都有一个"颤抖"或犯错误的小概率，而且每一个信息集中的颤抖在统计上都与其他信息集中的颤抖互相独立，每一个颤抖的概率只取决于在那个信息集下可得的信息。我们讨论了促使克雷普斯和威尔逊提出他们概念的动机，并将之与多阶段博弈中的PBE相比较。我们会解释，序贯均衡要比PBE更强，除非博弈最多有两期而且每一个参与人最多有两个类型。为了说明序贯均衡的定义，我们后来又发展了PBE的一个扩展版本，它等价于一般的带有可观察行动的多阶段博弈中的序贯均衡。

8.4节描述了相关的（且在历史上更早的）基于策略式的精炼。我们集中于策略式精炼并不意味着忽略对于诸如完美性的扩展式的考虑。泽尔滕（Selten，1975）的初衷是引入小的颤抖以使得所有纯策略都有

① 这并不是说，其他的博弈在经济学上都不重要。例如，道德风险的情况就不是对应于带有可观察到的行动的多阶段博弈。

② 关于不确定性和信息的很多早期模型在本质上都是动态的，并暗中用到了完美贝叶斯均衡。例子包括奥曼和马赫勒（Aumann and Machler，1966）的裁军博弈，阿克洛夫（Akerlof，1970）和斯宾塞（Spence，1974）的市场博弈，奥尔特加-赖克特（Ortega-Reichert，1967）对于重复的一级拍卖的分析。对该思想的第一次正式运用是米尔格罗姆和罗伯茨（Milgrom and Roberts，1982a）的文章，后来又出现了克雷普斯和威尔逊（Kreps and Wilson，1982b）以及米尔格罗姆和罗伯茨（Milgrom and Roberts，1982b）的文章。

正的概率，并要求参与人（在他们以小概率颤抖的约束下）面对对手错乱的策略进行最优化，由于所有结果都有正的概率，所以完美性的问题——即在纳什均衡中，在未达到的子博弈里一个参与人可以毫无成本地采取任何疯狂的策略——不会出现。“颤抖手完美均衡”是当颤抖趋于 0 时的带颤抖的纳什均衡的极限。颤抖手完美均衡集和序贯均衡集对于几乎所有的博弈都是重合的。8.4 节描述了迈尔森（Myerson，1978）给出的一个颤抖手完美均衡的精炼。一个“适当均衡”要求在更差的反应上参与人颤抖得更少。第 11 章讨论了与“前向归纳法”有关的更强的精炼。

最后，在引入更多的均衡精炼之前，我们应该注意到，由于本章的概念加强了子博弈完美性，所以它们也存在着我们在第 3 章所讲到的保留之处，以及我们将要阐述的其他保留之处。特别地，所有这些精炼都假设所有参与人都预期对手会继续根据均衡策略行事，即使对手偏离了均衡路径以后也是如此。

8.2　多阶段不完全信息博弈的完美贝叶斯均衡[†]

8.2.1　基本的信号传递博弈

信号传递博弈是包含信念更新和完美性问题的一种最简单的博弈。在这些博弈中有两个参与人，参与人 1 是领导者（也称为发送方，因为他发送一个信号），参与人 2 是追随者（或接收方）。参与人 1 具有关于在 Θ 中的类型 θ 的私人信息，并在 A_1 中选择行动 a_1。（因为这里不会引起混淆，我们去掉关于参与人 1 类型的下标。）为简单起见，假定参与人 2 的类型是共同知识，观察到 a_1 并选择 A_2 中的 a_2。混合行动空间是 $\mathscr{A}_1$ 和 $\mathscr{A}_2$，其对应的元素是 α_1 和 α_2。参与人 i 的收益表示为 $u_i(\alpha_1, \alpha_2, \theta)$。在博弈开始之前，参与人 2 关于参与人 1 类型的先验信念 p 是共同知识。参与人 1 的策略规定了对于每一种类型 θ 在行动 a_1 上的一个概率分布 $\sigma_1(\cdot \mid \theta)$。参与人 2 的策略则规定了对于每一个行动 a_1 在行动 a_2 上的一个概率分布 $\sigma_2(\cdot \mid a_1)$。当参与人 2 采取 $\sigma_2(\cdot \mid a_1)$ 时，类型 θ 对于策略 $\sigma_1(\cdot \mid \theta)$ 的收益为

$$u_1(\sigma_1, \sigma_2, \theta) = \sum_{a_1} \sum_{a_2} \sigma_1(a_1 \mid \theta) \sigma_2(a_2 \mid a_1) u_1(a_1, a_2, \theta)$$

当参与人 1 采取 $\sigma_1(\cdot \mid \theta)$ 时，参与人 2 对于策略 $\sigma_2(\cdot \mid a_1)$ 的（事

前）收益为

$$\sum_{\theta} p(\theta)\Big(\sum_{a_1}\sum_{a_2}\sigma_1(a_1 \mid \theta)\sigma_2(a_2 \mid a_1)u_2(a_1, a_2, \theta)\Big)$$

参与人 2 在选择自己的行动前观察到了参与人 1 的行动，应该更新她对 θ 的信念，并且根据 Θ 上的后验概率 $\mu(\cdot \mid a_1)$ 作出自己的选择 a_2。这个后验概率是如何形成的呢？在贝叶斯均衡中，参与人 1 的行动要取决于他的类型。用 $\sigma_1^*(\cdot \mid \theta)$ 代表这一策略。知道了 σ_1^* 并观察到 a_1 后，参与人 2 就可以用贝叶斯法则将 $p(\cdot)$ 更新到 $\mu(\cdot \mid a_1)$ 之中。子博弈完美均衡向信号传递博弈的自然扩展就是完美贝叶斯均衡，它要求对于每一个 a_1，参与人 2 都要在 a_1 的条件下最大化她的收益，其中对于策略 $\sigma_2(\cdot \mid a_1)$ 的条件收益是

$$\begin{aligned}&\sum_{\theta}\mu(\theta \mid a_1)u_2(a_1, \sigma_2(\cdot \mid a_1), \theta)\\ &= \sum_{\theta}\sum_{a_2}\mu(\theta \mid a_1)\sigma_2(a_2 \mid a_1)u_2(a_1, a_2, \theta)\end{aligned}$$

定义 8.1 信号传递博弈的一个完美贝叶斯均衡是一个策略组合 σ^* 和后验信念 $\mu(\cdot \mid a_1)$，使得

$$(\mathrm{P}_1) \quad \forall\theta, \sigma_1^*(\cdot \mid \theta) \in \arg\max_{a_1} u_1(a_1, \sigma_2^*, \theta)$$

$$(\mathrm{P}_2) \quad \forall a_1, \sigma_2^*(\cdot \mid a_1) \in \arg\max_{\alpha_2} \sum_{\theta}\mu(\theta \mid a_1)u_2(a_1, \alpha_2, \theta)$$

且

$$(\mathrm{B}) \quad \mu(\theta \mid a_1) = p(\theta)\sigma_1^*(a_1 \mid \theta) \Big/ \sum_{\theta' \in \Theta} p(\theta')\sigma_1^*(a_1 \mid \theta')$$

如果 $\sum_{\theta' \in \Theta} p(\theta')\sigma_1^*(a_1 \mid \theta') > 0$，

并且 $\mu(\cdot \mid a_1)$ 是 Θ 上的任意概率分布

如果 $\sum_{\theta' \in \Theta} p(\theta')\sigma_1^*(a_1 \mid \theta') = 0$

P_1 和 P_2 是完美性条件。P_1 表明参与人 1 把 a_1 对于参与人 2 的行动[①]的影响考虑进来；P_2 表明参与人 2 在给定对于 θ 的后验信念时，对于参与人 1 的行动作出最优反应。B 对应于贝叶斯法则的运用。注意，

① 回忆如果支撑某个混合策略的所有行动都最大化参与人的收益，则该混合策略就是一个最优反应，所以条件 P_1 等价于

$$a_1 \in \text{support } \sigma_1^*(\cdot \mid \theta) \Leftrightarrow a_1 \in \arg\max_{\tilde{a}_1} u_1(\tilde{a}_1, \sigma_2^*(\cdot \mid \tilde{a}_1), \theta)$$

如果 a_1 不是参与人 1 在某种类型下的最优策略的一部分，则观察到的 a_1 就是一个零概率事件，贝叶斯法则也就无法确定后验信念。由于任何后验信念都是允许的，所以在某种信念下的任何一个最优反应都可以采用。(这意味着唯一被排除掉的是那些在给定采取 a_1 时被占优的行动)。其实，对完美贝叶斯均衡进行精炼的目的是对这些后验信念施加限制。正如我们将在 8.3 节所看到的那样，这里定义的 PBE 的概念等价于这类信号传递博弈的序贯均衡。

这样，一个 PBE 就是一套策略和信念，使得在博弈的任何阶段，给定信念后策略就是最优的，并且这些信念是根据贝叶斯法则从均衡策略和观察到的行动中得出来的。

注意策略与信念之间的联系：信念与策略是一致的，在给定信念下这些策略是最优的。由于这种循环性，当存在不完全信息时，PBE 就不能用逆向递归法加以确定，即使参与人每次只行动一步。(回忆在完美信息下，完美均衡可由逆向递归法确定。)

8.2.2　信号传递博弈的例子

为了帮助大家建立起直观的认识，我们将非常详细地分析两个信号传递博弈的例子。已经熟悉米尔格罗姆-罗伯茨限制定价模型中的分离与混同均衡思想的读者可以直接跳到 8.2.3 小节。

例 8.1　两期声誉博弈

下面是克雷普斯-威尔逊 (Kreps-Wilson, 1982b) -米尔格罗姆-罗伯茨 (Milgrom-Roberts, 1982b) 声誉模型的一个非常简化的版本。有两个厂商 ($i=1, 2$)。在时期 1，这两家厂商都在市场上。只有厂商 1 (“在位者”) 采取行动 a_1。行动空间中有两个元素：“争夺”和“容纳”。如果厂商 1 容纳，则厂商 2 (“进入者”) 有利润 D_2，如果厂商 1 争夺，则厂商 2 有利润 P_2，其中 $D_2>0>P_2$。厂商 1 具有两个潜在类型：“清醒的”和“疯狂的”。一个清醒的厂商 1 在它容纳时获得 D_1，在争夺时获得 P_1，其中 $D_1>P_1$。所以一个清醒的厂商宁愿选择容纳而不是争夺。然而，它更偏好垄断，这时它每期都能获得 M_1，$M_1>D_1$。当厂商 1 是疯狂的时候，厂商 1 喜欢掠夺的行为，所以采取争夺 (效用函数使得他认为争夺总是值得的)。令 p (或 $1-p$) 表示厂商 1 是清醒的 (相应地，疯狂的) 先验概率。

在时期 2，只有厂商 2 选择行动 a_2。这个行动可以取两个值：“留下”和“退出”。倘若厂商 2 留下，如果厂商 1 事实上是清醒的，他就得到收益

D_2；如果他是疯狂的，则得到收益 P_2；如果厂商2退出，他就得到收益0。该思想是，除非厂商1是疯狂的，否则厂商1在第二期中不会争夺，因为最后没有理由要建立或维护一个声誉。(这一假定可以从对第二期竞争的描述中更正式地推导出来。）如果厂商2留下，则清醒的厂商1得到 D_1，如果厂商2退出则得到 M_1。我们用 δ 来表示两期之间的贴现率。

我们已经假定疯狂的类型总是争夺的。因此所要研究的有趣事情是清醒类型的行为。从静态的观点看，它想在第一期选择容纳；然而，争夺可能会使厂商2相信厂商1是疯狂类型的，并因此退出（因为 $P_2<0$），从而增加了第二期的利润。

让我们先从对潜在的完美贝叶斯均衡的分类开始。一个分离均衡是指这样一个均衡：两种类型的厂商1在第一期选择两个不同的行动。此处这意味着，清醒的类型选择容纳。注意在一个分离均衡中，厂商2在第二期拥有完全信息：

$$\mu(\theta = \text{清醒} \mid a_1 = \text{容纳}) = 1$$

及

$$\mu(\theta = \text{疯狂} \mid a_1 = \text{争夺}) = 1$$

一个混同均衡指的是这样一个均衡，其中厂商1的两个类型在第一期选择相同的行动。在这里意味着清醒的厂商会采取争夺策略。在一个混同均衡中，厂商2在观察到均衡行动之后并不更新他的信念：

$$\mu(\theta = \text{清醒} \mid a_1 = \text{争夺}) = p$$

也可能出现混同的或者半分离的均衡。在声誉博弈中，清醒的类型可能会在争夺和容纳，即在混同与分离之间随机选择。因此后验概率为

$$\mu(\theta = \text{清醒} \mid a_1 = \text{争夺}) \in (0, p)$$

且

$$\mu(\theta = \text{清醒} \mid a_1 = \text{容纳}) = 1$$

什么时候存在分离均衡呢？在这些均衡中，清醒的类型会采取容纳策略，因而就显示了它的类型，它的收益为 D_1 $(1+\delta)$。(厂商2留下，因为他期望在第二期得到 $D_2>0$。）如果清醒的类型采取争夺策略，就会使厂商2相信它是疯狂的并得到 $P_1+\delta M_1$。因此，存在分离均衡的一个必要条件是

$$\delta(M_1 - D_1) \leqslant D_1 - P_1 \tag{8.1}$$

反过来，假设不等式（8.1）得到满足，考虑下述策略和信念：清醒的在位者会采取容纳策略，而当观察到容纳时，进入者（正确地）推测到在位者是清醒的，因此它就留下；疯狂的在位者会采取争夺策略，当观察到争夺

时，进入者（正确地）推测到在位者是疯狂的并因此退出。很明显，这些策略和信念形成了一个 PBE，不等式（8.1）是存在分离均衡的充分必要条件。

在一个混同均衡中，两种类型的在位者都会争夺，所以当观察到争夺时，进入者的后验概率与先验概率是相同的。由于对清醒者来说争夺代价是很大的，所以只有当这么做能产生一个正的退出概率时它才会争夺。因此，混同均衡的一个必要条件是：如果进入者在第二期留下，它对第二期的期望收益为负数，即

$$pD_2 + (1-p)P_2 \leqslant 0 \tag{8.2}$$

反过来，假定不等式（8.2）成立，考虑如下策略和信念：两种类型都采取争夺策略；进入者有后验信念 $\mu(\theta=\text{清醒} \mid a_1=\text{争夺})=p$，$\mu(\theta=\text{清醒} \mid a_1=\text{容纳})=1$，当且仅当观察到容纳时才留下。清醒类型的均衡利润为 $P_1+\delta M_1$；它会从容纳中得到 $D_1(1+\delta)$。因此，如果等式（8.2）不成立，则建议的策略与信念就形成混合的 PBE。[注意如果等式（8.2）的等号成立，就存在这种均衡的一个连续统。①]

我们留给读者去检验如果等式（8.1）和等式（8.2）都不成立时，则唯一的均衡是混同的 PBE（当观察到争夺时进入者随机选择，而清醒的在位者在争夺和容纳之间随机选择②）。

备注　这个模型中 PBE 的（一般性）唯一性来源于"强"类型（疯狂的在位者）总是争夺的假定。这样，争夺就不是一个零概率事件，进一步讲，如果疯狂的类型以正的概率容纳，则容纳就会揭示参与人 1 是清醒的。接下来的例子说明了一个更加复杂和更加一般的结构，其中如果坚持均衡的唯一性，我们就必须要求对 PBE 的概念加以精炼。

例 8.2　斯宾塞的教育博弈

斯宾塞（Spence，1974）发展了关于教育水平选择的如下模型：参与人 1（工人）选择一个教育水平 $a_1 \geqslant 0$。他在教育上投资 a_1 单位的私人成本是 a_1/θ，其中 θ 是他的类型或者"能力"。厂商中工人的生产率等于 θ（为了简化，它不受教育的影响）。参与人 2（厂商）的目标是将支付给参与人 1 的工资 a_2 和参与人 1 的生产率之差的平方最小化，所以参与人 2 在均衡

---

① 当 $pD_2+(1-p)P_2=0$ 时，任何进入者退出的概率 $x \geqslant \bar{x}$ 导致清醒的在位者争夺，其中 $\delta\bar{x}(M_1-D_1)=D_1-P_1$，所以 $0<\bar{x}<1$。

② 在这个均衡中，进入者以在前一个注释中定义的概率 $\bar{x}$ 退出，而相同的在位者以概率 $\bar{y}$ 争夺使得 $\tilde{p}=p\bar{y}/(p\bar{y}+1-p)$，其中 $\tilde{p}D_2+(1-\tilde{p})P_2=0$。

中提供$a_2(a_1)=\mathrm{E}(\theta \mid a_1)$的预期生产率。（或者，也可以假定有好几个厂商同时提供工资。）参与人1的目标函数是a_2-a_1/θ。

参与人1有两种可能的类型，θ'和θ''，且$0<\theta'<\theta''$；这些类型的概率分别是p'和p''。参与人1知道θ，但参与人2不知道。

让σ_1'和σ_1''代表类型θ'和θ''的均衡策略。注意如果$a_1'\in\sigma_1'$，且$a_1''\in\sigma_1''$，则$a_1'\leqslant a_1''$。[1] 因为从均衡行为中可知：

$$a_2(a'_1)-a'_1/\theta' \geqslant a_2(a''_1)-a''_1/\theta' \tag{8.3}$$

且

$$a_2(a''_1)-a''_1/\theta'' \geqslant a_2(a'_1)-a'_1/\theta'' \tag{8.4}$$

将这两个不等式相加就得到$(1/\theta'-1/\theta'')(a_1''-a_1')\geqslant 0$，或$a_1'\leqslant a_1''$。

正如在例8.1中那样，我们可以将分离的、混同的和杂交的均衡区别开来。

在一个分离均衡中，低生产率的工人显示出他的类型，并因此得到等于θ'的工资。所以他必须选择$a_1'=0$；假如他不这样做，他就必然会从选择$a_1'=0$中受益，因为他会节约教育成本，并且会得到一个必然是θ'和θ''凸组合的工资，因而至少等于θ'。令$a_1''>0$代表类型θ''的均衡行动（注意在分离均衡中类型θ''无法采取一个混合策略，因为所有的均衡行为产生相同的工资θ''，因而类型θ''选择最低的教育水平）。为了让$(a_1'=0,\ a_1'')$成为分离均衡的一部分，类型θ'必然不会相对于a_1'偏好a_1''：

$$\theta' \geqslant \theta''-a''_1/\theta'$$

或

$$a''_1\geqslant \theta'(\theta''-\theta') \tag{8.5}$$

类似地，类型θ''不可能相对于a_1''偏好a_1'：

$$a''_1\leqslant \theta''(\theta''-\theta') \tag{8.6}$$

因此，$\theta'(\theta''-\theta')\leqslant a''_1\leqslant \theta''(\theta''-\theta')$。

反过来，假设a_1''属于这个区间。考虑信念：

$$\{\mu(\theta' \mid a_1)=1,\ 如果\ a_1\neq a''_1,\ \mu(\theta' \mid a''_1)=0\}$$

很明显，这两个类型相对于$a_1\notin\{0,\ a_1''\}$偏好$a_1=0$，因为任何这样的a_1总会产生低工资θ'。因为θ'宁愿选择0而不是a_1''[等式（8.5）]，且θ''宁愿选择a_1''而不是0 [等式（8.6）]，所以我们就有一个分离均衡的连续统。这

① 这一单调性质是定理7.2一般性结论的一个特殊情形。

个连续统说明在确定非均衡路径的信念时出现偏差将如何导致均衡的多重性。我们使用“悲观”的信念，此时任何不同于a''_1的行动都会使参与人 2 相信参与人 1 是低类型θ'。然而，分离均衡可以由不那么极端的后验信念加以支持。特别地，我们可以规定对于所有的$a_1 \geqslant a''_1$都有$\mu(\theta' \mid a_1)=0$，使得后验概率对于a_1单调，而且我们可以使用对a_1连续的信念$\mu(\theta' \mid a_1)$。①

在一个混同均衡中，这两个类型都选择相同的行动：$\tilde{a}_1=a'_1=a''_1$。则工资就是$a_2(\tilde{a}_1)=p'\theta'+p''\theta''$。支持$\tilde{a}_1$成为一个混同结果的最简单方法就是对于任何行动$a_1 \neq \tilde{a}_1$都赋予悲观的信念$\mu(\theta' \mid a_1)=1$，因为这会最小化这两个类型偏离的企图。因此，当且仅当对于每一个θ，有

$$\theta' \leqslant p'\theta'+p''\theta''-\tilde{a}_1/\theta$$

$\tilde{a}_1$是一个混同均衡教育水平。由于$\theta'<\theta''$，类型θ'最想偏离$a_1=0$，以最小化教育成本，产生作用的约束是

$$\tilde{a}_1 \leqslant p''\theta'(\theta''-\theta') \tag{8.7}$$

所以也有一个混同均衡的连续统。我们留给读者推导杂交均衡的集合。

8.2.3　可观察行动和不完全信息多阶段博弈

我们现在考虑一类更一般的博弈，我们称之为“可观察行动不完全信息多阶段博弈”。每个参与人i在有限集合Θ_i中都有一个类型θ_i。令$\theta \equiv (\theta_1, \cdots, \theta_I)$，我们暂时假定类型之间是互相独立的，所以先验分布$p$是各边缘分布的积，即

$$p(\theta)=\prod_{i=1}^{I} p_i(\theta_i)$$

其中，$p_i(\theta_i)$是参与人i类型为θ_i的概率。在博弈之初，每个参与人都知道自己的类型但不知道对手的类型。

正如在第 4、5 和 13 章的多阶段博弈中那样，这些博弈在时期$t=$

---

① 有趣的是，要注意在这个分离均衡的连续统中，除了“最小成本”，即$a''_1=\theta'(\theta''-\theta')\equiv a_1^*$之外，所有的均衡都可以由如下论证加以排除：无论参与人 1 选择的教育水平是什么，参与人 2 永远都不应该选择一个$[\theta', \theta'']$区间之外的工资。如果参与人 1 意识到这一点，则类型θ'永远都不会选择任何$a_1>a_1^*$。如果参与人 2 意识到情况如此，则她应该用工资θ''来回应$a_1>a_1^*$；在那种情况下，类型θ''将永远不会选择$a_1>a_1^*$。（这一论证既可以看成是对第 4 章中定义的重复条件优势概念的扩展，又可以看成重复弱劣势的一个含义。）然而，对于三种类型，θ'，θ''和θ'''，$0<\theta'<\theta''<\theta'''$，这一论证就没什么力量。如果我们像以前那样用$a_1^*$表示教育水平，此时类型$\theta'$对于$(0, \theta')$和$(a_1^*, \theta'')$是无差异的，则即使当非均衡的工资被限制在区间$[\theta', \theta''']$内，类型$\theta'$仍可能愿意选择$a_1>a_1^*$。

0，1，2，…，T进行，并且在每一时期t，所有参与人同时选择一个行动，这些行动在该期期末会显示出来。（回忆的行动集依赖于时间和历史，所以就包括了诸如信号传递博弈的带有序贯行动的博弈。）参与人从未获得对于θ的进一步观察。为了使记号简洁，我们假定每个参与人在每一期的行动集与类型是无关的。令$a_i^t \in A_i(h^t)$表示参与人i在时间t的行动，$a^t=(a_1^t, \cdots, a_I^t)$是时间$t$时的行动向量。并令$h^t=(a^0, \cdots, a^{t-1})$表示时间$t$之初的历史。一个行为策略将可能的历史和类型集映射到行动空间上：$\sigma_i(a_i \mid h^t, \theta_i)$是给定$h^t$和$\theta_i$时$a_i$的概率。参与人$i$的收益是$u_i(h^{T+1}, \theta)$。

为将子博弈完美性的概念扩展到这些博弈上，我们要求策略产生一个贝叶斯纳什均衡，不仅对于整个博弈是如此，而且对于从每一个时期t开始的每个可能的历史h^t之后的“后续博弈”都是如此。当然，这些后续博弈不是“恰当子博弈”，因为它们不是产生于单个信息集。这样，为使后续博弈转换成真正的博弈，我们就必须在每个后续博弈的一开始设定参与人i的信念。我们将参与人i在对手类型是θ_{-i}时的条件概率表示为$\mu_i(\theta_{-i} \mid \theta_i, h^t)$，并假定对于所有的参与人$i$，时间$t$，历史$h^t$，和类型$\theta_i$都有定义。

对于参与人i的信念要施加什么限制呢？对于具有独立类型的不完全信息博弈的经济学应用常常会明确地或潜含地作出如下假定：

B(i)　后验信念是互相独立的，且参与人i的所有类型都具有相同的信念：对于所有的θ，t，和h^t，

$$\mu_i(\theta_{-i} \mid \theta_i, h^t) = \prod_{j \neq i} \mu_i(\theta_j \mid h^t)$$

B(i) 要求甚至未预料到的观察也不会让参与人i相信其对手的类型之间是相关的。

B(ii)　只要可能，就用贝叶斯法则将信念$\mu_i(\theta_j \mid h^t)$更新到$\mu_i(\theta_j \mid h^{t+1})$：对于所有的$i$，$j$，$h^t$，和$a_j^t \in A_j(h^t)$，如果存在$\hat{\theta}_j$，有$\mu_i(\hat{\theta}_j \mid h^t)>0$和$\sigma_j(a_j^t \mid h^t, \hat{\theta}_j)>0$（即给定$h^t$时参与人$i$赋予$a_j^t$以正的概率），则对于所有的$\theta_j$，

$$\mu_i(\theta_j \mid (h^t, a^t)) = \frac{\mu_i(\theta_j \mid h^t)\sigma_j(a_j^t \mid h^t, \theta_j)}{\sum_{\tilde{\theta}_j}\mu_i(\tilde{\theta}_j \mid h^t)\sigma_j(a_j^t \mid h^t, \tilde{\theta}_j)}$$

B(ii) 要比仅仅一般性地使用贝叶斯法则更强一些，因为它适用于当时期t的历史h^t概率为0时从时期t到时期$t+1$的更新，还适用于当h^t有正概率且某参与人$k \neq j$在时间t选择0概率的行动时关于参与人j

的信念。这一要求的目的是：如果$\mu_i(\cdot \mid h^t)$代表参与人i在给定h^t时的信念，且在时间t没有什么“奇怪”的事情发生，则参与人i就应该使用贝叶斯法则形成它在时期$t+1$的信念。

注意，如果参与人j在t时期行动的条件概率为0，则B(ii) 就对参与人j的信念进行更新的方式不再施加限制。

下一个条件是说，即使参与人j在t期不偏离，更新过程也不应该受其他参与人行动的影响。

B(iii)　对于所有的h^t，i，j，θ_j，a^t和$\hat{a}^t$，

$$\mu_i(\theta_j \mid (h^t, a^t)) = \mu_i(\theta_j \mid (h^t, \hat{a}^t)), \quad 如果\ a_j^t = \hat{a}_j^t$$

这个条件可以称为“不传递任何关于你所不知道的事情信号”，因为参与人$k \neq j$对于j的类型不具有任何信息，而参与人i也不知道参与人j的类型。

最后，大多数应用都进一步假定，当类型是互相独立时，参与人i和j对于第三个参与人k的类型应具有相同的信念。对这一限制的辩护是基于均衡分析的精神，因为均衡假定参与人对于彼此的策略都具有相同的信念。

B(iv)　对于所有的h^t，θ_k及$i \neq j \neq k$，

$$\mu_i(\theta_k \mid h^t) = \mu_j(\theta_k \mid h^t) = \mu(\theta_k \mid h^t)$$

这个条件意味着后验信念与给定h^t时在Θ上的共同联合分布是一致的，即有

$$\mu(\theta_{-i} \mid h^t)\mu(\theta_i \mid h^t) = \mu(\theta \mid h^t)$$

8.3节给出了一个例子，说明这个限制缩小了均衡结果集。尽管这是一个标准的假定，可我们还是觉得它是四个假定中最缺乏说服力的一个。

有了满足B(i)～B(iv) 的策略σ和信念μ，扩展子博弈完美均衡的一个自然的方式就是，要求对于任何t和h^t，所有从h^t开始的策略都是后续博弈的贝叶斯均衡。正式地讲，给定概率分布q和历史h^t，令$u_i(\sigma \mid h^t, \theta_i, q)$表示类型$\theta_i$在达到$h^t$的条件下在组合$\sigma$中的期望收益。相关条件如下：

(P)　对于每一个参与人i，类型θ，参与人i的其他策略σ'_i，以及历史h^t，

$$u_i(\sigma \mid h^t, \theta_i, \mu(\cdot \mid h^t)) \geqslant u_i((\sigma'_i, \sigma_{-i}) \mid h^t, \theta_i, \mu(\cdot \mid h^t))$$

定义8.2　一个完美贝叶斯均衡是一个(σ, μ)，满足P和B(i)～B(iv)。

我们现在给出 PBE 概念的一个应用的例子。其他简单的例子可以在 9.1 节和 10.1 节中找到。

例 8.3　重复的公共产品博弈

为了说明 PBE 的概念，我们分析 6.2 节中研究的公共产品博弈的重复两次的版本。有两个参与人，$i=1, 2$。在每一期，$t=0, 1$，参与人同时决定是否捐资于 t 期的公共产品，且捐资是 0—1 决策。在一个给定时期里，如果至少有一个人提供公共产品，则每个参与人都得到 1 的好处，若无人提供则得到 0；参与人 i 在每一期中捐资的成本是 c_i，且在两期中相同。每一期的收益如图6—4所示。我们假定收益是贴现的，所以参与人的目标函数是他在第一期的收益与 δ 乘以他在第二期的收益之和，其中 $0<\delta<1$。尽管公共产品的好处——每人得到 1——是共同知识，但每个参与人的成本只有自己知道。然而，参与人双方都相信 c_i 是从相同的 $[0, \bar{c}]$ 上的连续且严格递增的累积分布函数 $P(\cdot)$ 中独立抽取的，其中 $\bar{c}>1$。

从第 6 章中我们知道，如果方程 $c^*=1-P(1-P(c^*))$ 有唯一解，则该博弈的单期版本就有唯一的贝叶斯均衡，且 c^*（也）由方程 $c^*=1-P(c^*)$给出（捐资成本等于对手不捐资的概率）。类型 $c_i\leqslant c^*$ 捐资，而其他类型则不捐资。

在博弈的重复版本中，每个参与人的行动空间在每一期都是 $\{0, 1\}$。参与人 i 的策略是由 $\sigma_i^0(1 \mid c_i)$（当他的成本是 c_i 时，参与人 i 在第一期捐资的概率）和 $\sigma_i^1(1 \mid h^1, c_i)$（当他的成本是 c_i 且历史是 $h^1\in\{00, 01, 10, 11\}$ 时，参与人 i 在第二期捐资的概率）构成的一个组合。

证明在任何 PBE 中对每一个参与人 i 都有临界成本 $\hat{c}_i$，当且仅当 $c_i\leqslant\hat{c}_i$ 时参与人 i 在第一期捐资，并要证明 $0<\hat{c}_i<1$。我们现在寻找一个对称的 PBE，此时 $\hat{c}_1=\hat{c}_2=\hat{c}$。我们先计算出在给定后验信念时第二期的贝叶斯均衡，这个后验信念是由均衡策略和第一期的结果确定的。

参与人都不捐资　参与人双方都得知他们对手的成本超过 $\hat{c}$。因此后验的累积信念是截断的信念，对于 $c_i\in[\hat{c}, \bar{c}]$，

$$P(c_i \mid 00)=\frac{P(c_i)-P(\hat{c})}{1-P(\hat{c})}$$

且对于 $c_i\leqslant\hat{c}$，

$$P(c_i \mid 00)=0$$

在第二期的一个对称均衡中，当且仅当 $\hat{c}\leqslant c_i\leqslant\mathring{c}$ 时每个参与人 i 才捐资（从 6.2 节中我们得知，第二期的贝叶斯均衡对于每个参与人都包含一条临

界规则）。临界成本 $\mathring{c}$ 等于对手不捐资的概率：

$$\frac{1-P(\mathring{c})}{1-P(\hat{c})}$$

注意 $\hat{c}<\mathring{c}<1$。以后我们将会用到如下结论：如果没有人在第一期捐资，则类型 $\hat{c}$ 将在第二期捐资，他在第二期的效用是 $v^{00}(\hat{c})=1-\hat{c}$。

参与人双方都捐资　后验累积概率为，对于 $c_i\in[0,\hat{c}]$，

$$P(c_i \mid 11)=\frac{P(c_i)}{P(\hat{c})}$$

且对于 $c_i\in[\hat{c},\bar{c}]$，

$$P(c_i \mid 11)=1$$

在第二期的对称均衡中，当且仅当 $c_i\leqslant\tilde{c}$ 时每个参与人 i 捐资，其中 $0<\tilde{c}<\hat{c}$。每个参与人的临界成本等于他对手不捐资的条件概率：

$$\tilde{c}=\frac{p(\hat{c})-P(\tilde{c})}{P(\hat{c})} \tag{8.8}$$

特别要注意类型 $\hat{c}$ 不捐资，所以他在第二期的效用是 $v^{11}(\hat{c})=P(\tilde{c})/P(\hat{c})$。

只有一个参与人捐资　假设在 0 期参与人 i 捐资而参与人 j 不捐资。因此，$c_i\leqslant\hat{c}$ 且 $c_j\geqslant\hat{c}$。第一期的一个均衡是让参与人 i 捐资（回忆 $\hat{c}<1$）而参与人 j 不捐资，这正是我们要说明的均衡。（对于某些分布——例如，$P(\cdot)$ 是在 [0，2] 上的均匀分布——该均衡是唯一的。①）类型 $\hat{c}$ 在第二期的效用因而为 $v^{10}(\hat{c})=1-\hat{c}$ 和 $v^{01}(\hat{c})=1$。

现在让我们来推导第一期的均衡。类型 $\hat{c}$ 必须在捐资和不捐资之间无差异，或者

$$\begin{aligned}&1-\hat{c}+\delta\{P(\hat{c})v^{11}(\hat{c})+[1-P(\hat{c})]v^{10}(\hat{c})\}\\&=P(\hat{c})+\delta\{P(\hat{c})v^{01}(\hat{c})+[1-P(\hat{c})]v^{00}(\hat{c})\}\end{aligned} \tag{8.9}$$

运用第二期效用公式和等式（8.8），我们得到

---

① 注意对于类型 $c_j>1$ 而言不捐资是一个优势策略。因而对于类型 $c_i=\varepsilon$（非常小）来说捐资是最优的。回忆在第二期中的策略必然是临界规则，令 $\bar{c}_i\leqslant\hat{c}$ 表示参与人 i 在第一期的临界成本，且对于参与人 j 有 $\mathring{c}_j\geqslant\hat{c}$。它们由下面两式给出：

$$\bar{c}_i=\frac{1-P(\mathring{c}_j)}{1-P(\hat{c})}$$

以及

$$\mathring{c}_j=\frac{P(\hat{c})-P(\bar{c}_i)}{P(\hat{c})}$$

对于在 [0，2] 上的均匀分布 P，$\bar{c}_i$ 就由 $\bar{c}_i=-\hat{c}/(1-\hat{c})^2$ 给出，而这是不可能的，因为 $\bar{c}_i$ 必然是正数。

$$1-P(\hat{c})=\hat{c}+\delta P(\hat{c})\tilde{c} \tag{8.10}$$

等式（8.8）和（8.10）定义了$\hat{c}$。等式（8.10）有一个显而易见的含义：如果在第一期捐资，类型$\hat{c}$就花费了$\hat{c}$却提供了本不会提供的公共产品[不会提供的公共产品的概率是$1-P(\hat{c})$]。而且，如果不捐资，就显示出他的类型最多是$\hat{c}$而不会传递信号说他的类型超过$\hat{c}$，因为无论今天是否捐资，类型$\hat{c}$在第二期将会捐资。当对手的类型低于$\hat{c}$时捐资并不改变类型$\hat{c}$在第二期的收益：在第一期不捐资会使得对手在第二期捐资，而在第一期捐资则会让对手更不情愿捐资，因为只有当他的成本低于$\tilde{c}$时他才会在第二期捐资。因为不捐资时参与人在第二期的收益独立于他的成本，而且如果双方都在第一期投资，类型$\tilde{c}$在捐资与不捐资之间就无差异，所以当对手的成本低于$\hat{c}$时，类型$\hat{c}$通过在第一期传递一个高成本的信号而获得$1-(1-\tilde{c})=\tilde{c}$。由于这种情况发生的概率是$P(\hat{c})$，所以在第一期不捐资时第二期的期望收益为$P(\hat{c})\tilde{c}$。

等式（8.10）意味着$\hat{c}<c^*$：在这个均衡中（它在某些假定下是唯一的对称均衡），在两期博弈的第一期中的捐资要比在一期博弈中少。这来源于如下事实：每个参与人都可以通过建立一个不愿意提供公共产品的名声而受益。

8.3 扩展式精炼††

8.3.1 对博弈树的回顾

我们在第3章中定义了扩展式博弈。在接下来的两个小节和8.4节中，我们将考虑具有有限个参与人（$i=1, \cdots, I$）和有限个决策节点（$x\in X$）的完美回忆的博弈。令$h(x)$表示包含节点x的信息集。（我们遵照标准的记号；希望这不会引起与相关历史概念之间的混淆。）在节点x处进行选择的参与人用$i(x)$表示；终点节点用z来表示。参与人$i=i(x)$在节点x的混合或者说行为策略是$\sigma_i(\cdot \mid x)$或$\sigma_i(\cdot \mid h(x))$。（如果参与人$i$在单个信息集中行动，我们有时会在信息集中删除$\sigma_i$的条件，这不会产生模棱两可的意思。）令$\sum$表示所有的策略组合$\sigma=(\sigma_1, \cdots, \sigma_I)$所构成的集合，并令$p$表示自然行动的外生概率分布。在我们迄今为止的论述中，自然的行动不认为是由一个“策略”给出的；因此当我们用“颤抖”来扰动博弈时，自然的行动是不会受到影响的。

给定σ，$P^{\sigma}(x)$ 和 $P^{\sigma}(h)$ 分别表示达到节点 x 和信息集 h 的概率。(这些概率依赖于先验的 p，但是我们省略了下标，因为在给定的扩展式中，先验概率是给定的。）一个信念体系 μ 规定了在每个信息集 h 的信念：$\mu(x)$ 表示参与人 $i(x)$ 到达信息集 $h(x)$ 时在节点 x 上的信念。图 8—2 说明了这些概念，策略组合 σ 都表示在博弈树上了。

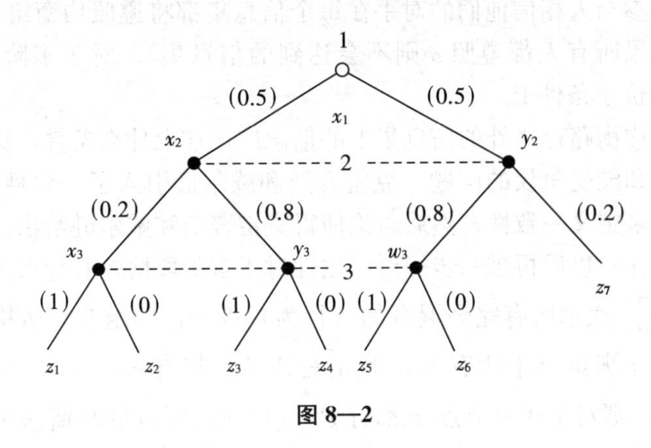

图 8—2

收益则取决于博弈的终点节点，如果到达 z，参与人 i 的收益就用 $u_i(z)$ 表示。(回忆 z 是对达到终点节点之前发生的所有事情的完整描述，包括自然对参与人私人信息的选择。）令 $u_{i(h)}(\sigma|h,\mu(h))$ 表示参与人 $i(h)$ 的期望效用，给定到达了信息集 h，参与人的信念由 $\mu(h)$ 给定，而策略则为 σ。

一个评估（σ，μ）是所有参与人在所有信息集中信念的策略集合。所有可能的评估所组成的集合由 Ψ 来表示。

8.3.2　序贯博弈

我们现在来描述克雷普斯和威尔逊（Kreps and Wilson，1982a）对于一般的完美回忆有限博弈是如何将条件 P 扩展到条件 S 的（S 代表序贯理性），以及如何将条件 B 扩展并精炼到条件 C 的（C 代表一致性）。

在 8.1 节中我们看到，参与人的策略在每一个（恰当）子博弈中都构成纳什均衡这个要求还是太弱，因为在不完全或不完美信息博弈中几乎没有什么（恰当的）子博弈。在图 8—1 的不完美信息博弈中，我们看到唯一的子博弈就是整个博弈，而且纳什均衡（L，A）是子博弈完美的。然而，这个均衡是不合理的，因为无论参与人 2 对于参与人 1 的行动是 M 还是 R 形成怎样的信念，他只要有机会行动就应该选择 B。

对条件 P 的适当扩展是，给定信念体系，任何参与人在任何信息集都无法通过偏离而受益：

(S) 如果对于任何信息集 h 和可选的策略$\sigma'_{i(h)}$都有

$$u_{i(h)}(\sigma \mid h,\mu(h)) \geqslant u_{i(h)}((\sigma'_{i(h)},\sigma_{-i(h)}) \mid h,\mu(h))$$

那么一个评估（σ，μ）是序贯理性的。

注意参与人相信他们的对手在每个信息集都将遵照均衡组合 σ（包括那些如果所有人都遵照 σ 则不会达到的信息集）。对于多阶段博弈，条件 S 等价于条件 P。

对于均衡路径之外的信息集上的信念应该加上什么条件，这是一个更加困难和颇受争议的问题。克雷普斯和威尔逊引入了一致性的概念。我们首先来定义一致性，然后讨论使得克雷普斯和威尔逊给出这个定义的目的所在；以后再进一步探讨一致性对于多阶段博弈有什么含义。

令 $\sum^0$ 表示所有完全混合的（行为）策略，即组合 σ 所构成的集合，其中 σ 满足对于所有的 h 和 $a_i \in A(h)$ 都有 $\sigma_i(a_i \mid h)>0$。如果 $\sigma\in \sum^0$，则对于所有节点 x 都有 $P^{\sigma}(x)>0$，所以贝叶斯法则可计算出在每一个信息集的信念：$\mu(x)=P^{\sigma}(x)/P^{\sigma}(h(x))$。令 Ψ^0 表示所有评估（σ，μ）的集合，使得$\sigma\in \sum^0$ 且 μ 可用贝叶斯法则从 σ 中（唯一地）加以定义。

(C) 如果对于 Ψ^0 中的某个序列（σ^n，μ^n）有

$$(\sigma,\mu) = \lim_{n\to+\infty}(\sigma^n,\mu^n)$$

则一个评估（σ，μ）是一致的。

注意策略 σ 不一定是完全混合的；然而它们和信念可以看成是完全混合策略和相关信念的极限。还要注意对于多阶段博弈条件 C 就意味着条件 B。

由于自然行动的概率分布不是用策略来表示的，所以一致性的定义不能将“颤抖”的概念运用到自然的行动上。8.3.3 小节解释了如果允许自然颤抖，均衡概念的性质将如何改变。

定义 8.3 一个序贯均衡是一个满足条件 S 和 C 的评估（σ，μ）。

我们现在讨论那些导致克雷普斯和威尔逊提出一致性定义的想法。考虑图 8—3（取自他们的论文），参与人 1 对于节点 x 和 $x'\in h(x)$ 分别赋予概率 1/3 和 2/3。他的策略是选择 U。如果参与人 1 偏离 U 而采用策略 D，则参与人 2 应该如何认为？由于参与人 1 无法区分 x 与 x'，很自然就要求参与人 1 在这两个节点上“也同样可能”偏离。该思想导

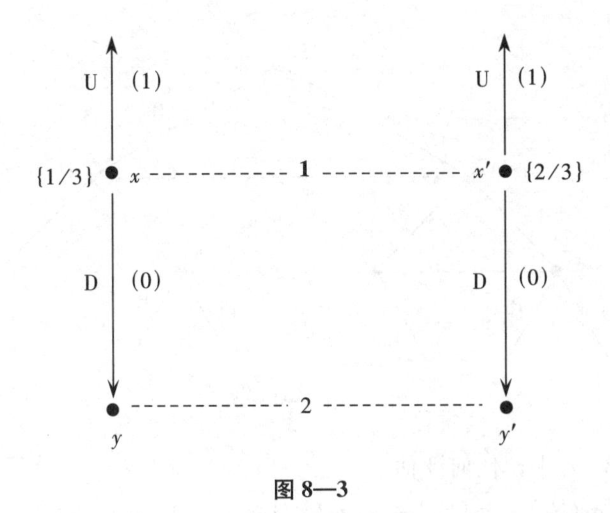

图 8—3

致参与人 2 在节点 y 和 y' 上分别赋予权重 1/3 和 2/3。然而，任何$\mu(y)$都与贝叶斯法则相容，因为在均衡中事件 D 的概率为 0。一致性在这个博弈中产生“正确的信念”。考虑任何一个趋于 0 的序列 ε^n，并将 ε^n 解释为参与人 1“颤抖”并继续博弈下去的概率。对于这个序列，

$$\mu^n(y)=\frac{\mu^n(x)\varepsilon^n}{\mu^n(x)\varepsilon^n+\mu^n(x')\varepsilon^n}=\frac{1}{3}$$

因此，颤抖确保参与人的信念遵照信息结构。这个例子也促使克雷普斯和威尔逊提出“结构一致性”的定义。（在 8.3.4 小节我们将用一种不同的方式来讨论这个例子。）

如果对于每一个信息集 h 都存在一个策略组合 $\sigma_h \in \sum$，使得对于 h 中所有的 x 有 $P^{\sigma_h}(h)>0$ 且 $\mu(x)=P^{\sigma_h}(x)/P^{\sigma_h}(h)$，则一个评估（$\sigma$，$\mu$）是结构一致的。也就是说，对于每一个信息集，在该信息集上要行动的参与人可以找到一个策略组合（不一定与 σ 相同），使得在该信息集恰好产生已给出的信念。结构一致性的重要性如下所示：假设参与人出乎意料地发现自己在某信息集 h 上要采取行动。对于在 h 的节点他应该有什么样的信念？如果他能找到一个以正概率达到 h 的替代的策略组合 σ_h，他就可以用这个 σ_h 来猜测以前的博弈是如何进行的，并用贝叶斯法则来形成他在 h 的信念。如果原来的均衡评估（σ，μ）是结构一致的，则每个参与人对于均衡路径之外的每一个信息集，都可以找到这样一个可替代的假说来指导自己信念的形成。

克雷普斯和威尔逊没有证明就断言一致性意味着结构一致性。克雷普斯和拉姆齐（Kreps and Ramey，1987）用图 8—4 说明这是不正确

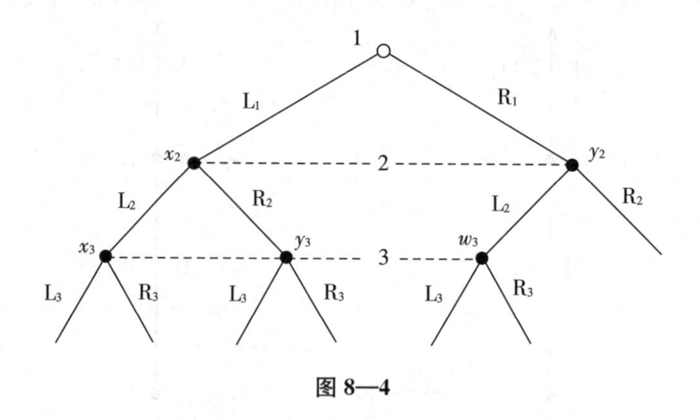

图 8—4

的。在图 8—4 中，任何评估

$$\{\sigma_1(R_1)=\sigma_2(R_2)=1,\ \sigma_3(R_3)\in(0,1);\ \mu(x_2)=0,\ \mu(y_2)=1,$$
$$\mu(x_3)=0,\ \mu(y_3)=\mu(w_3)=\frac{1}{2}\}$$

是一致的，因为它是从如下完全混合评估中导出的评估的极限：

$$\{\sigma_1^n(R_1)=\sigma_2^n(R_2)=1-1/n,\ \sigma_3^n(R_3)=\sigma_3(R_3);\ \mu^n(x_2)=1/n,$$
$$\mu^n(y_2)=(n-1)/n,\ \mu^n(x_3)=1/(2n-1),$$
$$\mu^n(y_3)=\mu^n(w_3)=(n-1)/(2n-1)\}$$

这个评估不是结构一致性的，因为没有策略对到达节点 y_3 赋予正的权重，而且 w_3 赋予到达节点 x_3 的权重为 0。[①][②]

图 8—5 表明一致性是如何在发生偏离均衡的行为之后施加共同信念以化简均衡集合的。在这个博弈中，只要其他参与人中至少有一个“合作”选择策略 R，参与人 1 选择 L_1 或 R_1 就得到 2，所以只有当参与人 2 和参与人 3 都很可能选择策略 L 时，参与人 1 才应该选择 A。参与人 2 的行动不影响参与人 3 的收益，反之亦然。考虑评估（σ，μ），如图所示，其中对于参与人 3 的两个信息集中的每一个，都有$\sigma_1(A)=1$，$\sigma_2(L_2)=1$，$\sigma_3(L_3)=1$，且 $\mu(x')=\mu(y)=\mu(w)=1$。这个评估是序贯

① 如果到达了 y_3，则有时候也会选择 L_1；如果到达了 w_3，则有时候也会选择 L_2。因此，有时候会选择 L_1 和 L_2 的组合，故 x_3 以正的概率达到。

② 在对这个例子作出反应时，人们可能会试图把结构一致性加到序贯均衡的定义中。然而，克雷普斯和拉姆齐给出了一个例子，其中唯一的序贯均衡不满足结构一致性。他们还表明任何一致的评估都是结构一致性评估的凸组合。在这个例子中，一致的信念是结构一致的信念 $\mu(y_2)=\mu(w_3)=1$ 和 $\mu(x_2)=\mu(y_3)=1$ 的凸组合。

理性的：如果参与人 2 和参与人 3 选择 L，则参与人 1 就应该选择 A；如果$\mu(x')=1$，则参与人 2 从 L_2 得到 3，从 R_2 得到 2；如果 $\mu(y)=\mu(w)=1$，则参与人 3 从 L_3 得到 3，从 R_3 得到 2。评估（σ，μ）是结构一致的，且只要可能，就遵守贝叶斯法则，但它却不是一致的，因为参与人 2 和参与人 3 对于参与人 1 选择 L_1 和 R_1 的相对可能性具有不同的信念，而如果参与人 2 和参与人 3 的信念都是从相同的完全混合的 σ^n 中导出的 μ^n 的极限，这是不可能的。

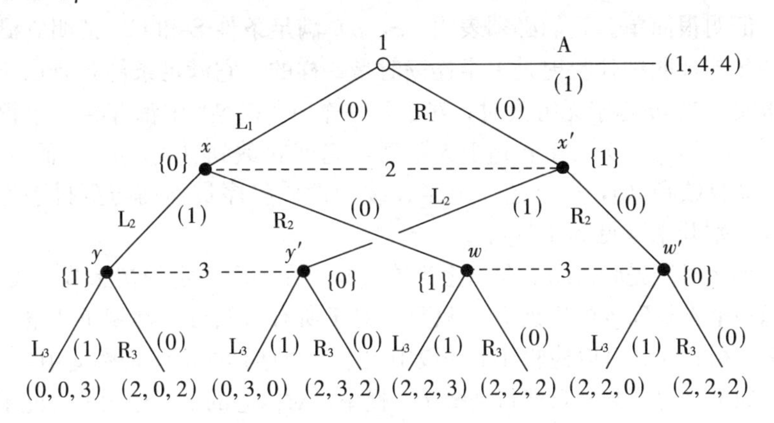

图 8—5

而且，没有一个一致的评估是说参与人 1 选择 A 的，因为当参与人 2 和参与人 3 对于参与人 1 的行动具有相同的信念时，他们之中至少有一个将选择 R：如果$\mu(x)>1/3$，参与人 2 就选择 R_2；如果 $\mu(y)<2/3$，参与人 3 就选择 R_3。

尽管（σ，μ）是不一致的，但它满足如下更弱的条件：对于每个参与人都存在一个完全混合策略组合的序列 $\sigma^n(i)\to\sigma$，使得在每个信息集 h，$\mu(x)$都是用贝叶斯法则从 $\sigma^n(i)$ 计算出来的信念 $\mu^n(i)$ 的极限。为什么所有参与人都会用相同的理论解释偏离，毕竟，根据个人的方法论观点，这些偏离要么是零概率事件，要么非常不可能？标准的辩护是这个要求符合均衡分析的精神，因为均衡假设所有参与人对于其他人的策略具有共同信念。尽管通常都加上这个限制，但是我们还不敢确信它是令人信服的。

8.3.3　序贯均衡的性质（技术性）

存在性

对于任何有限的扩展式博弈，都至少存在一个序贯均衡。存在性的证明将在 8.4 节中间接地给出：任何颤抖手完美均衡都是序贯理性的，并且由于在有限博弈中存在颤抖手完美均衡，所以也存在序贯均衡。

上半连续

就像纳什均衡映射一样，序贯均衡映射对于收益是上半连续的。更确切地说，固定一个扩展式和先验信念 p。对于任何一个收敛到某个 u 的效用函数序列 u^n（定义一个博弈），如果对于所有的 n，评估（σ^n，μ^n）是博弈 u^n 的一个序贯均衡，并且收敛到一个评估（σ，μ），则（σ，μ）是博弈 u 的一个序贯均衡。

证明很简单。我们必须表明（σ，μ）满足条件 S 和 C。证明它满足条件 S 与证明纳什映射是上半连续时是一样的。它满足条件 C 是由于以下事实：当 m 趋于无穷大时，对于每一个 n，在 Ψ^0 中都存在一个评估序列（$\sigma^{m,n}$，$\mu^{m,n}$），当 m 趋于无限时，它就收敛到（σ^n，μ^n），而（σ^n，μ^n）又收敛到（σ，μ）。这一上半连续的性质将序贯均衡与颤抖手完美均衡区别开来（见 8.4 节）。

那么对于先验信念 p 是否上半连续呢？在一个固定的初始节点集上，考虑一个收敛到 p 的序列 p^n。只要 p 对于所有自然行动都赋予严格正的概率，很容易就可以检验在上一段中关于上半连续的证明仍然适用。[①] 然而，如果 p 对于某些自然行动赋予 0 概率，对信念的上半连续就可能不成立。不满足上半连续，这可以在斯宾塞的信息传递博弈中加以说明（例 8.2）。在（最低成本）分离均衡中，高生产率的工人在教育上投资 $\theta'(\theta''-\theta')$，即使出现低生产率工人的概率很小。但当后者的概率等于 0 时，在唯一的（子博弈）完美均衡中，高生产率的工人就不会在教育上投资。

注意如果我们修改一下一致性的定义，要求自然与参与人一样颤抖，则当低生产率类型的概率为 0 时，分离均衡仍是一个序贯均衡。更一般地，根据这个定义，序贯均衡集在一个固定的自然行动集上相对于先验信念是上半连续的。然而，根据这个修改过的定义，当加入自然的零概率行动时，序贯均衡集就可能会发生变化。也就是说，序贯均衡集不仅依赖于先验信念，而且还依赖于“可想象”的自然行动集。（类似的观察也适用于完美贝叶斯均衡。）

均衡的结构

定理 8.1（Kreps and Wilson，1982a）　对于一般性的（即一般的终点收益）完美回忆的有限扩展式博弈，在终点节点上序贯均衡的概率分布集是有限的。

---

① 为了扩展证明，注意尽管信念序列 $\mu^{m,n}$ 与 p^n 和 $\sigma^{m,n}$ 是贝叶斯一致的，但它不一定与 p 和 $\sigma^{m,n}$ 一致。这样，我们就将 $\mu^{m,n}$ 替换为 $\tilde{\mu}^{m,n}$，后者与 p 和 $\sigma^{m,n}$ 是贝叶斯一致的。

换言之，对于固定的扩展式和固定的先验信念，有些收益 u 使得相关博弈有无数个序贯均衡结果，这种收益的集合的 Lebesgue 测度为 0。序贯均衡评估的集合一般来讲是无限的，因为在规定均衡路径之外的信念时存在着偏差。

序贯均衡策略集一般来讲也是无限的，因为当一个参与人在均衡路径之外某个信息集的两个行动之间无差异时，就可以对该信息集规定许多不同的随机概率。这一点在本章的附录中进行了详细的阐述。

加入"无关行动和策略"

有几个作者已经表明，当加入一个显然无关的行动或者策略时，序贯均衡集可能会发生变化。我们将在第 11 章再详细地回到这个问题上来；这里我们只要给出一个例子就足够了。

序贯均衡以及在 8.4 节中定义的有关概念受到了科尔伯格和默滕斯（Kohlberg and Mertens，1986）的批评，因为他们允许在博弈树上存在"策略性地中性的"（strategically neutral）变化影响均衡。例如，可以比较一下图 8—6a 和图 8—6b。除了加进了一个显然无关的行动 NA（"不拐弯"），图 8—6b 和图8—6a是一样的。虽然在图 8—6a 中 A 是一个序贯均衡结果①，但在图 8—6b 中却不是一个序贯均衡结果。在 NA 后面"同时行动"的子博弈中，唯一的纳什均衡是（R_1，R_2），因为对于参与人 1 而言 L_1 被 R_1 严格占优。因此唯一的序贯均衡收益是（4，1）。这个例子也说明消去严格劣势策略会影响序贯均衡收益的集合：在图 8—6a 中如果 L_1 被消去，则唯一的序贯均衡收益是（4，1）。

第 11 章更详细地讨论两个相似的树在何时应该会有相同的解。而现在让我们注意，如果总是想着参与人在每个信息集中都会犯"错误"，就像序贯均衡的定义所表明的那样，那么这两个图是否等价就不清楚了。在图 8—6b 中，如果参与人 1 犯了没有选择 A 的"错误"，他仍然能够确信 R_1 比 L_1 更有可能胜出；在图 8—6a 中当他想要选择 A 时，

---

① 考虑评估 $\{\sigma_1(A)=1, \sigma_2(L_2)=1; \mu(w)=1\}$。这一评估满足条件 S。为了看出它满足条件 C，考虑颤抖

$$\sigma_1^n(A)=1-\frac{1}{n}-\frac{1}{n^2}$$

$$\sigma_1^n(L_1)=\frac{1}{n}$$

$$\sigma_2^n(L_2)=1-\frac{1}{n}$$

显然，$\mu^n(w)$ 收敛到 1。

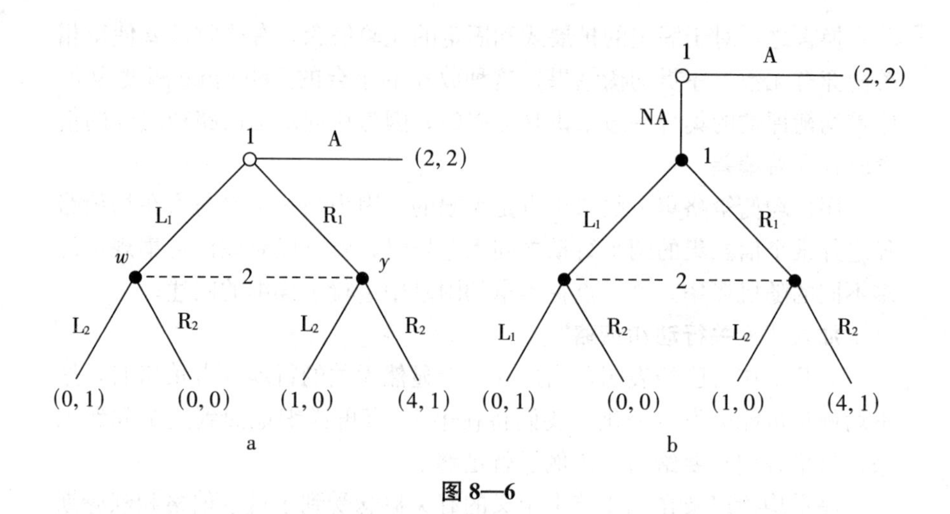

图 8—6

他可能会因“错误”而选择其中之一。

相关的序贯均衡

正如纳什均衡可以被推广以允许在博弈前就观察到相关信号，序贯均衡也可以被推广到允许存在相关策略的情形。在多阶段博弈中有三种办法（Forges，1986；Myerson，1986）。第一，可以允许参与人只在博弈前的阶段（“在时期—1”）收到信息。第二，可以允许参与人随着时间慢慢地收到信息（“在每一期”）。第三，在每一期期初可以让参与人将私人信息（投入品）发送到一个“中介人”或者一台“机器”，再由后者将私人（但可能是相关）的信息（产出品）发送给参与人。第三种可能与第二种可能的不同之处在于给参与人的信息可以是根据他们的信息而相机发送的。为了表明每一种可能性都比前一种允许存在更多的均衡（显然，至少可以允许存在一样多的均衡），考虑图 8—7 和图 8—8 中所示的例子。图 8—7 说明了对“太阳黑子”观察的延误可能会扩大均衡集。在时期 1 期初太阳黑子发生以后，让参与人以相等的概率在（L_1，L_2）或（R_1，R_2）上协调，这样就可以得到收益（3，3）。如果在时期 0 得知使得在（R_1，R_2）上达到协调的太阳黑子将要实现，则参与人 1 就会选择 n_1，这样收益（3，3）就无法达到了。

在图 8—8 中，参与人 2 想要预测自然的状态。假设参与人 1，即图 8—8 中的一个虚拟参与人，知道了自然的状态并且能在参与人 2 选择行动之前就将它传递出去。收益（0，1）现在就是可以得到的了，因此交流扩大了均衡收益集。

这些例子提出了一个问题：如何解释“扩展式”。完整的博弈规则，

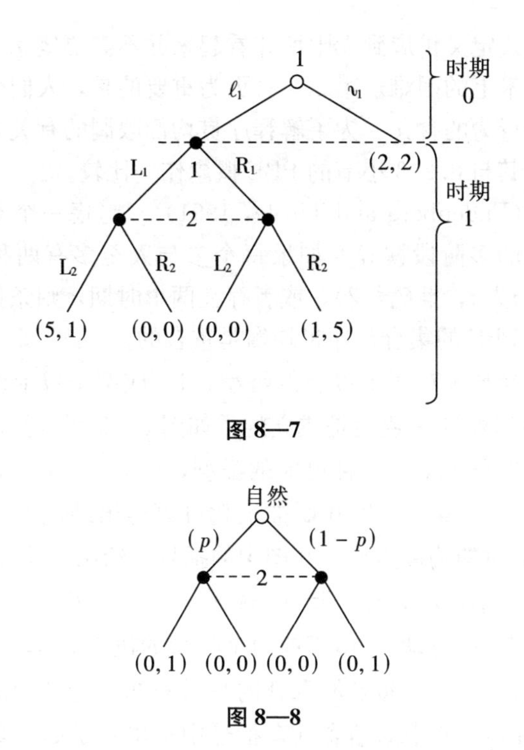

图 8—7

图 8—8

包括“太阳黑子的观察”和“说空话”，是否都应该明确地在扩展式中表述出来，或者是否任何均衡概念都应该允许存在相关的行动和沟通，即使那些可能性在扩展式中没有明确地加以描述？

根据显示原理（亦见 2.2 节和 7.2 节），福格斯和迈尔森表明均衡收益集具有一个标准的表述。任何序贯均衡都可以通过如下方式获得：在每一期让每一个参与人都私下地并且是真实地告诉中介人，而中介人在观察到所有的信息之后，私下地向每个参与人发送一个推荐的行动或者混合策略，后者再遵守这一建议。对于有限博弈来说，事前相关的、每一期都相关的，以及在每一期相关并且交流的均衡策略集都是凸多面体，因为在每种情况下，均衡策略都由一组线性不等式定义（激励相容条件）。

8.3.4　序贯均衡与完美贝叶斯均衡的比较

在一致性的定义中，颤抖对于所有的路径都赋予正的概率，故而贝叶斯法则在任何地方都能将信念推算出来。对于使用颤抖有两类反对意见。第一，检查一个有限博弈中的评估是否一致，这是一个枯燥的过程，在应用中很少使用。况且，很多应用都包含无限多个行动或类型；

将一致性的正式定义扩展到无限博弈看起来并不需要概念上的创新，但会面对一些技术上的困难。第二，且更为重要的是，人们想知道更多关于一致性对于行为的含义。为了解释序贯均衡限制的有关含义，我们将比较详细地将其与 8.2.3 小节的 PBE 概念作一比较。

定理8.2（Fudenberg and Tirole，1991）　考虑一个类型互相独立的不完全信息的多阶段博弈。如果每个参与人至多有两种可能的类型（对于每个参与人 i，$\#\Theta_i\leqslant 2$），或者存在两个时期，则条件 B 就等价于条件 C，因而 PBE 的集合与序贯均衡是重合的。

如果每个参与人有两个以上的类型，且/或两个以上的时期，则条件 B 就不再足以保证一致性是成立的，如图 8—9 所示。该图描绘了这样一种情况：参与人 1 有三种可能的类型，θ'_1，θ''_1 和 θ_1^*，但是在时间 t，从前一期博弈中得出的贝叶斯推论就可以得出结论参与人 1 必然是类型 θ_1^* 的。此时的均衡策略，在图中的括号中给出，是让类型 θ'_1 选择 a'_1，让类型 θ''_1 选择 a''_1，让类型 θ_1^* 选择 a_1^*。（为了简洁，我们没有画出类型 θ_1^* 的零概率行动。）由于前两个类型的概率为 0，参与人 2 期望看到参与人 1 选择 a_1^*。如果他看到的是另外两个行动中的一个，他又会相信什么？图 8—9 中的信念（在括号中给出）是如果参与人 2 看到 a'_1，他就得出结论他在面对类型 θ''_1，而 a''_1 则看成是参与人 1 是类型 θ'_1 的一个信号。对一个刚刚偏离过的参与人的信念，PBE 的定义并不对其施加任何限制（除非这些信念对于所有参与人来说都是共同知识，且它们不依赖于所有没有偏离的参与人的行动），正因为如此，图 8—9 中的情况与 PBE 是相容的。

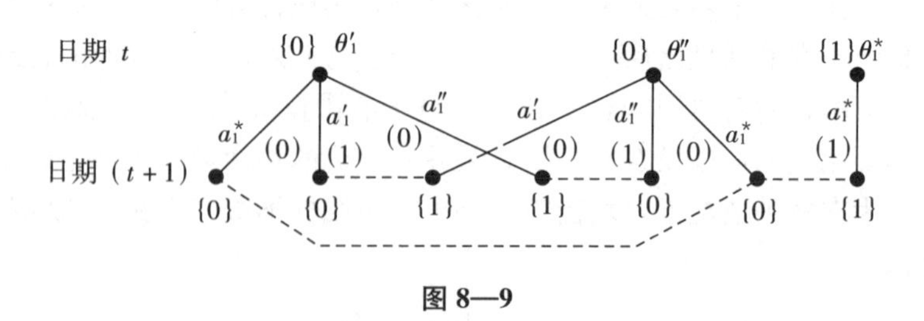

图 8—9

然而，图 8—9 中的情况不可能是序贯均衡的一部分。为看出这一点，想象存在一个收敛到给定策略 σ 的颤抖 σ^n，使得相关的信念 μ^n 收敛到给定的信念 μ。设在 t 期 μ^n 赋予 θ'_1 的概率是 ε'^n，且设类型 θ''_1 的概率为 ε''^n。由于 μ^n 收敛到 μ，ε'^n 与 ε''^n 都收敛到了 0，且 $\sigma^n(a'_1\mid\theta'_1)$ 与 $\sigma^n(a''_1\mid\theta'_1)$ 也收敛到 0。由于

$$\mu^n(\theta''_1 \mid a'_1) = \frac{\mu^n(\theta''_1)\sigma^n(a'_1 \mid \theta''_1)}{\sum_{\theta_1}\mu^n(\theta_1)\sigma^n(a'_1 \mid \theta_1)}$$

所以为了让 $\mu^n(\theta_1'' \mid a_1')$ 收敛到 1，就必须令 $\varepsilon'^n/\varepsilon''^n$ 收敛到 0：在 θ_1' 以概率 1 选择该行动，而 θ_1'' 对此赋予的概率为 0 时，为了让 a'_1 后面的信念集中于类型 θ''_1，先验信念就必须要让 θ_1'' 比 θ_1' 无限地更有可能。就本身来讲，这个要求也与序贯均衡是相容的。然而，考虑到 a_1'' 后面的信念导致 $\varepsilon''^n/\varepsilon'^n$ 趋于 0，即 θ_1' 要比 θ_1'' 无限地更有可能，而这两个条件联合起来就与"信念是一致的"不相容了。这一限制尽管是来自于序贯均衡，但在精神上却与克雷普斯和威尔逊为了提出一致性要求所描述的限制不一样，要比后者更强。

为了让 PBE 意味着一致性，就必须扩展信念的定义以把握住零概率类型的相对概率，而且必须对这些相对概率的更新方式加以限制。要求参与人去评估自然的零概率状态的相对概率，这是很强的要求，但易于正规化。正式地，我们希望对于每个参与人的后验信念能形成一个"相对信念体系"，或者一个"条件概率体系"①。也就是说，参与人具有信念 $\mu^*(\theta_i \mid (\theta_i, \theta'_i), h^t)$，相信：如果参与人 i 是类型 θ_i 或 θ_i'，而且历史是 h^t，那么参与人 i 就是 θ_i 类型的，即使在 h^t 的条件下类型 θ_i 或类型 θ_i' 具有 0 概率。注意，一个相关信念体系根据公式 $\mu(\theta_i \mid h^t) \equiv \mu^*(\theta_i \mid \Theta_i, h^t)$ 产生了一个绝对信念体系。② 一对 (σ, μ^*) 被称为一个推广的评估。

我们现在对贝叶斯条件 B(i)～B(iv) 加以扩展，要求贝叶斯法则和无信息传递条件对于相对信念也成立，而不仅仅是对于绝对信念成立（为了简化陈述，我们现在就假定信念是共同的）：

(B*)　推广的评估 (σ, μ^*) 满足条件 B*，如果

(i) 只要可能，就用贝叶斯法则将信念 $\mu^*(\theta_i \mid (\theta_i, \theta_i'), h^t)$ 更新为 $\mu^*(\theta_i \mid (\theta_i, \theta'_i), (h^t, a^t))$：如果 a_i^t 对于 (θ_i, θ_i') 和 h^t 具有正的条件概率，则

---

① 在一个有限状态空间上 Ω 的一个条件概率体系（Myerson，1986）是一组从 $2^\Omega \times 2^\Omega$ 到 [0，1] 的函数 $v(\cdot \mid \cdot)$，使得对于每一个 $A \in 2^\Omega$，$v(\cdot \mid A)$ 是 A 上的一个概率分布，并且对于 $A \subseteq B \subseteq C \subseteq 2^\Omega$，$B \neq \varnothing$，$v(A \mid B)v(B \mid C) = v(A \mid C)$。

② 更精确地，如果对于所有的 $\theta_i' \neq \theta_i$，$\mu^*(\theta_i \mid (\theta_i, \theta'_i), h^t) > 0$，$\mu^*(\theta_i \mid \Theta_i, h^t) \equiv 1/\sum_{\substack{\theta'_i \in \Theta_i \\ \theta'_i \neq \theta_i}} \left[\left(\frac{1}{\mu^*(\theta_i \mid (\theta_i, \theta'_i), h^t)} - 1\right) + 1 \right]$；否则，$\mu^*(\theta_i \mid \Theta_i, h^t) \equiv 0$。

$$\mu^*(\theta_i \mid (\theta_i,\theta_i'),(h^t,a^t)) = \frac{\mu^*(\theta_i \mid (\theta_i,\theta_i'),h^t)\sigma_i(a_i^t \mid h^t,\theta_i)}{\sum_{\tilde{\theta_i}=\theta_i,\theta_i'} \mu^*(\tilde{\theta}_i \mid (\theta_i,\theta_i'),h^t)\sigma_i(a_i^t \mid h^t,\tilde{\theta}_i)}$$

(ii) 后验信念是互相独立的：

$$\mu(\theta \mid h^t) = \prod_i \mu(\theta_i \mid h^t)$$

(iii) 在 $t+1$ 期关于参与人 i 的相对信念只取决于 h^t 和参与人 i 在 t 期的行动：

$$\mu^*(\theta_i \mid (\theta_i,\theta_i'),(h^t,a^t))$$
$$= \mu^*(\theta_i \mid (\theta_i,\theta_i'),(h^t,\tilde{a}^t))，如果\ a_i^t = \tilde{a}_i^t$$

注意这些条件除了运用于相对概率之外，与 B(i)～B(iii) 是相同的。事实上，当 $\mu(\cdot \mid h^t)$ 对于所有的 h^t 具有完全的支撑时，条件 B 与条件 B* 是重合的。特别地，在一个两期博弈（比如信息传递博弈）中，所有类型在 0 期都有正的概率，所以条件 B* 并没有对条件 B 进行精炼（但对于在期末形成的信念而言，它的确对条件 B 进行了精炼，但那些信念是无关的，因为博弈结束了）。在每个参与人至多有两种类型的情形下，至多有一种类型在任何历史之后的概率都为 0 且不会产生相对信念的问题（绝对信念也是相对信念），所以条件 B* 又一次与条件 B 重合。

条件 B* (i) 意味着如果在给定 h^t，及 $\sigma_i(a_i^t|h^t,\theta_i)>0$ 的条件下 θ_i 要比 θ_i' 无限地更有可能，则在 t 期观察到 a_i^t 以后，θ_i 仍要比 θ_i' 无限地更有可能。类似地，如果两种类型在给定 h^t 时"同样地可能"（即没有一个比另一个无限地更有可能），则这两种类型仍旧"同样地可能"。综合起来，这两条含义就排除了图 8—9 中的信念。

定义 8.4 具有相互独立类型的不完全信息多阶段博弈的一个完美扩展贝叶斯均衡（perfect extended Bayesian equilibrium，PEBE）是一个满足条件 P 和 B* 的推广的评估。

定理 8.3（Fudenberg and Tirole，1991） 对于具有相互独立类型的不完全信息多阶段博弈而言，条件 B* 意味着条件 C，而任何满足条件 C 的评估则可以扩展到一个满足 B* 的推广的评估。因此，PEBE 的集合与序贯均衡的集合是重合的。

这两个结果（即条件 B 在两种类型或两期情况下，或更一般地，条件 B* 意味着条件 C）的证明思想如下：假设已经将颤抖一直建立到了 t 期，并在 t 期初产生了严格正的信念，且收敛于 $\mu(\cdot \mid h^t)$。然后在零概率行动上构造颤抖以得到极限时的后验信念 $\mu(\cdot\mid(h^t,a^t))$。无信号传递的条件保证了这些颤抖可以在参与人之间独立地建立，而且对于两个以上的类型，条件 B* 保证存在着适当的颤抖以证明相对信念是正确的。然后从均衡行动上的（严格正的）概率中减去在零概率行动上的颤抖，以保证沿着颤抖的序列，每个参与人的行动概率加总起来得到 1。

相关类型[†††]

当类型相关时，就能很方便地将博弈转化成具有独立类型的博弈，然后将得到的均衡策略和信念映射到原博弈中的策略与信念上。迈尔森（Myerson，1985）表明任何贝叶斯博弈都可以转化为具有独立类型的博弈。假设先验分布 $\rho(\theta)=\rho(\theta_1,\cdots,\theta_I)$ 在 Θ 上有完全的支撑。设 $\hat{\rho}$ 是互相独立的各个 Θ_i 上的均匀边缘分布 $\hat{\rho}_i$ 的积，对于 Θ 中所有的 θ：

$$\hat{\rho}(\theta)\equiv 1/(\prod_{i=1}^{I}(\#\Theta_i))$$

定义虚拟的冯·诺伊曼-摩根斯坦收益函数为，对于所有的（h^{T+1}，θ_i，θ_{-i}），

$$\hat{u}_i(h^{T+1},\theta_i,\theta_{-i})\equiv\rho(\theta_{-i}\mid\theta_i)u_i(h^{T+1},\theta_i,\theta_{-i})$$

（根据常用的记号方法）设 $u_i(\sigma,\theta)$ 和 $\hat{u}_i(\sigma,\theta)$ 表示策略组合 σ 和类型 θ 的效用。用 E_ρ 和 $E_{\hat{\rho}}$ 分别表示相对于分布 ρ 和 $\hat{\rho}$ 的期望算子，则 $E_\rho(u_i\mid\theta_i)$ 和 $E_{\hat{\rho}}(\hat{u}_i\mid\theta_i)$ 表示具有类型 θ_i 的参与人 i 相同的偏好。因而具有相关类型的博弈（u，ρ）的贝叶斯均衡和具有独立类型的博弈（$\hat{u}$，$\hat{\rho}$）的贝叶斯均衡是相同的。

更一般地，在不完全信息下的多阶段博弈中，可以很容易地验证：一个评估（$\hat{\sigma}$，$\hat{\mu}$）是转化后的博弈（$\hat{u}$，$\hat{\rho}$）的一个序贯均衡，当且仅当由 $\sigma=\hat{\sigma}$ 和

$$\mu(\theta_{-i}\mid\theta_i,h^t)\equiv\frac{\rho(\theta_{-i}\mid\theta_i)\hat{\mu}(\theta_{-i}\mid h^t)}{\sum_{\theta'_{-i}}\rho(\theta'_{-i}\mid\theta_i)\hat{\mu}(\theta'_{-i}\mid h^t)}$$

所定义的评估（σ，μ）是原博弈（u，ρ）的一个序贯均衡。

对经过转化的博弈施加条件 B 或 B* 会对原博弈的信念产生限制。特别地，在一个类型是相关的博弈中，一个参与人的行动会传递关于其他参与人类型的信息，传递的程度只与传递关于他自己类型的信息的程度一样。在 θ_i 条件下关于 θ_{-i} 的 $t+1$ 期的信念取决于历史 h^t，行动 a^t_{-i}，以及 t 期的条件信念 $\mu(\theta_{-i}\mid\theta_i,h^t)$，但与参与人 i 的行动 a^t_i 无关。

一般的扩展式博弈[†††]

一般的扩展式博弈的序贯均衡有另一种特征，这可以通过“不传递你所不知道”的信息来给出。与序贯均衡相关的颤抖产生了在所有终点节点上的一个条件概率体系。相反地，假定在所有的终点节点上都有一个条件概率体系与策略组合σ相容。设$\mu(x \mid x, y)$表示当节点x和y属于相同的信息集时由条件概率体系产生的相对信念［$\mu(x \mid x, y)$是紧跟着x的终点节点的条件概率，条件是终点节点紧跟着x或y］；类似地，设$\mu(s(x, a) \mid x)$表示节点x通过行动$a \in A(h(x))$的直接后继者$s(x, a)$的概率。无信号传递的条件就仅仅是（1）对于任何信息集h，节点$x \in h$和行动$a \in A(h)$，

$$\mu(s(x,a) \mid x) = \sigma(a \mid h)$$

且（2）对于任何信息集h，h中的节点x和y以及行动a，

$$\mu(s(x,a) \mid s(x,a), s(y,a)) = \mu(x \mid x, y)$$

即在h行动的参与人无法区分h中的各个节点，因而无法传递他所不知道的信息的信号。弗登博格和梯若尔（Fudenberg and Tirole，1991）认为这些条件暗含着一致性，但巴蒂格利（Battigalli，1991）证明这个判断是错的。无信息传递条件1和2是非常弱的，但在所有终点节点上都存在一个条件概率体系则十分强：它能够在任何两个信息集的节点概率之间进行比较（这对于每个参与人都是相同的）。与之相比，对于不完全信息下的多阶段博弈来讲，只要能在任一给定时期内都可以比较一个参与人的类型的可能性就足够了。

8.4 策略式的精炼[††]

本节回顾纳什均衡的两种策略式的精炼。序贯均衡的概念与泽尔滕（Selten，1975）的颤抖手完美均衡（因而是“完美均衡”）的概念是紧密相关的。完美均衡要求策略是完全混合策略的极限，而且对于收敛序列中的每一个纯策略都必须赋予一个至少是最小的权重（必须颤抖），在这个条件下，每个参与人的策略相对于其对手的策略（这些策略本身也包括颤抖）而言是（在受约束的条件下）最优的。因而，与序贯均衡的区别在于策略必须沿着收敛子列一直处于均衡，而不仅仅是在极限时才处于均衡。这一区别其实只给出了一个很小的差异，因为序贯均衡集

与完美均衡集“对于几乎所有的博弈”来说都是重合的。我们还将回顾迈尔森（Myerson，1978）的适当均衡的概念，它对完美均衡进行了精炼，沿着被扰动策略的收敛序列，参与人在代价越高的“错误”上犯错的可能性越小。

8.4.1　颤抖手完美均衡

现在我们考虑在策略式中以及在代理人策略式中的颤抖手完美性的概念（泽尔滕称后者为“代理人标准式”）。我们将看到，在策略式中的完美性并不意味着子博弈完美性。泽尔滕引入了代理人策略式以排除子博弈不完美的均衡。

在策略式中关于颤抖手完美性有三种等价的定义：

定义 8.5A　策略式博弈的一个“ε 约束均衡”是一个完全混合的策略组合 σ^ε，它使得对每个参与人 i 而言，σ_i^ε 都是 $\max_{\sigma_i} u_i(\sigma_i, \sigma_{-i}^\varepsilon)$ 的解。对于所有的 s_i，和某 $\{\varepsilon(s_i)\}_{s_i \in S_i, i \in \varphi}$，其中 $0 < \varepsilon(s_i) < \varepsilon$，约束条件是满足 $\sigma_i(s_i) \geqslant \varepsilon(s_i)$。一个完美均衡是当 ε 趋于 0 时 ε 约束均衡 σ^ε 的任一极限。

根据定义 8.5A，一个完美均衡是某个受约束博弈序列的纳什均衡的极限。这种标准的闭图的论证表明任何完美均衡都是在无约束条件下的博弈的纳什均衡。

对于给定的 $\{\varepsilon(s_i)\}$，之所以存在一个受约束均衡的理由是很常见的。[与混合策略中（见 1.3 节）的纳什均衡的存在性证明唯一的区别在于，每个混合策略必须属于某个单形的一个子集，而不是属于单形本身，但这个区别是无关紧要的，因为子集是紧的，凸的，且对于小 ε 而言是非空的。] 这样，对于任意的约束序列 $\{\varepsilon(s_i)\}$，存在着一个对应的受约束均衡的序列。因为策略空间是紧的，所以这个序列有一个收敛的子列，故存在一个完美均衡。

为了看出颤抖是如何帮助精炼纳什均衡集的，我们考察图 8—10 所示的博弈，泽尔滕曾用它来提出子博弈完美性。纳什均衡 $\{R_1, L_2\}$ 不是受约束均衡的极限：如果参与人 1 以正的概率选择 L_1，则参与人 2 对于 R_2 也赋予尽可能多的权重。

定义 8.5A 背后的思想是参与人可能会颤抖（犯错误），并且当考虑到他们对手的颤抖时，他们的受约束的策略应该是最优的。泽尔滕的第二个定义并没有明确地引入最小的颤抖，但是却要求组合 σ 是完全混合组合 σ^n 序列的一个极限，而且 σ_i 是对于对手受扰动的策略 σ_{-i}^n 的一个

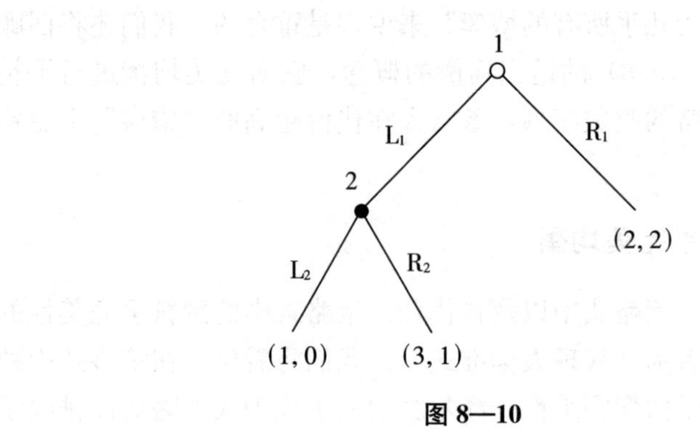

图 8—10

最优反应：

定义 8.5B 一个策略式的策略组合 σ 是一个完美均衡，如果对于所有的 i 存在一个完全混合策略组合的序列 $\sigma^n \to \sigma$，使得对于所有的 $s_i \in S_i$ 都有 $u_i(\sigma_i, \sigma^n_{-i}) \geqslant u_i(s_i, \sigma^n_{-i})$。

让我们强调定义 8.5B 中策略 σ_i 是对某个序列 σ^n_{-i} 的最优反应，而不一定是对所有收敛到 σ_{-i} 的序列的最优反应。这些定义的一个统一的版本——在定义 8.5B 中要求 σ_i 对于任意序列 $\sigma^n_{-i} \to \sigma_{-i}$ 都是最优反应——产生了“真正的完美均衡”的概念，这个要求要强得多。对于某些博弈而言，真正的完美均衡并不存在（见第 11 章）。

完美均衡的第三个定义来自于迈尔森（Myerson，1978），它并不像传统的优化问题：

定义 8.5C 如果策略式的一个策略组合 σ^ε 是完全混合的，则它是一个 ε 完美均衡①；并且对于所有的 i 和任意的 s_i 而言，如果存在 s_i' 使得 $u_i(s_i, \sigma^\varepsilon_{-i}) < u_i(s_i', \sigma^\varepsilon_{-i})$，则 $\sigma^\varepsilon_i(s_i) < \varepsilon$。一个完美均衡 σ 是指 ε 完美策略组合 σ^ε 的任何一个极限，其中对于 ε 是某个收敛到 0 的正数序列。

也就是说，并不要求参与人 i 在明确的最小权重约束下对于其对手的策略实现最优化，但必须对于非最优反应的策略赋予小于 ε 的权重。

定理 8.4 完美均衡的三个定义（8.5A～8.5C）是等价的。

证明 我们证明定义 A 意味着定义 C，而定义 C 又意味定义 B，定义 B 反过来又意味着定义 A。首先，根据构造，在定义 A 中定义的序列 σ^ε 是一个 ε 完美均衡，所以如果它满足定义 A 的话，σ^ε 就满足定义 C。其次，假设 σ 满足定义 C，则存在一个序列 $\sigma^\varepsilon \to \sigma$ 和一个常数 $d > 0$，且对于支持 σ^i 的每个 s_i 都有 $\sigma^\varepsilon_i(s_i) > d$。这样，支持 σ_i 的每个 s_i 都必然

① 其中 ε 不是指 ε 优化，与 4.8 节中讨论的 ε 完美均衡是一样的。

是对$\sigma^{\varepsilon}_{-i}$的一个最优反应，因此定义 B 也得到满足。再次，假设σ满足定义 B，并且令$\sigma^n \to \sigma$是假设的完全混合的策略组合。对于不支持σ_i的s_i定义$\varepsilon^n(s_i) \equiv \sigma_i^n(s_i)$，而对于支持$\sigma_i$的$s_i$则令$\varepsilon^n(s_i) \equiv 1/n$。然后对于所有的$s_i \in S_i$，考虑规划$\{\max_{\sigma_i} u_i(\sigma_i, \sigma^{\varepsilon}_{-i})\}$受约束于$\sigma_i(s_i) \geqslant \varepsilon^n(s_i)$。由于根据假定，$\sigma_i$是对$\sigma^n_{-i}$的最优反应，所以对应的$\varepsilon$受约束均衡之一，$\sigma^{\varepsilon}$，对于$s_i \notin$ Support（σ_i）就有$\sigma_i^{\varepsilon}(s_i) = \varepsilon^n(s_i)$，对于$s_i \in$ Support（σ_i）有$\sigma_i^{\varepsilon}(s_i) = \sigma_i(s_i)$。[①] 当$n$趋于无穷时，$\varepsilon^n \equiv \max\{\varepsilon^n(s_i)\}$就趋于 0。因此，定义 A 是满足的。 ■

泽尔滕指出，在策略式中的完美性并不完全令人满意。考虑图 8—11。唯一子博弈完美是$\{L_1, L_2, L'_1\}$。但子博弈不完美的纳什均衡$\{R_1, R_2, R'_1\}$却是带颤抖均衡的极限。为了看出何以如此，考察对应的（经过简化的）策略式（如图 8—11b 所示），并设参与人 1 以概率ε^2选择（L_1，L'_1），以概率ε选择（L_1，R'_1）。则参与人 2 应该在R_2上赋予尽可能大的权重，因为当ε很小时，参与人 1 在"选择"了L_1的条件下"选择"R'_1的概率是$\varepsilon/(\varepsilon+\varepsilon^2) \approx 1$。关键在于策略式的颤抖允许在参与人的颤抖与他在后续信息集中的选择之间具有相关性。在上述例子中，如果一个参与人"颤抖"到L_1，他就很可能会选择R'_1而非L'_1。

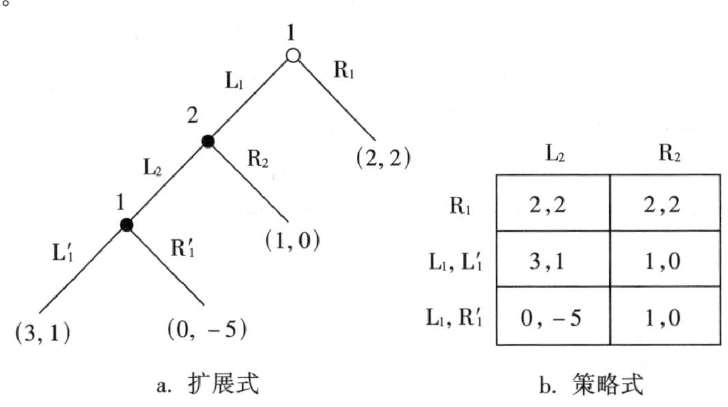

	L_2	R_2
R_1	2,2	2,2
L_1, L'_1	3,1	1,0
L_1, R'_1	0,−5	1,0

b. 策略式

图 8—11

对此的一个可能反应是，由于一个参与人的颤抖可能确实是相关的，所以子博弈完美性就太强了。回忆子博弈完美性的前提是在子博弈中合理的选择只取决于这个子博弈，而无论该子博弈事实上是整个树或

① 还可能存在其他的ε受约束均衡，因为某些$s_i \in$ Support（σ_i）也可能是σ^n_{-i}最优反应。

者只有当某个参与人 i 在更长的博弈中偏离了（完美的）均衡策略才能达到的子博弈。如果我们只从字面上来讲颤抖这个故事的话，那么这个前提既可能令人信服，也可能不令人信服，要取决于错误是如何发生的以及为什么会发生。而且子博弈完美性也失去了一些说服力（此时读者可能想复习一下 3.6 节中的例子。）

泽尔滕在他的论文（Selten，1975）中的观点是颤抖是一种技术性的设置，而且并不是试图用它们来模型化实际的“错误”。在这一精神下，他修改了他的颤抖手的概念以排除相关性，从而也排除了子博弈不完美的均衡。这一修改使用了代理人策略式的概念，它将图 8—11 中参与人 1 的两个选择看成是由两个参与人所作出的，且这两个人的颤抖是互相独立的。

更精确地，在代理人策略式中每个信息集是由一个不同的“代理人”进行“选择”的，而且在信息集 h 行动的代理人在终点节点上所具有的收益与原博弈中在 h 行动的参与人 $i(h)$ 的收益是一样的。在一个扩展式博弈的代理人策略式中，一个颤抖手完美均衡是对应的扩展式颤抖手完美均衡。

应该清楚完美均衡的多种定义的等价性会一直带到代理人策略式中的完美性上，就像存在性的证明那样。从现在起，“完美均衡”是指“在代理人策略式下的颤抖手完美均衡”（这与“策略式完美均衡”不同，后者允许同一参与人的不同信息集之间可以有相关的颤抖）。图 8—12 表示出了与图 8—11a 中的扩展式相关的代理人策略式。参与人 1 的“第一个化身”选择矩阵，而“第二个化身”则选择列。由于这两个化身具有相同的收益，所以我们就可以将这些收益合并起来放在矩阵的各项元素中。

	L_1'	R_1'
L_2	3，1	0，−5
R_2	1，0	1，0

	L_1'	R_1'
L_2	2，2	2，2
R_2	2，2	2，2

图 8—12

定义 8.5B 明确地解释了为什么一个完美均衡是一个序贯均衡。根据构造，策略 σ 是完全混合策略 σ^n 的极限。为了得到一个序贯均衡，我们必须构造信念 μ 以使得（σ，μ）是一致的，而且给定 μ 和 σ 时 σ 是序贯理性的。因为 σ^n 是完全混合的，所以在这个策略式的任何扩展式信息集中相关的信念 μ^n 是由贝叶斯法则唯一定义的。因此，只要取一个收敛子列

μ^n 的极限 μ 就足够了。根据构造，(σ，μ) 是个一致的评估。根据单阶段偏离的原则，σ_i 对于"单个参与人 i"来讲是对 σ_i^n 的一个最优反应，并且由于收益是连续的，所以 (σ，μ) 也就是序贯理性的。

然而正如图 8—13 所表明的那样，一个序贯均衡不一定是完美的。在该图表示的策略式的同时行动博弈中，不完美的纳什均衡（D，R）是序贯的。然而，如果要求策略对于某些颤抖是最优的，则不能选择 D 和 R，因为它们是弱劣势的。

	L	R
U	1，1	0，0
D	0，0	0，0

图 8—13

但是这个博弈不是一般性的，因为它依赖于一个参与人（在这个例子中，是参与人双方）对于均衡策略和非均衡策略是无差异的。一旦这种无差异性被一个小的收益扰动所打破，则序贯均衡集与完美均衡集就会重合，就像克雷普斯和威尔逊（Kreps and Wilson，1982a）所表明的那样。一般性的含义如下：固定一个扩展式和先验信念，考察用 ℓ 终点节点上的收益 u 作为指标的博弈族。"博弈 u"，如果滥用一下术语，是由 $\mathbb{R}^{\ell\times I}$ 中的收益向量 u 定义的博弈。如果不满足一个性质的博弈集合的闭集在 $\mathbb{R}^{\ell\times I}$ 中具有 Lebesgue 测度 0，则该性质是一般性的（对于"几乎所有的博弈"都满足）。我们在定理 8. 5 中总结了这些结论。

定理 8.5　在有限博弈中，至少存在一个完美均衡（Selten，1975）。一个完美均衡是序贯的，但反之不一定成立；然而，对于一般博弈来讲，这两个概念是重合的（Kreps and Wilson，1982a）。

完美均衡的映射对于收益不一定是上半连续的，图 8—14 描述了对图8—13定义的博弈的一个小的扰动。在图 8—14 中，（D，R）是一个完美均衡：D 对于在 R 上赋予概率 $1-1/n^2$ 的一个 σ_2^n 是最优反应；R 对于在 D 上赋予概率 $1-1/n^2$ 的一个 σ_1^n 是最优反应。然而，极限博弈的唯一完美均衡是（U，L）。

	L	R
U	1，1	0，0
D	0，0	$1/n$，$1/n$

图 8—14

对于颤抖的思想我们有最后两个要注意的地方。第一，所观察到的颤抖可以被解释为对参与人收益函数的扰动。在定义 8.5A 的受约束博弈中，参与人 i 必须将至少为 $\varepsilon(s_i)$ 的概率赋予每个 $s_i \in S_i$；这样，策略 s_i 实际上就被混合策略所取代了，后者对于 s_i 赋予概率 $1-\sum_{s'_i} \neq s_i \varepsilon(s_i{}')$，而且对于每个 $s_i{}'$ 都赋予概率 $\varepsilon(s_i{}')$。等价地，我们也可以让策略完全保留为原来的样子，并定义新的收益函数：

$$\hat{u}_i(s_i,\sigma_{-i}) = (1-\sum_{s'_i \neq s_i}\varepsilon(s'_i))u_i(s_i,\sigma_{-i}) + \sum_{s'_i \neq s_i}\varepsilon(s'_i)u_i(s'_i,\sigma_{-i})$$ ①

第二，我们应该提到布卢姆、布兰登伯格和戴克尔（Blume，Brandenberger and Dekel，1990）的工作，它使用“词典式信念”而不是用颤抖给出了策略式中完美均衡的一个特征。这个工作与策略式完美均衡的关系大致同 PBE 与序贯均衡的关系一样。

8.4.2 适当均衡

迈尔森（Myerson，1978）考虑了受扰动的博弈，其中一个参与人的次优行动被赋予至多 ε 倍最优行动的概率，而第三优的行动被赋予至多 ε 倍次优行动的概率，等等。这个思想是一个参与人在对他无大害处的行动上“更可能颤抖”，所以偏离均衡行为的概率与它们的成本成反比。

因为考虑了一个更小的颤抖集，所以一个适当均衡在策略式中显然是完美的。正如我们将看到的，适当均衡在代理人策略式中也是完美的。②

为了说明适当均衡的含义，考虑图 8—15 所示的博弈（来自迈尔森），它将弱劣势策略加入到图 8—12 定义的博弈中。该博弈有三个纯策略纳什均衡：（U，L），（M，M）和（D，R）。D 与 R 是弱劣势策略，因而当其他参与人颤抖时它就不可能是最优的，所以（D，R）不是完美的。（M，M）是完美的。为了看出这一点，考虑完全混合策略组合，其中每个参与人以概率 $1-2\varepsilon$ 选择 M，以概率 ε 选择其他两个策

---

① 在第 12 章中我们将看到对于一般的策略收益而言，在具有相近收益的任何博弈中，任何纳什均衡具有相近的纳什均衡。故在一般的策略式中，任何纳什均衡都是真正完美的。然而，一般性的扩展式收益并不产生一般性的策略式收益。

② 尽管策略式中的适度性确保了逆向递归法成立，但是策略式中的适度性与代理人策略式中的适度性不同，因为同一参与人在代理人策略式中的两个化身（与两个不同的信息集有关）不一定比较他们在零概率行动上的收益。

略中的每一个。参与人 1 偏离到 U（或参与人 2 偏离到 L）将该参与人的收益增加了 $(\varepsilon-9\varepsilon)-(-7\varepsilon)=-\varepsilon<0$。然而，(M，M) 不是一个适当均衡。每个参与人都应该对他的次优策略比他的第三优策略赋予更多的权重（颤抖得更厉害），因为后者产生了更低的收益。但如果参与人 1，比如说在 U 上赋予权重 ε，在 D 上赋予 ε^2，则参与人 2 选择 L 就要比选择 M 更好，因为对于小的 ε，$(\varepsilon-9\varepsilon^2)-(-7\varepsilon^2)>0$。在这个博弈中唯一的适当均衡是 (U，L)。

	L	M	R
U	1，1	0，0	−9，−9
M	0，0	0，0	−7，−7
D	−9，−9	−7，−7	−7，−7

图 8—15

定义8.6　一个 ε 适当均衡是一个完全混合的策略组合 σ^ε，满足如果 $u_i(s_i,\sigma^\varepsilon_{-i})<u_i(s_i',\sigma^\varepsilon_{-i})$，则 $\sigma^\varepsilon_i(s_i)\leqslant\varepsilon\sigma^\varepsilon_i(s_i')$。一个适当均衡 σ 是当 ε 趋于 0 时 ε 适当均衡 σ^ε 的任意极限。

定理8.6（Myerson，1978）　所有的有限策略式博弈具有适当均衡。

证明　我们首先证明 ε 适当均衡的存在性。设：

$$\widetilde{\sum}_i=\{\sigma_i\in\sum_i^0\mid\sigma_i(s_i)\geqslant\frac{\varepsilon^m}{m},\text{对于所有 }S_i\text{ 中的 }s_i\}$$

其中，$m\equiv\max_i(\#S_i)$，且 $0<\varepsilon<1$。考虑参与人 i 对于策略 σ_{-i} 的受约束的最优反应的映射：

$$\tilde{r}_i(\sigma_{-i})=\{\sigma_i\in\widetilde{\sum}_i\mid\text{如果 }u_i(s_i,\sigma_{-i})<u_i(s'_i,\sigma_{-i}),\text{则 }\sigma_i(s_i)\leqslant\varepsilon\sigma_i(s'_i),\forall(s_i,s'_i)\in(S_i)^2\}$$

因为 $\tilde{r}_i$ 是由一组有限的线性弱不等式定义的，所以它是凸值和紧值；$\tilde{r}_i$ 的上半连续是显而易见的。为证明 $\tilde{r}_i(\sigma_{-i})$ 是非空的，设 $\rho(s_i)$ 是策略 s_i' 的个数，其中 s_i' 满足 $u_i(s_i,\sigma_{-i})<u_i(s_i',\sigma_{-i})$。则如果 $\rho(s_i)>0$，那么 $\sigma_i\equiv\{\sigma_i(s_i)\}$，其中下式属于 $\tilde{r}_i(\sigma_{-i})$

$$\sigma_i(s_i)=\varepsilon^{\rho(s_i)}/\left(\sum_{s'_i\in S_i}\varepsilon^{\rho(s'_i)}\right)\geqslant\frac{\varepsilon^m}{m}$$

然后再像通常那样运用角谷不动点定理来证明$\times_i \widetilde{\sum}_i$中$\varepsilon$适当均衡的存在性。让$\widetilde{\sum}_i$趋于$\sum_i$并且取相关的$\varepsilon$适当均衡的一个收敛子列就完成了证明。 ■

让我们总结一下适当均衡的两个性质。[①]

第一，适当均衡产生了逆向递归法而不用策略式，因为关于相对颤抖的要求保证了参与人在均衡路径之外仍然最优地选择。这在图 8—11 中已经说明了。只要参与人 2 颤抖，则策略（L_1，R_1'）就被策略（L_1，L_1'）所占优。因此，如果参与人 1 达到第 2 个信息集，他就必须将几乎所有的权重都放在L_1'上。

第二，科尔伯格和默滕斯（Kohlberg and Mertens，1986）已经表明一个策略式博弈的每个适当均衡在给定策略式的每个扩展式中都是序贯的。再回到图 8—6 中，它给出了“相同博弈”的两个被称为等价的描述。在图 8—6a 中参与人 1 选择 A 是一个序贯的均衡结果，但在图 8—6b 中却并非如此。然而，在任何一个博弈中，唯一的适当均衡是（R_1，R_2）。特别地，（A，L_2）在图 8—6a 中不是一个适当均衡，因为在任何ε适当均衡中，参与人 1 给予R_1的权重必须大于L_1的权重。科尔伯格和默滕斯还观察到，一个策略式的适当均衡不一定在每个与该策略式相关的扩展式（代理人策略式）中总是一个颤抖手完美均衡。图 8—16 考虑了一个带有 3 个纯策略的单个决策者问题。（L，r）在策略式中是适度的，但在（代理人策略式）树中不是完美的：如果参与人的第二个化身颤抖，则他的第一个化身宁可选择 R。

附 录

序贯均衡的结构

在 8.3.3 小节中，我们指出尽管序贯均衡结果对于一般性的扩展式

① 对于适当均衡及其多个变体的更广泛而且非常清楚的讨论，请参见 Van Damme (1987)。特别地，当存在“控制成本”时，在参与人最优化他们错误的概率的博弈中，适当均衡并不对应于均衡的极限。直觉上，如果策略s_1是几乎与策略s_1'一样好的反应但都不是最优反应时，则当错误的概率被最优化时，我们会预期到s_1上的颤抖与s_1'上的颤抖几乎是同样可能的。

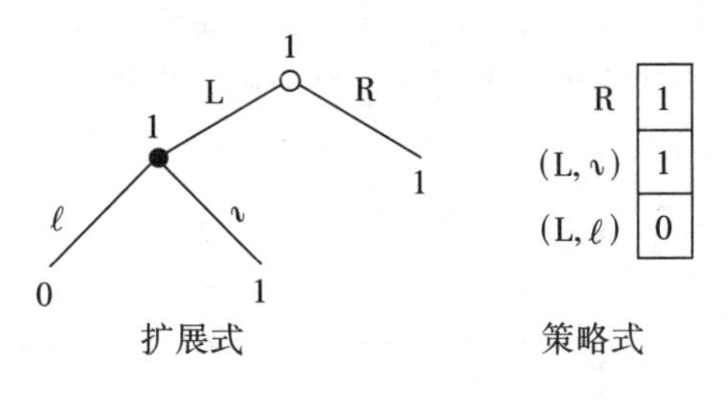

图 8—16

收益而言是有限的，但是序贯均衡评估集一般来讲是无限的。本附录对于这一评论进行更详细地阐述。

考察图 8—17 所示的博弈，它取自克雷普斯和威尔逊（Kreps and Wilson，1982a）。该博弈有两个序贯均衡结果：（L，ℓ）和 A。对于结果 L 存在唯一的均衡评估，即 $\sigma_1(\mathrm{L})=1=\sigma_2(\ell)$，且 $\mu(x)=1$。与之相比，对于结果 A 有两个单系数均衡评估族。在第一族中，$\sigma_1(\mathrm{A})=1$，$\sigma_2(\ell)=0$ ，且 $\mu(x)<1/2$ ；在第二族中，$\sigma_1(\mathrm{A})=1$，$\sigma_2(\ell)\in[0, \frac{3}{5}]$，且 $\mu(x)=1/2$ 。将均衡评估投影到（$\mu(x)$，$\sigma_2(\ell)$）上就得到图 8—18 中的图形。

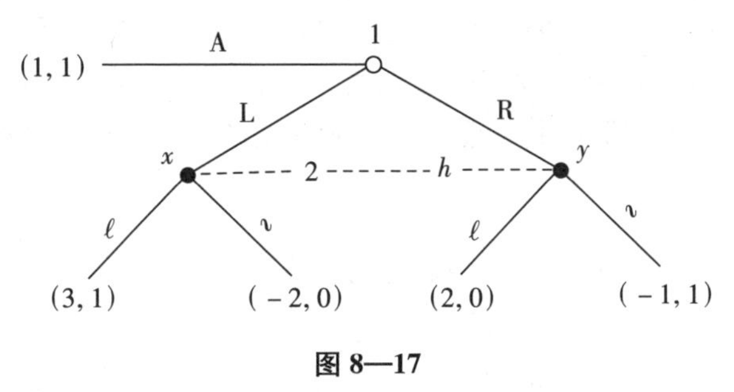

图 8—17

这个例子说明，对于一般性的收益而言序贯均衡评估集是各维流形的并集；这些流形的维度与在规定路径外策略和信念时可得的“自由度”的大小有关。由于在结果为（L，ℓ）的均衡中没有路径之外的信息集，所以自由度为 0，且与该结果相关的“流形”具有维度 0。（由于相同的原因，单期同时行动博弈对于一般性的收益来讲具有有限个均衡，我们将在 12.1 节中讨论这个问题。）在结果为 A 的均衡中，参与人 2 的信息集是达不到的。图 8—18 中的水平线段反映了在明确规定信念$\mu(x)$以使得对参与人 2 来讲 i 是比 ℓ 更好地选择时，自由度为 ℓ；垂直的线段则对应于明确规定参与人 2 的混合策略以使得参与人 1 选择 A 而不选择

L 时的自由度。由于参与人 2 在 ℓ 与 r 之间随机选择时是无差异的，所以在明确说明信念时就必须丧失一个自由度，以得到明确说明混合策略时的 1 个自由度。

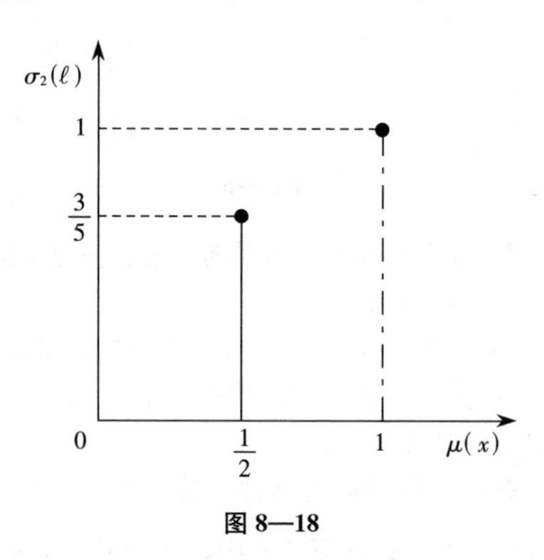

图 8—18

克雷普斯和威尔逊将这些观察推广如下。让一个均衡评估（σ，μ）的基 b 是一组被评估赋予正概率的节点和行动［即当且仅当 $\sigma_{i(h)}(a|h)>0$ 时，A(h) 中的 a 属于 b；而且当且仅当 $\mu(x)>0$ 时 $x\in b$］。克雷普斯和威尔逊表明，对于一般性收益而言，给定一个基的均衡集要么是空集，要么是一个流形，其维度独立于所规定的特定的扩展式收益。

参考文献

Akerlof，G. 1970. The market for "Lemons." *Quarterly Journal of Economics* 90：629 - 650.

Aumann，R.，and M. Machler. 1966. Game-theoretic aspects of gradual disarmament. *Mathematica ST*-80，chapter V，1 - 55.

Battigalli，P. 1991. Strategic independence，generally reasonable extended assessments，and consistent assessments. Mimeo.

Blume，L.，A. Brandenberger，and E. Dekel. 1990. Equilibrium refinements and lexicographic probabilities. *Econometrica*，forthcoming.

Crawford，V.，and J. Sobel. 1982. Strategic information transmission. *Econometrica* 50：1431－1452.

Farrell，J.，and R. Gibbons. 1989. Cheap talk can matter in bargaining. *Journal of Economic Theory* 48：221－237.

Fudenberg，D. and J. Tirole. 1991. Perfect Bayesian equilibrium and sequential equilibrium. *Journal of Economic Theory* 53：236－260.

Gibbons，R. 1988. Learning in equilibrium models of arbitration. *American Economic Review* 78：896－912.

Gilligan，T.，and K. Krehbiel，1988. Collective choice without procedural commitment. Discussion paper 88－8，Hoover Institution，Stanford University.

Grossman，S. 1980. The role of warranties and private disclosure about product quality. *Journal of Law and Economics* 24：461－483.

Grossman，S.，and O. Hart. 1980. Disclosure laws and takeover bids. *Journal of Finance* 35：323－334.

Harsanyi，J. 1967－68. Games with incomplete information played by Bayesian players. *Management Science* 14：159－182，320－334，486－502.

Kohlberg，E.，and J.-F. Mertens. 1986，On the strategic stability of equilibria. *Econometrica* 54：1003－1038.

Kreps，D.. and G. Ramey. 1987. Structural consistency，consistency，and sequential rationality. *Econometrica* 55：1331－1348.

Kreps，D.，and R. Wilson. 1982a. Sequential equilibrium. *Econometrica* 50：863－894.

Kreps，D.，and R. Wilson. 1982b. Reputation and imperfect information. *Journal of Economic Theory* 27：253－279.

Milgrom，P. 1981. Good news and bad news：Representation theorems and applications. *Bell Journal of Economics* 12：380－391.

Milgrom，P.，and J. Roberts. 1982a. Limit pricing and entry under incomplete information. *Econometrica* 50：443－460.

Milgrom，P.，and J. Roberts. 1982b. Predation，reputation，and entry deterrence. *Journal of Economic Theory* 27：280－312.

Myerson，R. 1978. Refinements of the Nash equilibrium concept. *International Journal of Game Theory* 7：73－80.

Myerson，R. 1985，Bayesian equilibrium and incentive compatibility: An introduction. In *Social Goals and Social Organization: Essays in Honor of Elizha Pazner*, ed. L. Hurwicz, D. Schmeidler, and H. Sonnenschein, Cambridge University Press.

Myerson, R. 1986. Multistage games with communication. *Econometrica* 54: 323 - 358.

Okuno-Fujiwara, M., A. Postlewaite. and K. Suzumura. 1990. Strategic information revelation. *Review of Economic Studies* 57: 25 - 47.

Ortega-Reichert, A. 1967. Models for competitive bidding under uncertainty. Ph. D. thesis, Stanford University.

Selten, R. 1975. Reexamination of the perfectness concept for equilibrium points in extensive games. *International Journal of Game Theory* 4: 25 - 55.

Spence, A. M, 1974. *Market Signalling*. Harvard University Press.

van Damme, E. 1987. *Stability and Perfection of Nash Equilibria*. Springer-Verlag.

第9章　声誉效应

9.1　导言[††]

本章研究的是这样一个观念：一个重复参与相同博弈的参与人可能会试图建立一个对于特定行为方式的声誉。具体的想法是，如果一个参与人总是用相同的方式博弈，那么他的对手就会预期他在将来继续这样博弈，从而相应的调整他们自己的行为。现在的问题是：一个参与人是否以及何时能够建立或维持他所希望的声誉？例如，如果一个中央银行总是执行它所宣布的货币政策，交易商会相信中央银行将来也这么做吗？也就是说，声誉效应能否允许中央银行有效地执行宣布了的政策？

为了将参与人关心他们声誉的可能性模型化，我们假设关于每个参与人类型的信息是不完全信息，类型不同，预期的博弈方式也不同。这样，每个参与人的声誉就可以概括为他的对手对其类型的信念，例如：中央银行有坚持执行货币政策的声誉。在模型化时，我们对总是言行一致这种类型赋予一个正的先验概率。① 更一般地，我们可以假设每个参与人有几种不同的类型，每种类型都与一种不同的行为方式相联系；同

---

① 另一种可选择的方法是把声誉看成是完全信息重复博弈中的均衡策略。例如在一个重复囚徒困境中，“冷酷”策略的均衡，即“合作直到对手背叛，并且从此以后背叛”，可以解释成描述了这样的情况：每个人都有“合作”的声誉，但是这个声誉在他第一次背叛的时候就会消失。在重复质量选择博弈中，策略“预期高质量，直到厂商生产低质量产品”可以被解释为：厂商一开始有高质量的声誉，但是它必须通过产出高质量的产品来维持这一声誉。当然，这种重新解释并没有改变均衡集，所以这种对于声誉的理解没有任何预测力。同时，将声誉模型化为完全信息策略无法包含这样的想法，即一个参与人的声誉是对应于他的对手对他的了解程度。

时，没有任何一种参与人的类型作为自变量直接进入其他参与人的效用函数。[①]

直觉上看，因为声誉很像资产，当一个参与人有耐心并且他的计划比较长远时，他最可能愿意用短期成本去建立他的声誉。一个计划不长远的参与人就会对进行这种投资比较勉强。所以，我们可以预期，在声誉上的投资更有可能出现在长期关系中，而不是短期关系中；更有可能出现在博弈开始时，而不是结束时。基于这个原因，我们将遵照文献并且将主要着眼点放在长期关系中的声誉上，尽管声誉在短期关系中也会发挥重要的作用。

接下来，我们主要关心的是，一个长期参与人是否可以以及什么时候可以利用某种类型的小先验概率或者声誉，有效地使他自己博弈起来好像他就是那种类型。例如，什么类型的先验分布意味着，在均衡中中央银行宣布的政策是可信的？

一个相关的问题是，声誉效应的模型是否提供了一种方法，使我们可以在一个无限重复博弈的众多均衡中进行挑选和选择，特别是，声誉效应能否为我们的直觉提供支持——某些均衡是特别合理的。例如，尽管许多论文使用重复囚徒困境（第 4 章）的“合作”均衡来解释长期关系中的信任和合作，但其中还是存在一个参与人不合作的均衡。同样地，尽管在单一、长期、有耐心的参与人面对短期对手序列的博弈中(参见 5.3.1 小节)，存在一个粗略类似于无名氏定理的结论，但经济的应用通常只考察长期参与人最偏好的均衡。例如，一个面对短期消费者序列的长期企业会选择提供高质量的产出，哪怕这种做法在短期看来更昂贵。因为如果企业转而提供低质量的产出，它将以减少未来销售作为代价（Dybvig and Spatt，1980；Shapiro，1982）。然而，另外还存在一个均衡，在这个均衡中企业始终提供低质量产品。

单一长期参与人情形中的声誉效应具有最强、最一般的含义，我们将会以说明连锁店悖论开始，在 9.2 节中讨论这种情况。因为只有一个参与人有激励维持声誉，声誉效应非常强有力就并不奇怪：在一个同时行动的阶段博弈中，先验分布上的一个弱充分支撑分布（weak full-support distribution）意味着，单一有耐心的参与人如果可以公开地坚持其最偏好的策略，就能够利用声誉效应获得他应得的收益。

---

① 这个声誉的含义比通常的用法要窄，例如，有人可能会提及在斯宾塞信号传递模型中一个工人有高生产率的“声誉”以及高生产率的工人通过选择高的教育水平来投资于这个声誉。

可以想到的另一种允许参与人坚持其承诺的情况是：单一“大”参与人面对很多长期“小”对手的情形，因为大参与人可以从成功的坚持承诺中获得比其对手多得多的回报。（对这种有小对手的情况感兴趣的一个原因是，这种情况相对于单一长期参与人面对短期个人序列的情况，可以更好地描述政府机构如国内收入署或者联邦储备的状况。）至于声誉效应是否可以允许大参与人坚持承诺则依赖于博弈细致的结构，我们将在 9.4 节中讨论。

当所有参与人都是长期的，比如在重复囚徒困境中，不能预期任何一个参与人的利益可以在博弈中占主导地位，所以这时看起来声誉效应就不太可能导出强的一般性结论。但是，在关于类型的特定先验分布下，还是可以得出强的结论的。例如，在重复囚徒困境中，如果参与人 2 的收益是在完全信息下的通常情形，同时参与人 1 或者是始终“针锋相对”的类型，或者也是通常收益的情形；这时，只要参与人足够耐心并且博弈有一个长且有限的期限，那么在每一个序贯均衡中，两个参与人都几乎会在任何一期中合作。不过，其他结果也能通过变化先验分布获得；事实上，在完全信息博弈中，任何可行的且个人理性的收益，都可以通过博弈在不完全信息时的序贯均衡收益得到，在这些收益中，完全信息博弈收益的概率接近 1。这就证实了在所有参与人都是长期时，声誉效应的作用会非常小这一直觉。但当类型的先验分布被特别限定了之后，声誉效应确实可以从纯合作博弈中挑出唯一的帕累托最优收益，我们将在 9.3 节中介绍这些结果。

9.2　单一长期参与人博弈††

9.2.1　连锁店博弈

我们的讨论从克雷普斯和威尔逊（Kreps and Wilson，1982）以及米尔格罗姆和罗伯茨（Milgrom and Roberts，1982）关于声誉效应的工作开始，这些工作是在泽尔滕（Selten，1978）连锁店博弈的基础上进行的。为了能够分步介绍他们的工作，我们首先介绍一个与泽尔滕模型略有不同的模型。单一长期在位厂商面对一系列短期的潜在进入者，每个潜在进入者只能博弈一次，但可以观察到所有过去的博弈。在每一期，一个潜在进入者决定是否进入一个特定的市场。（每个进入者只能进入一个市场，并且不同的进入者可以进入的市场是不同的。）如果进入者不进入，在位者就会在那个市场中享有垄断利益；如果进入，在位者就必须选择是斗争还是妥协。在位者的收益是：在没有人进入的时候为$a>0$；在进入者进入市场时，如果妥协，收益为0；如果斗争，收益为-1。在位者的目标是最大化各期收益加总的贴现值，δ代表在位者的贴现因子。每个进入者都有两种可能的类型：强硬和软弱。强硬的进入者总是选择进入市场。软弱的进入者，如果不进入，他的收益为0；如果进入并且遇到了在位者的斗争，他的收益为-1；如果进入并且在位者选择妥协，他的收益为$b>0$。每个进入者的类型都是私人信息，且强硬的概率为q^0，这一概率是独立于其他人的。这样，在位者在短期有妥协的激励，而一个软弱的进入者只有在它预期遭遇斗争的概率小于$b/b+1$时才会进入。

如果这个博弈是有限期的，只存在唯一的序贯均衡。正如泽尔滕（Selten，1978）所发现的：在位者会在最后一期妥协，所以最后一个进入者，无论他的类型以及博弈的历史如何都会选择进入；这样，在位者在倒数第二期也会妥协。利用逆向递归法，在位者总是会选择妥协，而每一个进入者都会选择进入。泽尔滕称之为“悖论”，这是因为当存在许多进入者的时候，这类均衡有悖于直觉：有人猜测，在位者会试图通过斗争来阻止进入。当然，无论在位者如何斗争，他都无法阻止“强硬”的进入者。因此，只有在每期$a(1-q^0)-q^0$的期望收益超过总是妥协时的0收益时，在位者承诺总是斗争才是有价值的。并且当在位者的贴现因子足够接近1时，该模型在无限期的情况下存在一个进入被阻止的均衡。①

因为在无限期的情况下，还存在一个每个进入者都进入的均衡，所以这只是对阻止进入是合理结果这一直觉的部分支持。我们还是需要解释为什么阻止进入这一均衡是看起来最合理的。另外，我们也许还会相信，即使是在有限期的情况下，结果也将是阻止进入。正如我们要看到的，通过引入不完全信息从而考虑声誉效应将对这两点作出回应，并且这些回应在直觉上很吸引人：在位者通过斗争维持他的声誉——他是一个很可能斗争的“强硬”类型。毕竟，如果在位者在之前的100期内每期都斗争，下一个进入者预期它会遇到斗争是非常合理的。

---

① 这是由米尔格罗姆和罗伯茨（Milgrom and Roberts，1982）发现的。一个这样的均衡是：只要在位者从没有妥协过他就始终斗争，并且只要他在过去至少妥协过一次就一直妥协，只要在位者没有妥协过进入者就始终不进入，一旦在位者妥协过一次，就一直进入。如果$a(1-q^0)-q^0>(1-\delta)/\delta$，这个策略组合是一个均衡。

为了把声誉效应引入模型，假设所有参与人的收益都是私人信息。在位者以概率 p^0 “强硬”。“强硬”的意思是，在位者的收益使他会在任何一条均衡路径上，在每一个市场中斗争。[①] 在位者是“软弱”（即有前面所描述的收益）的概率为 $1-p^0$。每个进入者都以独立于其他人的概率 q^0 “强硬”；无论他们如何预期在位者的反应，强硬的进入者都将选择进入。[②]

为了求解这个博弈在有限期时的序贯均衡，我们先解单期博弈的序贯均衡，再解两期博弈，然后根据归纳法求解 N 期问题。确定单期博弈的序贯均衡很简单：如果有进入，当且仅当他是软弱的时在位者选择妥协，所以一个软弱进入者的净收益为 $(1-p^0)b-p^0$。如果 $p^0<b/(b+1)\equiv\bar{p}$，软弱进入者进入。若不等号反向，则不进入。（我们忽略不稳定的取等号时的情形。）

现在考虑博弈中还剩下两期：在位者将在两个不同的市场，先后与两个不同的进入者博弈。首先面对进入者 2，进入者 1 在观察到市场 2 的结果之后，再做出是否进入的决定。[③] 均衡的性质取决于先验概率和收益函数的参数：

(i) 如果 $1>a\delta(1-q^0)$ 或者 $q^0>\bar{q}\equiv(a\delta-1)/a\delta$，斗争的最大长期收益$[\delta a(1-q^0)]$ 小于成本（其值为 1），因此软弱的在位者将不会在市场 2 斗争。因为强硬在位者会选择斗争，软弱的进入者 2 在 $p^0<\bar{p}$ 时选择进入，而在$p^0>\bar{p}$ 时不进入。软弱的进入者 1 只有当在位者在市场 2 妥协时才会进入，反之则不进入。

(ii) 如果 $q^0<\bar{q}$，因为妥协会暴露在位者的软弱从而导致进入发生，软弱的在位者愿意在市场 2 中斗争，如果这样做能够阻止进入。在这种情况下，如果进入者 2 进入，在位者肯定会以正概率斗争：软弱的在位者在市场 2 中以概率 1 妥协不可能是一个序贯均衡，因为如果在位者斗

---

① 为了构造这样的收益，强硬类型的收益等于 -1 乘以他没有斗争的次数（或者更一般的，他没有遵守规定行为的次数）就可以满足条件。或者，可以假设强硬的类型就是不能妥协。还要注意，在位者的类型只能在博弈开始的时候被选择一次并且不再改变：在位者或者在所有的市场中强硬或者不在任何一个市场中强硬。

② 我们对于连锁店博弈的叙述是基于弗登博格和克雷普斯（Fudenberg and Kreps，1987）的综述。克雷普斯和威尔逊只考虑了 $q^0=0$ 的情况；米尔格罗姆和罗伯茨考虑了更多收益的类型。

③ 例 8.1 考虑了这个博弈的一个简化情况：进入者 2 已经进入了，假设进入者 1 是“软弱的”，在位者在最后一个市场里的决定，作为它类型的一个函数已经被解出，并且贴现因子 $\delta=1$。然后我们看到，如果今天斗争的成本超过明天的垄断收益——即$a<1$——那么在唯一的均衡中在位者妥协，而如果 $a>1$，那么在唯一的均衡中在位者以正概率斗争。

争了并且进入者相信他是强硬的，斗争就阻止了下一期的进入。

均衡的精确性质再一次取决于在位者强硬的先验概率 p^0。

(iia) 如果 $p^0>\bar{p}$，因为强硬的在位者总是斗争，若给定在位者在市场2中斗争，在位者强硬的后验概率至少是 p^0，这样在市场2中的斗争就可以阻止市场1的软弱进入者。因此，软弱的在位者在市场2中以概率1斗争，软弱的进入者不会进入市场2，软弱在位者的期望收益为：$[(1-q^0)a-q^0]+\delta(1-q^0)a$。

(iib) 如果 $p^0<\bar{p}$，软弱的在位者以概率1斗争不是一个均衡，因为如果斗争后，强硬的后验概率不能阻止进入，软弱的在位者将宁愿不斗争。软弱的在位者以概率1妥协也不是一个均衡，因为如果斗争可以阻止进入，软弱的在位者将愿意斗争。因此，在均衡时软弱的在位者必须随机化他的行为，条件是：当在位者在市场2中斗争时，软弱的进入者1随机化他的行为使得软弱的在位者在市场2中无差异。这些反过来要求，斗争后在位者强硬的后验概率恰好是临界值 $\bar{p}=b/(b+1)$。如果我们令 β 是软弱在位者在市场2斗争的条件概率，回忆强硬在位者斗争的概率为1，由贝叶斯法则得到

$$\text{Prob}(\text{强硬} \mid \text{斗争}) = p^0/[p^0+\beta(1-p^0)]$$

并且为了使上式等于 $\bar{p}$，必须有 $\beta=p^0/(1-p^0)b$。在市场2中，进入遭到斗争的总概率为

$$p^0\cdot 1+(1-p^0)\cdot[p^0/(1-p^0)b]=p^0(b+1)/b$$

所以，如果 $p^0>[b/(b+1)]^2=\bar{p}^2$，软弱进入者将不进入市场2。在这种情形下，软弱在位者期望的平均收益为正，而在参数相同的只有一个进入者的博弈中，他的收益为0。如果 $p^0<[b/(b+1)]^2$，软弱的进入者进入市场2，软弱在位者的收益为0。

现在，我们可以看看博弈还剩下三期的情况。如果 $p^0>[b/(b+1)]^2$，软弱的在位者必定会在市场3斗争，软弱的进入者将不会进入。如果 p^0 位于 $[b/(b+1)]^3$ 和 $[b/(b+1)]^2$ 之间，软弱在位者的行为随机，软弱的进入者不进入；如果 $p^0<[b/(b+1)]^3$，软弱在位者的行为随机，软弱的进入者进入。更一般地，对于一个固定的 p^0 和 N 个进入者，软弱的进入者将始终不进入，直到在 k 期第一次有 $p^0<[b/(b+1)]^k$。所以，在最初的 $N—k$ 期，软弱的在位者每期的期望收益为 $a(1-q^0)-q^0$。

克雷普斯-威尔逊和米尔格罗姆-罗伯茨论文的主要观点是：能够阻

止进入的先验概率 p^0 的大小（在 q^0 足够小时）随着博弈期数的增加而减小；事实上，它在以 $b/(b+1)$ 的几何速率递减。因此，在长期博弈中即使很少的不完全信息都会起很大的作用。当 $\delta=1$ 时，唯一的均衡有下面的形式：

(a) 如果 $q^0>a/(a+1)$，软弱的在位者在第一次有进入的时候就妥协，第一次进入（最迟）发生在第一次出现强硬进入者的时候。因此，当市场个数 N 趋于无穷，在位者的平均每期收益趋于0。

(b) 如果 $q^0<a/(a+1)$，对于每一个 p^0 都存在 $n(p^0)$ 使得：如果剩余的市场数超过 $n(p^0)$，软弱在位者的策略就是以概率1斗争。因此，在剩余的市场数超过$n(p^0)$ 时，软弱的进入者不会进入。当 $N\to\infty$ 时，在位者的平均收益趋于 $(1-q^0)a-q^0$。[①]

表达式 $a(1-q^0)-q^0$ 的作用很容易解释。设想在0时刻，在位者可以选择做出一个总是斗争或者总是妥协的承诺，且这个承诺可以被观察到并可实行。如果在位者总是斗争，他的期望收益为 $a(1-q^0)-q^0$，因为他必须与强硬的进入者斗争来阻止软弱的进入者。均衡的渐进性质完全取决于总是斗争的承诺是否优于总是妥协的承诺，其中总是妥协时收益为0。这样，对于结果的一个解释就是，声誉效应允许在位者在两个承诺中可信地作出它更偏好的那个承诺。

然而需要注意的是，这两个承诺可以都不是在位者最喜欢的承诺之一。如果$a(1-q^0)>q^0$，在位者愿意为了阻止软弱的进入者而与强硬的进入者斗争，但是如果在位者能使自己用最小的概率斗争，并且可以阻止软弱的进入者，就可以变得更好。这个概率是 $b/(b+1)$。这种情况下的平均收益为 $a(1-q^0)-q^0b/(b+1)$，比用概率1进行斗争得到的收益 $a(1-q^0)-q^0$ 要大。当然，当关于在位者类型的先验分布仅对软弱类型和以概率1斗争的类型赋予正概率时，在位者不可能建立一个以小于1的正概率斗争的声誉。因为在位者第一次妥协后，就暴露了他的软弱，他的声誉也就被毁了。在下一小节里要讨论的是，在位者通过混合策略来保持声誉是否合理，并且说明如何改变模型以使得混合策略声誉成为可能。

尽管用承诺来解释声誉表明了声誉效应对在位者而言是“好事”，但这取决于一个人心中确切的比较。显然，软弱的在位者不可能不知道

---

① 注意我们固定 p^0 并且取极限 $N\to+\infty$。对固定的 N 和充分小的 p^0，在任何序贯均衡中，软弱的在位者必定在每一个市场中妥协。

进入者害怕在位者可能强硬这一事实。另一可供选择的比较是，保持固定的先验概率 p^0 和 q^0，将上述进入者观察到的在“信息隔绝”的情况下所有先前市场中行为的博弈和每个阶段博弈进行比较，后者意味着博弈的顺序和收益还是如上文所述，但是进入者无法观察到其他市场中的博弈。

在信息隔绝时，软弱的在位者没有机会建立声誉，他会在每个市场上都妥协。不过在信息隔绝时软弱在位者的均衡收益仍然可能高于进入者可以观察到所有过去博弈的“信息关联”的情形，原因是“信息关联”增加了被弗登博格和克雷普斯（Fudenberg and Kreps，1987）称之为“策略的灵活性”（strategic flexibility）损失的成本：在信息关联的情况下，软弱的在位者不能在与强硬的进入者妥协的同时，阻止软弱的进入者。当这样做的成本太高时，软弱的在位者可能就会选择不建立一个强硬的声誉（因此得到的收益为 0）。

甚至当软弱的在位者确实建立了一个强硬的声誉，他在信息关联下的收益也可能低于信息隔绝时的收益。在简单的连锁店模型中，存在这样的情况：当$p^0>\bar{p}$,在信息隔绝下软弱的进入者不会进入，软弱的在位者从每个市场获得 $a(1-q^0)$ 的收益。在信息关联下，软弱的在位者情况变差：他在每个市场上的平均收益为 $\max\{0, a(1-q^0)-q^0\}$。因此，尽管在位者可以在市场之间是信息关联时建立声誉，但在信息隔绝体系下，虽然无法建立声誉，他的状况可能会更好。更一般地，信息关联既有成本又有收益，对何时收益超过成本并不存在显然的先验判断。

9.2.2 单一长期参与人的声誉效应：一般情形

如果我们把声誉效应看做是对于我们直觉的一种支持：长期参与人应该能够使自己坚持任何他所希望的策略。连锁店的例子就产生了几个问题：前面得出的那些强的结论是否依赖于固定的有限期限，或者声誉效应在无限期重复博弈里也会有类似的影响吗？如果使用混合策略博弈的声誉是有利的，长期参与人能否维持一个使用混合策略博弈的声誉？为了允许更多可能的类型而改变先验分布时，连锁店博弈中的那些强的结论还能在什么程度上成立？当扩展到收益不同的博弈，或是有不同扩展形式的博弈，或是既有不同收益也有不同扩展形式的博弈时，关于承诺的结论如何？如果在位者的行为不能被直接观察到呢？比如在道德风险的模型中。

对第一个问题的回答——有限期的作用——考虑前一小节的博弈在

无限期的情况，当 $\delta>1/(1-q^0)(1+a)$ 时，即使知道在位者是软弱的，还是存在一个进入被阻止均衡。如果存在一个先验概率 $p^0>0$，在位者是强硬类型，进入被阻止仍然是一个均衡。在这个均衡里，软弱的在位者和所有进入者斗争。因为当在位者第一次不与进入者斗争，它就暴露出自己是软弱的，这样所有后面的进入者都会选择进入，而在位者从那时起就只能一直妥协。然而，这并不是这个无限期模型唯一的完美贝叶斯均衡。还有另外一个均衡是："强硬的在位者总是斗争。软弱的在位者在第一次进入的时候妥协，然后与所有随后的进入者斗争，如果过去他没有妥协过两次或者更多。一旦在位者妥协过两次，他将与所有随后的进入者妥协。强硬的进入者总是选择进入。软弱的进入者选择进入，如果过去没有人进入或者在位者已经妥协了至少两次；否则，软弱的进入者选择不进入。"在这个均衡中，软弱的在位者通过在第一期妥协暴露他的类型。在位者愿意这样做，是因为即使在位者的类型暴露了，后面的进入者也不会进入。

这两个（还有更多）均衡说明了，在无限期模型中，声誉效应不必然决定唯一的均衡。与此同时，注意到如果在位者有耐心，他在这里几乎可以和在所有的进入者都被阻止的均衡中一样好。所以，第二个均衡并不说明声誉效应是没有作用的。最后，多种均衡意味着，描述均衡集的特性而不是明确地将每一个均衡都确定下来可能更方便。

这是弗登博格和莱维（Fudenberg and Levine，1989，1991）使用的一种方法，他们把从连锁店例子中得到的直觉扩展到一般的单个长期参与人面对短期对手序列的博弈之中。为了一般化在连锁店博弈中引入的"强硬类型"，他们假设，短期参与人对长期参与人是若干种"承诺类型"之一赋予正的先验概率，每种"承诺类型"在每期博弈中用特定且不变的阶段博弈策略进行博弈。这样，承诺类型的集合就对应于长期参与人可能愿意维持的"声誉"的集合。他们并没有明确的确定均衡策略的集合，而是得到了长期参与人在所有纳什均衡中收益的上下界。[1991 年的论文允许长期参与人的行动不能被完全观察，如古基尔曼和梅尔策（Cukierman and Meltzer，1986）关于中央银行声誉的模型，其他参与人观察到的不是银行的行动，而是实现了的通货膨胀。①]

长期参与人纳什均衡收益的上界，随着期数的增加和贴现因子趋向于 1，收敛至长期参与人的斯塔克伯格收益，这是他可以通过公开的坚

① 其他行动无法完全观察的声誉模型包括 Bénabou and Laroque（1989）和 Diamond（1989）。

持他的任何阶段博弈策略所能获得的最大收益。如果短期参与人的行为不会影响已经暴露的长期参与人阶段博弈策略的信息（比如在可观察的同时行动博弈中），收益的下界将收敛至通过坚持对应承诺类型有正先验概率的策略，长期参与人所能得到收益的最大值。如果在阶段博弈中行动不是同时的，下界将必须被修正，我们将在 9.2.3 小节中解释。

考虑单一长期参与人 1 在“阶段博弈”中面对短期参与人 2 无穷序列的情况，其中参与人从一个有限集合 A_i 中选择阶段博弈策略 a_i。9.2.3 小节将允许阶段博弈是一般的、有限的扩展式博弈。这一小节讨论的阶段博弈是同时行动且参与人的行动在每一期期末才暴露的情况。同时，在这节的其余部分，我们将考虑无限期模型；不过，定理 9.1 是可以直接扩展到有限期情况的，时期 t 的历史 h^t 由过去的选择 $(a_1^\tau, a_2^\tau)_{\tau=0,\cdots,t-1}$组成。（注意：我们回到从前向后计算时间，而不是在讨论有限期连锁店博弈时采用的从后向前计时。还要注意的是：如果在阶段博弈中采取的是序贯行动，不能简单的假设在 τ 阶段结束时观察到的结果揭示了参与人采用的阶段博弈策略 a^τ，因为在序贯行动博弈中，a^τ 还规定了那些没有到达的信息集上的行为。）长期参与人的类型，$\theta \in \Theta$，是私人信息；θ 影响参与人 1 的收益，但对参与人 2 的收益没有直接的影响；θ 有先验分布 p，这是共同知识。参与人 1 的策略是从可能的历史集合 H^t 和类型集合 Θ 到混合阶段博弈行动空间 $\mathscr{A}_1$ 的映射序列 σ_1^t，在第 t 期参与人 2 的策略是$\sigma_2^t: H^t \to \mathscr{A}_2$。

因为短期参与人不关心未来的收益，在任何均衡中，每一期混合策略 α_2 的选择都将是对参与人 1 行动的期望边际分布的最优反应。令 r：$\mathscr{A}_1 \rightrightarrows \mathscr{A}_2$ 是短期参与人的最优反应映射。

参与人 1 的类型集 Θ 有两个子集值得特别注意，如果它的偏好对应的是每期收益 $g_1(a_1, a_2, \theta_0)$ 的期望现值，类型 $\theta_0 \in \Theta_0$ 是“明智类型”。假设所有明智类型有相同的贴现因子 δ，并且最大化期望的收益现值（在连锁店的论文中只有单一的概率接近 1 的“明智类型”）。“承诺类型”是指那种每期都采用相同的阶段博弈策略的类型；$\theta(\alpha_1)$ 是对应于 α_1 的承诺类型。承诺策略集 $C_1(p)$ 是那些在分布 p 下有正先验概率的承诺策略的集合。我们将介绍 Θ 同时 C_1 是有限的情形。

对 $\theta_0 \in \Theta_0$，定义斯塔克伯格收益为

$$g_1^s(\theta_0) = \max_{\alpha_1} \left[\max_{\alpha_2 \in r(\alpha_1)} g_1(\alpha_1, \alpha_2, \theta_0) \right]$$

令斯塔克伯格策略是使得上式达到最大值的策略。这是类型 θ_0 承诺一

直采取某一阶段博弈行动（包括混合行动）时可以得到的最高收益。注意，正如我们在连锁店博弈中看到的，斯塔克伯格策略不一定是纯策略。

同时还要注意，因为长期参与人的对手是短视的，长期参与人不可能通过使自己坚持一个随着对手过去的行为而在时间上不断变化的策略，做得比斯塔克伯格收益更好。如果对手也是长期参与人，参与人1可能可以通过一个策略做得比斯塔克伯格收益更好，这个策略促使对手为了避免未来的惩罚而不采取静态的最优反应，正如我们下面要考虑的囚犯困境的例子。在那里 p 的支撑允许包含这种采取历史依赖策略的类型。

给定可能（静态）"声誉" $C_1(p)$ 的集合，我们要问，在短期参与人可能会选择长期参与人最不喜欢的最优反应的情况下，这个集合中的哪一种声誉是类型 θ_0 最偏好的。用收益表示就是：

$$g_1^*(p,\theta_0)=\max_{\alpha_1\in C_1(p)}\left[\min_{\alpha_2\in r(\alpha_1)}g_1(\alpha_1,\alpha_2,\theta_0)\right]$$

正式的模型允许采取混合策略的承诺类型。这样合理吗？设想在位者迄今为止在进入发生的100期中斗争了50期，而且"斗争"对"妥协"的分布看起来与独立的50－50随机分布的假设一致（也就是说，基于博弈期数的检验不拒绝独立性）。那时进入者应该如何预期在位者的行动呢？人们可以指出，进入者应该在这点认为在位者与下一个进入者斗争的概率约为$\frac{1}{2}$，而不是确信在位者将妥协。[①]

令 $\underline{N}(\delta,\ p,\ \theta_0)$ 和 $\overline{N}(\delta,\ p,\ \theta_0)$ 分别是类型 θ_0 在任何贴现因子为 δ 和先验分布为 p 的纳什均衡中的最小和最大收益。

定理9.1（Fudenberg and Levine，1991）　假设长期在位者对 a_1 的选择在每一期期末才暴露，对所有满足 $p(\theta_0)>0$ 的 θ_0，和所有的 $\lambda>0$，存在一个 $\underline{\delta}<1$，使得对所有 $\delta\in(\underline{\delta},\ 1)$，

$$(1-\lambda)g_1^*(p,\theta_0)+\lambda\min_{\alpha}g_1(\alpha_1,\alpha_2,\theta_0)\leqslant\underline{N}(\delta,p,\theta_0)\quad(9.1\text{a})$$

---

① 认为有些类型是"喜欢"采取混合策略的类型这一想法对有些人而言可能会感到不太适应。一个等价的模型将每个在位者的混合策略视为一个可数的类型集合。因此，一种类型总是斗争；下一种类型在第一期妥协，在以后的每一期斗争；另一种类型会在其他情况下斗争等等——每种类型都存在一个斗争和妥协的序列。这时每种类型采取的都是确定的策略。通过选择合适的类型之间的相对概率，最后由所有类型得到的加总的分布将与给定的混合策略相同。

和

$$\overline{N}(\delta,p,\theta_0)\leqslant(1-\lambda)g_1^s(\theta_0)+\lambda\max_{\alpha}g_1(\alpha_1,\alpha_2,\theta_0)\qquad(9.1\text{b})$$

评论

● 定理说明如果类型 θ_0 有耐心，他就能获得相对于先验分布的承诺收益，并且无论何种先验概率分布，一个耐心的类型都不可能得到比他的斯塔克伯格收益多太多的收益。注意，收益的下界仅仅取决于类型 θ_0 想要维持哪种可行的声誉，而独立于其他被赋予正概率 p 的类型和不同类型之间相对的可能性。

● 当然，下界依赖于可能承诺类型的集合：如果没有承诺类型有正概率，声誉效应就不起作用！举一个稍微特殊一点的例子，考虑 9.2.1 小节“连锁店”博弈的一个变型，每期进入者除了分为强硬和软弱外，还有三种“规模”（大，中和小），并且进入者的规模是公共信息。很容易指定一组收益使得在位者最优的纯策略承诺是和中、小进入者斗争，和大进入者妥协。这个定理说明了如果进入者赋予一个策略正的先验概率，明智的在位者就可以得到与这个策略相联系的收益。然而，如果进入者只赋予两种类型正的先验概率，一种是“软弱”，另一种是不管进入者的规模而与所有进入者斗争，那么在位者就不能维持一个只和中、小进入者斗争的声誉。当它第一次与大的进入者妥协时，就暴露了它是软弱的。

● 对于一个固定的先验分布 p，即使斯塔克伯格类型属于先验分布，当 $\delta\to1$ 时，上下界也可以有不同的极限。弗登博格和莱维（Fudenberg and Levine，1991）证明了在一般的[①]同时出价的博弈中，当先验概率赋予每个承诺策略一个正的密度时，$g_1^*(p,\theta_0)=g_1^s(\theta_0)$。

● 斯塔克伯格收益假设短期参与人正确地预测长期参与人的阶段博弈行动。如果他的对手错误地预测了他的行动，长期参与人就可以获得一个更高的收益。由于这个原因，对于一个小于 1 的固定贴现因子，一些类型的长期参与人可以有严格超过其斯塔克伯格收益水平的均衡收益，因为短期参与人可能采取的是针对其他类型均衡行动的最优反应。

例如，假定在一个有限期的连锁店博弈中：

$$a(1-q^0)<q^0b/(b+1)$$

① 要求一般性是为了通过改变一点 α_1，而保证参与人 1 在定义 $g_1^*(p,\theta_0)$ 下朝着正确的方向“打破平局”，使得 $g_1^*(p,\theta_0)=g_1^s(\theta_0)$。

所以软弱在位者的斯塔克伯格收益为0。假设“强硬”类型的先验概率大于$b/(b+1)$。此时的均衡是，软弱的在位者总是妥协，软弱的进入者总是不进入直到它们看见一个强硬的进入者进入并且在位者与之妥协。这时软弱在位者正规化后的均衡收益为

$$\frac{a(1-\delta)(1-q^0)}{1-\delta(1-q^0)}>0$$

当$\delta=0$时，软弱在位者的收益是$a(1-q^0)$（对任意q^0，该收益都高于斯塔克伯格收益）：如果第一个进入者是软弱的，他就不进入；如果第一个进入者是强硬的，他就进入并且在位者妥协。然而，当$\delta\to 1$时，软弱在位者的收益收敛至斯塔克伯格的0收益。从直觉上讲，软弱类型的“超常规”收益是来自于短期参与人不知道其类型的信息租金。在长期，短期参与人不可能在长期参与人如何行为的问题上被反复“欺骗”（除非$q^0=0$，在这种情况下，长期参与人的软弱性从来没有得到检验），并且长期参与人不得不承受斗争的成本以维持它的声誉。这就是为什么耐心的长期参与人不可能做得比斯塔克伯格收益更好的原因。声誉效应使承诺可信，但是在长期，这也是声誉效应可以做的全部了。

● 尽管定理是针对在无限期博弈中极限$\delta\to 1$的情形，同样的结论也适用于有时间平均收益的有限期博弈在期限趋于无穷时的极限情况。

● 在证明定理9.1时，短期参与人的一个关键特点是他们总是采取针对对手预期行动的短期最优反应。考虑在一个重复博弈中，单一长期“大”参与人面对连续的长期“小”参与人。进一步假定不同的小参与人是没有特征的，并且每个参与人只观察到大参与人的行为和有正测度（positive measure）的小参与人子集的行为（参见4.7节对这些假设的讨论）。在这种情况下，小参与人将会短视。所以，这种情况等价于短期参与人的情形，定理9.1应该可以适用。（直到本书写作之时，还没有人就一个连续参与人模型的细节对这个观点做过仔细的讨论。）这个观察能否随着参与人数量的增加扩展到一个极限的结果是值得关注的问题。9.4节将讨论小参与人不是没有特征的，并试图维持它们自己声誉的博弈；这时的结论将不会太尖锐。

证明概要　我们将对总的论证给出一个概述，并对纯策略承诺的情形给出具体的证明梗概。固定一个纳什均衡（$\hat{\sigma}_1$，$\hat{\sigma}_2$）。（回想一下σ表示全部的策略。）于是就产生了一个在Θ和每一个t的历史h^t上的联合概率分布π。在每一个被π赋予了正概率的历史上，短期参与人将利用π计算它们对于θ的后验信念。现在考虑一种类型$\bar{\theta}$，满足$p(\bar{\theta})>0$，设

想参与人 1 选择采取类型 $\bar{\theta}$ 的均衡策略，我们记做 $\bar{\sigma}_1$，这就产生了一个在 π 下有正概率的行动序列。

因为短期参与人是短视的，并且最优反应映射是上半连续的，纳什均衡要求在任何一期中，如果观察到的历史有正概率并且短期参与人预期结果的分布接近由 $\bar{\sigma}_1$ 产生的分布，短期参与人的行动应该接近于对 $\bar{\sigma}_1$ 的最优反应。因为在阶段博弈中短期参与人只有有限数量的行动，这个结论可以变得更加尖锐：如果对于结果的期望分布接近于由 $\bar{\sigma}_1$ 产生的分布，短期参与人必须采取对 $\bar{\sigma}_1$ 的最优反应。

更精确的有，对于任何 h^t，其中 $\pi(h^t)>0$，令 $\rho(h^t)=\pi[\alpha_1^t=\bar{\sigma}_1^t(\cdot|h^t)|h^t]$。

命题 对任何 $\bar{\theta}$，只要 $\rho(h^t)>\bar{\rho}$，存在一个 $\bar{\rho}<1$ 使得 $\hat{\sigma}_2^t\in r(\bar{\sigma}_1^t(\cdot|h^t))$。

相反，在短期参与人没有采取对 $\bar{\sigma}_1$ 最优反应的任何一期中，当参与人 1 的行动被观察到时，短期参与人将会以一个不能忽略的概率“吃惊”，并将增加对参与人 1 是类型 $\bar{\theta}$ 的后验概率，这个概率的增加也是不能忽略的。在存在足够多的这种吃惊之后，在其余的博弈中短期参与人将会对参与人 1 采取 $\bar{\sigma}_1$ 赋予一个很大的概率。事实上可以证明，对于任何 ε，存在一个 $K(\varepsilon)$，使得在除了 $K(\varepsilon)$ 期以外的所有期中，短期参与人都以 $1-\varepsilon$ 的概率对 $\bar{\sigma}_1$ 采取最优反应，并且这个 $K(\varepsilon)$ 对于所有的均衡、所有的贴现因子和所有赋予了 $\bar{\theta}$ 相同先验概率的先验分布 p 都成立。

一旦找到了这样一个一直成立的 $K(\varepsilon)$，通过把 $\bar{\theta}$ 看做是一个有正先验概率的承诺类型并注意到类型 θ_0 在短期参与人采取对 $\bar{\sigma}_1$ 的最优反应时至少可以获得相应的承诺收益，就能得到收益的下界。为了得到上界，令 $\bar{\theta}=\theta_0$，所以类型 θ_0 采取的是他自己的均衡策略。任何时候，只要短期参与人对行动的边际分布的预期是近似正确的，类型 θ_0 就不可能获得比斯塔克伯格收益更高的收益。

一般来说，$\bar{\sigma}_1$ 规定的阶段博弈策略可能是混合策略。当 $\bar{\sigma}_1$ 在每一期对每个历史规定的都是相同的纯策略 $\bar{a}_1$ 时，“吃惊”次数的界限 $K(\varepsilon)$ 就非常容易得到了。固定一个 $\bar{a}_1$，使得相应的承诺类型 $\bar{\theta}$ 有正的先验概率，考虑参与人 1 一直采取策略 $\bar{a}_1$。由上半连续，存在一个 $\bar{\rho}$，使得在任何参与人 2 没有采取对 $\bar{a}_1$ 最优反应的一期中，$\rho(h^t)<\bar{\rho}$。我们将证明，当参与人 1 每期都采取 $\bar{a}_1$ 时，最多有 $\ln(p(\bar{\theta}))/\ln(\bar{\rho})$ 期这一不等式成立。为了证明这一点，注意到因为类型 $\bar{\theta}$ 总是采取策略 $\bar{a}_1$，所以有 $\rho(h^t)\geqslant\mu(\bar{\theta}|h^t)$。沿着任意有正概率的历史，贝叶斯法则意味着：

$$\mu(\bar{\theta} \mid h^{t+1}) = \mu(\bar{\theta} \mid (h^t, a^t)) = \frac{\pi(a^t \mid h^t, \bar{\theta})\mu(\bar{\theta} \mid h^t)}{\pi(a^t \mid h^t)} \tag{9.2}$$

那么，因为参与人2的行为独立于θ，并且在时间t，两个参与人的选择相互独立地取决于h^t，于是有

$$\pi(a^t \mid h^t) = \pi(a_1^t \mid h^t) \cdot \pi(a_2^t \mid h^t)$$

和

$$\pi(a^t \mid \bar{\theta}, h^t) = \pi(a_1^t \mid \bar{\theta}, h^t) \cdot \pi(a_2^t \mid h^t)$$

现在，如果我们考虑对所有t有$a_1^t=\bar{a}_1$的历史，那么，

$$\pi(a_1^t \mid \bar{\theta}, h^t) = 1$$

等式（9.2）可以简化为

$$\mu(\bar{\theta} \mid h^{t+1}) = \frac{\mu(\bar{\theta} \mid h^t)}{\pi(a_1^t \mid h^t)} \tag{9.3}$$

因此，$\mu(\bar{\theta} \mid h^{t+1})$是非减的，且当没有采取对$\bar{a}_1$的最优反应时，它至少可以增加$1/\bar{\rho}$，因为这时$\pi(a_1^t \mid h^t) \leqslant \bar{\rho}$。所以，至多会在$\ln(p(\bar{\theta}))/\ln(\bar{\rho})$期有$\pi(a_1^t|h^t) \leqslant \bar{\rho}$，并且随之而来的是收益的下界。[由类型$\bar{\theta}$采取混合策略引起的其他复杂情况是，当参与人1采取类型$\bar{\theta}$的策略时，$\mu(\bar{\theta} \mid h^t)$的发展变化不一定是确定性的。] ■

注意，证明并没有断言当参与人1采取类型$\bar{\theta}$的策略时，$\mu(\bar{\theta} \mid h^t)$收敛于1。这个更强的说法是不正确的。例如，在一个所有类型都采取相同策略的混同均衡中，$\mu(\bar{\theta} \mid h^t)$在每一期都等于先验概率。确切地说，这个证明说明了如果参与人1总是像类型$\bar{\theta}$那样行为，最终，短期参与人会相信参与人1在将来还会像$\bar{\theta}$一样行为。

9.2.3　扩展式阶段博弈[†††]

定理9.1假设长期参与人选择的阶段博弈策略和在同时行动博弈中一样，是在每一期期末才暴露。接下来的例子说明，如果阶段博弈的行动是序贯的，那么长期参与人将会做得比定理9.1所预测的差得多。这个观点看上去很令人惊讶，因为克雷普斯和威尔逊（Kreps and Wilson，1982）以及米尔格罗姆和罗伯茨（Milgrom and Roberts，1982）考虑的连锁店博弈是序贯行动的。事实上，它与我们的例子有相同的博弈树，只是收益不同。

在图9—1中，参与人2首先选择是否从参与人1处购买商品。如

果他不购买，博弈双方得到 0 收益。如果他购买，参与人 1 必须决定是生产高质量商品还是低质量商品。高质量时双方的收益为 1；低质量时参与人 1 的收益为 2，参与人 2 的收益为－1。如果参与人 2 不购买商品，参与人 1 对质量的（相机）选择不暴露。

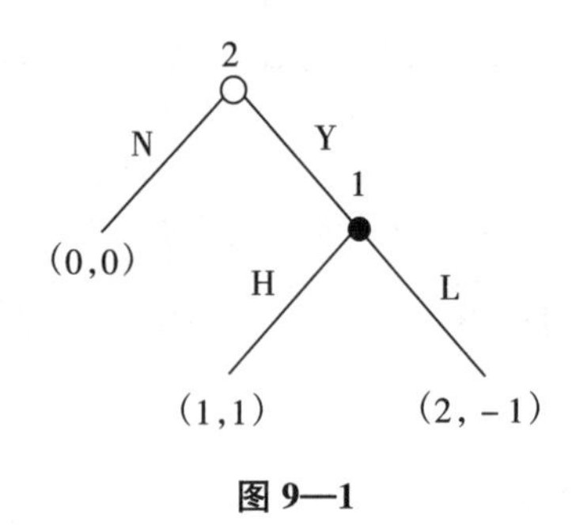

图 9—1

如果参与人 1 能够承诺高质量，所有的参与人 2 都会购买。因此，把定理 9.1 扩展到这个博弈中将会得到，如果存在一个正概率 p^*，参与人 1 是始终生产高质量的类型，那么参与人 1 的一个明智类型 θ_0 的纳什均衡收益（收益如图9—1所示），在贴现因子 δ 趋于 1 时，将以一个收敛于 1 的数为下界。①

正如下面无限期的例子所表明的，这样的扩展是错误的。取 $p(\theta_0)=0.99$ 及 $p^*=0.01$，考虑以下策略：高质量的类型总是生产高质量的商品。如果不超过一个短期参与人曾经购买过商品，明智类型 θ_0 将会生产低质量的商品。从第二次有短期参与人购买商品开始，类型 θ_0 将会生产高质量商品，并且只要它自己过去的行动遵循这个规则就一直这样做。如果类型 θ_0 偏离了这一规则并且不只一次生产了低质量商品，从此以后他都会生产低质量的商品。短期参与人不会购买，除非有一个之前的短期参与人已经购买了；在这种情况下，只要除了第一个以外的所有短期购买者得到的都是高质量商品，他们就会购买。这些策略赋予类型 θ_0 的收益为 0。这些策略不仅是纳什均衡，而且它们可以和一致信念结合起来形成一个序贯均衡。②

① 这里的斯塔克伯格策略不是“始终采取 H 策略”，而是“以 0.5 的概率采取 H 策略”。

② 在有限期时，这些策略不再是序贯均衡。因而它们不再构成对定理 9.1 有限期博弈序贯均衡结果的反例。（定理 9.1 是针对无限期情况的，但只要 δ 接近 1，它对期限很长的有限期情况一样成立。）金（Kim，1990）证明了，当博弈有一个很长的期限时，存在唯一的厂商维持高质量声誉的序贯均衡。金现在正在研究：在一个有声誉效应的有限期重复一般阶段博弈中，序贯均衡收益的最优下界是什么？

在这个例子里声誉效应失效的原因是，在短期参与人不购买的情况下，参与人 1 没有机会显示他的类型。这个问题在“连锁店博弈”里没有出现，因为在那里进入者可以采取“隐藏”在位者行动的行动——不进入——恰恰是在位者希望进入者采取的。对这个例子引起问题的一个回应是假设有些消费者总是购买，这样就不会有 0 概率的信息集。

第二个回应是弱化前面的定理。令阶段博弈是一个有限扩展形式，它有完美回忆但没有自然的行动。和在例子里一样，阶段博弈的行为不一定会暴露参与人 1 对阶段博弈策略的选择（因为阶段博弈不一定是一个同时行动博弈，a_1 可能是一个相机策略而不只是一个行动）。不过在博弈双方都采用纯策略时，暴露的关于参与人 1 行为的信息就是确定的。令 $0(a_1, a_2)$ 是 A_1 的子集，它对应于参与人 1 的策略 a_1'，使得 (a_1', a_2) 通向和 (a_1, a_2) 一样的终点节点。我们说这些策略是观测上等价的。对每个 a_1，令 $w(a_1)$ 满足：

$$w(a_1) = \{a_2 \mid \text{对某些在 } 0(a_1, a_2) \text{ 有支撑的 } \alpha'_1, a_2 \in r(\alpha'_1)\} \tag{9.4}$$

简言之，$w(a_1)$ 是参与人 2 的纯策略最优反应集，它建立在参与人 2 对参与人 1 策略的信念上，这个信念就是参与人 1 的策略与真实的策略 a_1 以及参与人 2 采取反应时所暴露的信息相一致。这时，如果 δ 接近 1，参与人 1 的均衡收益不会比（9.5）式小太多：

$$g_1^*(\theta_0) = \max_{a_1} \min_{a_2 \in w(a_1)} g_1(a_1, a_2, \theta_0) \tag{9.5}$$

这一结果被弗登博格和莱维（Fudenberg and Levine，1989）所证明。

这个结果虽然不如定理 9.1 那么强地断言参与人 1 可以从 r 的映象中挑出他偏好的收益，但它足以证明，即使 $q^0=0$ 使得没有“强硬”的进入者，在 9.2.1 小节序贯行动的连锁店博弈中，参与人 1 一样可以建立一个“强硬”的声誉。在这个博弈中，r(斗争)=\{不进入\}，r(妥协)=\{进入\}。同时，0(斗争，不进入)=0(妥协，不进入)=\{妥协，斗争\}，而 0(斗争，进入)=\{斗争\}，0(妥协，进入)=\{妥协\}。首先，我们证明 w(斗争)=r(斗争)。为了证明这点，注意到 w(斗争) 至少和 r(斗争)=\{不进入\} 一样大。此外，“进入”不是“斗争”的最优反应，并且当参与人 2 选择“进入”时，“妥协”不是观测上等价于“斗争”的。因此，在 w(斗争) 中，没有策略赋予“进入”正的权重。因为参与人 1 在策略可观测时的斯塔克伯格行动是斗争，且 w(斗争)=r(斗争)，所以在这个博弈中推广的斯塔克伯格收益与通常的斯塔克伯格收益是一样的。

9.3 有很多长期参与人的博弈[††]

9.3.1 一般的阶段博弈和一般的声誉

9.2 节说明了声誉效应是如何允许单一“长期”或是耐心的参与人保证自己坚持所偏好的策略。当然，当所有参与人一样耐心时，仍然会有维持声誉的激励。但这时很难对声誉效应如何影响博弈行为下一般的结论。

克雷普斯等人（Kreps et al.，1982）分析了有限期重复囚徒困境中的声誉效应。他们考虑了这样一个博弈：在博弈中，每个参与人，如果是“明智”的，则有对应于图 9—2所示每期收益期望平均值的收益。如果博弈双方的类型都以概率 1 明智，那么博弈唯一的纳什均衡是双方在每一期都背叛。但是直觉和实验证据都表明，甚至在固定期限的时候，参与人也会倾向于合作。为了解释这个直觉，克雷普斯等人引入了关于参与人 1 类型的不完全信息，参与人 1 或者是“明智”的或者是“针锋相对”的，即“无论对方昨天采取何种行动，我今天都采取和对方昨天一样的行动”。他们证明了，对于参与人 1 是“针锋相对”的任何固定先验概率 ε，存在一个独立于期限长度 T 的值 K，使得在任何序贯均衡中，博弈双方必定在 T—K 期之前的几乎每一期中合作。所以如果 T 足够大，均衡收益将接近于博弈双方始终合作的收益。其中的道理是，明智的参与人 1 有激励去维持一个“针锋相对”的声誉，因为如果参与人 2 相信参与人 1 会“针锋相对”，那么他就会在除了博弈最后一期的每一期中合作。

	合作	背叛
合作	2，2	−1，3
背叛	3，−1	0，0

图 9—2

就像在连锁店博弈中一样，增加一点适当种类的不完全信息，就可以使“直觉”的结果成为一个期限很长的有限期博弈本质上唯一的结果。然而，与单一长期参与人的博弈不同，这时得到的均衡对于所指定不完全信息的确切性质非常敏感（Fudenberg and Maskin，1986）。

固定一个两参与人的阶段博弈 g，令 V^* 是一个可行的、个人理性的收益集。现在考虑期限 T 固定时 g 的重复博弈。如果参与人 i 的收益是 g_i 之和的期望值，则称参与人 i 是“明智”的。（不失一般性，我们用“$\delta=1$”代替“δ 接近 1”，因为我们考虑的是一个大但有限的期限。）

定理 9.2（Fudenberg and Maskin，1986）　对于任意 $v=(v_1, v_2)\in V^*$ 和任意$\varepsilon>0$，存在一个 $\underline{T}$ 使得对所有 $T>\underline{T}$，存在一个 T 期博弈使得每一个参与人 i 以独立于他人的概率 $1-\varepsilon$ 明智，并且这个博弈存在一个序贯均衡，在均衡中，如果参与人 i 是明智的，则他的期望平均收益在 v_i 的 ε 领域内。

评论　这个定理肯定了博弈和均衡的存在性；但它并没有说明，所有这个博弈的均衡都有接近于 v 的收益。注意，它也没有对参与人不“明智”时收益的形式作出任何限制，也就是说，在类型分布的支撑上没有任何可能的类型被排除在外，并且也没有要求特定的类型有正的先验概率。不过这个定理可以得到加强，从而确定一个有严格均衡（1.2.1 小节）的博弈的存在性，其中明智类型的收益接近 v；并且当加入额外的类型时，只要赋予它们的先验概率足够小，博弈的严格均衡继续保持严格。（第 11 章将讨论这种稳定性问题。）

部分证明　我们将只证明一个稍弱的定理：任何一个帕累托占优于静态均衡收益的收益都可以被近似达到。令 e 是一个收益为 $y=(y_1, y_2)$ 的静态均衡组合，令 v 是一个帕累托占优于 y 的收益向量。为了不讨论公共随机性（public randomization），假定收益 v 可以通过一个纯行动组合 a 达到，即 $g(a)=v$。

现在考虑一个 T 期博弈，其中每个参与人 i 有两种类型：“明智”和“疯狂”，疯狂类型的收益使下面的策略具有弱优势：“只要过去没有偏离过 a 则采取 a_i；否则采取 e_i。”

令 $\overline{g}_i=\max_a g_i(a)$ 是参与人 i 的最高可行阶段博弈收益，令 $\underline{g}_i=\min_a g_i(a)$ 是参与人 i 的最低可行阶段博弈收益，规定：

$$\underline{T}>\max_i\left\{\frac{\overline{g}_i-(1-\varepsilon)\ \underline{g}_i-\varepsilon y_i}{\varepsilon(v_i-y_i)}\right\} \tag{9.6}$$

考虑对应于 $T=\underline{T}$ 的扩展式博弈，这个博弈对任何特定的信念都至少存在一个序贯均衡，挑出一个并称之为“最后阶段均衡”。

现在考虑 $T>\underline{T}$。对期数反向编号将会更方便，在 T 期第一个人行动，在第 1 期最后一个人行动。考虑以下策略，对所有 $t>\underline{T}$ 采取组合 a，如果在某个 $t>\underline{T}$（即"在 $\underline{T}$ 之前"）发生了偏离，那么在剩下的博弈中采取 e，而如果在 $\underline{T}$ 之前一直采取 a，那么行为将与对应于先验信念的"最后阶段均衡"一致。信念是这样规定的：如果任何参与人在 $\underline{T}$ 之前偏离，那么这个参与人将以概率 1 被认为是明智的，如果在 $\underline{T}$ 之前没有偏离，那么信念就和先验信念一样直到 $\underline{T}$ 期。

我们认为这些策略形成了一个序贯均衡。首先，这里的信念显然与克雷普斯-威尔逊所说的信念是一致的。[①] 通过构造，它们在"最后阶段均衡"中是序贯理性的；同时，如果在 $\underline{T}$ 期之前发生了偏离，它们在此后的每一期中也是序贯理性的，那时两个参与人的两种类型都采取静态均衡策略。

现在只需要检查，沿着 $\underline{T}$ 之前的博弈路径，策略是否是序贯理性的。选出一期$t>\underline{T}$ 使得在此之前没有发生过偏离。如果参与人 i 采取除了 a_i 之外的任何行动，当期他最多得到 $\bar{g}_i$，此后最多每期得到 y_i，得到的持续收益为

$$\bar{g}_i+(t-1)y_i \tag{9.7}$$

如果他遵循（不一定是最优）一直采取 a_i 直到他的对手偏离，并在此后采取 e_i 的策略，他的期望收益至少是

$$\varepsilon tv_i+(1-\varepsilon)[\underline{g}_i+(t-1)y_i] \tag{9.8}$$

因为在这个策略中，如果对手是疯狂的，可以得到 tv_i；如果对手是明智的，则至少得到 $\underline{g}_i+(t-1)y_i$。$\underline{T}$ 的定义使得在 $t>\underline{T}$ 时（9.8）式大于（9.7）式，这表明参与人 i 对参与人 j 策略的最优反应必然包括 $\underline{T}$ 在之前始终采取 a_i。（通过标准的证明，最优反应是存在的。）构造的关键是：当参与人像我们规定的那样对偏离产生反应时，在 $\underline{T}$ 期之前的任何偏离只能带来一期的收益（相对于 y_i），而在 $\underline{T}$ 期之前一直采取 a_i 带来的是以概率 ε 在其余时间里线性增加的收益（v_i-y_i），所承担的风险也只是一期的损失。这就是为什么当期限足够长时，甚至很小的 ε

① 这是一个每个参与人有两种类型的不完全信息博弈。在第 8 章中我们知道，从一期到下一期经由贝叶斯法则更新的信念是相容的，贝叶斯法则使得对一个参与人类型的更新不会受其他参与人行动的影响。

也会造成差异的原因。[①]

9.3.2　共同利益博弈和有限回忆的声誉[†††]

奥曼和瑟林（Aumann and Sorin，1989）考虑了在重复双人“共同利益”阶段博弈中的声誉效应。他们定义共同利益为存在一个收益向量强帕累托占优于所有其他可行收益的阶段博弈。在这些博弈中，帕累托占优收益向量对应于一个静态的纳什均衡；不过还可能存在其他均衡，如图 9—3 所示。这个博弈是我们在第 1 章中用来说明，即使唯一的帕累托最优收益也不一定是博弈前谈判的必然结果：参与人 1 应该选择 D，如果他相信参与人 2 选择 R 的概率超过$\frac{1}{8}$。同时，无论参与人 1 意图如何做，他都希望参与人 2 选择 L。因此，当双方相遇时，每个人都会试图使对方确信他会采取自己的第一策略。但是，这些说法不一定令人信服。

奥曼和瑟林证明了当可能的声誉（例如，疯狂类型）都是“有限回忆的纯策略”时，那么如果只考虑纯策略均衡，声誉效应可以得出帕累托占优的结果。如果参与人 i 的一个纯策略仅仅取决于对手最后 k 个选择，那么参与人 i 的纯策略有回忆 k，也就是说，所有其对手在最后 k 期采取同样行动的历史导致的参与人 i 的行动是一样的。（注意，当参与人 i 采取纯策略并且不打算偏离时，取决于他自己过去的行动是多余的。）当 k 很大时，这个条件看上去可能无关紧要，但它确实剔除了“冷酷”或者“无情”的策略，而这些策略规定了，比如，一旦参与人 i 偏离就回复到对于参与人 i 最差的静态纳什均衡。

	L	R
U	9，9	0，8
D	8，0	7，7

图 9—3

奥曼和瑟林考虑了类型独立的扰动博弈，其中每个参与人的类型都

① 再次注意，当 ε 趋向于 0 时，定理中的 $\underline{T}$ 趋向于∞，因此，对于一个固定期限 T，一个充分小的 ε 将没有任何影响。

是私人信息，每个参与人的收益函数仅取决于他自身的类型，类型是独立分布的。关于参与人 i 类型的先验概率 p_i 是，参与人 i 或者是“明智”类型 θ_0，其中收益与在最初的博弈中一样；或者是一个采取纯策略的类型，其中纯策略有以某个 ℓ 为上限的回忆。而且，p_i 必须给那些对应的纯策略的回忆为 0 的类型赋予一个正概率。这些类型在每一期采取相同的行为而无论历史如何，就好像弗登博格和莱维定义的承诺类型。这样的先验概率对应于“回忆 ℓ 的可接受扰动”或者简写为“ℓ 扰动”。如果在 $m\to\infty$时，对所有参与人 i 有 $p^m(\theta_0^i)\to 1$ 并且条件分布 $p^m(\theta^i \mid \theta^i\neq\theta_0^i)$ 是常数，那么我们说一个 ℓ 扰动序列 p^m 支撑了一个博弈 G。

定理 9.3（Aumann and Sorin，1989） 令阶段博弈 g 是一个共同利益博弈，令 z 是其唯一的帕累托最优收益向量。固定一个回忆长度 ℓ，令 p^m 是一个“ℓ 扰动”序列，它支撑了与之相联系的贴现重复博弈 $G(\delta)$。那么博弈 $G(\delta, p^m)$ 的纯策略纳什均衡集非空，并且对任何收敛于（1，∞）的序列（δ，m），纯策略均衡收益收敛于 z。

证明概要 我们给出在 δ 趋向于 1 大大快于 m 趋向于∞的情形下[定理对所有收敛序列（δ，m）均成立]，均衡收益收敛的部分直观想法。我们更强的假定博弈是对称的，并且对称的纯策略纳什均衡存在。固定 $\varepsilon>0$，并进一步假定，即使一个明智类型的概率非常接近 1，一个明智类型的收益还是小于（$z-\varepsilon$），其中 z 是对称帕累托最优收益。因为均衡是纯策略的，给定双方的类型都是明智的，就必然存在某些时期，参与人没有采取收益为 z 的对称行动 $a(z)$。那么，如果参与人 1 总是采取 $a(z)$，他将暴露出他不是明智的。假设一个纯策略均衡存在并且假设它的收益小于 z。考虑参与人 1 总是采取行动 $a_1(z)$ 的策略，其中 $a_1(z)$ 是对应于 z 的。因为均衡是纯策略的，这个策略必然最终显示出参与人 1 不是类型 θ_0。根据假设，对应于$a_1(z)$的承诺类型 $\theta_1(z)$ 有正的概率，所以如果 $\ell=0$，参与人 2 将可以推断出参与人 1 是类型 $\theta_1(z)$，并且从此以后他都将采取 $a_2(z)$（因为当 $\ell=0$ 时，疯狂类型采用不变的策略）。然而，参与人 1 可能是回忆长度大于 0 的某些其他类型，了解参与人 1 的类型需要参与人 2 通过“试验”去观察参与人 1 对于不同行动的反应。这类试验如果引起了参与人 1 无情的惩罚，成本就会非常高；然而，因为参与人 1 的疯狂类型最多只有长度为 ℓ 的回忆，参与人 2 来自试验的潜在损失（用标准化后的收益表示）在 δ 趋近于 1 时趋近于 0。因此，如果 δ 足够大，我们预期参与人 2 最终会知道参与人 1 采用了“总是采取 $a_1(z)$”的策略，所以当 δ 接近 1 时，参与人 1 可以通

过总是采取 $a_1(z)$ 获得大约 z 的收益。

评论　奥曼和瑟林通过给出反例说明了，有界回忆和 0 回忆完全支撑的假设是必要的。他们还说明了，存在一个收益有界且偏离 z 的混合均衡。他们通过评论"在一个不太理性的人有长期记忆的文化中，理性的人将不太可能合作"解释了有限回忆假设的必要性。注意，定理关心的是与回忆长度 ℓ 相比 δ 较大时的情形，尽管有人可能认为越耐心的参与人有越长的回忆。这对于证明很重要：目前还不清楚如果 ℓ 随着 δ 增加，参与人 2 是否会试图了解参与人 1 的策略。

9.4　单一"大"参与人对许多同时的长期对手†††

9.2 节说明了当面对一个短期对手序列时，声誉效应如何允许单一长期参与人作出承诺。一个明显的问题是，当单一"大"参与人面对大量"小"但是"长寿"的对手时，是否能得到相似的结果。例如，有人也许会问，当面对寿命与"大"参与人差不多的小代理人时，一个大的"政府"或者"雇主"能否维持他所希望的声誉。我们将根据弗登博格和克雷普斯（Fudenberg and Kreps，1987）的正式讨论，对一些相关问题给出非正式的概述。弗登博格和克雷普斯的讨论（Kreps and Wilson，1982）考虑了一个特殊的情形，其中大的参与人与每一个小参与人分别进行"双边让步博弈"，本质上它还是上文中提及的连续时间的连锁店博弈。①

在让步博弈中，和在 9.2 节中一样是后向计时的。因此，如果 $t\in[0,1]$，时间 0 是最后的时间。在每个瞬间 t，博弈双方决定是"斗争"还是"妥协"。"强硬"的类型总是斗争；"软弱"的类型发现斗争的代价高昂，但他们希望通过斗争导致对手在未来让步。更具体的有，两个软弱类型的单位时间斗争成本都为 1。如果进入者在 t 首先让步，软弱在位者获得每单位时间为 a 的收益流直到博弈结束，所以软弱在位者的收益为 $at-(1-t)$，软弱进入者的收益为 $-(1-t)$。如果软弱在位者在时期 t 首先让步，软弱在位者的收益为 $-(1-t)$，软弱进入者的收益为 $bt-(1-t)$，其中 b 是一旦在位者让步进入者获得的收益流。因此，每个软弱的参与人都希望对手让步，并且如果它认为对手要斗争到底，每

① 让步博弈也是第 6 章研究的不对称信息消耗战的一个变型。

一个软弱的参与人都会让步。唯一的均衡包括一个参与人的软弱类型以正概率在时间 0 让步（所以，停止时间的对应分布在时间 0 有一个“原子”）；如果时间 0 没有让步，那么此后双方按照平滑的密度函数让步。

现在假设一个“大”在位者同时与 N 个不同对手进行 N 个这样的让步博弈，其中每个对手都只与在位者博弈。在位者的类型在所有博弈中完全关联，即在所有的博弈中，在位者都以先验概率 p^0 强硬，以互补的概率 $1-p^0$ 软弱。每个进入者都以独立于他人的概率 q^0 强硬。因为进入者也是长期的，所以每个人都需要担心他自己的声誉。

均衡的性质取决于进入者是否可以在它放弃以后，被允许重新进入市场以及重新开始斗争。如果这个博弈是“赢得竞争”型的，那么一个进入者让步了，他从此以后必须让步。如果是“重新进入”型的，那么就允许进入者在让步之后重新回到斗争。注意，当博弈中只有一个进入者时，“赢得竞争”和“重新进入”两种类型具有相同的序贯均衡。一旦进入者选择让步，他就无法得到后来的关于在位者类型的信息，因此从此之后他会一直选择让步。①

有人可能会猜测，如果有足够多的进入者，大在位者可以在无论哪种类型的博弈中阻止进入。事实上并非如此。特别是在“赢得竞争”型博弈中，当每个进入者强硬的先验概率相同时，无论在位者面对多少进入者，每个市场中均衡的博弈行为完全与在位者只和这个进入者博弈时的情况一样。看一看原因，假设有 N 个进入者，其中的 $N-k$ 个在时期 t 让步了，所以有 k 个人还在斗争。如果均衡是对称的（可以证明必须是对称的），那么在位者对每个现行进入者的类型都有相同的后验信念 q^t。更进一步，如果进入者的行为在时间 t 是随机的，那么他必然对现在立刻让步（在这种情况下，他在剩下的市场中得到为 0 的连续收益）和斗争一小段时间 $\mathrm{d}t$ 后再让步无差异。关键在于，无论在现行市场上发生什么，被占领的市场仍然是被占领的，所以在位者在做当前计划的时候并不考虑它们。如果我们用 σ^t 表示每个进入者在时期 t 和 $t-\mathrm{d}t$ 之间让步的概率，我们有

$$0=-k+k(1-q^t)\sigma^t at \tag{9.9}$$

① 如果有几个进入者并且在位者按照顺序和他们博弈，在 $t\in[0, 1]$ 对第一个进入者博弈，在 $t\in[1, 2]$ 对第二个进入者博弈等等，如果第一个进入者发现在位者向后来的进入者妥协，他可能会后悔自己让步，但此时第一个进入者的博弈已经结束了，所以“赢得竞争”和“重新进入”再次得到相同的结果。

注意现行进入者的数量 k 在这个方程中可被约去，所以这和我们在只有一个进入者时的方程是一样的。这就是为什么增加了进入者对均衡行为没有影响的原因。

与此相反，当允许“重新进入”并且有很多进入者时，能够证明声誉效应可以使在位者接近获得他的承诺收益。我们说“可以”而不是“会”是因为这时的均衡不唯一；在其中的一个均衡中，在位者可以坚持承诺，但是在另一个均衡中就不可以。存在多个均衡的原因是，在软弱在位者让步并且因此暴露出他软弱的子博弈中，软弱在位者和软弱进入者之间对称信息的“消耗战”存在多个均衡。

弗登博格和克雷普斯集中讨论了这样的均衡，一旦在位者在任何一个市场中让步，他就会在所有的市场中都让步，而所有过去已经让步的进入者重新进入市场。（这是这个博弈在有限期、离散时间时唯一的序贯均衡。）在这种情况下，当在位者已经占领了很多市场时，妥协会让他损失很大。这时在位者的短期激励就是和已经斗争了很长时间因此很可能是强硬类型的进入者妥协，但在位者缺乏对这些现行进入者让步而不对那些已经暴露出软弱的进入者让步的灵活性，这种灵活性的缺乏使在位者坚持强硬的行为。

相反，如果我们假定即使在位者暴露出是软弱的，他还是对所有进入者已经让步的市场保持控制，比如“赢得竞争”的情形，那么在每个市场中的博弈完全和只有一个进入者时一样，所以面对更多的进入者不会让在位者更加强硬。因为在位者保持了灵活性，他可以在和现行进入者妥协的同时，威胁与非当前的进入者进行斗争，所以更多进入者的存在并没有“增强在位者的骨气”。

这些观察告诉我们，在一个大参与人面对许多长期小对手时，声誉效应起作用的方式取决于博弈结构的情况，而这些在小对手是序贯行动时是没有关系的。因此在应用博弈论时，应该避免一概而论地说，声誉效应能使大参与人的承诺可信。

在这个领域中，一个尚未有定论的问题是：如果在位者的类型在不同的竞争中不一定一样，使得在位者可以在某些竞争中强硬而在其他竞争中软弱，这时的情况将会如何？

参考文献

Aghion，P.，and B. Caillaud. 1988. On the role of intermediaries in organizations. In B. Caillaud, Three Essays in Contract Theory: On the Role of Outside Parties in Contractual Relationships. Ph. D. thesis, Massachusetts Institute of Technology.

Armendariz de Aghion, B. 1990. International debt: An explanation of the commercial banks' lending behavior after 1982. *Journal of International Economics* 28: 173 - 186.

Aumann, R., and S. Sorin. 1989. Cooperation and bounded recall. *Games and Economic Behavior* 1: 5 - 39.

Bénabou, R., and G. Laroque. 1989. Using privileged information to manipulate markets. Working paper 137/930, INSEE.

Cukierman, A. 1990. *Central Bank Behavior, Credibility, Accommodation and Stabilization*. Forthcoming.

Cukierman, A., and A. Meltzer. 1986. A theory of ambiguity, credibility and inflation under discretion and asymmetric information. *Econometrica* 54: 1099 - 1021.

Diamond, D. 1989. Reputation in acquisition and debt markets. *Journal of Political Economy* 97: 828 - 862.

Dybvig, P., and C. Spatt. 1980. Does it pay to maintain a reputation? Mimeo.

Fudenberg, D., and D. Kreps. 1987. Reputation and simultaneous opponents. *Review of Economic Studies* 54: 541 - 568.

Fudenberg, D., D. Kreps, and D. Levine. 1988. On the robustness of equilibrium refinements. *Journal of Economic Theory* 44: 354 - 380.

Fudenberg, D., and D. Levine. 1989. Reputation and equilibrium selection in games with a patient player. *Econometrica* 57: 759 - 778.

Fudenberg, D., and D. Levine. 1991. Maintaining a reputation when strategies are not observed. *Review of Economic Studies*, forthcoming.

Fudenberg, D., and E. Maskin. 1986. The folk theorem in repeated games with discounting or with incomplete information. *Econometrica* 54: 533 - 554.

Kim, Y.-S. 1990. Characterization and properties of reputation effects in finitely-repeated extensive form games. Mimeo, University of California, Los Angeles.

Kreps，D.，P. Milgrom，J. Roberts，and R. Wilson. 1982. Rational cooperation in the finitely repeated prisoners' dilemma. *Journal of Economic Theory* 27：245－252，486－502.

Kreps，D.，and R. Wilson. 1982. Reputation and imperfect information. *Journal of Economic Theory* 27：253－279.

Milgrom，P.，and J. Roberts. 1982. Predation，reputation and entry deterrence. *Journal of Economic Theory* 27：280－312.

Selten，R. 1978. The chain-store paradox. *Theory and Decision* 9：127－159.

Shapiro，C. 1982. Consumer information，product quality，and seller reputation. *Bell Journal of Economics* 13：20－35.

第 10 章　不完全信息下的序贯议价

10.1　导言

在议价时参与者必须达成协议才能从交易中获益。一个标准的议价例子是分蛋糕问题：如果不是每个人都同意分蛋糕的方案，就没有人能分得蛋糕。谈判持续得越久，就意味着谈判代价越高，因为蛋糕将变质或者消失。

至少从埃奇沃斯（Edgeworth，1881）开始，经济学和政治学就开始认识到议价问题的重要性。最早的工作是用合作博弈的框架来预测议价的结果。在这个框架下，我们根据议价过程的结果，尤其是可行效用集合的变化导致结果的不同来建立公理；从实证和规范两方面都可以为这些公理据理力争。合作博弈理论对基于博弈结果的公理的运用不同于本书中使用的非合作博弈方法，在这本书中博弈结果明显地依赖于行为，这些行为在外生给定的博弈中与均衡相关。

纳什（Nash，1950，1953）在他论述议价的著作中既使用了合作的或称公理化的方法又使用了非合作博弈的方法；他首先刻画了满足一组公理的唯一博弈结果，然后提出一个非合作博弈，其均衡恰巧是这个博弈结果。[①] 但是纳什的非合作博弈模型假设参与者只有一次达成协议的机会，而且即使没有达成协议，他们也没有机会继续进行谈判。这个博弈似乎太简略了，以至于不能表现议价的丰富内涵，而且（可能造成了）议价的非合作博弈方法在 20 世纪 70 年代以前一直没

① 事实上，他考虑了一系列博弈，它们的均衡博弈结果收敛于这一点。

有得到重视。

第 4 章描述的斯塔尔（Ståhl，1972）和鲁宾斯坦恩（Rubinstein，1982）模型第一次反映出议价是一个典型的包含出价和反出价的动态过程。斯塔尔和鲁宾斯坦恩考虑了完全信息下的议价并且认识到序贯议价产生唯一一个帕累托有效的博弈结果，其中议价者之间达成有效率的协议后不会争论不休。斯塔尔和鲁宾斯坦恩还敏锐地指出了是什么决定了议价的实力；例如，更有耐心的参与者会做得更好。

我们这里有必要解释一下结果有唯一性和有效率为什么这么重要。首先，通常的判断是议价结果是任意的，而且一个局外的观察者不能预见帕累托边界（如果有的话）上的哪一点将会实现；但我们感兴趣的是结论的唯一性正好和这个判断相矛盾。其次，科斯定理（Coase，1960）使效率成为了一个中心问题。从议价结果是有效的这一角度说，这个定理断言如果可以忽略交易成本，则经济中的产权分配与效率无关。尽管并不能从所有的完全信息序贯议价博弈中都得到均衡有效率或均衡唯一的结论，斯塔尔和鲁宾斯坦恩还是定义了可以实现效率或均衡唯一性的一类博弈。

从 20 世纪 80 年代初起，许多人都提出了不完全信息序列博弈的模型。一开始我们就可以清楚地看到：引入不完全信息往往就引入了无效率。如第 7 章所述，一个最简单的议价过程是垄断定价，其中一个卖者向一个买者（或许是几个）出价："要还是不要"，然后买者决定是否购买。如果卖者并不知道买者对商品的评价，则存在次优交易。因为卖者定价高于边际成本，当买者的评价高于边际成本而低于垄断价格时，交易将不会发生，即便这种交易是有效率的。类似的无效率很可能在更复杂的议价博弈中出现：因为买者期望以后能得到更有利的价格，他会拒绝接受低于其出价的报价。事实上，迈尔森和萨特思韦特（Myerson and Satterthwaite，1983）（在 7.4.4 小节讨论过）给出了如果博弈中没有参与者知道别人的评价的情况下，议价博弈中并非所有均衡都是有效率的一般充分条件。[①] 当议价可能无效率时，经济制度的选择——即博弈的规则——就可以影响博弈结果的有效性。例如劳动争端可以解释为由于关于企业营利性和仲裁条款以及劳工法的信息不完全，而影响了罢

---

① 当只有买者的评价是私人信息时，一个卖者向买者出价"要还是不要"的博弈将使交易有效率。

工和停工的可能性。[1] 类似地，根据议价中的剩余控制权决定和由此产生的现状配置，产权分配对两个人之间议价的效率产生影响。

尽管对公理化了的非合作博弈方法青睐有加，我们还是要指出：迄今为止，非合作博弈方法在解决议价问题上还远未成功。有两个困难没有解决。第一，在完全信息和不完全信息的模型中均衡的博弈结果都对于扩展式选择非常敏感。即使信息完全，任何分蛋糕的方法也都可能通过改变议价的扩展式而实现。这令我们这些局外的观察者感到不安，因为我们对到底实施了哪个扩展式几乎一无所知，此外扩展式又很可能因为情况的不同而变化。虽然在任何博弈论的应用中结论都可能随扩展式的选择而变化，但是这里我们只能关注一部分扩展式，因此结论依赖于扩展式的选择这一点就尤为重要。

议价的非合作博弈方法遇到的第二个困难更多地归于信息不完全。人们很快就认识到在博弈中如果拥有私人信息的议价者能提出协议，那么就可能存在非常多的完美贝叶斯均衡（Fudenberg and Tirole，1983；Cramton，1984；Rubinstein，1985）。（读者阅读过第 8 章中信号博弈的章节后，就不会对此感到惊讶了。）那么，即使知道博弈的扩展式，运用议价理论也未必可以给出唯一的预测。有些人已经试图要求某些先验的背景，或利用更强的精炼均衡来选择特定的均衡。（第 11 章讨论了已经得到应用的一些均衡，但它们仅仅是众多精炼中的一部分。）因此，目前在不完全信息下的议价理论中得到更多讨论的，是一系列例子而非一组系统的结论。因为议价理论中的许多关键所在都根源于不完全信息，第二个困难绝不可能被忽略。

尽管在不完全信息条件下的议价模型有许多均衡，在一类“单边出价”议价博弈中还是可以得到某种很强的结果（见 10.2 节）。在该模型中，一个卖者生产一单位商品，其成本是共同知识，而买者愿意为这一单位商品支付多少是买者的私人信息。博弈过程中卖者向买者提出一系列出价，当买者接受出价时议价停止。当买者的战略空间在每阶段限于“接受”和“不接受”时，卖者就不会偏离均衡去改变对买者评价的猜测。因为这个模型避免了和调整信念相关的多重均衡的可能，而且通过模型可以说明议价理论中取得的大多数成果，所以我们极为重视这个模型，不过这种扩展式毕竟是十分特殊的。

上述“一次销售”模型假设卖者把商品一次性的卖给买者。（商品

---

[1] Fudenberg，Levine，and Ruud（1985），Kennan and Wilson（1989，1990），以及 Cramton and Tracy（1990），提供了一个基于不完全信息下谈判模型的对罢工的实证分析。

并不是一下子就被买者消费。）而 10.3 节提供了一个能重复议价的案例，其中商品易变质，因而买者必须在每期重复购买。可以这样来解释这个模型：卖者拥有的易变质商品相当于持久资产在当期的服务流，每期的议价基于当期的租金价格。

10.4 节回到一次销售模型，不过议价过程更为复杂，比如轮流出价议价。这个模型阐明了为什么由知情者出价时进行预测十分困难。它还将静态机制设计和序贯议价联系起来。它特别讨论了某种序贯议价博弈中的某种均衡会产生什么样的激励相容和个人理性的博弈结果。

10.2　跨期价格歧视：一次销售模型††

10.2.1　框架

一个卖者和一个买者就一单位商品的交易进行议价。当转移发生时卖者知道生产成本是（或机会成本）c。买者对商品评价为 v。在一次销售模型中，v 和 c 是存量变量；特别地，如果商品是耐用品，v 就是从购买期开始买者每期收益的贴现值。

卖者在 $t=0, 1, \cdots, T$ 时刻出价，其中 $T\leqslant+\infty$。每一期，买者可以接受也可以不接受。在一次销售模型中，t 时刻的出价决定购买价格 m^t。如果 t 以前的出价都被拒绝的话，卖者的一个策略就是 t 时刻的一系列出价 m^t。买者的一个策略是在每一期选择“接受”或者“拒绝”，这个选择依赖于由以前和现在的出价组成的序列。如果 $\delta\in(0, 1)$ 表示（共同的）贴现因子，又若协议在 t 时刻以价格 m^t 达成，则卖者得到的收益是 $u_s=\delta^t(m^t-c)$，而买者得到的收益是$u_b=\delta^t(v-m^t)$。

文献中涉及对于信息不对称的两个正规化表述：

在一个只存在双类型的情形中，v 以概率 $\bar{p}$ 取 $\bar{v}$，以概率 $\underline{p}$ 取 $\underline{v}$，其中 $\bar{p}+\underline{p}=1$，$\bar{v}>\underline{v}>c$。

在类型连续统的情形中，v 在某个区间 $[\underline{v}, \bar{v}]$ 中的取值服从分布函数 $P(\cdot)$，并且对所有的 v 和$\bar{v}>c$，密度是连续函数 $p(\cdot)>0$。该情形又可细分为两种子情形：有缺口情形 $\underline{v}>c$（交易的收益超过 0），和无缺口情形 $\underline{v}\leqslant c$（从交易中获得的收益可能不存在）。[①]

---

① 一个重要假设是在 $v=c$ 处概率密度为正。例如，如果 v 不位于区间 $[c-\varepsilon, c+\varepsilon]$ 中，那么无缺口情形就等价于有缺口情形，因为卖者决不会卖给评价低于 c 的买者商品。

给定任一具体的类型分布，模型可以被视作存在一个类型不为卖者所知的买者（“议价模型”），也可以是一个由无穷多的小消费者组成的连续统，他们收益的意愿服从分布 $P(\cdot)$（耐用品垄断）。以后我们假定卖者不能分辨买者，而只能观察到接受还是拒绝的概率。

为了把重点放在议价的过程上，我们将在本章的大部分内容里假设只有一个买者。无论如何，耐用品假设十分重要，所以讨论 10.2.3 小节的例子时我们会说明如何从一种解释转换到另一种解释。

我们知道要根据具体情况考虑用有缺口情形还是无缺口情形描述博弈。不过无论哪种情形都不能完全令人满意，因为它们都忽略了某一方会中止谈判，而另与第三方议价（假设“单一买者”）的可能性和持续存在着潜在进入的买者（假设“连续统买者”）的可能性。我们将在 10.2.7 小节对上述扩展和有缺口情形、无缺口情形的相对优点进行讨论。

从现在开始，我们将假设 $c=0$，以简化记号。

我们关注的焦点在于这里的均衡是否具有科斯（Coase，1972）分析耐用品垄断者定价问题时讨论过的各种属性。

第一组属性和均衡行为的动态变化联系在一起。

科斯动态化

去脂性质　在完美贝叶斯均衡中，评价越高的买者购买的时间越早，因为他们更没有耐心。（如同我们以后将看到的那样，这一性质是第 7 章定义的分离条件的直接推论。）

价格单调性　均衡路径上的价格序列弱单调下降，直到某一价格被接受。（在无缺口情形中，该性质需要一个策略平稳性假设。[①]）

第二组属性描述了当出价的时间间隔趋于 0 时均衡结果的极限，此时每期的贴现因子将趋于 1。科斯（Coase，1972）曾经猜测过这些属性。

科斯猜想

当出价的频率很高时（$\delta\to1$），有：

零利润　卖者的利润趋于 0，

① 这里需要区分“出价”和“严肃出价”（即出价以正概率被接受）。我们将会看到在任何纯策略完美贝叶斯均衡中严肃出价的均衡序列价格是严格下降的，甚至当 $\underline{v}\leqslant c$ 时也是如此，该结论不需要平稳性假设（即买者在 t 时刻拒绝 m^t 的出价，而在 $t+\tau$ 时刻接受 $m^{t+\tau}\geqslant m^t$ 将不会优于他在 t 时刻接受 m^t 的出价。其中 $\tau>0$）。平稳性假设蕴含着在每个时刻交易的概率均为正（参见第 392 页注释①）。

有效率　贸易所能带来的所有潜在收益都能立刻实现。

以下我们用 r 代表每单位时间的利率，Δ 代表出价的时间间隔。因此，$\delta=e^{-r\Delta}$。对科斯猜想的分析就集中于考察当 Δ 趋于 0 时的均衡行为。

我们先通过一个两时期例子阐释科斯动态化，然后考察一个满足科斯猜想的无限期例子。熟悉本节内容的读者可以跳过这两个例子。之后我们依次在两类型买者情形下和更一般地，在有缺口和无缺口情况下验证科斯猜想。最后我们以对销售模型的若干扩展结束本节。

10.2.2　科斯动态化在两期模型中的表述

令 $T=1$，买者类型（评价）v 以概率 $\bar{p}$ 取 $\bar{v}$，以概率 $\underline{p}$ 取 $\underline{v}$。令 m^0 代表第一期的价格，$\bar{\mu}(m^0)$ 代表若第零期时的出价 m^0 被拒绝，则卖者认为买者评价 $v=\bar{v}$ 的后验概率。定义 $\underline{\mu}(m^0)\equiv 1-\bar{\mu}(m^0)$。

因为时期 1 是最后一期，此时卖者如果具有 $v=\bar{v}$ 的信念 $\bar{\mu}$，那么他会出价 m^1 以最大化本期的利润。当且仅当买者的评价至少是 m^1 时，买者将接受出价。[①] 很清楚，最优出价不是 $\bar{v}$ 就是 $\underline{v}$。如果出价 $m^1=\underline{v}$，那么卖者肯定可以卖出并得到 $\underline{v}$；如果出价 $m^1=\bar{v}$，那么卖者以概率 $\bar{\mu}$ 卖出并在第二期得到利润 $\bar{\mu}\bar{v}$。故此卖者在时刻 $t=1$ 的最优策略是：

$$m^1=\begin{cases}\underline{v}, & \text{如果 } \bar{\mu}<\alpha \\ \bar{v}, & \text{如果 } \bar{\mu}>\alpha \\ \underline{v}\text{ 和 } \bar{v}\text{ 之间的任意一个随机取值}, & \text{如果 } \bar{\mu}=\alpha\end{cases}$$

其中，$\alpha\equiv\underline{v}/\bar{v}$。如果引入卖者在第二期出价 $\underline{v}$ 的概率 x，最优策略又可写为：

$$x=\begin{cases}1, & \text{如果 } \bar{\mu}<\alpha \\ 0, & \text{如果 } \bar{\mu}>\alpha \\ \in[0,1], & \text{如果 } \bar{\mu}=\alpha\end{cases}$$

注意到 $\underline{v}$ 类型的买者在第二期不可能获得剩余，因此他的行为只顾及

① 无论买者是何种类型，当 m^1 等于此类型买者的评价时，接受和拒绝价格 m^1 对于买者是无差异的。不过如果卖者的收益上确界是 $\varepsilon\to 0$ 时 $m^1=v-|\varepsilon|$ 的极限，那么给定卖者的信念，要求 v 类型的买者接受价格 $m^1=v$ 来保证均衡的存在，而对其他类型的评价等于出价时接受与否不作要求。

第一期的收益。$\bar{v}$ 类型的买者只有在卖者误以为他的类型为 $\underline{v}$ 时才可能得到剩余。现在考察买者在 $t=0$ 时面对出价 $m^0\in[\underline{v},\bar{v}]$ 会如何行动(很明显，此区间外的价格没有意义)。价格 $m^0=\underline{v}$ 可以被任何一种类型的买者接受，因为在 $t=1$ 时不存在更有利的价格了。[①] 现在假定 $m^0>\underline{v}$，$\underline{v}$ 类型的买者肯定拒绝这个出价，因为一旦他买入就只能得到负的剩余。我们感兴趣的是 $\bar{v}$ 类型买者的行为。

假设情形一，买者拒绝 m^0 使卖者产生"乐观信念"，即 $\bar{\mu}(m^0)>\alpha$。那么，卖者将出价 $m^1=\bar{v}$，$\bar{v}$ 类型的买者在第二期不会获得剩余。因此，$\bar{v}$ 类型的买者最好在第一期接受 m^0。又因为 m^0 被 $\underline{v}$ 类型的买者拒绝，由贝叶斯法则 $\bar{\mu}(m^0)=0$，矛盾。

假设情形二，买者拒绝 m^0 使卖者产生"悲观信念"，即 $\mu(m^0)<\alpha$。那么，卖者将在时刻 1 出价 $m^1=\underline{v}$，那么 $\bar{v}$ 类型买者只有如下条件满足时才接受 m^0：

$$\bar{v}-m^0\geqslant\delta(\bar{v}-\underline{v})$$

或

$$m^0\leqslant\tilde{v}\equiv(1-\delta)\bar{v}+\delta\underline{v}$$

如果 $m^0>\tilde{v}$，拒绝 m^0 是 $\bar{v}$ 类型买者的最优选择（对于 $\underline{v}$ 类型的买者也是一样），由贝叶斯法则 $\bar{\mu}(m^0)=\bar{p}$（后验概率和先验概率一致）。

于是我们导出如下两种情形：

$\bar{\boldsymbol{p}}<\boldsymbol{\alpha}$　此时，对任何 $m^0>\underline{v}$，$\bar{\mu}(m^0)\leqslant\bar{p}<\alpha$，因此买者总是在时刻 1 出价 $m^1=\underline{v}$。当且仅当 $m^0<\tilde{v}$ 时，$\bar{v}$ 类型的买者接受 m^0。卖者在第一期的最优策略是出价 $m^0=\underline{v}$，得到收益 $U_s=\underline{v}$，或者出价 $m^0=\tilde{v}$，得到收益 $U_s=\bar{p}\tilde{v}+\delta\underline{p}\,\underline{v}$。如果 $\underline{v}>\bar{p}\tilde{v}+\delta\underline{p}\,\underline{v}$，价格歧视不会发生，协议在第一期立即达成。如果 $\underline{v}\leqslant\bar{p}\tilde{v}+\delta\underline{p}\,\underline{v}$，则会发生价格歧视，因为卖者先以价格 $\tilde{v}$ 卖给高评价类型的买者，然后以低价格 $\underline{v}$ 卖给低评价类型的买者。原因是：

$$\bar{p}\tilde{v}+\delta\underline{p}\,\underline{v}=\bar{p}\bar{v}+\delta(\underline{v}-\bar{p}\bar{v})<\underline{v}$$

① 如上页注释①所示，$\underline{v}$ 类型的买者其实在接受和拒绝 $m^0=\underline{v}$ 之间无差异，但是我们的假设并没有失去一般性。

$\bar{p} > \alpha$　若 $m^0 \in (\tilde{v}, \bar{v}]$，在均衡里 $\bar{v}$ 类型的买者就不可能以概率 1 拒绝 m^0，因为在这种情况下，我们有 $\bar{\mu}(m^0) = \bar{p} > \alpha$ 和卖者要价 $m^1 = \bar{v}$，所以 $\bar{v}$ 类型的买者最好接受 m^0。但是我们已经知道 $\bar{v}$ 类型的买者也不可能接受概率为 1 的 m^0。所以，在均衡中，$\bar{v}$ 类型的买者一定随机化其策略，而且后验概率 $\bar{\mu}(m^0) = \alpha$。令 $y(m^0)$ 代表 $\bar{v}$ 类型的买者接受 m^0 的概率；$\bar{\mu}(m^0) = \alpha$ 等价于：

$$\frac{\bar{p}(1 - y(m^0))}{\bar{p}(1 - y(m^0)) + \underline{p}} = \alpha$$

上式定义了唯一的位于区间 $[0, 1]$ 的 $y(m^0) = y$。注意到 $y(m^0)$ 独立于 m^0，我们以后将对此进行评论。

更进一步，为了使得 $\bar{v}$ 类型的买者对于接受和拒绝 m^0 无差异，就必定有 $\bar{v} - m^0 = \delta x(m^0)(\bar{v} - \underline{v})$，该式定义了唯一的概率 $x(m^0)$，$m^0 \in [\tilde{v}, \bar{v}]$。

这样，如果 $\bar{p} > \alpha$，卖者在第一期的最优价格是如下三者之一：

$$m^0 = \underline{v}，产生收益 U_s = \underline{v}$$

$$m^0 = \tilde{v}，产生收益 U_s = \bar{p}\,\tilde{v} + \delta \underline{p}\,\underline{v}$$

$$m^0 = \bar{v}，产生收益 U_s = \bar{p} y \bar{v} + \delta(\bar{p}(1 - y) + \underline{p})\underline{v}$$

计算第三个收益时，我们使用了如下事实：若后验信念为 α，$m^1 = \underline{v}$ 是卖者在第一期的最优出价。随着参数的变化这三个收益都可能成为最高的收益。需要注意的是，如果第三个收益是最高的，那么卖者决不会将商品卖给评价低的买者 [此时 $x(\bar{v}) = 0$]。

从而我们得到结论，参数取任何值都存在唯一完美贝叶斯均衡，而且这个均衡表现出了科斯动态化的特征——即对所有 m^0 有 $\bar{\mu}(m^0) \leqslant \bar{p}$，因此卖者对卖出商品越来越悲观，出价 $m^1 \leqslant m^0$，也就是说卖者的出价随着时间流逝而下降。

弗登博格和梯若尔（Fudenberg and Tirole，1983）刻画了一些两期议价博弈的均衡集。这些博弈可能是卖者和买者各有两种潜在类型（双方信息不完全），可能是卖者给出两种出价，还可能是参与人轮流出价。如前所示，一个参与人的出价可能表达某种私人信息，这一事实导致了完美贝叶斯均衡的连续统。就像第 8 章中类似的例子那样。

反之，当一个不知情的卖者向一个知情的买者出价时，相对来说买者就不太可能表示他的类型（他在通过接受出价时才能表现出自身的类型)，因此一个零概率行动出现后确定信念的可允许误差对均衡集的影响就小很多。

两时期模型存在的问题是如果两期中的出价都被拒绝，为什么参与人在第二期停止议价。交易中可能存在着未实现的收益暗示了如果继续讨论下去可能对双方更有利。依此类推，好像议价模型的期限应当是无限的，除非有一方退出。实际上，参与人很可能在有限期停止议价，即使贸易中的可能收益还未耗尽。这可能是因为他们面对一个达成协议的最后期限，也可能是因为一个更好的产品在此时进入市场，商品可能在时刻 2 报废。上述两时期模型能够直接用到这两个期限外生的情况中，当然，如果商品在第二期末报废，那么买者愿意在第一期收益的就比第零期来得少，因为商品只能用一期而不是两期。

另一个对议价期限的有限解释更为复杂。参与人每一期都要担负固定的议价成本，或者存在其他议价的机会，所以他们就可能决定停止议价或者与其他人议价，如果他们对于从与现在伙伴的谈判中获益的期望感到悲观的话。议价的期限有限是内生决定的。内生期限模型比外生期限模型更为复杂。比如内生期限模型更可能存在多重均衡，而外生期限模型中均衡是唯一的。为了搞清楚这一点，我们设想如果卖者期望买者很快地让步（购买)，那么他会变得非常悲观，以致当几个出价被拒绝后就停止谈判，而寻找其他卖出机会（比如向其他买者销售产品)。再者，如果卖者是“转换—快乐”（switch-happy）的，买者就处于不利的境地，将会很快让步。从而快速让步和快速转换是自我实现的，同理，慢让步和慢转换也是自我实现的，这就是为什么会有多重均衡的原因（Fudenberg，Levine and Tirole，1987)。

10.2.3 科斯猜想的一个无限期例子

本小节中我们采用一个卖者对无穷多连续统买者的阐释。正如以前提到的，在这一阐释下我们假设卖者无法区分买者，而只能观察到接受者集合和拒绝者集合的概率测度。我们还将说明如何对单一买者情形解释模型。

索贝尔和塔克哈什（Sobel and Takahashi，1983）研究了如下“线性需求曲线”模型。① 卖者和买者永生，议价过程的期限 $T=+\infty$ 。买者的评价服从 [0，1] 上的均匀分布。[索贝尔和塔克哈什考察了更一

① 科斯猜想的早期工作参见 Bulow（1982）和 Stokey（1981)。

般的分布 $P(v)=(v/\bar{v})^{\beta}$，其中$\beta>0$；$\beta=1$ 即为均匀分布。］我们寻找具有如下性质的均衡：

（ⅰ）如果时刻 t 出价 m^t，类型为 $v\geqslant w(m^t)=\lambda m^t$ 的买者将购买（如果他们以前没有购买过），但是类型为 $v<w(m^t)$ 的买者不会购买，其中 $\lambda>1$。

（ⅱ）如果某时刻 t 类型大于κ 的买者已经购买过而类型小于κ 的买者尚未购买过（因此卖者的后验信念表现为截断在［0，κ］上面的均匀分布），则卖者要价 $m^t(\kappa)=\gamma\kappa$，其中 $0<\gamma<1$。

正如上面所提到的，去脂性质保证了买者总是遵循如下形式的截断规则，“当且仅当其评价超过某一数值（可能依赖于历史）时接受当前出价。”这一性质将在引理 10.1 中得到证明。由此可知，条件ⅰ实际上要求起截断作用的评价是平稳的（它只依赖当前价格而与以前出价无关）和线性的（λ 不依赖于 m^t）。条件ⅱ还要求卖者的策略也是平稳的和线性的。注意到因为所有参与人都使用平稳的策略，所以对每个参与人来说他自己使用平稳的策略不会有什么损失。①

如果后验概率服从［0，κ］上的均匀分布，令 $U_s(\kappa)$ 代表卖者利润的贴现值，由动态规划的原理，$U_s(\cdot)$ 必须满足：

$$U_s(\kappa)=\max_m\{(\kappa-\lambda m)m+\delta U_s(\lambda m)\} \tag{10.1}$$

如果是买者的连续统，等式（10.1）中（$\kappa-\lambda m$）项可以解释为接受出价$m\leqslant\kappa/\lambda$的买者人数占总买者的比例，$U_s(\lambda m)$ 是卖者以后能获得利润的贴现值。如果只有一个买者，等式（10.1）仍然成立，只需将 $U_s(\kappa)$ 解释为买者类型低于κ 的概率与其连续利润贴现之间的乘积即可。等式（10.1）中（$\kappa-\lambda m$）项是出价 m 被买者接受的概率。同理，等式（10.5）和（10.6）对单个买者情形也成立。

假设 U_s 可微，对 m 最大化（$\kappa-\lambda m)m+\delta U_s(\lambda m)$ 可得

$$\kappa-2\lambda m+\delta\lambda U'_s(\lambda m)=0 \tag{10.2}$$

另一方面，对等式（10.1）使用包络定理：

---

① 我们仅仅是出于使用方便的考虑才引入条件ⅱ，条件ⅰ已经蕴涵了条件ⅱ。因为从下面可以看出，给定条件ⅰ，卖者的最优策略是平稳和线性的。进一步，下面将要推出评价函数是二次型的［对于等式（10.1）运用 Blackwell 定理——见 Stokey and Lucas (1989) ——可知评价函数是唯一的］。最大化（10.1）式右端解得唯一的最优价格，它是一个平稳的和线性的截断型函数。

$$U_s'(\kappa) = m(\kappa) = \gamma\kappa \tag{10.3}$$

将等式（10.3）代入等式（10.2）并且消去κ得到

$$1 - 2\lambda\gamma + \delta\lambda^2\gamma^2 = 0 \tag{10.4}$$

我们现在转向买者的最优化问题。要使得对于类型为λm的买者来说接受m和再等待一期后以价格$\gamma\lambda m$买入没有区别，就必须使得

$$\lambda m - m = \delta(\lambda m - \gamma\lambda m) \tag{10.5}$$

或

$$\lambda - 1 = \delta\lambda(1-\gamma)\text{①} \tag{10.6}$$

由等式（10.4）和（10.6）得到

$$\lambda = \frac{1}{\sqrt{1-\delta}}$$

和

$$\gamma = \frac{\sqrt{1-\delta}-(1-\delta)}{\delta}$$

这个完美贝叶斯均衡体现出了科斯动态化。此外，它还满足科斯猜想。当出价频率很高时，γ趋于0。因此，甚至第一次出价m^0和卖者的期望利润$U_s(1)$都趋于0，其中m^0是最高的出价。为了说明贸易的所有潜在利润几乎在瞬间实现，让我们考虑一个评价v。设买入的实际时间不早于$\tau>0$，利率是r，则该类型买者的效用至多是$e^{-r\tau}v$。在第一期，他得到$v-m^0(\delta)$，其中$m^0(\delta)=\gamma(\delta)\to 0$。因此，对任意给定的$\tau$，如果$\delta$充分接近1，任何一个$v$类型的买者都会在实际时间$\tau$之前购买。

10.2.4 去脂性质††

现在我们回到单一买者假定来给出均衡的特征。

以下引理②大大简化了对买者行为的研究：

引理 10.1（去脂性质或称截断规则性质）　当买者评价为v时，设他在t时刻接受价格m^t。那么当买者评价$v'>v$时，他接受m^t的概率为1。

① 由等式（10.6），我们可以验证等式（10.1）中最大化问题的二阶条件：$-2\lambda+\delta\lambda^2\gamma\leqslant 0$。

② 见 Fudenberg et al.（1985）。

证明　令直到时刻 t 的历史为 $h^t=(m^0,\cdots,m^{t-1})$，这里蕴涵着买者拒绝了此前的所有出价。当且仅当下式成立时，v 类型的买者接受 m^t

$$v-m^t\geqslant\delta U_b(v,(h^t,m^t))$$

或

$$v-m^t\geqslant \mathrm{E}\sum_{\tau=1}^{T-t}[\delta^{\tau}(v-m^{t+\tau}(h^{t+\tau}))I^{t+\tau}(h^{t+\tau},m^{t+\tau},v)\mid(h^t,m^t)]$$

其中，$U_b(v,(h^t,m^t))$ 是 v 类型的买者在 t 时刻以后的后继评价，$I^{t+\tau}(h^{t+\tau},m^{t+\tau},v)$ 是一个指标函数，它表示 v 类型的买者在 $t+\tau$ 时刻面对价格 $m^{t+\tau}(h^{t+\tau})$ 是购买（$I=1$）还是不购买（$I=0$）。随机变量 $m^{t+\tau}(h^{t+\tau})$ 和 $I^{t+\tau}(h^{t+\tau},m^{t+\tau},v)$ 就取决于其后的均衡策略子序列，而如果 m^t 被拒绝，还取决于 t 期末的历史 (h^t,m^t)。因为期望的贸易额贴现后总是小于 1 的，而且 v' 类型买者的策略可以效仿 v 类型买者的议价策略得到（反之亦然），

$$|U_b(v',(h^t,m^t))-U_b(v,(h^t,m^t))|\leqslant|v'-v|$$

因此，对于 $v'>v$，

$$\begin{aligned}&v'-m^t-\delta U_b(v',(h^t,m^t))\\&\geqslant(v'-v)-\delta(U_b(v',(h^t,m^t))-U_b(v,(h^t,m^t)))>0\end{aligned}$$ ■

引理 10.1 说明因为评价越高买者越急于购买，他们就越早购买。特别地，如果 v 的分布是连续的，那么阶段规则 $\kappa(\cdot)$ 就完全可以描述买者的行为：当 $v>\kappa(h^t,m^t)$ 时买者购买，当 $v<\kappa(h^t,m^t)$ 时不购买。[类型为 $v=\kappa(h^t,m^t)$ 的概率为 0，此时购买和不购买无差异，但这无关紧要。当然，如果像 10.2.2 小节的例子那样，分布在某些点上的概率值大于 0，截断规则仍然成立，不过截断类型中的混合行为就变得重要了。]

10.2.5　有缺口的情形[†††]

对类型的分布可作如下假定：

(G)　$\underline{v}>0$；

(R)　$P(\underline{v})>0$ 或 P 在 $\underline{v}$ 处有严格正和连续的密度。

条件 G 说明卖者的成本和最低估价之间存在缺口。条件 R 说明在最低估价处存在正的概率或者严格正的概率密度。

有了假设 G，科斯猜想就可以这样表述：

当 $\delta\rightarrow1$ 时，

(c′) 卖者的利润趋于 $\underline{v}$；

(d) 贸易中的所有收益都几乎在瞬间实现。

下面，我们介绍买者的均衡策略需要满足的条件。它对有缺口情形中的每个均衡都成立；在无缺口情形中将把它作为另一个假设。

(S) 如果 m^t 比历史 h^t 和 $\tilde{h}^t$ 中的任何出价都低时有 $\kappa(h^t, m^t)=\kappa(\tilde{h}^t, m^t)$，则称买者的策略满足性质 S 。也就是说，如果当前价格比以往都低，那么买者的行为独立于以前的价格。

性质 S 可以被称为“平稳性质”或者“强截断性质”，它具有马尔可夫性。①

定理 10.1 (Fudenberg, Levine, and Tirole, 1985; Gul, Sonnenschein, and Wilson, 1986) 如果买者类型的分布满足条件 G 和 R，则：

(i) 存在一个完美贝叶斯均衡，通常它还是唯一的；

(ii) 当 $\delta\to 1$ 时，均衡满足科斯猜想；

(iii) 均衡满足条件 S；

(iv) 当 $\underline{v}\to 0$ 时，均衡收敛于无缺口情形下的完美贝叶斯均衡（使科斯猜想成立）。②

我们不证明这个定理，而是通过分析一个两类型情形来展现证明的特点。③ 假定 $v=\bar{v}$ 的概率为 $\bar{p}$，$v=\underline{v}$ 的概率为 $\underline{p}$。$\bar{\mu}^t$ 为 t 时刻 $v=\bar{v}$ 的后验概率，它依赖于条件：被拒绝价格的历史是 h^t。第一步要证明卖者出价从不低于 $\underline{v}$。令 $\underline{m}$ 代表卖者在任何时期和对任何历史的均衡出价的下界，假定 $\underline{m}<\underline{v}$。④ 我们指出 $\underline{m}$ 或其他接近它的出价可以概率 1 被两种类型的买者接受，这是因为将来卖者的最优出价对买者来说不会好

① 和马尔可夫概念相比［参见第 13 章信息完全博弈中的马尔可夫完美均衡；又见马斯金和梯若尔（Maskin and Tirole, 1989）对马尔可夫完美贝叶斯均衡的定义］，性质 S 在非均衡状态中就不是必须要求的。

② 弗登博格等（Fudenberg et al., 1985）在假设 G 和更强的假设（R′）下证明了定理 10.1，假设 R′：类型的分布是光滑函数且它的密度有界、下界大于 0（对所有 $v\in[\underline{v},\bar{v}]$，$0<p_{\min}\leqslant p(v)\leqslant p_{\max}$）。古尔等（Gul et al. 1986，定理 1）在他们的成果中得到了定理 i～iii，并且说明只要使用假设 R 相对弱的形式就足够了；他们还说明卖者在均衡路径上不随机化策略（尽管他在均衡外会采用随机化）。奥斯贝尔和丹尼克（Ausubel and Deneckere, 1989a，定理 4.2）没有对类型分布进行假设就得到了 iv。

③ 哈特（Hart, 1989）提供了更多的两类型情形的细节。

④ $\underline{m}$ 不能取到 $-\infty$，否则买者可以保证得到近乎 $+\infty$ 的剩余。因为贸易中的总收益是有限的，卖者不可能愿意得到负的利润。

过 $\underline{m}$ [即对所有 v，有$v-\underline{m}>\delta(v-\underline{m})$]。故而，卖者能够在 $\underline{m}$ 之上不连续地提高他的出价，同时仍然能使出价以概率 1 被接受，这就意味着非常接近于 $\underline{m}$ 的出价不可能是最优的。因此有 $\underline{m}\geqslant\underline{v}$。这就蕴涵了所有 $\underline{v}$ 类型的买者都能接受任何低于 $\underline{v}$ 的出价，从而在任何历史 h^t 下卖者出价 $\underline{v}$ 就可以保证他得到现期收益 $\underline{v}$。

初步观察之后，让我们转向证明的核心部分。我们运用了“基于信念的前向归纳法”：

● 如果 $\bar{\mu}^t\leqslant\alpha\equiv\underline{v}/\bar{v}$，卖者从时刻 t 起得到的最大利润是其“垄断利润” $\underline{v}$。为了看清这一点，请注意如果卖者承诺自己的出价总是单一的，他可以选择 $\underline{v}$ 并得到 $\underline{v}$，也可以选择 $\bar{v}$ 然后得到 $\bar{\mu}^t\bar{v}$，而且因为 $\bar{\mu}^t\bar{v}\leqslant\underline{v}$，最优的“承诺价格”是 $\underline{v}$。我们在 7.3 节已经知道，对于卖者来说承诺一个单一出价是一种最优机制；特别地，它弱占优于议价博弈中完美贝叶斯均衡的直接显示机制。因此，$\underline{v}$ 是从 t 期开始卖者能得到的利润上界，而且卖者通过要价 $\underline{v}$ 能保证达到这一上界。

● 现在假定 $\bar{\mu}^t>\alpha$。卖者有可能出价 $m^t>\underline{v}$ 吗？如果这个出价导致后验信念$\bar{\mu}^{t+1}(h^t，m^t)<\alpha$（意味着该出价以正概率被 $\bar{v}$ 类型的买者接受），那么由我们此前的说明，就有 $m^{t+1}(h^t，m^t)=\underline{v}$。因此，$\bar{v}-m^t\geqslant\delta(\bar{v}-\underline{v})$ 或 $m^t\leqslant\tilde{v}_1=\tilde{v}=\bar{v}-\delta(\bar{v}-\underline{v})$。相反地，任何出价 $m^t\leqslant\tilde{v}$ 都会被 $\bar{v}$ 类型的买者接受，这是因为他在将来能得到的最佳出价是 $\underline{v}$。进一步，当 $\bar{\mu}^t\geqslant\alpha$ 时，卖者总是更愿意要价 $\tilde{v}$ 而不是 $\underline{v}$，因为只需 $\bar{\mu}^t>\alpha$，可以得到的收益

$$\bar{\mu}^t(\bar{v}-\delta(\bar{v}-\underline{v}))+\delta(1-\bar{\mu}^t)\underline{v}$$

就超过了 $\underline{v}$。

既然我们已经证明了对于 $\bar{\mu}^t>\alpha$，议价至少要经过两个有效轮次，我们就可以说明如果 $\bar{\mu}^t\in[\alpha，\alpha+\varepsilon]$，则卖者先要价 $\tilde{v}$，然后要价 $\underline{v}$，其中 ε 是一个正的小量。因为当 $m^t>\tilde{v}$ 时 $\bar{\mu}^{t+1}\geqslant\alpha$，所以对于所有取值于 $[\alpha，\alpha+\varepsilon]$ 中的信念和所有可能的均衡，卖者在时期 t 及以后收益的最大值 $U_s^{\sup}$ 满足

$$U_s^{\sup}\leqslant\max\left[\bar{\mu}^t\tilde{v}+\delta(1-\bar{\mu}^t)\underline{v},\ \frac{\bar{\mu}^t-\alpha}{1-\alpha}\bar{v}+\delta\left(1-\frac{\bar{\mu}^t-\alpha}{1-\alpha}\right)U_s^{\sup}\right] \tag{10.7}$$

很明显，对于足够小的 ε，最大值取上式右端的第一项，因此时期 t 的

最优要价是 $\tilde{v}$。一旦确定了 $\bar{\mu}^t \in [\alpha, \alpha+\varepsilon]$ 时的均衡就可以确定 $\bar{\mu}^t \in [\alpha+\varepsilon, \alpha+2\varepsilon]$ 时的均衡，并且可以依此类推，直至第一个信念 μ_2 出现使得卖者更愿意提出高于 $\tilde{v}$ 的价格为止。①

继续对信念进行前向归纳，就找到截断信念 $\mu_0=0<\mu_1=\alpha<\mu_2<\cdots$ 使得若 $\bar{\mu}^t \in [\mu_n, \mu_{n+1}]$，则存在 $n+1$ 个有效议价轮次（即卖者前 n 期的要价严格高于 $\underline{v}$，然后出价 $\underline{v}$）。均衡路径上的后验信念是下降的（符合去脂性质的要求）：$\bar{\mu}^{t+1}=\mu_{n-1}$，$\bar{\mu}^{t+2}=\mu_{n-2}$，…，$\bar{\mu}^{t+n}=0$。均衡路径上的价格也是下降的。它们使得 $\bar{v}$ 类型的买者在某给定时期和在如下时期分别接受出价：$m^{t+n}=\underline{v}$，$m^{t+n-1}=\tilde{v}$ 无差异，更一般地，有

$$\bar{v}-m^{t+k}=\delta(\bar{v}-m^{t+k+1}) \text{ 或 } m^{t+k}=\bar{v}-\delta^{n-k}(\bar{v}-\underline{v}) \qquad (10.8)$$

要验证科斯猜想，只需说明对任意 $\bar{p}$ 存在 n 使得对任意的 δ 有 $\mu_n>\bar{p}$。② 那么等式（10.8）和最后一个出价 $\underline{v}$ 就一起暗示了对接近 1 的 δ，所有在议价的有效轮次中的出价接近于 $\underline{v}$。此外，因为至多有 $n+1$ 个出价，所以协议几乎是马上就达成了。

10.2.6 无缺口的情形†††

现在假设：

(NG) $\underline{v}=0$

第 iv 条说明存在满足条件 S 和科斯猜想的均衡。不过，古尔、索南夏因和威尔逊（Gul，Sonnenschein，and Wilson，1986）指出还存在另外的均衡。③ 他们刻画的完美贝叶斯均衡集满足条件 S 且具有以下性质。

定理 10.2（Gul，Sonnenschein，and Wilson，1986） 假定条件 NG 和条件 R 得到满足，那么任何满足条件 S 的完美贝叶斯均衡都满足科斯猜想。

---

① 易验证 μ_2 满足下式：

$$\frac{\mu_2-\alpha}{1-\alpha}[\bar{v}-\delta^2(\bar{v}-\underline{v})]+\left(1-\frac{\mu_2-\alpha}{1-\alpha}\right)\delta\underline{v}=\mu_2(\bar{v}-\delta(\bar{v}-\underline{v}))+(1-\mu_2)\delta\underline{v}$$

② 例如，验证当 δ 收敛于 1 时，μ_2 收敛于 α。

③ 注意这组多重均衡和定理 10.3 一样都要求可行评价集是一个区间。如果可行评价集是离散的并且不包含卖者成本所取的值，即使某些类型的买者的评价低于卖者成本，无缺口模型也都等价于有缺口模型。由定理 10.1 可知均衡（一般）是唯一的。（当分布是离散的且存在评价等于成本的类型时，均衡唯一性依赖于如何假定卖者的行为，如果他已经卖给所有评价高于他成本的买者的话）。

我们略去定理 10.2 的复杂证明。但是有必要简单叙述一下这个证明的要点，因为它比定理 10.1 更好地凸现了科斯猜想的逻辑，该证明构造一个均衡然后验证它满足科斯猜想。在假定 S 下，买者的截断评价 $\kappa(\cdot)$ 独立于历史。因此，给定时期 t 开始时区间 $[0,\ \kappa^t]$ 上的信念 $P(v)/P(\kappa^t)$，卖者从时期 t 开始的期望利润就只依赖于当前的截断评价 κ^t，而与历史无关。记此时卖者得到收益为 $U_s(\kappa^t)$。为了简单起见，我们假定截断序列是确定性的。

固定一个实时 $\varepsilon>0$，令时间间隔 Δ 趋近于 0（以使 0 和 ε 之间存在大量的出价）。对于任意的 $\eta>0$，存在充分小的 Δ 和 $t\leqslant\varepsilon/\Delta-2$ 使得：

$$P(\kappa^t)-P(\kappa^{t+2})<\eta$$

也就是说，卖者在 t 和 $t+2$ 之间卖出的概率较小。（因为 0 和 ε 之间存在大量的出价，所以一定有某些时期卖出的概率较小。）科斯猜想直观地讲就是，如果 ε 时刻卖者连续的价值是不可忽略的，那么他将希望在时刻 t 加快买卖进程。为了看清这一点，只需注意到卖者可能在时刻 t 出价 m^t，从而在时刻 $t+1$ 产生后验信念 κ^{t+2}，因此

$$\begin{aligned}&[P(\kappa^t)-P(\kappa^{t+1})]m^t+\delta[P(\kappa^{t+1})-P(\kappa^{t+2})]m^{t+1}\\&+\delta^2P(\kappa^{t+2})U_s(\kappa^{t+2})\\&\geqslant[P(\kappa^t)-P(\kappa^{t+2})]m^{t+1}+\delta P(\kappa^{t+2})U_s(\kappa^{t+2})\end{aligned}\tag{10.9}$$

[这里平稳性假设是至关重要的：当他的信念 κ^{t+2} 独立于导向这些信念的历史时，卖者得到 $U_s(\kappa^{t+2})$。] 但是由截断评价的定义，

$$\kappa^{t+1}-m^t=\delta(\kappa^{t+1}-m^{t+1})\tag{10.10}$$

联立（10.9）式和（10.10）式并用到 $t+2\leqslant\varepsilon/\Delta$ 和后验信念是下降的这一事实，我们得到：

$$\begin{aligned}&[P(\kappa^t)-P(\kappa^{t+1})]\kappa^{t+1}-[P(\kappa^t)-P(\kappa^{t+2})]m^{t+1}\\&\geqslant\delta P(\kappa^{t+2})U_s(\kappa^{t+2})\geqslant\delta P(\kappa^{\varepsilon/\Delta})U_s(\kappa^{\varepsilon/\Delta})\end{aligned}\tag{10.11}$$

若 η 较小，则（10.11）式左端就非常小，因此 $P(\kappa^{\varepsilon/\Delta})\ U_s(\kappa^{\varepsilon/\Delta})$ 就非常小。这样对任何实时 ε，卖者在 ε 以后所得的利润就趋于 0。但这并不意味着在任何时刻 $\varepsilon>0$ 的价格都趋于 0，因为低利润可能来自于低价格也可能来自于销售缓慢（即销售滞后）。不过可以说明对任何实时 $\varepsilon>0$，

随着 Δ 趋于 0，价格就趋于 0。① 这反过来意味着时刻 0 的利润，而不仅仅是大于 0 的时刻的利润将趋于 0。（如果买者期望在不远的未来能得到一个无穷小的价格，则他们不会在时刻 0 以高于无穷小的价格购买。）

奥斯贝尔和丹尼克（Ausubel and Deneckere，1989a）说明，如果不满足平稳性假设，科斯猜想一般不成立，更糟糕的是，当 $\delta\to1$ 时，无缺口情形下的均衡是“任意”的：

定理 10.3（Ausubel and Deneckere，1989a）② 假设条件 NG 成立和存在$L>M>0$，使得对所有 $v\in[0,\bar{v}]$，$Lv\leqslant P(v)\leqslant Mv$。令 $U_s^*\equiv\sup_m[m(1-P(m))]$ 代表垄断利润。那么对任意 $\varepsilon>0$，存在 $\Delta(\varepsilon)>0$，使得对任意 $\Delta\leqslant\Delta(\varepsilon)$ 和任意 $U_s\in[\varepsilon,U_s^*-\varepsilon]$，存在销售模型的一个完美贝叶斯均衡，其中卖者的利润等于 U_s。

从直觉上想，该定理指出某个满足条件 S 的均衡可以利用一条科斯路径作为“威慑”，防止卖者偏离给定的价格路径。我们通过分析 10.2.3 小节线性需求的例子来阐明这个思想。在那个例子中，我们导出了一个满足条件 S 的均衡。卖者对当时的截断 κ 的评价是如果 $\lim_{\delta\to1}\gamma(\delta)=0$，那么 $U_s^C(k)=\gamma(\delta)\kappa^2/2$（这里 C 代表“科斯”）。[因为 10.2.3 小节中买者以无穷多连续统的形式出现，所以这个证明中的评价$U_s^*(\cdot)$ 和 $U_s^C(\cdot)$ 就对应于买者连续统情形。参见 10.2.3 小节和

---

① 简要地说：固定实时 $\varepsilon>0$，且假定存在一系列 $\Delta\to0$ 使得 ε 时刻的价格不收敛于 0：$m^{\varepsilon/\Delta}\geqslant\underline{m}\geqslant0$。需分四步证明这不可能：(1) 因为价格随时间增加而下降，又因为从实时 Δ（即时期 1）开始的利润趋于 0，在 Δ 和 ε 期间卖出的概率就随着 Δ 趋于 0。(2) 除非卖者在过去已经出价 0，他就能在任何一期以正概率卖出。否则，他的后继评价将为 0，又由于在假设 S 下卖者的最优策略平稳，所以将永远不会卖出。然而，他本可以通过出价略高于 0 而获益，考虑到贴现和卖者从不出价为负，这个价格能以正概率被接受。(3) 因为 Δ 和 ε 期间卖出的概率趋于 0，$m^1-m^{\varepsilon/\Delta}$趋于 0。[在时期 1 和 ε/Δ 运用 (10.10) 式可以看出价格计划几乎是固定不变的。] 令 m^* 为 m^0 和 $m^{\varepsilon/\Delta}$的共同极限。[将 $t=0$ 代入 (10.10) 式得 $m^0-m^{\varepsilon/\Delta}$趋于 0。] (4) 因为 0 时刻 $\bar{v}$ 类型的买者购买，所以$\bar{v}\geqslant m^*$。又有 $e^{-r\varepsilon}(\kappa^{\varepsilon/\Delta+1}-m^{\varepsilon/\Delta})\geqslant\kappa^{\varepsilon/\Delta+1}-m^0$，这里 $\kappa^{\varepsilon/\Delta+1}$是 $\varepsilon/\Delta+1$ 期的截断类型，并且由于 $\kappa^{\varepsilon/\Delta+1}\to\bar{v}$，所以 $m^*=\bar{v}$。这意味着 $\bar{v}$ 类型的买者极限效用为 0，其他类型的买者也一样（他们的效用较 $\bar{v}$ 类型的低）。因此，在取极限的意义上，每种类型买者的（稳定性）策略都将接受低于他们评价的出价，卖者从任何一期开始得到的利润也就不能为 0。

② 奥斯贝尔和丹尼克（Ausubel and Deneckere，1989b，定理 2）说明当 $\Delta\to0$ 时，不仅任何利润都是均衡的利润，而且任何表示卖者和各可行类型买者的期望效用的向量 $\{U_s,U_b(\cdot)\}$都几乎能成为这个销售模型的完美均衡收益向量。

奥斯贝尔和丹尼克（Ausubel and Deneckere，1987）和古尔（Gul，1987）对于垄断耐用品的寡头导出了类似于定理 10.3 的定理。

单一卖者情形的关系。] 现在让我们说明存在一个完美贝叶斯均衡，其中卖者获得的利润约为垄断利润的$\frac{1}{4}$（通过将价格定为垄断价格的$\frac{1}{2}$得到）。考虑如下的实时指数价格路径（令 τ 代表实时，t 像以前一样代表时期）：

$$m^{\tau}=\frac{1}{2}\mathrm{e}^{-\eta\tau}$$

也就是说，定价开始于垄断价格的$\frac{1}{2}$，然后呈指数衰减。时间离散的时期 t 中，有：

$$m^{t}=\frac{1}{2}\mathrm{e}^{-\eta t\Delta}$$

注意，若 η 接近 0，且 m 是均衡路径，则只要 ε 足够小，所有类型为 $v\geqslant\frac{1}{2}+\varepsilon$ 的买者就都在 0 时购买（因为 $v-\frac{1}{2}=\sup_{\tau}\mathrm{e}^{-r\tau}(v-\frac{1}{2}\mathrm{e}^{-\eta\tau})$）。因此，卖者几乎得到了垄断利润（正如我们在第 7 章指出的，卖者所得不可能比垄断利润还多，因为均衡必须考虑到买者的激励相容和个人理性约束）。

考虑如下策略：“卖者定价 $m^{t}=\frac{1}{2}\mathrm{e}^{-\eta t\Delta}$；$v$ 类型的买者选择 t 使得 $\mathrm{e}^{-rt\Delta}(v-\frac{1}{2}\mathrm{e}^{-\eta t\Delta})$ 最大化。如果卖者偏离上述路径，均衡立刻转到 10.2.3 小节中的科斯均衡。”考虑到卖者的行为，买者的行为无疑是最优的。卖者可能偏离均衡路径吗？显然在 0 时刻不会；但是如果假设 η 非常小（因为我们想确保评价高于$\frac{1}{2}$的买者在 0 时刻购买），那么可能出现销售将过于缓慢以至于卖者想转到科斯路径上去。在这种情形下，高定价路径是不可置信的，买者也不会购买，因为他们期望定价转到科斯路径上去。为保障这样的情况不会发生，我们固定小 η，令 Δ 取 0，然后说明卖者绝对不想偏离上述指数路径。

注意到沿着均衡路径的截断评价 κ^{t+1} 是这样确定的，它使得买者在今天购买和明天购买的选择无差异：

$$\kappa^{t+1}-\frac{1}{2}\mathrm{e}^{-\eta t\Delta}=\mathrm{e}^{-r\Delta}(\kappa^{t+1}-\frac{1}{2}\mathrm{e}^{-\eta(t+1)\Delta}) \tag{10.12}$$

因此，若 Δ 很小：

$$\kappa^t - \kappa^{t+1} \approx \frac{\eta(r+\eta)}{2r} e^{-\eta\Delta} \Delta \tag{10.13}$$

也就是说，每单位时间的销售随着实时（$t\Delta$）以频率 η 呈指数下降，而且 κ^t 和 $e^{-\eta(t\Delta)}$ 近似成比例。价格和销量的乘积在其余时间上进行积分，就可以看出从时刻 t 开始的期望利润 $U_s^*(\kappa^t)$ 近似是 $v(\Delta)(\kappa^t)^2$，其中 $\lim_{\Delta\to 0} v(\Delta)=v>0$。因此，对充分小的 Δ，$U_s^*(\kappa^t)>U_s^C(\kappa^t)$，所以向科斯路径偏离对卖者没有好处。

显然，利润低于垄断利润也可以同理解释。

备注 这个均衡和无限重复博弈中由无名氏定理导出的均衡有同样的特征（见第 5 章）：参与人受到的威胁是如果他偏离，那么转向的均衡就对他不利。那么我们也就不会奇怪为什么在有限“实时”的期限下，即使不要求假设 S，科斯猜想也对更短的时间段成立。

10.2.7 有缺口对无缺口以及一次销售模型的推广[†††]

在详细地检视了均衡集合之后，我们现在要回过头来讨论建模的要点。

10.2.4 和 10.2.5 小节讨论了有缺口和无缺口情形的不同之处。在有缺口情形中，谈判在有限次出价后停止；在无缺口情形中，谈判能永远持续下去。正如我们在 10.2.2 小节中暗示的那样，很多情形下有限次的谈判似乎更顺理成章。如果卖者有“外部选择权”——一个卖给局外买者的机会——那么当他对目前买者的交易愿望感到非常失望时，他就将使用这项权利。虽然对有缺口情形来说这也许值得讨论，假定所有潜在类型的买者都能从贸易中获益却显得不太自然。一个更为细致的模型是设 $v<c$ 可能发生的概率为正，即贸易中的收益为负，相对应地，由买者决策是否进行谈判。[①]

当一次销售模型被解释为代表一个耐用品垄断者在销售时，就可以假设所有垄断者的潜在消费者在第一期就存在并且能够购买。索贝尔

① 这类模型的最简单版本是设所有买者都有相同的进入谈判的成本，且为正数，进入一个原本关闭的市场；卖者的出价永远不会低于参加谈判的买者的最低评价，所以评价最低的买者从谈判中得到的收益为负，并且存在均衡，其中没有哪个类型的买者要支付进入费用。[见 Fudenberg and Tirole (1983)，Perry (1986)，Cramton (1990)。] 为了避免市场关闭，一个好的内生谈判进入模型一定更为复杂；另一种可能性是将买者的进入成本作为私人信息，且其成本以正概率为负。我们的兴趣在于了解这个模型揭示了什么。

（Sobel，1990）推广了模型，以便引入一个正则的新消费者流。由于有新消费者流入，在固定消费者存量的均衡中消费者类型的分布才不会持续的恶化下去。索贝尔的模型是 10.2.5 小节中两类型模型的一般化。在每一期 $t=0, 1, \cdots$，新的买者进入市场；其中比例为 $\bar{p}$ 的人评价是 $\bar{v}$，比例为 $\underline{p}$ 的人评价是 $\underline{v}$。（每种类型的“小”消费者是一个连续统，且整个系统是决定论的模型——如果评价高的买者以$\frac{1}{3}$的概率接受使用混合策略，那么恰有$\frac{1}{3}$的人将接受出价而余者拒绝。）每一期消费者的流入都是相同的。先进入但还没有购买过的买者仍会留在市场内。

因为新的消费者流入阻止了类型分布集中于 $\underline{v}$，我们通过逆向递归在定理 10.1 的有缺口情形中证实均衡唯一性，但现在逆向递归法就不再适用。实际上，这个模型中存在多重均衡；其实任何取值介于 $\underline{v}$ 和垄断利润之间的收益都可以成为完美贝叶斯均衡的收益。

这就导致索贝尔考虑平稳策略的限制条件，就像古尔等（Gul et al.，1986）所建议的那样。系统状态包括目前在市场中的具有低评价和高评价买者各自的人数，买者的平稳策略依赖于这个数目，就像它依赖于当前价格和买者的评价一样。①

索贝尔说明了存在采用平稳策略的均衡，而且刻画了部分特征。如果每一期的长度趋于 0，采用平稳策略的卖者就不可能以明显高于 $\underline{v}$ 的价格卖出商品。而且，在平稳的均衡中价格一定是循环的：只要卖者要价高于 $\underline{v}$，低评价买者在市场中的绝对数量和相对比例就会增加。在某些情况下，“贱卖”对卖者有利，即要价 $\underline{v}$（在那种情况下，在其后各期只有新的买者进入）。这样价格路径就是将 10.2.5 小节中得到的价格复制无穷次。每个循环中价格依公式 $m=\bar{v}-\delta^n(\bar{v}-\underline{v})$ 下降，n 是下次销售前的时期数。索贝尔说明存在独立于贴现因子的上界 n^* 使得下次销售必定在 n^* 个时期以内进行，所以当贴现因子趋于 1 时（即时间间隔缩小至 0）下次销售总是“很快”实现，且价格正如科斯猜想所述的

① 与原来模型中的连续统情形相比，那时当期价格就决定了下一个截断评价，从而当期的截断评价与之无关。

收敛于$\underline{v}$。①

到目前为止我们讨论的一次销售模型的变型都假定卖者没有私人信息。这也许说明了科斯猜想的惊人威力，显示出买者（拥有私人信息）在贴现因子接近1时完全占据了议价的主动，至少对平稳策略是这样的。不过这个结论似乎有不切实际之处，因此学者们进而研究了卖者拥有私人信息的模型。

引入私人信息的一种途径是假定买者不知道卖者的成本，或者更一般地，卖者在给定价格下的卖出意愿。像第8、9两章的模型那样，卖者可能有激励通过要一个高价树立成本高或者“强硬”的名声，就像买者有激励拒绝出价以树立一个低评价的名声一样。因为科斯猜想意味着议价至少近似地有效率而双边的不完全信息议价则趋向于无效率（见7.4.4小节），所以我们不期望科斯猜想在这里应该成立。我们将在10.4节中更多地讨论这种情形。

另一种途径是允许关于商品质量的信息只为卖者私人所有，就像埃文斯（Evans，1989）和文森特（Vincent，1989）所述。如果卖者的生产成本随着质量上升而提高，或者商品已经生产出来，卖者能通过拥有商品获得一个效用流，在给定价格下卖者卖出的意愿随着质量上升而下降，这些都将和阿克洛夫（Akerlof，1970）的模型一样得到无效率的结果。

10.3 跨期价格歧视：租赁或重复销售模型†††

现在考虑卖者希望出租一项服务或一件商品给买者。买者可以自由地决定今天如何租赁，但不能预先决定明天怎么租赁，所以博弈并不是在买者首次接受出价后就结束了。在这个模型中，设v和c为流量更为方便，即设v和c为每一期的评价和成本。我们考虑租赁模型的两种变

① 还存在其他有意义的均衡。邦德和萨缪尔森（Bond and Samuelson，1984，1987）设商品会贬值。因此买者不久就回到原卖者那里。在平稳性假设下存在着科斯猜想的某种形式，但是垄断利润还可以保留在非稳定的完美贝叶斯博弈中。因此，结论就和索贝尔（Sobel，1990）及10.2.5小节、10.2.6小节中的结论有异曲同工之妙。

有些学者也研究了耐用品垄断者在每一期具有下降的回报（Kahn，1986）或者在干中学（Olsen，1988）的情况。如果回报下降，科斯猜想就不成立（回报下降的一个极端情形是每一期有一个生产能力约束，它相当于商品不能“充斥市场”的承诺）。如果有“干中学”，科斯猜想只是部分成立。

型。在短期合同变型中，卖者只能提出当期的租金额，而不能规划未来的租赁价格。另一种变型假定卖者能提出长期合同，但是卖者并不能承诺将来不设法对这些合同进行重新谈判。

在处理这两个变型之前，要注意到很有意思的一点变化。在销售模型中，单一买者和买者连续统的正规化是一致的，但是在租赁模型中它们却明显不同。在租赁模型中，匿名的买者连续统（即卖者不能区分买者）不利用他们的信息来确定策略，所以博弈的结果通常是卖方垄断的结果。恰恰相反的是，我们将会看到有可行评价连续统的单一买者热衷于防止关于他的评价的知识泄露出去。我们在本节中将沿用单一买者的解释。

10.3.1　短期合同

假定卖者只能提出当期的价格。也就是说，在时刻 $t=0, 1, \cdots, T$，卖者提出一个租赁价格 r^t。评价为 v 的买者如果接受出价，则在时期 t 获得效用 $v-r^t$，否则效用为 0，现在 v 是一个流量效用。在时刻 t，博弈的历史由以前的出价序列和它们是否被接受构成。时刻 t 的价格与决定是否接受都依赖于当时的历史（且接受的决定也依赖于当前的价格）。我们再次将生产成本标准化为 0。[①]

如果 T 很大，这个博弈中卖者就几乎得不到什么利润。

定理 10.4（无价格歧视）　假定买者可能有 n 种评价 $0<v_1=\underline{v}<v_2<\cdots<v_n=\bar{v}$。且假设 $\delta>\frac{1}{2}$ 和 $T<+\infty$。

- 令 $n=2$。存在 T_0 和 T_1，使得对任意 $T\geqslant T_0$ 和租赁博弈的任意完美贝叶斯均衡，卖者对所有的 $t=0, 1, \cdots, T-T_1$ 要价 $r^t=\underline{v}$ (Hart and Tirole，1988)。
- 令 $n\geqslant 2$。存在 T_0 和 T_1 使得对任意 $T\geqslant T_0$ 和租赁博弈的任意马尔可夫完美贝叶斯均衡[②]，卖者对所有的 $t=0, 1, \cdots, T-T_1$ 要价 $r^t=\underline{v}$（Schmidt，1990）。

---

① 对于正成本，就必须把可变的或称流量的成本和一次成本区分清楚。下面的分析马上将推广到流量成本。对一次成本，第一期的实际租赁之后的均衡是以下描述的均衡，但是我们的分析必须扩展到包含第一次租赁之前的博弈。

② 施米特（Schmidt，1990）使用了由马斯金和梯若尔（Maskin and Tirole，1989）定义的马尔可夫完美贝叶斯均衡（MPBE）的概念：一个 MPBE 是一个近似强的 MPBE 序列的极限，其中局中人的策略依赖于他们的私人信息和公共信念。强 MPBE 并不总是存在，但是总有 MPBE。例如，10.2.2 小节中的唯一均衡就不是强马尔可夫的。

定理 10.4 说明当期限很长时，卖者除了最后一期，在各期中都要低价 $\underline{v}$。结果是随着 T 无限增大，他的预期利润的现值收敛于 $\underline{v}/(1-\delta)$。在卖者不能实施价格歧视和获利几乎等于最低的评价（平均到每期）这一点上，定理 10.4 和科斯猜想是类似的。它与科斯猜想的区别在于这个结果对任意$\delta>\frac{1}{2}$都成立。而科斯猜想要求 δ 接近 1。要得到这样强的结论还要求有一个固定的有限期限。实际上，如果期限无限长，租赁模型可以给出相对于上一节考虑过的销售模型稍弱的结论。例如，对只有一种评价的买者，这就是一个标准的重复博弈，那么就可以得到无名氏定理。

我们也要对有两种以上潜在评价的马尔可夫假设有所评论。证明中有一步是卖者不实施价格歧视，这说明卖者对任何 t 都从不出价 $r^t<\underline{v}$，因为这个出价被 $r^t=\underline{v}$ 占优。证明这条性质的困难之处在于事实上可能存在从 $t+1$ 期起的后继均衡，其中卖者得到不同的后继收益。因为后继均衡（对应于相同的后验信念）不同，可能出现卖者要价 $r^t<\underline{v}$，而非 $r^t=\underline{v}$ 的情形。现在，对 $n=2$，我们能够说明给定后验信念，卖者的（完美贝叶斯均衡）后继收益是唯一的，因此上述担心就不会出现。另一方面，对任何 n，马尔可夫假设保证卖者的后继评价无论对 $r^t<\underline{v}$ 或者 $r^t=\underline{v}$ 都相同，以便他严格偏好$r^t=\underline{v}$。不过我们不知道一般而言马尔可夫假设是否是必需的。

为了能从直观上对结论有所认识，让我们考虑一个无限期的两类型情形具有下列策略及信念："在任何 t，若买者有高评价的后验概率 $\bar{\mu}^t<1$，则卖者出价 $r^t=\underline{v}$，若 $\bar{\mu}^t=1$，则 $r^t=\bar{v}$；当 $\bar{\mu}^t<1$ 时，无论买者是何种类型，他都接受所有低于或等于 $\underline{v}$ 的出价，拒绝其他出价；当 $\bar{\mu}^t=1$ 时，$\bar{v}$ 类型的买者接受 $r^t\leqslant\bar{v}$ 而拒绝更高的出价，$\underline{v}$ 类型的买者接受 $r^t\leqslant\underline{v}$ 而拒绝更高的出价。最后，如果 $\bar{\mu}^t=1$，那么 $\bar{\mu}^{t+1}=1$；如果 $\bar{\mu}^t<1$ 和 $r^t\leqslant\underline{v}$，那么 $\bar{\mu}^{t+1}=\bar{\mu}^t$；如果 $r^t>\underline{v}$，那么当 r^t 被接受时，$\bar{\mu}^{t+1}=1$，当 r^t 被拒绝时，$\bar{\mu}^{t+1}=\bar{\mu}^t$。"总之，无论是哪种类型，买者总是拒绝任何高于 $\underline{v}$ 的出价，如果他接受那种出价，就可以认定他是一个高评价的买者。卖者总是要价 $\underline{v}$。容易看出这些策略构成一个无限期博弈中的完美贝叶斯均衡：如果 $\bar{v}$ 类型的买者接受高于 $\underline{v}$ 的出价，他得到的当期收益至多等于 $\bar{v}-\underline{v}$。不过，卖者知道了买者的类型就永远要价 $\bar{v}$。相反地，如果 $\bar{v}$ 类型的买者拒绝出价，他将能永远继续以价格 $\underline{v}$ 买入。

因此，如果：

$$\overline{v}-\underline{v}<(\delta+\delta^2+\cdots)(\overline{v}-\underline{v})\Leftrightarrow\delta>\frac{1}{2}$$

$\overline{v}$ 类型的买者就更喜欢拒绝高于 $\underline{v}$ 的出价。如果知道这一点，卖者就绝不会出价高于 $\underline{v}$。

$T<\infty$时的唯一均衡和上述无限期均衡比较接近。[1] 如果高评价的买者在今天接受出价，那么他的收益至多是 $\overline{v}-\underline{v}$；如果拒绝且期限足够长，就意味着他可能的收益接近 $[\delta/(1-\delta)](\overline{v}-\underline{v})$。直到博弈的最后一期，卖者都不曾试图进行价格歧视（要价高于 $\underline{v}$）。

哈特和梯若尔的证明方法与施米特截然不同。哈特和梯若尔使用了对信念的前向归纳推理，这和 10.2.5 小节十分类似。施米特的证明方法则类似于弗登博格和莱维（Fudenberg and Levine，1989）在关于一个长期参与人面对一系列短期参与人产生的名誉问题的论文中所使用的方法（见定理 9.1）。[2] 他首先说明对出价 $r^t>\underline{v}$ 存在一个严格正的最小接受概率，这个值处于均衡路径上。然后说明，因为类型为 $v>\underline{v}$ 的买者能够树立自己是 $\underline{v}$ 类型的声誉，如果揭示他们的本来类型成本高昂，他们是会这样做的。

备注　因为卖者是长期参与者，如果先验分布使得这件事可能的话，他也许有激励维持自己的声誉。例如，如果卖者的成本是他的私人信息，他可以通过要高价来设法维持他的成本高的声誉。这样，如果期限很长但是比较有限，那么关于均衡之极限的结论就对引入一个卖者成本高的小概率敏感。我们感兴趣的一个问题是高成本的小概率相对于买者 $\underline{v}$ 类型的概率来说是否微不足道，使得均衡的博弈结果接近卖者成本已知的情形。就我们所知的极限，这个问题还没有解决。

10.3.2　长期合同和重新谈判

现在我们假定卖者能向买者提出长期租赁协议，但买者不能承诺将

---

① 无限期博弈中还存在许多其他的均衡，比如“威胁”回到这个均衡，就能用于支持卖者利润更高的价格路径。

② 弗登博格和莱维的“斯塔克伯格类型”，即希望卖者能确定他类型的买者，类型为 $\underline{v}$。注意有两个原因使得定理 9.1 不能适用。第一，租赁模型有两个长期参与人，而不是一个长期参与人面对一系列短期参与人。第二，定理 9.1 涵盖了无限期和有限期博弈，但只在贴现因子的极限 $\delta\to 1$ 时成立。时间跨度长但是有限的假设允许使用逆向递归法得到对任何 $\delta>\frac{1}{2}$ 都成立的强的结论。

来不重新谈判合同；也就是说，尽管如果某一方希望长期合同被实施，长期合同就被实施，双方还是能协商用一个新合同代替旧合同，如果他们都从更改合同中获益的话。[①] 像以前一样，我们假定卖者能提出任何建议，包括重新谈判现有合同的建议。我们也集中注意力关心一种情形，其中可能有两种类型的买者，$\underline{v}$ 和 $\bar{v}$。在时刻 t 能被签署的合同的空间非常大：一个在时刻 t 被签署的长期合同指定了买者从 t 时刻到 T 时刻消费 $\{x^{t+\tau}\}_{\tau=0}^{T-t}$ 的概率和从买者到卖者的转移收益 $\{r^{t+\tau}\}_{\tau=0}^{T-t}$。$x^{t+\tau}$ 和 $r^{t+\tau}$ 的值依赖于从一开始直到 $t+\tau$ 每个时刻买者传递的信息。[②] 注意 10.3.1 小节的短期合同相当于这样的长期合同，当 $\tau>0$ 时

$$x^{t+\tau}=r^{t+\tau}=0$$

尽管可行长期合同的空间非常大，只有一种长期合同能真正用于均衡：时刻 t 签订的长期租赁合同，其中卖者承诺从 t 时刻到 T 时刻都进行供给。（这类合同被称为“销售合同”，即便商品是出租的。）因此，消费模式就像消费耐用品那样。另一种描述结论的方式如下：如果可行的长期合同只能是销售合同，均衡就是 10.2 节所述的销售模型的均衡之一，且引入其他合同不影响均衡配置（消费和效用的时间模式）。

定理 10.5（Hart and Tirole，1988） 假定买者的评价是 $\bar{v}$ 或 $\underline{v}$，那么租赁模型（可能重新谈判）长期合同的结果就和耐用品模型中的相应结果一致。

为了能从直观上对这个结论有所认识[③]，回顾机制设计中的效率和租金榨取之间的根本矛盾有助于我们思考（见 7.3 节和 7.1.1 小节中的价格歧视例子）。令 $\underline{x}^t$ 和 $\bar{x}^t$ 分别代表在时刻 t 类型为 $\underline{v}$ 和 $\bar{v}$ 的买者消费的概率，令 $\underline{X}\equiv \mathrm{E}(\sum_{t=0}^{T}\delta^t\underline{x}^t)$ 和 $\bar{X}\equiv \mathrm{E}(\sum_{t=0}^{T}\delta^t\bar{x}^t)$ 分别为两种类型买者的贴现后的期望消费，其中 $0\leqslant\underline{X}$ 且 $\bar{X}\leqslant 1+\delta+\cdots+\delta^T$。社会总剩余是 $\underline{p}\underline{X}\underline{v}+\bar{p}\bar{X}\bar{v}$。如令 $\underline{U}_{\mathrm{b}}$ 和 $\bar{U}_{\mathrm{b}}$ 为两种类型买者的期望效用，U_{s} 是卖者的期望利润，那么社会剩余就等于买者剩余加上卖者剩余：

$$U_{\mathrm{s}}=\underline{p}(\underline{X}\underline{v}-\underline{U}_{\mathrm{b}})+\bar{p}(\bar{X}\bar{v}-\bar{U}_{\mathrm{b}})$$

---

① 等价地，他们也可以保留旧合同，不过要用另外一个合同消除其影响。

② 对这个模型来说，这是一个显示法则的适当形式。标准的显示原理是买者在签订合同时诚实地向卖者声明他的类型，但因为有可能重新谈判，它在这里并不成立。

③ 拉丰和梯若尔（Laffont and Tirole，1990）把这个结果推广到在两阶段情形中的每一期都存在连续的消费。

但是，在任何机制或博弈中，$\overline{v}$ 类型的买者总可以假装自己是 $\underline{v}$ 类型的买者：

$$\overline{U}_{\mathrm{b}} \geqslant \underline{X}(\overline{v}-\underline{v})+\underline{U}_{\mathrm{b}}$$

因此，

$$U_{\mathrm{s}} \leqslant \underline{U}_{\mathrm{b}}+\overline{p}\overline{X}\overline{v}+\underline{X}(\underline{v}-\overline{p}\overline{v})$$

如果卖者在时刻 0 承诺一个配置，无疑他会选择 $\underline{U}_{\mathrm{b}}=0$，$\overline{X}=1+\delta+\cdots+\delta^{T}$（对 $\overline{v}$ 类型的买者是有效消费），如果 $\underline{v}<\overline{p}\overline{v} \Leftrightarrow \underline{v}/\overline{v} \equiv \alpha<\overline{p}$，则 $\underline{X}=0$，或者如果 $\alpha>\overline{p}$，则 $\underline{X}=1+\delta+\cdots+\delta^{T}$。也就是说，卖者或者在时刻 0 “销售”或者“从不销售”。

假设卖者希望实施价格歧视，即 $\overline{p}>\alpha$。（如果 $\alpha \geqslant \overline{p}$，卖者能在时刻 0 提出这样的销售合同：在所有时期 t 价格都为 $r^{t}=\underline{v}$，来确保自己获得垄断利润。对具有一般分布的最一般的博弈来说，有意思的情形是其中利润最大化和效率相矛盾。）假定卖者设法通过在时期 0 提出两个长期合同（对所有 t，$x^{t}=1$ 和 $r^{t}=\overline{v}$）和（对所有 t，$x^{t}=0$ 和 $r^{t}=0$），以及声称不在将来提出其他合同，获得垄断利润。当在均衡中 $\overline{v}$ 类型的买者选择了第一个合同而 $\underline{v}$ 类型的买者选择了第二个合同时（正如买者希望他们做的），如果买者在时期 0 选择了第二个合同，那么他是 $\underline{v}$ 类型的，因此在时期 1，卖者就将出价（对所有 $t \geqslant 1$，$x^{t}=1$ 和 $r^{t}=\underline{v}$）。如果他预料到这一点，$\overline{v}$ 类型的买者将不会采纳第一个合同。

像静态机制设计那样，受限的激励约束致使高评价的买者暴露他的类型。当他显示自己的类型后，他必须在所有以后各期概率为 1 时进行消费，因为只有有效率的合同才是在对称信息下抗重新谈判的。这暗示了每一期都会提出一个销售合同（如果合同被接受，则博弈结束，因为有效率的合同总是抗重新谈判的）。现在考虑在时刻 t 类型为 $\underline{v}$ 的买者所选择的合同（可以说明该合同是唯一的）。或者它是有效率的，那么博弈结束，或者它是无效率的，由于卖者偏好榨取租金，那么在效率和租金榨取之间的取舍关系呈线性就意味着 $\underline{x}^{t}=0$。也就是说，买者至少可以多等一期再提出 $\underline{v}$ 类型的买者可接受的合同。在均衡中，卖者只在每一期提出一个合同——一个销售合同，$\overline{v}$ 类型的买者随机地接受或拒绝它，直到卖者提出一个在每一期价格都为 $\underline{v}$ 的销售合同。我们现在还不知道多于两个类型的抗重新谈判合同的本质。

10.4 知情者出价[†††]

在10.2节和10.3节中我们通过加入强假设：只有一方有私人信息和另一方有全部的议价能力，得到了一套连贯一致的结论。因为几乎不知道扩展式博弈实际上是什么样子，我们必须考虑轮流议价过程。此外，还可能是双方都拥有私人信息。在这两个方向上修改模型都会引入多重均衡。例如，即便在一个两期模型中，如果知情的一方在第一期出价（而不知情的一方在第二期出价）或者双方都有私人信息，那么可能存在混同的、分离的和杂交的均衡连续统。① 不必说，这一特征在任何期限的上述博弈中都存在。出现非常多的均衡的原因和斯宾塞信号博弈中的原因是一样的。这里一个偏离均衡路径的出价也许能被另一方解释为源于“弱势类型”（高评价买者，低成本卖者）渴望达成一个协议和在将来迅速让步；反过来，另一方的这种信念使得提议的一方对这些出价也不感兴趣，因为它们不太可能被接受而且会将使另一方摆出一副强硬姿态。

关于知情者出价的议价的文献不计其数，但受本章讨论范围所限，我们不准备全面地综述这一主题。该主题可以沿着几条线索展开：总是同一个参与人出价（例如，销售模型和租赁模型）或者使用另一种议价过程（典型地，轮流出价模型）；是对某一方还是对双方存在非对称信息；论文是试图刻画均衡集还是经过精炼以缩小均衡的范围。我们从单边出价、双边非对称信息模型开始揭示某些新的特征，它们是前面各节所没有的。然后，我们转而讨论轮流出价、单边非对称信息的模型。最后，我们给出使用了机制设计方法来刻画议价过程的均衡而得到的一些结论。

10.4.1 单边出价和双边非对称信息模型

考虑10.2节中的耐用品模型，但是令卖者的成本 $c\in[\underline{c}, \bar{c}]$ 是他自己的私人信息。像从前一样买者的评价 $v\in[\underline{v}, \bar{v}]$ 是买者的私人信息。假设无限期和总是卖者出价，记为 $\{m^t\}_{t=0}^{\infty}$。

这个模型中存在许多完美贝叶斯均衡。假设类型的分布是连续的，

① 见 Fudenberg and Tirole (1983)。

且 $\underline{v}<\bar{c}$。克拉姆顿（Cramton，1984）构造了一个双重统一情形的均衡，其中卖者只有将他的成本显示出来后才能卖出，而且当接连出价的时间间隔 Δ 收敛于 0 时，最初的出价收敛于他的成本。这样，科斯猜想的第一部分（卖者的利润收敛于 0）就得到满足。崔（Cho，1990）得到了一个均衡，其中这个性质只适用于 $\underline{c}$ 类型的卖者，他在第一期就暴露了自己的类型且出价随着 $\Delta \to 0$，趋于 $\underline{c}$。买者拒绝远远高于 $\underline{c}$ 的出价，所有成本远高于 $\underline{c}$ 的卖者不太可能售出商品，且当 $\Delta \to 0$ 时，销售的概率也降为 0！这个结论好像不太一般，但是崔说明了它在所有如下的完美贝叶斯均衡中都得到满足：如果其中的策略满足某种形式的平稳性以及卖者在任何一期的出价都成为他的类型的完美显示信号，无论这个出价是否位于均衡路径上。[①]

不过还是可以构造均衡，其中如果 Δ 接近 0，卖者能近似得到符合其成本的垄断利润（Ausubel and Deneckere，1990a）。这个思想无疑来源于定理 10.3：如果发现卖者偏离了获得其垄断利润的路径，那么我们就认为他的类型是 $\underline{c}$，且后续路径是当买者知道 $c=\underline{c}$ 时的科斯猜想路径。

奥斯贝尔和丹尼克（Ausubel and Deneckere，1990a）给出了单边出价、双边非对称信息模型的两个性质。首先，他们说明了 c 类型的卖者和类型为 $v<c$ 的买者从不交易。这个直观的性质可以这样得到：如果 c 类型的卖者出价 m^t 以正概率被类型为 $v<c$ 的买者接受（因此 m^t 不高于 c），卖者会因这个出价遭受损失。再者，只有类型低于 v 的买者会在 $t+1$ 期后继续交易（从连续去脂引理 10.1 可知）。因为买者从不接受高于其评价的出价，c 类型的卖者从 $t+1$ 期开始也就无法盈利；因此他从 t 期开始就严格地遭受损失，那么他出价高于 $\bar{v}$ 就对自己更有利（尽管这将被拒绝）。其次，更重要的是奥斯贝尔和丹尼克说明了如果分布的支撑相同（$\underline{c}=\underline{v}$，$\bar{c}=\bar{v}$），又如果科斯猜想对 $\underline{c}$ 类型的卖者成立（即当 $\Delta \to 0$ 时，他的初始出价收敛于 $\underline{c}$），那么"贴现交易"的期望值就随着 $\Delta \to 0$ 收敛到 0。[②] 更准确地说，固定一个均衡，令 $x(c, v)$ 为指标函数的期望贴现值，它在交易发生时取值 1。那么 $x(c, v)$ 在 c 和 v

---

① 更准确地说，t 期出价 m^t 暴露了卖者的类型是 $c^{-1}(m^t)$，即使卖者以前被揭示出是另一种类型。

② 更一般地，如果 $\underline{c}<\underline{v}$，那么事前的交易期望概率有上界，即不超过 $c\leqslant\underline{v}$ 时的概率。（$\underline{c}>\underline{v}$ 时的概率就等于 $\underline{c}=\underline{v}$ 时的概率。）

上的数学期望——事前的期望贴现交易——趋于 0。这个结论直观上很明显。令$X(c)$ 代表 c 类型的卖者的期望贴现交易 $c[X(c)=\mathrm{E}_v(x(c,v))]$，令$U_s(c)$ 代表均衡时 c 类型的卖者的期望效用。因为类型 $c-\mathrm{d}c$ 总可以模拟类型 c，$\mathrm{d}U_s/\mathrm{d}c=-X(c)$（见第 7 章）。因此，对所有 c

$$U_s(\underline{c}) = U_s(c) + \int_{\underline{c}}^{c} X(\gamma)\mathrm{d}\gamma$$

现在，如果科斯猜想对 $\underline{c}$ 类型的卖者成立，且对所有 c，$U_s(\underline{c})\to 0$ 和 $U_s(c)\geqslant 0$，那么对所有的 c，有 $X(c)\to 0$。由此可知，科斯猜想和均衡中交易的存在性之间有内在的矛盾。[①]

10.4.2 轮流出价和单边非对称信息

奥斯贝尔和丹尼克（Ausubel and Deneckere，1989b），凯特吉和萨缪尔森（Chatterjee and Samuelson，1987），格罗斯曼和佩里（Grossman and Perry，1986a），古尔和索南夏因（Gul and Sonnenschein，1988），以及鲁宾斯坦恩（Rubinstein，1985）研究了单边非对称信息的轮流出价模型，由于众所周知的原因，它有多个均衡。这个模型其实就是鲁宾斯坦恩和斯塔尔（见第 4 章）的模型再加上一方（比如，买者）有私人信息的条件。

这个博弈的均衡集是什么？在时间间隔 $\Delta\to 0$ 的情形下最容易得到回答。（如果$\Delta=+\infty$，即 $\delta=0$，第一个参与人就出价得到他的垄断利润。）正如上面所言，一个议价博弈的完美贝叶斯均衡引出了买者评价 v 的两个函数：$M(\cdot)$ 和 $X(\cdot)$。首先，

$$X(v) = \mathrm{E}\Big(\sum_{t=0}^{\infty}\delta^t x^t(h^t,m^t,v)\Big)$$

是这个均衡中 v 类型买者的期望贴现交易［其中 $x^t(h^t,m^t,v)$ 是时刻 t 发生交易的概率，且对所有 t，$0\leqslant x^t(h^t,m^t,v)\leqslant 1$ 意味着 $0\leqslant X(v)\leqslant 1$］。

$$M(v) = \mathrm{E}\Big(\sum_{t=0}^{\infty}\delta^t m^t x^t(h^t,m^t,v)\Big)$$

是从买者到卖者的期望贴现转移收益。由第 7 章中的含义，可将$\{M(\cdot),X(\cdot)\}$ 视为某种机制。

机制 $\{M(\cdot),X(\cdot)\}$ 是可行的，如果它满足：

---

① 这样，在克拉姆顿和崔的均衡中，所有的交易都远远地推迟到将来。

对所有 v，$0 \leqslant X(v) \leqslant 1$

$(\mathrm{IR_B})$　对所有 v，$X(v)v - M(v) \geqslant 0$

$(\mathrm{IR_S})$　$\mathrm{E}_v M(v) \geqslant 0$

(IC)　对所有$(v,\hat{v})$，$X(v)v - M(v) \geqslant X(\hat{v})v - M(\hat{v})$

也就是说，可行的机制是个人理性和激励相容的。注意到我们坚持将卖者的成本标准化为 0 不变。

在有着相同贴现因子的轮流出价议价博弈（或者更一般地，任何序贯议价博弈）中，任何完美贝叶斯均衡都将引出可行机制。首先，它要满足个人理性，因为每一方如果预见到议价的收益为负，那么他就不会议价。其次，任何 v 类型的买者总可以采用另一种类型 $\hat{v}$ 的策略，因此均衡必然满足条件 IC。

反过来，我们要问：什么时候一个可行机制是轮流出价博弈的一个完美贝叶斯均衡结果（或是近似结果）？从下面的定理中可以找到答案。

定理 10.6（Ausubel and Deneckere，1989b）　假设 $\underline{v}=0$。在单边非对称信息的轮流出价的议价博弈中，一个完美贝叶斯均衡可以实施某可行机制 $\{M(\cdot), X(\cdot)\}$（从下面这种意义上来说，对任何 $\varepsilon>0$ 存在 $\Delta_0>0$ 使得对任何 $\Delta \leqslant \Delta_0$ 存在一个完美贝叶斯均衡，其中卖者所得收益 U_s 和买者所得 $U_b(\cdot)$ 使 $|[X(v)v-M(v)]-U_b(v)|<\varepsilon$ 和 $|\mathrm{E}_v M(v)-U_s|<\varepsilon$)，当且仅当：

$$\bar{v}X(\bar{v}) - M(\bar{v}) \geqslant \bar{v}/2$$

换言之，只要当 Δ 接近 0 时，最高评价的买者至少获得当他有完全信息时能得到的同样收益，任何可行机制就是一个均衡的博弈结果（这近似是纳什议价的解 $\bar{v}/2$；见第 4 章）。这个必要条件从直观上可以解释成买者最坏的情况是被视为处于弱势，也就是类型 $\bar{v}$。即便此时，他仍能保证自己得到对称信息下的收益。

证明概要　让我们先说明在均衡时 $X(\bar{v})\bar{v}-M(\bar{v}) \geqslant \bar{v}/2$。[下面的推理来源于格罗斯曼和佩里（Grossman and Perry，1986a）。] 令 $\overline{m}$ 为卖者在任何历史后的任何均衡中得到的最高价格（它可以正概率被某类型的买者接受或提出）。比如假定对某均衡和历史，卖者出价 $m^t=\overline{m}$（或接近 $\overline{m}$，如果 $\overline{m}$ 是上确界，而非最大值），且至少有某种类型 v 的买者接受 $\overline{m}$。这个类型的买者从 t 时刻开始得到效用$v-\overline{m}$。但是他可以拒绝出价，然后在下一期向卖者出价 $m^{t+1}=\delta\overline{m}+\varepsilon$。卖者将在概率为 1 时接受 m^{t+1}，因为他在将来得到的不可能多于 $\overline{m}$。从而这一偏离给 v 类型的买者带来效用$\delta(v-\delta\overline{m}-\varepsilon)$。现在，如果$\overline{m}>\overline{v}/(1+\delta)$，那么，如果$\varepsilon$接近0

$$\begin{aligned} v-\overline{m}-\delta(v-\delta\overline{m}-\varepsilon) &= v(1-\delta)-\overline{m}(1-\delta^2)+\delta\varepsilon \\ &< (1-\delta)(\overline{v}-(1+\delta)\overline{m})+\delta\varepsilon \\ &< 0 \end{aligned}$$

从而，$\overline{m}\leqslant\overline{v}/(1+\delta)$。那么当轮到$v$类型的买者出价时，他总可以保证自己得到$v-(\overline{v}/(1+\delta))$。特别地，当$\delta$接近1时，$\overline{v}$类型的买者至少得到$\delta\overline{v}/(1+\delta)\simeq\overline{v}/2$。如果买者出价获得$\overline{m}$，同样的推理也适用。

第二，为了说明对于$\overline{v}$类型的买者来说任何效用不低于$\overline{v}/2$的可行结果都能发生，可以将定理10.3所述的卖者出价时间间隔为2Δ的卖者出价均衡“嵌入”时间间隔为Δ的轮流行动博弈中。思路是找到这样的均衡，其中当轮到买者出价时，他随意提出（负）价格。在这一时期里，信念保持不变。但是，如果买者将要偏离并提出一个正的价格，他就将被认为是$\overline{v}$类型的，那么将来的可行协议就只能是定价近似$\overline{v}/2$的“完全信息”的协议。卖者的这样一个乐观的信念使得买者不会严肃出价。当轮到卖者出价时，策略就如定理10.3的证明中所述。卖者沿一个指数增长路径出价，且如果他偏离了原均衡，他将转到科斯猜想满足的路径上去。 ■

有几位学者加入了一些额外的限制以缩小轮流出价的均衡集合的范围。在两类型情形中，鲁宾斯坦恩（Rubinstein，1985）找到了一些具有如下性质的均衡：

(i) 如果买者拒绝卖者的出价，而且如果他自己下一次的反出价被接受时所得的效用少于高评价类型的买者接受卖者出价所得的效用，但是多于低评价类型的买者接受卖者出价所得的效用，那么卖者以概率1认为买者具有低的评价。[①]

(ii) 如果反出价被接受时两种类型的买者得到的效用都增加，那么卖者对于买者有低评价的信念不会加强。

格罗斯曼和佩里（Grossman and Perry，1986a）通过将完美序贯均衡的概念引入轮流出价模型来限定均衡，这个概念是他们在1986b的论文中提出的。他们要求如果卖者接受非均衡出价m^t，他就会去找一个具有如下性质的评价集合：如果卖者相信买者类型属于这个集合，那么这个集合实际上就是那些不沿着均衡路径行事而能获利更大的买者的类

---

① 这个性质和第11章发展的前向归纳法意思相通，但是又有所不同。

型集合。古尔和索南夏因（Gul and Sonnenschein，1988）在假设G下，说明了科斯猜想在具有买者策略稳定性的一类纯策略均衡中成立，且均衡满足这样的单调性质：存在另外的高评价买者的可能性并不会使得低评价的买者降低他的接受价格，并且随意出价也就不会传递“卖者在当期不愿交易”之外的信息。[①②]

亚德梅蒂和佩里（Admati and Perry，1987）考虑了一个不同的轮流出价扩展式博弈，其中接到出价的参与人选择他多长时间以后提出反出价，要求服从这样的约束：两次出价的间隔要超过某一固定值（其间另一方不能再次出价）。[③] 这样，低评价的买者可以利用拖延将他的评价告诉卖者。亚德梅蒂和佩里使用了将在第 11 章研究的崔-克雷普斯和班克斯-索贝尔精炼的一个变型，还发现了在出价的最小间隔趋于 0 时，均衡的拖延不会消失。[④]

有少量关于双边非对称信息和轮流行动的议价的文献。Chatterjee and Samuelson（1987，1988），Cho（1990），以及 Cramton（1987）讨论了无限期的均衡；Fudenberg and Tirole（1983）讨论了两期情形。

10.4.3　机制设计和议价

克拉姆顿（Cramton，1985），威尔逊（Wilson，1987a，b）与奥斯贝尔和丹尼克（Ausubel and Deneckere，1989b；1990a，b）强调了机制设计和议价之间的联系。回顾第 7 章，迈尔森和萨特思韦特说明了如果卖者的成本 c 和买者的评价 v 分别在 $[\underline{c},\bar{c}]$ 和 $[\underline{v},\bar{v}]$ 上取连续分布。分别地，如果 $\underline{v}<\bar{c}$，那么不存在既满足激励和个人理性，又

---

① 即当且仅当策略组合决定了某出价被接受时（以概率 1，因为是纯策略），该买者的出价才能影响卖者的信念。

② 奥斯贝尔和丹尼克（Ausubel and Deneckere，1990c）说明，在类似的假设下（平稳性、单调性、纯策略和随意的出价不影响产生这种出价的类型集合的相关信念），买者从不提出严肃的价格。也就是说，所有的信息通过知情方对不知情方出价的被动反应暴露出来。奥斯贝尔和丹尼克指出这个结论提供了 10.2 节单边非完全信息模型的判别方法，该模型只允许不知情的一方出价。

③ 一方也可以推迟佩里和伦尼（Perry and Reny，1989）以及斯塔尔（Ståhl，1990）模型中的讨价还价过程。（不同于亚德梅蒂和佩里的模型，这些是完全信息模型。）

④ 克拉姆顿（Cramton，1987）将亚德梅蒂和佩里的模型推广到双边不确定情形。在他的均衡中，双方都推迟首次出价。最后，每个参与人都认识到从交易中无法获益，从而结束谈判，或者更有耐心的参与人提出一个显示价格，在这一点上均衡路径与单边不确定时的相同。

能从交易中获益的机制。这个结论意味着一般情况下议价博弈中的完美贝叶斯均衡是没有效率的。不过，有人要问它们是否是“受约束有效”的——换言之，它们的结果能否和这样的静态机制一致：即在服从激励相容和个人理性约束的条件下，最大化卖者和买者事前收益的凸组合？奥斯贝尔和丹尼克（Ausubel and Deneckere，1990b）提出了这个问题，并且部分地给出了答案。他们说明在给定 $\underline{c}=\underline{v}$ 和 $\bar{c}=\bar{v}$（共同支撑）这样的分布假设下，所有事前的（受限）有效率配置可以由两个无限期、频繁的单边出价议价博弈中的完美贝叶斯均衡得到（即总是卖者出价或总是买者出价，且 Δ 趋于 0）。[①] 当然如果这样的均衡存在的话，不能保证参与人在一个事前有效率的均衡上地位对等。但我们要知道，要求像显示原理所暗示的那样同时出价，也许对得到事前有效率的博弈结果来说并不必要。

参考文献

Admati，A. R.，and M. Perry. 1987. Strategic delay in bargaining. *Review of Economic Studies* 54：345 - 364.

Akerlof，G. 1970. The market for lemons：Qualitative uncertainty and the market mechanism. *Quarterly Journal of Economics* 84：488 - 500.

Ausubel，L.，and R. Deneckere. 1987. One is almost enough for monopoly. *Rand Journal of Economics* 18：255 - 274.

Ausubel，L.，and R. Deneckere. 1989a. Reputation in bargaining and durable goods monopoly. *Econometrica* 57：511 - 531.

Ausubel，L.，and R. Deneckere. 1989b. A direct mechanism characterization of sequential bargaining with one-sided incomplete informa-

① 一个机制指定了交易的贴现概率 $x(\cdot,\ \cdot)$ 和期望的贴现转移收益 $m(\cdot,\ \cdot)$。令 $X_s(c)=E_v x(c,v)$，$X_b(v)=E_c x(c,v)$，$M_s(c)=E_v m(c,v)$，$M_b(v)=E_c m(c,v)$。如果它满足个人理性和激励相容：

$$M_s(c)-cX_s(c)\geqslant 0\geqslant M_s(\hat{c})-cX_s(\hat{c}),\text{对所有}(c,\hat{c})$$

$$vX_b(v)-M_b(v)\geqslant 0\geqslant vX_b(\hat{v})-M_b(\hat{v}),\text{对所有}(v,\hat{v})$$

称一个机制是可行的。如果它属于可行机制集，且对某个 $\lambda\in[0,1]$ 最大化

$$\lambda E_c[M_s(c)-cX_s(c)]+(1-\lambda)E_v[vX_b(v)-M_b(v)]$$

则一个机制是事前有效率的。

tion. *Journal of Economic Theory* 48：18 - 46.

Ausubel，L.，and R. Deneckere. 1990a. Durable goods monopoly with incomplete information. Mimeo，Northwestern University.

Ausubel，L.，and R. Deneckere. 1990b. Efficient sequential bargaining. Mimeo，Northwestern University.

Ausubel，L.，and R. Deneckere. 1990c. Bargaining and the right to remain silent. Mimeo. Northwestern University.

Bebchuk，L. 1984. Litigation and settlement under imperfect information. *Rand Journal of Economics* 15：404 - 415.

Bond，E.，and L. Samuelson. 1984. Durable good monopolies with rational expectations and replacement sales. *Rand Journal of Economics* 15：336 - 345.

Bond，E.，and L. Samuelson. 1987. The Coase conjecture need not hold for durable good monopolies with depreciation. *Economics Letters* 24：93 - 97.

Bulow，J. 1982. Durable goods monopolists. *Journal of Political Economy* 90：314 - 322.

Chatterjee，K.，and L. Samuelson. 1987. Bargaining with two-sided incomplete information：An infinite horizon model with alternating offers. *Review of Economic Studies* 54：175 - 192.

Chatterjee，K.，and L. Samuelson. 1988. Bargaining under two-sided incomplete information：The unrestricted offers case. *Operations Research* 36：605 - 618.

Cho，I.-K. 1990. Uncertainty and delay in bargaining. *Review of Economic Studies* 57：575 - 596.

Cho，I.-K. 1990. Characterization of stationary equilibria in bargaining models with incomplete information. Mimeo，University of Chicago.

Coase，R. 1960. The problem of social cost. *Journal of Law and Economics* 3：1 - 44.

Coase，R. 1972. Durability and monopoly. *Journal of Law and Economics* 15：143 - 149.

Cramton，P. 1984. Bargaining with incomplete information：An infinite-horizon model with continuous uncertainty. *Review of Economic*

Studies 51：579 - 593.

Cramton，P. 1985. Sequential bargaining mechanisms. In *Game-Theoretic Models of Bargaining*，ed. A. Roth. Cambridge University Press.

Cramton，P. 1987. Strategic Delay in Bargaining with Two-Sided Uncertainty. *Review of Economic Studies*，forthcoming.

Cramton，P. 1990. Dynamic bargaining with transaction costs. Mimeo，Yale University.

Cramton，P.，and J. Tracy. 1990. Strikes and delays in wage bargaining：Theory and data. Mimeo，School of Management，Yale University.

Edgeworth，F. 1881. *Mathematical Psychics*：*An Essay on the Application of Mathematics to the Moral Sciences*. Harvard University Press.

Evans，R. 1989. Sequential bargaining with correlated values. *Review of Economic Studies* 56：499 - 510.

Fernandez-Arias，E.，and A. Kofman. 1989. Equilibrium characterization in finite-horizon games of reputation. Mimeo，University of California，Berkeley.

Fudenberg，D.，and D. Levine. 1989. Reputation and equilibrium selection in games with a patient player. *Econometrica* 57：759 - 778.

Fudenberg，D.，D. Levine，and P. Ruud. 1985. Strike activity and wage settlements. Mimeo，Massachusetts Institute of Technology.

Fudenberg，D.，D. Levine，and J. Tirole. 1985. Infinite-horizon models of bargaining with one-sided incomplete information. In *Game-Theoretic Models of Bargaining*，ed. A. Roth. Cambridge University Press.

Fudenberg，D.，D. Levine，and J. Tirole. 1987，Incomplete information bargaining with outside opportunities. *Quarterly Journal of Economics* 102：37 - 50.

Fudenberg，D.，and J. Tirole. 1983. Sequential bargaining with incomplete information. *Review of Economic Studies* 50：221 - 247.

Grossman，S.，and M. Perry. 1986a. Sequential bargaining under asymmetric information. *Journal of Economic Theory* 39：120 - 154.

Grossman，S.，and M. Perry. 1986b. Perfect sequential equilibrium. *Journal of Economic Theory* 39：97－119.

Gul，F. 1987. Noncooperative collusion in durable goods oligopoly. *Rand Journal of Economics* 18：248－254.

Gul，F.，and H. Sonnenschein. 1988. On delay in bargaining with one-sided uncertainty. *Econometrica* 56：601－611.

Gul，F.，H. Sonnenschein，and R. Wilson. 1986. Foundations of dynamic monopoly and the Coase conjecture. *Journal of Economic Theory* 39：155－190.

Hart，O. 1989. Bargaining and strikes. *Quarterly Journal of Economics* 104：25－44.

Hart，O.，and J. Tirole. 1988. Contract renegotiation and Coasian dynamics. *Review of Economic Studies* 55：509－540.

Kahn，C. 1986. The durable goods monopolist and consistency with increasing costs. *Econometrica* 54：275－294.

Kennan，J.，and R. Wilson. 1989. Bargaining with private information. *Journal of Economic Literature*，forthcoming.

Kennan，J.，and R. Wilson. 1990. Theories of bargaining delays. Mimeo，Stanford Graduate School of Business.

Laffont，J.-J.，and J. Tirole. 1990. Adverse selection and renegotiation in procurement. *Review of Economic Studies* 57：597－626.

Maskin，E.，and J. Tirole. 1989. Markov equilibrium. Mimeo，Harvard University and Massachusetts Institute of Technology.

Myerson，R.，and A. Satterthwaite. 1983，Efficient mechanisms for bilateral trading. *Journal of Economic Theory* 28：265－281.

Nalebuff，B. 1987. Credible pretrial negotiation. *Rand Journal of Economics* 18：198－210.

Nash，J. F. 1950. The bargaining problem. *Econometrica* 18：155－162.

Nash，J. F. 1953. Two-person cooperative games. *Econometrica* 21：128－140.

Olsen，T. 1988. Durable goods monopoly，learning by doing and the Coase conjecture. CEPR publication 141，Stanford University.

Ordover，J.，and A. Rubinstein. 1986. A sequential concession game with asymmetric information. *Quarterly Journal of Economics*

101：879－888.

Perry，M. 1986. An example of price formation in bilateral situations：A bargaining model with incomplete information. *Econometrica* 54：313－321.

Perry，M.，and P. Reny. 1989. Bargaining without procedures. Mimeo，University of Jerusalem.

Reinganum，J.，and L. Wilde. 1986. Settlement，litigation，and the allocation of litigation costs. *Rand Journal of Economics* 17：557－566.

Rubinstein，A. 1982. Perfect equilibrium in a bargaining model. *Econometrica* 50：97－109.

Rubinstein，A. 1985. A bargaining model with incomplete information about time preferences. *Econometrica* 53：1151－1172.

Schmidt，K. 1990. Commitment through incomplete information in a simple repeated bargaining model. Discussion paper A-303，Universität Bonn.

Sobel，J. 1990. Durable goods monopoly with entry of new consumers. Mimeo，University of California，San Diego.

Sobel，J.，and I. Takahashi. 1983. A multi-stage model of bargaining. *Review of Economic Studies* 50：411－426.

Spier，K. 1989. The resolution of disputes：Enforcement in multiperiod bargaining models with asymmetric information. *Review of Economic Studies*，forthcoming.

Spulber，D. 1989. Contingent damages and settlement damages. Working paper，University of Southern California.

Stahl，D. 1990. Choice of walkout capacity in bargaining. Mimeo.

Ståhl，I. 1972. *Bargaining Theory*. Economics Research Institute，Stockholm School of Economics.

Stokey，N. 1981. Rational expectations and durable goods pricing. *Bell Journal of Economics* 12：112－128.

Stokey，N.，and R. Lucas，with E. Prescott. 1989. *Recursive Methods in Economic Dynamics*. Harvard University Press.

Vincent，D. R. 1989. Bargaining with common values. *Journal of Economic Theory* 48：47－62.

Wilson，R. 1987a. Game-theoretic analyses of trading processes. In

Advances in Economic Theory，ed. T. F. Bewley. Cambridge University Press.

Wilson，R. 1987b. Bilateral bargaining. Unpublished paper，Graduate School of Business，Stanford University.

第5篇

高级专题

第 11 章 均衡的再精炼：稳定性、前向归纳法及重复剔除弱优势

有许多作者相继地支持对均衡的精炼，以把握被模糊地称为“前向归纳法”的某些特点。在为信号传递博弈所发展的均衡精炼中，前向归纳法起着关键性的作用，而且它还潜存于重复剔除弱劣势策略的非均衡概念中。这一章比较详细地讨论这些均衡的精炼，然后以“烧钱”博弈作为一个绝好的例子来介绍“重复剔除弱优势”方法的力量之所在。本章结束时讨论了如下论断：现有的均衡精炼概念太强了，因为对于参与人关于彼此收益的信息的某些变化来说，它们尚不够稳定。

前向归纳法的思想是，当到达均衡路径以外的信息集时，在该信息集要采取行动的参与人不应该认为他是“偶然”到达的，也不应该像逆向递归法所指明的那样沿着均衡策略向博弈树的“下面”看。相反，在形成关于信息集中的节点以及接下来可能会发生什么的信念时，参与人应该考虑本可能发生但却没有发生的事情。因此，参与人除了从后面逆向推理外，还应该从树的最开始“向前”推理。例如，假如你原以为在讨价还价博弈中你的对手会以概率 1 接受你 10 美元的出价，然而她实际上却拒绝了，如果你知道她的拖延成本是正的，你就可以得出结论：她期望在将来能得到一个更高的出价。[①] 这一思想很明显与如下解释发生矛盾：偏离均衡的选择是由于无意的失误，因为如果拒绝是一个无意的失误，它就不包含任何关于你的对手将来可能如何选择的信息。[②]

---

① 戴克尔（Dekel，1990）研究了在一个两期同时行动的讨价还价博弈中策略稳定性的含义。

② 出于类似原因，前向归纳法与第 13 章中讨论的马尔可夫均衡的概念也存在冲突。

11.1 策略稳定性†††

前向归纳法思想是科尔伯格和默滕斯引入他们的策略稳定性的关键原因之一。第二个原因是，解的概念对于扩展式的"非本质"的变形而言应该具有不变性。

作为前向归纳法的第一个例子，考察图 11—1a 中的博弈，它来自于冯·达姆（van Damme，1989）。这里参与人可以选择策略 L，从而结束博弈，或者可以选择 R，在这种情况下他和参与人 2 就进行"性别战"的子博弈，其中参与人双方同时在 T（"强硬"）和 W（"软弱"）之间进行选择。这个子博弈有三个纳什均衡：（T，W），（W，T）以及一个混合策略均衡，其中每个参与人以$\frac{1}{4}$的概率选择 W。

组合（LW，T）是该博弈的一个子博弈完美均衡。它显然是一个序贯均衡组合，而且它在代理人策略式中也是颤抖手完美的。然而，该均衡与如下"前向归纳"说法是不一致的：参与人 1 没有理由选择 RW，因为这至多使他得到收益 1，而 L 将使他获得收益 2。然而，如果参与人 1 预期参与人 2 会选择 W，他选择 R 再选 T 就将是理性的。因此，下面的逻辑是成立的：参与人 2 应该预期如果参与人 1 选择 R 则他将选择 T 而不是 W，所以参与人 2 应选 W；而参与人 1 应该能预见参与人 2 的这种推理，所以他应该选择 R 而不是 L。（但如果我们假设参与人 1 原想选择 L 但由于"错误"而选择了 R，那么这一论述就不成立，而这正是序贯均衡和完美均衡所潜含假设的。）

图 11—1b 给出了这个博弈的简化策略式。注意策略 RW 是 L 的严格劣策略，而且，如果 RW 被排除，那么唯一的颤抖手完美均衡就是（RT，W），因为如果参与人 1 以正概率选择 RT（不包括 RW），则参与人 2 严格地偏好 W 而非 T。还要注意（L，T）在包括 RW 的策略式中是颤抖手完美的：尽管 RW 是严格劣的，但是参与人 1 可能由于"错误"而选择了它，而如果 RW 与 RT 同样可能，这就会使得参与人 2 选择 T。最后要注意如果参与人 2 选择 T，则对于参与人 1 而言 RW 要比 RT 更好，故（L，T）是一个适当均衡。

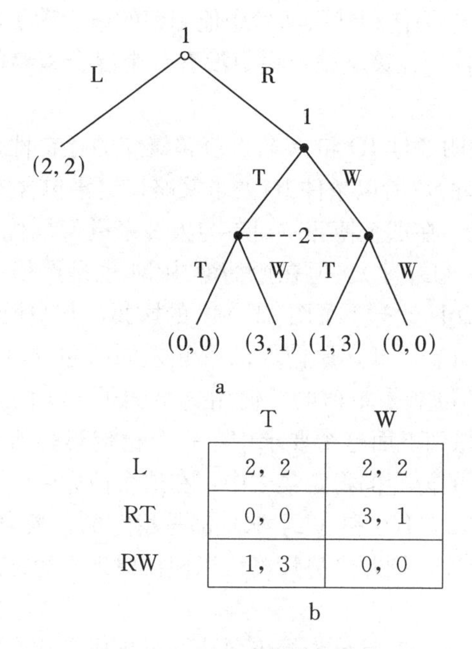

	T	W
L	2，2	2，2
RT	0，0	3，1
RW	1，3	0，0

b

图 11—1

在类似例子中的前向归纳法与剔除严格劣势策略之间的联系，使得科尔伯格和默滕斯对于他们解的概念提出了他们称之为“策略稳定性”的要求。与以前的解的概念不同，策略稳定性是一个集合的概念。换言之，不是说每个解都是单个的均衡组合，也不是说解集为一个均衡集，而是每个解本身都是一个“策略稳定集”，而且解集是所有这种集合的集合。我们将看到，科尔伯格和默滕斯使用集合概念的原因是：如果将他们想要施加的条件放在一起，那么单值的概念就无法满足这个要求。

ID（重复优势）　一个博弈 G 的每个策略稳定的均衡集都应该包含从 G 中通过剔除严格劣势策略而得到的任何博弈 G' 的策略稳定的均衡集。

注意图 11—1 的例子表明适当均衡并不满足条件 ID：（L，T）是一个适当均衡，但是一旦 RW 被剔除，它就不再是适当的了。还要注意条件 ID 实际上意味着重复剔除严格优势：如果 G' 是从 G 中通过剔除劣势策略得到的，且 G'' 是从 G' 中通过剔除劣势策略得到的，则 G 的稳定集中就包含了 G' 的稳定集，G' 的稳定集相应地也包含了 G'' 的稳定集。

尽管这个定义在图 11—1 中的确选择了（RT，W）均衡，但是它是否把握了“前向归纳法”的所有意思？这一点可能并不清楚。在阐述了科尔伯格和默滕斯的策略稳定性的定义之后，我们将回到这一点上来。接下来，科尔伯格和默滕斯希望他们解的概念满足如下条件：

A（许可性） 在策略稳定集中没有一个混合策略能对弱劣势纯策略赋予正概率。

图 11—2 表明条件 ID 和 A 与点值解概念的存在性是不一致的。这里 D 是严格劣势的，所以条件 ID 要求策略稳定集包含图 11—3a 所说明的博弈的稳定集。在那个博弈中对参与人 2 来说 L 弱优于 R，故条件 A 要求的唯一解是（U，L）。但在原博弈中 M 也是严格劣势的，而且剔除 M 而不是剔除 D 就产生了图 11—3b 的博弈，其中根据条件 A，（U，R）必须是唯一解。因此，原博弈的解必须同时包含（U，L）和（U，R），所以它就不可能是单值的。使用这个例子，我们还可以看到不可能将条件 ID 加强到下面这个要求中：一个稳定集必须包含在通过加入劣势策略而得到的博弈的稳定集之中：在这个博弈中，参与人 1 唯一的策略是 U，而（U，L）和（U，R）都是稳定的。换言之，条件 ID 允许存在下列可能性：剔除劣势策略可以使得原来不稳定的组合也变得稳定了。

科尔伯格和默滕斯是最先提出要让均衡集成为均衡精炼理论的目标的。如果集合中不同的均衡沿着均衡路径包含着不同的选择，则用一个均衡集作为一个理论的预测是尤其困难的。（即使预言中所有的均衡都同意这一路径，人们还是想知道参与人在路径之外的选择究竟是什么，但这个顾虑可能不那么麻烦。）

	L	R
U	3，2	2，2
M	1，1	0，0
D	0，0	1，1

图 11—2

	L	R
U	3，2	2，2
M	1，1	0，0

a

	L	R
U	3，2	2，2
D	0，0	1，1

b

图 11—3

这里，科尔伯格和默滕斯使用了克雷普斯和威尔逊（见第 8 章）的如下结论：

定理 11.1（Kreps and Wilson，1982）　在一棵固定的树中，对于赋予终点节点的一般性收益而言，在终点节点上纳什均衡的概率分布集是有限的。

由于终点节点上的分布是策略组合的一个连续函数，所以当只有有限个均衡分布时，在相同的连通的部分[①]中每个均衡都必须在终点节点上有着相同的概率分布，因而在每个以正概率达到的信息集中都有相同的选择。这就避免了使用集合解概念时潜在的一个可能的缺点。

科尔伯格和默滕斯希望他们的解概念满足的第三个主要条件是：对于扩展式的某些变换来说，解将保持不变。考察图 11—4 所示的博弈，其中我们设 x 位于 1 和 2 之间。科尔伯格和默滕斯认为图 11—4a 和图 11—4b 只是同一博弈的两种不同表示法，因为“变换后的树只不过是对相同决策问题的一种不同的表示法”。在只有单个参与人的博弈中，对于参与人 1 决策的两种可替代的表示法显然是等价的：从集合（U，M，D）中选择一个最优元素正好与如下两阶段选择是一样的，其中参与人 1 首先决定如果他不能选择 U 则选择 M 还是 D，然后再决定到底是选择 U，还是选择 M 与 D 中较好的一个。

尽管这两个博弈说起来是等价的，但是序贯均衡的概念却给出了不同的解，正如图 8—6a 和图 8—6b 的情况一样。在图 11—4b 中，（U，R）是序贯的，但对于$x\in(1,2)$却不是适当的。在图 11—4a 中，对于参与人 1 而言选择 U 甚至不是子博弈完美的：参与人 1 的第二个信息集开始了一个适当子博弈，其中 M 严格优于 D，所以该子博弈中唯一的纳什均衡是（M，L）。给定参与人 2 将选择 L，参与人 1 将不会选择 U，所以序贯均衡并不满足不变性的性质。

我们在第 8 章中表明，与决策理论的类比是吸引人的但并不完全令人信服。博弈和决策在一个关键方面存在着区别：零概率事件在决策问题中是外生的，而且是无关的，然而如果一个参与人在博弈中进行不同的选择，则所可能发生的事情既是重要的，又是内生决定的。这一点涉及科尔伯格和默滕斯在作如下断言时所可能遇到的困难：“现在所考虑的博弈完全描绘了现实的情况”，所以特别地“任何犯错误的概率都已经被模型化在这棵博弈树中了”。我们注意到当我们引入逆向递归法时，

---

① 如果不存在两个非空的，不相交的开集 O_1 和 O_2，使得 $X\subset(O_1\cup O_2)$，且 $X\cap O_1$ 和 $X\cap O_2$ 都是非空的，则一个拓扑空间 X 是连通的。对于连通集的一个直观上的理解就是可以在集合的任意两点之间画一条连线，这条线就包含在该集合之中。

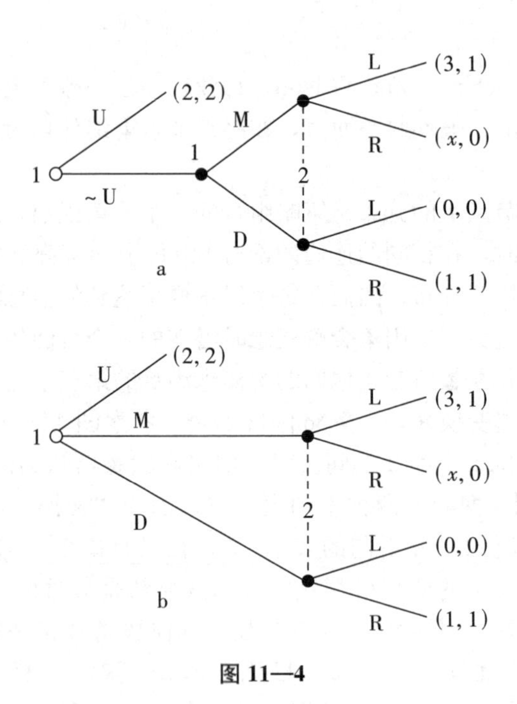

图 11—4

人们可以反过来争辩道这种“古典”的观点与下述意图是不相容的，即对于参与人在预期永远不会达到的那些信息集上所采取的行动进行限制，以此对纳什均衡进行精炼。而且他们还可以争辩，发展均衡精炼的“正确”方法应该是在一个完备的理论框架下进行，这个理论能对每一种可观察到的观察序列提供一个（或多个）解释。从完备理论的观点来看，每一个无法解释所有可能观察到的现象的扩展式仅仅是一个更加复杂博弈的简化表述，其中所有观察到的现象都确实有正的概率。

这样的一个完备理论（不一定是我们钟爱的）恰好就是参与人以小概率犯“错误”的“颤抖”的故事。当该理论被使用时，这两个图中的扩展式代表了两种不同的情况。在图 11—4b 中，参与人 1 在三个行动中选择一个，他只有犯错误时才会选择 M 或 D，而且如果错误的相对概率是任意的（正如在颤抖手完美性中那样），那么他会更多地选择 D 而不是 M。在图 11—4a 中，如果参与人 1 错误地未能选择 U，则他还有机会重新考虑并选择他最愿意采取的行动，因而 M 将比 D 的可能性大得多。

这并不是说就不应该对如下论述完全不在乎了：一个“好”的理论会在这两种情形下作出相同的预言。事实上，这个例子对于颤抖手完美性的经济学应用来讲可谓困难重重，因为分析者将很少能知道这两个扩展式中究竟哪一个更能说明问题。[在本章结尾我们阐述了一个解的概念，"c 完美性"，它在两个扩展式中都容纳了（U，R）。] 其实关键是，如果先论证哪些扩展式是等价的，然后再决定参与人如何行为的一套（完备）理论，可能是本末倒置的。

带着这些警告，让我们现在给出不变性的条件。

Ⅰ（不变性）　策略稳定均衡集应该只取决于博弈的简化策略式；亦即具有相同简化策略式的所有扩展式都应该具有相同的稳定均衡集。

[回忆在第 3 章中我们对简化策略式的定义，它指出了"等价"的策略式的策略。科尔伯格和默滕斯使用了这两个定义中较强的一个，它要求纯策略 s_i 被剔除，如果存在一个混合策略 σ_i，其支撑不包括 s_i，使得对于所有的 s_{-i} 和所有的参与人 j 都有 $u_j(s_i, s_{-i})=u_j(\sigma_i, s_{-i})$。]

科尔伯格和默滕斯运用了汤普森（Thompson，1952）和丹尔基（Dalkey，1953）的结论来证明：所有具有相同简化策略式的扩展式都是等价的。这些作者表明如果两个扩展式总是具有相同的简化策略式，一直到识别出等价的纯策略，则它们其中的一种扩展式就可以通过连续四种变换转化成另一种扩展式：

合并且扩大信息集（就像在我们曾考察过的两种扩展式中那样）；

对同时行动进行互换（回忆对于具有两个参与人的同时行动博弈而言，可以有两种表示方式）；

加入参与人不知道的行动且它们对收益没有影响；以及

信息集的膨胀和收缩（我们尚未对此定义，因为在完美回忆博弈中它是无关的）。

科尔伯格和默滕斯的论文再一次引起了对如下问题的兴趣：哪些扩展式应该被一个解概念看成是等价的；参见 Elmes and Reny (1988)。

在 1986 年的论文中，科尔伯格和默滕斯继续发展均衡集的三个限制性越来越强的定义；默滕斯（Mertens，1988）还提出了进一步的定义。我们将集中讨论第三个，也就是 1986 年论文中限制性最强的那个定义，即均衡稳定集的定义。这个概念要求对于任何颤抖在该集合附近都存在一个均衡。

定义 11.1（Kohlberg and Mertens，1986）　一个纳什均衡的闭集是稳定的，如果相对于如下性质来说它是最小的[①]：对于每一个 $\eta>0$，存在某个 $\varepsilon'>0$ 使得对于任何 $\varepsilon<\varepsilon'$ 及任何数

① 如果存在一个子集 $S'\subset S$，使得 S' 满足 P，则一个集合 S 相对于性质 P 来说是最小的。（符号 $\subset$ 表示严格包含。）

$$\{\varepsilon(s_i)\}_{\substack{i\in \mathcal{I}\\ s_i\in S_i}},\ 0<\varepsilon(s_i)\leqslant\varepsilon$$

在参与人 i 必须至少以 $\varepsilon(s_i)$ 的概率选择每一个 s_i 的博弈中都有一个均衡 σ^{ε}，该均衡位于集合 S 中某些均衡的 η 范围之内（在策略空间中）。假如一个稳定部分中的每个元素在终点节点上产生相同的概率分布，则该分布就是一个稳定的结果。

评论

（1）从标准的上半连续的论证中，我们知道所有纳什均衡构成的集合具有如下性质：对于每一个受扰动的博弈，该集合总是包含一个接近于该博弈的某个均衡的元素。定义 11.1 从最小性要求中获取了力量。

（2）在这个定义中所指的受扰动博弈与用来定义策略式中的颤抖手完美性的博弈（见定义 8.5A）是一样的。因此，在一个稳定集合中所有的均衡在策略式中都是颤抖手完美的。

策略式的颤抖手完美性与稳定性之间的关键区别在于，完美性只要求存在单个受扰动博弈的序列，这些博弈的均衡收敛于 σ，而一个稳定的集合则要求对于每一个受扰动博弈都必须包含均衡的一个极限点。这与如下事实有关：稳定性是通过集合而不是单个均衡来定义的，因为对于每个所允许的扰动而言，可能不止一个均衡是“有效”的。然而，如果存在单个均衡 σ 使得对于每个序列 $\sigma^n_{-i}\rightarrow\sigma_{-i}$ 而言 σ_i 都是一个最优反应，那么均衡作为一个单点集就是稳定的。科尔伯格（Kohlberg，1981）称这种均衡是“真正完美的”[①]。图11—2中的博弈没有真正完美的均衡：在任何完美的均衡 σ 中，参与人 1 都以概率 1 选择 U。如果 $\sigma^n_1(\mathrm{M})>\sigma^n_1(\mathrm{D})$，则参与人 2 的最优反应就是 L；如果 $\sigma^n_1(\mathrm{M})<\sigma^n_1(\mathrm{D})$，则参与人 2 的最优反应就是 R。（尽管在这个策略式中的收益不是一般性的——也就是说，它们包含了平局——但是在图 11—5 的策略式例子中，对于所示收益邻域中的那些收益而言却并不存在真正完美的均衡。）

在图 11—1b 的情形中，稳定性排除了均衡（L，T）的原因在于稳定性考虑所有的扰动。如果参与人 1 更多的是颤抖到 RT 上而不是 RW 上，则参与人 2 会以 W 作为回应，而这会导致参与人 1 偏离原有的均衡。与之相反，均衡（RT，W）却是真正完美的：参与人 1 的任何小的颤抖都不会改变参与人 2 的最优反应。

（3）稳定性是考虑策略式的扰动而不是代理人策略式的扰动，这一点很重要。在代理人策略式中，一个参与人在不同信息集中所犯的“错

① 奥克达（Okada，1981）独立地引入了这个概念，他称之为“严格完美的”。

误”是互相独立的，即使考虑所有这种独立的颤抖也不会适用于图 11—1a 的前向归纳法的论证。如果参与人 $1'$ 选择 L 或 R，参与人 $1''$ 选择 T 或 W，则在与该博弈所对应的代理人策略式中，对于任何独立的颤抖而言，参与人 $1'$ 选择 L，参与人 $1''$ 选择 W，而参与人 2 选择 T 的组合就是完美的，因为无论参与人 $1'$ 选择 L 还是 R，只要颤抖是独立的，则参与人 $1''$ 就非常可能会选择 W。前向归纳法对应于“相关的颤抖”，其中如果参与人 1 颤抖到 R 上，则参与人 $1''$ 更可能会选择 T 而不是 W。稳定性具有类似于前向归纳法的性质，因为它的确考虑了这些相关的颤抖。

定义 11.2 如果在简化的策略式中每个 s_i 都是对 s_{-i} 的严格的最优反应：即对于 $s'_i \neq s_i$，$u_i(s_i, s_{-i})$ 要比 $u_i(s'_i, s_{-i})$ 严格地大，那么一个策略组合是一个严格的均衡。

很明显，任何的严格均衡作为单点集总是稳定的。但要注意为了让 s 成为一个严格的均衡，它就必须对每个参与人的每个信息集都赋予正概率，因为参与人对于概率为 0 的信息集中的行动是无差异的。这意味着在动态博弈中存在严格均衡的可能性要小于在静态博弈中的可能性。还要注意混合策略均衡不可能是严格的，而根据定义，一个完全混合的策略均衡（其中每个策略都有一个正概率）作为一个单点集却是稳定的。（最小概率约束一旦小于均衡赋予任何纯策略的最小权重，就失去了约束力。）

定理 11.2（Kohlberg and Mertens，1986） 存在一个稳定的集合包含于纳什均衡集的单个连通部分之中，具有一般性收益的每棵树都具有一个稳定的收益（即对于稳定集中的每个均衡都得到的一个收益）。一个稳定集包含一个通过剔除弱劣势策略而得到的博弈的稳定集合，还包括一个如下博弈的稳定集合，这种博弈是通过剔除集合中所有的对于对手策略组合是非弱最优反应策略得到的。

最后的这个性质，称为“永非弱最优反应”（never a weak best response，NWBR），包含着重复剔除弱优势方法所不包含的前向归纳法的思想：如果在所考虑的部分中，策略对于任何对手的策略组合都不是最优反应，则这些非占优策略就可以被剔除，即使这些策略对于该部分均衡之外的策略是最优反应。为了看出该性质的力量，考虑图 11—5 所示的博弈。在这个对图 11—4 科尔伯格和默滕斯例子进行修改后的博弈中，设 x 等于 $\frac{1}{4}$ 且收益为（2，2），如果“参与人 1 选择 U”被一个同时行动的协同博弈所替代，这个博弈的均衡之一便有收益（2，2）。现在，对于参与人1而言策略D不是劣势的，UA和UB也不是劣势的。因此，没有什么弱劣势策略可以被剔除。然而，在任何结果为（UA，C）的均衡的部分，E都不是一个弱最优反应，而且可以被剔除。一旦E被剔除，D就是弱劣势的，且（2，2）就不是一个稳定的收益。[注意：（0.9，0.9）不能被NWBR剔除，因为C被剔除以后D并不是劣势的。可以证明（0.9，0.9）是一个稳定的收益。]

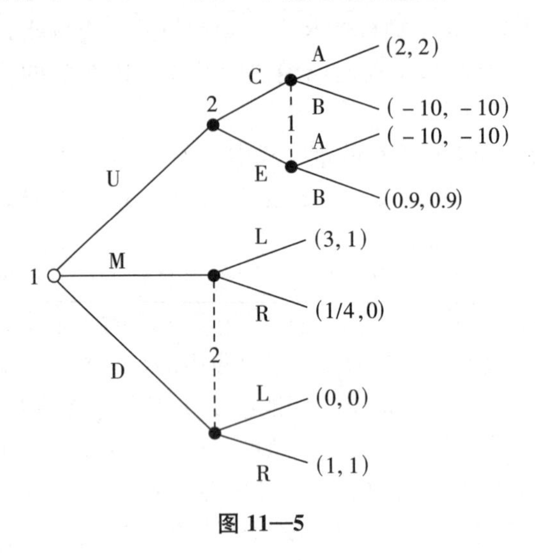

图 11—5

NWBR性质常常是一个有用的方法，它能用来说明均衡的某些部分不是稳定的。例如，对下面我们所要阐述的信号传递博弈的精炼被证明弱于稳定性，这可以通过如下事实加以说明：它们所排除的所有部分都可以通过连续运用NWBR来排除。

关于稳定性的一个令人头疼的性质是，由古尔的一个例子所证明，稳定集不一定是连通的，而且不一定包含一个序贯均衡。这就是为什么还要提出稳定性的另一种定义的一个原因。希拉斯（Hillas，1990）将稳定性定义中的颤抖替换为对于参与人最优反应对应的扰动，并指出：一个集合是稳定的，如果它是满足如下条件的最小闭集，该闭集使得“附近”的最优反应所对应的每一个组合在该集合的附近具有一个不动点。（很明显，这个定义要求在最优反应对应的空间上的有关拓扑知识。）希拉斯表明在他的定义中稳定集合之间是连通的，而且它们满足科尔伯格和默滕斯的所有其他条件。默滕斯（Mertens，1989，1990）保留了使用颤抖作为扰动的思想，但是在从扰动到稳定集的对应上增加了一个拓扑要求。这个新的定义也满足连通性。

同样有趣的是，要注意稳定性和 NWBR 并不能涵盖“前向归纳法”的所有含义。在 11.3 节中，我们讨论冯·达姆对于前向归纳法的不同定义。

11.2　信号传递博弈†††

科尔伯格和默滕斯提出他们的稳定性概念，是希望它具有他们所希望的一些性质并且具有一些数学结构；他们并没有给出一个行为上的论述：为什么参与人“应该”被期望遵照着稳定性所预测的那样进行博弈？在论述相关的均衡精炼的论文中，崔和克雷普斯（Cho and Kreps，1987）以及班克斯和索贝尔（Banks and Sobel，1987）的确试图为类似稳定性的思想给出一个至少是启发性的行为基础。这些论文的一个目的就是通过审视它在一类简单博弈中的含义来更好地理解稳定性，这类博弈就是我们在第 8 章引入的一类信号传递博弈。（回忆信号传递博弈的定义：具有信息的参与人即参与人 1，首先行动，选择一个行动 a_1。参与人 2 观察到 a_1，但并不知道参与人 1 的类型 θ，选择了 a_2，然后博弈结束。）

第二个目的是为了发展对均衡的不同精炼，这些精炼更弱且更易于运用。这些精炼的一个共同主题就是将上述 NWBR 性质的一个方面看成是一个行为定理，即将均衡路径替代为相应的期望收益。也就是说，这些解假设参与人十分确信其对手沿着均衡路径将如何博弈，但他们对于路径之外的博弈就不那么肯定了。因此，如果参与人 1 偏离了均衡，则参与人 2 就试图去“解释”这种偏离，他会问：如果对于这个偏离的反应在后面将要定义的某些意义上是“合理的”话，哪种类型的参与人 1 可以通过这个偏离得到比遵守均衡策略更好的结果。

在讨论上述论文中所使用的均衡概念之前，让我们先来描述两个初步的结论，这有助于将本节中解的概念与稳定性联系起来。

事实　在一个信号传递博弈中，每个稳定集合都只包含序贯均衡。

在前面我们已经观察到，这个情况对于一般的博弈并不一定成立。信号传递博弈具有如下特殊的性质：所有策略式的完美均衡都是序贯的（因为每一个参与人只行动一次，所以代理人策略式与策略式是重合的），而且稳定集根据定义只包含策略式的完美均衡。这个事实意味着如果我们从一个稳定集开始，然后使用 NWBR 剔除那些“类型 θ 选择 a_1”的策略，得到的集合就必然包含化简后博弈的一个稳定部分，因而必然包括一个序贯均衡，其中信念对于行动 a_1 后面的类型 θ 赋予 0 概率。这样我们可以从“存在稳定的部分”推出，与剔除相一致的序贯均衡是存在的。

崔和克雷普斯论文的思想是使用“均衡优势”的概念来论证不应该期望某个类型使用某些策略的原因。稳定性是遵循泽尔滕那种方法来观察策略以及策略式的“颤抖”，而与稳定性相对照的是，均衡优势是以序贯均衡的形式提出来的，并对扩展式博弈所允许的信念发展了进一步的限制。回忆在一个信号传递博弈中，唯一没有被均衡推算出来的信念是那些由接收者在看到了根据均衡策略应该是具有 0 概率的信号时所形成的信念。而且，由于发送者的信号被完美地观察到了，因此这些信念也就正是发送者类型的概率分布。固定一个均衡结果，并设 $u_1^*(\theta)$ 为类型 θ 的期望收益。

定义 11.3（均衡优势）　对于类型 θ 而言，行动 a_1 可被均衡优势所剔除，如果

$$u_1^*(\theta) > \max_{a_2} u_1(a_1, a_2, \theta)$$

注意这个检验也可以运用到所有具有相同均衡收益的均衡上来。特别地，在一般性的信号传递博弈中，如果在一个固定的均衡中，对于类型 θ 来讲行动 a_1 被均衡优势所剔除，则在包含该均衡的连通的部分中，所有$\sigma_1(a_1 \mid \theta)>0$的策略 σ_1 都会被 NWBR 剔除。如果选择了 a_1，则参与人 2 应该在类型 θ 上赋予概率 0，这个要求看来是合理的。而且，对于信念的这个限制如果是共同知识，将会导致进一步的限制，即限制哪种类型可以被合理地认为会选择策略 a_1。比如，给定参与人 2 不会选择一个只是对于类型 θ 赋予正概率的信念才是合理的行动，我们就可以对类型 θ' 剔除策略 a_1，如果他的均衡收益 $u_1^*(\theta')$ 超过了选择 a_1 所能得到的最大好处的话。这种论证导致崔和克雷普斯所称的“直观标准”和“均衡优势检验”。

定义这些概念要求更多的记号。对于 Θ 的一个非空子集 T，设 $\mathrm{BR}(T, a_1)$为参与人 2 在信念 $\mu(\cdot \mid a_1)$（使得 $\mu(T \mid a_1)=1$）下作出的对于行动 a_1 的所有纯策略最优反应的集合：

$$\mathrm{BR}(T, a_1) = \bigcup_{\mu:\mu(T \mid a_1)=1} \mathrm{BR}(\mu, a_1)$$

其中

$$\mathrm{BR}(\mu,a_1)=\arg\max_{a_2}\sum_{\theta\in\Theta}\mu(\theta\mid a_1)u_2(a_1,a_2,\theta)$$

令 $\mathrm{MBR}(\mu,\ a_1)$ 为给定 μ 时对于 a_1 的混合的最优反应的集合，也就是说，在$\mathrm{BR}(\mu,\ a_1)$上的所有概率分布的集合。现在令：

$$\mathrm{MBR}(T,a_1)=\bigcup_{\mu:\mu(T|a_1)=1}\mathrm{MBR}(\mu,a_1)$$

[对于 $T=\varnothing$，设定 $\mathrm{BR}(\varnothing,\ a_1)=\mathrm{BR}(\Theta,\ a_1)$。] 这是对于某些信念所有混合的最优反应所组成的集合，其中这些信念的支撑是包含在 T 中的。$\mathrm{MBR}(T,\ a_1)$ 不一定包含 $\mathrm{BR}(T,\ a_1)$ 上的每一个概率分布，这在后面的讨论中是很重要的。正如下面的图 11—7，可能行动 a'_2 对于参与人 1 的某些信念来讲是一个最优反应，而对于其他信念则 a''_2 是一个最优反应，但不存在某个信念使得在 a'_2 和 a''_2 之间随机选择成为一个最优反应。设 $T\setminus W$ 代表 T 与 W 之间在集合论方面的差别。

定义 11.4（直观标准）　对于发送者固定一个均衡收益 $u_1^*(\cdot)$ 的向量。对于每一个策略 a_1，令 $J(a_1)$ 为所有 θ 的集合，使得：

$$u_1^*(\theta)>\max_{a_2\in\mathrm{BR}(\Theta,a_1)}u_1(a_1,a_2,\theta)$$

如果对于某个 a_1 存在一个 $\theta'\in\Theta$，使得

$$u_1^*(\theta')<\min_{a_2\in\mathrm{BR}(\Theta\setminus J(a_1),a_1)}u_1(a_1,a_2,\theta')$$

则均衡就不满足直观标准。

用文字来说，某些类型选择 a_1 要比选择它们的均衡收益得到的更少，而$J(a_1)$就是这种类型的集合，这里假定接收者选择的是非劣势策略。如果存在一个类型使得选择 a_1 必然要比均衡更好，而且只要接收者的信念对于 $J(a_1)$ 中的类型赋予概率 0，则均衡就不满足直观标准。

崔和克雷普斯讨论了重复运用这一标准的思想，这产生了一个我们称为“重复的直观标准”的概念：

定义 11.5（重复的直观标准）　固定发送者的一个均衡收益$u_1^*(\cdot)$ 的向量。对于所有的 a_1 都设定 $\Theta^0(a_1)=\Theta$。对于每个策略 a_1 和类型子集$\Theta^k(a_1)$,设$J(\Theta^k(a_1),\ a_1)$ 为所有 $\theta\in\Theta^k(a_1)$ 的集合，使得

$$(\text{i})\quad u_1^*(\theta)>\max_{a_2\in\mathrm{BR}(\Theta^k(a_1),a_1)}u_1(a_1,a_2,\theta)$$

$J(\Theta^k(a_1),\ a_1)$ 是“在第 k 轮重复中因策略 a_1 而被剔除的类型”。设定：

$$\Theta^{k+1}(a_1)=\Theta^k(a_1)\setminus J(\Theta^k(a_1),a_1)$$

这是那些当确定他们的均衡收益以后“可以合理地”选择策略 a_1 的类型的集合，并且他们还相信参与人 2 对于集中在 $\Theta^k(a_1)$ 的信念将会选择某个最优反应。如果对于某个 a_1，存在一个 $\theta' \in \Theta^{k+1}(a_1)$，使得

$$(\text{ii}) \quad u_1^*(\theta') < \min_{a_2 \in BR(\Theta^{k+1}(a_1), a_1)} u_1(a_1, a_2, \theta')$$

则称均衡在第 $k+1$ 轮中的重复直观标准失败了（注意，如果均衡在第一轮中失败它就不满足直观标准)。如果均衡对于某个 k 的第 $k+1$ 轮不成立的话，那么它不满足重复的直观标准。

崔和克雷普斯还为重复的直观标准提供了一个修改后的版本。均衡优势检验是这样定义的：将定义 11.5 的条件 ii 替换如下：

(ii′) 对于某个 a_1 以及所有的 $a_2 \in BR(\Theta^{k+1}(a_1), a_1)$，存在一个 $\theta' \in \Theta^{k+1}(a_1)$，使得：

$$u_1^*(\theta') < u_1(a_1, a_2, \theta')$$

则均衡在第 $k+1$ 轮的均衡优势检验中没有通过。

直观标准与均衡优势检验之间的差别在于量词的阶数：条件 ii 要求存在单个类型 θ'，他对于 $BR(\Theta^{k+1}(a_1), a_1)$ 中的所有反应更偏好 a_1，而条件 ii′只要求对于$BR(\Theta^{k+1}(a_1), a_1)$ 中的每个反应而言都存在某个偏好偏离的类型。

崔和克雷普斯用啤酒—蛋饼博弈说明了直观标准，如图 11—6 所示。这里，参与人 1 有两种类型：θ_w，即“柔弱的”，和 θ_s，即“粗鲁的”。柔弱的先验概率是 0.1。如果参与人 2 相信参与人 1 是柔弱的概率超过$\frac{1}{2}$，则她偏好争斗，但她并不能观察到参与人 1 的类型。然而，在决定是否争斗之前，参与人 2（她非常爱打听）观察到参与人 1 的早餐吃什么。参与人 1 只有两种可能的早餐，“啤酒”和“蛋饼”；粗鲁的类型偏好啤酒，而柔弱的类型则偏好蛋饼。然而，不管他们的饮食偏好是什么，每种类型都会为了避免争斗而吃任何一种早餐。这个博弈具有两个混同均衡，其中一个是两种类型都喝啤酒，另一个是两种类型都吃蛋饼；在这两种情形下，当观察到不是均衡的早餐时，参与人 2 都必然以某个概率争斗以使得那个匹配错误的类型承担讲究美食所带来的恐怖后果。为了支持这些结果成为序贯均衡，我们规定参与人 2 对于均衡之外的信念是：如果观察到未预料到的早餐，则至少有$\frac{1}{2}$的概率说明参与人 1 是柔弱的。

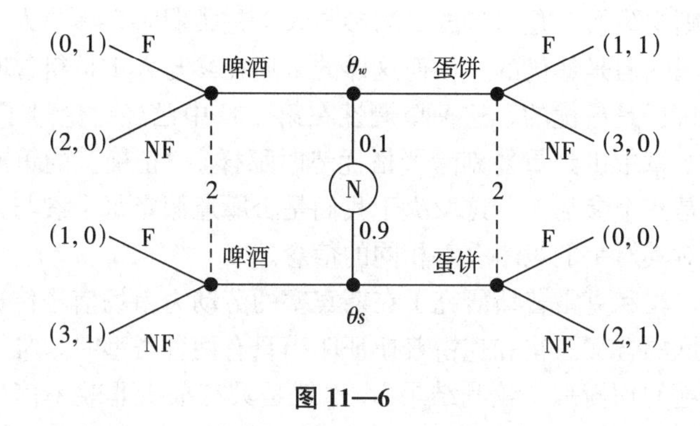

图 11—6

崔和克雷普斯论证道，两种类型都吃蛋饼的混同均衡是不合理的，且实际上可以根据他们的直观标准加以排除：在这个均衡中，柔弱类型获得最高可能的收益，而且只要"相信"它的均衡行动将带来均衡收益，它就没有激励去转换到喝啤酒上，而无论它预期参与人 2 究竟会如何对啤酒作出反应。一旦对于"a_1＝啤酒"的类型 θ_w 被排除，则集合 Θ^1(啤酒)＝$\Theta \setminus J(\Theta$，啤酒) 就简单的是 $\{\theta_s\}$ 了，而且参与人 2 对于集中在 θ_s 上的信念的唯一的最优反应就是不去争斗，这给 θ_s 带来的收益要超过它的均衡收益。

崔和克雷普斯给出了关于这个剔除过程的如下启发性解释：假设参与人 1 具有一个（未模型化的）机会在博弈 2 用早餐的同时向他作一个演说。然后 θ_s 会说，"我在喝啤酒，你应该以此推出我是粗鲁的，因为如果我是类型 θ_w，只要假如我吃蛋饼而你就不会争斗是一个共同知识，那么我就没有激励去喝啤酒并作这个演说。"这个启发很有提示性但是并不完全有说服力。有人会愿意将沟通的阶段明确地模型化到博弈中，但那样他也就遇到了麻烦：一个均衡不得不明确地指出参与人 2 究竟如何对每一种可能的演说作出反应，以及参与人 2 将如何对参与人 1 没有作的演说作出反应，而假如参与人 1 的类型不同时她是会进行该演说的。这意味着如果只有类型 θ_s 才被期望作演说，而演说又没有作，则参与人 2 应该推断出参与人的类型是 θ_w，这反过来又降低了类型 θ_w 保持沉默的激励。（崔和克雷普斯将这一推理归功于斯蒂格利茨。）又一次，问题产生于试图对均衡集进行精炼但又不明确给出一套如何进行博弈的完备理论，因而对于信念的讨论就会包括考虑反事实的条件陈述。

如果将重复剔除的弱占优方法运用到对应的双人博弈的策略式上，"双方都吃蛋饼"均衡也可以被剔除，其中参与人 1 的两个类型被看成是同一参与人的不同信息集。（第一步是表明策略"如果柔弱则喝啤酒，如果粗鲁则吃蛋饼”是劣势的。当参与人 1 是柔弱时，参与人 2 的某些策略使得喝啤酒是最优的，任何这样的策略在参与人 1 是粗鲁时对于参与人 2 来讲仍是最优的。这种单调性在第 6 章中已经讨论过了。）正如我们在第 6 章中讲到重复剔除严格优势时那样，“正确”的策略式究竟有两个还是三个参与人，这取决于我们是否愿意假定每个参与人的不同类型必然对其对手的策略有着相同的信念。①

最后，崔和克雷普斯研究了在斯宾塞的劳动力市场信号传递博弈中的均衡精炼的含义。崔和克雷普斯证明当只有两种类型时，唯一不被直观标准拒绝的均衡是“赖利结果”，也就是具有最少非效率信号传递的分离均衡。如果超过两种类型，选择赖利结果就要求更强的“普遍神性”的概念，它是由班克斯和索贝尔提出来的；因此在研究斯宾塞信号传递博弈之前，我们将先引入普遍神性。

普遍神性是通过类似定义 11.5 那样的一个重复过程来定义的；区别在于可能在每一轮中越来越多的类型—策略组合会被剔除。如前所述，我们先固定一个均衡，并设 $u_1^*(\theta)$ 为类型 θ 的均衡收益。定义 $D(\theta, T, a_1)$ 为对于行动 a_1 以及对于如下集中于 T 的信念的混合策略最优反应 α_2 的集合，其中的信念使得类型 θ 更严格地偏好于 a_1 而不是他的均衡策略②：

$$D(\theta, T, a_1)=\bigcup_{\mu:\mu(T\mid a_1)=1}\{\alpha_2\in \mathrm{MBR}(\mu, a_1) \text{ 使得 } u_1^*(\theta)<u_1(a_1, \alpha_2, \theta)\}$$

且令 $D^0(\theta, T, a_1)$ 为混合的最优反应集，这些最优反应使得类型恰好无差异。③

定义 11.6 如果存在一个 θ'，使得

$$\{D(\theta,\Theta,a_1)\cup D^0(\theta,\Theta,a_1)\}\subset D(\theta',\Theta,a_1)$$

---

① 崔和克雷普斯注意到使用“事前”的策略式将不同类型当成同一个参与人来处理，这具有另一种含义：当一个人在计算适度均衡集时，低概率类型 θ' 的一个颤抖具有一个低的事前成本，因而被赋予一个概率，即使出现类型 θ' 时该颤抖的成本可能相当高。

② 我们用 α_2 表示 A_2 上的一个概率分布，$\sigma_2(\cdot\mid\cdot)$ 表示参与人 2 的总体策略。因此，对于一个给定的 a_1，$\sigma_2(\cdot\mid a_1)$ 是某个 $\alpha_2\in\Delta(A_2(a_1))$。

③ 读者可能会感到疑惑，为什么均衡占优标准使用最优反应，而神性标准却使用混合最优反应。首先要注意在均衡占优标准下引入混合最优反应不会改变那些标准，因为在条件 i 中的最大与条件 ii 中的最小不会受到影响。还要注意在神性标准中用 BR 来替换 MBR 会降低它们的刻画能力，除非是在定理 11.3 所研究的那一子类信号传递博弈中，其中局中人 2 的最优反应就是一个单点集。另一种可能就是用最优反应的凸壳来替换 MBR，就像在图 11—7 中讨论的一样。

那么一种类型 θ 在标准 D1 下对于策略 a_1 而言是被剔除的。如果

$$\{D(\theta, \Theta, a_1) \cup D^0(\theta, \Theta, a_1)\} \subset \bigcup_{\theta' \neq \theta} D(\theta', \Theta, a_1)$$

那么一种类型 θ 在标准 D2 下对于策略 a_1 而言是被剔除的。（符号⊂表示严格包含关系。）

很明显，在这两个条件中的任一个条件下，通过对于策略 a_1 剔除一个类型，我们就可以对于参与人 2 对 a_1 的反应作出更进一步的限制；这导致两个标准的重复使用，类似于定义 11.5 的做法。班克斯和索贝尔称 D2 的重复版本为普遍神性；他们的“神圣均衡”来自于重复运用一项稍弱于 D1 的标准。[①]

标准 D1 指出，如果参与人 2 的那些使得类型 θ 愿意偏离到 a_1 的反应集严格小于使类型 θ' 愿意偏离的反应集的话，则参与人 2 应该相信类型 θ' 要比类型 θ 无限地更可能偏离到 a_1。这是对直观标准的一个加强，因为只要类型 θ 被直观标准所排除，则集合 $D(\theta, \Theta, a_1)$ 和 $D^0(\theta, \Theta, a_1)$ 就为空集。标准 D2 与 D1 之间的关系大致上类似于均衡占优检验与直观标准之间的关系，因为它替换掉了剔除 θ 的单个类型 θ'，而代之以在所有其他类型上的并集。

注意崔和克雷普斯的“演说”并不是为提出 D1 和 D2 服务的，而且班克斯和索贝尔并没有提供对这些标准的一个行为上的辩护。特别要注意 D1 和 D2 检验了对于参与人 2 的每一个特定的混合最优反应 α_2 在给定类型 θ 下的一个偏离 a_1。不允许类型 θ 不确定参与人 2 将要选择的 $MBR(T, a_1)$ 的元素，这对应于考虑所有在最优反应集的凸壳中的 α_2。[②] 为了看出这导致的差别，考察图 11—7 所示的博弈。这里如果 $\mu(\theta' \mid a_1') > \frac{2}{3}$，参与人 2 对于 a_1' 的混合最优反应的集合 $MBR(\mu, a_1')$ 是 a_2；如果 $\mu(\theta' \mid a_1') = \frac{2}{3}$，是 a_2 与 a_2' 之间的任意混合；如果 $\frac{1}{3} < \mu(\theta' \mid a_1') < \frac{2}{3}$，是 a_2'；如果 $\mu(\theta' \mid a_1') = \frac{1}{3}$，是在 a'_2 与 a_2'' 之间的任意

---

① 神性在不满足 D1 时并不会完全删掉一种类型，而相反会要求如果对于策略 a_1 类型 θ 不满足 D1，则当观察到 a_1 后类型 θ 的概率不应该增加。

② 这一点由冯・达姆（van Damme，1987）提出，并被弗登博格和克雷普斯（Fudenberg and Kreps，1988）以及索贝尔、斯托尔和泽普特（Sobel，Stole and Zapater，1990）进一步发展。将 BR 的凸壳替换为 MBR 产生“协神性”（codivinity），这在某些非一般性的博弈中并没有被稳定性所涵盖。

混合；如果 $\mu(\theta' \mid a_1') < \frac{1}{3}$，是 a_2''。这样尽管 a_2 与 a_2'' 对于某些信念来说都是对 a_1' 的最优反应，但是不存在使得 a_2 与 a_2'' 之间的混合成为最优反应的信念。

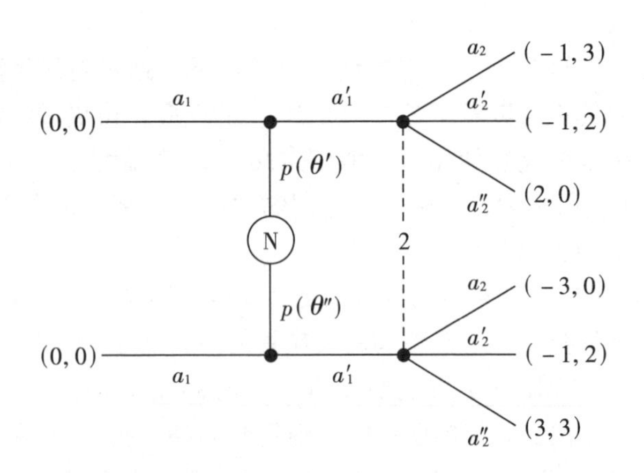

图 11—7

这个博弈具有一个混同均衡，其中参与人 1 的两种类型都选择 a_1，而且参与人 2 对于 a_1' 都选择 a_2' 以作回应，这样做所依赖的信念是 $\mu(\theta' \mid a_1') = \frac{1}{2}$。这个均衡满足崔-克雷普斯条件，因为参与人 1 的两种类型都可以选择 a_1' 然后再选择（非劣势的反应）a_2''，这比他们在均衡中的选择更好。让我们检查一下混同均衡是否满足条件 D1 和 D2。

为了计算集合 $D(\theta', \Theta, a_1')$ 和 $D(\theta'', \Theta, a_1')$，我们先来计算哪些反应 $\alpha_2 = \sigma_2(\cdot \mid a_1')$ 会让每种类型都选择 a_1'，然后取它与混合最优反应集的交集。简单的代数运算表明如果 $\alpha_2(a_2'') > \frac{1}{3}$，类型 θ' 更偏好 a_1' 而不是均衡 a_1，而如果 $3\alpha_2(a_2'') > 3\alpha_2(a_2) + \alpha_2(a_2')$，则类型 θ'' 更偏好 a_1'。图 11—8 显示了这些对应于 α_2 的概率纯形的偏离区域，其中概率纯形中加黑的边线对应于将概率 0 赋予 a_2'' 或是 a_2 的 α_2，因而它对于参与人 1 的某些信念而言是混合最优反应。

对图 11—8 进行审视可以看出 $D(\theta', \Theta, a_1')$ 严格包含 $D(\theta', \Theta, a_1')$，因此根据标准 D1，偏离到 a_1' 必须被解释为来源于 θ'。这导致参与人 2 用 a_2'' 作为回应，从而诱使两个类型都偏离。然而，当考虑对于最优反应的所有混合时，偏离区域就不是内置的了：混合策略 $\left\{\alpha_2(a_2) = \frac{3}{5}, \alpha_2(a''_2) = \frac{2}{5}\right\}$

会诱使类型 θ'偏离，但不会诱使类型 θ''偏离，因而没有类型会被排除。

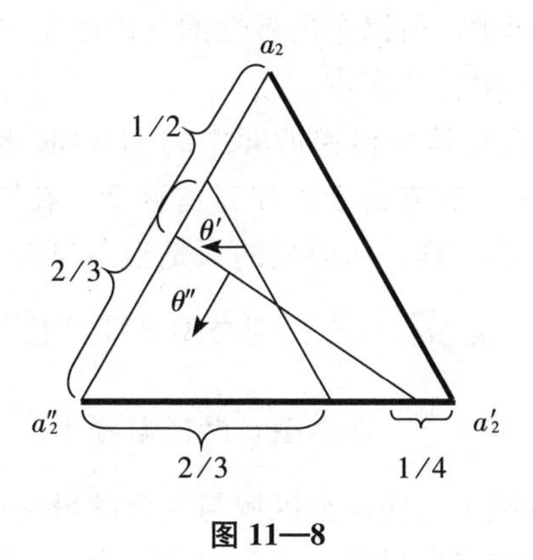

图 11—8

在实际操作中，不是直接检查条件 D2，而是检查下面这个更强的条件，常常要更容易一些。崔和克雷普斯称之为 NWBR，实际上它与科尔伯格和默滕斯的 NWBR 性质关系很密切（换言之，在剔除了该部分中任意均衡的非弱最优反应的策略以后，一个稳定的部分仍然保持稳定）。由于崔和克雷普斯关于 NWBR 的概念与科尔伯格和默滕斯的概念并不是完全相同的，所以我们称之为信号传递博弈中的 NWBR。如果下式成立，一个类型—行动组合在这个标准下可以被剔除：

$$D^0(\theta,\Theta,a_1)\subset\bigcup_{\theta'\neq\theta}D(\theta',\Theta,a_1)$$

注意在标准 D2 下对于 a_1 所排除的任何类型在信号传递博弈中都会被排除掉。

由于在一般性博弈中，每个稳定的部分都是由那些在终点节点上有着相同分布的均衡组成的，所以在收益是一般性的信号传递博弈中稳定性就意味着 NWBR。更确切地，固定一个信号传递博弈，其中每一个稳定部分都与一个稳定的结果相联系，并且假设在该部分的一个均衡中，信号传递博弈中的 NWBR 用行动 a_1 将类型 θ 排除。如果在这个部分中的任意均衡里 a_1 对于 θ 而言不是一个弱最优反应的话，剔除掉那些使用 a_1 策略的类型 θ，与稳定性是一致的。如果在这个部分的某个均衡中，a_1 对于 θ 是一个弱最优反应，则在那个均衡中参与人 2 的反应 $\alpha_2(a_1)$会处于 $D^0(\theta,\ \Theta,\ a_1)$ 之中。信号传递博弈中的 NWBR 则意味着参与人 2 的反应对于某种其他的类型 θ'而言会处于$D(\theta',\ \Theta,\ a_1)$ 之中，故 θ'会严格偏好于偏离，而且我们根本没有均衡了。这样，根据信号传递博弈中的 NWBR，或者是更弱的 D2，或者是还要弱的均衡占优条件来剔除均衡并不会排除任何稳定的结果。由于稳定的结果存在于一般性的信号传递博弈中，所以全局神性的（因而是“直观”的）均衡就存在于这类相同的一般性博弈中。

为了看出为什么在信号传递博弈中的 NWBR 要比 D2 更强，考察图 11—9 所示的例子，它来自于崔和克雷普斯。在图 11—9 中参与人 2 的收益与图11—7一模一样；所改变的只是当参与人 1 选择 a_1'时的收益。在这个博弈中，如果 $\alpha_2(a_2'')<\frac{1}{3}$，则类型 θ''要严格偏好 a'_1，而不是均衡的 a_1，如果 $\alpha_2(a'_2)>\frac{1}{2}$，则类型 θ'严格偏好于 a_1'。

图 11—10 显示出了这些偏离区域与混合的最优反应集的交集部分。（回忆对于参与人 2 的混合最优反应在图 11—10 中是两条加黑的边线。）由于没有一个包含另外一个，所以 D2 就没有什么作用。但是使得类型

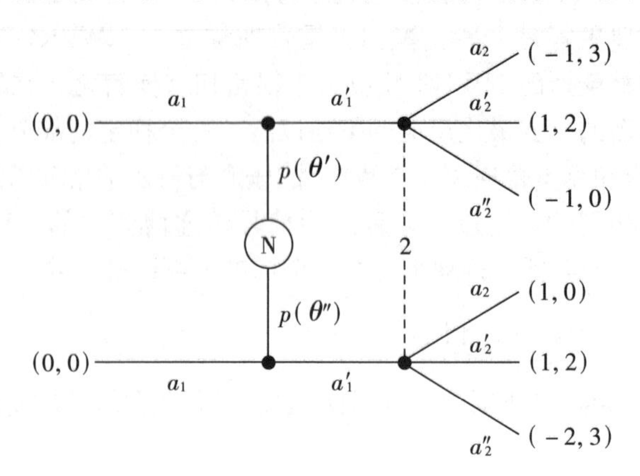

图 11—9

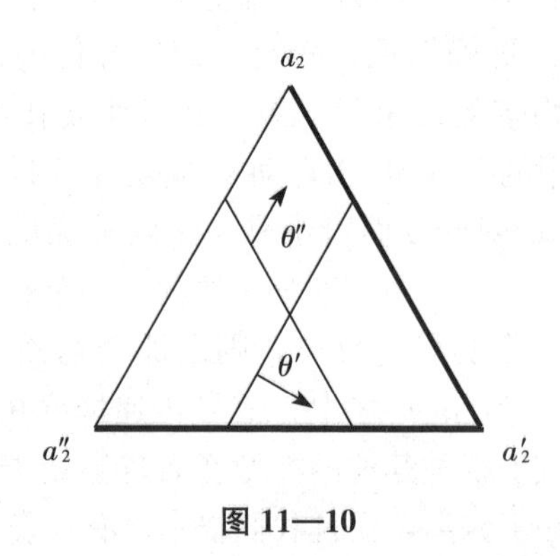

图 11—10

θ''在均衡与a_1'之间恰好无差异的唯一的混合最优反应$D^0(\theta'', \Theta, a_1')$却包含于$D(\theta', \Theta, a_1')$之中，所以选择策略$a_1'$的类型$\theta'$可以用信号传递博弈中的 NWBR 加以排除。这个排除意味着参与人 2 必须用a_2对a_1'作出反应，而a_2在原博弈中并不是一个均衡反应，所以两种类型都选择a_1的均衡在信号传递博弈中就不满足 NWBR 了。

崔和索贝尔（Cho and Sobel，1990）已经证明剔除不满足标准 D1 的均衡等价于在一类“单调的信号传递博弈”中的稳定性。

定义 11.7　一个单调的信号传递博弈具有这样的收益，它使得对于所有的a_1，以及对于在对a_1的混合最优反应集合$\mathrm{MBR}(\Theta, a_1)$中所有的混合策略$\alpha_2$和$\alpha_2'$而言，如果对于某个$\theta\in\Theta$，有

$$u_1(a_1, \alpha_2, \theta) > u_1(a_1, \alpha_2', \theta)$$

则对于所有的$\theta'\in\Theta$，有

$$u_1(a_1, \alpha_2, \theta') > u_1(a_1, \alpha_2', \theta')$$

文献中有许多信号传递博弈都是单调的。例如，如果a_2是参与人 1 的货币收益，而参与人 1 又是风险中性的，则单调性就可由以下事实得出：参与人 1 的所有类型都以最高的期望值偏好于α_2。例如，这正是斯宾塞的劳动力市场信号传递模型中的情形。（如果参与人 1 是风险规避的，则单调性就更有限制性了。）崔和索贝尔的证明依赖于在信号传递中对于稳定性的一个复杂刻画，而这个刻画则归功于班克斯和索贝尔。然而关于单调性假定的一个含义是很容易得到的：

引理 11.1（Cho and Sobel，1990）　在单调的信号传递博弈中，标准 D1 等价于 NWBR。

证明　（略）。

例 11.1　斯宾塞劳动力市场的信号传递

作为对信号传递博弈中精炼的一个说明，我们现在来考虑对例 8.2 中所研究的斯宾塞模型的一个变体。假设参与人 1 有三种类型：θ'，θ''和θ'''。参与人 1 先行，从集合$[0, \infty)$中选择一个教育水平a_1。（我们用一个教育水平的连续统来简化分析，但这的确会使得严密性受到一定的损失。注意稳定性只是为有限博弈定义的，但是直观标准和普遍神性可以运用到具有一个连续统行动的博弈上来。）参与人 2，即厂商，想将支付给参与人 1 的工资a_2与参与人 1 的生产率之间差额的平方最小化，其中参与人 1 的生产率为$a_1\theta$，而$\theta'=2$，$\theta''=3$，$\theta'''=4$。（这个平方损失用以替代几家竞争厂

商之间的伯特兰竞争的情形；如果允许存在数家厂商就会使我们跳出信号传递博弈模型的范畴。）参与人 1 的效用是他的工资 a_2 与他的教育引起的负效用 a_1^2/θ 之间的差额。这些偏好的一个关键特征在于它们满足斯宾塞-莫里斯条件或者说甄别条件或是单交叉(single-crossing) 条件：教育的边际负效用随着参与人 1 的类型提高而递减。这就是为什么存在着一些均衡，使得所选择的教育水平提高了参与人 1 的生产率：为了使工资有一定数量的增加，高生产率类型将愿意选择比低生产率类型更高的教育水平。

与在第 8 章中一样，这个博弈可以有很多重的序贯均衡。对于某些系数值存在着一个混同均衡，其中所有三种类型都选择相同的教育水平，它由以下信念加以支撑：如果观察到其他的教育水平就意味着参与人 1 是低生产率类型 θ'。典型地，存在一个不同的分离均衡的连续统，其中每种类型都会选择一个不同的教育水平。[①] 并且有各种各样的“半分离”均衡，其中不同类型所选择的教育水平的支持性理由是相交的但不是重合的。[②]

赖利（Riley，1979）论证过下述均衡是最合理的一个：最低生产率类型选择一个教育水平，使得在他的类型将被完全揭示的假定下最大化他的效用，从而他的工资就将等于他的生产率。称这个水平为 $a_1^*(\theta')$；我们的参数值为$a_1^*(\theta')=2$，$u_1^*(\theta')=2$。能力第二强的类型 θ''，则选择教育水平 $a_1^*(\theta'')$ 以最大化他的效用，其中支付给他的工资等于他的生产率 $3a_1-a_1^2/3$，并受约束于如下条件：类型 θ' 不应该相对于他“自己”的教育水平和工资更严格偏好于组合 a_1 和 $3a_1$ 的工资。因此，$a_1^*(\theta'')$ 必须满足

$$3a_1^*(\theta'')-\frac{(a_1^*(\theta''))^2}{2}\leqslant 2\Rightarrow a_1^*(\theta'')\approx 5.2$$

对于 $\theta=\theta'''$（以及后面的类型，如果有的话，），$a_1^*(\theta)$ 定义为该类型在完美信息和满足某种要求的教育水平下最小的教育水平，其中所说的要求是指教育水平要足以防止次低类型“假装”成类型 θ。（可以证明这些相邻的激励约束是有约束力的：如果没有一种类型愿意假装成次高类型，就没有一个类型愿意作出任何偏离。）赖利结果在这类分离均衡中是帕累托有效的。然而，其他均衡就参与人的事前收益而言可以更有效率。

崔和克雷普斯表明如果参与人 1 只有两种可能的类型，则直观标准选择赖利结果：假设在均衡中类型 θ' 和 θ'' 都对行动 $\hat{a}_1$ 赋予正的概率，并且让 $\tilde{a}_1$ 为满足下列条件的最高教育水平：类型 θ' 至少弱偏好于教育水平 $\tilde{a}_1$ 和工资 $\tilde{a}_1\theta''$，而不是他的均衡行动。由于只有两种类型，所以支付给混同行动

① 有了类型的连续统，就存在唯一的分离均衡，参见 Mailath (1987)。

② 因为存在甄别条件，请读者检查支撑条件是不可能重合的。

的工资 $a_2(\hat{a}_1)$ 最多为 $\hat{a}_1\theta'$，而且 $\tilde{a}_1 \geqslant \hat{a}_1$。根据单交叉条件，类型 θ' 将会更严格地偏好于高于 $\tilde{a}_1$ 的行动 a_1 和工资 $a_1\theta'$，而不是他的均衡选择 $\hat{a}_1$。由于大于 $a_1\theta'$ 的工资对于参与人 2 来说是被弱均衡占优的，所以直观标准就要求参与人 2 在所有超过 $\tilde{a}_1$ 的行动上对类型 θ' 赋予 0 概率，因而支付给这些教育水平的工资就必须是 $a_1\theta'$，并且因为有单交叉，参与人 θ' 将严格偏好于偏离均衡。

由直观标准选出的赖利结果有一个十分有趣的特征：只要分布的支撑保持恒定，而当增加或剔除一个类型时不连续地变化，那么这个结果与参与人 2 关于参与人 1 的信念就是独立的。为了说明这一点，假设开始时只有一种可能的类型 θ'。类型 θ' 选择 $a_1(\theta')$ 以最大化 $3a_1 - a_1^2/3$，故 $a_1(\theta') = 4.5$。现在假设参与人 1 以概率 $1-\varepsilon$ 具有类型 θ''，以概率 ε 具有类型 θ'，其中 ε 很小。赖利结果预测类型 θ' 会选择 $a_1^*(\theta') \approx 5.2$。配置会对信念如此敏感，这看来很极端。事实上，在 ε 很小的情形中，如果在接近 4.5 的 a_1 处能有一个混同配置看来更为合理了。

当存在三种或者更多种类型时崔和克雷普斯的论证就行不通了，因为为了让类型 θ' 剔除行动 a_1，a_1 就必须足够大以至于类型 θ' 选择它的话没有什么好处，即使会支付给参与人类型 θ''' 的工资，而类型 θ''' 的生产率要比 θ' 高出两个层次。如果类型 θ' 选择如此高的 a_1，他就必然能得到 $a_1\theta'$ 或者更多，但这将不再保证类型 θ' 从偏离中得到的好处将超过从均衡中得到的好处。关键在于为了排除类型 θ'，直观标准要求我们考虑最优可能的反应，即 $a_1\theta'''$，而为了得出"一旦 θ' 被排除则类型 θ'' 就会偏离"这一结论，我们就必须允许存在下列可能：当类型 θ'' 偏离时，支付给他的工资等于他自己的生产率。如果只有两种类型，一旦 θ' 被排除，则 θ' 所能希望的最优可能反应就与 θ'' 所能保证的反应是相同的。这就是为什么在这种情形下一般来讲直观标准具有更大的威力。事实上，如果只有两种类型，则它会选择赖利结果。

崔和克雷普斯观察到 D1 选择了具有三种类型的赖利结果。

崔和克雷普斯刻画了在更大的一类信号传递博弈中 D1 的含义：设对于某个 N 有 $A_1 = [0, 1]^N$ 且 $A_2 = [0, 1]$，假设类型集 Θ 是从 1 到 $\#\Theta$ 的整数集合。

定理 11.3（Cho and Sobel，1990）　假设一个信号传递博弈满足如下条件：

（ⅰ）（单调性）如果 $a_2' > a_2$，则所有类型 θ 更偏好 a_2' 而不是 a_2。

（ⅱ）对于每一个 $\mu \in \Delta(\Theta)$，$\mathrm{MBR}(\mu, a_1)$ 是一个单点；MBR 对 μ 是连续的，而且如果在一阶随机主导的意义上 μ' 大于 μ，则 $\mathrm{MBR}(\mu',$

$a_1)>\mathrm{MBR}(\mu, a_1)$，因此如果参与人 2 认为参与人 1 的类型更高，参与人 2 的反应就更有利于参与人 1。

（ⅲ）参与人 1 的效用函数是可微的，并且满足斯宾塞-莫里斯甄别条件：对于 a_1 的每个部分 a_{1j} 而言，$-(\partial u_1/\partial a_{1j})/(\partial u_1/\partial a_2)$ 对于 θ 都是递减的。

则存在唯一的均衡满足标准 D1。

由于崔和索贝尔要求参与人 1 的行动空间是有上界的，所以一种可能的均衡组合有一组类型在最高可能的行动上是混同的。崔和索贝尔证明这是唯一可能的一种混同，所以如果没有一种类型选择发送最高行动信号，则均衡就必然是完全分离的，而且是对应于赖利结果的一个推广情形。比如，如果 a_1'' 的每个分量都至少与 a_1' 的对应分量一样大，且 a_1'' 至少在某一个分量上严格更大，则 $a_1''>a_1'$。在证明中关键的一步是如下引理：

引理 11.2 在定理 11.3 的假设下，如果在均衡中类型 θ' 以正概率选择行动 a_1'，那么如果 $\theta''>\theta'$ 且 $a_1''>a_1'$，D1 意味着 $\mu(\theta' \mid a''_1)=0$。

证明 固定一个均衡（σ_1^*，σ_2^*）使得类型 θ' 以正的概率选择 a'_1。设 $a_2^*(a_1)$ 是由 $\sigma_2^*(\cdot \mid a_1)$ 规定的行动。对于每一个 $a''_1>a'_1$ 和 θ，令 $\hat{a}_2(\theta)\in \mathrm{BR}(\Theta, a''_1)$ 满足 $u_1(a''_1, \hat{a}_2(\theta), \theta)=u_1^*(\theta)$；如果没有这样的 $\hat{a}_2$ 存在，则设定 $\hat{a}_2(\theta)=+\infty$。我们认为单交叉意味着 $\hat{a}_2(\theta')>\hat{a}_2(\theta'')$。为看出这一点，考虑图 11—11，它显示了在一个单维 a_1 的情形下 $\hat{a}_2(\theta')\leqslant\hat{a}_2(\theta'')$ 的情况。根据定义，类型 θ'' 在 $A=(a_1', a_2^*(a_1'))$ 和 $B=(a_1'', \hat{a}_2(\theta''))$ 之间是无差异的。但是单交叉意味着在（a_1，a_2）空间中，类型 θ' 的无差异曲线在任何一点上都要比类型 θ'' 的无差异曲线更陡，因而图 11—11 中所画出的两条无差异曲线在任何 $a_1<a_1''$ 上都不会相交。因此，类型 θ' 严格地更偏好（a_1'，$a_2^*(a_1')$）而不是他的均衡策略——这是一个矛盾。我们留给读者去为多维 a_1 提供一个代数证明（亦参见第 7 章）。

因为 $\hat{a}_2(\theta')>\hat{a}_2(\theta'')$，

$$
\begin{aligned}
& D(\theta', \Theta, a''_1)\cup D^0(\theta', \Theta, a''_1) \\
&= \{a_2\in \mathrm{BR}(\Theta, a''_1) \text{ 使得 } a_2\geqslant\hat{a}_2(\theta')\}\subset D(\theta'', \Theta, a''_1) \\
&= \{a_2\in \mathrm{BR}(\Theta, a''_1) \text{ 使得 } a_2>\hat{a}_2(\theta'')\}
\end{aligned}
$$

因此，对于 a''_1 而言 θ' 被 D1 所排除。 ■

有了这个引理，就很容易看到任何一个均衡，只要有两种或更多的类型对于相同的 a_1^* 赋予正概率，则必然不满足标准 D1。令 θ^* 为选择 a_1^* 的最高生产率类型，且设 a_2^* 为参与人 2 对 a_1^* 的均衡反应。根据甄

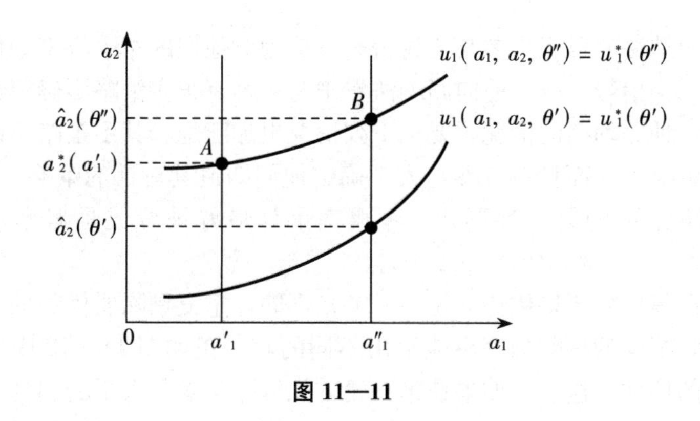

图 11—11

别条件，对于每一个大于但又充分接近于 a_1^* 的 a'_1，存在一个非劣势的反应使得类型 θ^* 偏好于偏离到 a'_1，但并不诱使更低生产率的类型偏离。因此，类型的“偏离区域”（在定义 11.6 的意义上）严格包含选择 a_1^* 的其他类型的偏离区域，因而如果参与人 1 选择任何“刚好高于” a_1^* 的教育水平，则参与人 2 就必然对于低于 θ^* 类型的所有生产率类型都赋予 0 概率。那样的话，因为参与人 2 的均衡反应对于关于参与人 1 的信念是连续递增的，所以类型 θ^* 可以通过对 a_1 的一个微小增加来诱使在 a_2 上的一个不可忽略的增加。

D1 不仅选择了赖利结果，它还对用以支撑它的信念施加了如下限制：在区间 $[a_1^*(\theta'), a_1^*(\theta''))$ 上的任何行动之后，参与人 2 都必须对类型 θ' 赋予概率 1，在 $[a_1^*(\theta''), a_1^*(\theta''')]$ 上的任何行动之后都必须对类型 θ'' 赋予概率 1，等等。由于 D1 的目的在于通过对信念进行“合理”的限制来精炼均衡集，所以在多大程度上上述0－1限制是不合理的，那么它们就在多大程度上对于 D1 作为一个均衡概念产生怀疑。

11.3　前向归纳法，重复剔除弱优势，及“烧钱”[†††]

正如重复剔除严格优势以及可合理化这两个方法可以用以缩小预测的集合，而无需单独使用可合理化的论证来对均衡进行精炼，所以重复剔除弱优势（IWD）概念可用以把握前向归纳法和逆向递归法的一些力量，而用不着假定参与人将在某个特定的均衡上协调他们的预期。① 由

① 在一个非均衡的情况下，作出经过“精炼”的预测的其他方法还包括：皮尔斯（Pearce，1984）的扩展式的可合理化以及重复剔除条件优势的思想。

于前向归纳法的思想是参与人将偏离解释为对他们的对手将来如何进行博弈的一个信号，所以前向归纳法看来与一种有很多策略不确定性的情况，即一种非均衡的情况，要比下列情况更加匹配：其中策略不确定性已经被解决了，而且所有参与人都确定他们知道其对手的策略。（这是我们如下论证的另一种形式：零概率事件最好被看成是概率很低的事件。）

与重复剔除严格优势（见 2.1 节）不同，重复剔除弱优势的一个困难在于，不同的剔除顺序可能给出不同的解，正如图 11—12 中的博弈所表示的那样。这里，如果在第一轮首先排除了参与人 1 的弱劣势策略 D，则解为（U，R），因为对于参与人 2 来说 L 是劣势的；如果我们在第一轮排除 L，则参与人 1 在 U 和 D 之间就无差异了，所以解集是（U，R）和（D，R）。对该问题的标准做法是在每一轮都明确规定剔除的最大数量，也就是说，在每一轮，所有参与人的一切弱劣势策略都要被排除掉。[①]

	L	R
U	1，0	0，1
D	0，0	0，2

图 11—12

重复剔除的弱优势在完美信息博弈中包含逆向递归：在最后面的信

① 罗切特（Rochet，1980）为下面的问题提供了部分答案：在什么时候，剔除弱劣势策略的每种顺序都能产生相同的解？他的回答从两个方面来讲都是片面的而且是不全面的：第一，他并没有考察我们所定义的弱占优，而只是看到了“纯策略占优”——他认为该过程并不会剔除所有的弱劣势策略，只有那些被另一个纯策略所占优的策略才会被剔除。[参见第 1 章中的一个例子，其中一个混合策略严格占优于一个纯策略，而该纯策略并不被（纯策略）占优。] 第二，罗切特只考虑了这样一种博弈：其中某些剔除顺序会产生唯一的预测。他证明，如果重复剔除的纯策略弱占优的任何顺序都产生唯一解，则剔除的任何顺序都可以产生这个相同的唯一解，但要满足如下假定：如果对于某参与人 i 和策略组合 s 和 s'，有：

$$u_i(s)=u_i(s')$$

则对所有的 j，有 $u_j(s)=u_j(s')$。

[注意这个条件在图 11—12 中的策略式中并没有得到满足：（D，L）和（D，R）对于参与人 1 产生相同的收益，但对参与人 2 产生的收益则不同。在一个扩展式博弈中，要使得罗切特假定得以满足的一个充分条件是：不存在一个参与人 i 和两个终点节点 z 和 z'，使得 $u_i(z)=u_i(z')$。这个充分条件在一般性的扩展式博弈中是满足的。] 毛林（Moulin，1986）用罗切特定理证明了逆向递归法和（任何顺序的）重复剔除的弱优势对于具有一般性收益的完美信息有限博弈而言给出了相同的唯一解。如果某些参与人在两个不同的终点节点上有着相同的收益，则重复剔除的弱优势就要比逆向递归法更强。

息集中的次优选择是被弱占优的；一旦这些选择被排除，则在次后信息集中所有的非子博弈完美的选择都会在下一轮的重复剔除中被消除；如此下去。重复剔除的弱优势还抓住了稳定性所潜含的前向归纳法的部分思想，因为一个稳定的部分包含了通过剔除弱劣势策略而得到的博弈的稳定部分。例如，图11－1中科尔伯格-默滕斯例子的稳定结果可以通过重复剔除的弱优势方法得到：参与人 1 的 RW 选择被严格占优了，而一旦 RW 被排除掉，参与人 2 选择 T 也就被弱占优了。

我们能看到的重复剔除的弱优势力量的最具代表性的例子，就是本-波若斯和戴克尔（Ben-Porath and Dekel，1988）对下面这类博弈的研究。[①] 参与人 1 和参与人 2 将进行一个同时行动的协同博弈，该博弈具有多个纯策略均衡，所有这些均衡都比不协调要好（所以混合均衡是帕累托劣势的），而且其中一个均衡给参与人 1 提供最高可能的收益。然而在他们进行博弈之前，参与人 1 可以选择公开地“烧掉”少量效用。如果参与人 1 可以烧掉的最大量足够大，并且将被烧掉的数量可以足够精确地明确规定出来，则根据重复剔除的弱优势得到的唯一结果就是参与人 1 不烧掉任何效用，然后参与人选择向参与人 1 提供最高收益的阶段博弈均衡。这个很强的结论既可以看成是关于参与人如何安排以一种特定的方式进行协调的论述，也可以看成是重复剔除的弱优势（从而稳定性）限制性过强的一个证据。

下面我们并不是正式叙述本-波若斯和戴克尔的定理，而是给出了一个说明性的例子。在第一期，参与人 1 既可以“不烧”也可以“烧掉”2.5 个效用单位。当观察到这个选择以后，他和参与人 2 将进行图 11—13 上方的同时行动博弈。注意，如果没有烧效用的可能性，则没有办法区分均衡（U，L）和（D，R）；参与人 1 偏好第一个均衡，而参与人 2 偏好第二个均衡。这就创造出该图下方所示的博弈，其中参与人 2 策略的第一个分量是如果参与人 1 烧的话该如何选择，而第二个分量则是如果参与人 1 不烧则第二个分量该如何选择。[在这个扩展式博弈中，策略（烧，D）对于参与人 1 而言会被（不烧，D）剔除掉，则任何 s_2(烧)＝R 的策略 s_2 对于参与人 2 来说都被策略 $\hat{s}_2$ 弱占优，其中 $\hat{s}_2$(不烧)＝s_2(不烧) 且 $\hat{s}_2$(烧)＝L。] 因此，当两轮重复剔除完毕之后，（烧，U）保证参与人 1 获得收益 6.5 且严格占优（不烧，D）。因而，

① 冯·达姆（van Damme，1989）独立地发现了在参与人可以“烧效用”的博弈中前向归纳法所具有的威力。他还发展了关于前向归纳法威力的例子，以及它与稳定性之间关系的其他一些例子。

在三轮重复剔除之后，参与人 2 应该得出结论：即使参与人 1 不烧，他也必然会选择 U，故而参与人 1 可以使用策略（不烧，U）且肯定能获得收益 9！也就是说，参与人 1 本可以烧掉效用却没有烧这一事实就足以保证他能得到他最偏好的均衡。

	L	R
U	9，6	0，4
D	4，0	6，9

a

	L，L	L，R	R，L	R，R
烧，U	6.5，6	6.5，6	−2.5，4	−2.5，4
烧，D	1.5，0	1.5，0	3.5，9	3.5，9
不烧，U	9，6	0，4	9，6	0，4
不烧，D	4，0	6，9	4，0	6，9

b

图 11—13

甚至对于一个 2×2 的两阶段博弈而言，对于一般性收益，结论要求参与人 1 烧效用有几个不同的可能水平。为看出这一点，假设第二阶段的收益为：对于（U，L）为（90，90），对于（D，R）为（72，72），其他则为（0，0），并且用 b 表示烧的成本，在第二阶段中参与人 1 的最大最小策略是$\left(\frac{4}{5}\text{U}，\frac{5}{9}\text{D}\right)$，它保证了 40 的收益；这也是参与人 1 的最小最大收益。如果 $b\geqslant50$，则参与人 1 通过烧所能得到的最好结果也要小于 40，所以（烧，U）和（烧，D）都被不烧［然后再选择 $(\frac{4}{5}\text{U},\frac{5}{9}\text{D})$］所弱占优，而且在一轮剔除之后，选择“烧”的博弈就简化为原博弈。如果$b<32$，则（烧，D）是对参与人 2 如下策略的一个最优反应：“如果参与人 1 不烧则选择最小最大策略，如果参与人 1 烧则选择策略 R。”所以甚至没有一个策略被弱占优。如果 $b\in[32，50]$，则只有（烧，D）被（“不烧”，$\left(\frac{4}{5}\text{U}，\frac{5}{9}\text{D}\right)$）弱占优。一旦这个策略被排除，则参与人 2 的策略中所有在烧之后再选择 R 的策略都被弱占优；但这和重复剔除所做的一样多。（烧，U）提供给参与人 1 一个 $90-b\leqslant58$的收益；（不烧，D）则可以提供 72 的收益。在这个博弈中，IWD

并不是很有力量。本-波若斯-戴克尔论文的要点在于当对于烧的水平有一个充分精良的安排时，参与人 1 可以保证得到他最偏好的均衡而不用烧。[①]

当有一个充分精良的安排时，本-波若斯和戴克尔的结论是令人惊讶地强。本-波若斯和戴克尔对该力量可能引起的不安作出了反应，他们建议将注意力集中在具有“共同利益”的博弈上，其中阶段博弈的单个均衡向参与人双方提供他们最偏爱的收益，因此当参与人 1 是唯一烧的人的话，参与人 2 并不处于劣势。他们证明如果阶段博弈不是一个具有“共同利益”的博弈，则参与人双方都会“试图烧”，且一旦参与人双方可以同时烧或者不烧，则重复剔除的弱优势就会给出弱得多的预测。但是我们相信，分析像我们例子的那些博弈中的 IWD 的威力仍然很有启发意义，在我们的例子中，只有参与人 1 烧，而且博弈并不具有共同利益。如果竭尽全力确保“真正”的扩展式与烧效用博弈的扩展式尽可能相近，则应该期望何种结果呢？在这个例子中的重复剔除过程就已经足够复杂，以至于我们对于结果是否会像预测的那样并没有多大信心。这部分是因为重复剔除要求很多步骤，而且就像逆向递归的链条那样，前向归纳法随步骤的变长越来越值得怀疑。将这个怀疑正规化的一个方法就是回忆，就像逆向递归法那样，前向归纳过程的每一步都要求另一种层次的假定：“如果收益被明确规定，那么参与人 1 知道参与人 2 知道……没有人会选择一个弱劣势策略”。解释这一疑问的另一个办法就是问归纳的第二步是否是合理的：如果参与人 2 看到参与人 1“烧效用，”她是否会用前向归纳法的方式进行推理，认为这是参与人 1 的一个理性决策，而参与人 1 的收益又恰好与原来所相信的一样？或者参与人 2 是否确信参与人 1 是“疯狂”的，并且从一个被认为是有代价的行动中得到正效用？后一种解释正是弗登博格-克雷普斯-莱维（Fudenberg-Kreps-Levine，1988）和戴克尔-弗登博格（Dekel-Fudenberg，1990）论文的核心之所在，这些论文都是关于对如下可能性经过精炼以后预测的稳健性：对于其对手的那些不同于原来假设的收益，参与人总是赋予非常小但又是非零的概率。

---

① 当要烧的数量是从一个区间中选取时，这个论述就不成立了。这样，如果我们将无限可分的货币的情形看成是不断精细的离散网络的极限，则满足重复剔除的弱优势的组合集就不再是下半连续了。这与如下熟悉的观察有关：反应和均衡对应不一定是下半连续的。根据关于 ε 均衡的文献，我们怀疑以下这个说法：存在各种方式去扰动博弈或者扰动解的概念以得到一个精细离散网络模型的连续统情形的解，这样，当要求一种非常精细的网络时，本-波若斯和戴克尔的结论可能就最不具有说服力了。

在讨论这些论文之前，我们想先讨论另外一个观点。冯·达姆（van Damme，1989）认为稳定性太弱了，不足以把握在一个均衡背景下前向归纳的所有含义。他提出前向归纳法的一个含义应该如下：

定义 11.8（van Damme，1989）　一个解概念 S 与一类一般性的双人扩展式中的前向归纳法是一致的，如果在 S 中不存在这样的均衡：它使得某个参与人 i 通过在均衡路径的某个节点上偏离一下，就能够确保（以概率 1 达到）一个适当的子博弈 Γ，其中（根据 S）除了一个解之外的所有解给参与人的收益都要严格小于均衡中的收益，而且其中只有一个解能给参与人严格更多的收益。

这个定义将一种逆向递归法的含义与如下思想综合起来：即偏离应该被解释为一个信号，它反映偏离者在将来希望如何进行博弈。如果参与人 i 的确偏离，并且这种偏离可以确保达到一个满足定义的适当子博弈，而且如果“S 给出在每个子博弈中期望解的集合”是共同知识，则参与人 i 的对手就“应该”推论到：在 Γ 中参与人 i 将根据那个唯一解进行博弈，这个唯一解给他提供的收益要高于从均衡路径所能得到的收益。[参与人的行动可以传递信号，表明他们期望得到这些均衡中的哪一个，这个思想首先由麦克莱恩（McLennan，1985）提出，他以不同的方式阐述了这一思想。] 该定义只涵盖了双人博弈，这是为了确保在子博弈 Γ 中参与人 1 具有一个非平凡的选择：在一个拥有三个参与人的博弈中，如果参与人 1 偏离但是不愿再进行博弈了，则没有什么理由可以预期参与人 2 和参与人 3 会选择参与人 1 最偏好的那个均衡。（如果在 Γ 中只有参与人 j 行动，则根据逆向递归法，一个一般性的 Γ 将有一个唯一解。）另一种定义指出，如果参与人 1 以一种满足定义的方式进行偏离，则所有其他参与人都应该预期参与人 i 会根据唯一的解进行博弈，这个唯一的解为偏离作出了解释，如果参与人 i 不再行动，则它将不会再施加什么限制。

冯·达姆使用图 11—14 所示的“外部选择权”博弈来说明稳定性并不满足他对前向归纳法的定义。我们将重复一下他的论述，既是出于它本身的利益，又是为了帮助说明检查稳定性的技术细节。

首先，让我们分析一下当参与人 2 选择了 r 以后子博弈 $\Gamma(r)$ 的稳定均衡。这时参与人 1 既可以利用他的“外部选择权”选择 L，导致收益（2，5），也可以与参与人 2 进行一个“性别战”博弈。有三种子博弈完美的均衡结果：（RS，w），（RW，s）和 L，收益分别为（3.5，3），（2.5，3）以及（2，5）；如果要达到“性别战”博弈，则最后的结果是由混合策略均衡支持的。由于这个博弈的两个纯均衡提供给参与人 1 的收益都高于他的外部选择，所以参与人 1 没有选择 L 这一事实并不能“传递”关于其意图的“信号”，并且我们会期望稳定性将不会缩小子博弈完美的均衡集。（注意，这与烧效用博弈是相对的，在烧效用博弈中稳定性选择了唯一的结果。）

为了证实这一直觉，我们必须将 $\Gamma(r)$ 均衡的一个部分与结果 L 联系起来，使得对于博弈的每一个扰动都在该部分的某个元素附近存在一个均衡。在图 11—14b 中，博弈 $\Gamma(r)$ 仅仅对应于剔除参与人 2 的策略 ℓ。

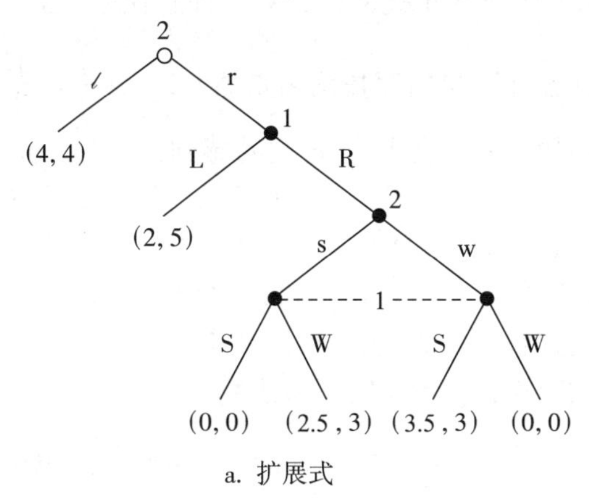

a. 扩展式

	ℓ	rs	rw
L	4，4	2，5	2，5
RS	4，4	0，0	3.5，3
RW	4，4	2.5，3	0，0

b. 简化策略式

图 11—14

令 q 表示参与人 2 选择 rs 的概率，并考虑当$q=\left\{\frac{3}{7}, \frac{4}{5}\right\}$时，组成部分 $\{(\mathrm{L}, (q, (1-q)))\}$。（注意这个组成部分并不是连通的，但是两个均衡有相同的结果。）对于任何一个 q，参与人 1 至少相对于 RS 和 RW 更弱偏好于 L，所以两个组合都是纳什均衡。现在扰动一下 $\Gamma(r)$，要求参与人 i 对于策略 s 至少赋予 $\varepsilon(s_i)$ 的概率。如果 $\varepsilon(\mathrm{RS})\geqslant\varepsilon(\mathrm{RW})$，则受扰动博弈的一个均衡就是让参与人 1 以概率$1-2\varepsilon(\mathrm{RS})$选择 L，并

且以相等的概率 $\varepsilon(RS)$ 选择 RS 和 RW，以及让参与人 2 以概率 $q=\frac{4}{5}$ 选择 rs。给定 $q=\frac{4}{5}$，则参与人 1 在 L 和 RW 之间无差异，因此愿意赋予 RW 多于最低要求的概率。给定 RS 和 RW 的可能性是相等的，则参与人 2 愿意随机选择；对于小的 εs，参与人 2 的策略显然满足最低概率约束。随着 $\varepsilon_1(\cdot)\rightarrow 0$，这个组合收敛于（L，$(\frac{4}{5},\frac{1}{5})$），它属于我们已经构造过的那个部分。如果 $\varepsilon(RS)\leqslant\varepsilon(RW)$，则一个均衡就是让参与人 1 对于 RS 和 RW 都赋予概率 $\varepsilon(RW)$，而且让参与人 2 设定 $q=\frac{3}{7}$。

注意稳定部分并不包括序贯均衡策略（L，$(\frac{1}{2},\frac{1}{2})$），因为这些策略并没有使得参与人 1 在 L 与 R 之间感到无差异。正如我们在上面看到的，参与人 1 感到无差异这一点很重要，因此如果（比如说）扰动使他更多地颤抖到 RS 而不是 RW 上，则他愿意以高于最低概率的概率选择 RW，以恢复参与人 2 对于 rs 和 rw 的无差异性。

接下来我们宣称，在整个博弈中参与人 2 选择 ℓ 是一个稳定的结果。解决问题的起点在于考虑以下部分：

$$\{((\frac{3}{5}L,\ \frac{2}{5}RS,\ 0RW),\ell),((\frac{1}{3}L,\ 0RS,\ \frac{2}{3}RW),\ \ell)\}$$

在这个部分的两个均衡中，参与人 2 对 ℓ 和另一个选择之间感到无差异。在第一个均衡中，另一个选择是 rw；在第二个均衡中是 rs。在任何一个受扰动的博弈中，参与人 2 都愿意以足够大的概率选择 rs 或者 rw，以使参与人 1 在 L 和 R 之间无差异。

稳定的结果 ℓ 表明稳定性并不满足定义 11.8，仅仅固定那些结果为 ℓ 的均衡，并假设参与人 2 偏离到 r。由于 $\Gamma(r)$ 具有唯一一个稳定结果能够使选择 r 对参与人 2 来说是理性的，即“参与人 1 选择 L”，定义 11.8 要求如果参与人 2 选择 r 则她得到收益 5，这就排除了参与人 2 选择 ℓ 的那个均衡。

11.4　在收益不确定性下的稳定的预测†††

弗登博格、克雷普斯和莱维（Fudenberg，Kreps and Levine，1988）以及戴克尔和弗登博格（Dekel and Fudenberg，1990）讨论了如

下问题：如果对于未预料到的偏离，参与人用以解释的主要故事是收益不同于原有假设，那么哪种精炼过的预测是可能的。典型的博弈理论的假定是收益（作为终点节点的函数）是正确地明确规定好了的，而且事实上是共同知识。弗登博格、克雷普斯和莱维表明这个假定最好被看成是一个近似，因为无论分析博弈的博弈理论家，还是博弈中的参与人，都不应该完全肯定收益会像扩展式描述的“最有可能”情形那样。

即使只允许存在一个很小的概率使得收益不同，这也会产生非常强的含义，因为如果存在一个未预期到的观察，则一个很小的事前概率也可以变得很大。我们在 11.2 节对斯宾塞的劳动力市场信号传递模型的讨论中就已经观察到了这一点。在得出正式结论之前，让我们先给出这个含义的两个进一步的例子。

先考虑一下图 11—15a 所示的博弈。这里唯一的子博弈完美均衡是参与人 1 选择（D，u），而参与人 2 选择 R；组合（U，L）是纳什均衡，但不是子博弈完美的。然而，如果参与人 2 预期参与人 1 通常会选择 U，并且将 D 看成是如下事实的一个信号，即参与人 1 的收益使得他在第二个信息集处选择了 d，则参与人 2 选择 L 就是合理的。与这个故事相对应的扩展式在图 11—15b 中表示出来：这里参与人 1 有两种可能的类型，θ 和 θ'；类型 θ 的收益如图 11—15a 所示，而类型 θ' 的收益使得 D_2d_2 成为一个弱优势策略。在这个博弈中，无论 θ' 的先验概率是什么，θ 选择 U_1u_1，θ' 选择 D_2d_2，参与人 2 选择 L 的这一组合总是序贯的，而且事实上作为一个单元集，它也是稳定的。因为每一个参与人的策略都是对于其对手策略的一个严格最优反应。这样，“少量”的收益不确定性——也就是存在一个小概率使得一个参与人的收益非常不同于原来的假设——就可以解释子博弈不完美的结果。注意图 11—15a 中的非完美均衡（Ud，L）在相关的策略式中是颤抖手完美的：如果参与人 1 在大多数情况下都选择 U 且“颤抖”到 Dd 上的次数要大大地多于“颤抖”到 Du 上的次数，则参与人 2 选择 L 就是最优的。正如在第 8 章中所讨论的那样，泽尔滕之所以引入代理人策略式，恰恰就是为了排除在参与人 1 的偏离中出现的这种“相关性。”如果偏离是由于不同的收益而不是由于颤抖引起的，则“一个参与人的偏离应该是独立的”这个说法就不那么令人信服。

图 11—16 所示的博弈说明了“将偏离理解成是由于收益不确定性所导致的”另一种含义。在参与人 1 和参与人 3 已经选择了 R 和 r 的子博弈中，参与人 1 和参与人 2 的收益独立于参与人 3 在 A 与 B 之间的

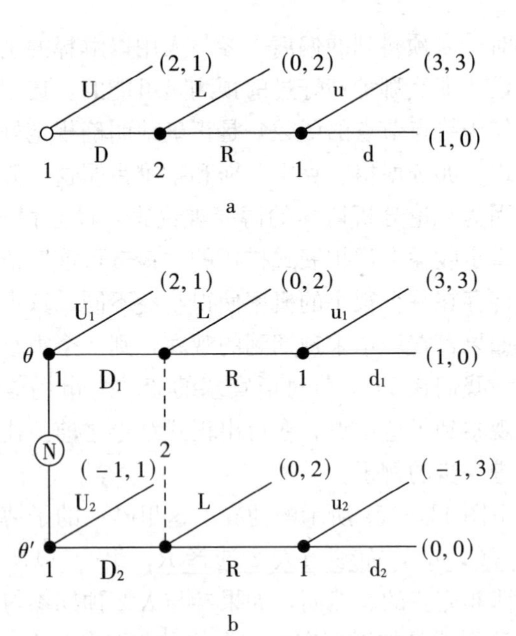

图 11—15

选择，而且他们在彼此之间进行一个“配对硬币”的博弈。因此，子博弈的任何纳什均衡都使得参与人 1 和参与人 2 在他们的两个行动之间等概率地随机选择。因而参与人 3 在子博弈中获得超过 0 的收益，而且必须选择 r。还存在一个非完美的纳什均衡，其中参与人 1 选择 L 而参与人 3 选择 d。参与人 3 的这个选择可以被“合理地解释”，如果他将“参与人 1 偏离到 R”理解为参与人 1 和参与人 2 将在同时行动子博弈中使他们之间的博弈相关，特别是如果参与人 3 预期将面对联合分布（$\frac{1}{2}$(H，h)，$\frac{1}{2}$(T，t)）的话。假如参与人 3 对于“他的对手有不同的收益”赋予一个很小的但是正的事前概率，就出现这样的情况，如果还假设参与人 3 相信这些概率是相关的话，则参与人 1 的偏离就会发送一个关于参与人 2 将来如何博弈的信息的信号。例如，世界可能有三种状态。在状态 ω_1 中（它具有接近 1 的概率），收益就是图 11—16 中的那些。在状态 ω_2 中，紧跟在 Rr 后面的子博弈中参与人 1 和参与人 2 的收益使得他们都有一个占优策略：分别选择 H 和 h 并得到 1。在状态 ω_3 中，这与 ω_2 有着同样的可能，在紧跟 Rr 之后的子博弈中，参与人 1 和参与人 2 的收益使得 T 和 t 对于参与人 1 和参与人 2 来讲是占优策略，他们得到 1。参与人 3 不知道哪种状态是主要的状态，但参与人 1 和参与人 2 都知道。引入状态 ω_2 和 ω_3 就将上述子博弈中参与人 1 和参与人 2 策略之间的相关性模型化了。在偏离是“颤抖”的情形下，这种相关性可能看上去并不合理；而当偏离是由收益不确定性造成时，它们看上去要更自然一些。

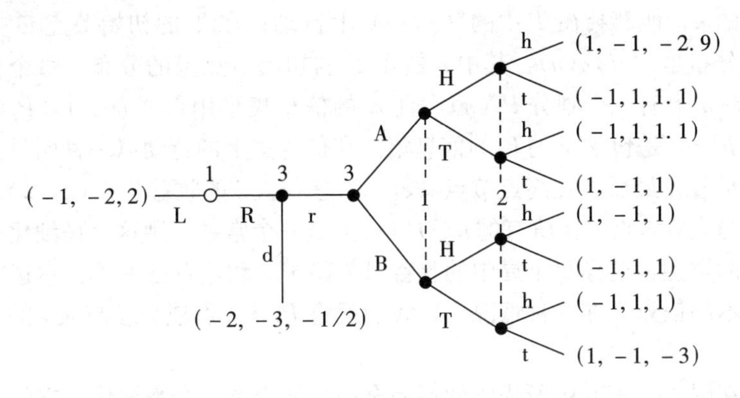

图 11—16

为了引入相关颤抖的概念，我们举出如下一个关于相关类型的特殊例子，假设对手的收益以概率 1 与原来的假设一样，但存在一个很小的可能使得对手可以接触到相关性设置。那么，尽管参与人将沿着均衡路径不断博弈下去，就如同没有任何相关性设置，但是他们可能将某些未预料到的观察理解为如下信息的一个信号：相关性设置其实是存在的。让-弗朗西斯·默滕斯创造了一个例子，其中这一点看来尤其贴切：假设存在参与人 1 和参与人 2，他们互相之间不能沟通，并有权选择是否进行一场“性别战”博弈，其中达成协调的收益是（1，2）和（2，1），达不成协调的收益是（−10，−10），而不进行博弈的收益则是（0，0）。参与人 3 相信不存在相关性设置，因而可能会预测参与人 1 和参与人 2 选择不进行博弈。然而，假如与预期相反，参与人 1 和参与人 2 的确同意进行博弈，则参与人 3 可能会得出结论：存在一个相关性设置。

上述例子表明允许存在较小的收益不确定性可以有“很大”的效应。[冯·达姆（van Damme，1983）和迈尔森（Myerson，1986）给出了其他一些例子。] 弗登博格、克雷普斯和莱维（Fudenberg，Kreps and Levine，1988）只考虑了收益不确定性的情形。也就是说，他们假定对于博弈的具体规则毫无疑问（谁在什么时候行动，他们的选择是什么，他们所观察到的以前的行动是什么），而且唯一“额外”的不确定性涉及其他参与人的收益。这引发了对扩展式博弈 E 的一个精细化

(elaboration) $\widetilde{E}$ 的思想。

定义 11.9 对扩展式博弈 E 的一个精细化 $\widetilde{E}$ 是这样形成的：给定一个整数 N，以及在 $\mathcal{N}=\{1, 2, \cdots, N\}$ 上的一个概率分布 μ。$\widetilde{E}$ 的博弈树 $\widetilde{T}$ 是对 E 的博弈树 T 的一个 N 次复制：$\widetilde{T}=T\times\mathcal{N}$；每个 $n\in\mathcal{N}$ 对应于博弈的一个“版本”。如果参与人 i 在 T 中的 x 上行动，则对于所有的 n，他都会在 $\widetilde{T}$ 中的 (x, n) 上行动；在 $\widetilde{T}$ 的初始节点 $\widetilde{w}$ 上的概率分布是 $\rho(w)\mu(n)$，其中 ρ 是在 T 的初始节点上的分布。每个参与人 i 在 n 上有一个划分 $P_i(n)$，且 $\widetilde{E}$ 的信息集采用形式 $h(x)\times P_i(n)$，其中 $h(x)$ 是包含 x 的 E 的信息集。在信息集上的行动以一种明显的方式继承着。最后，在终点节点 (z, n) 参与人 i 的收益是 $u_i(z, n)$。如果参与人 i 的收益在所有的 $n\in P_i(n)$ 上是一个常数，则这个精细化就有自身的类型，这样每个局中的收益只依赖于 z 和他自己关于自然选择哪个版本的信息。在这种情况下，我们就将 $P_i(n)$ 看成是参与人 i 的“类型”[①]。

在图 11—15b 中所描绘的不完全信息博弈是一个精细化，它的私人类型与图 11—15a 中的博弈是一样的。注意私人类型的定义并不要求在类型上的分布是独立的。

接下来的一步就是明确什么时候精细化“接近于”它所基于的博弈。

定义 11.10（收敛标准） 要让扩展式博弈 E 的一个精细化 $\widetilde{E}^k$ 的序列逼近于 E，充分条件如下：

（i）对于每个版本中收益的绝对值和每次精细化中的版本数量存在着一个一致的边界；

（ii）存在单个的版本 1 使得 $\lim_{k\to\infty}\mu^k(1)=1$；并且

（iii）对于每个 i 和 z，$\lim_{k\to\infty}\mu_i^k(z, l)=u_i(z)$。

条件 ii 和 iii 要求存在一个单个的版本，其概率趋于 1 而且其中收益收敛到原来博弈中的那些收益。如果将这些条件替换为下列要求：凡是收益接近于原来博弈的所有版本的总概率收敛于 1，则该定义允许具有相关性装置的一个博弈序列趋近于一个不存在这种装置的博弈（相关均衡对应于那些精细化，其中所有的版本都具有与原博弈相同的收益）。这个“闭性”的意思看上去过于宽泛；我们以前已经论证过一个以小概率具有相关性装置的博弈应该接近于一个没有这种装置的博弈，但是如

① 原来的博弈 E 可以是一个不完备博弈，因此 $P_i(n)$ 并不是在通常意义上对参与人 i 的类型的一个完整的描述——这是他的“偏类型”。

果博弈中必然存在相关性装置，那就是另外一回事了。

条件 i 的第一个部分确保具有不同收益的小概率在事前收益中只有很小的差别。如果没有一致的边界，则在其他版本中的收益就可以随着其概率的降低而变大，这样的话，事前收益的极限值就可能与原博弈中的收益有很大不同。弗登博格、克雷普斯和莱维断言：版本数量的边界"对于支持闭性来说很可能是不必要的"。（注意，这个定义给出了收敛的充分条件，但不是必要条件。这是因为所述的定义并没有在给定扩展式的精细化空间上产生一个拓扑。）为了刻画允许存在收敛标准中所定义的那种"小"的扰动所具有的含义，我们就必须要明确说明在受扰动博弈中所使用的那一个均衡的精炼。弗登博格、克雷普斯和莱维使用了严格均衡的概率，这个要求是非常强的：任何严格均衡作为一个单元集都是稳定的。他们使用这样一个很强的概念，是因为他们对于诸如稳定性的精炼的批评在下面这种情况中最有力量：即被精炼所拒绝的均衡在受扰动博弈中可以被证明满足一个很强的精炼形式。

定义 11.11　对应于扩展式博弈 E 的策略式的一个均衡 σ 对于私人类型是接近严格的，如果存在 E 的一个具有私人类型的精细化 $\widetilde{E}^k$ 的序列，该序列在收敛标准的意义下趋近于 E，并且存在对应于 $\widetilde{E}^k$ 的化简后的策略式的一个严格均衡 $\tilde{\sigma}^k$ 序列，使得在所有节点（x，1）处由 $\tilde{\sigma}^k$ 所描述的行为都收敛于在 x 处由 σ 描述的行为。

回忆对于私人的精细化定义允许在类型上的分布是相关的，我们已经论述过这一点是很自然的。因而刻画接近严格均衡集的均衡的概念也包含有相关性。

定义 11.12　如果对于每一个参与人 i，在 S_{-i}上都存在一个完全混合的概率分布序列 ϕ_{-i}^k，使得 $\phi_{-i}^k \to \sigma_{-i}$，而且对每一个 ϕ_{-i}^k来讲，σ_i 都是一个最优反应，那么一个策略式的策略组合 σ 是 c 完美的。

c 完美性在两个方面弱化了策略式中的颤抖手完美性。第一，没有使用通常的$\sigma^k \to \sigma$，其中每个参与人对于他的对手的"颤抖"都有他自己的信念。如果以为颤抖发生得非常少，则参与人具有这样不同的信念看来也是合理的。第二，关于对手颤抖的信念不一定是采用混合策略的形式，但可以是在对手的联合行动上的任何概率分布，因此，相关的颤抖也就是允许的。（在 c 完美性一词中的 c 是用来表示这种相关性的。）这两个考虑在具有两个参与人的博弈中是无关紧要的，在那里 c 完美性就退化为策略式中的颤抖手完美性。

定理 11.4 (Fudenberg, Kreps and Levine, 1988)[①] 在具有收益 u 的一个扩展式博弈 E 中，一个纯策略组合 s 相对于私人类型而言是接近严格的，当且仅当存在一个序列 $u^k \rightarrow u$，使得在对应的策略式博弈中 s 是 c 完美的。

定理 11.4 意味着任何 c 完美的纯策略[②]均衡都是接近严格的；接近严格的均衡集还包括在收益略微不同的博弈中的 c 完美均衡。也就是说，为了得到"当且仅当"这一刻画，就要在扩展式中相对于收益的扰动采用 c 完美集合的闭形式。注意这些收益扰动，其中收益必定接近于原来博弈中的那些收益，比在"接近严格"的定义中所考虑的扰动限制性要强得多。

弗登博格、克雷普斯和莱维论证道，当收益的不确定性是对于偏离的一个主要解释时，就不应该使用那些比 c 完美性限制更强的概念，除非准备论证哪种形式的收益不确定性——即博弈的哪种版本——被认为是更有可能的。在我们看来总是存在着收益的不确定性：在经济学上不存在什么有趣的情况，会使得其中的参与人完全肯定其对手的收益，甚至就连假设"这作为一种思想实验是真实的"也是不合理的。然而，这并不意味着我们认为弗登博格、克雷普斯和莱维的结论对所有情形都是贴切的。他们分析了小收益不确定性的效应，而忽略了对于偏离的所有其他解释，比如说错误或者是试验。这样，他们的结论就描述了当收益不确定性相对于其他这些解释来说"是很大"时的那些情况。对于给定情况的正确模型依赖于哪一种（哪一些）解释是最有可能的，而这一信息在通常的扩展式中并没有被抓住。因此，我们担心：要想有一个对于所有扩展式博弈都适合的单一的精炼理论也许是不可能的。

参考文献

Banks, J., and J. Sobel. 1987. Equilibrium selection in signalling games. *Econometrica* 55: 647 - 662.

---

① 弗登博格、克雷普斯和莱维将该定理作为接近严格的均衡集与"拟 c 完美"的均衡集之间的等价关系加以表述。按照戴克尔和弗登博格（Dekel and Fudenberg, 1990）的解释，该定理可以用这里给出的这种更简单的形式表述出来。

② 一个混合策略均衡是可以被改造成接近严格的，按照海萨尼的做法，首先是要将它转换成一个具有私有信息的纯策略均衡（参见第 6 章）。

Ben-Porath, E., and E. Dekel. 1998. Coordination and the potential for self-sacrifice. Mimeo.

Cho, I. K., and D. M. Kreps. 1987. Signalling games and stable equilibria. *Quarterly Journal of Economics* 102: 179 - 221.

Cho, I. K., and J. Sobel. 1990. Strategic stability and uniqueness in signalling games. *Journal of Economic Theory* 50: 381 - 413.

Dalkey, N. 1953. Equivalence of information patterns and essentially determinate games. In *Contributions to the Theory of Games II*, ed. H. Kuhn and A. Tucker. Princeton University Press.

Dekel, E. 1990. Simultaneous offers and the inefficiency of bargaining: A two-period example. *Journal of Economic Theory* 50: 300 - 308.

Dekel, E., and D. Fudenberg. 1990. Rational play under payoff uncertainty. *Journal of Economic Theory* 52: 243 - 267.

Elmes, S., and P. Reny. 1998. On the equivalence of extensive form games. Mimeo, Columbia University and University of Western Ontario.

Farqharson, R. 1969. *Theory of Voting*. Yale University Press.

Fudenberg, D., and D. Kreps. 1988. A theory of learning, experimentation, and equilibrium in games. Mimeo, Massachusetts Institute of Technology.

Fudenberg, D., D. M. Kreps, and D. K. Levine. 1988. On the robustness of equilibrium refinements. *Journal of Economic Theory* 44: 354 - 380.

Hillas, J. 1990. On the definition of the strategic stability of equilibria. *Econometrica* 58: 1365 - 1390.

Kohlberg, E. 1981. Some problems with the concept of perfect equilibrium. Rapporteurs' report of the NBER conference on the Theory of General Economic Equilibrium by Karl Dunz and Nirvikar Singh, University of California, Berkeley.

Kohlberg, E., and J.-F. Mertens. 1986. On the strategic stability of equilibria. *Econometrica* 54: 1003 - 1038.

Kreps, D., and R. Wilson. 1982. Sequential equilibria. *Econometrica* 50: 863 - 894.

Mailath, G. 1987. Incentive compatibility in signaling games with a continuum of types. *Econometrica* 55: 1349 – 1365.

McLennan, A. 1985. Justifiable beliefs in sequential equilibrium. *Econometrica* 53: 889 – 904.

Mertens, J.-F. 1989. Stable equilibria—a reformulation. I. Definition and basic properties. *Mathematics of Operations Research* 14: 575 – 624.

Mertens, J.-F. 1990. Stable equilibria—a reformulation. II. *Mathematics of Operations Research*, forthcoming.

Moulin, H. 1986. *Game Theory for the Social Sciences* (second edition, revised). New York University Press.

Myerson, R. (1986). Multi-stage games with communication. *Econometrica* 54: 323 – 358.

Okada, A. 1981. On the stability of perfect equilibrium points. *International Journal of Game Theory* 10: 67 – 73.

Osborne, M. 1987. Signaling, forward induction and stability in finitely repeated games. Mimeo, Department of Economics, McMaster University.

Pearce, D. 1984. Rationalizable strategic behavior and the problem of perfection. *Econometrica* 52: 1029 – 1050.

Riley, J. 1979. Informational equilibrium. *Econometrica* 47: 331 – 359.

Rochet, J.-C. 1980. Selection of a unique equilibrium payoff for extensive games with perfect information. Mimeo, Université de Paris IX.

Selten, R. 1965. Re-examination of the perfectness concept for equilibrium points in extensive games. *International Journal of Game Theory* 4: 25 – 55.

Sobel, J., L. Stole, and I. Zapater. 1990. Fixed-equilibrium rationalizability in signalling games. *Journal of Economic Theory* 52: 304 – 331.

Thompson, F. 1952. Equivalence of games in extensive form. Report RN 759, Rand Corporation.

van Damme, E. 1983. *Refinements of the Nash Equilibrium Concept*. Springer-Verlag.

van Damme，E. 1987. *Stability and Perfection of Nash Equilibria*. Springer-Verlag.

van Damme，E. 1989. Stable equilibria and forward induction. *Journal of Economic Theory* 48：476 - 496.

第12章　策略式博弈高级专题

这一章总结有关策略式博弈的各类结论，这些博弈要求比第1章中的博弈有更多的设置。我们建议缺乏数学训练的读者粗略了解一下其中的问题、思想和结论，但忽略技术性细节。其中有些结论只是作为参考才表述出来的，而并不是试图对它们的证明作出解释。

12.1节阐述了对于一般性策略式博弈都成立的有限策略式博弈的有关性质。一般地，策略式具有有限的而且是奇数个均衡，并且这些均衡在如下意义上是稳定的：任何具有相近收益的受扰动的博弈都具有相近的均衡。

12.2节将1.3.3小节的存在性分析扩展到具有“连续”行动的空间（即$\mathbb{R}^n$的凸子集）和不连续的收益函数上来。

12.3小节分析了“超模博弈”。粗略地讲，在超模博弈中每个参与人的策略都是排序的，而且每个参与人的最优反应随着其对手的策略是递增的。超模博弈具有纯策略纳什均衡，即使收益既不是拟凹的又不是连续的，纳什均衡策略集和可合理化策略集都具有上下界，甚至是重合的。而且超模博弈的学习与比较静态的性质是显而易见的。

12.1　纳什均衡的一般性质†††

尽管纳什均衡在每一个有限的策略式博弈中都存在，但是纳什概念的某些其他的有趣性质只对于“几乎所有的有限策略式”成立。本节我们考察这样的两个性质：均衡的有限性和奇数性，以及均衡对于收益扰动的稳定性。

“几乎所有”指的是以下含义：在一个有I个参与人的有限博弈中，每个参与人i有$\# S_i$个策略，这个博弈可以看成是维数为$I \cdot \prod_{i=1}^{I} \# S_i$

的欧几里得空间中的一个收益向量 $\{u_i(s)\}_{i\in \mathcal{I}, s\in S}$。对于 I 个策略空间的一个固定的集合，"博弈 u" 是一个具有固定策略空间和收益向量 u 的博弈。"几乎所有的博弈" 都满足一个性质，如果满足这个性质的博弈的集合（也就是说，收益向量，其中参与人的数量和策略空间保持不变）在上述欧氏空间中是开集而且是稠密的话。一个性质如果对于 "几乎所有的博弈" 都满足，则称该性质对于 "一般性的博弈" 是满足的。

12.1.1　纳什均衡的数量

正如德布鲁（Debreu，1970）所表明的那样［参见 Mas-Colell (1985)］，竞争性经济 "总体而言" 具有有限且是奇数个瓦尔拉斯均衡。"总体而言" 指出如下事实：奇数性并不是对于任何经济都成立，而是对于几乎所有的经济都成立（更确切地，对于经济的一个开的且稠密的集合成立）。我们可能想知道相似的结论是否对于一个博弈的纳什均衡集也成立。我们很容易就可以发现具有偶数个纳什均衡的博弈。例如，图 12—1 所示的博弈就有两个纳什均衡：纯策略组合（U，L）和（D，R）。威尔逊（Wilson，1971）已经证明这个博弈是 "例外的"[①]。

	L	R
U	1，1	0，0
D	0，0	0，0

图 12—1

定理 12.1［威尔逊（Wilson，1971）的奇数性定理］　几乎所有的有限博弈都具有有限的且奇数个均衡。

12.1.2　均衡对于收益扰动的稳定性

在实际操作中，要让建模者明确规定一个恰好正确的收益函数是不大可能的。那么，问题就是具有收益 u 的原博弈的纳什预测是否与具有近似收益 $\tilde{u}$ 的实际博弈的纳什预测近似。

稳定性问题包括许多方面。在本小节中，我们固定策略式（参与人的集合以及他们的策略空间）并放松 "建模者已经明确规定了正确的收益" 这一假定，但是我们仍然保留如下假说：收益在各参与人之间是共同知识。在第 11 章和第 14 章中，我们在放松了 "收益是参与人的共同

① 对于进一步的奇数定理，参见 Eaves (1971，1973，1976) 和 Harsanyi (1973)。

知识”这一假定下，讨论了其他的稳定性问题。

为了定义有限博弈中近似性的含义，我们引入收益向量与策略组合之间的距离。令

$$u=\{u_i(s)\}_{i\in\mathscr{I},s\in S}$$

和

$$\tilde{u}=\{\tilde{u}_i(s)\}_{i\in\mathscr{I},s\in S}$$

表示两个收益向量，并且令

$$\sigma=\{\sigma_i(s_i)\}_{i\in\mathscr{I},s_i\in S_i}$$

和

$$\tilde{\sigma}=\{\tilde{\sigma}_i(s_i)\}_{i\in\mathscr{I},s_i\in S_i}$$

表示两个混合策略组合。令

$$D(u,\tilde{u})=\max_{i\in\mathscr{I},s\in S}|u_i(s)-\tilde{u}_i(s)|$$

且

$$d(\sigma,\tilde{\sigma})=\max_{i\in\mathscr{I},s_i\in S_i}|\sigma_i(s_i)-\tilde{\sigma}_i(s_i)|$$

如果对于任何相近的博弈都存在一个相近的纳什均衡，那么一个博弈的纳什均衡是“本质的”或“稳定的”。

定义 12.1 如果对于任意 $\varepsilon>0$ 下列条件成立：对于任意满足 $D(u,\tilde{u})<\eta$ 的 $\tilde{u}$，博弈 $\tilde{u}$ 都存在一个纳什均衡 $\tilde{\sigma}$，满足 $d(\sigma,\tilde{\sigma})<\varepsilon$，那么博弈 u 的一个纳什均衡 σ 是本质的或稳定的。如果一个博弈的所有均衡点都是本质的，那么博弈 u 是本质的。

图 12—1 给出一个非本质博弈的例子。在图中，策略组合 $\sigma=(\text{D},\text{R})$ 是博弈 u 的一个纳什均衡。然而，图 12—2 中稍受扰动的博弈 $\tilde{u}$ 的唯一纳什均衡是 $\tilde{\sigma}=(\text{U},\text{L})$。注意 $D(u,\tilde{u})=\eta$ 且 $d(\sigma,\tilde{\sigma})=1$，所以博弈 u 的一个纳什均衡，也就是 $\sigma=(\text{D},\text{R})$，远离于最接近的（且是唯一的）纳什均衡，$\tilde{\sigma}=(\text{U},\text{L})$。图12—1所描述的博弈又是一个例外，正如下述定理所要说明的那样。

定理 12.2（Wu and Jiang，1962） 几乎所有的有限策略式博弈都是本质的。

该定理的证明依赖于福特（Fort，1950）的本质不动点定理。考虑一个距离为 d 的紧的测度空间 $\sum$。从 $\sum$ 到自身的连续映射 f 的一个

不动点σ是本质的，如果对于任意$\varepsilon>0$，存在$\eta>0$，使得对于任意满足$d(f, \tilde{f})=\max_{\sigma\in\Sigma}d(f(\sigma), \tilde{f}(\sigma))<\eta$的连续映射$\tilde{f}$，都存在$\tilde{f}$的一个不动点$\tilde{\sigma}$，且$d(\sigma, \tilde{\sigma})<\varepsilon$。如果一个映射所有的不动点都是本质的，那么该映射是本质的。福特的本质不动点定理断言本质映射集在连续映射集中是稠密的。(从它的定义来讲，这个集合也是开集。)

	L	R
U	1，1	0，0
D	0，0	$-\eta$，$-\eta$

图 12—2

福特定理比较了相近映射的不动点。但它并不能真的可以比较相近博弈的均衡。回忆纳什均衡可以通过求一定连续映射的不动点来得到，吴和江（Wu and Jiang）将一个博弈看成是“与博弈u有关的纳什映射”。这个纳什映射是从$\sum$到自身的一个函数f_u，其中：

$$f_u=\{f_u^{s_i}\}_{i\in\mathscr{I},s_i\in S_i}$$

且

$$f_u^{s_i}(\sigma)=\frac{\sigma_i(s_i)+\max\{0,u_i(s_i,\sigma_{-i})-u_i(\sigma)\}}{1+\sum\limits_{s'_i\in S_i}\max\{0,u_i(s'_i,\sigma_{-i})-u_i(\sigma)\}}$$

当且仅当σ是博弈u的一个纳什均衡时，f_u对σ是连续的，而且σ是f_u的一个不动点。[①]

---

① 一个纳什均衡是f_u的一个不动点，这是显而易见的。反过来，f_u的一个不动点必须满足对所有$s_i\in S_i$，

$$\sigma_i(s_i)\Big(\sum_{s'_i\in S_i}\max\{0,u_i(s'_i,\sigma_{-i})-u_i(\sigma)\}\Big)=\max\{0,u_i(s_i,\sigma_{-i})-u_i(\sigma)\}$$

令$\tilde{S}_i\subseteq S_i$表示σ_i的支撑。因为$\sum_{s_i\in\tilde{S}_i}\sigma_i(s_i)=1$，

$$\sum_{s'_i\in S_i}\max\{0,u_i(s'_i,\sigma_{-i})-u_i(\sigma)\}=\sum_{s'_i\in\tilde{S}_i}\max\{0,u_i(s'_i,\sigma_{-i})-u_i(\sigma)\}$$

这意味着对于所有$s'_i\notin\tilde{S}_i$，有

$$u_i(s'_i,\sigma_{-i})\leqslant u_i(\sigma)$$

如果$\sigma_i(s_i)>0$，则要么

$$u_i(s_i,\sigma_{-i})\leqslant u_i(\sigma),\text{对于所有 } s_i\in S_i$$

且σ_i是对σ_{-i}的一个最优反应，要么

$$u_i(s_i,\sigma_{-i})>u_i(\sigma),\text{对于所有 } s_i\in\tilde{S}_i$$

然而这是不可能的。

从收益 u 到纳什映射 f_u 的对应并不是一对一的。如果 u 被替换成 $\tilde{u}$ 使得对于所有的 i 和 s 有 $\tilde{u}_i(s) \equiv u_i(s) + v_i(s_{-i})$，其中 v_i 是从 S_{-i} 到 $\mathbb{R}$ 上的一个任意函数，则 $f_u = f_{\tilde{u}}$。更一般地，大家可能会考虑等价类的博弈。两个博弈 u 和 $\tilde{u}$ 如果对于所有参与人而言具有相同的冯·诺伊曼-摩根斯坦效用函数［也就是说，满足对于某些 $\lambda_i > 0$ 和所有的 i 和 s，有 $\tilde{u}_i(s) = \lambda_i u_i(s) + v_i(s_{-i})$］，则这两个博弈是等价的。很容易看出两个等价的博弈不仅具有相同的纳什均衡集，也有着相同的本质均衡集。为了识别出等价的博弈，吴和江将博弈标准化了，要求：

（ⅰ）对所有的 s_{-i}，$\sum_{s_i \in S_i} u_i(s_i, s_{-i}) = 0$

且

（ⅱ）$\sum_{\substack{s_{-i} \in S_{-i} \\ s_i, s_i' \in S_i}} | u_i(s_i, s_{-i}) - u_i(s_i', s_{-i}) | = 0$ 或者 1

（约束式ⅱ右边的 0 对应于对参与人 i 的策略而言是常数的收益函数；但这个收益函数却不是一般性的。任何对于参与人 i 的策略而言不是常数的收益函数都可以将单位标度放大或放小，使得在约束式ⅱ中的和等于 1。）约束式ⅰ和ⅱ在对每个参与人 i 进行标准化之前，消去了在对参与人 i 的偏好的规定中所保留的 $1 + \prod_{j \neq i} (\# S_j)$ 个自由度。① 很容易就可以表明，在经过标准化以后的紧的测度空间中，两个博弈是等价的当且仅当它们是相同的。吴和江于是将福特定理运用到对应于经过标准化之后的博弈的所有纳什均衡的子空间上。

备注 吴和江定理表明一般性的策略式博弈的纳什均衡对于收益的扰动来说是稳定的。这只对同时行动博弈来说才是有意义的。为了看出这一点，考虑图 12—3a 中的扩展式。它描绘了一个序贯行动的博弈，其中参与人 1 首先在 L_1 和 R_1 之间进行选择，如果参与人 1 选择 R_1，则博弈结束，而且收益为（a，b）。如果他选择 L_1，则参与人 2 开始选择。如果参与人 2 选择 L_2，则收益为（c，d），如果他选择 R_2，则收益为（e，f）。图 12—3b 描绘了相关的策略式，它对于每一对策略都给出了收益。（参与人 2 的策略 L_2 和 R_2 简记为"若 L_1 则 L_2"和"若 L_1 则 R_2"。）很显然，博弈树中的一般性并不等价于策略式中的一般性：对于一个给定的博弈树（扩展式），一般性的扩展式收益可以导致在策略式中的非一般性收益。在图 12—3b 中，对应于策略式中下面那行收益不

① 在约束式ⅰ中有 $\prod_{j \neq i} (\# S_j)$ 个条件等式，而在约束ⅱ中有 1 个等式。

可能被互相独立地扰动。也就是说，对于一个给定的博弈树，收益被约束为属于策略式收益空间$\mathbb{R}^{I\cdot\Pi_i(\#S_i)}$的一个子空间，它在该空间中一般来讲测度为 0。[例如，在图 12—3 的博弈中，在扩展式中（未经过标准化）的收益属于$\mathbb{R}^6$，而在策略式中（未经过标准化）的收益集则属于$\mathbb{R}^8$。] 在策略式收益集中的一般性结果因而就是没有意义的。

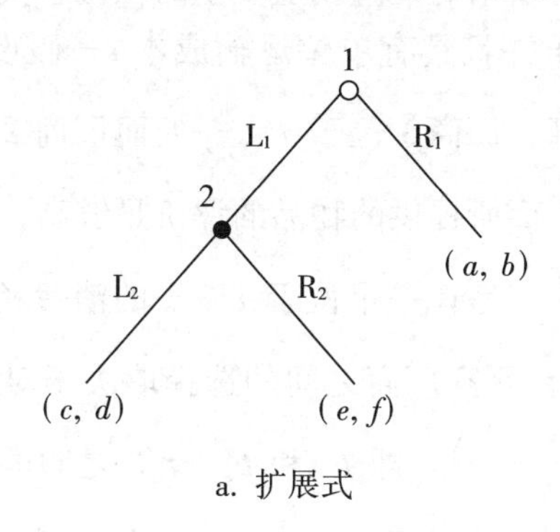

a. 扩展式

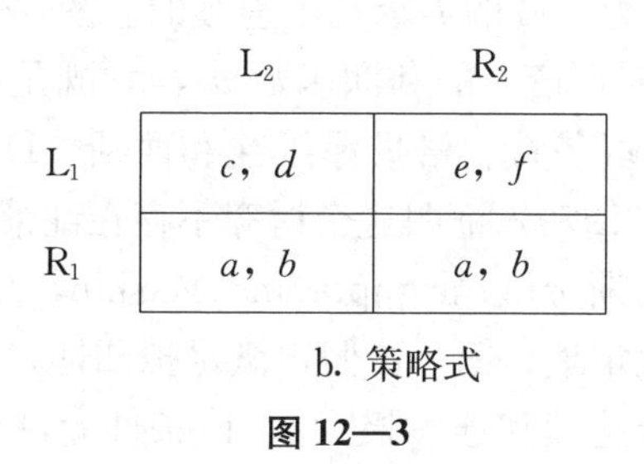

	L_2	R_2
L_1	c，d	e，f
R_1	a，b	a，b

b. 策略式

图 12—3

12.2　具有连续行动空间和不连续收益的博弈中纳什均衡的存在性†††

在经济学文献中有一些博弈具有不连续的和/或非拟凹的收益函数。经济模型常具有不是拟凹的收益。而另一方面，有人可能会说不连续性有时候是由建模者构造的，而且对于博弈的微小扰动可以“平滑”收益函数。例如，在下面所讨论的霍特林价格竞争模型中，假定产品的区别只是在于“位置”的不同，在某一价格组合下，对价格的一个小的降低就能使一家厂商垄断另一家厂商的“后院市场”。当一个差别参数——比如对质量的不同偏好（如果质量不同）或是在消费者之间不同的运输成本——被引进来以后，不连续的博弈有时候就变得非常有意义了，第一，平滑通常要求一个更为复杂的模型。第二，机制设计（例如对一个最优拍卖的设计）会导致对于非连续博弈进行考察。例如，一个卖家要卖掉一个物品，他可以把它卖给出价最高的人，这对于买方而言就构成了一个不连续博弈。

考虑在例 1.4 中所示的在直线上竞争的霍特林模型。消费者在区间 $[0, 1]$ 上均匀地分布并且具有单位运输成本 t。假设与例 1.4 相对照，厂商位于区间的内部，厂商 1 位于 $x=\frac{1}{3}$ 处而厂商 2 位于 $x=\frac{2}{3}$ 处。我们仍然假定买方对厂商所提供的物品的评价足够高，我们无需担心买方在相关要价下不购买。考虑一个位于 $x\leqslant\frac{1}{3}$ 的消费者。该消费者属于厂商 1 的“后院”。他在两家厂商之间的选择取决于对推广后的价格 $p_1+t\left(\frac{1}{3}-x\right)$ 和 $p_2+t\left(\frac{2}{3}-x\right)$，即 p_1 和 $p_2+t/3$ 之间的比较。这样，位于厂商 1 左侧的所有消费者总是与 $x=1/3$ 处的消费者选择相同的品牌。因而在 $p_2=p_1-t/3$ 处厂商的需求是不连续的。图 12—4 描绘了在 $p_1\in(c+t/3, c+5t/3)$ 时厂商 2 的利润函数 u_2，它既是不连续的又是非拟凹的。[①] 德·亚斯普瑞芒特、格贝泽维兹和西斯（D'Aspremont, Gabszewicz and Thisse, 1979）证明这个博弈不存在纯策略均衡。

达斯古普塔和马斯金（Dasgupta and Maskin, 1986a）为不连续博弈提出了两条存在性定理。第一，假定满足拟凹性，他们提出了比连续性更弱的条件（上半连续和连续极大），该条件允许使用角谷定理来保证纯策略均衡的存在。第二，他们提出了在不是拟凹收益下的博弈中混合策略均衡存在的条件。

12.2.1 纯策略均衡的存在性

如果存在不连续的收益，则一个紧的策略空间就不再确保参与人对于其对手策略的最优反应一定能够存在。为了保证存在性成立，我们假定收益函数是上半连续的，一个上半连续的函数是一个不向下跳跃的函数。

定义 12.2 在 S 上的一个函数 $u_i(\cdot)$ 在 s 处是上半连续的，如果对于任意收敛于 s 的序列 s^n 有

---

① 图 12—4 假定当 $p_2=p_1-t/3$ 或者 $p_2=p_1+t/3$ 时，从而在某一个厂商后院中的消费者认为两家厂商无差异时，这些消费者就去较近的厂商购买。当然，也可以规定其他的惯例。

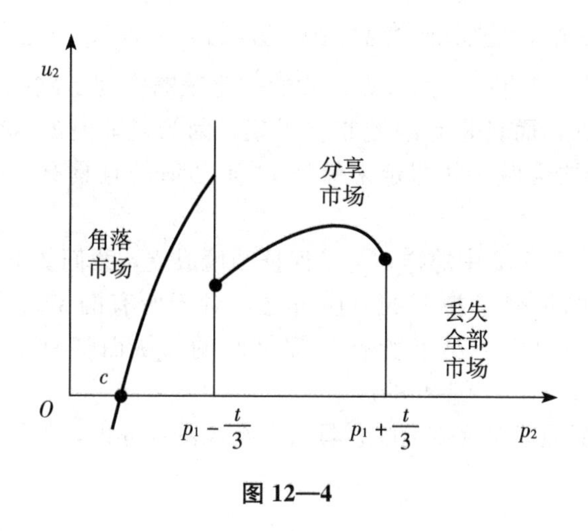

图 12—4

$$\lim_{n\to+\infty}\sup u_i(s^n)\leqslant u_i(s)$$ ①

注意图 12—4 中所描绘的函数 u_2 在 $p_2=p_1-t/3$ 处不满足上半连续。(我们将表明这个例子具有一个混合策略均衡，因为它满足上半连续的一个弱形式；然而，不要试图将其“修补”成上半连续并用以证明该博弈存在一个纯策略均衡，因为收益不是拟凹的。)

令

$$r_i^*(s_{-i})\equiv\{s_i\in S_i\,|\,u_i(s_i,s_{-i})=\max_{s_i'\in S_i}u_i(s_i',s_{-i})\}$$

表示参与人 i 对纯策略 s_{-i} 的最优纯策略反应的集合。如果策略 S_i 是紧集，则存在一个最大值，且 $r_i^*(s_{-i})$ 对于所有的 s_{-i} 的确都是非空值。[为了看出这一点，考察一个序列 s_i^n，该序列满足 $\lim_{n\to\infty}u_i(s_i^n, s_{-i})=\sup_{s_i'\in S_i}u_i(s_i', s_{-i})$。因为 S_i 是紧集，所以 s_i^n 有一个收敛子列，例如，它的极限是 $\bar{s}_i\in S_i$。但是 u_i 的上半连续则意味着 $u_i(\bar{s}_i, s_{-i})\geqslant\sup_{s_i'\in S_i}u_i(s_i', s_{-i})$，因而存在一个最优反应。] 注意 r_i^* 不同于最优反应或是反应的映射 r_i，r_i 对于一个给定的 s_{-i} 是 r_i^* 中各点的凸壳(也就是说，包含混合的最优反应)。

为了证明存在一个纯策略均衡，我们仿照定理 1.2 的方法。也就是

① 一个序列 $x^n\in\mathbb{R}$ 的极限上确界或者“lim sup”是满足如下条件的最小 x，对于所有的 $\varepsilon>0$，存在一个 N，使得对于所有 $n>N$ 有 $x^n\leqslant x+\varepsilon$。类似地，一个序列 $x^n\in\mathbb{R}$ 的极限下确界或者“lim inf”是满足如下条件的最大 x，对于所有的 $\varepsilon>0$，存在一个 N 使得对于所有的 $n>N$ 都有 $x^n\geqslant x-\varepsilon$。

说，我们使用角谷定理来证明纯策略反应映射 $r^*: S \rightrightarrows S$（它由 $[r^*(s)]_i = r_i^*(s)$ 所定义）具有一个固定点。我们假定策略空间是欧氏空间中的一个紧的、凸的，而且是有限的非空子集。因为是非空的（前面已说明了），所以只要再做一些假定来保证 r^* 是凸值的且具有一个闭图就可以了。

正如在定理 1.2 中那样，为了保证凸值成立，我们要求收益函数对于它们自己的策略是拟凹的。换言之，对于所有的 s_{-i}，满足 $u_i(s_i, s_{-i}) \geqslant k$ 的 s_i 的集合对于所有 k 都是凸的，从而特别地，对于 $k = \max_{s_i \in S_i} u_i(s_i, s_{-i})$ 也是凸的。

为了保证纯策略反应的映射具有一个闭图［亦即，如果

$$(s_i^n, s_{-i}^n) \xrightarrow[n \to \infty]{} (s_i, s_{-i})$$

且对于所有的 n，有 $s_i^n \in r_i^*(s_{-i}^n)$，则 $s_i \in r_i^*(s_{-i}^n)$］，我们需要一个假定，与收益的上半连续一起，就可以保证有闭图。

定义 12.3　如果 $u_i^*(s_{-i}) \equiv \max_{s_i} u_i(s_i, s_{-i})$ 对于 s_{-i} 是连续的，那么一个函数 u_i 有一个连续的极大值。①

很容易看出一个连续极大值与上半连续就意味着 r_i^* 具有一个闭图。否则，则存在一个序列 $(s_i^n, s_{-i}^n) \longrightarrow (\bar{s}_i, \bar{s}_{-i})$，使得 $s_i^n \in r_i^*(s_{-i}^n)$，但是 $\bar{s}_i \notin r_i^*(\bar{s}_{-i})$。则

$$\max_{s_i} u_i(s_i, \bar{s}_{-i}) > u_i(\bar{s}_i, \bar{s}_{-i})$$

$$\geqslant \limsup_{n \to \infty} u_i(s_i^n, s_{-i}^n) = \limsup_{n \to \infty} [\max_{s_i} u_i(s_i, s_{-i}^n)]$$

与具有一个连续最大值的假设矛盾。因而我们证明了下面的定理：

定理 12.3（Dasgupta and Maskin，1986a）　设对于所有的 i，S_i 是在有限维欧氏空间中的一个非空的、凸的紧子集。如果对于所有的 i，u_i 对于 s_i 都是拟凹的，对于 s 是上半连续的，而且具有一个连续的极大值，则存在一个纯策略的纳什均衡。

12.2.2　混合策略均衡的存在性

关于混合均衡存在性的达斯古普塔-马斯金结论的思想是用有限的

① 相反，达斯古普塔和马斯金施加了更强的"图连续"的条件。一个函数 u_i 是图连续的，如果对于所有的 $\bar{s}$ 都存在一个函数 $f_i: S_{-i} \to S_i$ 满足 $\bar{s}_i = f_i(\bar{s}_{-i})$ 而且在 $s_{-i} = \bar{s}_{-i}$ 处 $u_i(f_i(s_{-i}), s_{-i})$ 是连续的。

分割来近似策略空间（该空间是$\mathbb{R}$上的闭区间），并且提出了相关条件，以确保经过离散化的博弈的纳什均衡的极限在收益函数的任何连续的点上都没有“原子”（不可忽略的概率）。[①]

考虑一个对于所有的 i 都收敛于 S_i 的、对 S_i 有限逼近的序列 S_i^n。由纳什存在性定理，每个策略集为 $\times_i S_i^n$ 的经离散化的博弈都具有一个混合策略均衡 $\sigma^n \equiv (\sigma_1^n, \cdots, \sigma_I^n)$；即对于所有的 $s_i \in S_i^n$ 和所有的 i，有

$$u_i(\sigma_i^n, \sigma_{-i}^n) \geqslant u_i(s_i, \sigma_{-i}^n) \tag{12.1}$$

因为 S_i 上的概率测度空间在弱收敛的拓扑下是紧的，所以存在纳什均衡混合策略组合的一个子序列，不失一般性，它可以取成序列本身，该序列收敛于 S 上的某个混合策略 σ^*。现在，如果收益是连续的，我们就完成了任务：$u_i(\sigma_i^n, \sigma_{-i}^n)$ 和 $u_i(s_i, \sigma_{-i}^n)$ 将分别收敛到 $u_i(\sigma_i^*, \sigma_{-i}^*)$ 和 $u_i(s_i, \sigma_{-i}^*)$，而且极限策略 σ^* 将形成极限博弈的一个纳什均衡（这是定理 1.3 的精髓）。更一般地，如果均衡 σ^n 在收益函数的不连续的点上赋予足够小的概率，则 σ^* 就会是一个纳什均衡。因此，我们面临的挑战就变成了寻找有关条件以确保不连续的点在极限博弈中无关紧要。

达斯古普塔和马斯金引入了两条假定。第一，他们要求收益的和（$\sum_i u_i$）是上半连续的。[②]（这一假定在霍特林博弈中是满足的。）特别地，他们要求这个和在以下均衡策略的极限处不向下跳跃：

$$\limsup_{n\to\infty} \sum_{i=1}^{I} u_i(\sigma^n) \leqslant \sum_{i=1}^{I} u_i(\sigma^*) \tag{12.2}$$

接下来，他们假定弱下半连续的收益：设 S^{**} 代表使 u_i 不连续的 s 点的集合，且

$$S_{-i}^{**}(s_i) \equiv \{s_{-i} \in S_{-i} \mid (s_i, s_{-i}) \in S^{**}(i)\}$$

假定不连续只发生在一个子集上（该子集测度为 0），在该子集中一个参与人的策略与另一个参与人的策略是“相关的”。换言之，对于任意

---

① 西蒙（Simon，1987）放松了这一条件，只要求至少有一个极限具有这个无原子性质，而不是要求所有极限都有这个性质。

② 达斯古普塔和马斯金给出了一个如下的博弈例子，这个博弈的收益之和不满足上半连续（但满足定理 12.4 的其他假定），并且该博弈没有一个混合策略均衡：令 $I=2, S_i=[0, 1]$，而如果 $s_1=s_2=1$，则 $u_i(s_1, s_2)=0$，否则 $u_i(s_1, s_2)=s_i$。如果一个参与人对于 1 赋予正的权重，则其他参与人就不具有最优策略，因为他想尽量选择与 1 接近的数，但不想选择 1。如果两个参与人对于 1 都赋予 0 权重，则每个人都想选择 1——这是矛盾的。

两个参与人 i 和 j，存在有限个函数 f_{ij}^d：$S_i \to S_j$，其中 d 是一个指标，而且是一一对应并且连续的[①]，使得对于每一个 i，

$$S^{**}(i) \subseteq S^*(i) = \{s \in S \mid \exists j \neq i, \exists d \text{ 使得 } s_j = f_{ij}^d(s_i)\}$$

在上面的霍特林例子中，不连续性产生于当 $p_1 = p_2 - t/3$ 或 $p_1 = p_2 + t/3$ 时。

$u_i(s)$ 对于 s_i 是弱下半连续的，如果对于所有的 s_i 都存在 $\lambda \in [0, 1]$，使得对于所有的 $s_{-i} \in S_{-i}^{**}(s_i)$，有

$$\lambda \liminf_{s_i' \uparrow s_i} u_i(s_i', s_{-i}) + (1-\lambda) \liminf_{s_i' \downarrow s_i} u_i(s_i', s_{-i}) \geqslant u_i(s_i, s_{-i})$$

在某种意义上，这就是说当 s_i' 从左边或是右边，抑或从两边向 s_i 趋近时，u_i 不向上跳跃。粗略地讲，这个假定意味着参与人 i 采用 s_i 附近的策略可以与采用 s_i 时效果一样好，即使参与人 i 的对手的策略对于 u_i 的不连续点也赋予权重。在霍特林博弈中弱下半连续是成立的。[②] 在这些假定下关于混合策略均衡的存在性的证明是很复杂的，我们建议读者阅读原始论文。

定理 12.4 (Dasgupta and Maskin, 1986a)　设 $\mathbb{R}$ 是 S_i 上的一个闭区间。假设除了在 $S^*(i)$ 的一个子集 $S^{**}(i)$ 上之外 u_i 是连续的，其中 $S^*(i)$ 的定义如前；假设 $\sum_{i=1}^{I} u_i(s)$ 是上半连续的；假设 $u_i(s_i, s_{-i})$ 是

---

① "这些函数是一一对应的"这个假定防止在策略的笛卡儿积空间中出现"垂直"的或"水平"的不连续曲线。下面的例子（受达斯古普塔和马斯金例 4 的启发）表明如果这个假定得不到满足时，就不存在均衡的可能性。设 $I=2$，$S_i=[0, 1]$。如果 s_i，$s_j \neq \frac{1}{2}$，设 $u_i(s_1, s_2) = -\left(s_i - \frac{1}{2}\right)^2$；如果 $s_i = \frac{1}{2}$ 且 $s_j \neq \frac{1}{2}$，为 -1；如果 $s_i \neq \frac{1}{2}$ 且 $s_j = \frac{1}{2}$，为 $+1$；如果 $s_i = s_j = \frac{1}{2}$，则为 0。换言之，每个参与人都想尽可能地接近 $\frac{1}{2}$，但都不想选 $\frac{1}{2}$（这会将收益转移给其他对手）。收益之和是上半连续的：如果跳跃的话，$\sum u_i$ 是在对应于 $s_1 = \frac{1}{2}$ 和 $s_2 = \frac{1}{2}$ 处的水平线和垂直线向上跳跃。进一步地，u_i 是弱下半连续的；事实上，对于任意 s_j，参与人 i 选择接近于 $\frac{1}{2}$ 比选择 $\frac{1}{2}$ 更好。但不存在混合策略均衡：对于其对手的任何混合策略，一个参与人都想尽可能地选择接近 $\frac{1}{2}$，但不选择 $\frac{1}{2}$。

② 注意 $S_1^{**}(p_2) = \{p_2 - t/3, p_2 + t/3\}$，且对于所有的 $p_1 \in S_1^{**}(p_2)$，有：

$$\liminf_{p_2' \uparrow p_2} u_2(p_2', p_1) \geqslant u_2(p_2, p_1)$$

（因为厂商通过悄悄减价就可保证它可以向自己的后院销售或者侵入其他人的后院，这取决于具体情况。）

有界的，且对于 s_i 是弱下半连续的。则博弈具有一个混合策略均衡。

达斯古普塔和马斯金还证明了其他的存在性定理，尤其是对于如下这种情形：一个参与人收益的不连续性是独立于其他参与人收益的不连续性的（就像当厂商想要存在于市场中时，他就必然发生一个固定成本一样）。他们还证明了满足定理 12.4 假定的对称博弈具有一个对称的混合策略均衡。他们将定理 12.4 运用于上述霍特林博弈、在能力约束下的价格竞争以及具有逆向选择的保险市场等例子上（Dasgupta and Maskin，1986b）。

12.3　超模博弈†††

超模博弈，由托基斯（Topkis，1979）提出，首先被维沃斯（Vives，1990）应用于经济学问题，然后又被米尔格罗姆和罗伯茨（Milgrom and Roberts，1990）所使用。粗略地讲，在这些博弈中，每个参与人增加其策略所引起的边际效用随着其对手策略的递增而增加。在这种博弈里最优反应的映射是递增的，所以参与人的策略是“策略互补的”。当有两个参与人时，对变量进行变化以后还可以用这个框架来分析递减的最优反应的情形（即“策略替代”）。[①]

超模博弈的性质特别好，它们具有纯策略的纳什均衡。参与人 i 的纳什均衡策略的上界（在后面会给出定义）是存在的（如果策略集不是一维的话，这不是一个平凡易见的结论），而且这个上界是对于其对手的纳什均衡策略集上界的一个最优反应，类似地，对于下界也是如此。更进一步地，纳什均衡集与可合理化策略集的上下界是互相重合的。

超模博弈的简单性使得凸性假设和可微性假设不再必要，尽管它们在大多数运用中都是满足的。该理论需要的是在策略空间上的一个有序结构以及对于收益的一项弱连续的要求，当然还有上面提到的如下性质：每一个参与人策略的边际效用对于其对手的策略总是单调的，此外还有一项“超模要求”。

假设每一个参与人 i 的策略集 S_i 是有限维欧氏空间 $\mathbb{R}^{m_i}$ 中的一个子集（不一定是紧的和凸的），则 $S \equiv \times_{i=1}^{I} S_i$ 是 $\mathbb{R}^m$ 的一个子集，其中 $m =$

---

① 参见布洛等（Bulow et al.，1985）及弗登博格和梯若尔（Fudenberg and Tirole，1984）对于这些概念在产业组织中的使用的有关讨论（布洛等人创造了策略互补/替代的术语）。

$\sum_{i=1}^{I} m_i$。设 x 和 y 表示在某个欧氏空间$\mathbb{R}^K$ 中的两个向量。以 $x \geqslant y$ 表示对于所有的$k=1,\cdots,K$，有 $x_k \geqslant y_k$ 的情形，以 $x > y$ 表示 $x \geqslant y$ 且存在一个 k 使得 $x_k > y_k$ 的情形。"$\geqslant$"是不完备的：如果一个向量在某个元素上超过了另一向量，而在另一个元素上又低于另一个向量，则这两个向量是不可比的。接下来我们定义 x 和 y 的"小现"（meet）$x \wedge y$ 和"大现"（join）$x \vee y$：

$$x \wedge y \equiv (\min(x_1, y_1), \cdots, \min(x_K, y_K))$$

$$x \vee y \equiv (\max(x_1, y_1), \cdots, \max(x_K, y_K))$$

如果 $s \in S$ 和 $\tilde{s} \in S$ 意味着 $s \wedge \tilde{s} \in S$ 和 $s \vee \tilde{s} \in S$，那么 S 是$\mathbb{R}^m$ 的一个子格。[①]

如果对于所有的 $s \in S$ 满足 $s \leqslant \bar{s}$（相应地，$s \geqslant \underline{s}$），那么一个集合 S 有一个最大的元素 $\bar{s}$（相应地，一个最小的元素 $\underline{s}$）。伯克霍夫（Birkhoff，1967）的一个拓扑结论指出：如果 S 是$\mathbb{R}^m$ 的一个非空的、紧的子格，则它就有一个最大的元素和一个最小的元素。

下面的概念将策略互补正规化了：

定义 12.4 如果对于所有的 $(s_i, \tilde{s}_i) \in S_i^2$ 和 $(s_{-i}, \tilde{s}_{-i}) \in S_{-i}^2$，其中 $s_i \geqslant \tilde{s}_i$ 而且 $s_{-i} \geqslant \tilde{s}_{-i}$，有

$$u_i(s_i, s_{-i}) - u_i(\tilde{s}_i, s_{-i}) \geqslant u_i(s_i, \tilde{s}_{-i}) - u_i(\tilde{s}_i, \tilde{s}_{-i})$$

那么 $u_i(s_i, s_{-i})$ 在 (s_i, s_{-i}) 上具有递增的差异。如果对于所有的 $(s_i, \tilde{s}_i) \in S_i^2$ 和 $(s_{-i}, \tilde{s}_{-i}) \in S_{-i}^2$，其中 $s_i > \tilde{s}_i$ 和 $s_{-i} > \tilde{s}_{-i}$，有

$$u_i(s_i, s_{-i}) - u_i(\tilde{s}_i, s_{-i}) > u_i(s_i, \tilde{s}_{-i}) - u_i(\tilde{s}_i, \tilde{s}_{-i})$$

那么 $u_i(s_i, s_{-i})$ 在 (s_i, s_{-i}) 上具有严格递增的差异。递增的差异是指参与人 i 对手策略的增加会提高参与人 i 选择一个高策略的愿望（见定理 12.7）。

定义 12.5 $u_i(s_i, s_{-i})$ 对于 s_i 是超模的，如果对于每一个 s_{-i}，有

$$u_i(s_i, s_{-i}) + u_i(\tilde{s}_i, s_{-i}) \leqslant u_i(s_i \wedge \tilde{s}_i, s_{-i}) + u_i(s_i \vee \tilde{s}_i, s_{-i})$$

对于所有的 $(s_i, \tilde{s}_i) \in S_i^2$ 都成立。u_i 对于 s_i 是严格超模的，如果满足只要 s_i 和 $\tilde{s}_i$ 不可以用"$\geqslant$"进行比较时这个不等式就是严格的。

---

① 注意$\mathbb{R}^m$ 是一个格，因为它的任意两个向量 x 和 y 的小现和大现都在$\mathbb{R}^m$ 中。

注意，如果 S_i 是单维的，那么超模性是自动满足的。我们在多维策略空间的情形下需要证明，每个参与人的最优反应对于其对手的策略而言都是递增的。为了看出为什么会这样，假设 $m_i=2$。从递增的差异可知，如果 s_{-i}增加，则对于给定的 $s_{i,2}$的最优策略 $s_{i,1}$也会增加，且对于给定的 $s_{i,1}$的最优策略 $s_{i,2}$也增加。然而，如果 $\partial^2 u_i/\partial s_{i,1}\partial s_{i,2}<0$（其中假定 u_i 是可微的），则更高的 $s_{i,2}$会使得更低的 $s_{i,1}$更如所愿，反之亦然。s_{-i}上的增加所产生的间接效应可能会超过直接效应。这意味着 s_{-i}上的增加对于 $s_{i,k}$（$k=1$，2）的效应是模糊的；我们所能说的只是 $s_{i,1}$和 $s_{i,2}$不可能同时减小，因为它会与递增的差异产生矛盾。超模假定因而是假定一个参与人策略的组成部分之间的互补性；它确保当对手的策略（或者外生环境）发生变化时这些组成部分能同时变动。

托基斯已经证明，如果 $S_i=\mathbb{R}^{m_i}$ 且如果 u_i 对于 s_i 是二阶连续可微的，则 u_i 对于 s_i 是超模的，当且仅当对于 s_i 的任何两个分量 s_{ik} 和 s_{il}（$k\neq l$），都有 $\partial^2 u_i/\partial s_{ik}\partial s_{il}\geqslant 0$。

定义 12.6　一个超模博弈（或者，一个严格超模博弈）是指，对于每个 i 来说，S_i 都是$\mathbb{R}^{m_i}$ 的一个子格，u_i 在（s_i，s_{-i}）上具有递增的差异（严格递增的差异），而且 u_i 在 s_i 上是超模的（是严格超模的）。

备注　在（s_i，s_{-i}）上递增的差异与对 s_i 的超模性都包含在对 s 超模性的含义之中，后者要求对于所有的 s 和 $\tilde{s}$，有

$$u_i(s\vee\tilde{s})+u_i(s\wedge\tilde{s})\geqslant u_i(s)+u_i(\tilde{s})$$

很明显，对 s 的超模性意味着对 s_i 的超模性（在上述定义中，设 s 和 $\tilde{s}$只在 s_i 上有差异）。如果考虑 $s_i\geqslant\tilde{s}_i$ 和 $s_{-i}\geqslant\tilde{s}_{-i}$，并设 $u\equiv(\tilde{s}_i, s_{-i})$ 和 $v\equiv(s_i, \tilde{s}_{-i})$，我们就可看出它意味着递增的差异。那么，$u\vee v=(s_i, s_{-i})$ 而且 $u\wedge v=(\tilde{s}_i, \tilde{s}_{-i})$。将超模的定义运用到 u 和 v 上就产生了递增的差异。在实际操作中，与辨识超模性相比，辨识递增的差异常常要更容易一些。

如果 u_i 是二阶连续可微的，则 u_i 是超模的，当且仅当对于 s 的任意两个分量 s_l 和 s_k，有 $\partial^2 u_i/\partial s_l\partial s_k\geqslant 0$。[①]

---

① 为了看出这一点，设 e_l 为一个向量，其第 l 个分量等于 1，其他分量都为 0。设 ε 和 η 为两个小正数。则超模性意味着对于所有的 s，

$$u_i(s+e_l\varepsilon)+u_i(s+e_k\eta)\leqslant u_i(s)+u_i(s+e_l\varepsilon+e_k\eta)$$

或者

$$(\varepsilon\eta)\frac{\partial^2 u_i}{\partial s_l\partial s_k}\geqslant 0$$

逆向的证明在这里从略。

例子[1]

伯特兰博弈 考虑一个具有如下需求函数的寡头：

$$D_i(p_i, p_{-i}) = a_i - b_i p_i + \sum_{j \neq i} d_{ij} p_j$$

其中 $b_i > 0$ 且 $d_{ij} > 0$。令

$$u_i(p_i, p_{-i}) = (p_i - c_i) D_i(p_i, p_{-i})$$

则对于所有的 i，$j \neq i$ 有 $\partial^2 u_i / \partial p_i \partial p_j > 0$，所以厂商同时选择价格的博弈具有递增的差异。但许多伯特兰博弈并不是超模的。例如，在 12.2 节中所述的霍特林博弈就没有递增的差异：尽管只要对于厂商 i 来说分享市场是最优的，厂商 i 对于 p_j 的最优反应就是 p_j 是递增的（当两个厂商都拥有正的市场份额时，需求函数在价格区间内具有上述线性形式），但是增加 p_j 可能会使厂商 i 认为垄断整个市场更有吸引力——也就是，把它的价格降低到（$p_j - t/3$）。[2]

古诺博弈 考虑一个双寡头垄断。厂商 $i(i \in \{1, 2\})$ 选择一个数量 $q_i \in [0, \bar{q}_i]$。假设反需求函数 $P_i(q_i, q_j)$ 是二次连续可微的，且 P_i 和厂商 i 的边际收益（即 $P_i + q_i \partial P_i / \partial q_i$）对于 q_j 是递减的。假定厂商 i 的成本，$C_i(q_i)$，是可微的。收益是：

$$u_i(q_i, q_j) = q_i P_i(q_i, q_j) - C_i(q_i)$$

如果 $s_1 \equiv q_1$ 且 $s_2 \equiv -q_2$，则对于所有的 $i \neq j$ 而言，经过转换的收益满足 $\partial^2 u_i / \partial s_i \partial s_j \geqslant 0$（注意这一转换只对 $I = 2$ 适用）。因此，博弈就是超模的。

总需求外部性 第 1 章中的猎鹿博弈是超模的。设“猎兔”为行动 1，“猎鹿”为行动 2。博弈递增的差异表现为：如果一个参与人猎鹿而不是猎兔，则猎鹿对于另一个参与人来说就更加具有吸引力了。

我们在第 1 章注意到，在宏观经济学中的总需求外部性模型有着类似的味道。例如，按照戴蒙德（Diamond，1982），一个简单的搜寻模型具有收益函数：

$$u_i(s) = \alpha s_i \sum_{j \neq i} s_j - c(s_i)$$

---

① 对于其他的应用参见 Topkis (1979)，Vives (1990)，和 Milgrom and Roberts (1990)。

② 例如，对于 $c_2 = 0$，厂商 2 对于 $p_1 \in [0, (3 - 4/\sqrt{3})t)$ 要价 $p_2 = (p_1 + t)/2$，而且对于略高于 $(3 - 4/\sqrt{3})t$ 的 p_1 就降价到 $p_1 - t/3 < (p_1 + t)/2$。

式中，s_i 为参与人 i 的搜寻强度；$c(s_i)$ 为搜寻成本；$s_i\sum_{j\neq i}s_j$ 为找到一个交易伙伴的概率，而 α 为找到一个伙伴的收益。注意对于 $j\neq i$，$\partial^2 u_i/\partial s_i\,\partial s_j=\alpha>0$。这个博弈是超模的（而且一般来讲，它具有多重均衡，其中有些均衡对应于高搜寻活动，有些则对应于低搜寻活动）。

备注　维沃斯（Vives，1990）注意到超模博弈的定理也可以应用到参与人具有私人信息的博弈中。我们邀请读者思考一下为什么会出现这种情况。①

从纯策略纳什均衡的存在性角度来看，这些超模博弈从下面的结论中导出了它们的意义：

定理 12.5（Tarski，1955）　如果 S 是 $\mathbb{R}^m$ 的一个非空的、紧的子格且 f：$S\rightarrow S$是递增的［如果 $x\leqslant y$，则 $f(x)\leqslant f(y)$］，则 f 在 S 中就有一个不动点。

为了得到关于这个不动点定理的直观上的感觉，考察单维情形 $S=[0,1]$，如图 12—5 所示。为了不要有一个不动点，图 12—5 中的函数 f 就需要“逃离”对角线上方的区域并“跳进”对角线下方的区域；但递增函数是不能向下跳跃的。在多维情形中直觉是一样的，因为当 x 的一个任意分量增加时，$f(x)$ 的任意分量都不会向下跳。②

塔斯基定理在这里是很重要的，因为最大化 $u_i(\cdot,s_{-i})$ 的 s_i 的集合 $r_i^*(s_{-i})$ 其实是一个子格，而且正如我们现在要表明的，它是随 s_{-i} “递增”的。

如果 S_i 是紧的而且 u_i 对 s_i 是上半连续时，r_i^* 就是非空的，这是因为$u_i(s_i,s_{-i})$在 S_i 上的 s_i 处达到一个极大值。［考虑一个使得 $\sup_{s_i'\in S_i}u_i(s_i',s_{-i})=\lim_{n\rightarrow+\infty}u_i(s_i^n,s_{-i})$ 的序列 s_i^n。］紧性意味着存在一个收敛的子列 $s_i^n\rightarrow s_i$。上半连续意味着$u_i(s_i,s_{-i})\geqslant\limsup_{n\rightarrow+\infty}u_i(s_i^n,s_{-i})$，因此 s_i 的确是对 s_{-i}的一个最优反应。

---

①　对于一个有趣的应用，请参见 Milgrom and Roberts（1990）中的亨德里克斯-科夫诺克（Hendricks-Kovenock，1989）的钻油博弈，其中每个厂商都希望探索他人的地带以了解自己地带的可获利性。

②　塔斯基的一个相关结论（在单维情形中）是：一个从［0，1］到［0，1］的没有向下跳跃的函数具有一个不动点，即使该函数并不是处处非递减的。（图 12—5 又一次为这个结论提供了直觉。）维沃斯（Vives，1990）利用塔斯基的第二个结论给出了下面这个结论的一个简单证明［最初是归功于麦克曼斯（McManus，1964）以及罗伯茨和索南夏因（Roberts and Sonnenschein，1977）］：在具有凸成本函数的对称同质商品的古诺博弈中存在一个（对称的）纯策略均衡。

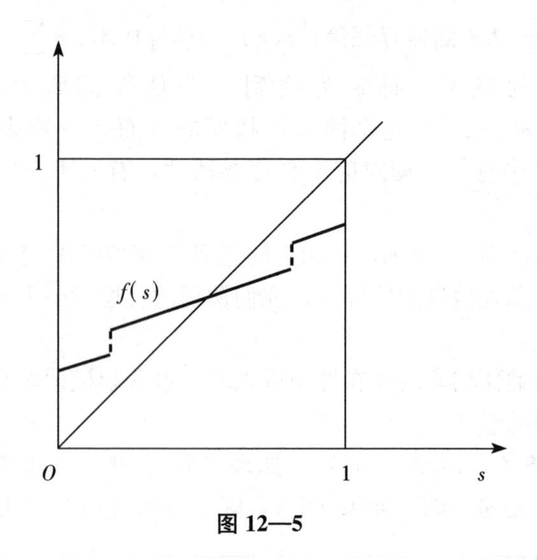

图 12—5

为了表明对于每一个 s_{-i} 而言 $r_i^*(s_{-i})$ 都是一个子格，假设 s_i 和 $\tilde{s}_i$ 都是 $r_i^*(s_{-i})$ 的元素，而且 $u_i(s_i \wedge \tilde{s}_i, s_{-i}) < u_i(s_i, s_{-i}) = u_i(\tilde{s}_i, s_{-i})$。则 $u_i(\cdot, s_{-i})$ 的超模性意味着 $u_i(s_i \vee \tilde{s}_i, s_{-i}) > u_i(s_i, s_{-i}) = u_i(\tilde{s}_i, s_{-i})$，这与 s_i 和 $\tilde{s}_i$ 是 s_{-i} 的最优反应这一假设矛盾。相同的推理也适用于大现。

因为 $r_i^*(s_{-i})$ 是 $\mathbb{R}^{m_i}$ 的一个非空紧子格，所以它具有一个最大的元素 $\bar{s}_i(s_{-i})$。我们留给读者去检查 u_i 的递增差异意味着 $\bar{s}_i(\cdot)$ 是非递减的：

$$s_{-i} \geqslant \tilde{s}_{-i} \Rightarrow \bar{s}_i(s_{-i}) \geqslant \bar{s}_i(\tilde{s}_{-i})$$

我们现在可以将塔斯基定理运用到 $f(\bar{s}) = (\bar{s}_1(\bar{s}), \cdots, \bar{s}_I(\bar{s}))$。通过构造，$f$ 的一个不动点 $\bar{s}$（是存在的）是一个纯策略纳什均衡。可以表明（亦见定理 12.8 的证明）$\bar{s}$ 在纳什均衡集中是最大的元素。直觉是一个更高的策略触发了一个更高的最优反应。最后，由对称性可知，这个分析也适用于下界。这就证明了定理 12.6。

定理 12.6

(a)（Topkis，1979） 如果对于每个 i 而言，S_i 都是紧的且 u_i 对于每个 s_{-i} 都是对 s_i 上半连续的，如果博弈是超模的，则纯策略纳什均衡集就是非空的，并且具有最大和最小的均衡点 $\bar{s}$ 和 $\underline{s}$。

(b)（Vives，1990） 进一步地，如果博弈是严格超模的，则纳什均衡就是一个非空的完备子格。（“完备”意味着任何子集的上下确界都属于该集合。）

定理 12.6a 部分的证明依赖于超模博弈反应映射的上界的单调性。对于具有严格递增差异的超模博弈，我们可以证明整个反应映射的单调性也是成立的——这是一个极具经济学意义的事实。

定理 12.7（Topkis，1979）　考虑一个具有严格递增差异的超模博弈。如果$s_i \in r_i^*(s_{-i})$，$\tilde{s}_i \in r_i^*(\tilde{s}_{-i})$，且 $s_{-i} \geqslant \tilde{s}_{-i}$，则 $s_i \geqslant \tilde{s}_i$。

证明　定理 12.7 来自于下面一系列不等式：

$$
\begin{aligned}
0 &\leqslant u_i(s_i, s_{-i}) - u_i(s_i \vee \tilde{s}_i, s_{-i}) \\
&\leqslant u_i(s_i, \tilde{s}_{-i}) - u_i(s_i \vee \tilde{s}_i, \tilde{s}_{-i}) \\
&\leqslant u_i(s_i \wedge \tilde{s}_i, \tilde{s}_{-i}) - u_i(\tilde{s}_i, \tilde{s}_{-i}) \leqslant 0
\end{aligned}
$$

其中第一个和第四个不等号来自于 s_i 对 s_{-i}的最优性以及$\tilde{s}_i$ 对$\tilde{s}_{-i}$的最优性，第二个来自递增的差异和 $s_i \leqslant s_i \vee \tilde{s}_i$，而第三个则来源于参与人 i 策略的超模性。最后，要注意如果 $s_i \ngeqslant \tilde{s}_i$，则 $s_i < s_i \vee \tilde{s}_i$，而严格递增的差异则意味着第二个不等号是严格的。■

对纳什集合经过如此审视之后，我们来研究重复剔除严格优势以及超模博弈的学习过程。维沃斯（Vives，1990）注意到这种博弈有着非常良好的稳定性质。他分析了古诺探索过程［从某个任意的策略组合 s^0 开始的策略序列由 $s^n \in r^*(s^{n-1})$ 给定，这在 1.2 节中已经解释了］，并且制定了以下惯例：如果参与人 i 的对手在第 n 步和第 $n+1$ 步选择了相同的策略，则参与人 i 在第 $n+1$ 步和第 $n+2$ 步也选择相同的策略（即 $s_{-i}^{n+1}=s_{-i}^{n} \Rightarrow s_i^{n+2}=s_i^{n+1}$）。他证明，当起点 s^0 位于参与人的最佳反应的“上面”或“下面”时，探索过程单调地收敛于博弈的一个均衡点。一个相关结论由米尔格罗姆和罗伯茨（Milgrom and Roberts，1990）证明。考虑一个学习模型，其中参与人重复地进行相同的博弈，非常短视地进行博弈（在每个阶段都最大化当前的收益），并且根据他们以前的行为，按照如下方式形成关于其对手将如何博弈的预期：他们对于久未观察到的策略赋予很小的概率（见 1.2 节）。在一个同时行动的单阶段博弈中，如果模型中的参与人了解到其对手的策略，则该模型就预测：参与人将不会使用严格劣势策略，而且他们的对手也将知道这一点，等等。那么，策略学习就排除了所有被重复剔除严格优势所排除掉的策略。

米尔格罗姆和罗伯茨还运用了在学习过程中所研究策略的单调序列来分析可合理化的策略。他们表明最大和最小的纳什均衡，$\bar{s}$ 和 $\underline{s}$（其存在性已由定理 12.6a 保证）在重复剔除了严格劣势策略以后的策略集中也是最大和最小的元素。

定理 12.8（Milgrom and Roberts，1990）　考虑一个超模博弈，它满足对于每一个 i，S_i 是一个完备子格并且是有界的，而且 u_i 是连续的并有上界。则在重复剔除了严格劣势策略之后所产生的策略集中，最大和最小的元素是纳什均衡 $\bar{s}$ 和 $\underline{s}$。

证明　定理 12.8 的证明既简单又富有启发性。从策略集的上界 $s^0=(s_1^0，\cdots，s_I^0)$ 开始，令 s_i 和 s_i'表示 $r_i^*(s_{-i}^0)$ 上的两个元素，而且在 $r_i^*(s_{-i}^0)$ 中不存在 s_i''满足$s_i''>s_i$ 或 $s_i''>s_i'$。假设 $s_i\neq s_i'$(即沿着某些维度 s_i 超过 s_i'而在另一些维度 s_i'超过 s_i)。我们说与 s_i 相比，$s_i\wedge s_i'$是对 s_{-i}^0严格偏好的一个反应，这是一个矛盾：超模性意味着：

$$u_i(s_i,s_{-i}^0)-u_i(s_i\wedge s'_i,s_{-i}^0)\leqslant u_i(s_i\vee s'_i,s_{-i}^0)-u_i(s'_i,s_{-i}^0)<0$$

其中严格不等号来自于 $s_i\vee s_i'>s_i'$，因而不可能是对于 s_{-i}^0的一个最优反应这一事实。我们这样就得出结论 $r_i^*(s_{-i}^0)$ 具有一个最大的元素 s_i^1。设 $s^1\equiv(s_1^1，\cdots,s_I^1)\leqslant s^0$。然后可由直觉来定义 s^n；任何不满足 $s_i\leqslant s_i^n$ 的 s_i 是 $s_i\wedge s_i^n<s_i$ 的严格劣势策略：因为根据归纳假说，在 $n-1$ 轮消除之后剩余的所有策略 s_{-i}都满足 $s_{-i}<s_{-i}^{n-1}$，所以，

$$\begin{aligned}&u_i(s_i,s_{-i})-u_i(s_i\wedge s_i^n,s_{-i})\\&\leqslant u_i(s_i,s_{-i}^{n-1})-u_i(s_i\wedge s_i^n,s_{-i}^{n-1})\\&\leqslant u_i(s_i\vee s_i^n,s_{-i}^{n-1})-u_i(s_i^n,s_{-i}^{n-1})<0\end{aligned}$$

其中第一个不等式是因为递增的差异，第二个不等式是因为超模性，第三个是由于如下事实：s_i^n 是对于 s_{-i}^{n-1}的最大最优反应，且 $s_i\vee s_i^n>s_i$。

因为序列 s^n 是有下界而且递减的，所以它收敛于某一个 $\bar{s}$。为了表明 $\bar{s}$ 是一个纳什均衡，固定一个任意的 s_i；由于 s_i^{n+1}对于 s_{-i}^n是最优的，所以：

$$u_i(s_i^{n+1},s_{-i}^n)\geqslant u_i(s_i,s_{-i}^n)$$

由连续性可知，$u_i(s_i^{n+1}，s_{-i}^n)$ 收敛于 $u_i(\bar{s}_i，\bar{s}_{-i})$ 且 $u_i(s_i，s_{-i}^n)$ 收敛于 $u_i(s_i，\bar{s}_{-i})$。因为在极限时弱不等式是保留的，所以对于每一个 s_i 而言，与 s_i 相比，$\bar{s}_i$ 是对 $\bar{s}_{-i}$的更好的反应。

根据对称性，最小的纳什均衡 $\underline{s}$ 也是重复剔除了严格劣势策略之后的策略集的下界。■

注意定理 12.8 意味着，如果存在唯一的纳什均衡，则博弈可由重

复剔除优势来求解。

超模博弈还有其他几个方面的特征。第一，进行比较静态分析比较直截了当。假设用一个参数 α 来指标化收益，$u_i(s_i, s_{-i}, \alpha)$，并且设 u_i 在 $((s_i, \alpha), s_{-i})$ 上有递增的差异。那么最大和最小的纳什策略，$\bar{s}_i(\alpha)$ 和 $\underline{s}_i(\alpha)$，是 α 的非递减函数（Milgrom and Roberts，1990）。（在只有唯一的纳什均衡时这个结论特别有用。它的特殊情形已被应用于第 469 页注释①所提到的那些论文之中。）

第二，我们可以比较在满足 $s \geqslant \tilde{s}$ 的两个纳什均衡 s 与 $\tilde{s}$ 中的收益（Milgrom and Roberts，1990）。如果 $u_i(s_i, s_{-i})$ 对 s_{-i} 是递增的，则 $u_i(s) \geqslant u_i(\tilde{s})$（例如，伯特兰寡头偏好于所有厂商都是高价格的竞争）。如果 $u_i(s_i, s_{-i})$ 对 s_{-i} 是递减的，则 $u_i(s) \leqslant u_i(\tilde{s})$（例如，在古诺双寡头垄断中，一家厂商偏好于能生产最高产出的均衡——即其中它的对手生产最低的产出）。

参考文献

Birkhoff, G. 1967. *Lattice Theory*, third edition. Colloquium Publications.

Bulow, J., J. Geanakoplos, and P. Klemperer. 1985. Multimarket oligopoly: Strategic substitutes and complements. *Journal of Political Economy* 93: 488 - 511.

Cooper, R., and A. John. 1988. Coordinating coordination failures in Keynesian models. *Quarterly Journal of Economics* 102: 441 - 464.

Dasgupta, P., and E. Maskin, 1986a. The existence of equilibrium in discontinuous economic games. 1: Theory. *Review of Economic Studies* 53: 1 - 26.

Dasgupta, P., and E. Maskin. 1986b. The existence of equilibrium in discontinuous economic games. 2: Applications. *Review of Economic Studies* 53: 27 - 42.

d'Aspremont, C. J. Gabszewicz, and J. Thisse. 1979. On Hotelling's stability in competition. *Econometrica* 47: 1145 - 1150.

Debreu, G. 1970. Economies with a finite set of equilibria. *Econometrica* 38: 387 - 392.

de Palma, A., V. Ginsburgh, Y. Panageorgiou, and J. F. Thisse. 1985. The principle of minimum differentiation holds under sufficient heterogeneity. *Econometrica* 53: 767 – 782.

Diamond, P. 1982. Aggregate demand management in search equilibrium. *Journal of Political Economy* 90: 881 – 894.

Eaves, C. 1971. The linear complementarity problem. *Management Science* 17: 612 – 634.

Eaves, C. 1973. Polymatrix games with joint constraints. *SIAM Journal of Applied Mathematics* 24: 418 – 423.

Eaves, C. 1976. A short course in solving equations with PL homotopies. *SIAM-AMS Proceedings* 9: 73 – 143.

Fort, M. 1950. Essential and non-essential fixed points. *American Journal of Mathematics* 72: 315 – 322.

Fudenberg, D., and J. Tirole. 1984. The fat-cat effect, the puppy-dog ploy and the lean and hungry look. *American Economic Review: Papers and Proceedings* 74: 361 – 368.

Harsanyi, J. 1973. Oddness of the number of equilibrium points: A new proof. *International Journal of Game Theory* 2: 235 – 250.

Hendricks, K., and D. Kovenock. 1989. Asymmetric information, information externalities, and efficiency: The case of oil exploration. *Rand Journal of Economics* 20: 164 – 182.

Mas-Colell, A. 1985. *The Theory of General Economic Equilibrium: A Differentiable Approach*. Cambridge University Press.

McManus, M. 1964. Equilibrium, numbers and size in cournot oligopoly. *Yorkshire Bull Economic Society Res*. 68 – 75.

Milgrom, P., and J. Roberts. 1990. Rationalizability, learning and equilibrium in games with strategic complementarities. *Economica* 58: 1255 – 1278.

Roberts, J., and H. Sonnenschein. 1977. On the foundations of the theory of monopolistic competition. *Econometrica* 45: 101 – 114.

Simon, L. 1987. Games with discontinuous payoffs. *Review of Economic Studies* 54: 569—597.

Sion, M., and P. Wolfe. 1957. On a game without a value. *Annals of Mathematical Studies* 39: 299 – 306.

Tarski, A. 1955. A lattice-theoretical fixpoint theorem and its applications. *Pacific Journal of Mathematics* 5: 285 - 309.

Topkis, D. 1979. Equilibrium points in nonzero-sum n-person submodular games. *SIAM Journal of Control and Optimization* 17: 773 - 787.

Vives, X. 1990. Nash equilibrium with strategic complementarities. *Journal of Mathematical Economics* 19: 305 - 321.

Wilson, R. 1971. Computing equilibria of n-person games. *SIAM Journal of Applied Mathematics* 21: 80 - 87.

Wu, Wen-Tsün, and Jiang Jia-He. 1962. Essential equilibrium points of n-person noncooperative games. *Scientia Sinica* 11: 1307 - 1322.

第 13 章　收益相关策略和马尔可夫均衡

在第 5 章中已经讨论了重复博弈，那里的“自然环境”在每一期都是相同的。我们现在要研究过去对现在有直接影响的环境，比如说过去决定了现在的生产能力或者勘查到但尚未开发的自然资源数量，通过这些过去会对现在产生影响。这类环境可以被构造为离散时间模型（13.1 节和 13.2 节），或者类似微分博弈的连续时间模型（13.3 节）。

在研究重复博弈时，我们考虑到了在一些策略中，过去的行为将会影响现在和将来策略。但这并不是因为它对环境有直接影响，而是因为所有参与人都相信过去的行为是有关系的。在研究更加复杂的环境时，经济学家经常把注意力集中在一小类“马尔可夫”或者“状态空间”策略的均衡上。在这些策略中，过去的行为仅仅通过影响一个状态变量作用于当前环境，而这个状态变量包含了所有过去对现在影响的信息。一个马尔可夫完美均衡（Markov perfect equilibrium，MPE）是指在每一个适当子博弈中达到纳什均衡的马尔可夫策略组合。因为状态包含了过去的行为在每个子博弈中对策略和收益函数的影响，如果一个参与人的对手采取的是马尔可夫策略，那么他也会有一个马尔可夫最优反应。因此，在没有马尔可夫约束的时候，马尔可夫完美均衡还是一个完美均衡。只是可能还存在很多其他均衡。一个最简单的例子就是无限期重复博弈，这时状态变量是空的，因此，唯一的马尔可夫均衡对应于一个阶段博弈均衡的无限重复。例如，在无限期重复囚徒困境中（图 4—1），唯一的马尔可夫均衡是双方在每一期都背叛。[1] 13.1 节给出了一些较为重要的马尔可夫约束起作用的例子，并且将在一些具体类型的博弈中研究 MPE。

相对于完美均衡，MPE 约束将“过去的事情就是过去的事情”这一想法推进得更远。并且它与基于第 11 章中前向归纳法的均衡约束是相反的：前向归纳法的想法是，过去的行为将被解释为未来意图的信号，即使在后面的博弈中这些行动不会影响收益。

虽然在某些动态博弈中并没有一个明确的状态变量，状态的想法还是隐含其中。13.2.1 小节将说明如何构造一个明确的状态变量，并把 MPE 的定义扩展到一般的完全信息博弈。

13.2.3 小节考虑收益函数发生微小变化时 MPE 的稳定性（在下半连续的意义上）。也就是说，从一个状态空间很小从而 MPE 起作用的“初始博弈”开始。例如，在投资博弈中，有人认为收益相关状态是当前参与人的能力。现在考虑收益函数的一个扰动，使过去更多的方面与收益相关。例如，干中学可能意味着投资的确切时间顺序也会有小的作用。下半连续的意思是，对每个初始博弈的 MPE，存在一个接近于它的扰动博弈的 MPE。在这个 MPE 中，策略“主要”取决于初始博弈的状态变量。下半连续对一般博弈成立。这就令人感到放心，因为很难肯定地说哪些过去的变量对环境完全没有影响。

尽管有下半连续性，当收益被扰动时，马尔可夫完美均衡集还是可能不连续的变化。这是因为 MPE 允许策略可以对任何一个状态变量有“很大”的依赖，甚至对收益影响很小的状态变量也是如此。但是又要

---

① 我们并不断言这在参与人很耐心的时候是最可能的结果。马尔可夫均衡在这里的不充分性可以被看成是对马尔可夫假设的一个批判，也可以看成是完全信息模型忽略了一些重要特征的表现。第 9 章关于声誉效应的讨论略微说明了特定种类的不完全信息是如何得到更符合直觉的马尔可夫均衡结果的。

第 9 章扰动了博弈的信息结构。另一种方法也可以避免重复博弈中马尔可夫完美性有这样强的推论。这就是放松参与人必须同时行动的假设。马斯金和梯若尔（Maskin and Tirole，1988b）采用马尔可夫约束得到了在重复价格博弈中共谋的结果，其中价格在两期中是不变的。他们指出“反应”的意思通常是厂商对于一个影响它们当前利润的状态进行反应的尝试。例如，当面临对手的低价格时，他们可能希望重新夺回市场份额。在经典的重复博弈模型中，两个厂商同时行动而并没有什么可以对其产生反应的自然状态。不过，如果允许厂商交替行动，它们就可以对其对手的价格产生反应。[马斯金和梯若尔得出不同时性是两期承诺的（均衡）结果。] 格特纳（Gertner，1986）正式得到了在承诺（惯性）采取价格变化有固定成本的形式时马尔可夫策略的共谋。霍尔珀林（Halperin，1990）很细致地刻画了在厂商面临这种有通货膨胀或没有通货膨胀的“菜单成本”时的 MPE 集。他证明了交错和同时的价格循环的存在性，其中有一些是符合（S，s）法则的。

求策略完全不依赖于所有影响为零的变量。例如，如果我们在囚徒困境中加入一个“状态变量”，它记录了参与人背叛的次数，并且允许这个变量对收益有任意小的影响，这时“总是合作”就成为一个MPE的结果。这说明MPE集不是上半连续的。（根据马尔可夫完美性的真实含义，可以很自然地挑出这样的MPE，在这些MPE中那些对收益影响很小的变量对策略的影响也较小。而下半连续的结果保证了这通常是可以达到的。）

13.3节分析了微分博弈，它是类似于随机博弈的连续时间博弈，在随机博弈中状态是根据一个（确定的）微分方程发展变化的。[①] 因为单个参与人微分博弈（即控制问题）的最优解可以被选择成马尔可夫型的，所以微分博弈的MPE可以对应于多个参与人的最优控制。[②] 无论对错，与最优控制的类似已经使得控制论学家研究了一系列微分博弈中的MPE。凯斯（Case，1969），斯塔尔和侯（Starr and Ho，1969）分析了微分博弈中马尔可夫策略的平滑完美均衡。13.4节把资本积累博弈作为微分博弈的一个例子。

因为我们在本章中很少给出马尔可夫概念的应用，我们推荐一些其他文献作为进一步阅读的材料。[③]

13.1 特定类型博弈中的马尔可夫均衡†††

13.1.1 随机博弈：定义和MPE的存在性

我们对马尔可夫概念的第一个应用是随机博弈。[④] 随机博弈背后的

① 也有关于随机微分博弈的文献，其中的状态遵循一个随机微分方程。

② 在一个控制问题中，只要最优解存在就有一个马尔可夫最优。不过，在一个连续行动博弈中，马尔可夫完美均衡的存在性条件要比完美均衡的存在性条件强。哈里斯（Harris，1990）讨论了这个问题，也可参见13.2.2小节。

③ 见关于资源开采的文献（Amir，1989；Amit and Halperin，1989；Dutta and Sundaram，1988；Lancaster，1973；Levhari and Mirman，1980；Loury，1990；Sundaram，1989），关于遗产均衡的文献（Bernheim and Ray，1989；Harris，1985；Kohlberg，1976；Leininger，1986），关于研发的文献（Harris and Vickers，1987），关于动态垄断和寡头垄断的文献（Bénabou，1989；Dana and Montrucchio，1987；Eaton and Engers，1990；Gertner，1986；Harris，1988；Judd，1990；Kirman and Sobel，1974；Maskin and Tirole，1987，1988a，b；Villas-Boas，1990）。马尔可夫的概念也经常在不完全信息博弈中被使用。

④ 为了简化符号，本节中对随机博弈的定义要比大多数文献中的定义严格。关于随机博弈的更多内容，参见Friedman（1986），Shapley（1953）和Sobel（1971）。

思想是每期的历史都可以被概括为一种"状态"（例如，资本水平，信誉）。当期的收益取决于这种状态和当期的行动（例如，投资，价格，广告水平）。状态服从马尔可夫过程；也就是明天状态的概率分布由今天的状态和行动决定。

一个随机博弈是由状态变量 $k\in K$，包含混合行动 $\mathscr{A}_i(k)$ 的行动空间$A_i(k)$，转移函数 $q(k^{t+1}\mid k^t, a^t)$ ——它给出当时期 t 的状态是 k^t，行动是 a^t 时，下一期的状态为 k^{t+1} 的概率——以及收益函数 $u_i=\sum_{t=0}^{\infty}\delta^t g_i(k^t, a^t)$ 定义的。（注意，在定义行动空间时我们滥用了符号。正规的使用应该是纯阶段博弈策略集 A_i 和混合阶段博弈策略集 $\mathscr{A}_i$ 分别是整个历史 h^t 的函数。不过，如果按照我们的假设它们对于状态是可测的，那么把它们仅表示成状态的函数可以在符号上更为简单。）博弈在时间 0 以某种状态 k^0 开始。在参与人选择他们第 t 期行动的时候，他们知道博弈的全部历史，$h^t=(k^0, a^0, k^1, a^1, \cdots, k^{t-1}, a^{t-1}, k^t)$。在科曼和索贝尔（Kirman and Sobel，1974）的论文中，有一个随机博弈的例子说的是寡头博弈，其中在时期 t，k^t 是一个由 k_i^t 组成的向量，k_i^t 代表工厂 i 已有的信誉，a_i^t 是工厂对价格和广告水平的选择。这个博弈的一个完美均衡允许策略 $\sigma_i(h^t)$ 是整个历史 h^t 的函数。MPE 要求，如果两个历史有相同的状态变量 k^t，那么对一个参与人 i 和时期 t 有 $\sigma_i(h^t)=\sigma_i(\hat{h}^t)$。换一种说法就是，参与人 i 的马尔可夫策略集 M_i 可被看做是所有 $\sigma_i(k)\in\mathscr{A}_i(k)$ 的映射 σ_i 的集合。（我们把策略定义为状态的函数，又一次滥用了符号。）

定理 13.1　当状态和行动的数量有限时，随机博弈中存在马尔可夫完美均衡。

证明　和 8.4 节中的代理人策略式相似，我们构造一个马尔可夫策略式，其中，每个代理人 (i, k) 在 $\mathscr{A}_i(k)$ 里选择一个混合行动，且他的收益为第 i 个参与人在状态 k 下的收益。由于状态的数量有限，马尔可夫策略式的参与人个数也是有限的，且每个人拥有有限数量的纯行动。因此，定理 1.1 表明这个博弈有一个纳什均衡。进一步，σ^* 是原博弈的一个马尔可夫组合，且对于任何参与人 i，σ_i^* 是在马尔可夫策略意义上对 σ_{-i}^*的最佳反应。因此，像我们在上面所说的那样，σ^* 是一个纳什均衡。最后，这个马尔可夫均衡是完美的，因为每个参与人在每个状态下都达到了优化。■

这个存在性定理被扩展到了可数状态空间［见例如 Parthasarathy

(1982)；Rieder (1979)]。得到不可数（例如连续）状态空间的存在性定理要难得多。惠特（Whitt，1980）证明了一个 ε 均衡的存在性。杜夫等（Duffie et al.，1988）通过引入一个独立同分布的非收益相关公共随机序列扩展了基本的博弈，并且证明了一个扩展定义的 MPE 的存在性，其中任何给定时期的策略（至少）取决于当前的状态，取决于前一期参与人预期的在这一状态实现时的连续收益，取决于当前的公共信号。莫滕和帕斯若斯（Merten and Partharathy，1987）证明了一个扩展定义的 MPE 的存在性，其中任何给定时期的策略取决于当前的状态和预期的连续收益（但不取决于任何公共信号）。哈里斯（Harris，1990）证明了另一个扩展定义的 MPE 的存在性，其中任意给定时期的策略取决于当前的状态和当前的公共信号（但不取决于任何连续收益）。因此，除了要取决于每期开始时与收益无关的公共随机信号，哈里斯的扩展定义和 MPE 是一致的。

13.1.2 可分离的序贯博弈

一类可以对马尔可夫均衡策略进行总的刻画的博弈是可分离收益的完美信息博弈。

定义 13.1 一个可分离的序贯博弈可以被定义如下：

（ⅰ）一个可数的参与人集合，$t=0, 1, \cdots$；

（ⅱ）一个状态变量 $k^t \in K \subseteq \mathbb{R}$，其中 k^t 满足演化方程 $k^{t+1}=f_{t+1}(a^t)$；

（ⅲ）一个行动空间 $A^t(k^t) \subseteq \mathbb{R}$ 的序列；

（ⅳ）每个参与人有一个服从下面形式的目标函数：

$$u_t = g_t(k^t, a^t) + w_t(k^{t+1}, a^{t+1}, a^{t+2}, \cdots)$$

（ⅴ）完美信息［参与人 t 在选择行动 a^t 之前知道 $h^t=(a^0, \cdots, a^{t-1})$］。

这一类博弈比它看起来要更具一般性。第一，演化方程可以同时依赖于 a^t 和 k^t；这样就可以重新标定 a^t 使其等于 k^{t+1}。① 第二，有限期博弈属于这类博弈。第三，一个给定的参与人可以在不同时期参与博弈；

---

① 例如，假定 $k^{t+1}=f(k^t, a^t)$ 是给定 t 期的资本和储蓄时 $t+1$ 期的资本，$g_t(k^t, a^t)=g(k^t-a^t)$，以及 $\gamma(k^t, k^{t+1})$ 是为了由资本水平 k^t 得到资本水平 k^{t+1} 所需的储蓄量。那么重新定义行动为选择明天的资本水平，$a^t=k^{t+1}$，那么转移方程就是这个等式，当前的收益函数为 $g(k^t-\gamma(k^t, a^t))$。

我们是可以区分他的各种“化身”的。因此，在时期 t 参与博弈的参与人 i 和在时期 t' 参与博弈的参与人 i 可以被看成是两个不同的参与人，而他们的目标函数是由相同的偏好推导出来的。例如，这类博弈包括交替行动的双寡头博弈。其中，每个厂商的行动都是两期的并且参与人的行动交替进行。[①] 如果厂商 1 在奇数期采取行动并且它当前的收益函数为 $g_1(a_1, a_2)$，那么它的目标函数为

$$u_1 = g_1(a^{-1}, a^0) + \delta g_1(a^1, a^0) + \cdots$$
$$+ \delta^{2k+1} g_1(a^{2k+1}, a^{2k}) + \delta^{2k+2} g_1(a^{2k+1}, a^{2k+2}) + \cdots$$

把这个交替行动的双寡头博弈变为一个可分离序贯博弈的任务将留给读者。

在可分离序贯博弈中的一个（纯）马尔可夫策略是一个策略 s：$K\times T\to A$（T 和 A 分别是时间和行动空间）。如果函数 g_t 和 w_t 以及行动空间 A^t 在时间上是独立的，一个（纯）马尔可夫策略就是一个在时间上不变的映射 s：$K\to A$。这个策略可以被解释为一个反应函数。（与第 1 章定义的“反应”函数相比，这里是“真”的反应函数，即它是均衡策略的一部分。）

可分离序贯博弈的一个很好的性质是反应函数在标准排序条件[②]下是单调的。

定义 13.2　函数满足排序条件，如果它是二阶可导并且

$$(\mathrm{CS}^+) \qquad \frac{\partial^2 g_t}{\partial k^t\, \partial a^t} \geqslant 0$$

或

$$(\mathrm{CS}^-) \qquad \frac{\partial^2 g_t}{\partial k^t\, \partial a^t} \leqslant 0$$

排序条件 CS^+ 意味着越高的状态变量使得越高的行动更加可取；排序条件 CS^- 与之相反。我们现在从机制设计文献（见第 7 章）中借用下列定理的简单证明：

定理 13.2　考虑一个满足排序条件的可分离序贯博弈，假设行动空间是状态独立的。那么均衡马尔可夫策略 $s^t(k^t)$ 是非减的（在 CS^+

---

① Cyert and DeGroot，1970；Dana and Montrucchio，1987；Eaton and Engers，1990；Gertner，1986；Maskin and Tirole，1987，1988a，b。

② 这个条件也被称为“单交点条件”或“斯宾塞-莫里斯条件”或“不变符号偏导”(Guesnerie and Laffont，1984)。

下）或者是非增的（在 CS^- 下）。

证明 对于参与人 $(t+1)$，$(t+2)$，…固定马尔可夫策略，令

$$v_t(k^{t+1}) \equiv w^t(k^{t+1}, s^{t+1}(k^{t+1}), s^{t+2}(f_{t+2}(s^{t+1}(k^{t+1}))), \cdots)$$

代表参与人 t 对状态变量 k^{t+1} 的连续评价，现在考虑在时期 t 有两种可能的状态 k 和 $\tilde{k}$，令 $a = s^t(k)$ 和 $\tilde{a} = s^t(\tilde{k})$。由均衡的定义，参与人 t 在状态 k 下更愿意选择行动 a 而不是 $\tilde{a}$：

$$g_t(k,a) + v_t(f_{t+1}(a)) \geqslant g_t(k,\tilde{a}) + v_t(f_{t+1}(\tilde{a}))$$

同样，在状态 $\tilde{k}$ 下，参与人 t 更愿意选择行动 $\tilde{a}$ 而不是 a：

$$g_t(\tilde{k},\tilde{a}) + v_t(f_{t+1}(\tilde{a})) \geqslant g_t(\tilde{k},a) + v_t(f_{t+1}(a))$$

这两个不等式被称为激励相容约束，将它们相加消去连续评价：

$$g_t(k,a) + g_t(\tilde{k},\tilde{a}) - g_t(k,\tilde{a}) - g_t(\tilde{k},a) \geqslant 0$$

这个式子可以被重新写为

$$\int_a^{\tilde{a}}\int_k^{\tilde{k}} \frac{\partial^2 g_t}{\partial x\,\partial y}\mathrm{d}x\mathrm{d}y \geqslant 0$$

因此，如果 $\tilde{k} > k$，那么当 CS^+ 成立时有 $\tilde{a} \geqslant a$；当 CS^- 成立时有 $\tilde{a} \leqslant a$。

■

定理 13.2 可以很一般地扩展到参与人采取混合（马尔可夫）策略的情形，结论是混合均衡的支撑是有序的；例如，在 CS^+ 下，如果 $k^t > \tilde{k}^t$，那么，

$$\min\{a \mid \sigma^t(a \mid k^t) > 0\} \geqslant \max\{a \mid \sigma^t(a \mid \tilde{k}^t) > 0\}$$

同时很容易看出，如果偏好是不可分的或者参与人 $(t+1)$，$(t+2)$，…采取非马尔可夫策略，单调性的证明不再成立。例如，在后一种情形中，连续评价 v_t 可能取决于 a^t 和 k^t（以不可分的方式），从而相加后的两个激励相容约束将无法消去连续评价。

马斯金和梯若尔（Maskin and Tirole，1987，1988a）在交替行动的双寡头古诺博弈中，大量使用了单调性的性质。如果厂商的每期收益对两种产出的交叉偏导数为负（用 12.3 节的术语，这两种产出是战略替代的），那么马尔可夫策略或者反应曲线是向下倾斜的，类似于静态古诺博弈中（见第 1 章）（虚构）的反应曲线。

13.1.3 经济学中的例子

我们现在给出马尔可夫均衡的两个经济学应用。这些应用和

13.1.1 小节的框架稍有不同。它们的策略和状态空间是连续的，而不像在 13.1.1 小节中是有限的。参与人的数量在第一个应用中也是无限的。此外，两个应用中的转移函数是确定的。这些应用包含了一些细节，熟悉随机博弈的读者可以跳过。

例 1　遗产博弈

跨代家庭转移引起了连续两代人之间的博弈。假设每代人都关心下一代人的消费，而下一代人则关心下下代人的消费，等等。连续的两代人行为看起来并不像同一个决策者：一代人希望将遗产留给下一代人，但是两代人对如何处理遗产有不同的偏好。下面给出在文献中被大量研究的一种简单的遗产博弈。

有一种单一的商品可以被用来消费或作为生产的资本。世代 $t(t=0, 1, \cdots)$ 只生活一期（时期 t），并且从上代人 $t-1$ 处继承数量为 $k^t \geqslant 0$ 的商品，世代 t 的效用取决于自身的消费 c^t 和下一代的消费 c^{t+1}：

$$u_t = u(c^t, c^{t+1})$$

世代 t 储蓄 $a^t \in [0, k^t]$ 并消费 $c^t = k^t - a^t$。下一代人获得的遗产或者说他的资本为 $k^{t+1} = f(a^t)$，其中 f 是增函数，满足 $f(0)=0$。一个遗产博弈的纯策略 MPE 是策略 $s(k)$，使得

$$s(k) \in \arg\max_{x \in [0,k]} u(k-x, f(x) - s(f(x)))$$

我们首先从一个有具体参数的例子中推导出一个 MPE，然后研究 MPE 的一般性质和存在性。

一个有参数的例子　假设：

$$u(c^t, c^{t+1}) = \ln c^t + \delta \ln c^{t+1}$$

和

$$f(a) = a^\alpha$$

其中 δ 和 α 属于 $(0, 1)$。我们寻找一个有可微的不变储蓄策略 $s(\cdot)$ 的 MPE。项目

$$\max_{x \in [0,k]} \{\ln(k-x) + \delta \ln[x^\alpha - s(x^\alpha)]\}$$

的一阶条件是：

$$\frac{1}{k-x} = \frac{\delta\alpha x^{\alpha-1}[1-s'(x^\alpha)]}{x^\alpha - s(x^\alpha)}$$

这使人想到线性策略 $s(k)=sk$，其中 $s\in(0, 1)$，因此：

$$(1-s)x=\delta\alpha(1-s)(k-x)$$

或者

$$x=\frac{\delta\alpha}{1+\delta\alpha}k\text{，使得 } s\equiv\frac{\delta\alpha}{1+\delta\alpha}$$

因此存在一个储蓄率为常数的 MPE。并且这个储蓄率随着贴现因子和储蓄产出的增加而增加。

均衡马尔可夫策略的性质 当效用函数是可分离的，就可能像在 13.1.2 小节中一样，刻画任何均衡策略$s(\cdot)$的斜率。

定理 13.2 要求行动空间是状态独立的，但是它的结果可以一般性地扩展到一些行动空间，这里是状态依赖的情况（比如一个可分的遗产博弈）。在这些博弈中，

$$u_t=u(c^t)+z(c^{t+1})$$

使用通常的符号，

$$g_t(k^t, a^t)=u(k^t-a^t)$$

以及

$$w_t(k^{t+1}, a^{t+1}, a^{t+2}, \cdots)=z(k^{t+1}-a^{t+1})$$

行动空间 $A^t(k^t)=[0, k^t]$ 是状态依赖的。因此，如果 $k>\tilde{k}$，$s(k)\in[0, k]$ 在状态 $\tilde{k}$ 下可能不可行［尽管 $s(\tilde{k})\in[0, \tilde{k}]$ 在状态 $\tilde{k}$ 下是可行的］。但是如果 $s(k)>\tilde{k}$，则有$s(k)>s(\tilde{k})$，那么单调性始终成立。如果 $s(k)\leqslant\tilde{k}$，定理 13.2 的证明说明了如果 u 是凹的$\left(\text{所以}\frac{\partial^2 g_t}{\partial k^t\partial a^t}\geqslant 0\right)$，那么 $s(k)\geqslant s(\tilde{k})$。综上我们得出，在遗产博弈中均衡策略是非减的。

存在性 证明遗产博弈中纯策略 MPE 的存在性比证明单调性要难得多。伯恩翰姆和雷（Bernheim and Ray，1989）以及雷宁格（Leininger，1986）已经得到了存在性的结果。

理解为什么“自然的方法”无法证明 MPE 的存在性对我们是很有启发的。假设一代人继承了 k 并且选择 $x=s(k)$ 以最大化 $u(k-s, f(x)-\bar{s}(f(x)))$，其中 $\bar{s}(\cdot)$ 是下一代人的策略。如果 $\bar{s}(\cdot)$ 连续，那么最大值存在。我们可以把连续函数 $\bar{s}(\cdot)$ 映射到 $s(\cdot)$ 上，这个映射的一个不动点就是 MPE。但是，$s(\cdot)$ 不一定是连续的。所以在某些闭区间 $[0, \bar{k}]$ 上，没有办法使用连续函数空间的不动点定理。

雷宁格证明了：如果 f 是连续递增的并且 u 属于某一类效用函数［包

括可分离函数 $u(c^t, c^{t+1})=v(c^t)+\delta v(c^{t+1})$，其中 v 是严格凹和递增的]①，那么在有限期遗产博弈中（$s(\cdot)$是非递减的）存在一个单调纯策略均衡。伯恩翰姆、雷和雷宁格在无限期遗产博弈中，也类似地证明了单调 MPE 的存在性。

例 2　公共资源开采

一些经济学家已经研究了相互竞争的参与人对可再生资源的开采。在经典的钓鱼博弈（Lancaster，1973；Levhari and Mirman，1980）中，每期有两个商业钓鱼者在同一个池塘里钓鱼。因为池塘中下一个钓鱼季节鱼的数量取决于当前这个钓鱼季节末剩下的鱼的数量。钓鱼者之间互相施加了负的外部性，这通常会阻止一个对全社会有效的钓鱼政策。

考虑下面的模型：令 $k^t \geqslant 0$ 代表当前公共资源的存量。在时期 t，参与人 1 和参与人 2 同时选择开采多少（$a_1^t \geqslant 0$，$a_2^t \geqslant 0$）。如果 $k^t \geqslant a_1^t + a_2^t$，参与人 i 立刻获得收益 $g_i(a_i^t)$，并且时期 $t+1$ 开始时的存量为 $k^{t+1}=f(k^t-a_1^t-a_2^t)$，其中 f 是转移或者再生函数（注意假设 f 为确定的，它通过特定方式由状态变量 k^t 和行动 a^t 决定）。如果 $k^t < a_1^t + a_2^t$，将根据一定的规则把有限的存量分配给参与人；我们假设每个参与人分得 $k^t/2$，产生收益 $g_i(k^t/2)$ 并且 $k^{t+1}=f(0)=0$。我们取状态空间和行动空间分别为区间 $[0, \bar{k}]$ 和区间 $[0, \bar{a}]$，其中 $\bar{k}$ 和 $\bar{a}$ “充分大” [具体细节见 Dutta and Sundaram (1988)]。因此，我们考虑的是连续空间而不是前面证明存在性时的离散空间。更进一步假设 $g_i(\cdot)$ 连续可微，严格凹，极限 $\lim_{x \to 0} g_i'(x)=+\infty$（这个假设防止在 $k^t>0$ 时出现零开采的角点解），f 连续可微，严格凹以及严格递增，并有 $f'(0)>1/\delta$ 和 $f'(+\infty)<1$。

对一个纯马尔可夫策略组合（$s_1(\cdot)$，$s_2(\cdot)$），令 $\Psi(k)=k-s_1(k)-s_2(k)$ 代表每期结束时剩余的存量，我们可不失一般性地限定 $s_i \in [0, k]$。

一个很自然的研究程序就是寻找一个连续可微的策略 $s_i(\cdot)$（假设一个可微的 MPE 存在）。一个 MPE 必须满足贝尔曼（Bellman）方程：对所有 k，

---

① 更准确地说，考虑最优选择映射 $\Phi(k \mid \bar{s})$，也就是可以最大化 $u(k-x, f(x)-\bar{s}(f(x)))$的元素的集合。（如果 u 是连续的，这个映射是非空，紧且上半连续的。）要求 u 对两个变量都是递增的，并且在 $\Phi(k \mid \bar{s})$ 中选出的任何满足是非减的。伯恩翰姆和雷证明了如果连续递增的效用函数对所有 $c^t \geqslant \tilde{c}^t \geqslant 0$ 和 $c^{t+1} \geqslant \tilde{c}^{t+1} \geqslant 0$ 满足：

$$u(c^t, c^{t+1})+u(\tilde{c}^t, \tilde{c}^{t+1})-u(\tilde{c}^t, c^{t+1})-u(c^t, \tilde{c}^{t+1}) \geqslant 0$$

这一较弱的排序条件，这个效用函数属于由雷宁格定义的那一类型效用函数。

$$g_i'(s_i(k)) = \delta g_i'(s_i(f(\Psi(k))))f'(\Psi(k))[1 - s_j'(f(\Psi(k)))] \tag{13.1}$$

为了得到方程（13.1），假设在时期t，当存量为k时，参与人i多开采一个单位的公共资源。他增加了$g_i'(s_i(k))$当前的收益。进一步假设他同时调整了他在$t+1$期的策略，使得在$t+2$期的存量与最初均衡中$t+2$期的存量k^{t+2}一样。由t期多开采一个单位导致的$t+1$期存量的减少为$f'(\Psi(k))$。因为参与人j在$t+1$期的采掘量取决于k^{t+1}，在$t+1$期结束时，存量总的减少为：

$$f'(\Psi(k))[1 - s_j'(f(\Psi(k)))]$$

参与人i必须在$t+1$期减少这么多的开采量，方程（13.1）简单地表明了a_i^t的增加和a_i^{t+1}的减少（或相反）不影响参与人i跨期的福利。（当然，以上推理成立的条件是：参与人可以在$k\neq 0$的每一期中减少一点开采量；对$g_i'(0)$的假设就是为了保证这一点是可行的。）

杜塔和桑达若姆（Dutta and Sundaram，1988）指出方程（13.1）有很强的含义。首先，明天的存量是今天存量的严格单调函数［在$\Psi(0)=0$时严格递增］；因为$\Psi(\cdot)$是连续的，不单调将意味着存在一对$(k, \tilde{k})$，其中$k\neq\tilde{k}$，使得$\Psi(k)=\Psi(\tilde{k})$。由方程（13.1）得到$s_i(k)=s_i(\tilde{k})$，其中$i=1, 2$。但是由于

$$k - s_1(k) - s_2(k) = \tilde{k} - s_1(\tilde{k}) - s_2(\tilde{k})$$

最终还是得到$k=\tilde{k}$。第二，让我们把这个博弈的稳态和一个中央计划经济的稳态进行比较，在中央计划经济中的一个社会计划者选择一个开采水平，最大化两个参与人加权的跨期效用之和。（可以证明在两种情况下存量都单调地收敛到一个稳态。在博弈时，这个结果来自于下列事实：明天的均衡存量水平是今天存量水平的增函数。因为策略对当前的存量是连续的，任何初始存量水平都会单调地收敛到一个稳态水平。对中央计划经济的证明是类似的。）在博弈的稳态$\hat{k}$下，$\hat{k}=f(\Psi(\hat{k}))$。方程（13.1）意味着对于所有i：

$$\delta f'(\Psi(\hat{k}))[1 - s_i'(\hat{k})] = 1$$

现在考虑一个稳定的稳态$\hat{k}$（即任何$\hat{k}$邻域内的初始存量水平都收敛于$\hat{k}$）。稳定性意味着：

$$\left.\frac{\mathrm{d}(k - f(\Psi(k)))}{\mathrm{d}k}\right|_{k=\hat{k}} > 0$$

或

$$f'(\Psi(\hat{k}))(1-s_1'(\hat{k})-s_2'(\hat{k}))<1$$

在 $\hat{k}$ 处由贝尔曼方程得到，对于所有 i，

$$\delta[1-s_i'(\hat{k})]>1-s_1'(\hat{k})-s_2'(\hat{k})$$

因此我们得出：$s_1'(\hat{k})=s_2'(\hat{k})>0$，使得：

$$\delta f'(\Psi(\hat{k}))>1$$

相反，中央计划经济的稳态 k^*，必然是"黄金法则"的水平 $\delta f'(\Psi^*(k^*))=1$，因为中央计划者必然在今天牺牲一单位消费和明天消费更多 $f'(\Psi^*(k^*))$ 之间无差异。[$\Psi^*(\cdot)$是中央计划者的储蓄函数。] 因为 f 严格凹，$\Psi^*(k^*)>\Psi(\hat{k})$，因此 $\hat{k}=f(\Psi(\hat{k}))<k^*=f(\Psi^*(k^*))$。因此，一个可微 MPE 的稳定状态永远是一个"公地悲剧"。[杜塔和桑达若姆(Dutta and Sundaram，1990b) 给出了一个 MPE 中存在过度积累的例子，不满足上述条件。]

莱哈瑞和米尔曼 (Levhari and Mirman，1980) 发现了在有如下具体形式时：$f(k)=k^\alpha(0<\alpha<1)$ 和 $g_i(x)=\ln x$，可微 MPE 的存在性。如果有一个线性解 [$s_i(k)=sk$]，由方程 (13.1) 得到：

$$s_i(k)=\frac{1-\alpha\delta}{2-\alpha\delta}k$$

和

$$\Psi(k)=\frac{\alpha\delta}{2-\alpha\delta}k$$

所以：

$$\hat{k}=\left(\frac{\alpha\delta}{2-\alpha\delta}\right)^{\alpha/(1-\alpha)}<k^*=(\alpha\delta)^{\alpha/(1-\alpha)}$$

(莱哈瑞和米尔曼事实上是用不同的方法导出这个无限期均衡的。他们首先计算出有限期的均衡，然后取期限趋于无穷时的极限。)

杜塔和桑达若姆 (Dutta and Sundaram，1988) 还提出了这个问题的一个更一般的分析，其中并没有假设马尔可夫策略是可微的。他们考虑了更加广泛的纯马尔可夫策略的类型：(a) 对所有 k，满足 $\sum_i s_i(k)<k$；(b)

在 k 处有下半连续的 $s_i(\cdot)$。[①] 与研究存在性不同［桑达若姆（Sundaram，1989）证明了如果 $g_1=g_2$，在这一类博弈中存在一个对称的 MPE，杜塔和桑达若姆（Dutta and Sundaram，1990a）将这个结果一般化至随机再生函数情形］，杜塔和桑达若姆（Dutta and Sundaram，1988）证明了如果这一类博弈存在均衡，那么 k^t 的路径是单调的，稳态可能低于也可能高于"黄金法则"。

阿米尔（Amir，1989）使用网格理论的方法得到了一个一般性的存在性定理。（据我们所知，这是 12.3 节超模博弈理论在动态博弈中的第一次应用。）在前述假设下（双寡头，递增且凹的生产函数，紧的行动空间），阿米尔证明了存在一个 MPE 均衡策略满足前面的条件（a）和（b）；条件（c）有等于 1 的 Lipschitz 常数（对于所有的 i，k 和 $\tilde{k}$，$|s_i(\tilde{k})-s_i(k)|\leqslant|\tilde{k}-k|$）。

亚米特和霍尔珀林（Amit and Halperin，1989）研究了这个博弈在 I 个参与人连续时间的情况（见 13.3 节微分博弈的定义）。他们证明了一组 MPE 的存在性，其中策略是 k 的连续和连续可微（除了可能在某些孤立水平上）函数。其中一个 MPE 帕累托占优于其他 MPE。

13.2 一般博弈中的马尔可夫完美均衡：定义和性质[†††]

MPE 的定义和刻画与马斯金和梯若尔（Maskin and Tirole，1989）的保持一致。

13.2.1 定义

虽然通常在使用 MPE 概念的模型中有明确的收益相关变量，MPE 也可以从任何扩展式博弈开始定义而不需要一个明确的状态变量。本小节将要说明如何把 MPE 扩展到一般的可观察行动的多阶段博弈中，其

---

① 如果对任意 $k^n\to k$ 的序列，$\liminf_{n\to\infty}s_i(k^n)\geqslant s_i(k)$，那么 $s_i(\cdot)$ 在点 k 是下半连续的。如果 $s_j(\cdot)$ 不是下半连续的，参与人 i 的最优反应可能不会是良好定义的。假设给定 k^t，参与人 j 采取 $s_j(k^t)$。进一步假设 $s_j(\cdot)$ 在 $\tilde{k}$ 向上跳跃；那么因为参与人 j 在时期 $t+1$ 的反应向上跳跃，参与人 i 的收益在 $\tilde{s}_i^t=k^t-s_j(k^t)-f^{-1}(\tilde{k})$ 处向下跳跃。如果参与人 i 的跨期目标函数增加到了 $\tilde{s}_i^t$ 的左边，参与人 i 可能会面临"开放性问题"，使得他的最优反应可能不存在。桑达若姆（Sundaram，1989）证明了，如果策略是下半连续的（并属于 $[0,k]$），那么每个参与人有一个最优马尔可夫策略并且他的值函数是状态的上半连续函数。

中在每个时期 t，所有参与人知道在 t 期之前选择过的全部行动。总共有 $T+1$ 期（$t=0, \cdots, T$），其中 T 可以是有限的也可以是无限的。在时期 t，参与人 $i(i=1, \cdots, I)$ 知道历史 $h^t=(a^0, \cdots, a^{t-1})$［其中，$a^\tau \equiv (a_1^\tau, \cdots, a_I^\tau)$］并从有限的行动集合 $A_i^t(h^t)$ 中选择一个行动 a_i^t［这种博弈的形式可以包含随机博弈（令一个参与人是自然）和完美信息或序贯博弈（在每期中除了一个参与人以外所有的参与人都只有一个单元素的行动空间）。］在时期 t，未来 f^t 是一个由当前和未来行动组成的向量：$f^t \equiv (a^t, \cdots, a^T)$。参与人 i 有冯·诺伊曼-摩根斯坦的收益函数，对所有 t：

$$u_i(a^0, a^1, \cdots, a^T) \equiv u_i(h^t, f^t)$$

在第 3 章，我们定义一个（子博弈）完美均衡为一个策略组合 $\sigma_i^* = \{\sigma_i^{t*}(h^t)\}_{t=0,\cdots,T}$，它对所有历史都构成一个纳什均衡：对于所有 t，h^t，i 和 σ_i，有

$$E_{f^t}(u_i(h^t, f^t) \mid (\sigma_i^*, \sigma_{-i}^*)) \geqslant E_{f^t}(u_i(h^t, f^t) \mid (\sigma_i, \sigma_{-i}^*))$$

（E_{f^t} 表示在未来 f^t 上的期望值，其中未来的分布有条件的由混合策略组合决定。）

正如在本章引言中所讨论的，一个参与人 i 的马尔可夫策略可能不取决于参与人 i 的全部信息。因此，我们将考虑历史的总结或者划分 $\{H^t(h^t)\}_{t=0,\cdots,T}$，在每一期，历史的总结或者划分是从历史集到那一期可能历史集的一组分离完备子集的映射。假设比如在时期 2 期初，有四个可能的历史：h，h'，h'' 和 h'''。一个划分是 $H^2(h)=H^2(h')=A$，$H^2(h'')=B$，和 $H^2(h''')=C$，其中前两个历史归并在相同的总结中。这个划分也可以写成 $\{(h, h'), (h''), (h''')\}$。

在总结历史时，划分必须不能太粗糙。也就是说，在每一期，参与人必须能够由 h^t 所属划分中的元素恢复出随后子博弈的策略元素：

定义 13.3　一个划分 $\{H^t(\cdot)\}_{t=0,\cdots,T}$ 是充分的，如果对于所有使得 $H^t(h^t)=H^t(\tilde{h}^t)$ 的 t，h^t 和 $\tilde{h}^t$ 有，从时期 t 开始位于历史 h^t 和 $\tilde{h}^t$ 后的子博弈都是策略性等价的：

（ⅰ）行动空间（有条件的定义在自时期 t 起的行动上）是相同的：对于所有 i，$\tau \geqslant 0$ 和 $a^t, \cdots, a^{t+\tau-1}$ 有

$$A_i^{t+\tau}(h^t, a^t, \cdots, a^{t+\tau-1}) = A_i^{t+\tau}(\tilde{h}^t, a^t, \cdots, a^{t+\tau-1})$$

（ⅱ）参与人由 h^t 和 $\tilde{h}^t$ 决定的冯·诺伊曼-摩根斯坦效用函数代表

相同的偏好：$\exists\lambda_i(\cdot,\cdot)>0$ 和 $\mu_i(\cdot,\cdot,\cdot)$ 使得对于所有的 f^t，

$$u_i(h^t,f^t)=\lambda_i(h^t,\tilde{h}^t)u_i(\tilde{h}^t,f^t)+\mu_i(h^t,\tilde{h}^t,f^t_{-i}),$$

其中，$f^t_{-i}\equiv(a^t_{-i},\cdots,a^T_{-i})$。

当然，全部历史 $[H^t(h^t)=(h^t)]$ 是一个充分的划分，但是它的信息太多，以至于包含了和子博弈无关的信息。

定义 13.4 收益相关的历史是最小的（即最粗糙的）充分划分。

通过构造，收益相关的历史可以被唯一的定义。在我们的例子中，如果在时期 2 开始于历史 h，h'和 h''（但不是 h'''）后的子博弈是策略性等价的，那么划分 $\{(h,h'),(h''),(h''')\}$ 是充分的，但不是最小的。最粗糙的充分划分是 $\{(h,h',h''),(h''')\}$。

对于无限期博弈的评论 上文对收益相关历史的定义对于无限期博弈而言限制性并不够。一个静态博弈的马尔可夫策略应该对日期 t 独立。在历史中包括日期将能够满足这个要求。如果是状态而不是时间影响当前和未来的收益以及行动空间，那么此时马尔可夫策略就是对时间独立的。分析将可以在一般意义上继续。[①]

定义 13.5 一个马尔可夫完美均衡是一个策略组合 σ，它构成一个完美均衡并且对于收益相关的历史是可测的 $[H^t(h^t)=H^t(\tilde{h}^t)\Rightarrow\forall i,\ \sigma^t_i(h^t)=\sigma^t_i(\tilde{h}^t)]$。[②]

13.2.2 存在性

定理 13.2 假设 $T<\infty$ 或 $T=\infty$，目标函数在无穷远处连续（见第 4 章——例如，如果贴现因子小于 1 并且每期的收益都是有界的，每期收益的贴现值在无穷远处就是连续的），那么存在一个 MPE。

证明 对有限期博弈的证明很普通：在时期 T 选择一个纳什均衡，它满足在相同的收益、相关历史 $H^T(h^T)$ 中对所有历史 h^T 都相同（因为对有相同收益、相关历史的所有历史，最后一期的子博弈是策略性等价的，并且纳什均衡集是相同的）。倒退一期，在 $T-1$ 期的子博弈变成了一个单期博弈，我们可以选择一个只依赖于收益相关历史的纳什均衡。如此利用逆向递归法可以得出结论。

---

① 类似地，如果博弈是循环的，除了在周期中的位置，马尔可夫策略对日期独立。

② 可以通过加入其他考虑而得到一个更强的 MPE。例如，在马尔可夫约束中可以要求重复剔除严格劣势策略。这里的意思是当且仅当参与人在子博弈中采取严格劣势策略的情况不被当作状态的一部分时一个过去的变量是收益相关的。对（有条件的）严格劣势策略的剔除会导致更少的马尔可夫策略，这反过来又会引起新的一轮剔除严格劣势策略，等等。

证明 $T=\infty$ 的情况分为两步，第一步是按照第 4 章的方法：与博弈 G^{∞} 相联系的截断的 T 期博弈 G^{T} 是参与人被迫在时期 T 后采取一个固定的（“空”）行动的博弈。这个博弈是有限期博弈，根据有限期博弈的证明可以得到一个 MPE$\{\sigma_i^{t,T}\}$。接着取一个序列，当 T 趋于 ∞（见第 4 章）时收敛于某个

$$\sigma=\{\sigma_i^t\}_{\substack{i=1,\cdots,I\\t=0,\cdots,+\infty}}$$

可以检验 σ 就是 G^{∞} 的一个完美均衡。第二步是证明 σ 是 G^{∞} 的一个 MPE。我们可以立即看出 MPE 的极限不一定都是 MPE。这是否成立取决于收益相关历史在极限上是变粗糙了还是变精细了。这里我们在期限 T 趋于 ∞ 时对时期 t 的策略 $\sigma_i^{t,T}$ 取极限。直观地看，当 T 增加到 $T'>T$ 时，在时期 $t\leqslant T$ 将有“至少一样多的相关历史需要记住”，因为部分历史可能对于时期 $T+1$，…，T' 的博弈有影响，即使它们在时期 t，…，T 上没有什么影响。也就是说，时期 t 的收益相关历史在极限上不会变得更粗糙，所以马尔可夫策略极限自身也是马尔可夫的。■

完美信息博弈中纯策略 MPE 的存在性（技术性）

前面的存在性结论，和在纳什的情况中一样是允许混合策略的。有些研究者已经试着发现了几类存在纯策略的 MPE 博弈。一类这样的博弈是完美信息有限博弈（其中所有信息集都是单元素的，这意味着参与人是序贯行动的）。令 $t=0$，1，…，T，其中 $T<\infty$，令 $i(t)$ 表示在时期 t 采取行动的参与人［他知道直到时期 t 的行动 $h^t=(a^0, \cdots, a^{t-1})$］。当行动空间有限时，存在性的证明很直接：在时期 T，令参与人 $i(T)$ 选择一个他的最优行动（对有相同收益相关历史的每个历史来说都相同）。倒退一期，对参与人 $i(T-1)$ 也是一样，如此下去。

可惜的是，纯策略 MPE 的存在性无法扩展到无限期博弈。格维奇（Gurvich，1986）提供了一个没有纯策略 MPE 的完美信息无限期博弈。而且即使在有限期时，无限的行动空间也会产生存在性的问题。当行动空间是一个欧氏空间的紧子集时，黑尔维希和雷宁格（Hellwig and Leninger，1989）指出了下面的“开放性问题”：考虑一个三人博弈；在时期 i，参与人 $i=1$，2，3 在区间［0，1］上选择一个行动 a_i。令参与人 2 和参与人 3 的偏好分别是：

$$u_2=-\left(a_2-\frac{1}{2}\right)^2+a_3\left(a_1-\frac{1}{2}\right)$$

和

$$u_3=a_3\left[1-\left(a_2+\frac{1}{2}\right)\right]$$

(参与人 1 的偏好被证明是无关的。)注意在时期 2 和时期 3 的收益相关历史分别为 a_1 和 a_2。参与人 3 的最优纯策略反应是：

$$s_3^*(a_2)=\begin{cases}1 & \text{如果 } a_2<1/2\\ \in[0,1] & \text{如果 } a_2=1/2\\ 0 & \text{如果 } a_2>1/2\end{cases}$$

现在考虑参与人 2，由他目标函数的第一项，他希望 a_2 尽可能地接近 1/2。但是第二项和参与人 3 的反应意味着 $a_2=\frac{1}{2}$ 或 $\frac{1}{2}+\varepsilon$ 或 $\frac{1}{2}-\varepsilon$ 是非常不同的。图 13—1 描绘了对 $a_1>\frac{1}{2}$ 和 $a_1<\frac{1}{2}$ 参与人 2 的收益是 a_2 的函数。对于 $a_2=\frac{1}{2}$，参与人 2 的收益取决于参与人 3 的无差异性是如何解决的。如果 $s_3^*\left(\frac{1}{2}\right)=0$，则 B 在图 13—1 中为粗体虚线，如果 $s_3^*\left(\frac{1}{2}\right)=1$，则 A 为粗线，C 为虚线。

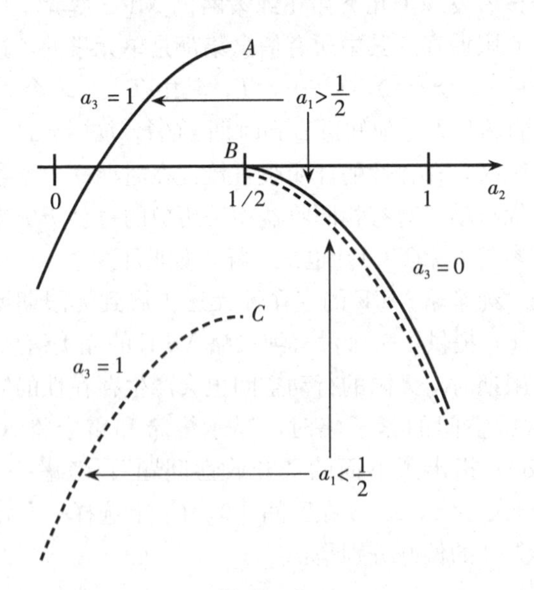

图 13—1

现在，为了在 $a_1>\frac{1}{2}$ 时参与人 2 的最优选择可以被很好地定义（即不会面临开放性问题)，需要有 $s_3^*\left(\frac{1}{2}\right)=1$。类似地，为了在 $a_1<\frac{1}{2}$时最优选择可以被很好地定义，需要有 $s_3^*\left(\frac{1}{2}\right)=0$。因此，纯策略均衡的存在性要求参与人 3 对于 $a_2=\frac{1}{2}$的反应取决于时期 3 的收益不相关变量 a_1。我们因而得到结论，没有纯策略 MPE 存在。(相同的论证可以使读者相信，在这种情况下也不存在混合策略 MPE。)

另一方面，存在一个纯策略的完美均衡。(作为练习，找到这个均衡。) 这实际上是一个更一般的结论。对于每个 t，一个满足下列条件的有限期完美信息博弈有一个纯策略完美均衡 (Goldman，1980；Harris，1985；Hellwig and Leininger，1987)：

参与人 $i(t)$ 的行动空间是欧氏空间的一个紧子集。

参与人 $i(t)$ 的效用函数在 $(a^0, a^1, \cdots, a^T)$ 上连续，并且参与人 $i(t)$ 的行动空间是一个闭且连续的映射 $A_{i(t)}(a^0, \cdots, a^{t-1})$。

我们把下面的结论留给读者去检验，在近似于区间 $[0, 1]$ 的有限行动空间上，存在一个接近于(在网格收敛至连续统时收敛于)上文提及的完美均衡的纯策略 MPE。

为了避免出现不存在均衡的问题，黑尔维希和雷宁格 (Hellwig and Leininger，1989) 假设 $t+1$ 期的状态变量 k^{t+1} 只取决于 k^t 和 $a_{i(t)}$。他们对于偏好做了一个强假设——它们在状态—行动对上是(前向)归纳可分的，

$$u_{i(t)} = v_t^t(k^t, a_{i(t)}, v_{t+1}^t(k^{t+1}, a_{i(t+1)}, v_{t+2}^t(\cdots)))$$

并且 v_τ^t 在 $v_{\tau+1}^t(\tau\geqslant t)$ 上或者独立或者严格递增。[①] 这一类偏好一般化了遗产博弈中的利他型偏好 (Phelps and Pollak，1968)，在利他型偏好中，参与人是生活一期的世代 $t[i(t)=t]$，他们选择留给后代的资本为 k^{t+1} (即$a^t=k^{t+1}$)，并有以下效用：

$$u_t = v_t(f(k^t)-k^{t+1}, v_{t+1}(f(k^{t+1})-k^{t+2}, v_{t+2}(\cdots)))$$

他们还做了一个正则性的假设，从而排除了与行动空间相联系的导致均衡不存在的另一个原因。这个正则性保证了状态变量 k^t 的一个微小变

① 在递归可分的效用下，所有未来行动和过去行动之间的相互作用都是通过明天的状态变量发生。这种效用函数在(单个参与人)最优增长理论中受到了很多的关注 [见，例如 Beals and Koopmans (1969)]。

化对随后状态变量k^{t+1}的影响可以由选择变量$a_{i(t)}$的一个适当的调整抵消。这个假设加上偏好的递归可分性，保证了一个纯策略 MPE 的存在。

13.2.3 对收益扰动的稳定性（技术性）

马尔可夫的概念强调少数关键变量的影响而排除次要变量，并且仅当少数过去的变量对当前和未来的行动空间以及目标函数有影响时才起作用。扰动目标函数很可能使整个历史收益相关，从而使马尔可夫的概念丧失其作用，就像我们在本章引言中讨论的那样。

考虑一个有限扩展式博弈，并且将博弈看做是在博弈树终点节点上的所有参与人的收益向量u。令U表示可能博弈（即收益）的集合，定义两个博弈u和$\tilde{u}$之间的距离为

$$\| \tilde{u} - u \| = \max_{i,s} | \tilde{u}_i(s) - u_i(s) |$$

在一个与历史H^u相联系的博弈u中，两个策略σ和$\tilde{\sigma}$之间的距离为

$$\| \tilde{\sigma} - \sigma \| = \max_{i,t,h^t,a_i^t} | \tilde{\sigma}_i^t(a_i^t \mid h^t) - \sigma_i^t(a_i^t \mid h^t) |$$

令$U(H)$代表U中引起收益相关历史H的收益子集。

考虑一个博弈u和u的一个 MPEσ；令u^n表示博弈u的一个小扰动的序列($\lim_{n\to+\infty} \| u^n - u \| = 0$)。注意$u^n$的收益相关历史比$u$的收益相关历史更精细。（事实上，很容易看出“对几乎所有收益v”，博弈v的收益相关历史是相同的，即为整个历史。）是否存在一个博弈u^n的 MPEσ^n序列，使得$\lim_{n\to+\infty} \| \sigma^n - \sigma \| = 0$？不一定，如图 13—2 所示。在博弈$u^n$中，唯一的完美（因此是马尔可夫完美）均衡为，如果是L_1，参与人 2 选择L_2；如果是R_1，参与人 2 选择R_2以及参与人 1 选择L_1。然而，在极限的博弈u中，参与人 1 的行动a_1在时期 2 是收益无关的。所以在一个极限博弈的 MPE 中，无论参与人 1 采取L_1或R_1，参与人 2 的策略是一样的，因此参与人 1 采取R_1。

博弈u在某种意义上是一个例外。不仅a_1是收益无关的；而且对于所有a_1，参与人 2 在他的纯策略之间是无差异的。（注意，马尔可夫的概念在这种博弈中缺乏通常所具有的吸引力。例如，有人会说，因为参与人 2 是无差异的，如果参与人 1 采取L_1，他会采取R_2实施报复；如果参与人 1 采取R_1，他会通过采取L_2来实施奖励。）

定义 13.6 一个博弈u对于 MPE 是实质性的，如果对任何$\varepsilon>0$，

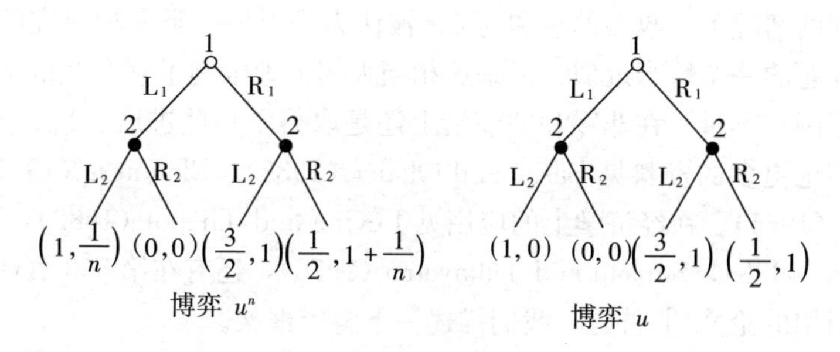

图 13—2

存在$\zeta>0$，使得对于所有满足$\|\tilde{u}-u\|<\zeta$的博弈$\tilde{u}$和博弈u的所有MPEσ，存在一个博弈$\tilde{u}$的MPE$\tilde{\sigma}$，满足$\|\tilde{\sigma}-\sigma\|<\varepsilon$。

换句话说，如果一个博弈的马尔可夫完美均衡在收益扰动下保持稳定，那么该博弈对于MPE是实质性的。我们在第12章中已经遇到实质性的概念：那里指出，对于纳什均衡，基本上所有的策略型博弈都是实质性的。但是我们不能直接利用这个结果，因为MPE是对纳什均衡的一种提炼，同时因为在策略式和扩展式博弈之中，一般性的概念是不一致的（见12.1节）。不过，可以证明图13—2中的内容的确是例外。

定理 13.4（Maskin and Tirole，1989）　固定一个有限、多阶段的博弈树并考虑存在收益相关历史H的博弈$U(H)$的集合。几乎所有$U(H)$中的博弈（也就是说，几乎所有和收益相关历史H保持一致的收益）对于MPE都是实质性的，并且MPE的数量有限。

定理13.4说明，从一个某些过去的变量对未来收益没有影响的博弈出发，轻微地扰动该博弈，基本上总是可以从被扰动的博弈中挑出一些均衡，在这些均衡中，那些（现在）对未来收益有很小影响的过去的变量对均衡策略也只有很小的影响。（马斯金和梯若尔把这个命题扩展到了无限期博弈并定义了不完全或不完美信息博弈的马尔可夫均衡。）

13.3　微分博弈†††

13.3.1　定义

微分博弈是连续时间的随机博弈，对它进行控制的理论家已经分析了马尔可夫完美均衡集中一个解的子类。微分博弈由艾萨克斯（Isaacs，1954）引入，它们（对社会科学家而言非常不幸）主要是建立在双人零和博弈的情况下。收益的总和为 0，被认为是对那一类文献研究的各种策略问题的一个恰当近似，但是这相当大程度地限制了它在经济学上的应用范围；不过，在非零和的前沿上还是取得了一些进展。[关于微分博弈理论更多的资料见 Basar and Olsder (1982)，Blaquiere (1971) 和 Isaacs (1965)。在经济学上的应用见 Levine and Thepot (1982)，Reinganum (1982)，Simaan and Takayama (1978)，还有在第 503 页注释①中被引用的论文。] 首先，我们描述一下整个框架。

时间 t 从 0 到 $T\leqslant\infty$ 连续变化，令 $k^t\equiv(k_1^t, \cdots, k_n^t)$ 是真实欧氏空间 $\mathbb{R}^n$ 中的一个向量，代表位置、状态或博弈在时期 t 的收益相关历史。并且令它服从一个一阶微分方程组：

$$\frac{\mathrm{d}k_j^t}{\mathrm{d}t}=h_j^t(k^t,a^t),\ j=1,\cdots,n \tag{13.2}$$

其中，$a^t=(a_1^t, \cdots, a_I^t)$ 是所有参与人在时期 t 选择的行动向量。参与人 i 的行动 a_i^t 属于某个欧氏空间。(可以把连续时间博弈看成是离散时间博弈的一个极限，其中参与人在时期 t 的一开始就知道状态并同时采取行动。) 时期 0 的状态是给定的，并且等于 $k(0)$。

收益函数是：

$$u_i=\int_0^T g_i^t(k^t,a^t)\mathrm{d}t+v_i^T(k^T) \tag{13.3}$$

其中，最终的收益 v_i^T 取决于博弈结束时的状态。如果 $u_1+u_2\equiv0$，这个双人博弈就是零和博弈。

微分博弈的理论家施加了马尔可夫约束，要求策略只取决于时间和状态，并且更强的要求只取决于静态博弈的状态。即 h_j^t 并不依赖于 t 并且 g_i^t 采取 $\mathrm{e}^{-rt}g_i(\cdot, \cdot)$ 的形式。

这样，状态路径由下面的微分方程给出：

$$\frac{\mathrm{d}k_j^t}{\mathrm{d}t}=h_j^t(k^t,s^t(k^t))\equiv\tilde{h}_j^t(k^t) \tag{13.4}$$

其初始状态为：

$$k^0=k(0) \tag{13.5}$$

我们将把这些微分博弈是否有唯一解的讨论放在 13.3.4 小节。

为了刻画一个微分博弈马尔可夫策略的纳什或完美均衡，可以借用动态规划的一些技巧。即最大值原理和庞特里亚金条件（同样，我们将把对这种做法是否合适的讨论放在后面)。给定参与人 i 对手的策略 $s_{-i}=\{s_{-i}^t(k^t)\}$，状态变量的发展变化是参与人 i 行动的函数：

$$\frac{\mathrm{d}k_j^t}{\mathrm{d}t}=h_j^t(k^t,a_i^t,s_{-i}^t(k^t))\equiv\hat{h}_j^t(k^t,a_i^t) \tag{13.6}$$

如果 $\hat{g}_i^t(k^t,a_i^t)\equiv g_i^t(k^t,a_i^t,s_{-i}^t(k^t))$，参与人 i 的控制问题就是最大化：

$$\int_0^T\hat{g}_i^t(k^t,a_i^t)\mathrm{d}t+v_i^T(k^T)$$

满足方程（13.6）和（13.5）以及 $a_i^t\in A_i^t(k^t)$（参与人 i 在时期 t 的行动集)。

13.3.2　均衡条件

正如前所述，每个参与人最优策略的选择是一个控制问题，其中参与人要考虑自身行动对状态的影响，包括直接影响以及通过对手策略对状态的影响而间接产生的影响。按照 13.3.4 节的技术性说明，可以很简单地把庞特里亚金等（Pontryagin et al.，1962）扩展到多个参与人的情况。斯塔尔和侯（Starr and Ho，1969）把他们的注意力限制在下面的均衡上：均衡收益是连续的并且是状态变量的几乎处处可微的函数。在这种约束条件下可以很自然地得到光滑环境中的控制问题。但是在博弈中产生了一个重要的限制：就像我们将在 13.4 节看到的，因为会产生自我满足的关于其他参与人采取不连续策略的预期，每个参与人的策略可能会随着状态不连续的变化，从而每个参与人的收益也会对状态不连续。连续性的限制可能可以被看做是“内生不连续性”的结果：它禁止要求过度的协调，或者对于在参与人的观察中增加少量噪音是不稳定的。我们没有发现沿着这个思路的正式讨论。

将注意力限制在光滑均衡的技术性好处是，必要条件可以通过最优控制的变分法推导出来。假设参与人 i 希望选择 s_i 来最大化 u_i，使得状态变化方程（13.6）和初始条件（13.5）成立。

引入联合状态变量 λ_i^t，即向量 $\{\lambda_{ij}^t\}_{j=1,\cdots,n}$，我们定义参与人 i 的汉密尔顿量 $\mathscr{H}_i^t$ 为：

$$\mathscr{H}_i^t(k^t,a^t,\lambda_i^t)=g_i^t(k^t,a^t)+\sum_j\lambda_{ij}^t h_j^t(k^t,a^t) \tag{13.7}$$

MPE 策略 $s_i=\{s_i^t(k^t)\}$ 必须满足广义汉密尔顿-雅各比（Hamilton-Jacobi）方程

$$s_i^t(k^t) \in \arg\max_{a_i} \mathscr{H}_i^t(k^t, a_i, a_{-i}^t, \lambda_i^t) \tag{13.8}$$

同样对于所有 j，

$$\frac{\mathrm{d}\lambda_{ij}^t}{\mathrm{d}t} = -\frac{\partial \mathscr{H}_i^t}{\partial k_j^t} - \sum_{\substack{\ell=1,\cdots,\mathscr{I} \\ \ell \neq i}} \left(\frac{\partial \mathscr{H}_i^t}{\partial a_\ell^t}\right)' \frac{\partial s_\ell^t}{\partial k_j^t} \tag{13.9}$$

其中，$\partial s_\ell^t / \partial k_j^t$ 是参与人 ℓ 的策略（假设分段 C^1）对状态的第 j 个分量求偏导得到的向量，根据惯例 $\mathscr{H}_i^t$ 对向量 a_ℓ^t 的导数$\left(即\dfrac{\partial \mathscr{H}_i^t}{\partial a_\ell^t}\right)$是一个列向量。他们还必须满足适当的横截性条件（例如，当 $T<\infty$时，$\lambda_{ij}^T = \partial v_i^T / \partial k_j^T$）。注意到对于单人博弈，方程（13.9）中没有第二项，条件退化为熟悉的情形。在多个参与人的博弈中，第二项描述的是参与人关心其对手对于状态变化是如何反应的事实。因为这个交叉影响项，对参与人 i 而言，第 j 个状态影子价格 λ_{ij}^t 的发展变化取决于一个偏微分方程组，而不是像在一个参与人时的常微分方程。这样的结果是很少有微分博弈能被以一个闭形式解出。一个例外是二次线性（linear-quadratic）的情况，见 13.3.3 小节。

另一种解决该问题的方法就是求解值函数 $V_i^t(k)$。我们有

$$\frac{\partial V_i^t}{\partial k_j^t} = \lambda_{ij}^t$$

和

$$\frac{\partial V_i^t}{\partial t} = \max_{a_i^t}\left\{\mathscr{H}_i^t\left(k^t, a_i^t, a_{-i}^t, \frac{\partial V_i^t}{\partial k^t}\right)\right\}$$

一个微分博弈是正规的［见 Starr and Ho (1969)］，如果对在所有 k，λ 和 t 下的收益 $\mathscr{H}_i^t$都可以找到唯一的即期纳什均衡 $\hat{a}^t$，并且如果自所有终点面上的点对下列方程向后积分都可以得到可行的轨迹：

$$\frac{\partial V_i^t}{\partial t} = \mathscr{H}_i^t\left(k^t, \hat{a}^t, \frac{\partial V_i^t}{\partial k^t}\right)$$

和

$$\frac{\mathrm{d}k_j^t}{\mathrm{d}t} = h_j^t(k^t, \hat{a}^t)$$

斯塔尔和侯证明了二次线性微分博弈是正规的。

13.3.3　二次线性微分博弈

二次线性博弈的运动方程对状态和控制变量是线性的，而它的目标函数对状态和控制变量是二次的。凯斯（Case，1969），斯塔尔和侯（Starr and Ho，1969）最先研究了这种博弈。由一阶条件（13.8）和（13.9）给出的 MPE 策略可以用数值方法求解。许多研究者计算了二次线性模型的微分博弈均衡，他们希望这类模型是对更一般博弈的好的泰勒近似。①

为了简化符号，我们假定收益和状态演化方程是独立于时间的，因此系统是自发的。这时二次线性的情况是：

$$u_i = \int_0^T \left(\frac{1}{2} k' Q_i k + \frac{1}{2} \sum_{l=1}^{\mathscr{I}} a'_l R_{il} a_l + \sum_{l=1}^{\mathscr{I}} r'_{il} a_l + q'_i k + f_i \right) \mathrm{e}^{-rt}\, \mathrm{d}t + \frac{1}{2} k^{T'} S_i k^T \tag{13.10}$$

和

$$\frac{\mathrm{d}k}{\mathrm{d}t} = Ak + \sum_{l=1}^{I} B_l a_l \tag{13.11}$$

其中，k 和 $a_i = s_i(k)$ 是不依赖于时间的。首先这里“a”表示转置。Q_i，S_i 和 A 是$n \times n$ 阶矩阵，其中 n 是状态变量的维数。R_{il}是 $m_l \times m_l$ 矩阵，m_l 是参与人 l 行动空间的维数。B_l 是 $n \times m_l$ 阶矩阵，r_{il}是一个 m_l 维向量，q_i 是 n 维向量，f_i 是一个实数。r 是即期利率。假设矩阵 R_{ii}是负定的，这是可以保证参与人 i 的最优控制的良好定义。因为二次型 $x'Cx$ 与 x' $[(C+C')/2]x$ 相等，我们可以不失一般性地取 Q_i，R_{il} 和 S_i 是对称的。

参与人 i 的“当期汉密尔顿量”为②：

$$\mathscr{H}_i = \frac{1}{2} k' Q_i K + \frac{1}{2} \sum_{l=1}^{\mathscr{I}} a'_l R_{il} a_l$$

---

① 例如，平狄克（Pindyck，1977）分析了联邦储备体系与美国政府之间的一个博弈。弗什特曼和穆勒（Fershtman and Muller，1984），弗什特曼和卡米恩（Fershtman and Kamien，1987）和汉尼格（Hanig，1986，第 4 章）对于生长能力、信誉和价格变量调整很慢的双寡头市场应用二次线性博弈。此外，还有研究军备竞赛的应用。克莱姆怀特和万（Clemhout and Wan，1979）提供了进一步的例子。

② 方程（13.7）中的汉密尔顿量是用现值表示的。相应地，我们可以将方程（13.9）调整为 λ_i 是一个当期——而不是贴现的——影子价格向量。这样方程（13.13）中将包含表现影子价格利息的一项。阿罗和克兹（Arrow and Kurz，1970）讨论了这种形式在单个参与人时的情况。

$$+\sum_{\iota=1}^{\mathscr{I}} r_{i\iota}' a_{\iota} + q_i' k + f_i + \lambda_i'(Ak + \sum_{\iota=1}^{\mathscr{I}} B_{\iota} a_{\iota})$$

参与人 i 最大化 $\mathscr{H}_i$ 的最优控制向量 a_i 为：

$$a_i \equiv -R_{ii}^{-1}(r_{ii} + B'_i\lambda_i) \quad (13.12)$$

联合状态变量根据当期的方程（13.9）变化：

$$\frac{\mathrm{d}\lambda_i}{\mathrm{d}t} \equiv r\lambda_i - (Q_i k + q_i + A'\lambda_i) - \sum_{\iota\neq i} \frac{\partial s_{\iota}}{\partial k}(R_{i\iota} a_{\iota} + r_{i\iota} + B'_{\iota}\lambda_i) \quad (13.13)$$

其中，$\frac{\partial s_{\iota}}{\partial k}$是第 j 行为 $\partial s_{\iota}/\partial k_j$ 的矩阵。

我们试图找到一个解，其中联合状态变量以及由方程（13.12）得出的策略是状态变量的仿射函数。也就是找到 $n\times n$ 阶矩阵 Λ_i 和 n 维向量 γ_i 使得对于所有 i：

$$\lambda_i = \Lambda_i k + \gamma_i \quad (13.14)$$

由方程（13.14）得到

$$a_i = (-R_{ii}^{-1} B'_i \Lambda_i) k - R_{ii}^{-1}(r_{ii} + B'_i\gamma_i) \quad (13.15)$$

对方程（13.14）求导，用方程（13.11）消去 $\dot{k}$，并用方程（13.15）在方程（13.13）的左边得到 k 的仿射函数。类似地，将方程（13.14）和（13.15）带入方程（13.13）的右边得到另一个 k 的仿射函数。对比等式两边 k 的系数和常数项，可以发现，如果存在一个形式为 $\lambda_i = \Lambda_i k + \gamma_i$ 的解，Λ_i 和 γ_i 必须满足“瑞卡蒂（Riccati）方程”：

$$\Lambda_i A + A'\Lambda_i + Q_i - r\Lambda_i + \sum_{\neq i} \Lambda'_{\iota} B_{\iota}(R_{\iota\iota}^{-1}) R_{i\iota} R_{\iota\iota}^{-1} B'_{\iota}\Lambda_{\iota}$$
$$- \sum_{\iota\neq i} \Lambda'_{\iota} B_{\iota}(R_{\iota\iota}^{-1})' B'_{\iota}\Lambda_i - \sum_{\iota} \Lambda_i B_{\iota} R_{\iota\iota}^{-1} B'_{\iota}\Lambda_{\iota} = 0 \quad (13.16)$$

和

$$r\gamma_i - A'\gamma_i - q_i + \sum_{\iota} \Lambda_i B_{\iota} R_{\iota\iota}^{-1}(r_{\iota\iota} + B'_{\iota}\gamma_{\iota})$$
$$+ \sum_{\iota\neq i} \Lambda'_{\iota} B_{\iota}(R_{\iota\iota})^{-1} B'_{\iota}\gamma_i$$
$$- \sum_{\iota\neq i} \Lambda'_{\iota} B_{\iota}(R_{\iota\iota})^{-1}(r_{i\iota} - R_{i\iota}^{-1} R_{\iota\iota}^{-1}(r_{\iota\iota} + B'_{\iota}\gamma_{\iota})) = 0 \quad (13.17)$$

这些二次方程可以通过数值解法解出。在许多应用中，它们实际上比看上去要简单得多。例如，许多博弈并不包含行动 $R_{il}(i\neq l)$ 的交叉项；每个参与人 i 只选择一个维度的行动，这个行动会影响“他”的资本水平 k_i，等等。

可能有人会怀疑是否上面导出的二次线性的解真的可以形成一个完美均衡。在无限期时（$T=+\infty$），帕帕维斯洛庞勒斯等（Papavassilopoulos et al.，1979）证明了如果矩阵稳定性条件满足，那么策略确实是完美的——更多的细节可以参见原文或 Hanig（1986）的第 2 章。[①]

贾德（Judd，1985）提供了一种不同于通常利用强的函数形式假设来得到微分博弈闭解的方法。他的方法是：在一个参数的领域中分析博弈，而在这个领域中博弈会有唯一且容易计算的均衡。在他的专利竞争的例子里，他考虑专利价值接近 0 的情况。显然，如果专利的价值确实为 0，唯一的均衡就是参与人不进行研发并且专利的价值为 0。贾德在这一点周围扩展整个系统，忽略专利价值所有三阶以上的项。贾德方法虽然只给出了局部解，但是解出的是博弈空间中的一个“开集”。而传统的方法解出的则是博弈的一个低维子集。

13.3.4　技术性问题

对马尔可夫策略的关注，不仅受什么策略合理这一主观观念引导，而且也受与连续时间相关的技术性考虑的引导。正如安德森（Anderson，1985）所发现的，“通用”的（也就是，整个历史的函数）连续时间策略，不一定会产生一个定义良好的博弈的结果路径，即使策略和结果路径被限制成是时间的连续函数时也是这样，安德森提供了一个连续时间的例子，其中两个参与人同时选择行动并且没有状态变量。考虑连续时间策略“在每个时间 t 上采取行动，t 是$\tau\rightarrow t$的极限，而 τ 是其对手在这之前采取行动的时间”。这个极限是离散时间策略“匹配对手最后的行动”在连续时间下的自然对应。如果参与人在 t 之前的所有时间上选择了匹配行动并且历史是连续的，那么计算出在 t 时间应该采取什么行动是没有问题的。然而，在时间 t 以后扩展结果路径的方式并不唯一。知道在 t 期之前的行动可以决定 t 期的结果，并不足以将结果路径扩展到 t 期之后的任何开放区间。（这个问题使得安德森选择用研究离散均衡的极限来代替研究连续时间。）

---

① 在有限期的情况下，上述二次线性的解在策略为状态变量解析函数的空间中是唯一的。见 Papavassilopoulos and Cruz（1979）。

把策略限制于马尔可夫策略并没有避免产生下面的困难：为了使事情简单，我们假设函数 g_i^t 和 h_j^t 定义在整个欧氏空间上并且连续可微。即使这样，微分方程（13.4）和初始条件（13.5）还是可能没有唯一解。除非策略连续可微，方程（13.4）的右边在 k^t 上可能不是 Lipschitz 连续的。[①] 然而，连续可微策略可能太少了，即使是在单人博弈的情况下（即在控制问题中），因为连续可微的策略可能会被分段连续可微（分段 C^1）的策略占优。例如，控制理论家经常把注意力限制于分段策略 C^1。为了确定微分方程定义了唯一的状态变量路径，他们必须验证对于分段 C^1 策略的最优反应可以被分段 C^1 所选择。

为了可以应用参与人 i 的庞特里亚金条件，允许的策略种类必须"充分大"以包括为得到这些条件所要求的全部扰动。特别地，分段 C^1 策略必须是被允许的。但是正如我们已经指出的，允许一大类控制与控制理论中传统的假设相抵触，那里的假设是决定状态变量变化的微分方程的右侧是 C^1 的。因为至少分段 C^1 的这一类函数可以允许作为参与人 i 的策略 s_i，所以 $\hat{h}_j^t$ 可能是不连续的，并且将传统控制理论扩展到非连续的演化方程需要某些关于非连续性流形之间关系的假设（在例子中它们并不总是得到满足）。关于零和微分博弈中一个满足参与人控制问题一阶条件的分段 C^1 策略构成一个纳什均衡的充分条件，见（例如）Berkovitz (1971)。

一旦允许的策略种类被固定，在这一类策略中 MPE 的存在性问题就产生了。正如我们提到的，我们可以验证一阶条件的解是否满足某些充分条件。我们只知道某些特殊微分博弈的充分条件，用这些条件可以得到存在性而无需刻画均衡策略。例如，13.3.3 小节讨论的二次线性博弈和我们要重新简要分析的零和博弈。

13.3.5 零和微分博弈（技术性）

双人零和博弈有一个很方便的性质：完美均衡的结果集和纳什均衡的结果集是重合的。那么，如果这样的定理可以应用，在一类策略中马尔可夫完美均衡存在性问题（比如，分段 C^1 策略）可以由零和博弈纳什均衡存在性的标准定理得出。（特别地，如果策略空间是线性拓扑空

---

① 函数 $\tilde{h}_j^t(k^t)$ 在 k^t 点是 Lipschitz 连续的，如果对任何 k^t 以及位于 k^t 的一个邻域内的任何 $\hat{k}^t$ 有：

$$|\tilde{h}_j^t(k^t)-\tilde{h}_j^t(\hat{k}^t)|\leqslant L|k^t-\hat{k}^t|,\text{对某些 } L>0$$

Lipschitz 性质在微分方程唯一解的存在性上起着至关重要的作用。见 Smart (1974)。

间的紧且凸的子集，u_i 在 s_i 上是上半连续和凹的且在 s_j 上是下半连续和凸的，那么存在一个纳什均衡。）

证明纳什均衡存在性的第一种方法是基于开环策略中的一个纯策略纳什均衡（即策略依赖于时间而不是状态）在闭环策略中也是一个纯策略纳什均衡（即策略相机决定于时间和状态）① 这一事实。纯策略开环纳什均衡存在的充分条件是：函数 g_i^t 和 h_j^t 对状态和行动是线性的，博弈有一个固定的期限 T 且行动空间是紧的，凸的，并对时间和状态独立［见 Fichefet (1970)］。

这种通过证明开环策略纳什均衡的存在来证明闭环纳什均衡存在的方法，在随机微分博弈中不能成立。因为当状态变量是随机演化时，参与人不能完美地预测每期状态变量的值。因此，甚至对于对手开环策略的最优反应都是一个闭环策略。例如，研究者研究了这样的微分博弈：收益与方程（13.3）一样是确定性的，但状态变量演化方程是随机微分方程：

$$dk_j^t = h_j^t(k^t, a^t)dt + \gamma^t(k^t)dB_j^t$$

其中，B^t 是在$\mathbb{R}^n$ 空间中的布朗运动，为了证明均衡的存在性，他们使用了汉密尔顿方法。见，例如埃利奥特（Elliott，1976）；对于非零和博弈的扩展，见尤奇达（Uchida，1978）（也使用了微分方程的布朗扰动）；沃纳菲尔特（Wernerfelt，1988）讨论了分段稳定的跳变过程。

13.4　资本积累博弈†††

资本积累博弈提供了一个使用微分博弈技术的有用例子。按照斯宾塞（Spence，1979），我们将考虑连续时间、无限期、静态、双寡头的资本积累博弈。其中控制变量 a_i 是厂商 i 对自身资本 k_i 的投资率。在当前的资本存量 $k=(k_1, k_2)$（我们继续略去时间上标）下，产品市场上存在一个均衡——产出 $q_i(k)$ 和价格 $p_i(k)$——其中厂商 i 的利润减去生产成本等于 $R_i(k_1, k_2)$（我们隐含地做了马尔可夫假设：过去的博弈中收益不相关的方面将不会影响当前的定价和生产），厂商还为每单位的资本支付维护成本 m_i。如果我们用 $C_i(k_i, a_i)$ 代表当资本存量为

---

① 关键是因为其他参与人采取的是纯策略，所以参与人 i 可以完美地预测状态的演化，它是 s_i 的函数。这个性质对不止两个参与人和非零和博弈也成立。

k_i 时，以投资率 a_i 进行投资的成本，那么厂商的即期净利润为

$$g_i(k,a)=R_i(k)-m_ik_i-C_i(k_i,a_i)$$

我们假设 $\partial^2 R_i/\partial k_i^2<0$（凹的利润函数），$\partial R_i/\partial k_j<0$（厂商不愿意对手的资本增长），$\partial^2 R_i/\partial k_i\partial k_j<0$（资本的边际产出随着对手资本的增加而下降，即资本水平按照 12.3 节的定义是战略替代的）。我们还假设收入函数 R_i 及其导数是有上下界的。为了易于处理，在文献中采用两种特殊形式之一——可逆投资和不可逆投资——作为投资函数。

不可逆投资 资本水平从不减少：$\mathrm{d}k_i/\mathrm{d}t=a_i$。假设当投资率小于最高的投资率 $\bar{a}_i$ 时投资的单位成本为 1，若大于则为无穷大（所以，总体上投资成本是凸的）。换句话说，即期行动空间为 $A_i=[0,\bar{a}_i]$，成本是 $C_i(k_i,a_i)=a_i$，投资的上界是为了防止厂商以“无限大的速度”投资，这保证了博弈是真正动态的。

可逆投资 资本水平以 ρ_i 的速度贬值：$\mathrm{d}k_i/\mathrm{d}t=a_i-\rho_ik_i$。为了易于处理，在研究可逆投资时，使用的是一个二次投资成本函数而不是一个不连续函数：或者 $C_i(k_i,a_i)=c_ia_i^2/2$（成本取决于毛投资）或者 $C_i(k_i,a_i)=c_i(a_i-\rho_ik_i)^2/2$（成本取决于净投资）。

13.4.1 开环、闭环和马尔可夫策略

我们从不可逆投资的情况开始。假设每期的收益为 $[R_i(k_i,k_j)-m_ik_i-a_i]$，我们给投资限制一个上界 $\bar{a}_i$。因此，$\mathrm{d}k_i/\mathrm{d}t=a_i\in[0,\bar{a}_i]$。具体而言，令两个厂商在时间 $t=0$ 进入市场时没有任何资本（但是在一个完美均衡中，均衡行为是定义在任一初始资本水平上的）。

第一步，我们假设厂商最大化他们的时间平均收益，所以这时只有最终稳态的资本水平是有关系的。因为资本的边际产出是有界的，资本有维护成本，没有厂商会选择一个无穷大的资本存量。这种时间平均的形式有其特殊的特点：通向稳态的投资路径对收益没有影响，但它允许我们对战略性投资进行简单的分析。（下面我们将讨论利率严格正的情况。）

在这种时间平均的特殊形式下，我们定义一个“古诺反应曲线”$r_i(\cdot)$，它满足 $\partial R_i(r_i(k_j),k_j)/\partial k_i=m_i$。在我们的假设下，反应曲线是向下倾斜的，我们假设他们只有唯一（稳定）的交点 $C=(k_1^c,k_2^c)$，如图 13—3（它描述的是对称的情形）。

我们首先检查一下“预先承诺”或者“开环”均衡（开环均衡的概念见第 4 章）。在一个预先承诺均衡中，厂商们同时承诺他们投资的全

部时间路径。所以，预先承诺均衡事实上是静态的，其中每个厂商只能在一个点上作出选择。预先承诺均衡与古诺-纳什均衡类似，只不过有一个更大的策略空间。在资本积累博弈中，如果每个厂商从一开始就建立了它们全部的资本存量，预先承诺均衡就是古诺-纳什均衡（因为没有折旧）。在得到的“古诺”均衡中，给定对手稳态时的资本水平，每个厂商投资直到资本的边际产出等于 m_i。有许多可以得到这个稳态的不同路径，它们都是预先承诺均衡。例如，每个厂商的策略可以是尽可能快地投资使自己的资本存量达到古诺水平。我们可以通过定义“稳态反应函数”：在给定对手厂商稳态资本水平的情况下每个厂商希望得到的稳态资本水平，来突出这个解与古诺均衡的相似性。预先承诺均衡是图 13—3 中的 C 点。正如我们在第 4 章中所看到的，使用预先承诺的概念可以将一个表面上是动态的博弈变为一个静态博弈。作为一种建模策略，这种转换是考虑不周的。正如克雷普斯和斯宾塞（Kreps and Spence，1984）指出：“不应该允许预先承诺作为一种从后门进入的例外……如果可能，它就应该明确地被模型化……作为博弈中的一个正式选择。”

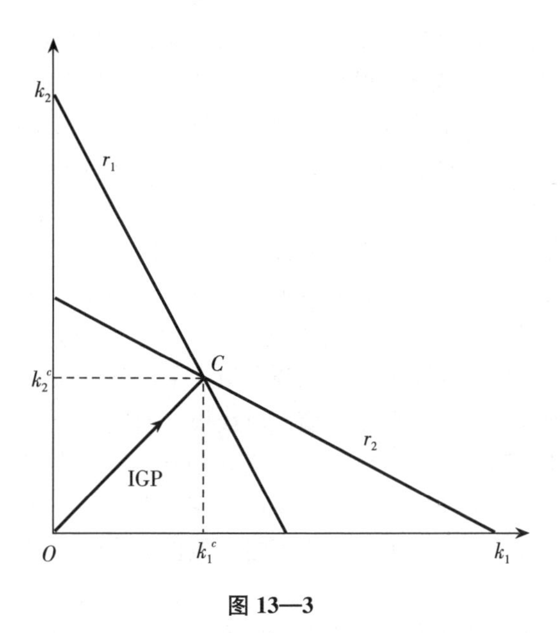

图 13—3

接下来我们允许厂商 i 在时间 t 的投资同时取决于时间和资本存量。资本存量是状态变量。一个“闭环均衡”就是一个状态依赖（“闭环”）策略的纳什均衡。首先，我们应该指出的是预先承诺（“开环”）均衡是闭环均衡。如果一个厂商的对手的策略仅仅取决于时间（并且在系统中没有随机扰动），那么厂商就可以使其自身的策略也只取决于时间而没有任何损失：如果厂商最优的闭环策略是给定的，系统的路径（在每个时间点上的资本存量）就是完全确定的。那么我们可以构造一个开环策略，它要求在每一个时点上的投资率和实施闭环策略时一样。在最优控制的术语中，这被称为“综合反馈控制”。

因此，仅仅简单地把策略空间扩展到可以允许依赖于历史的情况并不能排除“静态”的事先承诺均衡。而且，有很多不合理的结果是闭环均衡。例如，厂商 1 可以威胁，如果厂商 2 投资超过某一很低的水平，它就建立起巨大的生产能力“毁掉整个博弈”。考虑到厂商 1 的威胁，厂商 2 的最优反应就是顺从，接受一个很少的长期市场份额。这就是我们现在很熟悉的“完美性”问题——厂商 1 作出的是一个他不会实施的威胁，不过是一种虚张声势。当然，一个厂商愿意而且可以通过使用“世界末日机器”［可能是一个与第三方的合同——见 Schelling (1960) 以及 Gelman and Salop (1983)］使自己坚持这一威胁，这种机制事先设定了如果厂商不坚持承诺他将会遭受极大的损失。这时的问题和在开环策略中一样：如果这样的承诺是可能的，那么他们就应该被包括在正式的模型之中。给定这样的模型，我们将会预期，厂商作出的每一个决定都是对剩余博弈的最优计划的一部分。我们进一步要求，除了那些会影响当前和将来竞争环境的过去的选择，过去的就过去了。加上了这些要求之后，我们将把注意力集中在马尔可夫完美均衡上。

我们迄今为止讨论的两个均衡都不是完美的。在第二个均衡中，如果厂商 2 漠视厂商 1 的威胁并进行大量投资，厂商 1 将不希望建立威胁的能力。换句话说，当状态中的 k_2 是一个较大的量时，以这个状态为起点，给定的策略无法形成一个均衡。第一个（预先承诺）均衡是不完美的并不显而易见：如果两个厂商都以最快的速度投资，通常他们中的一个（比如说厂商 1）会在另一个厂商之前达到古诺的资本存量水平。根据这一策略，厂商 1 将停止投资，而厂商 2 将继续投资直到他的古诺水平。但是，如果厂商 1 偏离他的策略，他投资略微超过其古诺水平后再停止投资。考虑一下现在的情况是什么？厂商 2 的策略是“无论如何”都将投资到古诺水平。但是如果厂商 1 的投资已经超过了 k_1^c，那么厂商 2 的最优做法应该是停止在它的反应曲线上。从状态 $k_1 > k_1^c$ 开始，给定的策略不能形成一个纳什均衡；因此，它们不是完美的。

上述讨论说明：一个有着更高投资速度的厂商（或者在投资上“领

先”的厂商——模型可以被扩展到允许不同的进入时间）能够“战略性”地投资（即相对于 C 而言“过度投资”）以抑制另一个厂商的投资。因为我们已经假设投资是锁定的（这里没有折旧或减资），在跟随者面对已是既成事实的过度投资时，它所能做的最好的选择就是将其视为给定。当投资的速度存在巨大差异时，“领导者”就可以像一个斯塔克伯格领导者一样在“跟随者”的反应曲线上选择它所偏好的点。

为了说明这一点，考虑图 13—4，它描述了一个完美均衡。箭头表示状态变动的方向：如果仅有厂商 1 投资，箭头是水平的；只有厂商 2 投资，箭头是垂直的；如果每个厂商都以最快的速度投资，那么箭头是斜的，没有厂商投资就是“＋”（因为线性的，最优策略是“bang-bang”的）。注意，我们已经定义了每个状态下的选择，而不只是那些沿着均衡路径的状态——这对于验证完美性是必要的。从图 13—4 可以看出，除非厂商 1 是领先的，否则它不可能实现它的斯塔克伯格水平。但是，如果厂商 1 开始比厂商 2 有更多的资本，它会以最快的速度投资直到实现它的斯塔克伯格资本水平或者厂商 2 达到了其反应曲线。[斯塔克伯格资本水平在第 3 章中被定义为：对于 k，它最大化了 $R_1(k_1, r_2(k_1))-m_1k_1$。在图 13—4 中斯塔克伯格点标为 S_1。] 如果它在厂商 2 到达反应曲线之前达到斯塔克伯格水平，厂商 2 会继续投资直到 r_2。如果由于某些原因，厂商 1 的资本存量已经超过它的斯塔克伯格水平，它会立即停止。这种情况在图 13—4 中的 45°线上是对称的，它对应了厂商 2 处于领先地位的状态。因此，这个均衡表明如何利用投资速度或初始条件的优势。发展阶段的条件（谁先到达，调整成本等）对产业结构会产生一个持久的影响。这个模型还说明了使用完美均衡的概念来排除那些空洞威胁的重要性。

在图 13—4 中，均衡不是唯一的；还有很多其他均衡。为了理解这些原因，考虑图 13—4 中的点 A，它接近于厂商 2 的反应曲线，超过厂商 1 的反应曲线。这时遵照前面的策略应该有，从 A 开始，两个厂商都投资直到达到 r_2。然而，两个厂商都更偏好在点 A 的现状，特别是厂商 1，即使厂商 2 停止投资，它也不愿意再投资。它投资只是为了自我保护，以抑制厂商 2 最终的资本水平。两个厂商在点 A 停止投资是从点 A 开始的子博弈的一个均衡，它通过一个可置信的威胁得以实现。这个威胁就是如果任何一方继续投资，那么将会到达点 B（或接近点 B）。因此，在投资博弈中马尔可夫约束并不对均衡集有很大的限制。

这些提前停止的均衡的存在，很自然地是由每个厂商可以对其对手

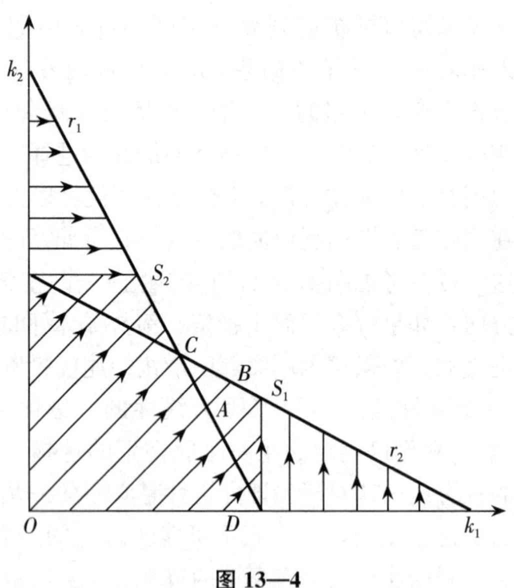

图 13—4

的投资作出快速反应决定的。斯科利夫斯（Sklivas，1986）研究了在（无限期）离散时间上的资本积累博弈。[①] 他证明了，与在连续时间模型中一样，提前停止均衡在离散时间上也是存在的。但是随着投资水平的上界 $\bar{a}_1$，$\bar{a}_2$ 变大，这样的均衡集减小并最终消失了。在迅速投资可能的时候，一个厂商可以在一期内非常地接近它的反应曲线，这意味着它的对手没有时间反应。因此，提前停止均衡的存在性依赖于相对投资速度而言较短的信息延迟。

麦克莱恩和斯科利夫斯（McLean and Sklivas，1988）考虑了有限期、离散时间的博弈。他们证明了逆向递归法有很强的含义：存在一个本质上唯一的 MPE 结果（可能会存在两个 MPE，但是它们仅在一个厂商最后一期的行动上不同）。当期限趋向∞，贴现因子接近于 1 的时候，这个唯一的均衡收敛于斯宾塞解（停止在反应曲线的上包络线上）。在最后一期，一个没有到达反应曲线的厂商投资。在倒数第二期，如果厂商位于其反应曲线之下，他们将投资，因为他们知道无论如何最后一期都会有人投资，如此倒推下去。因此，对有限期情况的研究突出了提前停止均衡可以自我维持的性质，并且表明了与无限期可能的合作均衡和有限期重复博弈非合作均衡（见第 5 章）的一点相似性。

① 在离散时间下，两期之间的贴现因子为 δ 时，反应曲线定义为 $\partial R_i(r_i(k_j), k_j)/\partial k_i = 1-\delta+m_i$。

提前停止均衡意味着存在两个更进一步的改进，它们可能是符合马尔可夫精神的。首先，在一个提前停止均衡中，小的原因导致的影响并不小。缺乏协调或很小的投资失误将把均衡从停止线推到反应曲线上的包络线。而在 13.2.3 小节的思想中（证明了在一般情况下 MPE 对于小的收益扰动是稳定的）可能会要求策略对小的状态变化比较不敏感。然而，在一般博弈中是无法找到一个连续的均衡选择的。其次，有人可能会要求无限期 MPE 是有限期 MPE 的极限。其思路是建模者知道参与人知道博弈将在某个时期 T 结束，参与人知道 T，但建模者不知道 T。什么样的条件隐含着所有无限期 MPE 都是有限期 MPE 的极限目前尚不清楚。

当不可逆投资可以折旧时，有一个评论是：弗登博格和梯若尔（Fudenberg and Tirole，1983）注意到，当跟随者以最快的速度向着它的反应曲线投资的时候，领导者以最快的速度投资就不再是最优的了。在最优控制中，这一点很容易理解。假设在图 13—4 中，两个厂商都处在从 D 到 S_1 的投资路径上；如果厂商 1 在他的反应曲线附近呆得更久一些，那么它将得到改进。在最优控制中，考虑到厂商 2 的策略，就会接受“两个转变点”或者“S 曲线”的投资策略。即厂商 1 尽可能迅速地投资，停止投资，最后重新开始投资，直到厂商 2 到达反应曲线。这时状态的变化将遵循一条 S 曲线。很自然地，先发制人的动机可能会占支配地位，所以最优路径可能包括零个或者一个转变点［更详尽的分析见 Nguyen (1986)］。

13.4.2　微分博弈策略

汉尼格（Hanig，1986，第 3 章）和雷诺兹（Reynolds，1987a，b）通过应用微分博弈技术，在可逆投资的情形下得到了有趣的结果。他们使用了 13.3.3 节中的二次线性形式：

$$R_i(k_i,k_j)=[d-b(k_i+k_j)]k_i \text{ [1]} \tag{13.18}$$

$$\frac{\mathrm{d}k_i}{\mathrm{d}t}=a_i-\rho k_i \tag{13.19}$$

以及

① 对在什么条件下古诺竞争可以得到这样的收益函数，参见 Fudenberg and Tirole (1983)；由在能力约束 k_i 下的价格竞争得到这一函数的条件，参见 Tirole (1988) 第 5 章。

$$C_i(k_i, a_i) = 1/2c(a_i)^2 + \tilde{c}a_i \quad (\text{雷诺兹}) \tag{13.20}$$

或

$$C_i(k_i, a_i) = 1/2c(a_i - \rho k_i)^2 + \tilde{c}a_i \quad (\text{汉尼格}) \tag{13.21}$$

(其中，d，b，c 和 $\tilde{c}$ 严格为正。)

为了简单化，我们假设 $m_i=0$（一个对称的维护成本可以被包括在 d 中）。

对于等式（13.21）的具体形式，古诺-纳什水平可以通过下面富有启发性的方法计算得到［我们把在等式（13.20）的具体形式下有 $k^c=[d-\tilde{c}(r+\rho)]/[3b+c\rho(r+\rho)]$ 留给读者检验］：假设工厂在古诺水平（k^c，k^c）上处于一个稳态。让厂商 1 在时间为 $\mathrm{d}t$ 的一个时期内，将它的投资率增加 1，一旦时间 $\mathrm{d}t$ 过去，就回到原来的投资策略上。因为在一个稳态中 $a_i=\rho k_i$，投资成本为 $\tilde{c}(\mathrm{d}t)$。如果这个投资不影响厂商 2 的投资策略（这就是隐含在稳态古诺水平下的开环假设），厂商 1 的额外收入为

$$\int_0^\infty (d - 3bk^c)(\mathrm{e}^{-\rho s}\mathrm{d}t)\mathrm{e}^{-rs}\mathrm{d}s = (d - 3bk^c)\frac{\mathrm{d}t}{r+\rho}$$

因为厂商 1 的边际收入是 $d-bk_2-2bk_1=d-3bk^c$，并且在他投资 s 个时间单位以后，额外投资剩余的部分是 $\mathrm{e}^{-\rho s}$。在古诺水平的情况下，必须有 $\tilde{c}=(d-3bk^c)/(r+\rho)$ 或 $k^c=(d-\tilde{c}(r+\rho))/3b$。

汉尼格和雷诺兹解出了这个博弈的方程（13.16）和（13.17），他们发现存在唯一的线性均衡并且投资策略 $a_i=s_i(k_i, k_j)$ 随着厂商 j 的资本水平 k_j（线性）递减。他们证明资本水平（k_1，k_2）收敛到一个稳态（k_1^*，k_2^*）。[①] 在对称情况下，对称的稳定状态 k^* 严格超出前面导出的古诺水平。因此，两个工厂参与了一系列“对称的斯塔克伯格行为”，因为在古诺水平时，每个工厂都有激励至少增加一点他的资本。如果他的对手没有反应，根据过去的推理，这样的行动只会影响到工厂利润的二阶小量。但是在完美均衡中，对手通过减少它的投资来对更高的资本水平产生反应。因为调整成本的存在，当前资本的增加是具有承诺效力的，因为对于工厂而言，迅速回到古诺水平的成本很大。（非常有趣的是，当调整成本 c 趋向 0 时，k^* 不会收敛到 k^c。因此在 $c=0$ 处存在

① 在开环的情况下（Fershtman and Muller，1984），稳态独立于初始资本水平。

“不连续”。与此相反，当调整成本趋向无限时，k^* 收敛到 k^c。请读者自己找出原因。）

通向稳态的投资路径也有有趣的特征。特别地，一个工厂可能会超过它的稳态资本水平（见图 13—5，由汉尼格 1986 年所画）。这个结果与在不可逆投资时所得到的结果在思路上是一致的：一个工厂为了减少对手的资本水平，可以投资超过它的古诺水平。这里厂商没有减少对手的长期资本水平，但是会减少中期的资本水平。

最后，汉尼格证明了，在 c_1 很大 c_2 很小不对称的情况下，完美均衡的稳态接近于斯塔克伯格水平，其中厂商 1 是领导者（因为厂商 1 的资本水平有更强的承诺效力）。

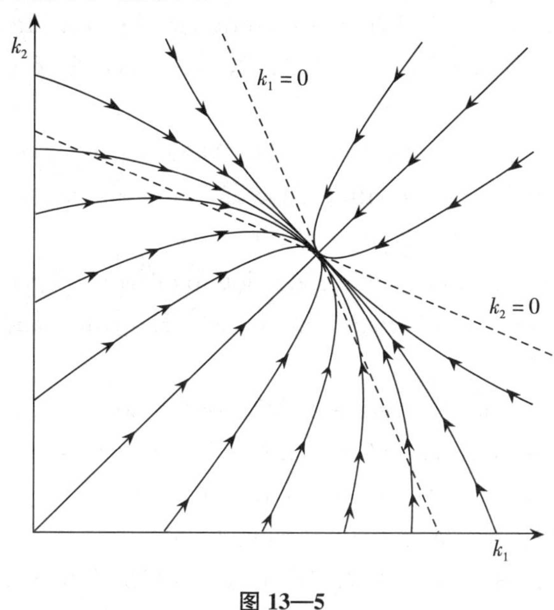

图 13—5

参考文献

Amir, R. 1989. A lattice-theoretic approach to a class of dynamic games. *Computers Math. Applic.* 17：1345 - 1349.

Amit, I., and A. Halperin. 1989. Sharing a common product. Mimeo, Hebrew University, Jerusalem.

Anderson, R. 1985. Quick response equilibria. Mimeo, University of California, Berkeley.

Arrow, K., and M. Kurz. 1970. *Public Investment, the Rate of Return, and Optimal Fiscal Policy*. Johns Hopkins University Press.

Basar, T., and G. Olsder. 1982. *Dynamic Noncooperative Game Theory*. Academic Press.

Beals, R., and T. Koopmans. 1969. Maximizing stationary utility in a constant technology. *SIAM Journal of Applied Mathematics* 17: 1001 - 1015.

Bénabou, R. 1989. Optimal price dynamics and speculation with a storable good. *Econometrica* 57: 41 - 80.

Berkovitz, L. 1971. Lectures on differential games. In *Differential Games and Related Topics*, ed. H. Kuhn and G. Szegö. North-Holland.

Bernheim, D., and D. Ray. 1989. Markov-perfect equilibria in altruistic growth economies with production uncertainty. *Journal of Economic Theory* 47: 195 - 202.

Blaquiere, A. 1971. An introduction to differential games. In *Differential Games and Related Topics*, ed. H. Kuhn and G. Szegö. North-Holland.

Carlton, D., and R. Gertner. 1989. Market power and mergers in durable-good industries. *Journal of Law and Economics* 32: S203 - S232.

Case, J. H. 1969. Toward a theory of many player differential games. *SIAM Journal of Control* 7: 179 - 197.

Clemhout, S., and H. Y. Wan, Jr. 1979. Interactive economic dynamics and differential games. *Journal of Optimization Theory and Applications* 27: 7 - 28.

Cyert, R., and M. DeGroot. 1970. Multiperiod decision models with alternating choice as a solution to the duopoly problem. *Quarterly Journal of Economics* 84: 410 - 429.

Dana, R. A., and L. Montrucchio. 1987. Dynamic complexity in duopoly games. *Journal of Economic Theory* 40: 40 - 56.

Duffie, D., J. Geanakoplos, A. Mas-Colell, and A. McLennan. 1988. Stationary Markov equilibria. Mimeo, Stanford University.

Dutta, P., and R. Sundaram. 1988. The tragedy of the commons?

A characterization of stationary perfect equilibria in dynamic games. Discussion paper 397, Columbia University.

Dutta, P., and R. Sundaram. 1990a. Stochastic games of resource allocation: Existence theorems for discounted and undiscounted models. Working paper 241, University of Rochester.

Dutta, P., and R. Sundaram. 1990b. How different can strategic models be? Non-existence, chaos and underconsumption in Markov perfect equilibria. Working paper 242, University of Rochester.

Eaton, J., and M. Engers. 1990. Intertemporal price competition. *Econometrica* 58: 637 - 660.

Elliott, R. 1976. The existence of the value in stochastic differential games. *SIAM Journal of Control and Optimization* 14: 85 - 94.

Fershtman, C. and M. Kamien. 1987. Dynamic duopolistic competition with sticky prices. *Econometrica* 55: 1151 - 1164.

Fershtman, C., and E. Muller. 1984. Capital accumulation games of infinite duration. *Journal of Economic Theory* 33: 322 - 339.

Fichefet, J. 1970. Quelques conditions d'existence de points de selle pour une classe de jeux differentiels de durée fixée. In *Colloque sur la Théorie Mathématique du Contrôle Optimal*, CBRM (Vander, Louvain).

Friedman, J. 1986. *Game Theory with Applications to Economics*. Oxford University Press.

Fudenberg, D., and J. Tirole. 1983. Capital as commitment: Strategic investment to deter mobility. *Journal of Economic Theory* 31: 227 - 256.

Gelman, J., and S. Salop. 1983. Judo economics: Capacity limitation and coupon competition. *Bell Journal of Economics* 14: 315 - 325.

Gertner, R. 1986. Dynamic duopoly with price inertia. In Ph. D. thesis, Department of Economics, Massachusetts Institute of Technology.

Goldman, S. 1980. Consistent plans. *Review of Economics Studies* 47: 533 - 537.

Guesnerie, R., and J.-J. Laffont. 1984. A complete solution to a class of principal-agent problems with an application to the control of a self-managed firm. *Journal of Public Economics* 25：329－369.

Gurvich，V. 1986. A stochastic game with complete information and without equilibrium situations in pure stationary strategies. *Communications of the Moscow Mathematical Society*：171－172.

Halperin，A. 1990. Price competition and inflation. Mimeo，Department of Economics，Massachusetts Institute of Technology.

Hanig，M. 1986. Differential gaming models of oligopoly. Ph. D. thesis，Massachusetts Institute of Technology.

Harris，C. 1985. Existence and characterization of perfect equilibrium in games of perfect information. *Econometrica* 53：613－628.

Harris，C. 1988. Dynamic competition for market share：An undiscounted model. Discussion paper 30，Oxford University（Nuffield College).

Harris，C. 1990. The existence of subgame-perfect equilibrium with and without Markov strategies：A case for extensive-form correlation. Mimeo，Oxford University (Nuffield College).

Harris，C.，and J. Vickers. 1987. Racing with uncertainty. *Review of Economic Studies* 54：1－22.

Hellwig，M.，and W. Leininger. 1987. On the existence of subgame-perfect equilibrium in infinite-action games of perfect information. *Journal of Economic Theory* 43：55－75.

Hellwig，M.，and W. Leininger. 1989. Markov-perfect equilibrium in games of perfect information. Mimeo，University of Bonn.

Isaacs，R. 1954. Differential games，I，II，III，IV. Reports RM-1391，1399，1411，and 1486，Rand Corporation.

Isaacs，R. 1965. *Differential Games*. Wiley.

Judd，K. 1985. Closed-loop equilibrium in a multi-stage innovation race. Mimeo.

Judd，K. 1990. Cournot vs. Bertrand：A dynamic resolution. Mimeo，Hoover Institution.

Kirman，A.，and M. Sobel. 1974. Dynamic oligopoly with inventories. *Econometrica* 42：279－287.

Kohlberg，E. 1976. A model of economic growth with altruism between generations. *Journal of Economic Theory* 13：1－13.

Kreps, D. , and A. M. Spence. 1984. Modelling the role of history in industrial organization and competition. In *Contemporary Issues in Modern Microeconomics*, ed. G. Feiwel. Macmillan.

Lancaster, K. 1973. The dynamic inefficiency of capitalism. *Journal of Political* Economy 81: 1098 - 1109.

Leininger, W. 1986. The existence of perfect equilibria in a model of growth with altruism between generations. *Review of Economic Studies* 53: 349 - 368.

Levhari, D. , and L. Mirman. 1980. The great fish war. *Bell Journal of Economics*, pp. 322 - 344.

Levine, J. , and J. Thepot. 1982. Open loop and closed loop in a dynamic duopoly. In *Optimal Control and Economic Analysis*, ed. G. Feichtinger. North-Holland.

Loury, G. 1990. Tacit collusion in a dynamic duopoly with indivisible production and cumulative capacity constraints. Mimeo, Kennedy School of Government, Harvard University.

Maskin, E. , and J. Tirole. 1987. A theory of dynamic oligopoly. III. Cournot competition. *European Economic Review* 31: 947 - 968.

Maskin, E. , and J. Tirole. 1988a. A theory of dynamic oligopoly. I. Overview and quantity competition with large fixed costs. *Econometrica* 56: 549 - 570.

Maskin, E. , and J. Tirole. 1988b. A theory of dynamic oligopoly. II. Price competition. *Econometrica* 56: 571 - 600.

Maskin, E. , and J. Tirole. 1989. Markov equilibrium. Mimeo, Harvard University.

McLean, R. , and S. Sklivas. 1988. Capital accumulation in an intertemporal duopoly. Discussion paper 145, Columbia University.

Mertens, J.-F. , and T. Parthasarathy. 1987. Equilibria for discounted stochastic games. CORE research paper 8750, Université Catholique de Louvain.

Nguyen, D. 1986. Capital investment in a duopoly as a differential game. Mimeo, City University of New York.

Papavassilopoulos, G. , and J. Cruz. 1979. On the uniqueness of Nash strategies for a class of analytic differential games. *Journal of*

Optimization Theory and Applications 27: 309–314.

Papavassilopoulos, G. P., et al. 1979. On the existence of Nash strategies and solutions to coupled Riccati equations in linear-quadratic games. *Journal of Optimization Theory and Applications* 28: 49–76.

Parthasarathy, T. 1982. Existence of equilibrium stationary strategies in discounted stochastic games. *Sankya* 44: 114–127.

Phelps, E., and R. Pollak. 1968. On second-best national savings and game equilibrium growth. *Review of Economic Studies* 35: 185–199.

Pindyck, R. 1977. Optimal economic stabilization policies under decentralized control and conflicting objectives. *IEEE Transactions on Automatic Control* 22: 517–530.

Pontryagin, L. S., V. G. Boltyanskii, R. V. Gamkrelidze, and E. F. Mischenko. 1962. *The Mathematical Theory of Optimal Processes*. Tr. K. N. Trirogoff. Wiley.

Reinganum, J. 1982. A dynamic game of R&D: Patent protection and competitive behavior. *Econometrica* 50: 671–688.

Reynolds, S. 1987a. Capacity investment, preemption, and commitment in an infinite horizon model. *International Economic Review* 28.

Reynolds, S. 1987b. Capital accumulation and adjustment costs: A dynamic game approach. Mimeo, University of Arizona.

Rieder, U. 1979. Equilibrium plans for nonzero sum Markov games. In *Game Theory and Related Topics*, ed. O. Moeschlin and D. Pallasche. North-Holland.

Schelling, T. 1960. *The Strategy of Conflict*. Harvard University Press.

Shapley, L. 1953. Stochastic games. *Proceedings of the National Academy of Sciences* 39: 1095–1100.

Sobel, M. 1971. Noncooperative stochastic games. *Annals of Mathematical Statistics* 42: 1930–1935.

Simaan, M., and T. Takayama. 1978. Game theory applied to dynamic duopoly problems with production constraints. *Automatica* 14: 161–166.

Sklivas, S. 1986. Capital as a commitment in discrete time. Mimeo, Columbia University.

Smart, D. R. 1974. *Fixed Point Theorems*. Cambridge University Press.

Spence, A. M. 1979. Investment strategy and growth in a new market. *Bell Journal of Economics* 10: 1 - 19.

Starr, A., and Y. C Ho. 1969. Nonzero-Sum differential games, *Journal of Optimization Theory and Applications* 3: 183 - 206.

Sundaram, R. 1989. Nash equilibrium in a class of symmetric dynamic games: An existence theorem. *Journal of Economic Theory* 47: 153 - 177.

Tirole, J. 1988. *The Theory of Industrial Organization*, MIT Press.

Uchida, K. 1978. On existence of *n*-person nonzero sum stochastic differential games. *SIAM Journal of Control and Optimization* 16: 142 - 149.

Villas-Boas, M. 1990. Dynamic duopolies with non-convex adjustment costs. Mimeo, Massachusetts Institute of Technology.

Wernerfelt, B. 1988. On existence of a Nash equilibrium point in *N*-person non-zero sum stochastic jump differential games. *Optimal Control Applications and Methods* 9: 449 - 456.

Whitt, W. 1980. Representation and approximation of noncooperative sequential games. *SIAM Journal of Control and Optimization* 1: 35 - 48.

第 14 章　共同知识和博弈

14.1　引言[††]

共同知识的想法——参与人知道他的对手知道他知道……——是一种用来理解博弈的均衡如何依赖于信息结构的有用工具。本章将给一个事件的共同知识下一个正式的定义，并用若干博弈的例子来阐述它的内涵。

14.2 节给出了两个等价的共同知识的定义。第一个就是刚刚提到的用递归的方式定义：一个事件是共同知识，如果参与人知道这件事，知道其他参与人知道这件事，并如此类推直到无穷。第二个定义也许没有这么自然，但更便于应用：要成为共同知识，一个事件必须被包含自然状态的参与人的最细的信息共同粗化中的元素所隐含（即是这个元素的超集）。我们将把这个定义应用于著名的“脏脸”的例子。

14.3 节阐明了博弈中知识（每个人都知道）和共同知识（每个人知道每个人知道……）的收益函数的区别，这一节的关键在于强调了共同知识的一些重要含义。我们首先给 14.2 节“脏脸”信息结构中的参与人增加了策略和收益，并说明当引入一个额外的参与人，他公开宣布某些大家都知道但不是共同知识的事情后，均衡集如何发生变化。这个例子表明，知识和共同知识对博弈具有完全不同的含义。第二个例子是资产定价理论中的一个典型结论，如果在参与人收到他们的私人信息前确定的分配是帕累托最优的，交易在信息不对称的参与人之间不会发生。这个结果被证明与下列事实密切相关：从对自然状态的共同先验分布出发，如果一个事件的后验概率是共同知识，参与人不可能不就这一事件的后验概率达成一致。

14.4 节关心的问题是：一个给定博弈的纳什均衡是否与一个扰动博弈的纳什均衡类似，其中这个扰动博弈的信息结构非常“接近”于给定博弈。因为这是一种下半连续的性质，它至多能对一般的博弈成立。（可参见 1.3 节，12.1 节和 13.2 节。）但即使是对于一般博弈，人们也必须对什么是两种信息结构类似下一个合适的定义。14.4 节“电子邮件”的例子表明，这样的定义必须是十分严格的。然而，对共同知识的一个简单推广，“近似共同知识”可以保证一般的下半连续性。取一个收益为 u，纳什均衡为 σ 的博弈，再考虑一个扰动博弈，它的收益很有可能是 u，但也有很小的可能不是 u。粗略地说，博弈 u 是近似共同知识，如果每个参与人都对收益 u 赋予很高的概率，都对其他参与人的收益 u 赋予很高的概率，如此类推直到无穷。对一般博弈 u，如果收益 u 是近似共同知识，扰动博弈有一个接近 σ 的均衡。①

我们在整章中关心的都是参与人关于收益函数和博弈其他外生数据的知识，还有很多文献刻画了各种各样的均衡概念，关于参与人对其他人策略的信念，对其他人信念的信念等等（Aumann，1987；Brandenburger and Dekel，1987；Tan and Werlang，1988；Brandenburger，1990；Brandenburger and Dekel，1990）。

14.2　知识和共同知识②††

在定义共同知识之前，我们必须给知识下个定义。也就是说，什么时候我们称一个代理人“知道”某事？和在整本书中一样，我们用对信息的划分 H_i 来代表代理人的信念。正式地，我们假设用一个有限的自然行动集合 Ω 和一个共同先验分布 p 来代表模型中的外生不确定性。参与人 i 关于 ω 的全部信息用包含 ω 的 H_i 中的元素（或事件）$h_i(\omega)$ 表示。具体的解释是参与人 i 知道真实状态是某些 $\omega' \in h_i(\omega)$，但是他不能确定是哪一个。特别地，参与人 i 的信息划分代表了他知道的一切关于其他参与人信息的信息，关于其他参与人知道的关于他的信息的信

① 这些扰动与 11.4 节中弗登博格-克雷普斯-莱维论文所讨论的那些扰动密切相关，只是我们在这里并没有“个人类型”的限制。弗登博格-克雷普斯-莱维在比本章的讨论更一般的细节下证明了任何纳什均衡是近似严格的。我们还应指出 E 的收益函数在细节的一个序列 $\tilde{E}$ 中成为近似共同知识，如果这个 $\tilde{E}$ 的序列在 11.4 节的意义上逼近。

② 我们对这些内容的介绍在很大程度上来自宾默尔和布兰登伯格（Binmore and Brandenburger，1989）的优秀综述。

息等等。（参见第 6 章对类型这一概念的讨论。）我们假定 Ω 中的所有状态都有正的先验概率；概率为 0 的状态不包括在状态空间内。

当知道 $h_i(\omega)=h_i$ 时，参与人 i 对状态的后验信念由下式给出：

$$p(\omega \mid h_i) = \frac{p(\omega)}{\sum_{\omega' \in h_i} p(\omega')} = \frac{p(\omega)}{p(h_i)}$$

如果参与人 i 知道真实状态包含于 E 中——也就是，如果 $h_i(\omega) \subseteq E$，那么我们称参与人 i 在状态 ω 下知道事件 E。事件“参与人 i 知道 E”，表示为 $K_i(E)$，那么 $\{\omega \mid h_i(\omega) \subseteq E\}$。因为信息划分必须满足 $\omega \in h_i(\omega)$，如果参与人 i 知道 E，那么 E 是真实的。[①②] 使用这种表述知识的形式，更精确的信息对应于知道一个更小的集合：知识在这里就是一种可以在事前排除某些可能状态的能力，特别是如果一个参与人知道真实状态包含于 E 中，那么他知道真实状态包含于 E 的任何超集。

事件“每个人都知道 E”，用 $K_{\mathscr{I}}(E)$ 表示，就是集合：

$$\{\omega \mid \bigcup_{i \in \mathscr{I}} h_i(\omega) \subseteq E\}$$

因为所有参与人都知道这个信息划分，如果 $h_i(\omega) \subseteq K_{\mathscr{I}}(E)$，参与人 i 知道每个人知道 E，那么事件每个人知道每个人知道 E 就是

$$K_{\mathscr{I}}^2(E) = \{\omega \mid \bigcup_{i \in \mathscr{I}} h_i(\omega) \subseteq K_{\mathscr{I}}(E)\}$$

事件 $K_{\mathscr{I}}^{\infty}(E)$ 是所有 $K_{\mathscr{I}}^n(E)$ 集合的交集，对所有 n 都有 $K_{\mathscr{I}}^{n+1}(E) \subseteq K_{\mathscr{I}}^n(E)$，从这一意义上说，$K_{\mathscr{I}}^n(E)$ 是一个递减的事件序列。

定义 14.1 如果 $\omega \in K_{\mathscr{I}}^{\infty}(E)$，事件 E 是在状态 ω 下的共同知识。

如果 E 是共同知识，任何“参与人 i 知道参与人 j 和参与人 k 知道参与人 i 知道 m 知道……E”的说法都是正确的。刘易斯（Lewis,

---

① 这被称为“知识的公理”。另一个由划分的形式所隐含的公理是 $K_i(E)=K_iK_i(E)$（参与人 i 知道 E 当且仅当他知道他知道 E）和 $\sim K_i(\sim K_i(E)) \subseteq K_i(E)$（如果参与人 i 不知道他不知道 E，那么他知道 E）。尽管划分模型对于决策理论是标准的，但对知识的其他解释而言，这个模型可能太强了。下列文献 Bacharach（1985），Brown and Geanakoplos（1988），Geanakoplos（1989），Rubinstein and Wolinsky（1989），Samet（1987）和 Shin（1987）在知识是由更一般的“知识算子”K_i 模型化的时候讨论了共同知识，其中知识算子 K_i 是不需要由划分导出的。这些工作在宾默尔和布兰登伯格（Binmore and Brandenburger，1989）的综述中有讨论。

② 如果某些状态的概率为 0，那么 $h_i(\omega)$ 有可能不包含在 E 中，参与人 i 还是赋予 E 后验概率 1。参见布兰登伯格和戴克尔（Brandenbuger and Dekel，1987a）关于如何将知识和共同知识扩展到有些状态的先验概率为 0 的模型的讨论。

1969）使用术语“共同知识”来描述“我知道你知道”这种无限类推，他把这个基本想法归功于谢林（Scheling，1960）。奥曼（Aumann，1976）独立地提出了这个概念，并将共同知识刻画为单个代理人划分中较小的那个；我们将在后面进行讨论。有意思的是，利特尔伍德（Littlewood，1953）提出了一些用“共同知识类型”进行推理的例子，但没有对这个概念下过正式定义。

共同知识的定义自然地认为存在一个状态空间和信息划分，它们包含了代理人对博弈结构全部初始的不确定性。这一框架使得信息划分在非正式的意义上成为共同知识。否则，如果（说）参与人 2 不知道当 ω 发生时参与人 1 的信息是 h_1' 还是 h_1''，我们就需要把另外的状态加入状态空间 Ω，从而把参与人 2 可能有的不同信念纳入模型；因为参与人的信念来自共同的先验分布，所以参与人 2 的每个信念实际上正确的概率必须为正。

回到共同知识的正式定义，容易检验，如果每个人知道 E，那么 E 必定是正确的；即 $K_{\mathscr{J}}(E)\subseteq E$。因此，当我们反复进行（每个人知道的）递推时，所包含的状态集不会变大，且如果 E 是共同知识并且状态空间是有限的，那么必有一个有限的 n 使得 $K_{\mathscr{J}}^{n}(E)=K_{\mathscr{J}}^{\infty}(E)$。

为了说明上述定义，考虑下面的例子，它们是利特尔伍德（Littlewood，1953）提出的例子的变形。

例 14.1　没有圣人的脏脸

假定有三个参与人和八种状态，状态用二进制数表示，如 000，001，010，011 等，所有状态具有一样的先验概率。参与人 1 知道状态的第二个和第三个分量，但不知道第一个分量；参与人 2 知道第一个分量和第三个分量，但不知道第二个分量；参与人 3 知道第一个分量和第二个分量，但不知道第三个分量。从信息划分的角度说，这意味着 H_1 有 4 个元素 {000，100}，{001，101}，{010，110} 和 {011，111}。在我们下面给出的著名故事中，如果参与人 i 的脸是干净的，状态的第 i 个分量就是 0，如果参与人 i 的脸是脏的，就是 1；每个人可以看见别人的脸但是看不到自己的脸。

在这个信息结构下，每个人知道事件 $E^*=$“至少有一个人的脸是脏的”——即“不是 000”——如果至少有两张脏脸；如果只有一张脏脸，那么那个脸脏的参与人不知道是否还有脏脸。所以，

$$K_{\mathscr{J}}(E^*)=\{111，110，101，011\}\equiv E^{**}$$

这样就有 $K_{\mathscr{I}}^2(E^*)=K_{\mathscr{I}}(E^{**})=111$：例如在 101 时，参与人 1 不能排除状态 001，它不包含在 E^{**} 里。最后有 $K_{\mathscr{I}}^3(E^*)=K_{\mathscr{I}}(111)=\varnothing$，因为没有参与人能将 111 和他的脸是干净的、其他人的脸是脏的状态区别开来。因此，不存在 E^* 是共同知识的状态 ω。事实上，用定理 14.1 容易检验：唯一是共同知识的事件是整个状态空间 Ω。

例 14.2　有圣人的脏脸

下面，我们改变例 14.1 中的信息结构：如果三张脸都是干净的，就会有一个圣人公开告知所有参与人这一点。这样参与人 1 的划分 H_1 就有 5 个元素：{000}，{100}，{001，101}，{010，110} 和 {011，111}。现在当事件 000 发生时，它是共同知识，其互补事件 $K_{\mathscr{I}}(E^*)=E^*$，因此 $K_{\mathscr{I}}^2(E^*)=E^*$，依此类推。

在例 14.1 和例 14.2 中，直接应用定义 14.1 就可以很容易地断定何时一个状态是共同知识。但事情并非总是这么简单。奥曼（Aumann，1976）给出了一个共同知识的等价定义，它提供了一个确定公共信息的简单运算法则而无需反复使用（每个人知道）算子。为给出这个定义，我们首先回顾一下，划分 H_i 合集的交集 $\mathscr{M}$ 是划分的最细共同粗化。我们令 $M(\omega)$ 代表 $\mathscr{M}$ 中包含 ω 的元素，$\mathscr{M}$ 能够成为一个共同粗化意味着 $\mathscr{M}$ 并不比任何一个 H_i 包含更多的信息；即对所有参与人 i 和所有 ω：

$$h_i(\omega)\subseteq M(\omega)$$

$\mathscr{M}$ 是最细共同粗化，如果不存在另外的共同粗化 $\mathscr{M}'$ 使得对所有 ω 有 $M'(\omega)\subseteq M(\omega)$ 并且至少对某个 $\hat{\omega}$ 有严格包含关系 $M'(\hat{\omega})\subset M(\hat{\omega})$。①

"可达性"的想法为计算这个交集提供了一个简单的运算方法，也为理解定理 14.1 提供了一些直觉的知识。容易看出 $\omega'\in M(\omega)$，如果存在 $\omega_0\equiv\omega$，ω_1，ω_2，…，$\omega_m\equiv\omega'$ 使得对所有 $k\in\{0,\cdots,m-1\}$ 存在一个参与人 $i(k)$ 使得 $h_{i(k)}(\omega_k)=h_{i(k)}(\omega_{k+1})$。换句话说，存在从 ω 到 ω' 的一连串状态，使得两个连续的状态在某个参与人的同一信息集中。还可以验证，只有 ω' 在上述意义下可从 ω 达到时，ω' 才属于 $M(\omega)$。

定理 14.1（Aumann，1976）　令 $\mathscr{M}$ 是单个参与人划分的交集，当且仅当 $M(\omega)\subseteq E$ 时，事件 E 是在状态 ω 下的共同知识。

定理 14.1 直观上说就是：如果存在 ω' 可由 ω 经 ω_1，…，ω_{m-1} 达

① 事实上，如果这个包含关系对某些 $\hat{\omega}$ 成立，它必然也对某些 $\hat{\omega}\in\Omega/M'(\hat{\omega})$ 成立。

到，那么参与人 $i(0)$ 不能排除 ω_2 与参与人 $i(0)$ 信息一致的可能性，同样，参与人 $i(1)$ 不能排除 ω_3 与参与人 $i(2)$ 信息一致的可能性，依此类推。因此，一些人相信一些人相信……一些人相信 ω' 是可能的，并且如果事件 E 不包含 ω'，那就不可能是共同知识。相反，如果任何一串"参与人 i 知道参与人 j 知道……""陷在"了 E 中［也就是，如果 $M(\omega)\subseteq E$］，那么每个人知道每个人知道……状态位于 E 中。

图 14—1 给出了一个例子，其中 $\Omega=(1, 2, 3, 4)$，$H_1=\{(1, 2), (3, 4)\}$，$H_2=\{(1), (2, 3), (4)\}$，以及 $\omega=(2)$。参与人 2 不能排除状态 3，在状态 3 参与人 1 不能排除状态 4。因为参与人 1 无法排除状态 1：

$$M(2)=\Omega=(1,2,3,4)$$

所以在状态 2 大家共同知道的全部就是最初的可能状态集合。

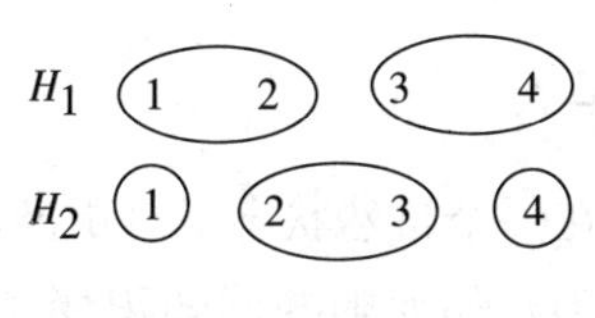

图 14—1

定理 14.1 的证明　首先我们证明 $M(\omega)$ 在每个 $\omega'\in M(\omega)$ 都是共同知识：

$$K_{\mathcal{J}}(M(\omega))=\{\omega\mid\bigcup_{i\in\mathcal{J}}h_i(\omega)\subseteq M(\omega)\}=M(\omega)$$

因为 $\mathcal{M}$ 是每个 H_i 的粗化，所以 $K_{\mathcal{J}}^n(M(\omega))=M(\omega)$ 对所有 n 成立，并有 $K_{\mathcal{J}}^{\infty}(M(\omega))=M(\omega)$。接下来，如果 E 包含 $M(\omega)$，那么因为 $M(\omega)$ 是共同知识，所以 E 也是共同知识。

相反，如果 E 在状态 ω 下是共同知识，则有

$$M(\omega)\subseteq E$$

为了证明这一点，假定存在 $\omega'\in M(\omega)$ 使得 $\omega'\notin E$。因为 $\omega'\in M(\omega)$，且由于可达到性标准，存在一个序列 $k=0, \cdots, m$ 及与之相联系的自然状态 $\omega_0, \cdots, \omega_m$ 和信息集 $h_{i(k)}(\omega_k)$ 使得 $\omega_0=\omega$，$\omega_m=\omega'$ 和 $\omega_k\in h_{i(k)}(\omega_{k+1})$。但是在信息集 $h_{i(m)}(\omega_{m-1})$，参与人 $i(m)$ 不知道事件 E；倒推回 k，我们得出事件 E 不可能是共同知识。■

如果 $E=K_{\mathcal{J}}(E)$，我们说事件 E 是共同常理（Binmore and Brandenburger，1989），或称为公开事件（Milgrom，1981），或是不言而喻

的（Samet，1987）。显然，不论它何时发生，共同常理总是共同知识。[①]而且，上述证明表明共同常理恰好是 $\mathscr{M}$ 的元素以及 $\mathscr{M}$ 的元素的并集，因此，任何共同知道的事件必定是共同常理的结果。注意，这使得判定例 14.1 中的哪个事件是共同知识变得十分容易：既然没有参与人知道他自己的脸的状态，唯一的共同认知就是整个状态空间。

14.3 共同知识和均衡††

现在我们分析两个共同知识发挥重要作用的博弈。在我们全部的讨论中，我们假定博弈的结构是非正式意义上的共同知识。把共同知识的正式定义应用到博弈结构上会导致技术上和哲学上的麻烦，而我们并不想如此。

14.3.1 脏脸和圣人

为了表明均衡策略在一个自然状态下（更准确地说，是均衡策略组合的集合在状态上的投影）如何随共同知识变化，我们回到例 14.1 和例 14.2，这两个例子讲了干净的脸和脏脸的故事。为了把它变为一个博弈，假定在 $T+1$ 期中的每一期（$t=0$，1，…，T，其中 $T\geqslant 2$）三个参与人同时决定是否脸红，他们的行动在每一期的期末被显示出来（因此这是一个可观察行动的多阶段博弈）。每个参与人至多在一期中脸红。如果参与人在 t 期脸红并且他的脸是脏的，那么他获得收益 δ^t；当脸干净且不脸红时收益为 1；如果脸干净但脸红了，收益为 -100；如果脸脏但不脸红，收益是 -1。因此没有人会脸红除非他非常确信他的脸是脏的。我们假定贴现因子 δ 小于 1（使得一旦参与人知道他的脸是脏的就马上会脸红），每个参与人脸脏或干净的可能性相等，三张脸的状态是独立分布的。

我们从例 14.1 的信息结构开始，在那里每个参与人的信息是另外两个参与人脸的状态。我们可以断言，唯一的纳什均衡是：即使所有的脸都是脏的，也没有任何参与人脸红。为了得出这是一个均衡，注意到每个参与人都无法从其他参与人的行为中得到任何信息，并且只要没有参与人偏离，每个参与人对于自己的脸的后验信念就等于先验信念，也

① 反复使用（每个人知道）算子 $K_{\mathscr{J}}(E)=K_{\mathscr{J}}^2(E)=\cdots$，因此 $E=K_{\mathscr{J}}^{\infty}(E)$。

就是脸脏或干净的可能性相等。为了证明不脸红是博弈唯一的纳什均衡，设在 t_0 期，第一次有至少一个参与人（比如说参与人 i）脸红的概率为正。因为在 t_0 期以前没有人脸红过，在 t_0 期参与人没有获得任何信息。因此他对他脸脏的后验信念还是 0.5，在 t_0 期脸红的预期收益会是一个很大的负数。

现在考虑例 14.2 的信息结构。这可以被解释为，有一个圣人会在第一期开始的时候宣布至少有一张脸是脏的，而事实就是这样。在这种信息结构下，不再存在所有人的脸都是脏的但没有人脸红的纳什均衡。

我们将通过对脏脸数目的归纳来得到这一点。当只有一张脸是脏的时候，圣人宣布至少有一张脏脸；脸脏的那个参与人看到两张干净的脸，因而他在第一期就会脸红（因为存在贴现因子）。既然所有参与人知道他们的对手知道博弈结构，所有参与人都知道如果仅有一张脏脸，脸脏的那个参与人一定脸红。因此，如果在第一期没有人脸红，每个人知道至少有两张脏脸；因为博弈结构在非正式意义上是共同知识，因而这个事实是正式意义的共同知识。继续归纳：如果只有两张脏脸，两个脏脸的人各自看到一张干净的脸，这两个脏脸的人将在第二期脸红。因此，如果第二期没人脸红，那么所有人知道三张脸都是脏的，所有人都在第三期脸红。更一般地，容易证明：当有 I 个参与人，如果所有脸都是脏的，所有人都在 $I-1$ 期脸红。

有时在分析这个例子时，仅仅考虑在所有参与人都是脏脸时圣人的声明所引起的变化。因为即使没有圣人宣布，参与人也知道至少有一张脸是脏的。在这种状态下，声明所引起的唯一改变就是使一个所有参与人事先都知道的事实成为共同知识。另一种解释是，在只有一张脏脸的状态下，圣人的声明向脸脏的参与人提供了他原先不知道的收益相关信息。这种观察可以概括为：在一个固定的状态空间 Ω 和先验分布 p 下，如果 E 不是状态为 ω 时划分 $\{H_i\}$ 下的共同知识，但 E 是状态为 ω 时划分 $\{\hat{H}_i\}$ 下的共同知识，那么必有一个参与人 j 和一个状态 $\hat{\omega}$，使得在状态为 $\hat{\omega}$ 时，参与人 j 的知识在 H_j 和 $\hat{H}_j$ 下不同。也就是说，必有一个事件 $\widetilde{E}$ 使得 $h_j(\hat{\omega})\not\subseteq\widetilde{E}$ 但 $\hat{h}_j(\hat{\omega})\subseteq\widetilde{E}$。

14.3.2　认同不一致性[†††]

由共同知识的正式定义得到的第一个也是最著名的结论是：奥曼证明了理性参与人不可能就一个给定事件的概率“认同不一致性”。其直观含义是，如果一个参与人知道其对手的信念与他的信念不一样，他就会考虑对手的信念而调整自己的信念。当然，如果参与人仅仅认为对手疯了，这个想法就没有任何意义；它要求参与人相信其对手能正确地处理信息，而信息的差别则反映了一些客观信息。更为正式的表述是，奥曼的结论要求参与人的信念是通过基于共同先验分布的贝叶斯改进得到。

定理 14.2（Aumann，1976）　假定在状态 ω 时的共同知识情况下，参与人 i 对事件 E 的后验概率是 q_i，参与人 j 对 E 的后验概率是 q_j，那么 $q_i=q_j$。

证明　令 $\mathscr{M}$ 是所有参与人划分的交集，$M(\omega)$ 是 $\mathscr{M}$ 中含有 ω 的元素，记 $M(\omega)=\bigcup_k h_i^k$，其中每个 h_i^k 是参与人 i 的划分 H_i 的一个元素。因为参与人 i 关于事件 E 的后验概率是共同知识，它在 $M(\omega)$ 上是常数，因此，对所有 k 有

$$q_i = p(E \cap h_i^K)/p(h_i^k)$$

因此，

$$p(E \cap h_i^K) = q_i p(h_i^k)$$

对 k 求和得到

$$p(E \cap M(\omega)) = q_i p(M(\omega))$$

对参与人 j 运用同样的方法可以得到

$$p(E \cap M(\omega)) = q_j p(M(\omega))$$

所以，$q_i = q_j$。 ■

定理的证明直接利用了对 Ω 有一个共同先验分布的假设。显然，这个假设是必须的：当先验分布不同时，每个参与人可以把与对手信念的差异归咎于对手使用了“错误”的先验分布，而不是“真实”信息的差别。[①]

正如奥曼所指出的，这个定理还要求假设参与人的划分在非正式意义上是共同知识，非正式意义是指模型完全描述了参与人的信息。从直观上看，如果参与人 i 不知道参与人 j 如何形成他的后验信念，参与人 i 就不知道如何评价参与人 j 的信念与他自己信念的区别。更正式地说，

① 在这一论文和 1987 年的论文中，奥曼利用“海萨尼原则”来支持共同先验分布的假设。

如果划分不是共同知识（比如说参与人 i 不知道参与人 j 的划分），我们就必须扩大状态空间，使它赋予每一个参与人 i 的信念有正概率的 H_j 一个正概率。在这个扩展后的状态空间中，定理和从前一样成立，并且还是有参与人先验信念相同的假设。

奥曼还给出一个例子来说明，如果参与人仅仅知道彼此的后验信念，而后验信念并非共同知识时，定理不再成立。在他的例子中，Ω 有四个可能性相等的元素 ω_1，ω_2，ω_3 和 ω_4，参与人 1 的划分为 $H_1=\{(\omega_1, \omega_2), (\omega_3, \omega_4)\}$，参与人 2 的划分为 $H_2=\{(\omega_1, \omega_2, \omega_3), (\omega_4)\}$，令 E 为事件（ω_1，ω_4）。那么在 ω_1 时，参与人 1 对 E 的后验概率是

$$q_1(E)=p[(\omega_1,\omega_4) \mid (\omega_1,\omega_2)]=\frac{1}{2}$$

参与人 2 对 E 的后验概率是

$$q_2(E)=p[(\omega_1,\omega_4) \mid (\omega_1,\omega_2,\omega_3)]=\frac{1}{3}$$

此外，参与人 1 知道参与人 2 的信息是集合（ω_1，ω_2，ω_3），所以参与人 1 知道 $q_2(E)$。参与人 2 知道参与人 1 的信息是（ω_1，ω_2）或（ω_3，ω_4），无论哪一个参与人 1 对 E 的后验概率都是$\frac{1}{2}$，所以参与人 2 知道 $q_1(E)$。因此，每个参与人都知道另一个参与人的后验概率，不过两个参与人的后验概率还是有所区别。对此的解释是后验概率不是共同知识。特别地，参与人 2 不知道参与人 1 如何看待 $q_2(E)$，因为$\omega=\omega_3$ 与参与人 2 的信息是一致的，在这种情况下参与人 1 相信有$\frac{1}{2}$的概率 $q_2(E)=\frac{1}{3}$（如果$\omega=\omega_3$），有$\frac{1}{2}$的概率 $q_2(E)=1$（如果 $\omega=\omega_4$）。

吉纳科普洛斯和波莱马罗哈基斯（Geanakoplos and Polemarchakis，1982）指出，奥曼的结果并没有涉及参与人的后验信念究竟是在何时以及如何变成共同知识的。他们假定参与人仅通过宣布他们的后验信念进行交流。（特别地，不允许参与人交流他们的信息集。）吉纳科普洛斯和波莱马罗哈基斯分析了下述过程：两个代理人以合作的态度（即诚实）轮流宣布他们的后验分布；如果状态空间是有限的，这个过程将在有限时间内收敛。或者正如他们论文的题目一样，“我们不可能永远不一致”。

吉纳科普洛斯和波莱马罗哈基斯指出，代理人对事件 E 的后验概率最终收敛（因而成为共同知识）的事实，并不意味着参与人此时关于事件的知识和把他们的信息放在一起时一样多。也就是说，即使代理人的后验信念是一样的，他们也不必拥有相同的信息。一个反例是，有四种可能性一样的状态，$\omega=00$，10，01 和 11；参与人 1 知道 ω 的第一个分量，参与人 2 知道第二个分量。考虑当状态是 00 时，事件 $E=\{00, 11\}$ 的后验概率。如果只基于个人信息，每个参与人对 E 的后验概率总是 $\frac{1}{2}$。当参与人 1 报告他对 E 的后验概率是 $\frac{1}{2}$ 时，并没有给参与人 2 提供任何信息——例如，当第二个分量是 0 时，参与人 2 知道 ω 是 00 或 10；如果是 00，参与人 1 知道 ω 是 $00\in E$ 或 $01\notin E$，所以赋予 E 的概率是 $\frac{1}{2}$；如果是 10，参与人 1 知道 ω 是 $10\notin E$ 或 $11\in E$，参与人 1 对 E 的后验概率还是 $\frac{1}{2}$。因此，参与人 2 对 E 调整后的后验概率仍然是 $\frac{1}{2}$，他报告这一点也不会给参与人 1 提供任何信息。

14.3.3 无套利定理†††

关于“认同不一致性”的结论与风险规避的代理人对一个纯投机性赌博的立场不可能相反的结论密切相关。[①] 从直观上讲，如果参与人 1 是风险规避的，并且在猜正反面的赌博中赌正面向上，他必定认为正面向上的概率大于 $\frac{1}{2}$，而如果参与人 2 也是风险规避的并且他赌的是反面向上，那么参与人 2 认为正面向上的概率应小于 $\frac{1}{2}$，所以这两个参与人是“认同不一致性”的。

在文献中有两类无套利定理：“均衡”定理，认为在各种博弈的均衡里都不可能存在套利；“共同知识”定理，认为所有参与人都希望从套利中获利不可能成为共同知识。尽管第一类无套利定理是均衡定理，我们还是先介绍共同知识定理，因为它与本章主题的关系更密切。

为把投机性交易和有其他目的的交易区别开，我们把自然状态 ω 分解成两部分 $\omega=(x, z)$，其中参与人的事后效用和初始禀赋仅取决于

---

① 鲁宾斯坦恩和沃林斯基（Rubinstein and Wolinsky，1989）提供了一个两种类型的结果都包含的定理。

x，z 是一个信号向量，$z=(z_1, \cdots, z_I)$，它可能与收益相关的不确定性 x 相关联。因此，参与人 i 的信息是

$$h_i(\omega) = h_i(x,z) = \{(x',z') \text{ s. t. } z'_i = z_i\}$$

净交易是从状态集 Ω 到集合 B 中消费束的映射 y，其中 $y_i(\omega)$ 是参与人 i 在 ω 下的净交易；如果 y 位于（外生）集合 Y 中，y 是可行的。参与人 i 的禀赋是 $e_i(x)$，在状态 ω 下他对于 $y(\cdot)$ 的效用为

$$\tilde{u}_i(y_i(\omega)+e_i(x),x) \equiv u_i(y_i(\omega),x)$$

和通常一样，假定参与人在 Ω 上有一个共同先验分布 $p(\cdot)$。

定理 14.3（Milgrom and Stokey，1982）　假定交易者是弱风险规避的（即 u_i 对 y_i 是凹的）且 $\hat{y}\equiv 0$ 在所有可行净交易的集合中是帕累托最优的。如果 y 是可行的，且如果它是 ω 下的共同知识并且每个参与人都弱偏好 y 于 $\hat{y}$，那么，每个参与人在 y 和 $\hat{y}$ 之间无差异。如果所有参与人都是严格风险规避的（即 u_i 严格凹），那么 $y=\hat{y}$。

证明　如果在 ω' 下所有参与人至少弱偏好 y 于 $\hat{y}$ 是共同知识，那么对 $M(\omega')$ 中的所有 ω'' 有：

$$E[u_i(y_i(\omega),x) \mid h_i(\omega'')] \geqslant E[u_i(\hat{y}_i(\omega),x) \mid h_i(\omega'')] \quad (14.1)$$

我们说方程（14.1）对所有参与人 i 等号都成立。为证明这一点，定义 $y^*(\omega)$ 为：

$$y^*(\omega) = y(\omega)，\text{如果 } \omega \in M(\omega') \quad (14.2)$$

$$y^*(\omega) = \hat{y}(\omega)，\text{如果 } \omega \in M^c(\omega')$$

其中 $M^c(\omega')=\Omega \setminus M(\omega')$ 是 $M(\omega')$ 的补集。因为 $h_i(\omega'')\subseteq M(\omega')$ 对每个 $\omega''\in M(\omega')$ 都成立，每个参与人都能够推出是 $y^*(\omega)=y(\omega)$ 还是 $y^*(\omega)=\hat{y}(\omega)$。参与人 i 关于 y^* 的事前预期效用为：

$$\begin{aligned} E[u_i(y^*(\omega),x)] &= \sum_{h_i \in M(\omega')} p(h_i)E[u_i(y_i(\omega),x) \mid h_i] \\ &\quad + \sum_{h_i \in M^c(\omega')} p(h_i)E[u_i(\hat{y}_i(\omega),x) \mid h_i] \\ &\geqslant E[u_i(y(\omega),x)] \end{aligned} \quad (14.3)$$

其中，最后一个不等式是用公式（14.1）替换参与人 i 在 $h_i(\omega'')\in M(\omega')$ 条件下的效用得到。此外，如果公式（14.1）对一些参与人 j 是严格的，那么公式（14.3）也是严格的，这与 $\hat{y}$ 是事前帕累托最优的假

设矛盾。如果交易者严格风险规避且禀赋是帕累托最优的，那么对所有参与人来说没有其他配置是帕累托无差异的。 ■

为了说明共同知识在定理中起到的作用，考虑一个经济，那里有两种可能性相等的状态 ω_1 和 ω_2，两个参与人 1 和 2，以及 $H_1=\{(\omega_1),(\omega_2)\}$ 和 $H_2=\{(\omega_1,\omega_2)\}$。有唯一的消费品，并且禀赋和效用函数是独立于状态的（所以在我们前面的符号中 $\omega\equiv z$）。参与人是风险中性的，所以 $\mathrm{E}u_i(y_i(\omega),x)=\mathrm{E}y_i(\omega)$，且 $\hat{y}(\omega)\equiv 0$ 对所有 ω 都是帕累托最优的。考虑下面的可行净交易：

$$y_1(\omega_1)=1, y_2(\omega_1)=-1, y_1(\omega_2)=-2, y_2(\omega_2)=2$$

在状态 ω_1 下，两个参与人基于他们的信息（$\mathrm{E}[y_1(\omega)|h_1(\omega_1)]=1$ 和 $\mathrm{E}[y_2(\omega)\mid h_2(\omega_1)]=\frac{1}{2}\times(-1)+\frac{1}{2}\times 2=\frac{1}{2}$），都严格偏好 y 于 $\hat{y}$，因此定理的结论并不成立。当然，在 ω_1 下两个参与人都偏好 y 于 $\hat{y}$ 并非共同知识，因为 $M(\omega_1)=(\omega_1,\omega_2)$ 包含 $h_1(\omega_2)$，而在 $h_1(\omega_2)$ 条件下，参与人 1 偏好 y 于 $\hat{y}$。因此不等式（14.1）并不适用，从而证明失败。

直观地看，这样的情况不可能在均衡中出现，因为它包含了参与人 1 对参与人 2 的"愚弄"。例如，如果我们假设参与人在收到他们的信息之后投票决定是否从 $\hat{y}$ 移动到 y，并且每个参与人都能否决一个移动，那么参与人 1 在 ω_1 投 y 的票，在 ω_2 投 $\hat{y}$ 的票，参与人 2 投 y 的票就不是一个均衡：这个策略组合的结果是在状态 ω_1 下为 y，在状态 ω_2 下为 $\hat{y}$，而参与人 2 投 $\hat{y}$ 的票将可以变得更好。

沿着这一思路得到的第一个正式的结果由克雷普斯（Kreps，1977）发表，他将此归于斯蒂格利茨（Stiglitz，1971）。克雷普斯证明了，如果一个资本市场中的交易商都是风险中性的，他们信息不对称但对于不确定性的先验分布是共同的，在一个理性预期均衡中，交易商不可能比持有他们最初的股票从而拒绝进入市场做得更好。换句话说，一个拥有更多信息的交易商并不能从他的信息中获利，因为其他交易商预期他会在资产可能增值时买入，在资产可能贬值时卖出。也就是说，在共同的先验信念下，交易博弈是一个零和博弈。这个结果可以被称为"无套利"结果。稍强一点的"无交易"结论在这里并不成立；风险中性的交易商可以以大家公认的公平价格交易，因此我们只能说交易商不交易也能一样好，但不能说他们不会交易。

得到"均衡"的无套利结论的一种方式是假定均衡策略在非正式意义上是共同知识，也就是博弈的结构（信息和策略空间）以及每个参与人的均衡策略最大化他的预期收益这一事实。考虑任意的“交易博弈”，可以是投标等等。只假设有一个固定的“无交易”结果，它独立于博弈的过程，并且对任意$h_i \in H_i$，每个参与人 i 能够在它的信息是h_i 时采取一种策略保证这一无交易结果（对他自己）。令 s^* 是这个（未模型化的）交易博弈中的均衡组合，令 $y=y(s^*(\cdot))$代表相应的净交易。那么，因为 s_i^* 是对每个s_{-i}^*的最优反应，不等式（14.1）对所有 $\omega \in \Omega$ 成立，所以当用 Ω 替换 $M(\omega')$ 时，公式（14.2）和（14.3）成立；由此得到的结论是所有参与人必在 y 和无交易 $\hat{y}$ 间无差异。

尽管通过假设战略本身是共同知识，我们可以从没有关于套利的共同知识推出均衡中没有套利，应当指出的是，即使不正式地使用共同知识的定义，也可以直接推出这一均衡下的结论：在任何纳什均衡中，等式（14.1）对所有 $\omega \in \Omega$ 成立。

梯若尔（Tirole，1982）把克雷普斯-斯蒂格利茨的结论拓展到不同于米尔格罗姆和斯塔基的方向。通过研究一个跨期的（有限期或无限期）资本市场，其中交易商是风险中性的且他们随时间变化的私人信息是经过过滤的，他证明了在交易商数目有限时，资产价格必然时时等于任何一个“内部交易商”期望的分红现值，内部交易商是指那些不受卖空和购买超过 100%股份限制的交易商。因此，对任何内部交易商不可能存在“泡沫”(市场价格与市场基本面的差别)。它与无套利结论的联系是，可以证明：如果在一个给定时期内有泡沫存在，至少一个（内部）交易商会有一个跨期交易策略使得他比不交易时好。同时，资本市场还是零和博弈，每个交易商能保证他自己得到无交易的收益。[①]

14.3.4　事中效率和不完全合约[†††]

在我们给出的米尔格罗姆和斯塔基结论中，可行合约的集合 Y 可以是任意的；特别地，可行集不必包括所有的完全应变合约。在这种情况下，并不总能像定理 14.3 所要求的，自然的假定最初的配置是事前帕累托最优的，因为参与者可能不会在收到任何私人信息之前达成一致并订立合约。

需要指出的是，定理 14.1 的结论可以在初始配置 $\hat{y}$ 是事中有效的这一更弱的假设下成立，事中有效的概念由霍尔姆斯特罗姆和迈尔森（Holmström and Myerson，1983）提出。如果 v 是由事后可证实的变

① 无泡沫的结论在有无穷交叠（寿命有限）世代的时候不再成立。

量组成的向量（比如，它可能是 x 的子向量），令$e(z, v)$代表没有交易发生时的应变禀赋[①]，令 $y(z, v)$ 代表当参与人收到私人信息 z_i 时的 v 应变交易。无交易配置是事中有效率的，如果不存在 $y(\cdot, \cdot)$ 使得对所有 i，z 和 z'_i 有

$$\mathrm{E}(u_i(y(z,v),x) \mid z_i) \geqslant \mathrm{E}(u_i(0,x) \mid z_i) \tag{14.4}$$

和

$$\mathrm{E}(u_i(y(z,v),x) \mid z_i) \geqslant \mathrm{E}(u_i(y((z'_i,z_{-i}),v),x) \mid z_i) \tag{14.5}$$

不等式（14.4）和（14.5）分别表示个人理性和激励相容。特别是不等式（14.5）反映了 z_i 是私人信息且必须被引出这一事实。显然，对于任何交易或谈判，只要每个交易商能够保证自己的无交易配置，这种配置就不会被进一步的合约改变。换言之，事中有效率的配置是“强抗重新谈判”的。[②]

14.4 共同知识，近似共同知识及均衡对信息结构的敏感性[†††]

本节将要讨论博弈的纳什均衡是如何随着信息结构的“微小”变化而改变的。信息结构的变化可以改变每个参与人所知道的事情，从而改变共同知识，所以精确的共同知识的概念在这里并不十分有用。事实

① $e(z, v)$ 可能源自一个以前的合同，这个合同，比如说，建立了一个显示机制以引出私人信号 z（见第 7 章）。但请注意下面的细节：我们隐含地假设了 $e(z, v)$ 不受对未来交易进行谈判的过程影响。例如，引出 z 的显示机制可能有好几个均衡；尽管这在只有一个参与人有私人信息的时候不是问题，在有几个知情参与人的时候使用唯一性需要小心（见 7.2 节引用的参考文献）。如果显示博弈有多个均衡，那么即使一个均衡是事中有效的，交易发生也是可能出现的情况，即最初的合同被重新谈判。重新谈判可能是被一个威胁强制进行的，这个威胁是如果不把最初的合同换成一个新合同，那么一个“坏均衡”将会成为均衡。同时，如果显示博弈不是在占优策略中，那么在谈判过程中的信念变化可能会破坏显示博弈的激励相容性。

② 它们在两种方式上强抗重新谈判（至少如果交易商是严格风险规避的）。第一，对任何给定的重新谈判的谈判过程，它们在重新谈判博弈的任何纳什均衡中都不会被重新谈判。第二，这对任何重新谈判过程成立。事中有效性是强抗重新谈判的充要条件。［不过，它对“弱抗重新谈判”的分配并不是总体上必要的（在弱抗重新谈判时，重新谈判博弈存在某些分配没有被重新谈判的均衡），我们可以定义一个更弱的有效性概念——“弱事中有效性”——来刻画弱抗重新谈判的分配。见 Maskin and Tirole (1989)。］

上，正如我们将要看到的，与之关系紧密的“近似共同知识”的概念才是非常有用的。

我们首先用两个例子来说明，一个从收益的共同知识开始的对信息结构的极小扰动都有可能在相当程度上改变均衡集。也就是说，一些收益为共同知识的博弈均衡与任意扰动博弈的均衡相去甚远，即使在很大的概率上所有参与人都知道收益还是原始博弈中的收益。这里没有下半连续性并不应该令人感到惊讶：我们知道参与人收益的很小改变都可能排除一些均衡；收益以小的概率不同也会起到同样的作用。关于这一点最简单的例子是，如果参与人不确定其对手的收益，他就可能不愿采取弱劣势策略。一个稍微复杂一点的例子是图 14—2a 所示的博弈，它的一个均衡是参与人 2 以概率 1 选择 A，参与人 1 以至少$\frac{5}{6}$的概率选择 A，另一个纯策略均衡是两人都选择 B；都以概率 1 选择 A 是收益最高的均衡。但是对参与人 1 来说，选择 A 是弱劣势策略。现在考虑博弈被扰动的情况，它以 $1-\varepsilon$ 的概率处于状态 ω_1，收益如图 14—2a 所示；以 ε 的概率处于状态 ω_2，收益如图 14—2b 所示。此外，参与人 1 不知道处于哪种状态——他有普通的划分 $H_1=\{\omega_1, \omega_2\}$ ——但参与人 2 知道状态。那么在状态 ω_2 参与人 2 选择 B，因为 B 严格占优于 A；参与人 1 也会选择 B，因为他在不知道状态时是不会采取弱劣势策略 A 的。因此，尽管（A，A）在图 14－2a 所示的收益为共同知识时是一个均衡，（A，A）却不是扰动博弈的均衡。

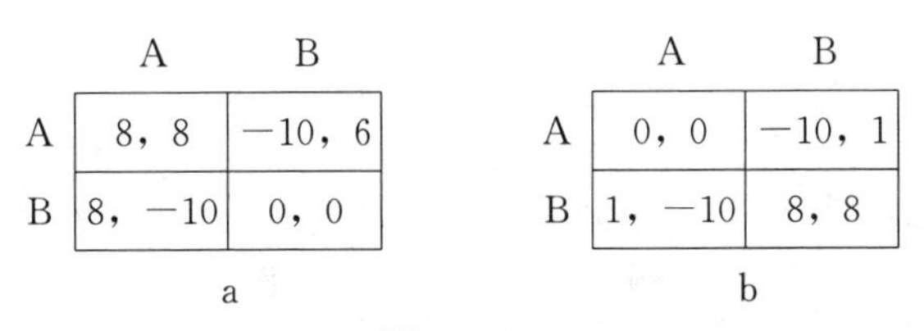

	A	B
A	8，8	−10，6
B	8，−10	0，0

a

	A	B
A	0，0	−10，1
B	1，−10	8，8

b

图 14—2

14.4.1 小节给出了两个更细致的缺少下半连续性的例子。例 14.3 考虑了收益如图 14—2a 或图 14—2b 所示，但信息结构更为复杂的情况。特别地，存在一个有很高先验概率的状态，在这一状态下双方参与人都知道收益如图 14—2a 所示。然而，即使在这个状态下，两人在均衡中还是选择 B：尽管两人都知道收益如图 14—2a 所示，但这不是共同知识。

图 14—2a 的收益并不具有一般性，并且关于这幅图的讨论集中在

排除那些采取弱劣势策略 A 的均衡上。这就产生了一个问题：如果所考虑的收益矩阵在策略型空间中是一般的，是否还有类似的缺少下半连续性的情况。在例 14.4 中，所考虑的收益矩阵是一般的，且信息结构中的扰动将排除一个严格均衡。这能否被视为下半连续对一般收益失效取决于信息结构的扰动是否真的很小。而这其实是一个深奥的问题（就像无限状态空间的例子一样），而且存在好几种看起来合理的定义无限状态空间中两个信息结构是否相近的方法。其中，14.4.2 小节提出了一个基于近似共同知识的概念，并证明了它能得到具有一般下半连续性的结果。

14.4.1 缺少下半连续性

例 14.3

假定参与人 1 和参与人 2 进行如图 14—2a 所示的博弈。如前所述，该博弈有两种纳什均衡：纯策略均衡（B，B）以及参与人 2 以概率 1 选择 A 和参与人 1 以不低于$\frac{5}{6}$的概率选择 A 的任何策略组合。现在设想我们要对下面的情况建模：参与人 1 和参与人 2 都知道收益如图 14—2a 所示，但是参与人 1 对参与人 2 相信收益是图 14—2b 的情况赋予了正概率。那么（因为参与人 1 和参与人 2 对自然的行动有共同的先验信念）自然必定对参与人 1 不完全知道自然的行动赋予正概率。这一博弈如图 14—3 所示。

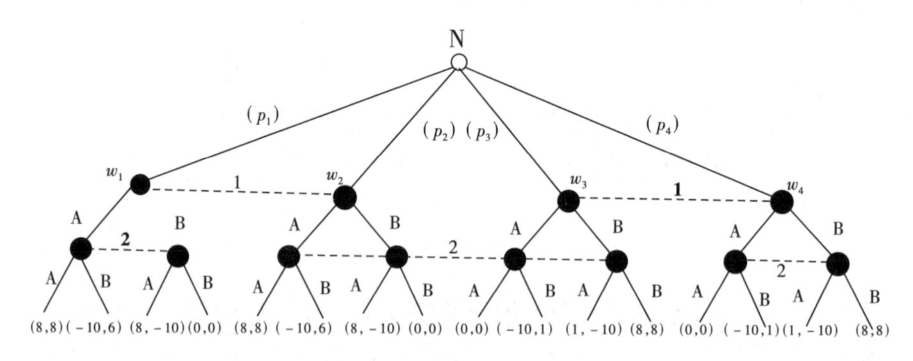

图 14—3

在这个博弈中，自然有四种可能的行动：ω_1，ω_2，ω_3 和 ω_4。在 ω_1 和 ω_2 下收益如图 14—2a 所示，在 ω_3 和 ω_4 下收益如图 14—2b 所示。参与人的信息划分是$H_1=\{(\omega_1, \omega_2), (\omega_3, \omega_4)\}$ 和 $H_2=\{\omega_1, (\omega_2, \omega_3), \omega_4\}$。参与人 1 总是知道收益，而参与人 2 可能知道也可能不知道收益。而且，

参与人 1 不知道参与人 2 是否知道。在状态 ω_1 下，两个参与人知道收益如图 14—2a，并且参与人 2 能推断出参与人 1 是知道收益的，但是参与人 1 不知道参与人 2 是否知道收益。在状态 ω_2 下，收益如图 14—2a 所示，参与人 1 知道这一点但是参与人 2 不知道；同样，参与人 1 还是不知道参与人 2 是否知道。在状态 ω_3 下，收益如图 14—2b 所示，参与人 1 知道，而参与人 2 不知道；在状态 ω_4 下，收益如图 14—2b 所示并且两个参与人都知道；在状态 ω_3 和 ω_4 下，参与人 1 不知道参与人 2 是否知道。因此，如果所有状态都有正的先验概率，那么唯一的共同知识就是整个状态空间。

特别要注意，Ω 中的状态个数要多于可能的收益矩阵个数：状态不仅必须描述收益和每个参与人关于收益的信息，而且还必须描述每个参与人关于其对手信息的信息，等等。还要特别注意，为了包含参与人 1 的不确定性，我们修改了模型：我们加入了额外的状态，直到参与人的信念能再次被共同状态空间上的共同先验分布所描述。如果用这种方法来精确描述真实世界的博弈，那么很容易就会需要一个很大（甚至是无限）的状态空间。我们希望小状态空间的模型也能很好地近似我们感兴趣的博弈。

回到例子，令 p_i 表示 ω_i 的先验概率，那么如果 $p_2<p_3$，唯一的纳什均衡就是参与人在每个状态中都选择 B。对它的证明是一个状态接着一个状态进行的。首先，在状态 ω_4 下，两个参与人都知道收益，选择 B 是他们每个人的占优策略，这在状态 ω_3 下对参与人 1 也一样。令 $q=p_2/(p_2+p_3)$ 代表参与人 2 的信息是（ω_2，ω_3）时，他对状态 ω_2 的后验概率。给定参与人 1 在状态 ω_3 下选择 B，当参与人 2 知道是（ω_2，ω_3）时，他选 A 至多得到 $q8+(1-q)(-10)$，而选 B 至少得到 $q(-10)+(1-q)8$。因为 $p_2<p_3$，$q<\frac{1}{2}$，所以参与人 2 必定选择 B。接下来，当参与人 1 被告知状态是（ω_1，ω_2）时，他知道收益如图 14—2a 所示，所以（A，A）是帕累托最优的，但他还知道存在正的概率状态是 ω_2，而那样参与人 2 会选择 B，因此参与人 1 将选择 B。最后给定参与人 1 在状态 ω_1 和 ω_2 下选择 B，参与人 2 在知道是 ω_1 时就会选择 B。

无论 ω_2 和 ω_3 的绝对概率是什么，也无论 ω_1 和 ω_2 的相对概率是什么，前面的结论都是成立的。特别地，结论对序列 $p_1^n=1-4/n$，$p_2^n=1/n$，$p_3^n=2/n$ 和 $p_4^n=1/n$ 之中的每一个 p^n 都成立，而这一序列是收敛于极限 $p_1=1$ 的，那时（A，A）是一个纳什均衡。此外，当 n 很大时，在状态 ω_1 下两个参与人都知道收益如图 14—2a 所示，参与人 2 知道参与人 1 知道这一点，而参与人 1 也“几乎确信”参与人 2 知道这一点，不过这时的均衡集还是和状态 ω_1 的概率为 1 也就是 ω_1 是共同知识时不同。换一种说法就是，收益是“近似共同知识”（在 14.4.2 小节中正式定义）和收益被确定地知道，这两种情况下的均衡集是不同的。尽管可能有点麻烦，但这却并不奇怪：我们在第1章中已经看到，纳什映射在收益上不一定是下半连续的，这个例子只不过说明了对先验分布缺乏下半连续的情况。还要注意图14—2a中的收益不具有一般性，这也是ω_2的微小变化能迫使参与人1选择B的原因。根据纳什映射在有限博弈中处处下半连续（见12.1节）的结论，我们会预期：如果参与人无法确定处于有限个收益矩阵中的哪一个，并且如果潜在的状态空间Ω是有限的，纳什映射在一个一般博弈的共同知识的邻域内是下半连续的；所以对一般的收益来说，“近似共同知识”和“共同知识”的含义是相同的。14.4.2小节介绍了这个结论的一种情况。不过我们还是先用一个例子来说明前面的直觉在有限博弈时的情况。

例14.4 电子邮件博弈

考虑鲁宾斯坦恩（Rubinstein，1989）对格雷（Gray，1978）“协调攻击博弈”的改进。收益矩阵如图14—4所示。注意到在图14—4a中帕累托最优均衡（A，A）是严格的。信息结构（图14—5所示）是这样的：在状态0，收益如图14—4b所示。在状态1，2，…，收益如图14—4a所示。

	A	B
A	8，8	−10，1
B	1，−10	0，0

a

	A	B
A	0，0	−10，1
B	1，−10	8，8

b

图14—4

参与人1的划分是集合：

$$(0),(1,2),(3,4),\cdots,(2n-1,2n),\cdots$$

参与人2的划分是：

$$(0,1),(2,3),\cdots,(2n,2n+1),\cdots$$

状态0的先验概率是$\frac{2}{3}$，状态$n\geqslant 1$的先验概率是$\varepsilon(1-\varepsilon)^{n-1}/3$。这种信息结构的解释是：如果参与人1知道收益和图14—4a一样，他就会给参与人2发送一个消息，而参与人2无法先验地知道哪个矩阵是相关的。消息没有收到的概率是ε，如果参与人2确实收到了消息，他就会发送一个回应，这个回应不被收到的概率也是ε；如果参与人1收到了参与人2的回应，他会发出另一个回应，确认他收到了参与人2的回应，如此下去。这个博弈最初的形式是一个骑兵带着消息穿越被敌军占领的山谷，消息有被敌军截获的可能。① 改进后的形式是消息通过电子邮件系统传递，这个系统有时候会发生错误。重要的是传递消息并不是参与人决策的一部分，只是一个决定了他们初始信息的外生过程。

如果状态是 $n>0$，那么就有 n 个消息被发出，其中 $n-1$ 个消息被收到。例如，如果 $n=2k$，参与人 2 知道收益和图 14—4a 中一样并且知道参与人 1 知道收益，参与人 1 知道参与人 2 知道这些，参与人 2 知道参与人 1 知道，这样的递推可以进行不超过 n 次。也就是说，$n\in K_{\mathcal{I}}^{n-1}(n>0)$。不过，不存在一个有限的 n，有"$n>0$"是共同知识，图 14—5 和可达到性标准都可以解释。

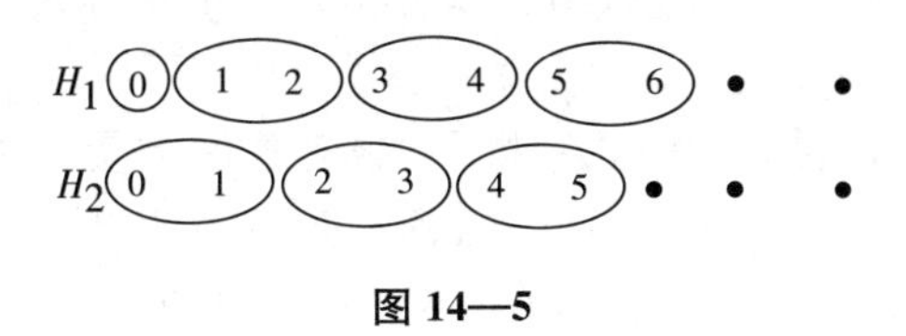

图 14—5

有人可能会想，当收益矩阵是图 14—4a 的矩阵时（也就是当 $n>0$ 时），对于小的 ε，参与人也许可以在（A，A）合作；不过事情不是这样。证明可以通过对上一个例子证明的扩展得到。参与人 1 在状态 0 采取 B 策略，因为这是占优策略。因为参与人 1 在状态 0 采取 B 策略，且在给定（0，1）时状态 0 的概率高于 $\frac{1}{2}$。在状态（0，1）下采取 B 策略，参与人 2 的收益至少是 4，而采取 A 策略的收益至多是 -1，所以

① 哈尔彭（Halpern，1986）对协调攻击问题给出了下面的描述：

两个师的部队驻扎在两个山顶上，这两个山顶可以俯瞰一个普通的山谷。山谷中有敌人。显然如果两个师同时进攻敌人它们会获胜，而如果单独一个师进攻则会被击败。两个师最初并没有对敌人发动进攻的计划，并且第一个师的指挥官希望协调一个同时进攻（在第二天的某个时候）。没有任何一个指挥官会决定进攻，除非他确信另一个师会和他一起进攻。指挥官只能通过信使传递进行沟通。正常情况下，一个信使需要一个小时从一个营地到另一个营地。不过他可能会在黑暗中迷路，或者是更糟的情况被敌人俘虏。幸运的是，在这个特别的夜里，所有的事情顺利地进行，那么需要多久他们才可以协调一次进攻呢？

假设由指挥官 A 派出的信使带着"我们在黄昏时进攻"的消息到了指挥官 B 处，指挥官 B 会进攻吗？当然不会，因为指挥官 A 不知道他收到消息了，因此不会进攻。所以指挥官 B 派回一个信使进行确认。设想信送到了，指挥官 A 会进攻吗？不会，因为现在指挥官 B 不知道他得到了消息，所以他会认为指挥官 A 可能会认为他（B）没有得到最初的信息，因而不会进攻。所以指挥官 A 派回一个信使再次确认。当然，这仍然不够。我将留给读者去证明来回发送任何数量的确认都无法保证一致。注意，即使信使每次送信都成功这也是成立的。在这个推理中所需要的一切只是每个信使有不成功的概率。

参与人 2 采取 B 策略。因为给定（1，2）时，状态 1 的概率是

$$q=\frac{\varepsilon}{\varepsilon+\varepsilon(1-\varepsilon)}>\frac{1}{2}$$

在状态（1，2）下，参与人 1 知道参与人 2 采取 B 策略的概率高于$\frac{1}{2}$，因为他采取 A 策略最多可以获得 $(1-q)8+q(-10)<0$，而采取 B 策略至少得到 0，所以参与人 1 会在状态（1，2）采取策略 B。给定在状态（1，2）参与人 1 采取 B 策略，参与人 2 会在状态（2，3）采取 B 策略，因为在给定（2，3）时状态 2 的概率超过$\frac{1}{2}$，所以参与人 1 在状态（3，4）采取 B 策略。通过归纳可以得出，两个参与人在所有状态中均采取 B 策略。

如果 ε 很小，在 $n\neq0$ 的条件下，很可能有大量的信息被发出和收到。然而对任何 $\varepsilon>0$，在图 14—4a 所示的收益下都不存在一个参与人采取（A，A）的均衡，即使（A，A）在收益确定就是图 14—4a 所示收益的情况下是一个严格均衡。

例 14.4 是否反映了下半连续的失效取决于我们是否把错误概率 ε 看做是信息结构上的“小”变化，也取决于我们是否对策略的收敛性进行检验，其中策略是从状态空间到行动的映射，或是检验收益相关结果上概率分布的收敛性。我们从第二点开始。埃第·戴克尔-特贝克（Eddie Dekel-Tabak）提出了一种定义策略收敛性的方法，在他的定义下扰动博弈的均衡策略事实上和$\varepsilon=0$时的策略是一样的。首先，通过加入点∞使状态空间变成紧的，点∞对应于无限数量的消息，这时的状态空间是：$\overline{\Omega}=\Omega\cup\{\infty\}$。当无穷多的消息被发出和收到（在先验分布下的概率为 0）时，如图 14—4a 所示的收益就是共同知识。因此，在这个扩展的状态空间中，一个均衡是两个参与人在 ω 有限时都选择 B，在 $\omega=\infty$ 时选择 A。从这一点上说，因为例子中的均衡策略集不会随着参数 ε 变化而变化，所以无论信息结构是否随着 $\varepsilon\to0$ 而收敛，下半连续性都不会失效。（但是回忆例 14.3，状态 ω_1 下的均衡策略集确实改变了。）

尽管这个观点有助于说明问题的结构，但它没有说明 $\varepsilon>0$ 的均衡收益严格低于 $\varepsilon=0$ 的收益这一事实。这就意味着需要看一下结果上的概率分布空间的收敛性。因为均衡的概率分布会被引入错误的概率改变，于是下半连续性问题就取决于错误的概率是否代表了一个小的扰动。

下一小节将引入“近似共同知识”的概念，并证明如果仅当无扰动

的收益保持近似共同知识时扰动才被认为是小的，这时的均衡集是下半连续的。用这种方法，例 14.4 就没有表现出缺少下半连续性，因为这时的扰动不是小的。

但是存在一种同样直观的定义小扰动的方法使得例 14.4 表现出了缺少下半连续性。这个定义基于对弱收敛于状态空间 $\overline{\Omega}$ 上概率分布的拓扑进行扩展。[为了扩展这个拓扑，注意通过对 $n>0$ 变换 $x(n)=1/n$，$x(\infty)=0$，$x(0)=2$。$\overline{\Omega}$ 和集合 $\{2, 1, \frac{1}{2}, \frac{1}{3}, \cdots, \frac{1}{n}, \cdots, 0\}$ 是同构的。这样，$\overline{\Omega}$ 上的概率分布是区间 $[0, 2]$ 上概率分布的集合 $\mathscr{P}$ 的一个子集，我们为它赋予在区间 $[0, 2]$ 上的概率分布的弱拓扑。[①]] $\overline{\Omega}$ 上许多分布的序列收敛在分布 $\{p(0)=\frac{2}{3}, p(\infty)=\frac{1}{3}\}$ 的弱拓扑中，这个弱拓扑对应于共同知识。一个这样的序列是例子中的序列，另一个序列是这样定义的：对于 $k\geqslant 0$，

$$p^{\varepsilon}(0)=\frac{2}{3}$$

$$p^{\varepsilon}(2k+1)=\varepsilon(1-\varepsilon)^{k}(1-2\varepsilon)^{k}/3$$

以及

$$p^{\varepsilon}(2k+2)=2\varepsilon(1-\varepsilon)^{k+1}(1-2\varepsilon)^{k}/3$$

这个信息结构的解释是参与人 2 的信息被截获的可能是参与人 1 信息的两倍。

在这种闭的概念下，例子之所以表现出了缺乏下半连续性是因为：收益为共同知识的“极限”博弈的均衡集合既包含了有相等错误概率的扰动博弈的均衡极限，也包括了博弈中参与人 2 的错误概率两倍于参与人 1 错误概率的均衡极限。在后一个信息结构下，参与人 1 在 $n>0$ 的所有状态下采取策略 A，参与人 2 在$n>1$的所有状态下采取策略 B 是一个纳什均衡：现在当参与人 1 的划分是 (1, 2)，对于小的 ε，他对状态

① 如果对每个在 $[0, 2]$ 上连续的函数 f：

$$\int_0^2 f(x)\mathrm{d}p^n(x)$$

收敛于：

$$\int_0^2 f(x)\mathrm{d}p(x)$$

那么 p^n 在弱拓扑中收敛于 p。

2 的后验概率是

$$\frac{2\varepsilon(1-\varepsilon)}{\varepsilon+2\varepsilon(1-\varepsilon)} \cong \frac{2}{3}$$

如果参与人 1 预期参与人 2 会在状态 2 采取策略 A，即使他预期参与人 2 会在状态 1 采取策略 B，他也会愿意采取 A 策略。因此，当参与人 2 的划分是（2，3）时，参与人 2 会采取策略 A，如此类推下去。

14.4.2 下半连续性和近似共同知识（技术性）

14.4.1 小节给出了在几种情况下均衡映射没有下半连续性的例子。对此的一种回应是像第 1 章那样考察 ε 均衡的下半连续性；另一种是确定纳什映射存在下半连续性的条件。我们将依次考虑这两种映射，先从 ε 均衡开始。正如我们将要看到的，ε 均衡有两种不同的情况："事前"的和"事中"的。其中在后一种情况下，下半连续的成立要求更强的条件。

我们在第 1 章中讨论的 ε 均衡对应于现在所说的事前 ε 均衡。回忆第 1 章的内容：对一组（有限）策略型博弈，它们有同样的策略空间 S 并且有随 λ 连续变化的收益函数 $u_i(\cdot, \lambda)$，收益 λ 的一个纳什均衡是收益 λ^n 的一个 ε 均衡，其中随着 $\lambda^n \to \lambda$，$\varepsilon \to 0$。（回想一下，一个 ε 均衡就是一个没有参与人能通过偏离而使其收益增加超过 ε 的策略组合。）也就是说，在 ε 均衡意义下又重新有了下半连续性。既然改变一个固定状态空间的先验分布只是改变了每个策略的收益而非策略空间本身，这个结论立刻可以推广到先验分布改变的情况。正式地，固定一个有限状态空间 Ω，划分 H_i，从 Ω 到位于 S_i 上（概率混合）的空间的 H_i 可测策略 $\mathscr{s}_i \in \mathscr{F}_i$ 以及 $S \times \Omega$ 上的收益函数 u_i，令 $G(p)$ 是对应于在 Ω 上的先验分布 p 的策略型博弈，如果组合 $\mathscr{s}$ 是 $G(p)$ 的一个纳什均衡，那么 s 是 $G(p^n)$ 的一个 ε 纳什均衡，当 $p^n \to p$ 时 $\varepsilon \to 0$。特别地，如果在先验分布 p 下对所有 s 和所有 i 有 $u_i(s, \omega)$ 等于某个固定 $\bar{u}_i(s)$ 的概率为 1，从而收益函数是 p 下的共同知识，并且在 p^n 下，每个参与人赋予由 $\bar{u}$ 给定的收益很高的概率，那么任何 $G(p)$ 的纳什均衡是 $G(p^n)$ 的 ε 纳什均衡。原因是如果 u 不同于 $\bar{u}$ 的概率很小，那么即使参与人采取的策略在 u 不同于 $\bar{u}$ 时只是次优反应，他的预期收益（在通常的博弈中）的损失也很小。因此，在一个 $G(p)$ 的 ε 均衡中，参与人可以在不太可能的信息集下犯"大"错误。为强调这一点，策略型博弈的 ε 均衡被称为事前ε均衡。

例 14.4 的电子邮件博弈有无穷多个状态，因此上述看法并不适用。不过，下面的组合是这个博弈的一个事前ε'均衡，这里的ε'和信息丢失的概率ε是一个数量级：“参与人 1 在$h_1=0$时采取策略 B，在所有其他状态下采取策略 A；参与人 2 在$h_2=(0, 1)$时采取策略 B，在所有其他状态下采取策略 A。”给定参与人 1 的策略，参与人 2 的策略恰好是最优的：当参与人 2 的信息是（0，1）时，参与人 1 可能采取 B；当参与人 2 是其他信息时，参与人 1 必然采用 A。当参与人 1 的信息是状态 0 或当参与人 2 知道状态大于 2 时，参与人 1 的策略也恰好是最优的。在给定信息是$h_1=(1, 2)$时，参与人 1 选择 A 不是最优的；不过，因为这件事发生的概率是$[\varepsilon+\varepsilon(1-\varepsilon)]/3$，当$\varepsilon$比较小时，参与人 1 的战略是近似最优的。

更一般地，如果s是在收益已知由$\bar{u}(\cdot)$给定时的一个纳什均衡组合，那么s是一个事前ε纳什均衡，如果有接近于 1 的概率每个参与人都相信收益很可能由$\bar{u}(\cdot)$给定，那么ε较小。这个结论在状态空间有限和无限时都成立（Monderer and Samet，1988；Stinchcombe，1988）。

尽管这个结论提供了对缺乏下半连续性的一种解决办法，但它还不能完全令人满意，因为事前ε均衡的概念太弱了。有人可能希望用事中ε均衡的概念：组合$\mathfrak{s}$是一个事中ε均衡[①]，如果对所有参与人i和所有状态ω，策略$\mathfrak{s}_i(\omega)$位于在$\omega'\in h_i(\omega)$下最大化了的参与人i预期收益的ε区域内。如果用 E 表示期望算子，正式的条件是，对所有i和所有ω以及所有$s_i\in S_i$，有

$$E[u_i(\mathfrak{s}_i(\omega'),\mathfrak{s}_{-i}(\omega'))\mid h_i(\omega)]\geqslant E[u_i(s_i,\mathfrak{s}_{-i}(\omega'))\mid h_i(\omega)]-\varepsilon$$

显然，每个事中ε均衡是一个事前ε均衡；在$\varepsilon=0$时，反过来说也成立（只要所有状态有正概率），但对正的ε不成立。正如我们前面提到的，在一个事前均衡中，参与人可以在一个不太可能状态中犯大错。

蒙德勒和萨米特（Monderer and Samet，1989）给出了在收益的“近似共同知识”意义下，事中ε均衡具有下半连续性的条件，条件要求所有参与人“相当确信”他们的对手对收益“相当确信”，……这与

① 蒙德勒和萨米特称它为事后ε均衡。我们更倾向于使用“事中”，因为在信息经济学中“事后”指的是世界的状态已经展现给每个人的情况。

知道他们的对手知道他们是相对的。

蒙德勒和萨米特定义，如果参与人的后验概率 $p(\mathrm{E} \mid h_i(\omega))$ 大于等于 r，则称参与人 i 在 ω 处“r 相信 E”。用 $B_i^r(\mathrm{E})$ 表示事件“参与人 ir 相信 E”：这是集合 $\{\omega \mid p(\mathrm{E} \mid h_i(\omega)) \geqslant r\}$。当所有状态都有严格为正的先验分布时，1 信念等价于知识。[①] 如果每个人相信 E 的概率至少为 r，事件 E 是“共同 r 信念”。每个人相信至少有 r 的概率，即每个人相信 E 的概率至少为 r，等等。[②] 共同 1 信念等同于共同知识；r 很大的共同 r 信念对应于近似共同知识。斯蒂彻克姆伯（Stinchcombe，1988）独立地提出了一个十分接近但稍弱的近似共同知识的概念。他的方法可以解释为在 E 中定义了共同（r，n）信念，它要求表述“每个人相信至少有概率 r 至少有概率 r，…，E 是正确的”在只要包含 n 个或更少的“每个人相信”时都成立。例如，如果所有参与人知道 E，但是没有参与人知道其对手知道 E，那么 E 是共同（1，1）信念；蒙德勒和萨米特所说的共同（r，∞）信念其实就是斯蒂彻克姆伯所说的共同 r 信念。于是斯蒂彻克姆伯认为，如果对 r 趋于 1 和 n 接近无穷，收益是共同（r，n）信念，那么收益是近似共同知识。

在有限状态空间上，这两个近似共同知识的定义是等价的（因为 r 知识的递推在有限的步骤后停止了），但它们在可数状态空间的博弈中可能不同，如例 14.4 所示。这里随着发出信息数的增加，收益是在斯蒂彻克姆伯意义上的近似共同知识：如果发出了 $n+1$ 条信息，状态不为 0 就是共同（1，n）信念。然而，无论有多少信息被送出，收益在蒙德勒和萨米特意义上决不会成为近似共同知识，因为没有 $r > (1-\varepsilon)/$

---

① 在连续状态和光滑先验分布下，没有单个的状态有正概率，有人可能希望区分知识和 1 信念。例如，如果从区间 [0，1] 上随便抽取一个数，参与人 1 相信这个数是无理数，但他们按照我们的定义并不“知道”这个数。

② 从 ${}^1B_i^r(E) \equiv B_i^r(E)$ 和 ${}^1B_{\mathcal{I}}^r(E) \equiv \bigcap_{i \in \mathcal{I}} {}^1B_i^r(E)$ 开始，令

$${}^nB_i^r(E) \equiv \{\omega \mid p({}^{n-1}B_{\mathcal{I}}^r(E) \mid h_i(\omega)) \geqslant r\}$$

和

$${}^nB_{\mathcal{I}}^r(E) \equiv \bigcap_{i \in \mathcal{I}} {}^nB_i^r(E)$$

那么如果 $\omega \in {}^{\infty}B_{\mathcal{I}}^r(E)$，$E$ 是在 ω 下的共同 r 信念。

和共同知识一样，有一个等价的“奥曼式”的共同 r 信念的定义。如果 $E \subseteq B_{\mathcal{I}}^r(E)$，一个事件 E 是共同 r 常识。即当 E 发生时，每个参与人对它的发生赋予至少 r 的概率。一个事件 E' 是在 ω 下的共同 r 信念，如果存在一个共同 r 常识 E 使得 $\omega \in E$ 和 $E \subseteq B_{\mathcal{I}}^r(E')$。

(2－ε) 使得收益是共同 r 信念。[①]

相反，例 14.3 中的收益在 ω_1 的概率趋于 1 时是近似共同知识：令 $p_1^n \to 1$ 是 ω_1 的先验分布。在状态 ω_1，事件 $E=\{\omega_1\}$ 是共同 p_1^n 信念 [因为 $E \subseteq B_{\mathcal{J}}^{p_1^n}(E)$]，因此当 n 很大时博弈是近似共同知识。(定理 14.5 把这一想法进行了推广，它证明了当事件 E 的先验分布趋向 1 时，事件是近似共同知识的概率也趋向 1。)

通过证明如果事件 E 的后验概率是共同 r 信念，那么任意两个后验概率之间至多相差 $2(1-r)$。[②] 蒙德勒和萨米特推广了定理 14.2。如我们前面所述，他们还采用他们的近似共同知识的概念把关于事前 ε 均衡下半连续性的结论拓展到了事中均衡的情况。

蒙德勒和萨米特考虑了收益函数 $u^\ell(\cdot)$ 数量有限的博弈 G，其中 $\ell=1,\cdots,L$。状态 ω 下的收益是 $u(\cdot,\omega)=u^{\lambda(\omega)}(\cdot)$，其中 Ω 是有限或无限可数的。$G^\ell=\{(\omega)\mid\lambda(\omega)=\ell\}$ 是所有收益由 u^ℓ 给定的状态 ω 的集合。收益 u^ℓ 在 ω 下是共同 r 信念，如果事件 G^ℓ 在 ω 下是共同 r 信念。对每个 ℓ，令 σ^ℓ 是共同知识收益 u^ℓ 的一个纳什均衡，并定义 s^*：$\Omega \to \sum$ 为 $s^*(\omega)=\sigma^{\lambda(\omega)}$。对于收益 $\lambda(\omega)$，这个函数赋予了每个 ω 一个纳什均衡。如果在每个 ω 下收益都是共同知识，那么 s^* 是整个博弈 G 的纳什均衡。[③]

蒙德勒和萨米特证明了，对每个共同知识博弈 u^ℓ 的纳什策略组合 σ^ℓ，存在一个所有博弈的事中 ε 均衡，其中这些博弈都以收益是 u^ℓ 为近

---

① (1－ε)/(2－ε) 在给定一个参与人没有收到一条新消息时，他赋予他没有收到由另一个参与人发送的消息 (与另一个参与人没有收到他的前一条消息相对) 的条件概率。证明 $r>(1-\varepsilon)/(2-\varepsilon)$ 没有的一种方法是使用共同 r 信念的递归定义。另一种方法是注意到为了使 E 成为共同 r 常识 [即 $E \subseteq B_{\mathcal{J}}^{r}(E)$]，$r$ 必须小于 $(1-\varepsilon)/(2-\varepsilon)$：令 n_0 表示 E 中最小的元素；如果 $n_0>1$，参与人之一在状态 n_0 会赋予 E 是假的 $1/(2-\varepsilon)$ 的概率。若 $n_0=1$，参与人 2 会赋予状态 E 是假 $2/(2+\varepsilon)$ 的概率。

② 一个后验概率使得一个事件 E 是共同 r 信念，它的准确含义如下：固定对事件 E 的 I 个后验信念 q_1，…，q_I。令

$$E'=\{\omega \mid p(E \mid h_i(\omega))=q_i，对所有 i \in \mathcal{J}\}$$

后验信念 $(q_1,\cdots,q_I)$ 是在 ω 处的共同 r 信念。于是有

$$\max_{i,j} \mid q_i-q_j \mid \leqslant 2(1-r)$$

证明上面结论的方法是说明如果 E'' 是一个包含 E' 的共同常识 (它的存在性已经在上页注释②中得到确定)，每个 q_i 不可能与 E 在 E'' 上的条件概率相差超过 $1-r$。

③ G 的每一个纳什均衡不一定都是这样一个 s^*，除非在每个 G^ℓ 中只有一个 ω；否则，均衡之间的关联可能会被公共信号 ω 引入。

似共同知识，因此参与人采取策略组合 σ^{ℓ} 的概率接近于 1。

定理 14.4 (Monderer and Samet，1989)　固定一个 $r\in(0.5,1]$，以及集合 $q=p$ [ω | 对某些 ℓ，收益 u^{ℓ} 是 ω 下的共同 r 信念]。那么对任何从收益是共同知识的纳什均衡集中选出的 s^*，存在一个 G 的策略组合 s 使得：

$$p[\omega \mid s(\omega) = s^*(\omega)] \geqslant q$$

并对所有：

$$\varepsilon > 4(1-r)\max_{i,\iota,\ell,\sigma,\sigma'} \mid u_i^{\ell}(\sigma) - u_i^{\ell}(\sigma') \mid$$

使得 s 是一个事中 ε 均衡。特别地，对于任何 $\varepsilon>0$ 存在 $\bar{r}<1$ 和 $\bar{q}<1$，使得对所有的 $r\geqslant\bar{r}$ 和 $q\geqslant\bar{q}$ 存在一个事中 ε 均衡 s 使得 $p[\omega \mid s(\omega)=s^*(\omega)]>1-\varepsilon$。

证明[①]　令 $E^{\ell}=\{\omega \mid G^{\ell}$ 是 ω 下的共同 r 信念$\}$，如果 $r>\frac{1}{2}$，那么至多存在一个 E^{ℓ} 参与人 i r 相信其发生了。设 $\Omega_i=\bigcup_{\ell}B_i^r(E^{\ell})$，并令 Ω_i^c 是 Ω_i 的补集。对 $\omega\in\Omega_i$，指定参与人 i 采用的策略是σ_i^{ℓ}，这一策略对应于他 r 相信为正确的收益。令：

$$K = \max_{i,\iota,\ell,\sigma,\sigma'} \mid u_i^{\ell}(\sigma) - u_i^{\ell}(\sigma') \mid$$

我们首先要证明在任何 $\omega\in B_i^r(E^{\ell})$ 下，对于任意 s_{-i}有 $s_j(\omega)=\sigma_j^{\ell}$ 对所有 ℓ 和所有 j 成立，σ_i^{ℓ} 是这个 s_{-i}的一个 $4K(1-r)$ ——最优事中反应。为了看清这一点，注意在 $\omega\in B_i^r(E^{\ell})$ 下，参与人 i 赋予由 u^{ℓ} 给定的收益的概率至少是 r（他自己 r 相信 G^{ℓ}），并且他也给所有 $j\neq i$ 的 $\omega\in B_j^r(E^{\ell})$ 赋予至少为 r 的概率（对 $\omega\in E^{\ell}$，参与人 j r 相信 E^{ℓ}），所以他赋予 $s_{-i}(\omega)=\sigma_{-i}^{\ell}$的概率也至少为 r。因为 σ_i^{ℓ} 是 σ_{-i}^{ℓ}的一个最优反应，我们有

$$\mathrm{E}(u_i(\sigma_i^{\ell}, s_{-i}(\omega)) \mid h_i(\omega))$$

$$\geqslant u_i^{\ell}(\sigma_i^{\ell},\sigma_{-i}^{\ell}) - 2K(1-r) \geqslant u_i^{\ell}(\sigma'_i,\sigma_{-i}^{\ell}) - 2K(1-r)$$

（因为 σ_i^{ℓ} 在博弈 G^{ℓ} 中是 σ_{-i}^{ℓ}的一个最优反应）

$$\geqslant \mathrm{E}(u_i(\sigma'_i, s_{-i}(\omega)) \mid h_i(\omega)) - 4K(1-r)$$

---

① 蒙德勒和萨米特采用了一个略微不同的证明。

同时还要注意，根据要求有：

$$p[\omega \mid s(\omega) = s^*(\omega)] \geqslant q$$

现在只剩下对 $\omega \notin \Omega_i$ 时的 $s_i(\omega)$ 进行定义。对于这个问题，只需找到在一个博弈中，当参与人只能采取定义在 Ω_i 上的策略 s_i 时这个博弈的一个贝叶斯均衡就足够了。(这样的一个均衡可由第 1 章的格里克斯伯格存在性定理得出。) ■

推论　如果对每个 l，σ^l 都是一个严格均衡，那么对任何 $\varepsilon>0$，存在 $\bar{r}$ 和 $\bar{q}$ 使得对所有的 $r>\bar{r}$ 和 $q>\bar{q}$，如果收益是共同 r 信念的概率为 q，那么存在一个 $p[\omega \mid s(\omega)=s^*(\omega)]>1-\varepsilon$ 的恰好均衡 s。

正如我们前面所指出的，电子邮件博弈的例子并不满足近似共同知识的条件，因此定理及其推论并不适用。不过如果将这个博弈截断，参与人 2 在收到 n 个消息后不再作出回应，状态 $2n$ 在它发生时是共同 $1-\varepsilon$ 信念：参与人 2 知道状态是 $2n$，参与人 1 赋予它的概率是 $1-\varepsilon$。因此根据推论，当状态是 $2n$ 时有一个恰好均衡是两个参与人都采用 A 策略。

这个截断博弈将我们带到了最后一点：在一个有限状态空间上，如果事件 C 有接近于 1 的概率，那么有很大的概率对于一个大的 r，C 是一个共同 r 信念。

定理 14.5　考虑在有限状态空间 Ω 上的一个事件 C 和 Ω 上的一个先验分布 p^n 的序列使得 $p^n(C)\to 1$，那么存在序列 $q^n\to 1$ 和 $r^n\to 1$ 使得在 p^n 下 C 以概率 q^n 是一个共同 r^n 信念。

备注　如果要将这一定理应用到事中 ε 纳什均衡的存在性上，固定一个接近 1 的 $\hat{r}$，令事件 C 是“所有参与人 $\hat{r}$ 相信他们知道真实的收益”。

定理证明运用了下面的引理：

引理 14.1　如果 $p(C)\geqslant q$，那么，

$$p(B_i^r(C)) \geqslant \frac{q-r}{1-r}$$

因此，如果事件 C 可能是事前的，那么有很大的概率参与人 i 会相信它可能取决于他的信息。

引理的证明　令 $\mu_i(\omega)=p(C \mid h_i(\omega))$，那么，

$$\begin{aligned} p(C) &= \mathrm{E}\mu_i(\omega) \\ &= p[\mu_i(\omega) \geqslant r]\mathrm{E}[\mu_i \mid \mu_i \geqslant r] \end{aligned}$$

$$+(1-p[\mu_i(\omega)\geqslant r])\mathrm{E}[\mu_i \mid \mu_i<r]$$

于是

$$p[\mu_i(\omega)\geqslant r]=\frac{p(C)-\mathrm{E}[\mu_i \mid \mu_i<r]}{\mathrm{E}[\mu_i \mid \mu_i\geqslant r]-\mathrm{E}[\mu_i \mid \mu_i<r]}\geqslant\frac{q-r}{1-r} \quad \blacksquare$$

定理14.5的证明 对于 $q\in(0,1)$，定义函数 $\nu(q)=q-\sqrt{1-q}$，对于固定的 n，设 $D^0=C^0=C$ 和 $q^0=p^n(C)$，递归的定义：

$$C^m=\bigcap_{i=1}^{I}B_i^{\nu(q^{m-1})}(D^{m-1})$$

$$D^m=C^m\cap D^{m-1}$$

$$q^m=q^{m-1}-\frac{I\sqrt{1-q^{m-1}}}{1+\sqrt{1-q^{m-1}}}$$

（注意 q^m 是一个递减序列。）我们提出下列命题：$p^n(D^m)\geqslant q^m$；$D^m\subseteq D^{m-1}$；对某些 M，$D^{M+1}=D^M$；以及事件 D^M 以概率 q^M 是共同 $\nu(q^M)$ 信念。

第一个命题对 D^0 是正确的。对于 $m>0$，使用引理14.1可以得出：如果 $p^n(D^{m-1})\geqslant q^{m-1}$，那么对每个参与人 i 都有

$$p^n(B_i^{\nu(q^{m-1})}(D^{m-1}))\geqslant\frac{q^{m-1}-\nu(q^{m-1})}{1-\nu(q^{m-1})}=\frac{1}{1+\sqrt{1-q^{m-1}}}$$

所以 $[\bigcap_{i=1}^{I}B_i^{\nu(q^{m-1})}(D^{m-1})]\cap D^{m-1}$ 的概率至少为：

$$[1-I(1-p^n(B_i^{\nu(q^{m-1})}(D^{m-1})))]+q^{m-1}-1=q^{m-1}-\frac{I\sqrt{1-q^{m-1}}}{1+\sqrt{1-q^{m-1}}}$$

[对任何集合 A 和 B，$p(A\cap B)=p(A)+p(B)-p(A\cup B)\geqslant p(A)+p(B)-1$。] 那么由 D^m 的定义可以得出 $D^m\subseteq D^{m-1}$。因为 D^m 是嵌套的，并且 Ω 是有限的，存在一个 M 使得 $D^M=D^{M+1}$。令 $r=\nu(q^M)$。由 D^{M+1} 的定义：

$$D^{M+1}=D^M=\bigcap_{i=1}^{I}B_i^{r}(D^M)$$

所以 D^M 显然是 r 信念。因为 $D^M\subseteq C$ 且因为 D^M 的概率至少是 q^M，所以 C 以 q^M 的概率是 r 共同信念。最后，注意在一个有限状态空间上，M 的上限为 $\overline{M}$，从给出 q^m 的差分方程中得到，当 $p^n(C)$ 趋于1时，

$q^{\overline{M}}(\leqslant q^M)$收敛于 1；类似的有 $r=q^M-\sqrt{1-q^M}$ 收敛于 1。■

因为许多博弈并没有严格均衡，我们现在转到一般博弈的下半连续（在恰好均衡下）问题。我们将考虑一个有限的状态空间 Ω，每个参与人有一个有限纯策略集合 S_i。和在第 12 章中一样，我们可以定义两个策略组合 σ 和 $\tilde{\sigma}$ 之间的距离为

$$\|\tilde{\sigma}-\sigma\| = \max_{\substack{i\in\mathscr{I}\\ s_i\in S_i}} |\sigma_i(s_i)-\tilde{\sigma}_i(s_i)|$$

我们考虑在 Ω 上一个先验分布 $p^n(\cdot)$ 的序列，一组数量有限的收益为 $\{u^\ell\}_{\ell=1}^L$ 的博弈 $\{G^\ell\}_{\ell=1}^L$，并假设当 $n\to\infty$，其中的一个博弈很有可能成为近似共同知识。

定理14.6　考虑一个在有限状态空间 Ω 上的博弈，划分 H_i 和有 L 个可能的收益函数 u^ℓ。考虑一个先验分布 p^n 的序列，使得对某些序列 $r^n\to 1$，

$$p^n(\omega \mid \exists 有 G^\ell 在 \omega 下的 G^\ell 共同 r^n 信念)\to 1$$

进一步假定，对每个参与人 i 和每个 $\ell\in\{1,\cdots,L\}$，$B_i^{r^n}(G^\ell)$ 是一个单一信息集 h_i^ℓ。那么，对 $\{G^\ell\}_{\ell=1}^L$ 的一个一般选择，对任意 $\varepsilon>0$ 和从（共同知识）博弈 G^ℓ 的均衡中选出的任何 $\sigma^{\ell *}$，都存在一个 N，使得对于 $n>N$，存在一个先验分布为 p^n 的博弈的贝叶斯均衡满足：

$$\omega \in \bigcap_{i\in\mathscr{I}} B_i^{r^n}(G^\ell)\Rightarrow \|\sigma(\cdot\mid\omega)-\sigma^{\ell *}\| <\varepsilon$$

备注　我们并没有理由相信引入单一信息集的限制是必要的，这里只是用它来简化证明。

证明　假设对于所有 i，ℓ，$B_i^{r^n}(G^\ell)$ 是一个单一信息集。令 σ_i^ℓ 代表参与人 i 在$\omega\in B_i^{r^n}(G^\ell)$ 时的策略，令 $\sigma^\ell=(\sigma_i^\ell)_{i\in\mathscr{I}}$，令 $\sigma_i^c(\omega)$ 代表参与人 i 在$\omega\notin\bigcup_\ell B_i^{r^n}(G^\ell)$ 时的策略，令 $\sigma^c=(\sigma_i^c)_{i\in\mathscr{I}}$，并令 $\sigma^{-\ell}=(\sigma^1,\cdots,\sigma^{\ell-1},\sigma^{\ell+1},\cdots,\sigma^L,\sigma^c)$。固定 $\sigma^{-\ell}$，我们在那些几乎能确定博弈就是 G^ℓ 的人中定义一个 I 参与人的共同知识博弈$G(\sigma^{-\ell})$。因为在信息集 $B_i^{r^n}(G^\ell)$ 上参与人 i 几乎能肯定收益是u^ℓ，也几乎能肯定 $\omega\in\bigcap_{j\neq i}B_j^{r^n}(G^\ell)$。参与人 i 在$G(\sigma^{-\ell})$ 中的收益，作为 σ^ℓ 函数，在 n 很大的时候将非常接近于 $u_i^\ell(\sigma^\ell)$。由吴和江的定理可知（见 12.1 节），对于 u^ℓ 的一个一般选择和 u^ℓ 的任一均衡$\sigma^{\ell *}$，在 n 足够大时，存在一个共同知识博弈 $G(\sigma^{-\ell})$ 的均衡 $\sigma^\ell=\hat{\sigma}^\ell(\sigma^{-\ell})$ 使得 $\|\sigma^\ell-\sigma^{\ell *}\|<\varepsilon$。而且，$\sigma^\ell$ 在$\sigma^{-\ell}$上是连续的。通

过定义 $\hat{\sigma}^{\ell}(\sigma)=\hat{\sigma}^{\ell}(\sigma^{-\ell})$，我们把 $\hat{\sigma}^{\ell}$ 扩展为策略组合 $\sum$ 空间上的一个函数。

在对每一个 ℓ 构造 $\hat{\sigma}^{\ell}(\cdot)$ 之后，我们在 $C_i\equiv\Omega\setminus\bigcup_{\ell}B_i^{r^n}(G^{\ell})$（这些集合发生的概率小到可以忽略）上定义 $\hat{\sigma}_i$。那里我们只要求参与人 i 针对（σ^1，…，σ^L，σ_{-i}^c）进行优化。令 $\sigma_i^c=\hat{\sigma}_i^c(\sigma)$ 代表参与人 i 在那些状态下的最优反应。它是非空的，紧且凸的，并且它有一个闭图。

令 $\sum_{\varepsilon}^{\ell}=\{\sigma^{\ell}\mid\|\sigma^{\ell}-\sigma^{\ell*}\|<\varepsilon\}$ 和 $\sum^{c}=\{\sigma^{c}\}$。对应 $\hat{\sigma}$：(σ^1，…，σ^L，σ^c) $\rightarrow\hat{\sigma}(\sigma)$ 将 $\sum_{\varepsilon}^{1}\times\cdots\times\sum_{\varepsilon}^{L}\times\sum^{c}$ 映射到它自身，根据角谷定理，这个对应有一个不动点。通过构造，这个不动点是一个贝叶斯均衡，并且当 $\omega\in\bigcap_{i\in\mathcal{I}}B_i^{r^n}(G^{\ell})$ 时它在 $\sigma^{\ell*}$ 的 ε 邻域内。 ■

备注 因为 $\{\omega^{\ell}\}_{\ell\in L}$ 的总概率收敛于 1，如果每个 G^{ℓ} 恰好在一个 ω^{ℓ} 是共同 r^n 信念，那么定理的假设就得到了满足。因此，定理适用于截断（有限消息）的电子邮件博弈的信息结构，所以那里的均衡对应在极限的共同知识下是下半连续的，即使用有潜在均衡的收益矩阵代替图 14—4 中有严格均衡的收益矩阵时也是这样。

有限状态空间中博弈的良好数学性质并不意味着无限状态空间的模型是没有意义的——事实上，状态空间可以代表所有参与人对其他人信息的不确定性这一通常的要求，甚至会导致不可数的无限状态空间。默滕斯和泽米尔（Mertens and Zamir，1985）和布兰登伯格和戴克尔（Brandenberger and Dekel，1987b）明确地构造了“普遍类型空间”来包含这类一般的不确定性，他们发现它确实很大。默滕斯和泽米尔发现当闭性是用弱拓扑来测度时，普遍类型空间可以用有限空间来近似。然而，正如我们对例 14.4 的讨论所表明，在那个拓扑中均衡集是不连续的，因此有限状态空间的“近似”可能得到一个非常不同的均衡集。在实际应用中，人们使用有限类型空间只是因为易于处理。纳什均衡集对小概率无限状态扰动的敏感性是另一个人们认真考虑其结论对博弈的信息结构是否稳定的原因。

参考文献

Aumann，R. 1976. Agreeing to disagree. *Annals of Statistics* 4：

1236－1239.

Aumann, R. 1987. Correlated equilibrium as an expression of Bayesian rationality. *Econometrica* 55：1－18.

Bacharach, M. 1985. Some extensions to a claim of Aumann in an axiomatic model of knowledge. *Journal of Economic Theory* 37：167－190.

Binmore, K., and A. Brandenburger. 1989. Common Knowledge and Game Theory. Mimeo.

Brandenburger, A. 1990. Knowledge and equilibrium in games. *Journal of Economic Perspectives*, forthcoming.

Brandenburger, A., and E. Dekel. 1987a. Common knowledge with probability 1. *Journal of Mathematical Economics* 16：237－245.

Brandenburger, A., and E. Dekel. 1987b. Hierarchies of beliefs and common knowledge. Mimeo.

Brandenburger, A., and E. Dekel. 1987c. Rationalizability and correlated equilibria. *Econometrica* 55：1391－1402.

Brandenburger, A., and E. Dekel. 1990. The role of common knowledge assumptions in game theory. In *The Economics of Information, Games, and Missing Markets*, ed. F. Hahn. Oxford University Press.

Brown, D., and J. Geanakoplos. 1988. Common knowledge without partitions. Mimeo, Yale University.

Geanakoplos, J. 1988. Common knowledge, Bayesian learning and market speculation with bounded rationality. Unpublished manuscript, Yale University.

Geanakoplos, J. 1989. Game theory without partitions, and applications to speculation and consensus. Mimeo, Yale University.

Geanakoplos, J., and H. Polemarchakis. 1982. We can't disagree forever. *Journal of Economic Theory* 28：192－200.

Gray, J. 1978. Notes on data base operating systems. Research report RJ 2188, IBM.

Halpern, J. 1986. Reasoning over knowledge：An overview. In *Theoretical Aspects of Reasoning about Knowledge*, ed. J. Halpern. Morgan Kaufmann.

Holmström, B., and R. Myerson. 1983. Efficient and durable decision rules with incomplete information. *Econometrica* 51: 1799 - 1820.

Kreps, D. 1977. A note on fulfilled expectations' equilibria. *Journal of Economic Theory* 14: 32 - 43.

Lewis, D. 1969. *Conventions: A Philosophical Study*. Harvard University Press.

Littlewood, J. E. 1953. *Mathematical Miscellany*, ed. B. Bollobas.

Maskin, E., and J. Tirole. 1989. The principal-agent relationship with an informed principal: The case of common values. Mimeo, Harvard University and Massachusetts Institute of Technology; forthcoming in *Econometrica*.

Mertens, J.-F., and S. Zamir. 1985. Formulation of Bayesian analysis for games with incomplete information. *International Journal of Game Theory* 10: 619 - 632.

Milgrom, P. 1981. An axiomatic characterization of common knowledge. *Econometrica* 49: 219—222.

Milgrom, P., and N. Stokey. 1982. Information, trade and common knowledge. *Journal of Economic Theory* 26: 177 - 227.

Monderer, D., and D. Samet. 1989. Approximating common knowledge with common beliefs. *Games and Economic Behavior* 1: 170 -190.

Rubinstein, A, 1989. The electronic mail game: Strategic behavior under 'almost common knowledge.' *American Economic Review* 79: 385 - 391.

Rubinstein, A., and A. Wolinsky. 1989. Remarks on the logic of "agreeing to disagree" -type results. London School of Economics ICERD paper TE/89/188.

Samet, D. 1987. Ignoring ignorance and agreeing to disagree. Discussion paper no. 749, KGSM. Northwestern University.

Schelling. T. 1960. *The Strategy of Conflict*. Harvard University Press.

Shin, H. 1987. Logical structure of common knowledge, I and II. Mimeo, Nuffield College. Oxford University.

Stiglitz, J. 1971. Information and capital markets. Mimeo.

Stinchcombe, M. 1988. Approximate common knowledge. Mimeo, University of California, San Diego.

Tan, T., and S. Werlang. 1988. The Bayesian foundations of solution concepts of games. *Journal of Economic Theory* 45: 370 - 391.

Tirole, J. 1982. On the possibility of speculation under rational expectations. *Econometrica* 50: 1163 - 1182.

译后记

《博弈论》一书写作于 20 世纪 90 年代初，但是至今仍然是经济学者和研究生的常备参考书。由于 20 世纪 90 年代之后博弈论的发展速度放缓，本书的内容基本上仍然处于前沿位置。本书有以下几个特点。第一，覆盖面广，几乎涵盖了博弈论的各个领域。第二，关注博弈论发展的前沿，参考书目齐全。第三，深入浅出，既可以满足一般读者对于博弈论的了解，也可以满足爱好技术性证明的读者对于博弈论精髓的把握。第四，本书的两位作者本人就是成就卓著的博弈论专家，他们在写作本书时因此能够把握全局，将博弈论纷繁复杂的内容整理为逻辑严密的章节，极大地方便了读者对博弈论的整体把握。总之，无论是对于经济学的研究生还是希望对博弈论有深入的了解的经济学研究者，本书都是一本不可多得的参考书。

本书的翻译经历了一个漫长的过程，许多人为此倾注了心血。翻译这样的一本书不是一件易事，翻译的组织工作更是艰难。翻译工作几经易手，最终的分工如下：黄涛第 1 章和第 2 章；郭凯前言、致谢、第 9、13 和 14 章；龚鹏第 5、10 两章；王一鸣第 3 章和第 4 章；钟鸿钧第 6 章和第 7 章；王勇第 8、11 和 12 章；最后，姚洋校对了全书。由于参与翻译的人多，各人所用的术语不统一，许多时间用在了统一术语的工作上。尽管如此，本书仍然可能存在前后不一致的地方。希望读者谅解。

姚　洋

Game Theory by Drew Fudenberg, Jean Tirole
ISBN: 978-0-262-06141-4

图书在版编目（CIP）数据

博弈论/（法）弗登博格，（法）梯若尔著；黄涛等译. —北京：中国人民大学出版社，2015.5

（诺贝尔经济学奖获得者丛书）

ISBN 978-7-300-20993-7

Ⅰ.①博… Ⅱ.①弗… ②梯… ③黄… Ⅲ.①博弈论 Ⅳ.①O225

中国版本图书馆 CIP 数据核字（2015）第 056898 号

"十三五"国家重点出版物出版规划项目

诺贝尔经济学奖获得者丛书

博弈论

朱·弗登博格
让·梯若尔 著

姚 洋 校

黄 涛 郭 凯 龚 鹏
王一鸣 王 勇 钟鸿钧 译

Boyilun

出版发行	中国人民大学出版社		
社　　址	北京中关村大街 31 号	**邮政编码**	100080
电　　话	010－62511242（总编室）		010－62511770（质管部）
	010－82501766（邮购部）		010－62514148（门市部）
	010－62515195（发行公司）		010－62515275（盗版举报）
网　　址	http://www.crup.com.cn		
经　　销	新华书店		
印　　刷	北京宏伟双华印刷有限公司		
开　　本	720 mm×1000 mm　1/16	**版　　次**	2015 年 5 月第 1 版
印　　张	35.75 插页 1	**印　　次**	2024 年 4 月第 15 次印刷
字　　数	590 000	**定　　价**	86.00 元